水体污染控制与治理科技重大专项"十一五"成果系列丛书

⊙ 战略与政策主题

水环境保护投融资政策与示范研究

Research on investment and financing policy of water environment protection

苏　明　傅志华　石英华

唐在富　刘军民　李成威　程　瑜

等著

中国环境出版社·北京

图书在版编目（CIP）数据

水环境保护投融资政策与示范研究／苏明等著. —北京：
中国环境出版社，2014.9
（水体污染控制与治理科技重大专项"十一五"成果
系列丛书）
ISBN 978-7-5111-2053-3

Ⅰ.①水… Ⅱ.①苏… Ⅲ. ①水环境—环境保护—
投资—研究—中国 ②水环境—环境保护—融资—研究—
中国 Ⅳ.①X196

中国版本图书馆 CIP 数据核字（2014）第 183108 号

出 版 人　王新程
责任编辑　陈金华　董蓓蓓
责任校对　尹　芳
封面设计　陈　莹

出版发行　中国环境出版社
　　　　　（100062　北京市东城区广渠门内大街 16 号）
　　　　　网　　　址：http://www.cesp.com.cn
　　　　　电子邮箱：bjgl@cesp.com.cn
　　　　　联系电话：010-67112765（编辑管理部）
　　　　　　　　　　010-67113412（教材图书出版中心）
　　　　　发行热线：010-67125803，010-67113405（传真）
印　　刷　北京中科印刷有限公司
经　　销　各地新华书店
版　　次　2014 年 12 月第 1 版
印　　次　2014 年 12 月第 1 次印刷
开　　本　787×1092　1/16
印　　张　40.5
字　　数　800 千字
定　　价　80.00 元

环境保护部水专项"十一五"成果系列丛书

指导委员会成员名单

环境保护部水专项"十一五"成果系列丛书

编著委员会成员名单

主　编：周生贤

副主编：吴晓青

成　员：（按姓氏笔画排序）

马　中	王子健	王业耀	王明良	王凯军	王金南
王　桥	王　毅	孔海南	孔繁翔	毕　军	朱昌雄
朱　琳	任　勇	刘永定	刘志全	许振成	苏　明
李安定	杨汝均	张世秋	张永春	金相灿	周怀东
周　维	郑　正	孟　伟	赵英民	胡洪营	柯　兵
柏仇勇	俞汉青	姜　琦	徐　成	梅旭荣	彭文启

环境保护部水专项"十一五"成果系列丛书

《战略与政策主题》编著委员会成员名单

主　编：王金南

副主编：毕　军　苏　明　马　中　王　毅　张世秋　任　勇

编　委：（按姓氏笔画排序）

于　雷	于秀波	于鲁冀	万　军	马国霞	王　东
王　敏	王亚华	王如琪	王金南	王学军	王夏娇
王夏晖	牛坤玉	方莹萍	孔志峰	石英华	田仁生
任　勇	刘　建	刘伟江	刘军民	刘芳蕊	刘桂环
刘梦昱	安树民	许开鹏	杜　红	李　冰	李　继
李　霞	李云生	李成威	李佳喜	杨小兰	杨姝影
吴　钢	吴　健	吴悦颖	吴舜泽	余向勇	宋国君
张　炳	张铁亮	张惠远	陈劲锋	林国峰	昌敦虎
罗　宏	罗良国	周　军	周其文	周国梅	於　方
郑　一	赵　越	赵玉杰	赵学涛	郜志云	姜鲁光
贾杰林	徐　敏	徐　毅	高尚宾	高树婷	曹　东
梁云凤	逯元堂	彭　菲	彭晓春	葛俊杰	葛察忠
董战峰	程东升	傅志华	曾维华	臧宏宽	管鹤卿
潘明麒					

总　序

　　我国作为一个发展中的人口大国，资源环境问题是长期制约经济社会可持续发展的重大问题。在经济快速增长、资源能源消耗大幅度增加的情况下，我国污染排放强度大、负荷高，主要污染物排放量超过受纳水体的环境容量。同时，我国人均拥有水资源量远低于国际平均水平，水资源短缺导致水污染加重，水污染又进一步加剧水资源供需矛盾。长期严重的水污染问题影响着水资源利用和水生态系统的完整性，影响着人民群众身体健康，已经成为制约我国经济社会可持续发展的重大瓶颈。

　　"水体污染控制与治理"科技重大专项（以下简称"水专项"）是《国家中长期科学和技术发展规划纲要（2006—2020 年）》确定的 16 个重大专项之一，旨在集中攻克一批节能减排迫切需要解决的水污染防治关键技术、构建我国流域水污染治理技术体系和水环境管理技术体系，为重点流域污染物减排、水质改善和饮用水安全保障提供强有力的科技支撑，是新中国成立以来投资最大的水污染治理科技项目。

　　"十一五"期间，在国务院的统一领导下，在科技部、发展改革委和财政部的精心指导下，在领导小组各成员单位、各有关地方政府的积极支持和有力配合下，水专项领导小组围绕主题主线新要求，动员和组织全国数百家科研单位、上万名科技工作者，启动了 34 个项目、241 个课题，按照"一河一策"、"一湖一策"的战略部署，在重点流域开展大攻关、大示范，突破 1 000 余项关键技术，完成 229 项技术标准规范，申请 1 733 项专利，初步构建了水污染治理和管理技术体系，基本实现了"控源减排"阶段目标，取得了阶段性成果。

一是突破了化工、轻工、冶金、纺织印染、制药等重点行业"控源减排"关键技术200余项，有力地支撑了主要污染物减排任务的完成；突破了城市污水处理厂提标改造和深度脱氮除磷关键技术，为城市水环境质量改善提供了支撑；研发了受污染原水净化处理、管网安全输配等40多项饮用水安全保障关键技术，为城市实现从源头到龙头的供水安全保障奠定了科技基础。

二是紧密结合重点流域污染防治规划的实施，选择太湖、辽河、松花江等重点流域开展大兵团联合攻关，综合集成示范多项流域水质改善和生态修复关键技术，为重点流域水质改善提供了技术支持。环境监测结果显示，辽河、淮河干流化学需氧量消除了劣V类；松花江流域水生态逐步恢复，重现大麻哈鱼；太湖富营养状态由中度变为轻度，劣V类入湖河流由8条减少为1条；洱海水质连续稳定并保持良好状态，2012年有7个月维持在II类水质。

三是针对水污染治理设备及装备国产化率低等问题，研发了60余类关键设备和成套装备，扶持一批环保企业成功上市，建立一批号召力和公信力强的水专项产业技术创新战略联盟，培育环保产业产值近百亿元，带动节能环保战略性新兴产业加快发展，其中杭州聚光研发的重金属在线监测产品被评为2012年度国家战略产品。

四是逐步形成了国家重点实验室、工程中心—流域地方重点实验室和工程中心—流域野外观测台站—企业试验基地平台等为一体的水专项创新平台与基地系统，逐步构建了以科研为龙头，以野外观测为手段，以综合管理为最终目标的公共共享平台。目前，通过水专项的技术支持，我国第一个大型河流保护机构——辽河保护区管理局正式成立。

五是加强队伍建设，培养了一大批科技攻关团队和领军人才，采用地方推荐、部门筛选、公开择优等多种方式遴选出近300个水专项科技攻关团队，引进多名海外高层次人才，培养上百名学科带头人、中青年科技骨干和 5 000 多名博士、硕士，建立人才凝聚、使用、培养的良性机制，形成大联合、大攻关、大创新的良好格局。

在 2011 年"十一五"国家重大科技成就展、"十一五"环保成就展、全国科技成果巡回展等一系列展览中以及 2012 年全国科技工作会议和今年初的国务院重大专项实施推进会上，党和国家领导人对水专项取得的积极进展都给予了充分肯定。这些成果为重点流域水质改善、地方治污规划、水环境管理等提供了技术和决策支持。

在看到成绩的同时，我们也清醒地看到了存在的突出问题和矛盾。水专项离国务院的要求和广大人民群众的期待还有较大差距，仍存在一些不足和薄弱环节。2011 年专项审计中指出水专项"十一五"在课题立项、成果转化和资金使用等方面不够规范。"十二五"我们需要进一步完善立项机制，提高立项质量；进一步提高项目管理水平，确保专项实施进度；进一步严格成果和经费管理，发挥专项最大效益；在调结构、转方式、惠民生、促发展中发挥更大的科技支撑和引领作用。

我们也要科学认识解决我国水环境问题的复杂性、艰巨性和长期性，水专项亦是如此。刘延东副总理指出，水专项因素特别复杂、实施难度很大、周期很长、反复也比较多，要探索符合中国特色的水污染治理成套技术和科学管理模式。水专项不是包打天下，解决所有的水环境问题，不可能一天出现一个一鸣惊人的大成果。与其他重大专项相比，水专项也不会通过单一关键技术的重大突破，实现整体的技术水平提升。在水专项实施过程中，妥善处理好当前与长远、手段与目标、中央与地方等各个方面的关系，既要通过技术研发实现核心关键技术的突破，探索出符合国情、成本低、效果好、易推广的整装成套技术，又要综合运用法律、经济、技术和必要的行政手段来实现水环境质量的改善，积极探索代价小、效益好、排放低、可持续的中国水污染治理新路。

党的十八大报告强调，要实施国家科技重大专项，大力推进生态文明建设，努力建设美丽中国，实现中华民族永续发展。水专项作为一项重大的科技工程和民生工程，具有很强的社会公益性，将水专项的研究成果及时推广并为社会经济发展服务是贯彻创新驱动发展战略的具体表现，是推进生态文明建设的有力措施。为广泛共享水专项"十一五"取得的研究成果，水专项管理办公室组织出版水专项"十一五"成果系列丛书。该丛书汇集了一批专项研究的代表性成果，具有较强的学术性和实用性，可以说是水环境领域不可多得的资料文献。丛书的组织出版，有利于坚定水专项科技工作者专项攻关的信心和决心；有利于增强社会各界对水专项的了解和认同；有利于促进环保公众参与，树立水专项的良好社会形象；有利于促进专项成果的转化与应用，为探索中国水污染治理新路提供有力的科技支撑。

最后，我坚信在国务院的正确领导和有关部门的大力支持下，水专项一定能够百尺竿头、更进一步。我们一定要以党的十八大精神为指导，高擎生态文明建设的大旗，团结协作、协同创新、强化管理，扎实推进水专项，务求取得更大的成效，把建设美丽中国的伟大事业持续推向前进，努力走向社会主义生态文明新时代！

周生贤

2013 年 7 月 25 日

序　言

　　《水体污染控制战略与政策示范研究》是国家科技重大专项"水体污染控制与治理"第六主题（以下简称"主题六"），主题六"十一五"阶段总体目标为：以提高水环境管理效能和示范区域水质改善目标为导向，围绕构建水环境战略决策技术平台、理顺水环境管理体制、提高水环境政策效果等三大支撑，明确国家中长期水污染控制路线图，提出水环境管理体制创新、制度创新、政策创新主要方向，改进和完善水污染控制管理机制，增强市场经济手段在水污染控制中的作用和效果，为实现国家水污染防治目标和水环境质量改善提供长效机制。

　　为此，主题六"十一五"阶段设立了"水污染控制战略与决策支持平台研究"、"水环境管理体制机制创新与示范研究"和"水污染控制政策创新与示范研究"3个项目，包含11个课题，总经费4366万元。经过50余家科研单位近700位科研人员6年的共同努力，目前所有项目和课题均已经完成了验收，实现了主题六的"十一五"预期研究目标，突破了30余项关键技术，产出了近30项技术导则、标准及规范，向有关部门提交人大建议、政协提案、重要信息专报等70余份，取得了丰硕的科研成果，为国家水污染防治战略和政策制定提供了科学依据和技术支持。

　　主题六在"十一五"阶段取得的主要成果表现在三个方面：一是在国家战略与决策层面，提出了国家中长期水环境保护战略框架和"十二五"水环境保护指标体系，建立了水污染控制技术经济决策支持系统；二是在水环境管理体制机制创新层面，提出了国家水环境保护体制改革路线图，提出了农村水环境与饮用水安全监管机制；三是在水污染控制政策创新层面，建立了基于跨界断面水质的流域生态补偿与污染赔偿技术体系、不同用途差别水价和阶梯水价制度，构建了水环境保护投资预测和投融资框架、水污染物排放许可证管理技术体系,以及水环境信息公开和公众参与制度,集成了流域水环境绩效与政策评估技术体系。

上述研究成果得到了国家有关部委的高度评价和重视,而且许多建议和政策方案已经被相关政府部门采纳和应用。为了进一步总结和推广应用上述研究成果,推动我国水污染控制战略与政策研究,让更多的政府机构、环境决策者、环境管理人员、环境科技工作者分享这些研究成果,主题六将以课题为基本单位,出版《水体污染控制战略与政策示范研究主题》成果系列丛书,并分批次陆续出版。同时,也热忱欢迎大家积极参与"十二五"和"十三五"阶段的水污染防治战略和政策主题研究,共同推动中国水环境保护事业的发展。

主题六专家组组长

2014 年 1 月 25 日

前　言

　　我国水资源的特点是人均水资源占有量低，且时空分布不均，开发利用难度大。尤为严峻的是，我们还面临着水环境污染日益突出的问题，这已成为影响我国经济社会可持续发展的重要因素。环境保护部发布的《2012中国环境状况公报》显示，在全国 198 个地市级行政区开展的 4 929 个地下水水质监测点中，水质呈较差级及极差级的监测点共占 57.3%。全国地表水国控断面的水质"总体为轻度污染"。经过长期的经济高速增长之后，我国经济社会发展面临着土地、水、能源等基础资源的严重制约，已是不争的事实。这种状况的出现，一个重要原因是利益分配机制的不合理，以投融资政策为核心的宏观配置和利益调节机制尚未真正建立，缺乏提高用水效率、减少水体污染的内在激励机制。

　　投融资体系是促进经济社会发展的重要手段，也是水环境保护与治理的财力基础和实施保障。建立适合我国国情的投融资政策体系，是推动水环境保护、增强水环境承载能力和永续利用的关键环节。随着我国水污染问题的日益严重，水环境保护投入的需求急剧增加，在科技进步日新月异和劳动力总体供过于求的背景下，资金投入成为影响水环境保护的决定性因素。水环境保护外部性强、投入高度密集、地理上呈流域分布特征等特点，也决定了投融资政策在整个政策体系当中处于比较特殊的地位，起着关键的支持和保障作用。目前我国尚未形成合理、有效的水环境保护投融资格局，投资总量不足，融资渠道有限，投融资运行的体制机制不完备，有限的投资效果也很难得到制度化的保障。投融资政策体系整体上仍然滞后于形势发展与实际工作的需要。制约我国水环境保护的体制机制性障碍依然存在，水权制度、水资源管理体制、水价形成机制、水环境保护投融资政策、水资源开发和生态补偿机制等方面都存在一些亟待改进的地方，多元化的水环境保护和水污染治理投融资渠道亟待形成，水环境综合治理投入的科学体制和长效机制亟待建立。因此，进行我国水环境保护投融资政策与示范研究具有十分重要的现实意义。

"十一五"期间，国家科技重大专项"水体污染控制与治理"在"战略与政策"主题下设立了"水环境保护投融资政策与示范研究"课题（编号：2008ZX07633-001），对水环境保护投融资政策涉及的主要问题进行系统攻关。该课题由财政部财政科学研究所牵头，联合了环境保护部环境规划院、中国人民大学环境学院、国家信息中心、北京工商大学经济学院、辽宁省财政科学研究所等国内多家优势科研机构，按照理论研究与实证分析相结合的方法，系统研究了水环境保护投融资政策。课题自2008年9月启动以来，经过四年多的艰苦努力，最终于2013年4月9日在北京通过国家水专项管理办公室主持的课题验收。

课题研究工作按照统一部署、分工协作、分步推进、总体集成的方式展开，在研究方法上注重理论与实践相结合，规范分析与实证分析、案例示范研究并重。课题研究期间，课题组进行了大量的实地调研。2009年9月，课题组组成包括8个子课题组成员的联合调研组，赴江苏开展太湖流域水环境保护投融资调研，分别与江苏省和无锡市的财政、发改、环保、水利等部门以及太湖办的代表座谈，实地考察了龙延村分散农户生活污水处理、新城水处理厂等项目。2010年3月，课题组全体成员赴辽宁开展辽河流域水环境保护投融资调研，分别与辽宁省和沈阳市财政、发改、环保、水利等部门以及辽河办、振兴环保产业集团的相关负责人座谈，实地考察了沈阳市满堂河污水处理中心、沈水湾污水处理厂等项目。另外，各子课题组还进行多项调研，如赴南水北调中线水源区，即河南、湖北、陕西的相关县市调研生态补偿机制问题；赴嘉兴市排污权储备交易中心开展关于排污权交易和排污权质押贷款的调研；与北京市市政、环保等专家座谈，了解对于专项资金制度的态度和改进建议；赴安徽省对流域水污染专项资金进行实地调研；赴黑龙江省对流域污染投入及监督管理情况进行实地调研；赴辽宁省开展辽河流域水污染防治投资绩效评估调研；邀请美国水务专家开根森教授进行座谈等。结合实地调研，课题组还开展了辽河流域、吉林、浙江嘉兴、江苏省（无锡市）太湖流域和安徽省合肥市等地的案例研究。

课题研究期间，课题组先后召开了多次研讨会进行理论探讨和政策咨询。课题启动后，课题组先后走访了财政、环保、发改委等相关部门，对水环境保护投融资机制、水污染防治投资规划、水环境保护事权财权划分、政府投资与社会化资金投入等相关方面的政策法规情况及实施现状进行了调研，听取了政府管理人员的意见。2009年4月13日，课题组在财政部科学研究所召开了子课题实施方案专家咨询会，来自环境保护部环境规划院、财政部经济建设司、水利部发展研究中心政策研究室、中国人民大学环境学院等单位的领导和专家对各子课题的研究实施方案进行了论证。2010年6月17日，在北京广东大厦召开了课题研讨会，来自"水专项"总体专家组、环境保护部政策法规司、环境保护部环境规划院、财政部经济建设司环资处等单位的领导和专家对课题研究进行了咨询和指导。课题组还定期召开内部研讨会，对重点、难点问题进行集中研讨和攻关。

2012年年底，课题研究计划如期完成，相关研究成果陆续报送政府决策部门，部分成果进行了公开发布和宣传。

本课题研究重点突破了水污染防治宏观预测方法，预测了未来一个时期我国水环境保护的资金需求；系统构建了水环境保护政府投资框架，建立了流域水污染防治投资绩效评估体系；构建了水环境保护政府融资政策框架，提出了水环境保护吸引社会化资金投入的政策建议。课题研究形成的成果取得了良好的社会反响。

课题提出的国家层面水环境保护投融资政策框架得到了相关决策部门

的认可。以内部报告形式上报的《"十二五"及未来一个时期我国水环境保护投融资机制创新与政策建议》《强化社会化投融资渠道，提高水污染治理投入》等八份报告，受到了相关部门的重视。国家发展改革委《改革内参》、光明日报《内参》等对课题成果进行了专题报道。2010年8月，国家水专项管理办公室曾以《工作简报》刊登《中国水环境保护投融资现状分析》等三份课题成果，国家水专项办公室、环境保护部科技司等多位领导对成果做出了肯定性批示。2012年9月，课题凝练形成《水环境保护事权财权划分框架设计及思路建议》《水环境保护政府投资政策框架》《水污染治理的社会化资金投入政策建议》《流域型水污染防治专项资金研究》《流域水污染防治投资绩效评价研究》《流域水污染防治投资绩效评价操作指南》等成果得到财政部经济建设司相关领导的肯定性批示，"请环资处、投资处参阅。该课题研究成果对我司实际工作有很强的参考价值，望在今后的政策制定和管理工作中借鉴和运用。"

课题针对辽河流域提出的试点示范方案得到了地方政府的认可。针对辽河流域的课题研究成果《水环境保护政府投资的政策建议与机制设计》还得到了辽宁省省委主要领导的批示。课题完成的《辽河流域水环境保护财权事权划分试点示范》《辽河流域水环境保护政府投资政策试点示范》和《辽河水污染防治投资绩效评价实施建议》等试点方案得到了辽宁省财政厅、省辽河办的肯定和采纳。辽宁省财政厅批示，"试点方案提出的相关政策建议和机制设计方案填补了该领域的空白，对财政部门进一步加强相关领域的投入及管理，提升科学决策水平，具有重要的参考价值，对辽河流域水环境质量改善、促进全省全面、协调、可持续发展必将起到非常重要的作用。"辽宁省辽河办批示，"方案对开展实际工作具有重要的参考价值，对今后辽河流域水环境保护加强科学决策，明确职能定位和分工，合理配置资源，切实改善环境质量，起到了非常重要的作用。"

本书正是在上述课题研究成果基础上形成的。全书共分为8章：

第1章　水环境保护投融资的理论分析与政策框架。从理论与现实分析，到政策框架设计，统领全篇。立足我国水环境保护投融资政策实践，针对当前我国水环境保护投融资政策存在的问题，如水污染防治投资总量不足、各级政府的水环境事权责任划分不清晰、多元化的投融资机制仍未有效形成、鼓励社会化资本投入水环境保护的政策体系不完善、水环境保护管理运营水平相对偏低和资金使用效率不高等，提出了未来一段时期我国水环境保护投融资政策体系构建的总体目标、基本原则、关键环节等10个方面的具体政策建议。

第2章　水污染防治投资规划技术方法和需求预测。在现有水污染防治投资统计体系分析与水污染防治投资评估的基础上，基于宏观经济和微观任务需求两个层面构建了水污染防治投资方法体系，探索建立了水污染防治投资规划编制方法，并测算了"十二五"水污染防治投资需求。

第3章　水环境保护事权财权的划分机制研究。在水环境保护事权财权理论研究和我国水环境保护事权划分现状分析的基础上，构建了水环境保护事权划分的总体框架及基本思路，并对水环境保护政府间财权划分进行了设计，就完善相关配套政策和机制提出了具体建议。

第4章　水环境保护的政府投资政策研究。对拓宽水环境保护政府投资来源渠道进行了探讨，提出了进一步完善水环境保护"211"科目的具体方案和政策建议，探讨了水污染防治国债资金可持续投入相关政策，制定了水环境保护投资管理体制方案。

第5章　水环境污染治理社会化资金投入政策研究。分析我国水污染防控、水污染治理投融资、社会化资本投入现状、未来政策需求及存在的主要问题，就我国拓宽水污染治理投融资渠道、扩大投融资规模、完善社会化投融资机制、通过市场化手段促进环境金融创新等方面提出了政策建议。

第6章　流域型水污染防治专项资金设计及示范研究。从理论上对流域型水污染控制专项资金制度进行了分析，回顾总结了我国流域型水污染防治专项资金制度的基本情况，对流域型水污染专项资金的使用效果进行了评估，吸收借鉴了美国超级基金等的制度设计与管理经验，提出了改革完善我国流域型水污染防治专项资金制度的努力方向和政策建议。

第7章　城市水污染防治市政公债政策及示范研究。对我国市政公债理论基础、政策体系及实践效果进行了回顾与梳理，分析了我国水污染防治市政公债的未来发展趋势，借鉴国际经验，构建了水污染防治市政公债的发行机制、运营机制、偿还机制。

第8章　流域水污染防治投资绩效评估方法与试点研究。在流域水污染防治投资绩效评估理论研究与我国流域水污染防治专项资金绩效评价现状及问题分析的基础上，借鉴国际经验，构建了流域水污染防治投资绩效评估多层次指标体系的总体框架及具体指标，提出了流域水污染防治投资绩效评估方法、绩效管理指导规范，以及相关的政策建议。

为全面反映课题研究形成的一系列标志性成果，本书还将课题组编写并上报政府决策部门的部分政策措施方案建议稿，如《水污染防治投资测算编制规范》《辽河流域水环境保护事权财权划分方案》《水环境保护政府间转移支付制度方案指导性意见》《流域水污染防治投资绩效评价操作指南》等收录在文后的附录中，以更好地反映课题研究全貌，以飨读者。

水环境保护投融资政策问题非常重要和复杂。这些年课题组虽然尽心尽力，下了很大工夫，但本书内容、某些观点和建议难免存在偏颇，甚至错误，敬请读者批评指正！我们愿意以更加严谨认真的态度，继续关注并深化此类问题研究，为中国水环境的改善贡献力量！

苏　明

2014年2月24日

目　录

第 *1* 章

水环境保护投融资的理论分析与政策框架

2010 年 3 月 22 日，第 18 个世界水日，联合国秘书长潘基文撰文提出："水是生命之源，也是维系地球上所有生命的纽带。我们不可或缺的水资源确实具有巨大的复原力，但它们越来越脆弱，也日益受到威胁。"资源短缺、环境污染和生态破坏等问题是人类面临的共同挑战。中国平均年水资源总量约为 28 124 亿 m^3，但人均水资源占有量不足 2 400 m^3，仅为世界人均占有量的 1/4，在世界排名第 110 位，并且时空分布不均，开发利用难度大。我国经过长期的经济高速增长之后，更是面临着土地、水、能源等基础资源的严重制约。这种状况的出现，一个重要的原因是利益分配机制的不合理，以投融资政策为核心的宏观配置和利益调节机制尚未真正建立，缺乏提高用水效率、减少水体污染的内在激励机制。因此，研究建立和完善我国水环境保护投融资政策不仅意义重大，而且十分迫切。

本研究运用规范的经济学、环境学和社会学原理，对水环境保护投融资政策进行了理论梳理，建立了分析和解决问题的逻辑基础。通过对我国水环境保护的现状进行分析，开展水环境保护投融资政策的国际比较，进行我国水环境保护的投资需求预测，探讨提出我国水环境保护投融资政策的总体目标、基本原则和主要内容，并对投融资政策体系建设提出政策建议。

1.1 水环境保护投融资政策的理论研究

建立适合我国国情的投融资政策体系，是推动水环境保护、增强水环境承载能力和永续利用的关键环节。本部分将在界定水环境保护基本概念，简要论述水环境保护问题经济学特性的基础上，对水环境保护投融资机制及其相关理论问题进行探讨，为后续章节的展开提供逻辑基础和理论支撑。

1.1.1 相关概念界定

水环境保护投融资政策研究涉及经济、财政、环境、资源、法律等多个领域，是一项多学科交叉的政策集成研究。为便于讨论，我们有必要对水环境保护、投融资相关概念作一界定，为理论研究和政策讨论奠定基础。

1.1.1.1 水环境

一般来说，环境按其属性可分为自然环境和社会环境。自然环境主要包括大气环境、水环境、生物环境、地质和土壤环境以及其他自然环境。水环境是指围绕人群空间及可直接或间接影响人类生活和发展的水体，其正常功能的各种自然因素和有关社会因素的总体[①]。水环境可以分为：海洋环境、湖泊环境、河流环境等，本课题的研究范围包括除海洋环境以外的其他所有水环境。

从人类生产生活利用的角度，水环境和水资源表现有以下特征：① 稀缺性。随着生产力的发展和人口的增加，人类对水环境和水资源的需求愈来愈多，其有限性和稀缺性日益突出。② 多用途性。水环境和水资源有多种用途和功能，一旦被选择为一种用途后，另一种用途就可能减少。③ 增值性。水资源具有增值能力，如果不违反生态规律地对其进行合理利用，可使其不断更新、增值；如果对其利用超过一定限度，违反一定的规律，就会造成水资源的衰退和枯竭，不可逆转地破坏水环境。④ 价值计量的困难性。水环境和水资源虽然具有使用价值，但相当一部分没有市场价格。要评价水环境相关经济活动对社会的影响，评估人类活动对水体污染和水环境破坏而造成的损失，在计算和计量上非常困难。

1.1.1.2 水环境保护

水环境保护是一个系统概念，是水资源开发利用、水资源保护和水污染防治三者的综合（图 1-1），具体包括水资源涵养、地表淡水正常循环维护、水资源开发利用、污染物排放控制、生态系统维护等多个方面。水环境保护的目的是通过行政、法律、技术、经济、工程等手段合理开发、管理和利用水资源，保护水资源的质量和正常供应，防止水体污染、水源枯竭、水流阻塞和水土流失，以满足人类社会对水资源的合理需求。

本研究的水环境保护侧重于水资源保护和水污染防治两个方面。在水环境保护诸多手段里，侧重于研究经济手段，并兼顾行政手段和法律手段。水环境保护的经济手段存在利益性、间接性和有偿性三大特征。一般而言可以将经济手段分为四类：税费

---

① 《水文基本术语和符号标准》（GB/T 50095—1998）。

手段、价格手段、交易制度和其他经济手段等。也有的专家学者从理论上将经济手段抽象为庇古手段和科斯手段两大类，前者侧重于通过市场干预和监督管理来弥补外部经济性，后者则侧重于通过明确所有权、产权和完善交易制度来解决外部经济性问题。

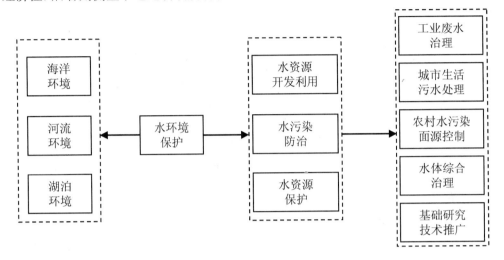

图 1-1　水环境保护相关概念及主要领域

1.1.1.3　水污染防治

　　水污染，是指水体因某种物质的介入，而导致其化学、物理、生物或者放射性等方面的特性改变，造成水质恶化，从而影响水的有效利用，危害人体健康或者破坏生态环境的现象。①水污染防治即采用直接或间接的方法控制污染排放物，从而达到预防和治理水污染的目的。

　　水污染防治的目标是以最低的费用效益比控制水污染排放物进入天然水体的数量（即入河量），从而保护或维护水体的水质和生态系统的健康。对于点源污染，要控制污染源的入水排放量，入水排放量包括城市污水处理厂排入天然水体的污染物量，以及直接排入天然水体的污染物量。对于面源污染，其控制目标是通过源头和过程控制，减少面源污染物进入天然水体的量。

1.1.1.4　投资和融资

　　投融资是投资和融资的简称。投资指货币转化为资本的过程。广义的投资是指一定的经济实体为获得预期的净收益而运用资金进行的风险性活动，它是由资金的投入、使用、管理和回收四个过程构成的有机整体，具有收益性、时间性、风险性等特

---

① 《中华人民共和国水污染防治法》第九十一条。

点。投资可分为实物投资和证券投资，前者是以货币投入企业，通过生产经营活动以期取得一定的利润；后者是以货币购买企业发行的股票和公司债券，间接地参与企业的利润分配。

根据《新帕尔格雷夫经济学大辞典》的解释，融资是指为支付超过现金的购货款而采取的货币交易手段，或为取得资产而集资所采取的货币手段。经济活动的融资常常表现为"企业或者一个项目为了正常的开工兴建、生产经营运作而筹集必要资金的行为"。它解决的是如何取得所需要的资金，包括在何时、向谁、以多大的成本、融通多少资金等问题。融资一般要遵循以下 3 条原则：① 合理确定融资数额，满足资金需求；② 正确选择融资渠道与方式，降低资金成本；③ 资金的融通和投放相结合，提高资金效益。

1.1.1.5 水环境保护投资

水环境保护投资是指社会有关投资主体从社会的积累资金和各种补偿资金中，拿出一定的数量用于水污染防治和水资源保护。目前，国内外关于环境投资的定义及内容尚未统一。具有代表性的是较早的"费用说"和后来的"投资说"。美国、日本早期的环境保护投资被称为环境支出（Environmental Expenditure），是指进行环境保护活动所发生的费用，包括环境保护投资活动形成的固定资产的折旧、消费的原材料费、燃料费和动力费、职工工资及缴纳的排污费等，这就是环境保护投资的"费用说"。从中国的现状来看，环境保护投资统计相当于"投资说"，而环境保护投入或者是环境保护支出大致相当于"费用说"。严格来讲，环境保护支出和环境保护投资既相互联系又有所区别。环境保护支出包括环境保护投资，而环境保护投资是环境保护支出的主要组成部分。

在我国《环境保护"十一五"规划主要指标测算要求说明》中，对环境保护投资概念给出了例证似的定义，并从资金角度对环境保护投资总额给予货币化的说明："环境保护投资，包括城市环境基础设施建设投资、老工业污染源治理投资、新建项目'三同时'环保投资三部分，环境保护投资总额是指以上三部分本年完成投资的合计值"。若按环境要素来分类，则环境保护投资包括水污染治理、大气污染治理、固体废物污染治理、生态治理和能力建设投资。

因此按照官方的统计口径，本研究水环境保护投资的范围实际是"水污染防治投资"（图 1-2），也主要由三部分组成：① 城市环境基础设施建设投资中的"排水"部分；② 老工业污染源治理投资中的"废水治理"部分；③ 新建项目"三同时"环保投资"水土保持"部分。

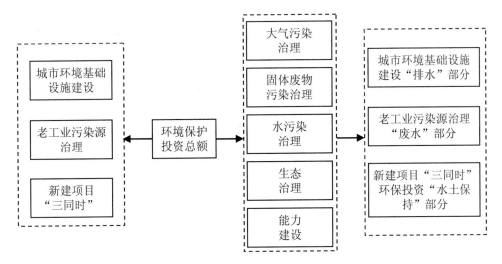

图 1-2 环境保护投资统计口径及具体内容结构

1.1.1.6 水环境保护融资

水环境保护融资是指有关投资主体为了进行环境保护投资或其他环境保护活动，从社会各方得到资金支持的行为和过程。一般来说，水环境保护可以选择的融资渠道和方式包括：① 财政预算资金；② 国债资金；③ 使用者缴费；④ 政策性融资，如"三同时"制度、彩票等；⑤ 项目融资，如 BOT（建设—经营—转让）等；⑥ 商业信贷；⑦ 长期资本市场融资，如权益资本、债券和基金等；⑧ 海外援助、外商投资和国际环境公约下的融资机制等。

相应地，主要的融资主体为：① 政府：包括中央政府、地方政府以及相应的政府机构。② 居民：除了按"使用者付费"原则缴费外，也包括居民自有资金的投资。③ 企业：包括生产经营企业和金融机构。④ 国外机构：包括外国政府、企业、个人和金融机构等。

1.1.1.7 国债

国债是以国家财政为债务人，以财政收入承担还本付息为前提条件，通过借款或发行有价证券等方式向社会筹集资金。中国的国债目前有 5 种：① 记账式国债，即国库券的发行不采用实物券，而是通过记账的方式进行交割结算，兑付时根据可以证明持有国库券的凭证办理还本付息；② 无记名国债，以实物债券的形式记录债权，不记名、不挂失，可上市流通交易；③ 特种定向国债，是面向职工养老金和保险金等管理机构定向发行的一种国债，主要面向特定机构投资者；④ 凭证式国债，不印制实物国库券，利用国债凭单的形式作为债权证明，可记名、可挂失，不可上市流通转让，但可以提前兑取；⑤ 长期建设国债，具有额度大、期限长等特征，专门用于特定项目或领域。

1.1.1.8 地方公债

地方公债是地方政府公债的简称，通常是地方政府为满足地方经济与社会公益事业发展的需要，在地方财政承担还本付息责任的基础上，按照有关法律的规定向社会举借的债务，有时也称"市政债券"（Municipal Securities）。地方公债一般用于交通、通讯、住宅、教育和环保等地方性公共基础设施的建设，与国债一样是政府公债体系的重要组成部分。

从国际经验来看，地方公债通常具有以下 5 个特征：① 信用较好，地方公债以地方政府的税收收入或项目的收益作为担保，信用仅次于国债，运行规范、违约率低；② 融资成本较低，由于地方公债借助地方政府的信用，运行管理规范，融资利率较低；③ 限定使用范围，一般用于社会公益性项目和基础设施的建设，用途有明确的规定；④ 期限较长，公债资金主要投向那些建设周期长、回报率低的项目，所以地方政府公债多为长期债券；⑤ 良好的流动性，公债制度比较发达的国家，大多有比较完善的地方债券市场，从而保证了地方公债的流动性。

1.1.2 投融资政策在水环境保护政策体系中的特殊地位

水环境保护是环境和资源保护的核心领域之一，水环境保护的特殊性决定了投融资政策在整个保护体系当中的特殊地位。"兵马未动，粮草先行"，随着我国水污染问题的日益严重，水环境保护投入的需求急剧增加，在科技进步日新月异和劳动力总体供过于求的背景下，资金投入成为影响水环境保护的决定性因素。另一方面，水环境保护外部性强、投入高度密集、地理上呈流域分布特征等特点，也决定了投融资政策在整个政策体系当中处于比较特殊的地位，起着关键的支持和保障作用。

1.1.2.1 水资源环境产权不易清晰界定，水环境保护存在着强烈的外部经济性

（1）水资源产权归属在经济学上难以具体界定。虽然理论上水资源的产权属于国有即公共所有，但实际当中这种所有权的权利行使主体很难具体确定。如果放任自流，所有人都可以在无须付费的情况下自由享用和无节制地消费，其结果是造成水资源的过度浪费和水环境的严重破坏。另一方面，如果政府管制过度就会走向另一个极端，形成垄断进而影响效率，增加水资源开发利用和水环境保护的成本。

（2）水环境保护表现出强烈的非排他性和非竞争性。水环境保护所具有的这种公共物品特性，使得其保护主体难以向受益者收取费用，消费者也不愿为此支付成本，市场无法通过供求双方的力量为其确定一种均衡价格。如果完全通过市场来提供这种

公共物品（如水污染治理），就会发生休谟早在 1740 年指出的所谓"公地悲剧"（Tragedy of Commons），其结果是水资源过度开发利用甚至浪费，而水污染治理投入严重不足，最终没有一个人能够享受到水环境保护所带来的好处。

（3）水污染治理存在着强烈的外部效应即外部经济性。一方面，环境污染的负外部效应导致私人成本与社会成本、私人收益与社会收益不一致，从而使私人最优与社会最优之间发生偏离，资源配置出现低效率，环境污染所带来的私人收益远大于其成本；另一方面，污染治理的正外部效应使得污染治理企业无法因其社会贡献获得满意的经济回报，水污染防治方面就会出现"免费搭车者"。如果所有的社会成员都成为"免费搭车者"，水污染治理投入就会出现供给量不足甚至为零的情况，导致"市场失灵"。

早在 20 世纪初福利经济学之父庇古就在研究中发现，外部经济性是使经济主体忽视环境保护即不愿意在环境保护方面投资的内在原因，形成了著名的外部经济性理论（也称为庇古理论）。后来，经济学家科斯经过研究认为只有明确界定环境资源的所有权，市场主体的经济活动才可以有效地解决外部经济性问题，即通过产权的明确界定可以将外部成本内部化。在这些研究的基础上，逐渐形成了解决环境资源外部经济性问题的两个派别：一个派别主张对市场实行政府干预，即通过政府实施有关政策、法规和其他管理措施来解决环境污染的负外部性，称为管理学派。另一个派别则主张通过明确环境资源的所有权或财产权，即明确所有权或环境资源权、资源物权来解决外部性问题，称为所有权学派。这两种学派关于解决外部经济性的思路，对于水环境保护的政策设计都具有重要的借鉴意义。

1.1.2.2　水环境保护与人们生产生活密切相关，并具有地理上的流域分布特征

水环境不仅与工业、农业、服务业等各行各业都存在密切的联系，也与人们的日常生活紧密相关，需要跨多个领域和行业进行协调。在地理上具有独特的流域分布特征，使得相应的投融资政策安排需要在不同行政区域和不同层级政府间进行协调。从一个流域的角度来看，同样也存在"公地悲剧"的问题，上、中、下游地方政府都倾向于成为水污染防治的"免费搭车者"，缺乏进行水环境保护投入的内在积极性。比如，地方政府在对基础设施建设项目进行先后排序时，与市内绿化项目等相比，流域水环境保护项目（如污水处理厂建设）往往会放在一个比较靠后的位置。在产业选择方面，出于地方经济利益考虑，流域上、中、下游各级地方政府都希望加快本地区经济发展、适度扩大污染，倾向于选择发展污染相对较重但税收高的行业，而把治理污染的责任更多地留给其他地方政府。综合来看，水环境保护的投融资政策安排，不仅需要进行市场与政府的角色定位与作用界限划分，也同时存在着不同行政区域、不同层级政府之间的协调，增加了制度设计的难度和复杂性。

1.1.2.3 在工业化、城市化加速阶段，水环境保护存在资金投入上的高度密集性

就全球范围来看，工业化和城市化的推进往往伴随环境污染的加剧。改革开放以来，我国经济多年来持续快速发展，发达国家上百年工业化过程中分阶段出现的环境问题在我国集中出现，环境与发展的矛盾日益突出。资源相对短缺、生态环境脆弱、环境容量不足，逐渐成为我国发展中的重大挑战。水污染治理巨大而长期的资金需求带来投入上的高度密集性，单靠国家财政资金投入是远远满足不了这种投资需求的。水环境保护的投资具有相对较高的风险，如果没有相应的制度安排来保证投资的回报，市场主体也缺乏投入的积极性。

综合而言，水环境保护具有为全社会服务的公益性，更多地以社会效益为驱动并兼顾经济效益。其最终目的是改善人们生产和生活的条件，而且与直接的经济效益相比，往往更多地表现为生产和生活条件改善而带来的间接效益。就某个具体的项目建设而言，主要着眼于其在较长时期内所能发挥的总体效益，而且这种总体效益往往需要一定的时间才能逐步显现出来，长期效益要远远高于短期内有可能带来的收益。因此，在设计相应的投融资政策体系时，需要把握好这些特点，即社会效益高于经济效益，间接效益重于直接效益，长期效益大于短期效益。

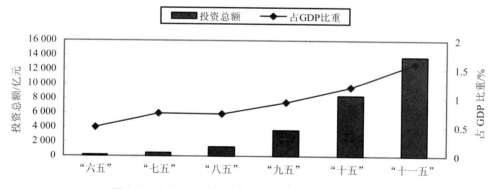

图 1-3 "六五"时期以来我国环境污染治理投资情况

长期以来，我国水环境保护的投资主体比较单一，政府为主投入、事业单位运营的特征比较明显。也正是由于我国投融资制度建设长期滞后于形势发展的需要，不利于形成有序竞争和合理回报的产业格局，造成了水环境保护投入严重不足和资金使用效率低下。面对近年来急剧增长的水环境保护投入需求，做好投融资工作不仅是水环境保护的关键环节，同时也是推动各项工作目标落实所面临的重大挑战。

1.1.3 水环境保护投融资政策的基本功能和主要作用

在市场经济体制和公共财政框架下，任何一项事权和支出责任的落实都必须要有

相应的财力作支撑和保证。水资源开发利用、水资源保护和水污染防治方面的投资社会效益巨大，但由于具有强烈的外部经济性，其固有的经济和社会价值被大大低估。在没有相应的利益激励机制相配套的情况下，市场主体对于这方面的投资普遍缺乏热情。因此，合理界定政府、企业和个人在水环境保护中的责任与义务，推动建立一个政府与市场、企业与个人合理分工、积极有效的水环境保护政策体系，也是投融资政策安排和制度设计的职责所在。总体而言，为水环境保护提供稳定充裕的财力支持和制度保障，投融资制度安排主要应解决以下四个问题。

1.1.3.1　投融资主体选择及其责任明确

投融资制度设计首先需要解决的是"主体选择与责任明确"问题，主要包括界定政府与市场在水环境保护不同领域的作用边界，区分中央与地方各级政府、政府各个部门在具体某一事项上的筹资、投资、监管责任，政府支持与社会资本投入的协调与管理等。在政府、企业、居民和国外机构四类投融资主体当中，各种主体都有其特点。因此，投融资制度安排的一项重要内容是，根据不同的水环境保护业务内容，进行投融资主体的选择、组合与搭配。这里，以水环境保护基础设施建设为例，比较不同投融资主体、资金来源及其运行监管的特点（表 1-1）。

表 1-1　水环境保护基础设施建设不同投融资主体和资金来源及其运行监管的特点

主体/项目		国际优惠贷款	项目融资	专项基金	市政债券	企业证券	商业贷款
融资主体	政府		●	●	●		
	企业		●	●	●	●	●
	居民		●	●	●		
	国外政府	●					
	国外企业		●		●		
	国外机构	●	●				
资金性质	股本		●			●	
	债务	●	●	●	●		●
融资方式	直接		●		●	●	
	间接	●		●			●
需要建立新的机构			●	●			
存在丧失控制权风险			●	●			
效率提高潜力		●	●	●	●		
利润回报情况		较低	中	中	中	高	高
约束与监管方		世界银行	企业	基金	政府	企业	商业银行

1.1.3.2 融资方式的选择与组合搭配

根据政府与市场主体在融资过程中的作用不同，可以将融资机制分为政府性融资、政策性融资和市场性融资三类，不同的融资机制在资金成本、安全性和使用监管上具有不同的特点（表1-2），投融资制度设计的第二个层次，就是要根据这些特性，对不同项目进行融资机制、方式的选择和组合搭配。

表1-2 水环境保护不同融资机制特点比较

融资机制	政府性融资	政策性融资	市场性融资
资金成本	低	中	高
资金安全性	好	中	不确定
宜投入领域	外部经济性明显 社会效益好	有一定的外部经济性 社会效益较好	外部经济性弱 有预期经济回报
运营主体	政府部门或事业单位	事业单位或企业	企业
监管主体	政府部门	政府部门或事业单位	企业
当前我国融资结构	比重较大	占一定的比重	比重较小
成熟市场经济国家	一些领域比重较小	占一定的比重	一些领域比重较大

政府性融资又称财政融资，以资金无偿使用为主要特征，以利润上缴财政、亏损由财政负担为主要形式。该方式融资成本低、风险小；市场性融资以对投资者提供市场回报为主要特点，这种融资方式比较灵活，能较好地保持企业的独立性和自主性，企业在还本付息的压力之下，往往会比较注重提高资金的使用效率，努力提高运营管理水平；政策性融资则是以资金低成本使用为特征的融资机制，它介于政府性融资和市场性融资之间，是市场与政府综合作用的产物，资金来源也可以多样化，政府往往通过补助、贴息、税收优惠等方式予以支持，以降低资金运用成本，推动资金投入向预期方向发展。

长期以来，我国水环境保护主要以政府性融资为主，辅以政策性融资，市场性融资所占比重较小。这种融资结构虽然在一定程度上有利于维护社会公平，防止私人垄断；但另一方面也由于财政投入有限而需求激增，导致水环境保护资金供求矛盾加剧，容易出现管理效率偏低、人员冗杂、技术革新缓慢等问题，最终导致水体污染难以有效预防和控制。

1.1.3.3 合理引导投资的使用方向和结构

在总体投入规模确定的基础上，根据轻重缓急对不同项目进行先后排序。具体到某一个水环境保护项目，还需要根据不同的项目性质，确定合适的资金来源渠道，通过不同种类资金的组合保证总体的投资规模，从财力上保障相关项目的顺利实施（图1-4）。

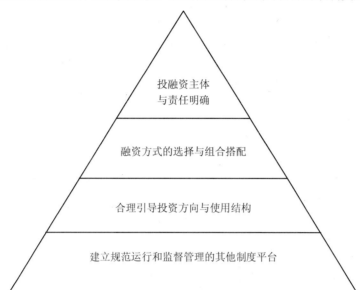

图 1-4　水环境保护投融资政策体系功能结构

1.1.3.4　建立规范运行和监督管理的其他制度平台

主要是根据形势的发展变化持续不断地推进制度创新，提供水环境保护所需的制度产品。包括：制订和完善相关法律法规、制定投资准入标准、建立规范运行和有效监管的制度平台等，为有效融资投资、提高资金使用效率奠定制度基础。从国内一些省份和城市的实践来看，投融资相关体制改革在推动水环境保护方面起着非常重要的基础性作用。比如，上海在环境基础设施建设上取得的重大突破与其不断加大投融资体制改革力度、有效拓宽城建筹资渠道是分不开的。1992 年上海城投公司成立后，以发行企业债券为主，以短期融资券、公司债券、结构性理财产品、银行贷款、中期票据、保险资金债权等其他融资方式为辅，进行了多种融资方式的尝试与探索，为上海城市建设筹集了大量的资金，也有力地支持了城市水环境基础设施的建设与发展。

1.2　我国水环境保护投融资政策的现状分析

在传统的计划经济体制下，水污染治理和水环境保护一直被视为单纯的社会公益性事业，人们往往忽视环境资源的成本属性，形成"环境无价"的思维定式。受此影响，环境污染治理更多的是由政府"大包大揽"，这不仅加重了国家财政的负担，也不利于调动社会各方面参与环保事业的积极性。改革开放以来，随着经济多年来持续快速发展，发达国家上百年工业化过程中分阶段出现的环境问题在我国集中出现，环境与发展的矛盾日益突出。资源相对短缺、生态环境脆弱、环境容量不足，逐渐成为我国发展中的重大挑战。改革开放以来，随着我国环境战略思想的逐步转变，水环境保护投融资方式和渠道进一步拓展，投融资政策体系努力向市场经济国家接轨，使有限的资金投入产生了良好的经济效益和社会效益。

1.2.1 我国水环境保护投融资政策的演变历程

我国水环境保护投融资政策体系的发展与国家环境战略思想演变基本同步。我国自 1972 年 6 月参加了联合国人类环境会议之后，便开始着手解决我国的环境问题。1973 年 8 月 5—20 日，第一次全国环境保护会议在北京召开，这是我国环保事业迈向新的发展历程的标志。改革开放以来，我国的水环境保护投融资政策随着国家经济体制改革和环境管理战略思想的变革而逐步建立和不断发展，大致经历了 5 个阶段。

1.2.1.1 第一阶段：转折起步阶段（1978—1981 年）

标志性事件——《环境保护法（试行）》出台。1978 年我国在新修改颁布的《宪法》第 11 条专门对环境保护作了规定："国家保护环境和自然资源，防治污染和其他公害"。在中共中央的支持下，国务院有关部门于 1978 年年底依据《宪法》的规定起草了《环境保护法（试行草案）》。制定该法的目的，一是把国家保护环境的基本方针和基本政策以法律的形式确定下来，二是为未来我国环境与资源保护法律体系的建立确立基本蓝图。立法的初步设想是"只规定国家在环境保护方面的基本方针和基本政策，而将一些具体的规定在将来制定大气保护法、水质保护法等具体法规和实施细则时解决。"1979 年 9 月 13 日，全国人大常委会原则通过了《环境保护法（试行）》。当时水环境保护的投资（主要是工业污染源治理）基本上来自国家财政预算。在国务院环保小组的统一指导下，通过各工业部门和各省市下达资金安排计划。

1.2.1.2 第二阶段：探索尝试阶段（1982—1989 年）

标志性事件——《征收排污费暂行办法》颁布。进入 20 世纪 80 年代以后，环境污染问题在我国引起越来越多的关注，单纯依靠国家财政投入已很难满足环境污染治理的资金需求。国务院于 1982 年颁布了《征收排污费暂行办法》（于 2003 年 7 月废止），明确规定了排污费的 80%用于污染防治。水环境污染治理体制由此进行了一系列变革：一是明确了水环境污染治理的产业属性，使水环境污染治理向企业化、市场化方向转变，提出了发展环境产业的思路，并相应出台了一系列改革措施。二是加强了水环境污染治理的立法工作，着手出台了关于水环境污染治理的配套法律法规制度，使水环境污染治理开始走上依法办事的轨道。三是初步建立了排污收费制度。

1983 年，国务院发布了《关于结合技术改造防治工业污染的几项规定》，并在发布的《关于环境保护工作的决定》中，明确了环境保护的八条资金来源渠道。1984 年 6 月，中央七部委联合颁布了《关于环境保护资金渠道的规定的通知》（国发[1984]64 号），对每项资金渠道作了具体规定。强调投资渠道要由单一渠道变为多条渠道，由单一主体转变为多个主体，目标是形成相对多元化的投融资格局。1988 年国务院发布《污染源治理专项基金有偿使用暂行办法》，同年国家环境保护局确定沈阳作为试点城市，成立了全国第一家环境保护投资公司。随后，各省相继建立了污染防治的专项基金和其他环保有关的基金。"七五"期间我国环境污染治理资金来源结构如图 5-1 所示。

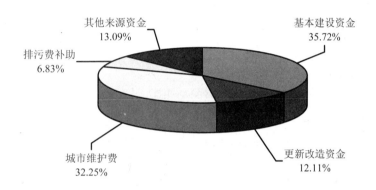

图 1-5　"七五"期间我国环境污染治理资金来源结构

本阶段的水环境保护投融资渠道可以概括为 8 个方面：① 基本建设项目"三同时"环保投资资金；② 更新改造投资中的环保投资；③ 城市基础设施建设中的环保投资；④ 排污收费补助用于污染治理的资金；⑤ 综合利用利润留成用于污染治理的投资；⑥ 企业从银行和其他金融机构贷款用于污染治理的投入资金；⑦ 污染治理专项基金；⑧ 环境保护部门自身建设的投资。这一时期，政府开始培育新型投资主体，逐步扩大了融资渠道，水环境保护得到了比前一阶段更多的资金支持，但整体而言资金投入仍呈现严重不足的局面。

期间，我国经历了 1982 年和 1988 年国务院两次机构改革和国家环境保护行政主管部门的三次升格。随着国家环保行政主管部门权力的不断扩充，其他相关行政主管部门逐渐感到了环境保护的压力，环境保护的一些新理念与旧的体制、经济发展模式的矛盾开始显现。

1.2.1.3　第三阶段：体制创新阶段（1990—1997 年）

标志性事件——修订后的《环境保护法》实施。1989 年 12 月 26 日，重新修订并正式颁布实施了《中华人民共和国环境保护法》。此次修法主要基于3个因素：① 中国的经济体制正在从计划经济向有计划的商品经济过渡，并且国家环境与资源保护法律体系还不完善；② 由于我国《宪法》在1982年作出了修改，因而立法依据发生了改变；③ 由于《环境保护法（试行）》作为试行法本身存在的规范性和约束性不强、有些规定不够妥当、一些单项环境与资源保护法律和行政法规的规定已经超前、法律规定的体例也与后来的国家立法不一致等问题，使其作用逐渐下降。在该法修订的过程中，围绕环保部门的职权范围、法律的调整范围、环境管理体制以及是否实行较为科学和严厉的法律制度等诸多问题，主要在环保部门与资源管理部门之间、环保部门与经济行政部门之间、环保部门与其他行政管理部门之间、环保部门与企业之间展开了激烈的争论。另外，一些地方政府也对加强环境保护可能导致经济利益受损而表示担忧。其结果，是环境保护的基本国策向"以经济建设为中心"的发展政策作出退让，一些在国外环境法律实践中被认为是行之有效的法律制度如排污许可制度则以"不符合中国国情"为由而未予采纳。

尽管如此，与《环境保护法（试行）》相比，修改以后的《环境保护法》不论在法律结构上，还是在法律条文、规范的具体内容上，都作了较大的修改。之后，随着我国经济体制特别是财政体制、投融资体制改革的深入，水环境保护投融资政策体系也相应进行了调整。由于投资体制的改革和市场经济的逐步建立，具有强烈计划经济色彩的前两条资金渠道逐步受到冲击而萎缩，一些新的渠道逐步形成规模并发展壮大。

1993年年底我国实施了分税制财政体制改革和相应的税制改革，从1994年开始中央与地方间实行分税、分级的财政体制，这是我国社会主义市场经济体制建立完善进程中的一个重要里程碑。投融资体制也面临着新的挑战，必须作出相应的改革调整，才能更好地适应市场经济发展的需要。1995年7月，财政部发布了《关于充分发挥财政职能，进一步加强环境保护工作的通知》（财工字[1995]152号），要求各级财政部门积极配合环保等部门进一步做好环境与资源保护投融资工作。1995年11月，国家环保局发布了《关于充分运用财政税收政策　加强环境保护工作的通知》（环监[1995]592号），要求拓宽环境保护资金来源渠道，努力增加环境保护投入，提高环境保护资金使用效益。"八五"期间，我国环保投资的来源结构发生了巨大的变化，其中，基本建设、更新改造资金所占比重由1991年的53.6%下降到1996年的36.6%，"其他来源资金"比重由1991年的27.1%上升到1996年的46.9%，传统融资渠道的优势地位受到明显剥弱。

1996年8月国务院颁布了《国务院关于环境保护若干问题的决定》（国发[1996]31号），提出要"完善环境经济政策，切实增加环境保护投入"，要求"在基本建设、技术改造、综合利用、财政税收、金融信贷及引进外资等方面，抓紧制订、完善促进环境保护、防止环境污染和生态破坏的经济政策和措施"。

1.2.1.4　第四阶段：改革深化阶段（1998—2001 年）

标志性事件——国债资金重点投入水环境保护事业。1998 年，国家环境保护局升格为国家环境保护总局（正部级）。也是在这一年，我国为应对亚洲金融危机，实施了为期 7 年的积极财政政策，共发行长期建设国债 9 100 亿元。期间，国家财政增发的国债资金增加了水环境保护项目的投资，进行了城市水环境保护基础设施的建设，"三河"、"三湖"污染治理等项目。在国债投资带动下，这一时期，财政、银行等部门积极介入环境保护投融资领域，还积极引进外资用于环境保护，弥补了治理环境污染资金的不足，从而形成了若干新的水环境保护筹资渠道。显著增加资金来源规模的投融资渠道主要有 4 个：① BOT 运作方式的融资；② 中央政府发行国债；③ 股票市场融资；④ 利用外资。在大大改善人民生产生活条件、促进社会事业发展的同时，各地城市水环境保护基础设施建设加快，水环境保护和生态建设加强，有力地促进了可持续发展。

1.2.1.5　第五阶段：加快发展阶段（2002 年至今）

标志性事件——污水处理行业加快发展。"十五"时期以来，我国水环境保护投融资体系改革深入推进，并陆续将一些改革举措固化为制度成果。国务院在对国家环境保护"十五"规划的批复中明确指出，要"积极推进污染治理的企业化、市场化"，并先后就污水和垃圾收费、水价改革、产业化发展、鼓励民营资本进入和外商投资等问题，修订发布了七项指导性政策文件。2002 年，国家环境保护总局等在出台的《关于推进城市污水、垃圾处理产业化发展的意见》中指出，各级政府要为国内外投资者投资、经营水环境污染治理设施创造公开、公平、公正的市场竞争环境，具体而言：一是明确投资主体多元化、运营主体企业化、运行管理市场化的发展方向；二是完善污水处理收费政策，为水务行业的市场化发展创造必要条件；三是改革原有运营管理体制，实行特许经营等多种管理方式，努力创造公平竞争的市场环境；四是制定一些框架性的优惠政策，扶持城市污水处理产业化的发展；五是对地方政府提出监管和规范市场的要求，以保障市场化健康有序地发展。

2003 年 7 月 1 日，修订后《排污费征收使用管理条例》开始实施，我国污水处理行业资金来源有了更加稳定的保障。之后，国家制定或修订了多部环保法律以及与环保关系密切的相关法律，相应制定或修订了行政法规并发布了多项法规性文件。在不断加强环境执法检查和行政执法的同时，开展整治违法排污企业、保障公民健康环保等专项行动，进一步加大了水污染治理和水环境保护工作的力度。进入"十一五"时期以来，我国环境保护投资规模加速增长，占 GDP 的比重也稳步上升。2006 年，环境保护支出科目被正式纳入国家财政预算,环保领域的财政直接投入和财税杠杆作用进一步增强。之后,为进一步落实科学发展的要求,加大环境治理和生态保护的力度,加快建设资源节约型、环境友好型社会,2008 年 3 月 15 日,我国组建环境保护部,以进一步加强环境政策、规划和重大问题的统筹协调。

从统计数据看,"十一五"前 3 年,环境污染治理投资年均增长 23%,"十一五"期间投资总额预计达到 13 750 亿元,其占 GDP 的比重将提高到 1.6%左右。2000 年以来,我国工业废水排放达标率和城镇生活污水处理率稳步提高,工业废水达标率由 2000 年的 76.9%提高到 2008 年的 92.4%,城镇生活污水处理率由 2000 年的 14.5%提高到 2008 年的 57.4%,水污染治理取得了巨大的成效,进一步推动水环境保护整体上到了一个新的台阶(图 1-6)。

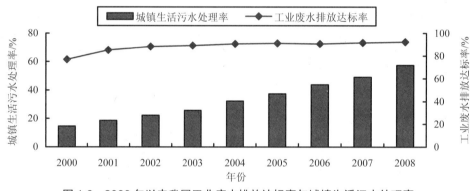

图 1-6　2000 年以来我国工业废水排放达标率与城镇生活污水处理率

1.2.2　目前我国水环境保护投融资的基本格局

长期以来,我国在政府机构、财税体制、金融信贷等重要改革当中,逐步突出环境保护事业的战略地位,在诸多体制机制设计当中强化生态环保因素,对经济社会活动发挥了积极的调节和引导作用。① 在政府机构改革过程中,初步进行了中央和地方的环保事权划分,大致明确了中央、地方各级政府之间的环保职能;② 在税制改革当中把环境要素纳入了依法征税的轨道,在历次税制调整中,逐步增强了对水环境资源的征税力度,保留和扩充了环境保护的税收优惠政策;③ 建立政府公共财政预算,调整完善了财政支持政策,逐步加大了环境转移支付力度;④ 调整和强化了能源、交通、港口等与环保密切相关设施建设的优惠政策,促进有效地落实环境保护相关规定和要求。

经过 30 多年来的改革调整,目前我国水环境保护法律体系的基本架构已经形成,《水污染防治法》《海洋环境保护法》《自然保护区条例》《水土保持法》等一系列法律法规的实施，为水环境保护投融资政策体系提供了强有力的法律基础，水环境保护投融资结构逐步体现了市场化发展的方向和要求。以"十五"期间为例，我国污染源治理项目投资 1 351 亿元，其中，政府投资占 13%、企业自筹占 72%、银行贷款占 15%。具体而言，国家预算内资金（现统计口径为"政府其他补助"）118.55 亿元，环保专项资金（现统计口径为排污费补助）59.22 亿元，企业自筹资金 746.51 亿元，银行贷款和利用外资 236.71 亿元。这里，我们先分别考察水环境保护投资总量、投资结构、融资渠道分布情况，然后对水环境保护投融资政策的现状作出评价与判断。

1.2.2.1 我国水环境保护投资的总量规模

改革开放以来，我国环境污染治理投资总额逐年增加，环保投资占 GDP 的比重也稳步提高，特别是 2004 年以来增长非常迅速。2004—2008 年，我国环境污染治理投资额分别为 1 909.8 亿元、2 388.0 亿元、2 566.0 亿元、3 387.6 亿元和 4 490.3 亿元，占同期 GDP 比重分别为 1.19%、1.30%、1.22%、1.36%和 1.49%[①]。

从各个时期总体变化情况来看，"六五"到"十五"期间，我国每 5 年的环境污染治理投资额分别为 166 亿元、477 亿元、1 307 亿元、3 600 亿元和 8 399 亿元。从环境污染治理投资占 GDP 的比重来看，"六五"到"十五"期间分别为 0.5%、0.74%、0.73%、0.93%和 1.19%[②]（表 1-3、图 1-7）。

表 1-3 改革开放以来我国环境污染治理投资情况

年份	环保投资/亿元	占当年 GDP 的比重/%	年份	环保投资/亿元	占当年 GDP 的比重/%
1981	25	0.52	"七五"期间	477.3	0.74
1982	28.7	0.55	1991	170	0.63
1983	30.7	0.53	1992	206	0.84
1984	33.4	0.48	1993	269	0.85
1985	8.5	0.47	1994	307	0.7
"六五"期间	166.3	0.5	1995	355	0.62
1986	73.9	0.86	"八五"期间	1 307	0.73
1987	91.9	0.76	1996	408	0.6
1988	99.9	0.81	1997	502	0.68
1989	102.5	0.72	1998	723	0.92
1990	109.1	0.65	1999	820	1.0
			2000	1 014.9	1.02

---

① 根据现行官方统计口径，由此在下文我们分析水环境保护投资情况时，都以水污染治理投资作为对象，来反映水环境保护投资总量和结构上的变化趋势。
② "十五"期间的占比数为按权重折算出来的数字。

年份	环保投资/亿元	占当年 GDP 的比重/%	年份	环保投资/亿元	占当年 GDP 的比重/%
"九五"期间	3 600.0	0.93	"十五"期间	8 399.3	1.19
2001	1 106.6	1.01	2006	2 566.0	1.22
2002	1 367.2	1.14	2007	3 387.6	1.36
2003	1 627.7	1.20	2008	4 490.3	1.49
2004	1 909.8	1.19	2009	—	—
2005	2 388.0	1.30			

资料来源：相关年份《中国统计年鉴》和《中国环境年鉴》。

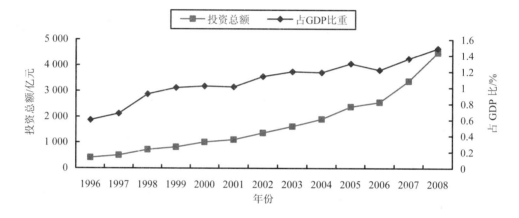

图 1-7　"九五"时期以来我国环境污染治理投资情况

具体到水环境保护，根据目前的统计口径，我们仅对环境污染治理当中与水污染治理相关的三部分投资进行汇总：① 城市环境基础设施建设当中的"排水"投资；② 老工业污染源治理当中的"废水治理"投资；③ 新建项目"三同时"环保投资（由于这部分投资用于水环境保护、大气环境和固体废物的部分难以有效区分，我们采用了总体数据，可能有些偏大）。

从 3 个部分汇总的数据可以看出：2000—2008 年，由上述三部分组成的水污染治理投资由 518.9 亿元增长到 2 837.3 亿元，9 年当中水污染治理投资额占到环境污染治理投资总额的 53.0%，在环境污染治理投资整体年均增长速度只有 20.4% 的情况下，水污染治理投资年均增长率达到了 23.7%，高出 3.3 个百分点（表 1-4）。

表 1-4　2000—2008 年我国水污染治理投资情况

年份	环境污染治理投资总额/亿元	环境污染治理投资占 GDP 比重/%	水污染治理投资额/亿元	水污染治理投资占环境污染治理投资比重/%	水污染治理投资占 GDP 比重/%
2000	1 014.9	1.02	518.9	51.1	0.52
2001	1 106.6	1.01	633.8	57.3	0.58
2002	1 367.2	1.14	736.2	53.8	0.61

年份	环境污染治理投资总额/亿元	环境污染治理投资占 GDP 比重/%	水污染治理投资额/亿元	水污染治理投资占环境污染治理投资比重/%	水污染治理投资占 GDP 比重/%
2003	1 627.7	1.20	796.1	48.9	0.59
2004	1 909.8	1.19	918.4	48.1	0.57
2005	2 388.0	1.30	1 141.8	47.8	0.62
2006	2 566.0	1.22	1 249.8	48.7	0.59
2007	3 387.6	1.36	1 973.5	58.3	0.79
2008	4 490.3	1.49	2 837.3	63.2	0.94

1.2.2.2　我国水环境保护投资结构

理论上，水环境保护包括水资源开发利用、水资源保护和水污染防治三部分，根据统计数据的可获得性和本研究的侧重点，与前面的总量分析一样，我们以水污染防治投资为对象进行结构分析。

（1）环境污染治理投资情况及水污染治理投资所占比重。2008 年，全国环境污染治理投资 4 490.3 亿元，其中，城市环境基础设施建设投资 1 801.0 亿元，老工业污染源治理投资 542.6 亿元，建设项目"三同时"环保投资 2 146.7 亿元。城市环境基础设施建设、老工业污染源治理和建设项目"三同时"环保投资所占比重分别为40.1%、12.1% 和 47.8%。

从发展趋势上看，2000—2008 年，在总体环境污染治理投资当中，城市环境基础设施建设投资所占的比重呈现"中—高—低"的变化趋势，由 2000 年的 50.8% 上升到 2003 年的 65.9%，到 2008 年又下降到 40.1%。而老工业污染源治理投资所占的比重总体呈现下降的趋势，由 2000 年的 23.6% 下降到 2008 年的 12.1%。相反，建设项目"三同时"环保投资所占的比重则一直呈现上升趋势，由 2000 年的 25.6% 上升到 2008 年的 47.8%（图 1-8）。

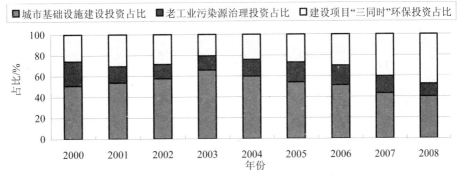

图 1-8　2000—2008 年我国环境污染治理投资结构

按环境要素分类,在整体的污染治理投资当中,水污染治理投资所占的比重最大。"十五"期间,我国水污染治理投资为 2 658 亿元,占总投资的 31.6%;大气污染治理投资为 2 359.1 亿元(包含燃气、集中供热),占总投资的 28.1%;固体废物治理投资为 681.6 亿元,占总投资的 8.1%;噪声治理投资为 83.7 亿元,占总投资的 1.0%;其他投资为 2 617.3 亿元,占总投资的 31.2%(图 1-9)。

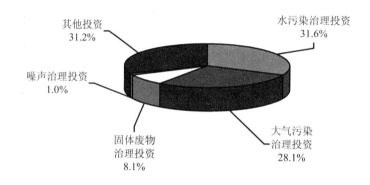

图 1-9 "十五"期间我国环境污染治理投资环境要素分类结构

(2)水污染治理的投资结构。2000—2008 年,城市环境基础设施建设中的"排水"投资平均占到水污染治理投资的 31.6%,工业污染源"废水治理"投资平均占 11.7%,建设项目"三同时"环保投资平均占 56.7%。从变化趋势上看,"排水"投资所占的比重在"十一五"时期以前是稳步上升的,进入"十一五"以后迅速下降,由 2005 年的 32.3%下降到 2008 年的 17.5%;"治理废水"投资所占的比重近十年来总体呈现下降趋势,由 2000 年的 21.1%下降到 2008 年的 6.9%;"三同时"环保投资所占的比重则在稳步上升,由 2000 年的 50.1%上升到 2008 年的 75.7%(表 1-5)。

表 1-5　2000—2008 年我国水污染治理投资结构

年份	我国环境污染治理投资总额/亿元	由三部分组成的水环境保护投资额		其中					
				城市排水		废水治理		"三同时"环保投资	
		绝对数/亿元	占比/%	绝对数/亿元	占比/%	绝对数/亿元	占比/%	绝对数/亿元	占比/%
2000	1 014.9	518.9	51.1	149.3	28.8	109.6	21.1	260	50.1
2001	1 106.6	633.8	57.3	224.5	35.4	72.9	11.5	336.4	53.1
2002	1 367.2	736.2	53.8	275	37.4	71.5	9.7	389.7	52.9
2003	1 627.7	796.1	48.9	375.2	47.1	87.4	11.0	333.5	41.9
2004	1 909.8	918.4	48.1	352.3	38.4	105.6	11.5	460.5	50.1
2005	2 388	1 141.8	47.8	368	32.2	133.7	11.7	640.1	56.1

年份	我国环境污染治理投资总额/亿元	由三部分组成的水环境保护投资额		其中					
				城市排水		废水治理		"三同时"环保投资	
		绝对数/亿元	占比/%	绝对数/亿元	占比/%	绝对数/亿元	占比/%	绝对数/亿元	占比/%
2006	2 566	1 249.8	48.7	331.5	26.5	151.1	12.1	767.2	61.4
2007	3 387.6	1 973.5	58.3	410	20.8	196.1	9.9	1 367.4	69.3
2008	4 490.3	2 837.3	63.2	496	17.5	194.6	6.9	2 146.7	75.7
年均增长/%	20.4	23.7	53.0*	16.2	31.6*	7.4	11.7*	30.2	56.7*

注：* 为 2000—2008 年的平均比重。

在水污染治理投资总体保持年均增长 23.7%的情况下，"排水"投资由 2000 年的 149.3 亿元增长到 2008 年的 496 亿元，年均增长 16.2%；"废水治理"投资由 109.6 亿元增长到 194.6 亿元，年均增长 7.4%；"三同时"环保投资由 260 亿元增长到 2 146.7 亿元，年均增长 56.7%。而且从图 1-10 中可以看出，在 2005 年以前城市排水、废水治理和"三同时"环保投资的增长幅度大致相同，2005 年后建设项目"三同时"环保投资急剧增加，增长幅度远远高于其他两部分。

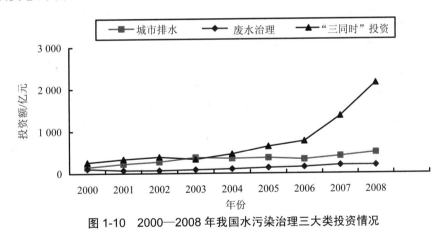

图 1-10　2000—2008 年我国水污染治理三大类投资情况

（3）城市环境基础设施建设投资用于水污染治理的基本情况。在城市环境基础设施建设当中，燃气、集中供热、排水、园林绿化和市容环境卫生等所占的比重互有消长，平均分别为 11.8%、15.1%、30.7%、31.5%和 10.9%。具体而言，"燃气"投资所占比重逐步下降，"园林绿化"和"集中供热"所占比重在逐步提高，"市容环境卫生"投资所占比重年度间变化比较大（表 1-6）。

表 1-6　2000—2008 年我国城市环境基础设施建设具体投资结构

年份	投资总额/亿元	燃气		集中供热		排水		园林绿化		市容环境卫生	
		绝对数/亿元	占比/%	绝对数/亿元	占比/%	绝对数/亿元	占比/%	绝对数/亿元	占比/%	绝对数/亿元	占比/%
2000	515.5	70.9	13.8	67.8	13.2	149.3	29.0	143.2	27.8	84.3	16.4
2001	595.7	75.5	12.7	82.0	13.8	224.5	37.7	163.2	27.4	50.6	8.5
2002	789.1	88.4	11.2	121.4	15.4	275.0	34.8	239.5	30.4	64.8	8.2
2003	1 072.4	133.5	12.4	145.8	13.6	375.2	35.0	321.9	30.0	96.0	9.0
2004	1 141.2	148.3	13.0	173.3	15.2	352.3	30.9	359.5	31.5	107.8	9.4
2005	1 289.7	142.4	11.0	220.2	17.1	368.0	28.5	411.3	31.9	147.8	11.5
2006	1 314.9	155.1	11.8	223.6	17.0	331.5	25.2	429.0	32.6	175.8	13.4
2007	1 467.8	160.4	10.9	230.0	15.7	410.0	27.9	525.6	35.8	141.8	9.7
2008	1 801.0	163.5	9.1	269.7	15.0	496.0	27.5	649.8	36.1	222.0	12.3
年均增长/%	16.9	11.0	11.8*	18.8	15.1*	16.2	30.7*	20.8	31.5*	12.9	10.9*

注: * 为 2000—2008 年的平均比重。

　　与水污染治理相关的"排水"投资所占比重平均为 30.7%,并且自进入"十五"期间以来,其比重一直呈现下降趋势,由 2001 年的 37.7% 下降到 2008 年的 27.5%。绝对投资额由 2000 年的 149 亿元增长到 2008 年的 496 亿元,年均增长 16.2%,大致与城市环境基础设施建设投资的增长率持平(16.9%),低于"集中供热"和"园林绿化"投资的增长率,而显著高于"燃气"和"市容环境卫生"投资的增长率(图 1-11)。

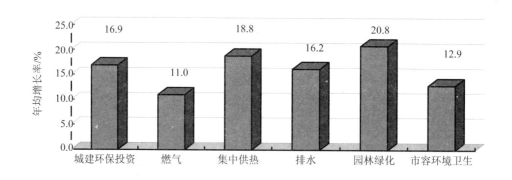

图 1-11　2000—2008 年城市环境基础设施建设投资年均增长情况

　　(4)老工业污染源治理投资用于水污染治理的基本情况。2000—2008 年,在老工业污染源治理投资当中,废水治理、废气、固体废物、噪声和其他治理投资所占比重平均分别为 36.8%、43.8%、6.2%、0.5% 和 12.8%。具体而言，"废水治理"投资的占比呈现缓慢下降趋势，由 2000 年的 45.8% 下降到 2008 年的 35.9%，而废气治理的投资占比则呈现缓慢上升趋势，其他方面的投资占比虽然在不同年度间有波动，但总体没有明显变化（表 1-7）。

表 1-7　2000—2008 年我国老工业污染源治理投资结构

年份	投资总额/亿元	治理废水		治理废气		治理固体废物		治理噪声		其他治理	
		绝对数/亿元	占比/%	绝对数/亿元	占比/%	绝对数/亿元	占比/%	绝对数/亿元	占比/%	绝对数/亿元	占比/%
2000	239.4	109.6	45.8	90.9	38.0	11.5	4.8	1.3	0.5	26.1	10.9
2001	174.5	72.9	41.8	65.8	37.7	18.7	10.7	0.6	0.3	16.5	9.5
2002	188.4	71.5	38.0	69.8	37.0	16.1	8.5	1.0	0.5	30	15.9
2003	221.8	87.4	39.4	92.1	41.5	16.2	7.3	1.0	0.5	25.1	11.3
2004	308.1	105.6	34.3	142.8	46.3	22.6	7.3	1.3	0.4	35.7	11.6
2005	458.2	133.7	29.2	213	46.5	27.4	6.0	3.1	0.7	81	17.7
2006	483.9	151.1	31.2	233.3	48.2	18.3	3.8	3.0	0.6	78.3	16.2
2007	552.4	196.1	35.5	275.3	49.8	18.3	3.3	1.8	0.3	60.7	11.0
2008	542.6	194.6	35.9	265.7	49.0	19.7	3.6	2.8	0.5	59.8	11.0
年均增长/%	10.8	7.4	36.8*	14.3	43.8*	7.0	6.2*	10.1	0.5*	10.9	12.8*

注：* 为 2000—2008 年的平均比重。

从投资增长情况来看，2000 年以来中国老工业污染源治理投资的增长率并不高，年均只有 10.8%。而"治理废水"投资年均增长率为 7.4%，明显低于工业污染源治理总体的投资增长率。"治理废气"的投资年均增幅达到 14.3%，为所有类别当中的最高增幅。"治理固体废物"的投资年均增长率为 7.0%，其他工业污染源治理投资的年均增长率为 10.9%（图 1-12）。

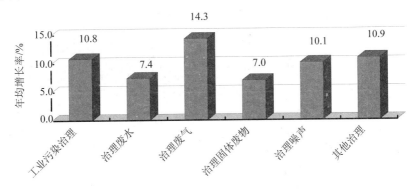

图 1-12　2000—2008 年工业污染源治理投资年均增长情况

（5）建设项目"三同时"环保投资结构。2000—2008 年（表 1-8），建设项目"三同时"环保投资由 260 亿元增长到 2 146.7 亿元，年均增长 30.2%。其中，2000—2007年，实际执行的建设项目"三同时"环保投资年均增长 26.8%，其中新建项目"三同时"环保投资年均增长 30.2%，扩建项目环保投资年均增长 24.0%，技改项目环保投资年均增长 21.1%。

表 1-8 2000—2007 年实际执行建设项目"三同时"环保投资结构

年份	投资总额/亿元	新建项目环保投资		扩建项目环保投资		技改项目环保投资	
		绝对数/亿元	占比/%	绝对数/亿元	占比/%	绝对数/亿元	占比/%
2000	260	145.6	56.0	64.7	24.9	39.4	15.2
2001	336.4	238.2	70.8	52.1	15.5	46.5	13.8
2002	389.7	238	61.1	67	17.2	84.7	21.7
2003	333.5	220.1	66.0	56.7	17.0	56.7	17.0
2004	460.5	326.2	70.8	68.8	14.9	65.5	14.2
2005	640.1	467.1	73.0	111.1	17.4	61.9	9.7
2006	767.2	584.9	76.2	91.8	12.0	90.5	11.8
2007	1 367.4	924.8	67.6	292.3	21.4	150.3	11.0
年均增长/%	26.8	30.2	67.7*	24.0	17.5*	21.1	14.3*

注：* 为 2000—2007 年的平均比重。

从"三同时"环保投资各部分的占比来看，2000—2007 年，新建项目投资平均占到总投资的 67.7%，扩建项目投资平均占 17.5%，技改项目投资平均占 14.3%（图1-13）。就变化趋势而言，三类投资增长率年度间变化比较大，但没有呈现出明显的上升或下降趋势，这主要是由于不同年度项目安排的结构不同所致。

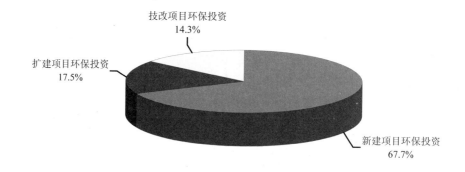

图 1-13 2000—2007 年建设项目"三同时"环保投资结构

1.2.2.3　我国水环境保护融资渠道

当前，我国水环境保护的融资渠道主要包括：政府融资、企业融资和社会化资本投入 3 个部分：① 政府融资渠道。一般来说，政府的融资渠道比较稳定，资金额有保障，只是不同年份投资额、投资方向会随国家政策的变化而有所变动。中央政府主要投资于跨区域项目和一些具有战略意义的基础设施、基础条件建设。地方政府是污水处理基础设施建设的主要投资主体。对于地方政府而言，自筹资金和接受中央政府转贷是其主要的资金来源。② 企业融资渠道。根据企业资本性质，可以大体分为内资企业和外资、港台企业两大类。目前，活跃在我国污水领域的外资企业主要通过合资、收购和 BOT 等方式进行污水领域的融资。③ 社会化资本投入渠道。通过财政资金投入的引导和示范效应拉动社会资金投入水环境保护。其中的政策措施主要包括：提高污水处理价格，搭建融资平台，拓宽融资来源；创新污水处理厂建设和运营模式，引入社会资金投入；大力发展其他投融资方式，进一步拓宽融资渠道等。

改革开放以来，由于在经济体制转轨的过程中，政府与市场的职能和作用边界不断进行动态调整，我国在环境保护方面的投资渠道也不断发生变化。以工业污染源治理项目投资为例，2005 年以前，投资来源渠道按照"环保专项资金"、"国家预算内资金"和"其他资金"来进行统计，其中"其他资金"又进一步细分为"企业自筹"、"国内贷款"和"利用外资"等项目。

从 2006 年开始，统计口径又根据形势变化作了进一步调整，投资来源渠道按照"排污费补助"、"政府其他补助"和"企业自筹"三部分来统计，其中"排污费补助"在口径转换时对应原"环保专项资金"，"政府其他补助"对应原"国家预算内资金"，"企业自筹"则把原"其他资金"中的"企业自筹"、"国内贷款"和"利用外资"等部分统计在内。这里以工业污染源治理投资为例，对环境保护投资的资金来源结构情况作一个简要的分析。

根据对统计数据的分析，我国老工业污染源治理投资的资金来源当中，"排污费补助"一直增长不快，2000—2008 年，绝对数最大的年份才 20.6 亿元，所占比重最高的年份为 2003 年，也只占到 5.6%，2008 年降至最低（只有 1.6%）。"政府其他补助"用于工业污染源治理投资的规模也在逐步萎缩，2000 年和 2008 年投入的绝对数分别为 33.1 亿元和 13.6 亿元，所占比重分别为 13.8%和 2.5%。企业自筹资金占整个工业污染源治理投资的比重则由 2000 年的 81.5%上升到 2008 年的 95.9%，承担了绝大部分的筹资责任（表 1-9）。

表 1-9 2000—2008 年老工业污染源治理投资的资金来源情况

年份	投资总额/亿元	排污费补助[①]		政府其他补助[②]		企业自筹[③]					
						绝对数/亿元	占比/%	国内贷款		利用外资[④]	
		绝对数/亿元	占比/%	绝对数/亿元	占比/%			绝对数/亿元	占比/%	绝对数/亿元	占比/%
2000	239.4	6.7	2.8	33.1	13.8	195	81.5	12.6	5.3	9.2	3.8
2001	174.5	8.3	4.8	36.3	20.8	129.8	74.4	67.1	38.5	7.2	4.1
2002	188.4	6.8	3.6	42	22.3	139.6	74.1	43.6	23.1	7.2	3.8
2003	221.8	12.4	5.6	18.8	8.5	190.7	86.0	25.1	11.3	6.8	3.1
2004	308.1	11.1	3.6	13.7	4.4	283.7	92.1	29	9.4	4.6	1.5
2005	458.2	20.6	4.5	7.8	1.7	429.8	93.8	39	8.5	7.1	1.5
2006	483.9	14.3	3.0	15.5	3.2	454.2	93.9	30.1	6.2	—	—
2007	552.4	10.8	2.0	15.7	2.8	526.0	95.2	38.3	6.9	—	—
2008	542.6	8.8	1.6	13.6	2.5	520.1	95.9	30.7	5.7	—	—

注：① 2005 年前统计口径对应为"环保专项资金"。

② 2005 年前统计口径对应为"国家预算内资金"。

③ 2005 年前统计口径对应为"其他资金"。

④ 2006 年统计口径调整后，统计表中没有此项数据。

统计分析也表明，近几年来，企业在工业污染源治理方面的投入更多地转向了利用自有资金，国内贷款的比重在 2001 年和 2002 年达到峰值以后就开始逐步下降，2008年国内贷款比例仅占总投资的 5.7%（图 1-14）。

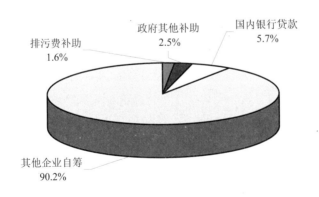

图 1-14 2008 年工业污染源治理投资的资金来源结构

1.2.3 对我国水环境保护投融资现状的基本判断

围绕各个时期的国家环境战略部署，环境保护投融资体制也在持续不断地进行调整，水环境保护投融资政策也相应经历了发展变化、调整完善的过程。综合判断，目前我国水环境保护投融资主要呈现出以下几个特点。

1.2.3.1　国家财政仍是水环境保护投融资的重要主体

财税作为重要的经济调控手段，在国民收入分配和资源配置中发挥着主导性作用，对于生态建设和水资源环境的配置，财税也具有同等重要的调控作用。在水环境保护资金来源当中，虽然在工业污染源治理等一些领域，企业自筹资金比例有所提高，但总体来看，国家财政资金仍是水环境保护的重要资金来源。特别是在水资源保护、流域水污染防治等领域，政府投入仍然保持着主体地位。以辽河流域沈阳段为例，自2002 年以来沈阳市共投入 57 亿元用于辽河流域水污染治理。其中，中央投资 4.8 亿元，省级投资 3 亿元，地方政府投资 41.58 亿元，社会资金仅为 5.26 亿元，财政投入占到了总投入的 90.8%。

除了财政直接投入和政府担保贷款以外，中央政府发行国债或代行地方发债也是水环境保护的重要融资渠道。以 1998 年为例，当时结合实施积极的财政政策，中央政府在城市环保设施方面的财政专项投资高达 224 亿元，其中增发国债资金就达到134 亿元。另外，各地为解决水环境保护资金短缺的难题，纷纷开征污水处理费，用于城市污水处理设施的建设和运营，这也大大加快了城市污水处理的进程。

1.2.3.2　企业水环境保护投入所占比重逐步上升

"九五"期间以来，工业废水和城市污水处理资金的来源结构发生了很大变化，企业自筹资金所占比重逐步提高。以工业污染源治理为例，2000 年以来，企业自筹资金的比例一直保持在 70%以上，2008 年企业自筹资金的比例高达 95.9%，而"排污费补助"和"政府其他补助"两项合计只占 4.1%。城市污水处理投入方面，企业自筹资金比例也在不断上升（图 1-15）。

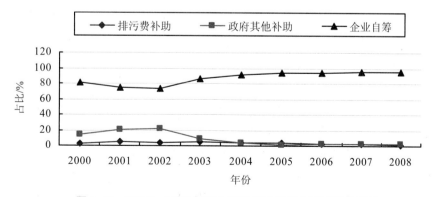

图 1-15　2000—2008 年工业污染源治理资金来源结构变化

这种变化主要源于水环境保护投融资政策思路的调整。国家计委、建设部和国家环保总局 2002 年 9 月共同发布的《关于推进城市污水、垃圾处理产业化发展的意见》明确提出："现有从事城市污水、垃圾处理运营的事业单位，要在清产核资、明晰产权的基础上，按《公司法》改制成独立的企业法人。暂不具备改制条件的，可采用目标管理方式，与政府部门签订委托经营合同，提供污水、垃圾处理的经营业务。"在该文件的指引下，水环境公用设施市场化步伐大大加快，政府为解决水污染治理的资金缺乏难题，积极推进污水处理产业化、市场化，吸引了大量社会资本进入水务行业。

1.2.3.3 利用外资对我国水环境保护事业发展起到了巨大的推动作用

"八五"和"九五"期间，中国环境保护利用外资进展很快，国际金融组织和外国政府贷款也注重向环境保护领域倾斜。据统计，"八五"期间中国环境保护利用外资达 11.77 亿美元，而"九五"期间这一数字提高到 50 亿美元。早期受国外资助的城市污水处理和流域综合治理项目在得到资金支持的同时，也学习引进了许多先进的管理经验和环保技术，对于水环境保护起到了巨大的推动作用。

1.2.3.4 水环境保护投融资政策和机制探索不断取得新进展

在长期对水环境保护投融资进行探索研究的基础上，近几年我国在水环境保护的投融资机制创新，特别是市场化运作、金融手段运用等方面有了新的突破，为下一步相关体制机制改革打下了良好的基础。

（1）在水环境投融资体制构建方面，探索尝试各种市场化运作模式，整合政府、金融和企业等各方力量，拓宽融资渠道，提高投融资效率。综合运用国债、企业债券、基金、股票等各种市场力量，推进水环境保护投融资市场建设，推动建立水环境保护事业健康发展的长效机制。

（2）在绿色信贷和绿色证券方面，在前期理论研究和应用试点的基础上，2007年 7 月国家环保总局等三家单位联合出台了《关于落实环境保护政策法规　防范信贷风险的意见》，对不符合产业政策或环境违法企业、项目进行信贷控制，促进强化对水环境违法行为的经济制约和制裁。通过建立绿色证券机制，在上市融资、再融资等环节，加强审核把关，通过加强经济手段调节，使社会资本在水环境保护领域实现有序进入、良性循环。

（3）对资产证券化、环境污染责任保险等方面进行了研究与探索。目前，资产证券化融资（ABS）已开始了试点，环保基金也在水环境保护领域得到运用。原国家环保总局已与保监会建立合作机制，在有条件的地区和环境危险程度高、社会影响大的行业，联合开展绿色保险制度试点，稳步推进环境风险责任强制保险的相关立法。

（4）"BOT"等模式的成功运用有效推动了环保项目的加快实施。面对我国环境保护产业的良好发展前景和巨大的市场，包括外资在内的市场资金积极进入，一些较为先进的市场化运作和管理模式，先后在污水处理等项目建设中成功推广，大大加速了环保规划项目的实施进程，水务行业作为一个新兴产业呈现出了良好的发展态势。

（5）城市环境基础设施建设投融资方面不断取得新的经验。重点体现在：一是运用银行信贷、债券、信托投资基金等多种金融手段，筹集社会资金。政府则在项目综合开发、土地批租、财政贴息、担保、上市等方面给予扶持，以城市开发的综合收益来偿还银行贷款。二是发行市政性质的企业债或公益债券。选择具备实力的城市综合开发企业为水环境保护项目融资，政府对发债企业给予担保或贴息，在城市综合开发方面予以优先授权。三是实施资金集合信托计划。通过设立环境公益信托基金、环境项目的商业信托基金以及银行多方委托贷款等方式，发挥基金的杠杆作用，推动水环境保护专业化、社会化和市场化发展。

（6）积极开展排污权交易试点。在有效实施污染物总量控制的基础上，在多个地方试行排污权交易，探索实现污染治理的市场化运作模式，通过试点起到了以市场交易手段配置污染治理资金的作用，为下一步继续扩大交易范围和规模创造了条件。

另外，在中小企业污染防治融资方面，国家在"中小企业发展基金"中建立了"中小企业污染防治专项基金"，用于中小企业污染防治的补助和贷款贴息。探索设立中小企业污染治理专业投资公司，允许用排污费质押、租赁等手段为中小企业融资，进一步扩大中小企业在污染防治方面的融资渠道，促进降低水环境保护融资成本。

1.2.4　我国水环境保护投融资存在的主要问题及原因分析

我国水环境保护投融资机制经过长时期的改革调整，虽然也取得了一些进展，但投融资政策体系整体上仍然滞后于形势发展与实际工作的需要。制约我国水环境保护的体制机制性障碍依然存在，水权制度、水资源管理体制、水价形成机制、水环境保护投融资政策、水资源开发和生态补偿机制等方面都存在一些亟待改进的地方。

1.2.4.1　水污染防治投资总量不足，水环境保护仍然滞后于经济社会发展

根据国际经验，当环境投资占国民生产总值的比例达到 1%～1.5%时，才能基本控制住环境污染；比例提高到 2%～3%时，才能较有效地改善环境质量（表 1-10）。中国环境科学研究院的研究也表明，如果要使我国环境质量有明显改善，环境保护投资需占 GNP 的 2%以上；环境问题要基本得到解决，环境保护投资需占 GNP 的 1.5%左右；环境污染要基本得到控制，环境保护投资也需占到 GNP 的 1%。

表 1-10　1990 年一些发达国家对环境公共设施的投入情况

国　　别	政府公共环境设施投入占国家国民生产总值的份额/%	政府公共环境设施投入占国家固定资产投入的份额/%	政府公共环境设施投入占国家环境污染投入的份额/%
美　国	1.4	3.4	41.2
日　本	2.6	3.0	86.7
德　国	2.1	3.5	60.0
法　国	0.7	1.1	63.6
荷　兰	1.0	2.3	43.5
葡萄牙	1.0	1.6	62.5

资料来源：世界银行报告，1994。

自 20 世纪 80 年代以来，我国的环境保护投资虽在不断增长，但与经济总量相比仍显不足。"八五"期间，我国环境污染治理投资的绝对量和相对比重指标都没有完成计划目标。"九五"期间环境保护规划投资总额为 4 500 亿元，占 GDP 的 1.3%，而实际环境保护投资却只有 3 600 亿元，比规划数少了 900 亿元；只占同期 GDP 的 0.93%，比规划数低了 0.37 个百分点。"十五"期间我国环境保护投资总额为 8 399.3 亿元，只占同期 GDP 的 1.19%。

具体到水污染防治方面，"十五"期间水污染治理投资计划为 2 700 亿元，由于筹措渠道不畅，资金到位比较晚，治污工程建设滞后，以至于难以达到水污染防治的目标。按照水污染防治"十五"计划的投资安排，淮河、辽河流域应分别投入 255.9 亿元和 188.4 亿元，但一直到"十五"末期，两个流域还分别有 111.3 亿元和 124.4 亿元没有落实，占应投资金的 43.5% 和 66.1%。虽然，近几年我国的水环境保护投资水平与以往相比已经有了很大程度的增长，但是投资规模仍然不能满足实际需求，资金投入总量占 GDP 的比重远低于一些发达国家的水平。长期的历史欠账，加上新的资金规划难以有效落实，导致水环境保护严重滞后于经济社会发展。

1.2.4.2　政府与市场职能作用边界、各级政府的水环境事权责任划分不清晰

水环境相关事权和支出责任明晰是相应投融资制度建设的基石。水污染防治和水环境保护具有明显的外部性特征，明确政府与市场的作用范围和边界，进行政府间事权和支出责任划分尤为关键。当前存在的问题首先是政府与市场作用边界不清。现行水环境保护法律法规体系没有明晰政府、企业和个人之间的环境事权和投融资责权，缺乏有效的投入产出与成本效益核算机制，污染治理责任过多地由政府承担，企业和个人大量免费使用环境资源、环境公共物品和环境设施，没有或过少地承担相应的责任、成本和风险。

另外，流域的上下游之间、中央和地方各级政府之间事权划分不清，没有形成分

类分级的事权、支出责任划分明细目录。使得在水环境保护方面，财政投入和社会资金参与都缺乏相关的理论基础和制度设计，财政资金投入存在严重的"越位"和"缺位"现象。另一方面，由于经济利益驱动，社会资本往往流向"配套基础设施完善、污水处理收费标准高"的下游地区和经济发达城市；而上游地区和经济欠发达城市，不但当地政府投入能力严重不足，所能吸引的民间资本也非常少，导致污水处理能力长期偏低，影响到整个流域水污染防治的效果。以 2007 年为例（图 1-16），工业废水排放达标率全国为 91.7%，其中，东部为 93%，中部为 92.8%，西部为 88.3%，东北地区为 89.7%。城市污水处理率全国为 62.9%，东部为 69.4%，中部为 60.1%，西部为 55.5%，东北地区为 50.1%。由此可以看出，不同流域和不同地区在水污染防治政策效果、目标实现上的差距。

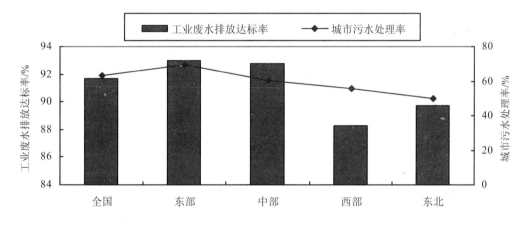

图 1-16 2007 年全国工业废水排放达标率和城市污水处理率

1.2.4.3 多元化的投融资机制仍未有效形成，融资体系结构和功能尚需完善

水环境保护的投融资机制应该与市场经济体制相协调，并主要依靠市场化手段解决融资问题，这是公认的趋势也已为实践所证明。目前，我国原政策设定的传统融资渠道在逐渐萎缩，而水环境保护的市场化融资渠道未能有效形成。

在原来的 8 条投融资渠道当中，城市环境基础设施建设、工业污染源治理和建设项目"三同时"环保投资 3 个融资渠道还算顺畅，其他渠道都已起不了多大的作用。近年来，虽初步形成了由多元投资主体、多种渠道组成的投融资格局，但从各投资主体和渠道对水环境保护投入的贡献来看，除了有限的政府财政资金、尚不健全的环境相关收费和企业自筹资金等渠道外，其他投资主体和融资手段的作用还未能充分发挥出来，大量闲散的社会资金仍然无法或不愿意进入水环境保护领域，这种状况严重制约了水环境保护事业的发展。

合理的收费体系是水务行业市场化运行的前提条件。有关数据表明，美国和英国等市场经济国家，60%以上的水污染治理资金来自私人部门。目前，我国城市污水处理设施建设的投资主体仍然是各级政府，其资金主要来源于城市建设维护税、地方财政拨款和征收的污水处理费。大部分地区的水价仅考虑了供水成本，而未充分体现污水排放、收集和处理的费用成本，致使治污工程建设及运行缺少稳定足够的资金支持，形成污水处理厂大量兴建、管网无钱配套、设施无法运转的局面。我国水资源价格、自来水价格、污水处理费、排污费等普遍偏低，非但不能促进节约用水和有效防污，反而刺激了对水的粗放使用和污染物的排放。

表 1-11　一些 OECD 国家政府与企业在环保投入中所占的份额

国家	政府与公益性组织		企业	
	1985 年	1990 年	1985 年	1990 年
美　国	0.35	0.41	0.65	0.59
日　本	0.85	0.90	0.15	0.10
德　国	0.54	0.60	0.46	0.40
法　国	0.54	0.60	0.33	0.36
荷　兰	0.69	0.43	0.31	0.57

1.2.4.4　鼓励社会化资本投入水环境保护的政策体系不完善，执行效果不够理想

现行的水污染防治政策体系比较重视政府机构在水污染防治中发挥重要作用，即强制性政策的制定，但对企业和公众参与水污染治理没有明确的政策指引和导向，强制性的政策手段比较多，经济性调节政策、鼓励性政策、自愿性政策手段比较少。比如，现行鼓励水污染治理的社会化投融资政策，较重视提出投资要求，但对于赋予相关责任方投资能力的配套政策建设方面存在欠缺。导致现阶段水污染治理领域的社会投资，多是真正的社会化资金以及以地方政府融资平台所获得的银行信贷为主的"社会化"资金投入到城镇污水处理厂建设领域；而建设项目"三同时"领域和老工业污染源治理领域除本企业自筹资金外，所获得来源于其他社会主体的投资、信贷等方面的社会资金支持非常少，如果能够放开这方面的社会化投融资，那么可以对企业工业水污染治理领域投资的支持大大加强，而且还可以同时催生工业水污染处理产业，也相当于引进了较大规模的社会化资金。如果通过制度创新，使得金融机构能够通过合法、合理、有效的方式将这部分资金用于支持企业，而企业既能够将此资金用于城镇污水处理厂建设，又能够将资金用于工业水污染治理，把收益和风险由政府投融资平台转移给了社会。

1.2.4.5　水环境保护管理运营水平相对偏低，资金使用效率仍然不高

在水环境基础设施领域，我国长期采用的是政府投资建设、事业单位管理运营的模式，这种政府垄断模式从制度上排挤竞争，整体的管理运营水平和资金使用效率还不高。在工业污染源治理方面，大部分污染企业都是自行建设、自我运营管理，没有充分利用专业力量进行运营管理。个别排污单位出于私利考虑，采取污染治理设施空转、停转、减少污染治理药剂投放量等方式，违法排放污染物，使国家、企业投入大量资金兴建的污染治理设施形同虚设，环保资金投入没有发挥其应有的效用。以"九五"期间为例，我国工业废水治理投资年均增长率达 34.1%，2000—2007 年废水处理设施运行费用年均增长 18.2%，而废水处理量和达标排放率并没有出现预期的同步增长，2000—2007 年废水处理量年均增长仅为 9%左右；直接排入海中的工业废水 2000年为 8.2 亿 t，2007 年反而增加到 15.7 亿 t，增长了将近一倍。

表 1-12　2000—2008 年我国废水排放及处理情况

指标		2000 年	2001 年	2002 年	2003 年	2004 年	2005 年	2006 年	2007 年	2008 年
废水排放总量/亿 t		415.2	432.9	439.5	459.3	482.4	524.5	536.8	556.8	571.7
其中	生活污水排放　排放量/亿 t	220.9	230.2	232.3	247	261.3	281.4	296.6	310.2	330
	生活污水排放　占比/%	53.2	53.2	52.9	53.8	54.2	53.7	55.3	55.7	57.7
	工业废水排放　排放量/亿 t	194.2	202.6	207.2	212.3	221.1	243.1	240.2	246.6	241.7
	工业废水排放　占比/%	46.8	46.8	47.1	46.2	45.8	46.3	44.7	44.3	42.3
工业废水直接入海/亿 t		8.2	8.6	9.8	11.5	14.1	15.2	13.2	15.7	—
废水治理设施/套		64 453	61 226	62 939	65 128	66 252	69 231	75 830	78 210	—
当年运行费用/亿元		132.5	195.8	181.1	196.5	244.6	276.7	388.5	428.0	—

资料来源：相关年份《中国统计年鉴》和《中国环境年鉴》。

2002 年审计署的一份报告显示，全国 9 省区 37 个国债环保项目中，只有 9 个按计划完工并且达到了要求，仅占全部项目的 24%。2004 年，全国共设有 637 座城市污水处理厂，设计污水处理能力为每日 4 255 万 t。按照已运行污水处理厂的设计处理能力计算，我国城市生活污水处理率可达到国家"十五"期间 45%的计划目标。

但由于管网配套投入不足、收费政策不落实等原因，全年实际处理城市生活污水 85.8 亿 t，城市生活污水处理率仅为 32.3%，低于目标值 12.7 个百分点。在有限的资金投入情况下，低效的资金使用对于水环境保护犹如雪上加霜。

总体来看，上述这些问题是在我国经济体制转轨、经济总量较长时期快速增长的背景下所遇到的矛盾和挑战。其中，既有认识不到位、对水污染治理投资的重视不够等主观原因，也有排污收费标准偏低、税收政策鼓励力度不够、相关鼓励执行可操作性不强等法律法规和政策层面的因素。既有改革和制度建设滞后的原因，也是历史上各种矛盾长期积累的结果，且大多属于前进和发展中的问题，也只有通过深化改革、加快发展、不断创新来加以解决。因此，建立完善的水环境保护投融资政策体系，有效疏通投融资渠道，提高资金使用效率，是当前我国水环境保护所面临的一项重要任务和重大挑战。

1.3 国外水环境保护投融资比较与借鉴

我国目前正处于工业化、城市化加速推进阶段，环境资源压力日益增加。水环境保护所面临的诸多困难当中，资金投入不足问题尤其突出。从一些发达国家所走过的历程来看，解决水污染问题、合理开发利用水资源和保护水环境需要大量、持续的资金投入，投融资机制建设则是有效开展水环境保护的关键环节。因此，对发达国家水环境保护投融资的成功经验进行分析比较，对改进和完善我国水环境保护的投融资政策体系有重要的借鉴意义。

1.3.1 一些国家水环境保护投融资的主要做法

这里我们选择美、日、德、法、英五国作为案例进行比较分析，简要归纳其在环境保护特别是水环境保护方面的基本做法。

1.3.1.1 美国

美国负责水环境管理的主要机构是美国国家环境保护局（USEPA）。在美国国家环境保护局下设有专门的水管理办公室（Office of Water），负责全美的水资源保护与开发、饮用水供给管理、污水排放、水科学技术研究、湿地及海洋环境的维护等。水管理办公室将全美划分为 10 个辖区，在各个辖区内根据各州的实际设置各自的水管理体系。美国国家环境保护局设有首席财政官办公室（Office of Chief Financial Officer），负责相关财政预算工作。

（1）美国水环境保护投融资的立法历程。美国水环境保护投融资制度建设经历了长期的发展演变过程。1899 年颁布的《垃圾条例》（*Refuse Act*），被认为是美国进行水环境保护的发端；第一部明确处理水污染问题的立法是 1948 年的《水污染控制法》（*Water Pollution Control Act*），该法允许联邦政府为市政机构提供贷款，用于建设污水处理设施。

20 世纪 50 年代之前，美国饮用水和污水处理基础设施建设的投资几乎全部来自地方政府或私人部门。1956 年《水污染控制法修正案》明确联邦政府通过拨款等方式负担市政污水处理建设费用的 55%，至此，联邦政府开始向环保基础设施提供财政支持，并且重点是污水处理项目，饮用水方面的投资相对较少。1965 年的《水质条例》又延续了这一财政支持政策。

1972 年，美国联邦政府在《清洁用水法》修订案中加入"污水拨款计划"（美国把公共污水处理设施、下水道和流域水环境整治统称为"清洁水领域"）。之后，联邦政府通过转移支付等手段，从公共财政预算中向各州和地方政府提供了大量资金，用于清洁水项目的建设。同年《联邦水污染控制法》要求联邦政府加大对市政污水处理的财政支持力度，在投资总量有所增加的同时，污水处理设施建设费用的联邦资助比例由原来的 55% 提高到 75%。

进入 20 世纪 80 年代以后，联邦政府支持污水处理设施建设等方面的方式开始发生转变。1981 年的《市政污水处理建设基金修正案》对市政污水处理的联邦资助比例调减为 55%，随后 4 年拨款额减少到每年 24 亿美元。1987 年的《水质条例》改变了延续多年的联邦财政支持方式，对市政污水的处理由联邦拨款调整为通过州级周转信贷资金支持。1990 年，根据《清洁用水法》（1987 年）的修订，美国国会决定停止建设拨款项目（除哥伦比亚地区、维尔京群岛和外太平洋群岛外），由清洁水州立滚动基金提供贷款。州政府以清洁水州立滚动基金为支持可发行杠杆债券，市政当局也可以发行市政债券。

通过完善的法律制度规定，在水环境保护方面美国政府与市场的作用边界比较清晰。联邦、州和地方政府主要做好环境基础设施建设的规划设计、统筹安排、资金总体筹措等工作；私人部门则在政府的政策引导下，投资于适合市场化运行的相关产业发展。政府主导与市场机制有效协调与成功合作，美国的 Rouge 河道走廊的治理就是一个很好的典范。

（2）美国水环境保护投融资的基本情况。美国的环境保护投入以国会所通过的环境法案为基本依据。1972 年美国用于污染控制的总费用约占 GDP 的 1.5%；进入 20 世纪 90 年代，污染控制的总费用接近 GDP 的 2%。美国国家环境保护局的年度预算在整个联邦环境保护预算中的比重保持相对稳定的趋势，平均为 7%~8%。EPA 刚成立时每年经费为 13 亿美元，从 1996 年开始，经费预算逐年增加，到 2001 年已经由 1996 年的 62.81 亿美元增加到 72.57 亿美元。目前，美国环保产业的资金筹集主要有以下几种方式：

☞ 联邦和州政府的财政支持：联邦政府对水环境保护的支出（包括对清洁水项目的支出）都是来自公共财政预算（主要是个人所得税）。首席财政官办公室每年统一进行各项环保事业的预算，提出年度预算报告，报告中以资金投入后所要达到的目标为主体，在所列各项目标中分别说明预计投入资金总量、前一年实际投入资金总量以及在本年度预计达到的目标。联邦政府通过建立"超级基金"，对环保项目进行转移支付，支持推动环保事业发展。转移支付机制从内容上可分为技术支持、设施建设、系统完善、特殊地区帮助（印第安人地区和美墨边境地区等）等类别；从执行部门上看，国家环境保护局、农业部、内务部、国家海洋与大气管理局、地质勘查局、商务部、住房与城市发展部、卫生部等部门都掌握有资金用于环保项目。

表 1-13　1970—2001 年美国联邦政府对环境保护的转移支付①

单位：亿美元

年份	联邦对州和州以下政府转移支付总额	对环境和资源项下的转移支付额	环境和资源项下给美国环保局的拨款额	环境和资源项下拨款占转移支付总额的比例/%
1970	240.65	4.1	1.94	1.71
1980	913.85	53.63	46.03	5.87
1990	1 353.25	37.45	28.74	2.77
1995	2 249.91	41.48	29.12	1.84
1998	2 461.28	37.58	27.46	1.53
1999	2 670.81	41.03	29.6	1.54
2000	2 846.59	45.95	34.9	1.61
2001	3 162.65	50.92	35.95	1.61

注：① 美国水务行业投融资机制研究，环境产业研究，第 11 期，2009 年 3 月 19 日。

除联邦政府之外，州政府与地方政府也对水环境保护事业进行资助。美国各州政府对城市污水处理的最大投入是"清洁水州立滚动基金"配套投入，平均每年约 3 亿美元。此外，各州还根据实际情况设立了一些污水处理资助计划，如纽约州为了保护其北部的大湖地区水质，在不同的地区和州政府机构设立了多种资助计划。各州政府公共财政资金每年对清洁水建设项目的转移支付总量平均在 7 亿美元左右，约占全美在这方面投资总量的 5%。

地方政府从公共预算中拿出部分资金作为环保项目的前期准备资金和开工经费，一般占项目建设总投资的 2%～5%。其余部分往往来自于联邦和州政府的转移支付资金（1987 年以前以赠款为主，1987 年以后以贷款为主）和发行市政债券。而在其所发行的市政债券中，也有相当一部分被清洁水州立滚动基金所直接或间接购买或担保。

表 1-14   1990—1998 年美国州与地方政府生活污水设施投资额[①]

单位：亿美元

年份	州政府投资	地方政府投资	总计
1990	3.33	80.23	83.56
1993	6.84	95.78	102.62
1994	7.74	72.15	79.89
1995	8.53	80.4	88.93
1996	9.13	84.13	93.26
1997	4.74	91.16	95.9
1998	6.39	84.22	90.61
平均值	6.67	84.01	90.68

注：① 美国水务行业投融资机制研究，环境产业研究，第 11 期，2009 年 3 月 19 日。

☞   发行市政债券：市政债券由城市政府或某一公共事业公司在资本市场发行，
     以政府财政收入或对某项公共服务的收费(预期收益)作担保的可流通债券。
     美国地方政府可以发行用于市政基础设施建设的公债，投资收益无须缴纳所
     得税，融资成本低于私有公司融资。作为一种迅速有效的融资手段，市政债
     券为美国城市化发展作出了很大的贡献。近年来，在饮用水和污水处理两个
     领域，其项目建设资金约 85% 来自于市政债券融资。但污水处理厂建设方面，
     这一方式融资则只占到建设总投资的 5%~16%。除了长期市政债券，美国
     每年还发行数百亿美元的中、短期市政债券。目前美国每年发行市政公债的
     额度保持在 2 500 亿美元左右，2009 年年初，在美国资本市场上市政债券的
     债务余额约为 1.6 万亿美元，占美国 GDP 的 17%。

表 1-15   1980—2000 年美国地方政府长期市政债券发行情况[①]

单位：亿美元

	1980 年	1985 年	1990 年	1994 年	1995 年	1996 年	1997 年	1998 年	1999 年	2000 年
总　额	456	2 024	1 259	1 622	1 562	1 815	2 143	2 797	2 192	1 943
其中以财政收入为担保债券	319	1 628	857	1 067	960	1 173	1 421	1 871	1 494	1 291
A1：用于污染控制	23	100	25	70	50	50	56	97	89	48
A2：用于水/下水道/油气设施	31	134	93	125	132	145	182	209	164	113

	1980 年	1985 年	1990 年	1994 年	1995 年	1996 年	1997 年	1998 年	1999 年	2000 年
A3：用于废物/物资回收利用	4	38	30	38	33	16	36	24	12	5
A4：用于沿岸地区和港口	5	15	5	8	8	13	12	9	12	11
A1+A2+A3+A4	63	287	153	241	223	224	286	339	277	177

注：① 美国水务行业投融资机制研究，环境产业研究，第 11 期，2009 年 3 月 19 日。

可能用于水环境保护项目的资金皆来自 A1+A2+A3+A4。

- 企业自筹：在许多领域，企业自身通过各种渠道筹措资金用于环保产业的发展，如银行贷款、发行企业债券、上市融资等。企业筹措资金投资于环保产业，一方面是企业为了主动适应社会和时代发展、树立市场信誉的需要，另一方面也是企业持续获得利润、保持长久竞争力的需要。比较典型的是水务公司通过资本市场利用股权和债务等方式筹集资金。以加利福尼亚水务集团为例，截至 2005 年年底该集团的权益与长期债务的比例为 52：48，其中长期债务 2.74 亿美元，股权融资金额近 3 亿美元。短期债务方面，加州水务集团获得银行无担保贷款最高额度为 1 000 万美元，另获银行授予的 450 万美元信用担保额度。美国政府为私有企业核定固定的投资收益率，资本基数越大获得的投资收益相应地就越多，并且收益有了一定的保障，这起到了鼓励社会资金投入环保事业的作用。

- 公私合作融资：公私合作（Public-Private Participation，PPP）包括：民营化、合同、租赁、新建基础设施项目融资方法，以及在发展援助领域的公共部门与私人部门之间的合作。这是一种主要为了分离管理权和所有权而建立的合作形式。

　　在水环境保护的不同领域，需要灵活选择不同的融资方式。美国的实践也证明，以上几种方式同时配合使用，能够更有效地筹集所需资金，保障相关项目的顺利实施。以 1972—1990 年为例，全美制定了数以千计的地方污水处理计划和污水基础设施扩建计划。其中，联邦资助共 600 多亿美元，各州及地方政府也相应投入 200 多亿美元。建设拨款项目（Construction Grants Program）是联邦基金的主要来源，包括污水处理厂建设、泵站建设、收集和拦截污水、下水道系统的维护更新以及下水道溢出防治。该计划启动时要求州政府配套 25%的建设费用，联邦政府资助 75%（后于 1982 年调低到55%）。美国大多数水务资产属于市政当局所有，但凭借其发达的资本市场，政府也吸引了众多社会资金投资水务行业，并遵循市场机制进行投资和运营。污水处理厂的运行和维护则主要靠收取的生活污水处理费来维持。近年来，日益严格的水质和环境要求使得美国饮用水和污水处理基础设施投资需求不断增加，投资不足的问题也再度显现。

（3）美国水环境保护投融资的成功经验。多年来，美国政府高度重视水环境保护工作，平均每年约有 40% 的环保资金投入到水环境保护，除了大量的资金投入外，其在投融资管理方式上也有许多成功的经验。

☞ 征收污水处理费：美国的污水处理费主要用来支付日常运行与维护费、对建设投资进行还本付息、人员工资和极少部分设施设备的更新改造费等。特别是公共污水处理厂的日常运行和维护，基本上靠收取生活污水处理费来维持，不足部分再由地方财政予以补贴，联邦和州政府不给予这方面的资金支持。据美国环保局调查，1994 年，大约有 170 亿美元用于全国污水处理厂的运行和维护，占当年清洁水领域总支出的 63%。

☞ 实行税收减免：早在 20 世纪 60 年代，美国就规定对企业研究污染防治的新技术给予减免所得税的优惠。1986 年，又规定对企业综合利用资源的所得减免所得税。1991 年，美国 23 个州对循环投资给予税收抵免扣除，对购买循环利用设备免征销售税。2008 年起实行的美国新《企业所得税法》规定，从事符合条件的环境保护、节能节水项目的所得可以享受免征、减征企业所得税。其他房产税、城镇土地使用税和车船使用税以及耕地占用税也都对环保用地予以税收优惠的规定。

☞ 征收生态税：20 世纪 90 年代以来，美国各州越来越多地使用绿色税收来促进经济发展和环境保护。据 1995 年统计，各州颁布的各种环保税收已达 250 多条。税金由税务部门征收，上缴财政部并分别纳入普通基金预算和信托基金，用于支持联邦和州政府的环保活动。其中信托基金再转入下设的超级基金，纳入联邦财政预算，由环境保护局管理。

☞ 开展排污许可证交易：在美国，排污许可证的交易非常普遍和活跃，主要包括 3 种模式：排污削减信用模式（Emission Reduction Credits），总量—分配模式（Cap and Allocate），非连续排污削减模式（Discrete Emission Reductions）。许可证交易方便不同市场主体进行适合自身的环保选择，大大促进了环保事业的发展。

☞ 成立"国家周转基金"：美国在水环境保护方面除了从资金、政策等方面给予支持外，财政预算资金还以周转基金的形式发放用于水环境保护项目当中，其中运作最为成功的就是国家清洁用水周转基金（Clean Water State Revolving Fund）和国家安全饮用水周转基金（Drinking Water Safe Revolving Fund），两者统称为"国家周转基金"（State Revolving Fund）。国家周转基金的运行模式从另一方面体现了美国在水环境保护投融资政策方面的特点。这里特别作一介绍。

国家清洁用水周转基金 1987 年颁布的《清洁水法》提出要在水环境保护资金管理方面实施新的财政运作方式，国家清洁用水周转基金正是在这一背景下产生的，它仅为"基建类"的支出提供支持，如建设污水处理厂、植树、购买设备，但并不负责污水处理厂的雇工工资等日常营运开支。该基金在设计贷款时，以本金加利润的形式回收贷款，把联邦资金、各州资金和其他项目的资金融合在一起，向符合标准的水环境保护项目提供低利率贷款。其中，资本金由联邦政府和各州政府按 1：5 的比例配套提供，基金贷款收益作为基金总额的增值部分加以循环使用。各州在使用该基金时具有相当大的选择权，它们可以选择采用贷款、融资、提供担保、购买债券等多种使用方式，同时各州还可以设定不同的贷款期限、利率标准（从零利率至市场利率不等）和还款期限（最长还款期 20 年）。针对那些人口较少、还款能力有限的地区，为了保障它们获得公平的基金申请机会，其所属州还为这些地区提供利率补贴。

国家安全饮用水周转基金 1974 年国会通过《安全饮用水法》（后于 1986 年和1996 年两次进行修订），首次明确提出要保障饮用水的安全问题，1996 年的修正案中提出了创设安全饮用水周转基金来保障公共健康。具体做法是，国会批准年度安全饮用水周转基金的预算后，由国家环境保护局按年度向各州分配安全饮用水周转基金，各州将所获基金以发放低利率贷款的方式投资到各种水环境保护项目中。

在确定各州的分配额之前，国家环境保护局需要预留年预算额的 1.5%供印第安属地和阿拉斯加土著人地区使用，2.0%用于改善小型水利技术系统，200 万美元用来监督部分饮用水所含的成分，1 000 万美元用来开展健康影响研究。在提取这些特殊预留款项之后，国家环境保护局再根据最新的《饮用水基础需求调查数据》来提出各州分配公式，向各州分配基金的一般程序如下：① 国家环境保护局各地区办公室向各州提供指导意见；② 各州按照指导意见填写表格、选定推荐优先使用该基金的项目名单和具体开发计划，获得州司法部长的认可后将申请材料提交国家环境保护局；③ 国家环境保护局在接到申请后对于开发计划的短期和长期目标、拟定的贷款期限、基金用途、有无其他资金支持、项目收益进行审查，确定是否符合基金申请条件；④ 州政府与国家环境保护局签订协议，州政府在协议中承诺在国家环境保护局批准的拨款总额中，自行承担 20%的资金来源。分配基金还必须保证各州至少获得不少于当年基金预算额 1%的分配额，另外，哥伦比亚特区有权在分配额之外获得基金预算额 1%的额外拨款，弗吉尼亚岛和太平洋岛地区有权在分配额之外共同分享基金预算额0.33%的额外拨款。

1.3.1.2 日本

在亚洲国家当中，日本是十分重视并较早实施国家环保行动的国家，其在水环境保护方面的做法和经验也值得其他亚洲国家借鉴。

（1）日本环境投资总体变化趋势。日本从 20 世纪 60 年代末期开始全面防治产业污染，当时的环境保护费用主要由企业负担。70 年代初的石油危机迫使日本企业大规模改进生产工艺设备，许多企业也将污染治理设施纳入重组和改造中。到 1981 年，日本环保投资已增加到 12 030 亿日元，10 年间增长了 10 倍多。在基本解决了产业污染问题后，20 世纪 80 年代日本开始着手防治城市生活污染，环保投资的重点转向城市环境基础设施建设，这方面的投入主要由政府承担。之后，政府环保投资占 GNP 的比例逐步提高，自 1994 年日本政府实施《环境基本计划》之后，环保投资占 GNP 的比重一直保持在 1.6% 以上，有些年份甚至高于 2%。

从环保投资的结构来看，20 世纪 90 年代以来，日本中央政府环境预算的 83% 用于环境基础设施建设，环境基础设施建设的投资是大气污染防治投资的 7 倍左右。在环境基础设施建设当中，污水处理相关投资占到 70% 左右。在地方政府的环境投资中，基础设施建设的投资比例更高，有的达到 90% 多，其中 70% 多用于污水处理，12%～18% 用于生活垃圾处理。

（2）日本水环境投资的主要渠道。日本环境投资的主体分为中央政府及其附属的金融机构、地方政府和企业三大部分。政府负责环境基础设施建设的投资；企业除了负担自身的污染防治投入外，还要承担相关的环境基础设施建设部分费用；中央政府附属的金融机构负责对企业和部分环境基础设施建设项目提供资金支持（其相互关系如表 1-16 所示）。具体投资来源渠道如下。

表 1-16 1991 年日本环境投资主体结构　　　　单位：×10^6 日元

投资主体			环境基础设施建设投资	企业污染投资	总　计
中央政府	向地方政府提供的资金	贷款	799（24%）	—	799（20.7%）
		补助	1 100（33%）	—	1 100（28.6%）
	直接投资的项目资金		40（1%）	—	40（1%）
中央政府附属金融机构	环境事业团		—	30（6%）	30（0.8%）
	其他		—	89（18%）	89（2.3%）
地方政府	向企业提供的资金	贷款	—	19（4%）	19（0.5%）
		无偿补助	—	6（1%）	6（0.2%）
	直接投资的项目资金		619（18%）	—	619（16.1%）
企业	企业自有资金		—	349（71%）	1 148（29.8%）
	向私人银行或商业性金融机构的贷款		799（24%）		
总　计			3 357（100%）[87.2%]	493（100%）[12.8%]	3 850（100%）[100%]

资料来源：世界银行。

注：括号内数据为占总投资比。

☞ 中央和地方政府财政投入：近年来，日本包括水环境在内的整个环境投资中，政府投资是主体。在中央政府环境预算方面，1961 年国家污染防治预算仅为 133 亿日元，到 1997 年达到 2.82 万亿日元，占同年国家财政预算的 3.6% 和 GNP 的 0.56%。以污水处理为例，日本政府通过《生活污水建设法的应急措施》，设立全国生活污水设施建设五年计划。从 1963 年开始已完成的 9 个五年计划中，中央政府的财政拨款占到总投资的 20%～66%，其他资金来源包括市政债券（20%～45%）、地方政府拨款和相关排放企业（将自身工业污水排入公共污水处理厂的企业）投资。在没有相关排放企业参建的项目中，中央政府拨款占到项目总投资的 50%～66%。

日本绝大多数环境基础设施项目的建设是由地方政府实施和管理的，大部分投资也来自地方政府，主要包括：地方财政投入、借贷和发债等。中央政府基本不直接建设和管理环境基础设施项目，但提供一定的补助资金。中央政府根据各地财政收支以及经济社会发展情况，审批每年或每个项目可以发行的市政债券规模。据 1990—1994 年的统计数据，日本污水处理系统建设资金 60% 来自地方政府，其中 12.5% 来自地方财政资金直接投入，33.5% 由地方政府向银行借贷，14% 来自经中央政府审批后发行的市政债券。其余的 40% 来自中央政府以赠款或软贷款形式给予的补助。

☞ 企业污染防治投入：日本很多企业把环保投入放到企业经营战略的重要位置，在每年的企业经营预算中充分考虑环保投资的需求。根据 1971 年的《关于企业负担公共污染控制项目成本的法律》规定，对于由政府建设的、与企业有直接成本关系的公共污染防治项目，相关企业也必须承担部分建设成本。以 1992 年为例，当年 99 个建设项目中企业负担了 46.9% 的费用（表 1-18）。

表 1-17　1992 年日本企业分担的公共污染防治建设项目份额

类　别	项目数	总费用/ $\times 10^6$ 日元	企业分担额/ $\times 10^6$ 日元	分担比例/ %
疏浚工程	32	85 341	56 950	66.7
污染表土的替换工程	35	74 748	32 479	43.5
绿色缓冲带工程	27	99 783	33 060	33.1
公共污水处理工程	6	4 296	1 432	33.3
合　计	99	264 167	123 921	46.9

资料来源：日本环境白皮书，1992。

从总体发展轨迹来看，日本企业的环境投资在 1975 年达到高峰，企业污染防治投资高达 1.3 万亿日元，占同年企业总资本投资的 14%和 GNP 的 0.65%左右；1990 年降为 4 600 亿日元，但仍占同年企业总资本投资的 3.1%和 GNP 的 0.12%。此外，企业还投入了大量的管理运行费用，仅 1997 年就相当于累计投资额的 10%左右，即 8 427 亿日元。从投资结构来看，20 世纪 70 年代中期至今，企业污染防治投资的 60%用于大气污染防治，30%用于水污染防治。

（3）日本水环境保护投融资的激励约束机制。日本在激励企业环保投资方面建立了一套有效的援助机制，包括政府直接补贴、税收优惠和中央政府下属公共金融机构的优惠贷款等。

☞ 政府直接补助：日本地方政府给企业污染防治的直接补助数额不大，主要侧重于污染治理技术的研发和推广。

表 1-18　1991 年日本政府对企业污染防治的资金援助结构　　　单位：$\times 10^6$ 日元

资助类型		资助给企业所带来的 收益净现值及比例
地方政府的直接补助		6（1.2%）
税收优惠和低息贷款的 间接资助	税收优惠和低息贷款的间接资助	28.3（5.7%）
	加快污染治理设施的资产折旧所产生的收益	13.6（2.7%）
	与商业贷款相比，政府低息贷款所产生的收益	8.7（1.8%）
	小计	50.6（10.2%）
资助所产生收益的合计		56.6（11.4%）
企业污染防治投资总额		493（100%）

资料来源：世界银行，1994。

注：括号内数据为占总投资比。

☞ 优惠贷款：日本政府大部分补助是通过税收优惠和低息贷款的方式进行的，由此给企业带来的资金收益占污染防治投资的 10%左右。从 1955 年开始，日本地方政府通过财政资金对中小企业污染防治给予利息补贴，这些项目的贷款利息一般较商业银行低 1%~2%，并延长本金的还款期限；对于污染防治设备贷款，贷款额的 50%可在第一年享受特别偿还制度，另外还有加速偿还制度和特别准备金制度。这些为推动企业特别是中小企业加大污染防治投资发挥了重要作用。

表1-19　1975年政府金融机构向企业污染防治提供的优惠贷款情况①

金融机构	贷款利息/%	偿还期限/年	最大贷款额	贷款数量/亿日元
日本开发银行	8	10	项目投资的50%	1 723
日本环境事业团	6.85	10	项目投资的50%	1 265
中小企业金融事业团	7	10	每笔贷款不超过150亿日元	180
国家金融事业团	7	10	每笔贷款不超过18亿日元	17
商业银行	9.1	—	—	—
合　计				3 185（34%）
1975年企业污染防治的总投资				928.6（100%）

注：① 日本环境保护投融资机制研究，环境产业研究，2009年第10期，2009年3月19日。
　　② 括号内数据为占总投资比。

从20世纪70年代中期的环保投资高峰到80年代末，日本中央政府所属金融机构给企业提供的低息贷款占到企业污染防治投资的30%～40%，对解决特殊时期企业的资金困难发挥了重要作用。粗略估算，仅日本环境事业团在对中小企业资金援助上的这一比例就曾高达50%以上。政府在筹集部分社会公共资金作为向企业融资的资本之后，政府的成本（包括一般管理费用和对低息贷款的贴息）占到日本中央年度环境预算的3%左右。

☞ 税收激励：为了促进污染防治政策的实施，日本政府从税收方面给予各种优惠，主要有：加大设备折旧率（特别是折旧制度）；对环保设备根据其类型的不同，分别给予减免或减征固定资产税的优惠；对各类环保设施所占土地免征土地税。此外，地方政府对污染治理还给予资产税及商业税等方面的优惠。

☞ 征收排污处理费：在污水处理厂运行和维护费用方面，日本60%的运行和维护经费来自地方财政预算资金，其余的40%来自企业和居民用户所缴纳的污水处理费。这种结构与美欧国家存在较大区别。

事实表明，日本巨额的环境保护投资并未妨碍其经济的高速增长，大量资金投入反而带动了环保产业的兴起和蓬勃发展。20世纪80年代以后，随着日本环境保护的重点转向城市生活环境管理，水污染治理设备生产占据环境产业的主导地位，年产值3 100亿～3 700亿日元，到90年代，年产值又翻了一番，年产值达到6 000多亿日元，同时垃圾处理设备开始与水处理设备生产平分秋色。1990—2000年，日本环保产业的产值年均增长率为8%，这对于处于经济增长低迷期的日本来说是十分难得的。

1.3.1.3　德国

德国的宪法、法律及其他规章对环境保护权责有明确规定,其环境行政管理权责体系分为联邦、州、地方(市、县、镇)。其中,联邦政府的主要职能是一般环境政策的制订、核安全政策的制订与实施及跨界纠纷的处理;州政府的职能主要是环境政策的实施,同时也包括部分环境政策的制定。在与联邦或州的规章没有冲突的情况下,地方对解决当地环境问题有自治权,也接受州政府直接委派的一些任务。

德国在国家层面提出水环境保护法规、标准的组织或机构主要有国家排水技术委员会,德国水源保护、废物管理与农业工程师联合会,德国水质标准所,德国水与废气专家联合会,德国水土保持联合会,德国水化学专家工作组,德国水体保护联合会等。以上组织与其他单位共同制订有关水的法规与标准,并经联邦议会讨论通过后颁布实行。德国环境财税政策的实施主要是通过政府投资、环境税收和收费政策来实现的。在水环境保护方面,德国在投融资管理上也有其独特的地方。

(1)德国水环境保护投资趋势。"二战"之后,德国依靠重工业和制造业的发展使经济得以快速复苏,但在生产消费不断扩张的同时,也带来了生态环境恶化以及自然资源紧缺等压力。从 20 世纪 70 年代开始,德国政府相继实施强制性控制政策,尤其在空气和水领域。主要通过征税和收费要求企业承担污染治理责任,同时广泛使用环境友好型的生产设备和实施税收优惠政策。这一期间,环保投资往往占到总投资的10%～30%。80 年代开始,德国从强制性污染控制逐渐转向预防与合作,通过政府主导、企业参与等方式来解决环保问题。

1982 年,德国开始实行市政环境公用行业的市场化改革,推行政府与私营企业合作的 BOT、委托经营等合作模式。项目资金来源主要包括政府预算资金、地方政府贷款、地方政府担保贷款、股权抵押贷款、企业贷款和投资者自有资金等。一些废水处理项目采取的合作方式是组建产业投资公司(地方政府和私营公司各持有一半股份),再进行项目的运作。20 世纪 90 年代,东西德统一后,大量资金被投入到前东德地区的废水和废物基础设施建设以及污染场所的恢复上。德国废水服务私有化的范围也逐渐扩大,占到总运营成本的1/3 左右。这一时期的国家战略逐步向经济与环境的协调发展转变,通过财政和税收优惠政策使承担更多环保责任的企业具有更强的竞争力。另外,环保项目的研发投资远远高于其他产业,环保产业成为国民经济的一个重要产业部门。

多年来,德国环境保护投入始终保持在一个较高的水平上。1975 年为 150 亿马克,占国民收入的 1.9%;1983 年为 300 亿马克,占国民收入的 3%;1996 年近 430亿马克。20 世纪 80 年代中期以来,德国每年的污染削减与治理总支出中,公共部门和商业部门的支出几乎相同。近年来环保投资在下降,而运行费支出却在增加。从支出结构上看，空气污染控制方面的支出总体呈下降趋势，而固体废物管理和废水处理支出呈上升趋势。在污染削减与治理总支出中，约50%用于水污染治理，且公共支出部分大约60%用于废水，而工业污染削减与治理支出中38%用于废水处理。污水处理设施当中，管网建设投入比重远大于污水处理厂建设，1970—1983年排水工程中投资的780亿马克中210亿马克（27%）用于污水处理厂的建设，570亿马克（73%）用于管网建设。

表1-20　用于废水管理的污染削减和控制支出[①]　　　　单位：10亿马克

地区与类别		1985年	1991年	1994年
全德国		—	22.7	26.6
前西德地区		13.5	20.7	21.9
其中 投资	公共	6	9.7	9.3
	商业	1.1	1.9	1.4
运营	公共	3.1	4.8	6.2
	商业	3.3	4.3	5
前东德地区		—	2	4.7
其中 投资	公共	—	1.1	2.2
	商业	—	0.7	1.6
运营	公共	—	0.1	0.2
	商业	—	0.1	0.7

注：① 德国环境保护投融资机制研究，环境产业研究，2009年第12期，2009年3月19日。

（2）德国水环境保护投融资的主要做法。德国联邦政府采取国家投资、企业集资和提高环保收费等方法，努力筹集社会各方资金，增加对环境保护特别是水环境保护的资金投入。水环境保护的融资方式多元化保证了投资的资金需求。

☞　直接财政投入：德国政府用于环保相关的支出大约占联邦总预算的4%，政府统一各部门用于环保的预算，其中一部分由环境部列入预算并实施，其他部分则分散在各个职能部门。以2005年为例，列入环境部的预算为7.69亿欧元，但联邦政府与环保相关的支出为74.38亿欧元。除环境部外，其他还有交通部、经济技术部、农业部、建设部、卫生部、教育部、林业部、经济合作发展部等掌握有环保支出。除政府投资外，2005年民间投资大致为78亿欧元。德国统一后，大量的财政资金转移到了前东德地区，其中总财政转移的16%用于前东德地区供水和废水基础设施建设。财政转移的来源是：联邦政府74%、前西德6%、欧盟4%以及社会保障体系16%。在水资源和水环境保护方面，德国联邦政府提供大量经费，以促进水质监控、工业和居民区的污废水处理、无废水或少废水生产工艺与技术的发展。仅在20世纪80

年代中期至 90 年代末,联邦政府对水资源保护的投资就达 1 000 多亿马克。

☞ 提供项目补助:政府对于水环境保护建立了政府补贴机制,各州对污水处理厂的建设给予一定比例的无偿财政补贴,并视各州具体情况确定补贴比例,一般为 30%~50%,有的甚至达到 60%~80%,并主要限于生活污水处理厂和城市污水处理厂。德国政府对环保项目进行补助,限于以下 3 种情况:从预防环境污染的意义上需要国家参与的项目;可以推动技术革新和改造的项目;企业或其他国家、地区依靠自身力量不能完全实现目标的项目。资助项目一般由国有银行管理,国有银行不直接面向投资者而是为商业和储蓄银行的地方支行提供资助。财政援助采取拨款方式,大约能提供 50%的投资成本,其总量不超过 10 万欧元。在污水处理厂最初投资时,德国州政府经常给地方政府 20%~25%的补助金。前西德在 1974 年为帮助修建 184 个污水处理厂曾提供了 9 亿马克的补助资金。1975 年,联邦德国政府发放的补助金在企业治污投资中所占的比例是 9.1%。

☞ 设立环境基金:除了政府援助,规模不断增加的基金也是德国环境研究、发展和投资的重要支持力量,其中最重要的是德国联邦环境基金(DBU)。该基金成立于 1990 年,资金来源于一家前公共控股钢铁公司国有股份的私有化收益,依靠固定资产收入开展资助活动。1991 年以来,DBU 已经资助了 3 000 多个项目(超过 15 亿马克),大约一半在前东德地区。每年大约资助环境创新项目 1.4 亿马克,特别注意针对中小企业开展环境技术示范进行资助。

☞ 发放优惠贷款:德国设立了政策性融资机构对企业环保项目给予国家担保贷款或低息优惠,德国复兴银行(KfW)与德国平等银行(DtA)是两个主要的政策性金融机构。德国复兴银行在环保领域充当了三方面的角色:① 经济界伙伴;② 联邦政府环保目标的执行者;③ 实现可持续发展项目的融资者。服务对象包括政府部门、企业、个人等。贷款条件:项目必须能够提高能耗使用效率,使用可再生能源,用循环经济的方法处理垃圾,减少废水产生,实现达标排放。对符合要求的项目给予低息贷款,特点是利息低、时间长,最初几年可以免息,项目可以与其他项目组合实施。贷款人不直接与复兴银行接触,而是与其开户行联系,具体业务操作在开户的商业银行。复兴银行根据开户行信用等级确定开户行总的贷款额度和利率,不同地区贷款额度不同。一般企业享受的贷款比例上限为总投资的 50%,中小企业为 75%,对于开发利用可再生能源的企业可以 100%贷款。

☞ 实行税收优惠:德国政府对环保的新技术、新设备、新产品的开发和应用,给予 20%以上的税收优惠。对于安装环保设施的企业,所需土地享受低价优惠；免征 3 年环保设施的固定资产税；并允许企业环境保护设施所提折旧比例超过正常折旧比例。对于进行环保项目研发的企业，允许企业将研发费用计入税前生产成本。

☞ 强制征税收费：水污染税从 1981 年起开始征收，以废水的"污染单位"（相当于一个居民一年的污染负荷）为基准，在全国实行统一税率。废水污染税的征收依据是《废水纳税法》，该法于 1994 年 11 月颁布、1998 年 8 月作了修订。废水污染税是对直接将废水排入水域（包括地表、地下）的单位和个人征收的一种税。税率根据废水的有害性而定，以氧化物、磷、氮、有机卤化物、金属汞、镉、铬、镍、铅、铜和它的化合物以及废水对鱼的毒性为基础组成有害单位，废水纳税按有害单位计算。

在德国，居民用水交纳的排污费比水费本身要贵很多。工业企业也要交纳排污费，处理后的污水排入河道的同时，还需向河道管理部门交纳排水费。当企业排放的废水达到标准时，可以减免税款；污水治理没达到要求则要承担巨额罚款。自 1981 年排污费政策执行以来，经历了几次调整，排污费率在 1986 年之前每年都有增长（表 1-21），1986 年后增长速度逐步放缓。前东德地区则于 1993 年开始实施排污收费。

表 1-21　2000 年前德国排污收费标准调整变动情况①

单位：马克/单位有害物

年　份	1981	1982	1983	1984	1985	1986	1991	1993	1997
收费标准	12	18	24	30	36	40	50	60	70

注：① 德国环境保护投融资机制研究.环境产业研究，2009 年第 12 期，2009 年 3 月 19 日。

德国的污水处理厂普遍实行企业化运作，但是政府限定其为非营利单位，污水处理厂的每年成本与政府收取的污水费基本平衡。为加快污水处理设施的建设，德国设计了一套排污收费返还制度，符合标准的污水处理厂的部分投资在建设期 3 年内可以利用污水处理费补偿。从 1994 年开始，除了污水处理厂，管网和安装投资也能享受 50% 的优惠，这一措施有力地促进了前东德地区对污水处理设施的投资。

（3）德国水环境保护的主要法律制度。在 1935 年颁布的《自然保护法》的基础上，从 20 世纪 70 年代开始，西德出台了一系列环境保护方面的法律和法规，如 1972 年的《垃圾处理法》、1974 年的《控制大气排放法》、1976 年的《控制水污染防治法》、1983 年的《控制燃烧污染法》等。1986 年建立了联邦及各州环保局，1994 年把环保责任写入基本大法。目前全德国大约有 8 000 部联邦和各州的环境法律、法规，除此之外欧盟还有 400 部法规。德国联邦一级的水环境保护相关的法律主要有：《水管理法》《排污收费法》和《洗涤剂法》等。较完善的水环境保护法律体系，为发挥环保投入的效用提供了良好的制度基础，这也是德国环保事业取得巨大成就的重要原因。

1.3.1.4　法国

法国的水管理机构分国家级、流域级、地区级和地方级四层。此外，还有为处理国际河流或水域事务而建立的机构，如莱茵河中央航运委员会、国际日内瓦湖泊水污染防治委员会等。在中央政府层面对于水环境的管理由环境部负责，农业部负责农业和村镇用水、农田灌溉和农业污水处理，设备部负责防洪。环境部内设水利司，同时在大区设立水利处。水利司的主要职责是拟定水管理相关的政策、法规，制定与水有关的国家标准、水资源规划。

在投融资方面，流域水管局征收的水资源费、排污费和取水费等收入的 90% 以投资、贷款等方式支持水资源的开发；政府用于水环境治理的费用约占全国 GDP 的 1.3%，除了防洪除涝等公益性事业依靠各级政府财政拨款外，其余水环境的管理则是将政府与市场手段结合起来，政府采取提供补助金、税收减免等措施鼓励私人资本投资环保项目。目前，法国水环境保护的基本调控方式如下：

（1）征收水费，"以水养水"。法国《水法》规定用水者和污水排放者都必须交费，水费是法国水资源管理经费的主要来源。以巴黎市为例，水费收入包括地方税、向流域水管局交纳的取水排污费、农业供水基金、增值税等。具体水费收入构成：饮用水处理费占 55%、污水收集处理费占 31%、排污费占 6%、取水费占 1%、国家农业供水基金占 1%、增值税占 6%。水的价格全国不统一，各地方政府可根据具体情况制订水价，但必须考虑上缴流域机构的费用和相关税收。国家农业供水基金主要用于支持人口稀少地区和小城镇兴建供水、污水处理工程。实践证明，法国"以水养水"的政策取得了巨大的成效，它不仅为流域治理水源计划提供了资金，而且增强了企业及个人节约用水和保护水资源的意识。

（2）征收排污费。排污收费是法国运用经济手段管理环境的一项重要措施，其重要性可从该项收入的规模及其涉及面（水、空气、废弃物、绿化空间、分类设施、高压电缆塔、核电站等）上得到证实。这些收费不仅名目繁多（多达 20 余种），而且受益人和用途也各不相同。对水污染的收费，由政府有关部门根据污染物排放量的多少向污染者按比例收取，并将其投入到水污染防治工程中。

（3）提供税收减免和补助金。法国采取各种有利于环保的税收鼓励政策（如加快折旧等），以促进企业和个人投资环保事业。为此，企业和个人购买预防污染、节能降耗设备等，可享受税收减免或相应的补贴。此外，企业实行环境审计还可获得 80% 的政府津贴。

（4）构建损失赔偿机制。法国对造成污染者实行一项相当于客观责任制的制度。

只要污染者的身份已经确认,责任主体就必须负责赔偿受害者。法国还要求采石场、垃圾填埋场等有风险的设施营运者提供金融保证,以避免出现无人支付清理整治费用的局面。企业也可以认购持久性和事故性污染民事责任保险,用以支付给第三方造成的损失赔偿费用。此外,还建立了强制性的自然灾害特别保险制度,以支付严重的自然灾害损失赔偿(洪水、干旱等)。目前,法国每年用以支付各种公害和灾害的损失赔偿达 10 亿~50 亿欧元。

(5)直接的财政投入。在流域治理方面,法国政府通过流域管理局进行直接的财政投入,用于河流的保护及治理。例如,罗讷河—地中海和科西嘉河流域管理委员会计划从 2007 年开始到 2012 年,实施防治水污染、存储及管理水资源、促进对水生态系统的认知及协调管理等行动,支持这一行动计划的 30 亿欧元投资以财政援助的方式分配到具体工程项目上。

1.3.1.5 英国

英国实行以流域为基础的水环境统一管理,将中央管理、地域管理和私人企业管理紧密结合在一起。在中央层面由环境、运输及区域部(Department of Environment Transport and Regions)提出与水相关的法律、法规、法令、条例和政策,并处理与水利相关的宏观管理事务。

英国在 1986 年提出水务行业私有化的设计蓝图,并在 1989 年全面完成私有化。私有化过程中,政府把 10 个水务局的资产和人员转移至有限责任公司,让有限责任公司通过伦敦证券交易所上市筹集资金。政府则免除了原地方水务局近 50 亿英镑的债务,并注入了 15 亿英镑的现金,同时返还了 77 亿英镑的税收。公司组建后将水务企业 97%的股票上市公开交易,剩余的 3%用于雇员和管理层分红。通过企业重组和资本运作,英国政府在推动水务行业私有化的过程中最终获益 53 亿英镑。

在私有化完成后,英国政府设立水服务办公室作为独立的监管者。该办公室设立水务总监一名,设有规制融资部、客户事务部、成本与绩效部及运营管理部,通过综合手段来对水务公司进行监管。该办公室的年运行费用为 1 300 万~1 500 万英镑,这笔费用由水务公司通过税收方式提供。

在推动水务行业高度市场化运行的同时,政府对于市场监管也作了精心的制度设计,合理布局市场结构,明确市场主体权利和责任,为实施有效监管提供依据和基础。①通过法律对供水企业的权利义务加以明确,要求供水者必须满足用户对于水质和水量的要求。除了环境部大臣任命的监查官有权检测水质外,地方政府有权获知辖区内的水质情况报告。②通过许可证制度来限定供水企业的经营权,明确界定水务企业的经营范围,具体规定其权利、义务与责任。③最大限度地引入竞争制度,防止出现行业垄断,保持水价在合理的区间运行。

第 1 章　水环境保护投融资的理论分析与政策框架 | **51**

1.3.2　发达国家水环境保护投融资政策的共性特点

从上述五国治理水体污染、保护水资源环境的情况来看，虽然做法和措施各有不同，但存在许多共同点。比如，都比较注重结合本国的实际，综合运用法律、行政、经济等多种手段进行综合防治和保护，政府除推动立法、实施监管和直接的财政投入以外，还主导建立了多元化的融资渠道和投资体系，发挥政府、企业和个人 3 个方面的积极性，推动水环境保护工作持续有效地开展。从宏观管理上看，这些国家在水环境保护投融资方面存在以下几个特点。

1.3.2.1　完善权威的法律法规体系

一套比较完善、为公众所知晓、受到政府部门和市场主体尊重的法律体系，是有效落实水环境保护投融资计划、持续推动水环境保护事业的前提和基础。国家对于水资源环境防治、保护、开发及利用等一整套的法律、法规建设，每一个环节都有相关的法律规定，使水污染治理和环境保护工作真正做到有法可依、执法必严，这是美、日、德、法、英等国水环境保护取得巨大成效的基本经验之一。美国水污染控制立法的发展历程表明，公众参与也是推动环保立法与水环境保护工作的关键因素，众多法律规范的出台，无一不是公众努力推动、持续监督、强烈要求的结果。美国《联邦水污染控制法》自 1948 年颁布以来，先后进行了 10 多次的修订，每次修订都能根据新的情况变化做出调整，这种根据形势变化对法律、法规进行的及时修订，也是保持法律法规强大生命力的关键所在。

从实践来看，水环境保护事权得以明确划分、投融资机制能够有效运转的前提是各国均制定了相对完善的法律、法规体系。立法的完善，既保证了水环境保护工作的效率，又保障了工作的透明度，有利于赢得公众的信任。如美国的《清洁用水法》《安全饮用水法》对政府各部门的职权与责任作了明确的规定，欧盟的《水框架体系》确立了各成员国水环境标准的整体框架。另外，各国政府的有关部门还颁布了相应的规章、制度，以增强法律的可操作性和实际效果。比如，在水环境保护基金管理方面，许多国家对于基金运作出台了相应的指南，清晰完备地规定了基金使用的方方面面，如 1996 年美国国家环境保护局为国家清洁用水周转基金的使用制定了《工作框架》，欧盟制订了《2005—2013 年欧盟环境基金申请指南》。

我国的《水污染防治法》自 1984 年制定以后，分别在 1996 年和 2008 年进行了两次修订，也取得了相当的进展。下一步，如何使法律条文适应形势的发展变化，增强法律的权威性和实施效果，通过进行有效宣传教育、调动公众参与水环境保护的积极性等问题仍是我们面临的重大课题。

1.3.2.2 简明有效的行政监管

运用行政执法力量，推动本国相关法律规定严格执行，以实现水环境保护所要达到的预期目标，是政府职能和责任之所在。水环境保护投融资政策体系建设过程中，政府必须发挥主导作用，清晰界定政府与市场的作用边界，明确市场主体职责与权利，实施有效适度的行政监管。在水务行业市场化程度比较高的英国，其简明高效的行政监管，既充分发挥了市场资本在水环境保护中的作用，又有效地维护了社会整体利益，有其可供借鉴之处。在私有化完成后，英国通过法律对供水企业的权利义务进行了明确规定，政府以水服务办公室作为独立的监管者，派员定期检测水质，有力推动供水企业满足用户对于水质和水量的要求；通过许可证制度来限定供水企业的经营资格，明确界定水务企业的经营范围和权责；通过限制水务企业兼并重组，引入适度竞争，防止出现水务行业垄断，精确限定水价运行区间等手段，有效地达到了提高水资源管理和环保资金使用效率的双重目标。

另外，对于整个水环境保护事业而言，行政监管的重点是对可能造成污染的源头加以有效的预防和管理，这方面法国的水行政许可和水环境影响审查制度收到了比较好的效果。水行政许可通过对取水及排污实行行政许可登记，严格控制污染物的排放，严格进行监督管理，并定期或不定期地对其进行检查，根据违反规定的程度进行不同级别的处罚。

目前，我国水环境防治及水资源利用管理实际上仍处于一种多头管理的状态，部门相互分割、管理职能重叠交叉现象还比较严重，这在客观上也导致了水环境保护与管理行政执法缺乏效率，在我国推动形成统一协作、简明高效的行政管理机制已是刻不容缓。

1.3.2.3 规范有效的市场运行机制

在水环境保护最主要的三种融资机制当中，要解决水环境保护资金来源的制约，最终还得依靠市场性融资机制。一些西方国家在水环境保护方面市场化机制运用得比较好，集中体现在投资主体多元化、排污权交易和公私合作等模式的运用上。

（1）水环境保护投资主体多元化。对于环保产业的发展，西方发达国家并不是完全依赖于政府，而是在很大程度上将目光投放到市场上，利用市场手段解决环保产业发展的"资金瓶颈"制约。通过分析美国、欧盟、日本等环保产业投资主体的情况，我们可以看出，美国、欧盟、日本在环保产业投资方面，主体呈现出多元化的趋势，既有政府的投资，又有企业的加入，还有一些非政府组织以及研究所等单位的参与。

具体而言，在公共环境污染治理方面，主要是由政府进行投资，且地方政府是主要负责人，中央政府通过转移支付、设立各种基金和政策优惠等手段予以支持。对于有稳定预期收入的领域，如城市污水集中处理，则把污水处理费等收入作为质押，引进市场资金进行运作，但是在污水处理厂建设、管网配套等前期投入方面也需要政府资金的支持。而在资源的再回收利用、污染治理设备生产制造等一些领域，企业等私人部门则可以为主运营。此外，还有一些非政府组织（如日本的环境财团、环境学会等）也积极地投身于环保产业。总体而言，投资主体的多元化，能够比较有效地解决环保投入不足的问题。

表 1-22　美国、欧盟、日本环保产业的主要投资主体

国　家	政府投资主体	市场投资主体	其他投资主体
美　国	联邦、州和地方政府部门、机构	公私合作（PPP）、企业、私人业主等	非政府组织、研究所
欧　盟	国家、州和地方政府部门、机构	公私合作（PPP）、商业公司、私人业主等	非政府组织（比如德工业联盟或工商企业协会）
日　本	国家和地方政府部门、机构	公私合作（PPP）、企业、私人业主等	非政府组织（环境财团、环境学会等）

（2）排污权交易有效开展。排污权交易在美国是比较常用的一种手段。这种方式很简便，就像萨缪尔森所言：排污许可证就像猪和小麦一样，可以自由地拿到市场上进行买卖。通过将价格机制引入排污权交易，可以有效刺激企业环保投资，促进减少环境污染。我国目前还没有全面展开排污许可证交易，在这方面仍有很大的发展空间。

（3）公私合伙制（PPP）等方式得到广泛运用。在有些公共领域，公私合作（PPP）的模式已取得了明显成效（比如美国的 Rouge 河道走廊的治理）。合作各方参与某个项目时，政府并不是把项目的责任全部转移给私人企业，而是由参与合作的各方共同承担责任和风险。我国目前水环境保护相关市场前景广阔，但市场化发展滞后。积极推广运用 PPP 等新型合作模式，加速推动市场化进程，不仅有利于减轻政府支出负担，而且也能有效提高运营效率。

1.3.2.4　不断创新的投资融资方式

各国水环境保护的传统资金来源主要有 3 个方面：① 中央和地方财政资金的支持，如美国的国家清洁用水周转基金的资本金由联邦政府和各州政府按 1∶5 的比例提供。② 周转基金本身运作的收入追加投入。如美国 27 个州同时发行免税债券来运作国家清洁用水周转基金，这些债券为该基金提供了 20.6 亿美元的纯收入用于水质保护项目。③ 依靠私人资本的投入。除了传统的征税、收费、银行贷款和企业自有资金外，西方发达国家在长期的实践当中，探索建立了许多适应市场经济要求的投融资模式。

（1）发行市政债券。除了美国、日本等国环保资金的很大一部分来自市政债券发行外，波兰作为经济转轨国家，其在发展市政债券方面的做法也可以为我国提供借鉴。在经济转轨前期，波兰是以环保基金作为地方政府的融资主渠道的，当银行改革基本完成后，商业贷款取代环保基金成为地方政府融资的主要来源。到后来《地方政府法》《地方财政法》和《1995 年债券法》等对地方政府的举债权、债务率和发行债券的具体要求作出明确规定后，市政债券发行收入逐渐成为波兰地方政府融资的重要来源。

（2）信托产品创新。水环境保护信托是指将社会闲散并期待增值的资金集中起来，委托信托投资公司管理、运作，投资于某个特定的水环境保护领域，共同分享投资收益。在这一过程中，信托公司作为项目的投融资中介不仅以专业经验和理财技能参与安排融资计划，而且还能将信托、投资银行、财务顾问等综合金融手段运用于项目投资管理，推动相关水环境保护项目的有效实施。

（3）资产证券化。资产证券化是指由原始权益人将其特定资产产生的、未来一定时期内稳定的可预期收入转让给专业公司，由专业公司将这部分可预期的收入证券化后，在国际或国内资本市场上进行融资。由于这种融资方式隔断了项目原始权益人自身的风险和项目资产未来现金收入的风险，使其清偿债券本息的资金仅与项目资产的未来现金收入有关，加之在国际高等级证券市场发行的债券由众多的投资者购买，从而分散了投资风险。因此，资产证券化成为近 20 年来发展最为迅速的融资工具，其在水环境保护领域的运用也在逐步拓展。

（4）BOT 等模式的运用（表 1-23）。运用 BOT 等方式进行融资，对于有效解决环保产业资金短缺难题提供了新的方法和手段（表 1-24）。BOT 项目是政府将设计、建设、投资、运营与维修以及潜在市场开发等捆绑在一起形成一揽子方案交由私人部门实施。一般情况下，在一段时间后（称为特许经营期），项目将以低成本或无偿转移给政府。BOT 类型的项目有许多替代的结构类型，其融资特征、优势及不足如表1-24 所示。

表 1-23　基础设施 BOT 以及其他类似投融资方式

投融资方式	特　征
建设—运营—移交（BOT）或建设—移交—运营（BTO）	是指在与公共部门签订协议后，私人部门建设并在规定时期内运行设施，然后再将设施移交给公共部门。在大多数案例中，私人合作者将提供大部分或全部资金。在合同结束时，公共合作者可以自己运营，也可继续与原来的私人公司或新的合作者签订运营合同。BTO 与之类似，只是移交发生在设施建设完成之后
购买—建设—运营（BBO）	是一种资产出售形式，也就是民营化，它适用于恢复或者扩建现有的设施。在私人部门进行投资之前，政府资产出售给私人部门以确保其收益率
建设—所有—运营—移交（BOOT）	提供服务者对项目的设计、建设、融资、运营、维护和商业风险负责，在特许经营期内拥有该工程，当特许经营期满后一般无成本地移交给政府

投融资方式	特　征
建设—所有—运营（BOO）	与 BOOT 相似，但私有部门持续性拥有设施的产权，政府只承诺购买一定时期的服务
设计—建设（DB）	私人合作者只负责设计和建设，公共部门拥有、运营和维护设施
设计—建设—维护（DBM）	这种方式与 DB 相似，只是私人合作者还要承担设施的维护责任，因此责任的范围和风险扩大了
设计—建设—运营（DBO）	设计和建设合同与运行维护合同联系在一起，服务提供者通常在建设期对项目融资负责，政府在设备试运转前（或刚运转时）以约定的价格从开发商那购买设备资产，并承担之后所有风险
租赁—发展—运营（LDO）	私人部门从政府租赁一个现成的设备，并根据与政府部门签订的合同进行运营。在运营之前，私人公司对设备的更新、改造进行投资
租赁—所有—运营（LOO）	与 BOO 相似，但是在一定时期内，租赁政府已有的资产，该资产可能需要更新改造或扩大

资料来源：R.H.Arndt，1999。

表 1-24　主要项目投融资方式的优缺点

方法	优势	不足
BOT	政府有权在早期购买，更具灵活性； 将运营期的风险转移给了私人部门，合同期满后政府接受具有一定功能的设施； 与 BOO 相比，政府有更多的控制权	私人部门不会进行中长期投资，不会关心设施在合同期后的发展情况，所以公共部门难以从长期合理化的发展过程中受益，只是短期的解决办法
BOO/BOOT	通过竞争机制提高效率； 所有的资金由私人部门筹集，减轻了公共预算负担	因为没有考虑公共部门与私人部门合作的成本，所以效率提高只是潜在的； 政府有对质量失去控制的风险
DB	可以减少冲突，因为只有一个实体为设计和建设负责； 将设施的设计与建设捆在一起可以提高效率，缩短工期	一般私人公司不参与融资； 因为私人公司不承担未来运营和维护的费用，所以它们有可能使用质量较低的材料或采用更便宜的技术，这会导致运营期间成本增加，要求连续监控
DBM/DBO	促使私人公司在计算有关设计和建设费用时，综合考虑运营和维护费用，这样可以激励公司保证高质量； 在 DBO 情况下，设施会采用高效的技术； 具有与 DB 同样的优势，此外通过私人部门的持续参与简化了私人部门融资程序和工作量	私人部门并不一定参与融资； 根据合同性质，对私人公司提高效率的激励可能不足，因为公共部门保留所有权

资料来源：R.H.Arndt，1999。

1.3.2.5 多元立体的经济手段调节

运用经济手段治理水体污染、推动水环境保护，是落实水环境保护立法精神最直接有效的手段。这里的经济手段不仅包括水环境保护相关的融资、投资工作，还包括运用一系列的税费工具对水污染防治、水环境保护、开发及利用加以引导和激励等。

（1）运行税费工具调节。政府运用税收及收费的手段对环保产业投入进行激励、对排污企业和个人进行约束，是各国普遍运用的一种方法。对环保相关产业实行税收减免等优惠，对直接将废水排入水域（包括地表、地下）的单位和个人征收污染税，这都有效地遏制了企业和个人随意排放污水的行为。目前我国大部分地区的水价仅考虑了供水成本，而未充分体现污水排放、收集和处理的费用成本，致使治污工程建设及运行缺少稳定足够的资金支持，形成污水处理厂大量兴建、管网无钱配套、设施无法运转的局面。

（2）财政资金直接支持。多数国家，无论是中央政府还是地方政府，都将大量的财政资金投入到水环境保护当中。各国政府除了安排预算资金投入到水污染防治和水环境治理项目上外，还运用财政补贴、贴息等支持水处理厂的建设、运营等，促进环保产业的发展。

（3）政府性融资支持。比如，德国复兴银行等对环保建设及立足于环保产业的企业及个人发放贷款，并在还款利率及还款期上给予优惠。

（4）通过基金运作推动环保。美国的"超级基金"及五大湖项目基金就是以基金的形式对环保项目建设进行支持，这些基金每年都会编列一些资金，环保项目对照条件进行申请来获取资金。而英国的国民信托基金，则是直接动用资金购得流域内相关土地、水域的所有权，并加以环境修复和整治。

1.3.3 对我国水环境保护投融资的启示与借鉴

通过对美、日、德、法、英等国水环境保护投融资政策的分析比较，我们可以看出这些国家水环境保护法律体系比较完善，投融资主体多元化，投融资渠道和方式多样化，在政府投资力度比较大的同时，市场机制作用得到有效发挥。这些为改进和完善我国水环境保护投融资政策体系提供了经验借鉴和有益启示。根据对我国水环境保护投融资政策的现状分析，结合国外有益经验，围绕建立规范有效的水环境保护投融资政策体系，我们应当在以下几个方面予以努力和改进。

1.3.3.1 明确界定政府与市场作用边界，有效发挥政府主导和市场调节双重作用

从上述 5 个国家的投融资主体以及资金来源结构等方面来看，政府的职能和责任明确，企业和个人才能顺利地参与到水环境保护事业当中来，并尽最大可能发挥各自

的效用。目前，我国的水环境保护与管理，仍然存在着政府与市场边界不清的问题。一些需要政府主导和直接投入的领域，政府部门不作为，财政投入不到位；另一方面，一些有稳定预期收入、市场机制可以有效起作用、私人部门可以运营的领域，国有资本又介入太深，与私人资本抢市场。造成了水环境保护方面的"缺位"与"越位"。需要进一步对政府、企业和个人在水环境保护方面的职能、作用定位进行明确区分，政府从宏观上把握水环境保护和产业发展方向，有效提供制度、规划、公共设施等基础平台，企业则在微观层次支持环境保护目标的落实和环保产业的发展，通过政府管理与市场机制的有机结合，有效地推动水环境保护事业的发展。

1.3.3.2　进一步完善法律法规体系，明确水环境保护的事权划分和投融资制度安排

目前，我国水环境管理事权涉及环境保护部、水利部、国土资源部、农业部、交通部、林业局等多个部门，各省、市、自治区也设有相应的机构。"多龙治水，各自为政"的局面很大程度上牵制了水环境保护工作的有效开展。从立法层面，我国现行涉及水环境保护的立法有：《宪法》中关于水环境管理的规定；法律层面有《水法》《水污染防治法》《水土保持法》《防洪法》《渔业法》；行政法规和规范性文件包括《河道管理条例》《防汛条例》《取水许可证制度实施办法》等；行政规章层面有《水污染排放许可证管理暂行办法》《饮用水水源保护区污染防治管理规定》等。尽管从数量上十分丰富，但各部门之间的权责存在重叠交叉，又缺乏相应的职能协调机制，一些法律仅停留在政策阐释层面，缺乏可操作性强的具体实施细则。为了使水环境保护真正实现有法可依、有法必依，在法律制度建设中，要进一步明确各部门职责和投融资政策安排，增强法律法规的可操作性，通过完善权威的法律法规体系，为政府、企业和个人三方合作推动水环境保护构建制度基础。

1.3.3.3　推动投融资方式和机制创新，吸引更多社会资金投入到水环境保护事业中

就水环境的资金来源而言，长期以来我国用于治理环境污染的资金主要来自政府拨款，而且近年来国家财政在环境保护方面的投入在逐步增加。由于受到政府财力的限制，单纯依靠政府资金远远难以满足水环境保护的资金需求。当前，拓宽水环境融资渠道，关键是要借鉴国外经验从 4 个方面入手：① 允许地方政府发行市政公债，集中社会闲置资金参与水环境保护事业；② 规范和扩大排污许可证交易，方便企业灵活进行环保选择，提高水环境保护工作效率；③ 稳妥推进环境领域资产证券化，增强相关资本的流动性，增强环保产业的资本吸引力；④ 大力推广公私合作模式，加速水环境保护相关项目的实施，对城市生活污水、工业废水处理等采用市场化模式进行运营。

1.3.3.4 成立若干个水环境保护周转基金,运用基金运作方式促进增加社会资金投入

美国的"国家清洁用水周转基金"、"安全饮用水周转基金"、欧盟的"环境基金"、以色列的"国家水网更新基金"等以补贴、发放低息贷款的方式向水环境保护提供支持,都成倍地带动了社会资金的投入。我国地域辽阔、水环境保护区域差别大,可以在水环境保护的不同领域设立类似的周转基金,通过专门的法律法规对基金的申请条件、申请步骤、申请期限、申请计划要求、批准条件、评估标准等加以明确规定,并向公众统一公布,鼓励大家利用基金优惠政策加大环境投入,使更多的社会资金参与到水环境的保护中来。

1.3.3.5 创新项目组织管理方式,通过重大水环境保护项目的实施带动整体工作开展

由于水环境保护项目管理具有涉及行业多、部门广、利益矛盾比较突出等特点,通过重大项目实施、进行集成管理,既是发展趋势也是现实所需,可以有效推动水环境保护工作。具体而言,项目集成管理主要体现在部门集成、地域集成、管理对象集成等几个方面。部门集成包括设计专门的部门利益协调机构或者部门联席会议,加强各部门之间事权纠纷的解决和信息沟通;地域集成是指加强流域委员会在不同地区间的利益协调功能和纠纷解决功能;管理对象集成是指按照水环境的自然循环和社会循环阶段,对于各部门的管理权限在专业化的基础上加以统一规划,重新分配。莱茵河流域相关国家的相互协调与合作共同治理污染问题,就是非常成功的典型。

可以借鉴国外以大项目为载体、整合政府资源和社会资金的做法,通过对水环境保护项目的内容、执行目标、执行策略、执行方法、执行计划、项目成效评估等环节进行逐一明确,推动水环境保护目标的落实。项目集成管理的关键点在于实施目标、重点改善内容、政策、步骤、评估标准都必须十分明确,以便为项目实施及后续评估提供操作依据。同时,也要注意提高项目运作的透明度,吸引相关部门、地方政府、公众的参与和监督,真正使水环境重大项目达到预期目标。

1.4 我国水环境保护面临的形势、主要任务及投资需求预测

虽然近几年我国环保投资占同期国内生产总值的比重有所上升,但在政府水环境保护投入中,直接用于水环境基础设施建设和水污染防治的资金比重还不高,政府投入存在"缺位"与"越位"的现象。水环境保护投入历史欠账较多,加上目前的投融资渠道有限、资金使用效率不高,水环境保护融资将远远不能满足未来急剧增加的资金投入需求。未来,我们需要认真分析水环境保护所面临的形势与主要任务目标,根据"十二五"时期的投资需求与融资能力预测,坚持走市场化、产业化、企业化经营

的道路，规范环保投资环境和环保产业的经营行为，建立多元化环保投资渠道，探索解决水环境保护投融资缺口的有效途径。

1.4.1　"十二五"时期我国水环境保护投融资面临的形势与主要任务

1.4.1.1　水环境保护投融资面临的形势与挑战

资源需求变动和环境承载压力是一个连续动态变化的过程，主要受到经济社会发展阶段、经济发展方式的影响。"十二五"时期需要解决的水环境重大问题主要有以下几个方面：

（1）城镇化进程加快给水环境保护带来了新的难题。目前，我国许多一线城市已经在超环境负荷运转，中小城镇功能混杂，人口密度大，城乡功能布局不合理。未来五年，随着城市化和城乡统筹进程的加快，为促进经济社会的可持续发展，改善人居环境，城市功能的科学规划、合理的功能布局已成为亟待解决的重大问题。这也将给水污染防治和水环境保护带来新的压力。

（2）能源资源消耗持续增加，水体承载能力不堪负荷。工业废水处理有效监控的机制还未完全形成，目前我国主要污染物排放量远远超过水环境自净能力。工业废水排放总量大且相对集中，已对地表水体产生了普遍影响，对地下水水质产生威胁。辽河、海河、淮河污染严重，全国大多数湖泊出现不同程度的富营养化。饮用水水源存在较大的污染隐患，近岸海域水质因受污染，无机氮、石油类、总磷时有超标现象。"十二五"时期，我国工业化进程将继续深入推进，水体污染的威胁将进一步加剧，许多地区水体承载能力将面临极限考验。

（3）水环境基础设施建设严重滞后，饮水安全进一步受到威胁。目前，我国环境保护重点城市中仅有少数城市饮用水水源地水质良好，城市水质较差的比例占到将近一半，城市生活污水、生活垃圾和农村面源污染成为水污染的主要因素。大量不符合排放标准的城镇生活污水的排放致使部分流经城市（镇）的水体有机污染日益严重。未来迫切需要加强城市水环境基础设施建设，加大饮用水水源地水质的保护力度，这些都需要政府进行大量的投入。

（4）水土流失、流域水环境治理任务日益艰巨。"十一五"前期，我国重点流域水污染防治规划总体进展缓慢，原定规划目标未能有效实现，规划执行效果评估尚未与环境质量改善建立有机联系。以江河断流、湖泊湿地萎缩、地下水位持续下降为主要特征的水生态失衡问题仍未解决，且部分地区愈演愈烈。河流断流不仅发生在小河小溪，而且开始发生在大江大河；不仅发生在西北干旱区，而且发生在降雨量比较充沛的西南地区，断流范围在扩大。未来五年，随着中西部地区、贫困山区经济发展加快，城乡一体化进程的加速推进，大规模的土地开发，乱开山采石、取土、挖矿等人为破坏现象将仍然存在，水土流失问题将仍然严重，流域水环境治理的任务将更加艰巨。

（5）随着农村工业化、农村城镇化的加速推进，农村面源污染持续扩大。随着工业企业布局的调整和转移，农村工业污染有迅速抬头的趋势，不合理使用化肥、农药，加重了农村水污染，生活污水、生活垃圾长期得不到妥善处理，农村水环境保护刻不容缓。而农村面源污染又是市场资本不愿意主动进入的领域，需要政府承担起主要的投资责任。

总体来看，"十二五"时期我国水环境安全仍将面临诸多挑战。① 水污染物排放量仍将处于较高水平，大大超过了水环境容量，未来5年城市水污染加重的可能性增大；② 工业污染控制的不确定性将加大水环境安全风险，许多工业行业正处于高污染、高耗水的发展阶段，粗放型的工业增长难以在短期内得到较大改善；③ 面源污染将长期制约水环境质量的根本改善，未来5年乃至更长一段时间不仅湖泊富营养化面积将进一步增加，湖泊、水库多年来污染的累积放大效应将会显现；④ 饮用水安全日益受到影响，在大幅度增加的污水威胁新、老水源水质安全的同时，做到合理开发和保护饮用水水源的难度极大；⑤ 水生态有可能进一步失衡，水环境安全受到严峻挑战。从长远来看，水环境保护直接影响社会安定和人民团结，如不引起重视，将对国家的环境安全构成威胁，迫切需要国家引起高度重视，切实采取有效措施进一步完善政策体制、加大相关投入。

1.4.1.2 "十二五"时期水环境保护的主要任务

根据"十一五"水环境保护工作开展及有关目标实现情况，结合"十二五"时期水环境保护面临的形势，"十二五"时期水环境保护应坚持深入贯彻落实科学发展观，坚持以人为本，推进流域统筹，实现流域水污染防治与饮用水环境保护的有机结合，提高水环境对工业化、城市化的承载能力，防治城市和农村集中水源地的环境污染，改善人居环境，保障群众的饮用水安全，促进人与自然的和谐相处，实现可持续发展目标。

"十二五"时期水环境保护的主要任务是：深入推进重点流域水污染防治工作，继续强化总量控制，降低污染负荷，COD排放总量和氨氮排放量在2010年的基础上进一步削减。采取有效措施，实施污水处理厂从建设到运营的转变。全面启动县建设城市污水处理厂工作，迅速增加日处理能力，努力提高污水处理率和负荷率。加强配套管网建设，把管网、污泥、再生水利用作为污水处理设施的系统内容和"十二五"时期的工作重点。积极推动面源污染防治，建立示范工程，逐步完善氨氮的管控制度。

就工作层面而言，"十二五"时期政府在水环境保护中的职能作用和目标任务主要集中在以下几个方面：① 着力解决危及群众健康、社会安全的重大水环境、水安全问题，如饮用水安全等；② 切实抓好涉及国计民生、制约国家经济社会发展的重要区域、流域的水污染防治和水环境治理，如"33211"、三峡库区、南水北调沿线等重点工程；③ 有效落实事关国家水环境安全保障方面的基础条件建设规划，夯实水污染防治和水环境保护的物质、技术和人力基础；④ 大力加强中央、地方在水环境质量监控等方面的能力建设；⑤ 深化水环境法律、政策与保证的分析与评估，完善水环境保护绩效评价体系和管理制度；⑥ 切实做好国际环境履约相关工作，树立和维护大国形象，推动全人类环境保护事业发展。

1.4.2 "十二五"时期水污染防治投资需求预测及水环境保护融资空间分析

1.4.2.1 水污染防治投资需求预测

本书根据现有的统计口径，仅对水污染防治投资需求进行预测。按照流域水污染防治投资规划编制程序和规范，参考流域水污染防治投资规划编制技术方法，结合水环境保护投资规划总体目标和主要任务，我们采用灰色系统和协整分析两种方法，分别预测"十二五"时期我国水污染防治投资需求情况如下。

（1）基于灰色系统的投资预测需求情况。根据 2001—2010 年我国水污染防治投融资情况，废水治理投资原序列满足准光滑性检验，对累加生成的新序列进行检验后，可以看出序列近似满足指数函数规律。经采用相应模型预测，预计"十二五"时期我国水污染防治投资需求将达到 15 057.8 亿元。

（2）基于协整分析法的投资预测需求情况。根据中国环境规划院"十二五"规划前期研究的情况，综合考虑国内外经济环境变化，2011—2012 年经济增长重新回到 9%～10%的较快增长区间，国内生产总值增速约分别为 9%和 9.5%，2013 年之后，经济继续保持平稳增长，GDP 平均增长率在 8.8%左右。初步预测 2011—2015 年我国 GDP 分别为 385 912 亿元、421 801 亿元、458 919 亿元、499 304 亿元和 546 233 亿元。根据方程：$LWI = 1.149\,821\,422 \times L_{GDP} - 7.387\,999\,254$，预计"十二五"时期我国水污染防治投资需求将达到 10 795.2 亿元。

综合以上两种方法来看，前一种方法所预测的投资规模（15 057.8 亿元）要高于后者（10 795.2 亿元），虽然由于预测期较长，预测结果可能存在较大偏差。但是，考虑到随着经济社会发展，我国环境保护投资占 GDP 的比重总体上存在着需要逐步提高的客观必要性。因此，后一种方法预测结果稍低，也比较符合前一时期我国环境保护投资需求的现实情况。如果取两者的平均值，则"十二五"时期我国水污染防治投资需求预计在 12 583.9 亿元左右。这一预测值凸显了我国在水环境保护方面的投融资缺口压力，在政府投入增长速度有限的情况下，引导民间投资增加在此领域的投入意义重大。

1.4.2.2 水环境保护融资空间分析

随着我国社会主义市场经济体制的逐步完善，环境保护融资机制也出现了可喜变化，尤其是在环境保护融资的渠道和手段方面，开始呈现出多元化、多层次的趋势，政府、银行和其他国内外的融资机构对环境保护方面表现出越来越浓的兴趣，发挥着越来越大的作用。按照目前政府、企业和个人之间在水环境保护方面的融资结构情况，我们分别对这 3 个方面的融资能力和空间进行初步预测。

（1）"十二五"时期水环境保护政府投资规模变动趋势预测。根据我国国情，考虑到政府在水环境保护投入上的历史欠账比较多，在未来相当长的一段时期内，政府在水环境保护投资当中仍将起到非常重要的作用。

以中央财政环境保护专项资金为例，我们可以预测出财政支持力度的发展趋势。目前，与水污染防治相关的财政专项资金包括：① 中央环保专项资金。2004 年设立，2004—2009 年共支持上述污染防治项目近 80 亿元，对改善区域环境质量起到重要作用。随着对环保事业的日益重视，今后投资力度将有望进一步加大。② "三河三湖"及松花江流域水污染防治专项资金。2007 年设立，专门用于"三河三湖"及松花江流域的水污染防治，实行中央对省级政府专项转移支付，具体项目的实施管理由省级政府负责，采用因素法进行分配。2009 年共下达专项资金 50 亿元，"十二五"期间有望继续保持这一支持力度。③ 城镇污水处理设施配套管网"以奖代补"资金。2007 年在原来的拨款补助、贷款贴息两种方式的基础上增加了"以奖代补"方式，鼓励并优先支持贷款贴息和"以奖代补"申请方式的项目，并规定中央财政通过转移支付方式下拨专项资金，全部用于规划内污水处理设施配套管网建设，专款专用。2009 年共下达专项资金 100 亿元，预计未来五年仍将保持适度的支持规模。④ 中央农村环境保护专项资金。2008 年设立，以"以奖促治"和"以奖代补"的方式支持农村环境保护综合整治与示范村建设，2009 年中央安排 10 亿元。除此之外，中央财政还设立了自然保护区专项资金、集约化畜禽养殖污染防治专项资金、重金属污染防治专项资金等环境保护专项资金，这些资金对于加强水污染治理、稳定水环境保护财政投资总体规模具有重要意义。

（2）金融机构融资能力预测。随着我国金融体制改革的不断深化，金融机构在环境保护融资中的作用也越来越大。银行在环境保护融资中的作用主要有两个方面：① 执行国家的有关政策，为环境保护和技术改造项目提供优惠贷款；② 根据效益原则，银行对经济效益好的环境保护产业项目提供商业性贷款，支持这些项目的运作。根据其运营性质的不同，银行又可分为政策性银行和商业性银行两类。它们在环境保护投融资中的作用也有所不同。政策性银行将侧重于落实政府制定的环境保护政策，安排政策性贷款和一些优惠贷款等；而商业性银行则主要投资于一些有盈利前景的环境保护项目。

银行贷款对筹集环境保护资金具有重大作用。以"十五"期间为例，我国工业污染源治理投资总量为 1 351 亿元，其中，国内贷款为 203.77 亿元，占总投资的比例为 15%。近年来，随着污染减排的持续推进，企业污染治理力度不断加大，企业环境治理投资也随之增加，资金总量基本稳定在 30 亿元左右。综合考虑未来五年水污染防治相关制度、金融政策、水务行业市场化改革推进等趋势，预计银行贷款对水环境保护投入的支持力度会进一步加大。

（3）企业及社会投资能力预测。环境执法力度加大促使企业增加污染治理投资。在工业污染治理方面，由于环境执法力度的加大和污染者付费原则的实施，企业对治理自身产生的环境问题越来越重视。统计表明，工业污染源治理投资和建设项目"三同时"环保投资中，企业自筹资金占很大比例，是工业污染治理投资的主要来源。在城市环境基础设施建设方面，也有一些企业自筹资金参与城市环境基础设施的建设和运营。这些投资既为企业带来了经济收益，也有利于缓解城市环境基础设施建设资金紧缺难题。未来，企业等社会资本对水环境保护的投资空间与能力，取决于企业的实际投资意愿，如果我国水务行业市场化改革能够及时深入推进、相关体制机制能够进一步理顺，可以预计企业自筹资金以及其他社会资本在水环境保护当中的投入也将大幅增加，并且能够有效弥补水务行业的投融资缺口。

1.5　全面构建我国水环境保护投融资政策体系的战略构想

实践表明，凡是水环境保护事业做得比较成功的国家，其水环境相关法制建设也比较健全，在投融资政策体系建设方面也表现出了一些共性特征。未来，我国水环境保护投融资机制创新和政策体系建设，必须以我国水环境保护战略目标为导向，以解决水环境保护投融资需求为基本立足点和出发点，推动全面构建适应社会主义市场经济要求的投融资政策体系和长效机制。

1.5.1　总体目标

以我国水环境保护战略目标为导向，以解决"十二五"时期我国水环境保护投融资需要为基本立足点和出发点，全面构建我国水环境保护投融资政策体系和长效机制。

水环境保护投融资机制创新和政策体系建设必须坚持科学发展主题，围绕转变经济发展方式主线，落实保护环境的基本国策，深入实施可持续发展战略；坚持预防为主、综合治理，全面推进、重点突破，着力解决危害人民群众健康的突出环境问题；坚持创新体制机制，依靠科技进步，强化环境法治，调动社会各方面参与支持水环境保护的积极性。通过稳定持续的资金投入，为彻底改善我国水环境状况提供坚实的财力支撑，生态环境明显改善，资源利用效率显著提高，可持续发展能力不断增强，人与自然和谐相处，推动真正建立资源节约型、环境友好型社会。

1.5.2　基本原则

随着我国社会主义市场经济体制和公共财政体系的逐步完善，水环境保护投融资政策体系的设计，也必须适应形势变化，逐步形成能够适应市场经济要求，满足水环境投融资需求的多元化、多层次、立体式投融资政策体系。具体在政策体系设计过程中必须遵循以下基本原则：

（1）依法治水。坚持依法行政，综合治理，不断完善水环境法律法规，严格水环境执法；坚持水环境保护与发展综合决策，科学规划，突出预防为主的方针，从源头上防治水体污染、水土流失和生态破坏，综合运用法律、经济、技术和必要的行政手段解决水环境问题。严格控制水污染物排放总量，所有新建、扩建和改建项目必须符合环保要求，做到增产不增污，努力实现增产减污，积极解决历史遗留的水环境问题。

（2）政府主导。政府在水环境事业当中要充当主导作用。首先，政府要立足于长远发展，提供投融资相关制度产品，规范水环境保护投融资管理，为财政投入与社会资本投资提供公平、竞争、有序的市场环境。其次，要按照推动经济发展方式转变和公共财政建设的要求，着力调整财政支出结构和国债资金投向，对属于公共财政范畴的水环境保护和生态建设事项，要加大财政投入和支持的力度，努力促进"五个统筹"和全面协调发展。再次，政府还需要从资金、政策上给予引导，通过财政贴息、加速折旧、税收优惠等政策手段，促进形成合理的市场回报水平，引导社会资本参与水环境保护事业。

（3）市场运营。在政府主导制度建设、加大对相关水环境保护领域投入的同时，要充分发挥市场机制对水环境保护投融资的引导、调节作用，促进有效解决突出的水污染治理问题。比如，对工业污水处理，应当充分发挥企业作为责任主体的作用，要求必须达标排放，或者企业自己建厂处理，或者付费交给其他专业化运营单位集中处理；对城镇生活污水处理，虽然地方政府是责任主体，但在履行治理污水管理职责的同时，可以通过相关政策引导，吸引民间资本参与污水设施运营管理，利用市场机制推进废水处理再循环利用。即使是完全依靠政府投入来解决问题的领域，其项目的实施与运营，也需要按照市场原则进行规范管理，促进提高整体的资金使用效益。

（4）分类管理。坚持因地制宜，分区规划，统筹城乡发展，正确处理环境保护与经济增长、社会事业发展的关系，在发展中落实保护政策，在保护中促进发展，通过节约发展、安全发展、清洁发展，实现可持续的科学发展。同时，还要根据水环境保护不同领域的财政学特性，进行不同的管理制度安排。在具体投融资政策设计时，地方政府可以根据不同的经济发展阶段、不同地区经济发展水平等的差异进行相应调整。根据不同水环境保护项目在经济社会发展中的作用、性质、回报要求等因素，选择合适的投融资方案。

（5）循序渐进。投融资政策体系的改革与完善，涉及方方面面的利益，矛盾多，协调难度大，不可能一蹴而就。必须根据经济社会发展水平、制度背景等因素，分阶段解决制约长远发展和群众反映强烈的水环境问题，改善重点流域、区域、海域、城市的水环境质量。特别是要合理把握政府与市场的职能定位与作用边界，在推进市场化运营过程中，要充分考虑各地的基础条件等社会环境，对落后地区一些新设立或经济实力较弱、信用等级不高的投融资主体，政府要通过政策性投融资的参与，弥补市场主体在信用方面的不足，提高其在市场上的融资能力，更好地吸引社会资金共同参与项目的投融资。

1.5.3　关键环节

建立适应市场经济要求的水环境保护投融资政策体系，既要立足当前，又要着眼长远，按照"事权划分—法律保障—投资需求—融资手段—投资管理—绩效评价—长效机制"的技术思路进行设计，以合理划分各类主体的水环境保护投资（支出）责任为出发点，健全法律法规体系，科学预测（测算）投资需求，建立一整套投融资体系和政策手段，促进全面构建我国水环境保护投融资政策体系和长效机制。其中的关键环节主要有以下几个方面：

（1）进一步明确财政投资的原则、范围，着力保障重点领域投入。要明确政府水环境保护责任，处理好中央和地方、政府和市场的关系，分清各自职责。财政投资的基本原则是：致力于公共福利的增进；不能对市场的资源配置功能造成扭曲和障碍；不宜干扰和影响民间的投资选择和偏好；不能损害财政资金的公共性质，进行风险性和逐利性投资。财政投资应当重点保障水环境基础设施和基础产业、水务行业相关科技进步、重点流域和区域发展等一度严重投入不足的水环境保护领域和范围。

（2）建立财政投融资和市场资本投入的协调机制，形成多元化的水环境保护投融资体制。主要包括 3 个层面：① 财政投融资更多地着眼于长远战略、结构平衡和水环境公共产品的提供。财政投融资重点保障市场不愿干、不能投入的领域，坚持以社会经济效益高低来决定投融资领域。② 财政投融资要形成政策导向机制，引导和发挥市场投融资机制作用，实施市场化的投融资活动。同时，要对市场投融资的方向、结构发挥引导效应，使市场投融资逐步纳入到预期的轨道上来。③ 创造条件让市场资本优先参与平等竞争，促进市场资本与财政资金形成合力，有效推动水环境保护工作。

（3）建立完善水环境保护财政投融资管理制度，促进提高资金使用效益。① 建立和完善投资决策机制。根据水环境保护不同领域和不同环节的特点，在保证水污染总量控制目标有效实现的同时，提高财政水环境保护投入资金的使用效益。② 建立多层次的财政投融资责任分担机制。明确资金托管、资金管理和资金运用 3 个层次的责任，落实各个投资主体的责、权、利，推动形成水环境保护的激励约束体制和机制。③ 进一步明确委托代理关系，强化项目投资责任追究，有效防范水环境保护领域的财政投融资风险。

（4）加强水环境保护投融资项目运营管理，建立持续投入、稳健发展的长效机制。确立以企业为主体的市场化投融资和运营机制，全面落实企业的投资自主权，项目立项、前期研究、筹资方式选择等各个环节都应由企业自主决策。对于新建的经营性项目都要按照《公司法》要求，先确立企业法人，再进行项目建设。按照市场机制调节的要求，尝试多种投资项目运营模式，对非经营性项目，可以采取政府投资、政府经营的模式，授权国有公司进行运营管理。对经营性基础设施项目，可以结合我国实际运用政府和民间合作投资、民间经营等模式，有效提高水环境保护项目运营效率和资金使用效益。

1.6 推动完善我国水环境保护投融资政策体系的具体建议

根据水环境保护投融资政策体系的总体构想，为满足未来我国水环境保护投资的实际需要，必须从总体上对水环境保护投融资政策体系进行梳理，遵循水环境保护事业发展的客观规律和基本原则，重点解决好一些关键领域和重点环节的制度安排，进一步健全和完善适应新时期投融资需要的政策体系。

1.6.1 合理划分政府水环境保护事权与财权

事权划分是进行水环境保护投融资政策体系设计的基础。政府间环境保护责任划分，总体上应遵循"一级政府、一级事权、一级财权、一级权益"的原则，重点厘清跨行政区域生态保护、跨流域水污染防治、跨省界环境质量改善事权，界定各级政府在不同区域层次水污染防治中的职责。然后根据事权和支出责任划分，配置相应的财权和财力。

（1）明确水环境保护财权事权划分的基本原则。① 激励相容原则。合理界定各级政府以及各类政府机构的事权，环境管理的成本收益匹配和政策激励，增强其推动环保事业发展的积极性。② 公平原则。政府间环境事权划分应扩大环境公共财政覆盖面，让全体社会成员和地区共享环境公共财政制度的安排，使不同地区的地方政府和财政有能力和动力提供基本的环境公共产品和服务。③ 环境公共物品效益最大化原则。以现有的社会环境资源，通过最优配置和使用，生产出最多的环境产品，并使环境产品在使用中达到最大效益。④ 污染者付费原则。通过环境污染外部性的内部化，把环境保护的利益与成本、权利与义务与各主体挂钩，任何对环境资源的耗费都需要付出相应的费用。⑤ 投资者受益原则。通过保障市场主体的合理收益来鼓励市场力量参与水环境保护事业，更多地把环境保护任务交由专门的环境保护主体来进行。我国水环境保护和污染防治多元主体事权划分见表 1-25。

表 1-25　我国水环境保护和污染防治多元主体事权

水环境保护和治污领域	责任主体	费用负担模式	融资渠道
水环境管理能力建设	各级政府	政府负担	财政预算支出
工业水污染防治	污染企业	污染者负担	自有资金、排污费、商业融资渠道，政府扶持（特别是针对中小企业）
城镇水污染：生活污水	地方政府、居民	受益者负担、政府补贴	使用者付费，地方财政、中央财政补贴、商业融资渠道、民间或海外资本直接投资、国际援助和贷款等
生态建设与保护、自然保护区	政府、社会	政府负担、受益者负担	财政、商业融资渠道、民间或海外资本直接投资、国际援助和贷款等
农业面源污染及农村环境保护	政府	化肥使用者负担、政府补贴	化肥使用者付费、财政、商业融资渠道等
流域/区域环境治理	政府、企业	政府和污染责任方负担	财政、排污费、受益者收费、商业融资渠道、民间或海外资本直接投资、国际援助和贷款等

（2）合理划分政府、企业与公众的环境保护事权。随着市场经济体制的逐步建立和企业经营机制的转换，在充分发挥市场机制的前提下，政府、企业和社会公众将在遵循一定的投融资原则基础上重新划分环境事权，并切实履行各自的责任，互相监督、共同努力，共同实现水环境保护和水质安全目标。① 界定政府水环境保护事权。政府应按照社会公共物品效益最大化原则，首先行使规制、管理和监督职能，建立合理的市场竞争和约束机制，使企业把污染危害及影响转嫁给消费者的可能影响减至最小。如统筹制定水环境法律法规、编制国家中长期水环境保护规划和重大区域及流域环境保护规划，进行污染治理和生态变化监督管理，组织开展水环境科学研究、水环境标准制定、水环境监测评价、水环境信息发布以及水环境保护宣传教育等。政府还应当承担一些公益性很强的水环境保护和污染防治基础设施建设、跨地区的污染综合治理，同时履行国际环境公约和协定。② 明确企业水环境保护责任。根据"谁污染、谁付费"（PPP）的原则，企业是水环境保护和污染治理的责任主体。企业应承担包括水环境污染的风险在内的投资经营风险，按照污染者付费原则，直接削减产生的污染或补偿有关环境损失。同时，按照投资者受益原则，有些企业可以直接对那些可盈利

的、以市场为导向的环境保护产品或技术开发进行投资，也可以通过向污染者和使用者收费，实现其对某个环境产品投资的收益。此外，企业水环境责任的另一个重要方面是清洁生产，即企业要在材料采购、生产、包装、销售等方面减少污染的排放。还包括根据污水排放量和排污费征收标准缴纳排污费。③ 社会公众水环境保护责任。社会公众既是水环境污染的产生者，又是水环境污染的受害者。因此，公众应当首先按照污染者付费原则，交纳环境污染费用，同时要按照使用者付费原则，在可操作实施的情况下有偿使用或购买环境公共用品或设施服务，如居民支付生活污水处理费和垃圾处理费。根据水环境外溢性、污染者付费、使用者付费等多项原则，可简要列举我国政府、企业、社会公众等多元主体环境保护事权的配置项目（表 1-26）。

表 1-26　政府、企业和社会公众的环境保护事权划分

环境保护主体	事权划分原则	主要事权	主要手段
政府	环境公共物品效用最大化原则	制定法律法规、编制水环境规划；环境保护监督管理；组织科学研究、标准制定、环境监测、信息发布以及宣传教育；履行国际环境公约；生态环境保护和建设；承担重大环境基础设施建设，跨地区的水污染综合治理工程；城镇生活污水处理；支持环境无害工艺、科技及设备的研究、开发与推广，特别是负责环保共性技术、基础技术的研发等	行政手段、宣传教育手段、经济手段
企业	污染者付费原则、投资者受益原则	治理企业水环境污染，实现浓度和总量达标排放；不自行治理污染时，缴纳排污费；清洁生产；环境无害工艺、科技及设备的研究、开发与推广；生产环境达标产品；环境保护技术设备和产品的研发、环境保护咨询服务等	技术手段、经济手段、法律手段
社会公众	污染者付费原则、使用者付费原则、受益者付费原则	缴纳排污费用、污水处理费；有偿使用或购买环境公共用品或设施服务；消费水环境达标产品；监督企业污染行为等	法律手段、经济手段、宣传教育手段

（3）合理划分中央与地方政府、部门之间的环境保护事权。中央、区域、地方环境管理机构分别从宏观、中观、微观 3 个层次行使管理职能。中央环境管理机构的主要职能是制定中长期战略规划、环境立法、环境政策和标准，掌握的是国家整体生态发展和环境保护的大方向，即不具体到实际操作方面。中央环境管理具有长期性、稳定性、原则性的特点。区域环境管理机构的主要职能是传达宏观环境管理政策，评估本区域的生态状况和环境问题，选择与之匹配的政策条款和管理方法。主要包括环境经济政策、环境技术政策、环境贸易政策、环境社会政策的选择和管理。区域环境管

理政策对于中央环境管理政策而言是分政策，它必须遵循中央环境保护政策的指导；对于地方环境管理而言，则是总指导，是地方环境管理的行动指南。地方环境管理机构的主要职能在国家环境管理的宏观调控下，传达区域环境管理政策，实施具体的环境管理，接受管理对象的反馈信息，对具体的环境问题、生态现象进行直接管理。地方环境管理的管理对象是特定的主体，具有直接性、灵活性、适用性的特点。还应根据环境资源类别的不同对环境资源进行分类，由中央、省（市）、下级市分别代表国家进行产权管理，行使出资人的责、权、利，改变我国环境资源的产权不确定或不存在现象。

（4）健全水环境保护管理体制。借鉴一些国家的做法，成立"环境与资源部"，把环境保护和资源开发有机结合起来，从源头上减轻环境的压力。由"环境与资源部"全面规划和实施环境管理工作，其运行方式与其他部委相同：定规划、做预算、拨款、实施项目，但其功能要进行重新定位，并在法律上予以确认。将各部委原有的各种环境管理机构的功能进行集中，归口"环境与资源部"统一管理，各部委不再设立专门机构进行环境管理。在各级政府中增设环境资源产权管理机构，专门负责对环境资源的产权进行界定、划分、确认、管理，完善环境资源的产权制度，并运用市场手段对环境资源进行有效管理。在"环境与资源部"中建立农村环境管理局，负责对农村环境状况的调查、农村污染政策的制定、农村环境纠纷的处理等环境管理事宜。同时，将我国现有的环境信访制度推广到农村。在各级环境管理机构中设立环境审议机构和咨询机构，成员由专家、学者、企业家、公众代表组成，对重大环境政策的制定、重大管理的决策提供科学化、民主化的咨询和建议。

表 1-27　各部门在水污染防治和水资源管理方面的职责分配

部门	水污染防治	水资源管理
环保部门	统一拟订有关水污染防治规划、政策、法规、规章和标准，并统一监督执行；统一负责水环境质量监测以及相关的监测信息发布等；确定水环境容量；排污收费征收管理；参与制定污水处理收费政策；进行环境影响评价和环境审批	参与水资源保护相关政策的制定；参与水资源保护规划编制；审查水利工程的环境影响评价报告书
水利部门	提出水域限制排污的意见；实施水资源优化调配，调节水环境容量；参与节水、废水资源循环利用，以降低水环境污染	统一管理水资源，拟定水资源保护规划，监测江河湖泊水量、水质；发布国家水资源公报，组织实施取水许可证制度和水资源费征收制度，进行水量分配；工程给水，组织和管理重要水利工程；制定节水政策、编制节约用水规划，制定有关标准，组织、指导和监督节约用水工作

部门	水污染防治	水资源管理
建设部门	城市污水处理厂规划、建设和运营管理；对工业污水进入城市污水管网进行监督管理	饮用水管理；城市供水，城市节水管理，城市水务管理
农业部门	农业面源污染控制（控制农药、化肥的施用）；规模化畜禽养殖粪便的环境无害化处理	农业水源地保护，农业取水管理，农业用水和农业节水灌溉
国土资源部门	海洋水环境保护	地下水资源管理；矿泉水资源开发与管理
林业部门	水生态环境的保护；水环境功能区的管理	林业水源涵养林地保护
交通部门	水运环境管理；航道水运污染控制	工业用水取水管理，工业用水定额标准制定，工业节水管理
经贸（工信）部门	水污染防治的产业扶持政策；与水污染相关的清洁生产政策法规制定及其监督实施	参与拟定水资源收费标准以及水价政策
财政部门	参与排污收费政策和资金管理；参与污水处理收费政策制定	参与水价政策，水资源税费政策和困难群体用水补贴
发改部门	根据水环境影响评价制定投资政策、产业政策、地区政策等；水环境基础设施建设和投资管理；制定排污收费标准；制定污水处理厂收费标准	组织制定、调整水价政策；水利、水资源基础设施建设
卫生部门	饮用水健康安全标准的制定和监管；水环境（水微生物）影响健康评估	

（5）落实与事权、支出责任相匹配的财权与财力。在将各类水环境保护事权和支出责任进行分类细化的基础上，从税收与非税收入分享、财政转移支付、专项资金支持等多种渠道保证相应的财力支持，促进有效落实水环境保护相关职能职责。其中，关键是对水资源费、排污费、集中征收的垃圾处理费等进行合理配置，并将环境保护税作为地方税种进行开征。

☞ 水资源费：主要指对城市中直接从地下取水的单位征收的费用。在政府层级上应纳入地方财政，作为开发利用水资源和水管理的专项资金。按照 "取之于水，用之于水" 的原则，水资源费应专项用于水资源的节约、保护和管理，以及水资源的合理开发，范围主要包括：水资源调查评价、规划，水源地保护和管理，水资源管理信息系统建设和水资源信息采集与发布，节约用水的政策法规、标准体系建设以及科研、新技术和产品开发推广，水资源的合理开发等。

☞ 排污费：根据《排污费征收使用管理条例》，直接向环境排放污染物的单位和个体工商户，应当依照条例的规定缴纳排污费。排污费应当全部专项用于环境污染防治，任何单位和个人不得截留、挤占或者挪作他用。由于防治污染存在明显的外部性，排污费应当按一定比例上缴中央财政，以保持中央环保专项资金逐年稳定增加。

另外，进行政府水环境保护事权划分过程中，要充分考虑水环境保护的历史欠账问题、加强政策措施的综合配套，增强事权划分方案的可操作性，为制度框架的稳定运行提供持续的内在驱动力。

1.6.2　改革完善水环境保护投资机制

根据我国水环境保护投资现状和存在的问题，借鉴国外水环境保护投融资经验，从以下 6 个方面完善我国水环境保护投资体制机制，促进形成"投资主体多元化、投资方式多样化、项目管理规范化"的投资管理与项目运行机制。

（1）建立财政直接投入的稳定增长机制，稳步提高水环境保护政府投入。第一，继续保持一定的增长速度。在中央和地方财政支出预算科目中，进一步细化水环境保护财政支出预算相关科目内容，加大投入力度，重点支持水环境保护关键技术攻关、成果转化应用和技术改造环节，以及环保咨询、污染治理设施运营、环境监测等环保服务业发展。第二，建立中央与地方联动的投入机制。中央在增加水环境保护财政投入的同时，采取相应的措施约束和激励地方政府相应加大投入力度。第三，完善水环境保护转移支付制度。财政专项转移支付重点支持公益性很强的环保基础设施的建设、跨地区的污染综合治理、跨流域大江大河大湖等区域环境治理、环境保护的基础科学研究等领域。

（2）完善水环境保护相关税费政策，扩大相关税式支出。① 调整完善税收制度。扩大资源税征收范围，规范计税依据，提高征收标准。改革消费税、城市维护建设税等政策，强化水环境保护的减免税政策。② 按照"谁污染、谁缴税"的原则，改革排污收费制度。适当提高收费标准，加强收费收入征管。③ 开征生态环境保护新税种。开征污染性产品税，研究探讨开征二氧化碳税、垃圾税等新税种。制定有利于鼓励开发高效、洁净、经济新能源，有利于积极推广风能、太阳能的税收政策。④ 加大税式支出力度。积极利用税收优惠等税式支出政策，鼓励企业从事科研活动，建立税式支出评价制度，增强水环境保护税收支出的整体效应。

（3）切实加强水环境保护投资管理，提高资金使用效果。为解决水环境保护"多龙治水"、"政出多门"的管理格局，应适度整合水环境保护投资资金，以利于提高资金的使用效益。具体操作可以考虑从 3 个层面进行：① 实现统计意义上的整合。通过全面进行统计，摸清水环境保护投资的所有资金来源渠道和资金量大小，为出台水环境保护投资整合提供基础资料。② 实现功能整合。水环境保护各项投入资金继续保持现状，但各资金来源渠道的资金支出应该在统一的规划下安排使用。③ 实现渠道整合。整合水环境保护投资的相关资金，统一使用，以加大水环境保护重点项目投资的资金支持力度。与此同时，要建立水环境保护投资责任追究制度。有步骤地推行水环境保护投资项目后评价制度建设，提高后评价对水环境保护投资项目的反馈与约束作用。

（4）进一步明确水环境保护政府投资重点，提高资金使用的针对性和有效性。我国点污染源主要是工业和城市生活用水，无论是绝对量还是单位产品排污量，都比发达国家高很多。另外，农村面源污染也是我国水污染的主要来源之一，主要来自化肥和农药的过度使用，也是水污染防治的重点和难点。因此，我国水环境保护政府投资的重点和关键领域主要体现在以下 7 个方面：① 加强工业污水处理，推动工业污染问题得到根本解决；② 加大城市污水处理厂建设和维护的投入力度，提高生活污水处理率；③ 强化农村面源污染预防与控制，增加面源污染治理的投入，结合生态农业建设，实施综合整治措施；④ 增加对水体生态清淤和综合治理的投入，包括调水引流工程、河湖生态清淤、建立生态隔离带以及湿地恢复重建、造林绿化等生态建设方面的投入；⑤ 加强水污染防治基础研究和技术推广，切实发挥科技对水环境保护的科研支撑作用；⑥ 增加水环境保护能力建设方面的投入，及时获取有关重点污染源排污数据等资料，为制定好水环境保护政策提供基本依据；⑦ 适度安排资金用于水环境保护设施的维护，改变"重建设、轻维护"的现状，使水环境保护设施可持续地发挥作用。

（5）推动水环境保护投资机制创新，引导市场资金加大投入力度。合理界定政府水环境保护投资的范围，发挥政府投资的引导作用，实现水环境保护投资主体多元化。① 建立健全与投资有关的法律法规。构建全方位、多层次的流域水环境保护的投资主体，加强执法检查，培育和维护规范的建设市场秩序，提高投资效益，依法保护投资者的合法权益。② 鼓励社会资本参与水环境保护。除一些市场机制不能有效发挥作用的公共服务领域以外，其余各领域都要放开，允许各类投资主体进入，逐步形成政府、企业、个人和国外资本等多元化的投资格局。通过发展规划和产业政策的强力引导，财政补助、奖励、贴息等调节方式的采用，充分发挥财税政策的杠杆作用，以较少的资金带动大量的社会资本投入。③ 在政府水环境保护投资中，引入公私合作等机制，积极运用多种形式的 PPP（Public-Private Partnership）模式（表 1-28），让私人部门广泛参与。完善水环境保护用地和价格政策，在安排年度新增建设用地计划、年度供地计划时对水环境保护项目应给予优先保障。

（6）加强政府水环境保护投资项目管理，明确水环境保护投施产权归属。要不断创新水环境基础设施建设方式，在项目建设与管理方面，要积极引入市场机制，让企业参加到项目的建设中来。加强政府水环境保护投资项目的中介服务管理，对咨询评估、招标代理等中介机构实行资质管理，提高中介服务质量。对非经营性的政府水环境保护投资项目要推行"代建制"，即通过招标等方式，选择专业化的项目管理单位负责建设实施，严格控制项目投资、质量和工期，竣工验收后移交给使用单位。促进增强投资风险意识，建立和完善政府投资项目的风险管理机制。环境保护专项资金的项目建成后，项目单位应及时申请进行竣工验收。项目立项原审批部门要在组织验收过程中，严格明确水环境基础设施的产权归属，为后期维护和运营监管提供基础，以充分发挥建成项目的环境效益。

表 1-28　PPP 模式运用建议

基础设施类型	模式	描述
现有基础设施	出售	民营企业收购基础设施，在特许权下经营并向用户收取费用
	租赁	政府将基础设施出租给民营企业，民营企业在特许权下经营并向用户收取费用
	运营和维护的合同承包	民营企业经营和维护政府拥有的基础设施，政府向该民营企业支付一定的费用
扩建和改造现有基础设施	租赁—建设—经营 购买—建设—经营	民营企业从政府手中租用或收购基础设施，在特许权下改造、扩建并经营该基础设施；它可以根据特许权向用户收取费用，同时向政府缴纳一定的特许费
	外围建设	民营企业扩建政府拥有的基础设施，仅对扩建部分享有所有权，但可以经营整个基础设施，并向用户收取费用
新建基础设施	建设—转让—经营	民营企业投资兴建新的基础设施，建成后把所有权移交给公共部门，然后可以经营该基础设施 20～40 年，在此期间向用户收取费用

1.6.3　调整完善水环境保护专项资金制度

水污染防治专项资金的设置可以有效带动相关资金投入，加快环境基础设施建设，对推动区域间、部门间合作与联动起到了积极作用。

（1）整合相关专项资金，形成流域型水污染防治政策支持的合力。针对目前存在的专项资金种类较多、各类资金总量相对偏少、资金较为分散、项目之间缺乏联系等问题，为保证专项资金能够更为集中有效地应用于流域型水污染防治，建议设立"流域型水污染防治专项资金"，作为中央层面应用于流域型水污染防治的资金来源，沿用现有"三河三湖及松花江流域型水污染防治财政专项补助资金"的管理模式，集合各资金的优势、特点，基于流域水污染情况的轻重缓急、项目的经济社会意义，通过公共财政预算、政府性基金预算、国有资本经营预算等相互衔接，整合资源用于水环境保护，撬动、引导大量企业、社会和个人资金投入到流域型水污染防治领域。通盘考虑资金的筹措、划分、下拨、使用、监督，发挥资金的规模优势、形成合力，从而可以更好地体现资金的效率和功效。

（2）充分考虑地区差异，进一步完善专项资金分配。我国幅员辽阔，各地资源环境禀赋、经济社会发展、管理制度水平差异巨大。专项资金分配要充分考虑区域经济社会的差异性和流域水污染防治工作的重要性，向经济欠发达地区和生态环境敏感地区注入更多资金是更为有效发挥专项资金作用的一个关键。因此，专项资金要重点向中西部地区、经济基础薄弱地区倾斜，对中西部地区涉及流域水污染防治的重点工程、大型项目，由专项资金全额资助，合理确定东部发达地区水污染防治中央资助比例。考虑到农村面源污染发展迅速，建议在流域水污染防治专项资金中设立一个比重（例如40%）专门用于农村面源污染控制。此外，作为公共性的体现，专项资金应对一些具有巨大典型示范意义（例如针对典型高污染行业中的重点企业进行清洁生产等）或具有广阔应用前景的新型适用技术推广予以资助，从而可以显著提高专项资金的公共示范效益。

（3）建立动态的专项资金支持项目库，实现滚动有序管理。一般而言，由于流域规划编制期上报期与五年规划的最后一年相距5年以上，有些考虑不全或者是因为担忧配套资金跟不上，不敢把许多项目都报入规划。而且往往随着治理工作的推进，常常会涌现新问题，同时也涌现了一些更为有效的治污工程和方法，而针对新问题、新方法，由于其并未列入流域规划中，因此难以获得专项资金支持，这无疑极大地影响了专项资金的效力和相关防治工作的有效开展。因此，建议采用美国超级基金的做法（原本每年更新一次，现改为每年更新两次），定期对专项资金项目库进行调整和补充，除了对规划内项目给予补助外，对规划以外的项目，尤其是污水处理厂、河道整治及水污染治理的新技术、新工艺推广项目也按照一定程序，经申请、审查后给予补助，促进水污染防治工作顺利推进。

（4）优化专项资金拨付程序，强化资金监管和绩效评价。考虑到专项资金在一些地方（特别是水环境敏感性较强、经济实力较为薄弱的地方）是治理水污染的重要资金来源，针对当前资金管理中存在的问题，建议专项资金在拨付过程中充分考虑地方实际情况与环境的重要性，采取"国家—省—市"和"国家—市"相结合的拨付形式，进一步提高专项资金的效率。在充分考虑专项资金特点，同时适当考虑专项资金资助项目独有特点的基础上，建立体现经济性、效率性和效果性的指标评价体系。建立国家财政资金跟踪问效机制，对由财政拨付的项目资金使用实行财政部门及用款单位主管部门共同负责的双重跟踪问效机制，财政部门主要负责跟踪资金的落实、到位、专款专用和工程款审核等情况，主管部门主要跟踪项目的组织、立项、招投标、工程进度、合同履行等情况。建立专项资金项目完成后长期跟踪监督检查机制，确保项目正常运转，发挥出应有的经济社会效益。

1.6.4　有效拓展水环境保护融资渠道

理论上，"十二五"期间我国环境保护投资需要达到同期 GDP 的 1.4%左右，水环境保护领域的投资需求将会呈现快速增长的趋势。对于如此庞大的投资需求，只有建立基于市场机制调节的多元化融资渠道，形成政府、社会和个人共同负担环境保护费用的格局，才能满足环境保护的投入需要。除积极鼓励社会资本参与水环境保护投资、探索试行公债制度外，需要从以下几个方面入手，进一步拓宽相关融资渠道。

（1）完善水环境保护政府投资预算科目，逐步提高水环境保护预算投入。进一步完善政府公共财政预算制度，细化和完善在中央和地方财政支出预算科目中水环境保护财政支出预算科目，逐步提高政府财政对水环境保护的支出，尤其是城市污水处理设施建设和农村面源污染治理的投入。2007 年 1 月 1 日开始实施的政府收支分类将环境保护单独以"211"编号列出。改变了以前的水环境保护财政预算支出按部门列支的情况，但在该项中并没有列支细目，仅对政府排水、污水处理、水污染治理、饮用水水源地保护等方面的政府支出做了宽泛的反映，不能明确政府在水体方面的支出方向和重点，也不利于政府统筹安排水环境保护的措施，因此，需要进一步细化和完善现有的"211"类中的污染防治款水体项支出科目。具体可根据"2110302"科目分类单独分设细目。比如，除现有列支的政府排水外，可列支如下细目：

水体污染紧急处置支出：主要反映专项用于水体污染事件的紧急性处置支出。政府这方面的支出主要应对类似太湖蓝藻等的紧急水体污染事件。应考虑将"2110202"环境执法监察项中应急处置支出拿出并将其单独列入"2110301"、"2110302"、"2110304"、"2110305"及"2110306"项中，加强对紧急污染防治处置的支出。

重点水体污染防治支出：根据国家对重点水体污染防治政策及时调整投资重点。针对当前各水体流域的受污染程度来看，"三湖"、"三河"、"一江"和"一库"是当前水体污染防治支出的重点。政府在这方面应有相应的投资重点。

中长期水体污染防治支出：除紧急支出和重点支出以外，还应对现在不能马上治理和处理的流域和水体污染作支出考虑，筹集充足的资金。

中长期水环境保护支出：作为一项长期的保护性活动，政府在水环境方面的支出还应对可能发生的隐患进行适当考虑，从根本上保护已经治理好的污染源，从源头上解决水环境长期保护的资金问题。

（2）加大国债投入力度，使水环境保护投资成为国债投资的重要领域之一。尽管国债资金也属于财政性资金，但水环境保护投资领域是重要的基础设施领域，不仅具有一定的带动效应，而且对国民经济的长期健康发展具有重要意义，因此水环境保护投资应该属于国债投资的重要领域之一。2006 年以前，我国水环境保护投入的主要来源是国债资金，例如"十五"期间，中央财政安排环境保护资金 1 119 亿元，其中，国债资金安排 1 083 亿元。但 2006 年以后，环境保护支出科目被正式纳入国家财政预算，水环境保护投资开始主要从财政预算中安排，国债资金用于水环境保护投入的资金较少。在水环境保护方面，可以考虑利用国债资金建设城市污水处理厂和污水管网，特别是要利用国债资金建设一批技术先进、投资合理、运营创新的污水处理厂等。

（3）推进排污费税改革，形成水环境保护比较稳定的投资来源渠道。设立水环境保护专项收费或专项基金，通过收取排污费用于水环境保护的资金来源渠道。近期内的重点应放在制度的进一步完善上，即规范排污收费制度。① 要将排污费逐步纳入预算管理，形成各级政府的环境保护专项基金，至于环保部门的行政事业开支可由财政专项拨付。② 要将环保专项基金改为有偿使用的形式，以低息贷款、贴息等方式对企业或地方政府的环保资金提供支持，主要用于下列项目的拨款补助或者贷款贴息：重点污染源防治；区域性污染防治；污染防治新技术、新工艺的开发示范和应用等。③ 提高排污费费率。从中长期来看，待条件成熟时，可以考虑实施排污费的"费改税"，在开征初期，可以先从现有的排污费征收范围入手，从重点污染源和易于征管的课征对象入手，选择有限的几个污染源征收。待以后各方面条件成熟再逐步扩大污染税的征收范围。

（4）推动国有资本经营预算改革，将部分国有资本收益用于水环境保护投资。数据显示，2009 年中央财政从中央企业国有资本收益中共收取 388.7 亿元。而根据相关统计，2009 年央企实现利润 9 000 多亿元，税后利润也有 6 000 多亿元。中央财政从中收取不到 400 亿元，只占央企税后利润的 6.2%。这说明，国有资本收益还有很大的空间。我国国有企业发展多年享受国家的优惠政策，目前最根本的问题是，国有资本已经积累的大量财富如何真正惠及或更好惠及全民。因此，从国有资本收益中拿出一块资金支持水环境保护是符合我国基本国情的。我们建议，国家在确立国有资本收益的使用方向，或者在编制国有资本经营预算的时候，在国有资本收益中，至少应该在钢铁、纺织、化工、能源等排污量比较大的企业的国有资本收益中拿出一定比例，用于水环境保护投资。

（5）完善水环境保护产权和特许权制度，形成水环境保护的特许权投入。特许权投入不是政府自身的资金投入，而是政府特许企业或其他主体投入水环境保护设施建设，并允许其经营一段时间。这是政府通过特许权的转让而筹集的资金，应该属于准政府投入的范畴。水环境保护特许权投入需要以明确的产权和特许权制度为基础，因此应该进一步推动我国基础设施领域的产权制度和投资体制改革，明确私人资本进入水环境保护基础设施领域的条件和方式，为私人资本进入提供便利。

（6）加快推行生态补偿制度，促进实现外部成本内部化。广义的生态补偿是指环境资源受益人、国家、社会、其他组织对因生态保护而利益受到损害或者付出经济代价的人给予适当经济补偿。我国在森林资源的保护上确认了该项制度，目前开始试用于水污染治理方面，长江、嘉陵江等江河污染治理今年起试行生态补偿机制。但在水污染治理中的生态补偿应作狭义理解，即补偿的主体应是地方人民政府，而不涉及具体的单位和个人。这也是把该制度归类为财政制度的原因。首先，依据《中华人民共和国环境保护法》第 16 条"地方各级人民政府，应当对本辖区的环境质量负责，采取措施改善环境质量"的规定，以及"水源受益者应该补偿受害者"的原则，地方人民政府作为受益者理应分担上游地方人民政府的治理费用。其次，水污染生态补偿机制的实质是流域上下游地区政府之间部分财政收入的重新再分配过程，目的是建立公平合理的激励机制，使整个流域能够发挥出整体的最佳效益。最后，一般的单位及个人难以承受巨额的补偿资金，即使地方人民政府也必须将其纳入生态建设专项基金，每年由中央及省级政府统一划拨，专款专用。将生态补偿机制运用于水污染治理中有利于解决河流跨流域治理的难题，使上游政府及百姓认识到，保护好水资源就是创收，就是发展经济，使保护水资源成为主动、自觉行为。因此也应将其纳入水污染防治立法的范畴中，使其在全国范围规范、有效地施行。

（7）建立中央与地方联动的财政投入机制，为加强水环境保护提供稳定的财力来源支持。在确定政府水环境保护的资金来源时，还有一个问题必须考虑，就是如何确定各级政府水环境保护的投资比例。这就需要对水环境保护的政府间事权进行研究和分析，特别是水源地保护，涉及很多河流，其投资在中央和地方之间应该如何协调需要有明确的说法。如前所述，加大水环境保护投入，是各级政府都应承担的责任。因此，中央在加大水环境保护财政投入的同时，也要采取相应的措施约束和激励地方政府相应加大投入力度，具体来说，应该建立中央与地方联动的财政投入保障机制。在建立联动机制的具体思路上，中央政府可以采取法律规定和经济激励相结合的方式，充分调动地方政府对水环境保护投入的积极性。① 中央通过法律规定的方式，确定地方相关支出的一定比例必须用于支持水环境保护；② 中央可以通过"以奖代补"的方式，对支持水环境保护做得比较好的地方给予一定程度的奖励，引导地方将一定的财力用于支持水环境保护。

（8）运用多种形式加快利用外资，促进国际水环境保护领域交流与合作。要进一步加大力度，积极从国外金融机构和有关国家融资，发挥外资在水环境保护当中的积极作用。赠款部分主要用于履行国际协议，按照规定的使用方向，积极推动环保机构能力建设和污染治理。贷款部分则可以根据申请时的具体规定，有力地支持水环境保护。扩大 BOT 等方式融资规模。规范政策法规环境，降低市场资本投资风险，切实加强在融资、收益等方面政策调控的力度，提供盈利的政策保障，为积极推广应用 BOT 等运营模式创造良好的基础条件。

1.6.5 积极鼓励社会资本参与水环境保护

要努力改变多年来形成的水环境保护主要由政府投资的局面，拓宽投融资渠道。建立和完善政府引导、企业为主、社会参与的多元化环保产业投融资机制。除一些市场机制不能有效发挥作用的公共服务领域以外，其余各领域都要放开，允许各类投资主体进入，逐步形成政府、企业、个人和国外资本等多元化的投资格局。

（1）通过发展规划和产业政策强力引导。把水环境保护作为重点发展领域，纳入国民经济和社会发展中长期规划及有关专项规划。要深入分析国内外市场需求和技术发展趋势，按照前瞻性、战略性、针对性的要求，在编制实施环保产业发展规划时，进一步明确水环境保护产业的发展方向、目标定位、结构布局、重点任务和配套措施，并及时将有关信息公开发布，为民间资本进入水环境保护行业提供透明、公开、有序的市场环境。

（2）充分发挥财政资金的杠杆作用。在加大财政直接投入力度的同时，积极发挥财政资金的"四两拨千斤"的作用，通过财政补助、奖励、贴息等方式，以较少的资金带动大量的社会资本投入，特别是要有效落实各项税收优惠政策。积极创造条件，鼓励支持掌握环保核心技术、上规模、占有一定市场份额的龙头骨干企业扩大其在水环境保护事业中的作用，并落实相应优惠政策。对污水处理企业和再生资源回收利用企业，按规定纳税确有困难的，减征或免征城镇土地使用税和房产税。对提供污水处理劳务取得的污水处理费，不征收营业税。对从事环保技术开发、转让业务和与之相关的技术咨询、服务业务取得的收入，免征营业税。水环境保护企业为开发新技术、新产品、新工艺发生的研发费用，未形成无形资产计入当期损益的，计算应纳税所得额时，在按照规定据实扣除的基础上，再按研发费用的50%加计扣除；形成无形资产的，按照无形资产成本的150%摊销。

（3）完善水环境保护用地和价格政策。在编制城乡规划、土地利用总体规划时，明确保障环保产业发展用地的措施，在安排年度新增建设用地计划、年度供地计划时对水环境保护项目应给予优先保障。切实加大污水处理费的征收力度，进一步完善污水处理费征收和使用办法。在严格执行现行污水处理收费政策的基础上，鼓励各地根据当地实际，按照"保本微利、持续运营"的原则，适时提高污水处理、垃圾处理收费标准。

（4）规范市场管理和相关公共服务。加强水环境保护产业市场管理。健全水环境保护装备和产品生产、环保工程建设、环保服务、资源再生和综合利用等领域的市场准入制度。完善各类环保资质认定和特许经营权制度，规范环境工程招投标行为，防止市场垄断、无序竞争和一些地方与部门行政干预分割市场的行为，形成公平竞争的市场环境。严格规范环保企业行为。加强环境工程设计、环境工程监理和环保产品标准化及质量监督管理。建立完善环保产品第三方认证制度,大力发展环保产品认证机构。规范环保企业自身环保行为,切实防止环保企业在生产、施工过程中污染环境。积极引导企业采用国际国内先进的标准和技术规范进行生产,鼓励有条件的企业参与制订国家、行业及地方环保标准和技术规范。大力发展环保产业中介机构。加快中介机构的企业化、市场化进程,扶持建立一批具有较强经济实力、较高业务水平的专业环保服务中介机构,充分发挥中介机构在信息沟通、技术评估、法律咨询、知识产权转移和转化等方面的作用,培育和繁荣环保服务市场。

1.6.6　探索实行水环境保护公债制度

随着我国地方税收体系的逐步建立与完善,我国地方财政会逐步具备一定的独立收入来源,与此相适应也应享有一定的公债发行权。可以先由国务院制定《地方公债发行管理法规》对发行主体、公债类型、发行规模及用途加以规定,开展水环境保护市政公债发行试点。针对不同地区、不同阶段的水环境保护投入缺口,允许地方政府在一定条件下发行公债,筹集足够资金来支持加快水环境保护事业和城市化进程。要合理选择发行主体、确定控制发债规模,推动建立水污染防治市政公债运营机制,建立分类偿还制度。

(1)建立公债相关法律制度。研究制定专门的市政债券管理法规,通过制定、修订和完善相关法律制度,就市政公债的发行主体、债务种类、公债的投资者、信用评级、风险防治、信息披露等作出详细规定,为地方公债发行建立制度基础。按照量力而行、安全稳健的原则,有关法规要对地方政府的举债权进行界定,对举债规模加以限制,避免出现因地方政府举债超过其支付能力而导致到期不能偿还的情况,树立市政债券的良好信用形象。并在公债相关规定当中,充分考虑水环境保护的特殊性,在具体的实施办法当中作出相应的规定。

(2)循序渐进推进地方公债发行。① 要选择合适的期限。债券的期限选择应与水环境保护项目的回收周期相符合,且综合考虑宏观经济运行态势、通货膨胀因素和地方政府的偿债档期,一般应为 10～15 年,也可以针对机构投资者发展期限更长的品种。② 选择合适的利率水平。应综合考虑银行同期存款利率、国债利率及债券期限,以略高于同期国债利率为宜。③ 选择合适的发行方式。综合考虑公债筹资成本和对货币政策的干扰,前期应以公募招标方式为主。公募招标方式有助于降低市场的发行成本。竞价的过程有助于形成合理的发行价格,避免发行者支付"超额"利息成本;公开、公平的价格形成减少了发行代理人谋私利的机会,降低了发行的代理成本。

(3)合理设计公债运营方案。地方政府在发行水污染防治市政公债之后,就需要依靠运营机制来保证市政公债的有效运行。水污染市政公债的发行、运营和偿还是一个循环系统,水污染市政公债的运营在整个系统中起着桥梁的作用,也是水污染市政公债得以圆满成功的坚实后盾。为了确保水污染治理市政公债运营目标的实现，本书认为运营方案的设计思路如图 1-17 所示。

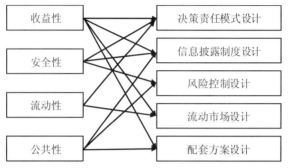

图 1-17　水环境保护运营方案的设计思路

（4）建立和完善公债风险监控与防范机制。在已经构建的运营机制框架下，探索建立公债资金与社会资金结合投资的各种模式，强化资金运营效果监测分析，建立市政债券市场连续数据信息报告制度。既要根据水环境保护投资缺口和资金需求，合理确定市政债券的发行规模和周期，预计市政债券投入在水污染治理中所占的比例，又要对市政公债可能引致的公共风险和财政风险进行防范。

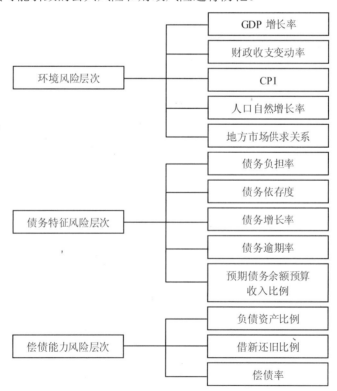

图 1-18　水污染防治市政公债风险预警指标

1.6.7　加强水环境保护金融制度创新

（1）建立排污权交易制度。建立排污权交易市场，探索建立排污权交易机制。将排污权作为一项基本产权，科学确定企业和单位的初始排污权，并实行有偿分配。有偿使用费作为财政非税收入纳入预算。新建项目必须购买排污权，允许排污权自由转让，广泛吸纳社会资本，进行市场化运作。鼓励民间资本特别是风险投资进入环保产业。当然，目前我国的排污权交易以及排污权质押贷款还处于试点或起步阶段，全国层面与之相配套的制度、规章等依旧处于探索、开拓阶段，排污权本身作为一种无形资产又面临自身价值难以评估、波动大、预测难等方面的问题。为了保证排污权质押贷款的顺利推行，未来还需做到：① 要健全法律法规体系。首先应从法律的角度界定环境资源的价值和产权，为推进排污权质押贷款奠定良好的法制基础。同时，还需要建立一个完整的制度体系，为市场参与主体提供一个公平、公开、安全的交易环境。② 与其他资产组成资产包进行质押贷款。鉴于我国尚未形成被普遍接受的无形资产计量方法，企业和银行无法确定无形资产的准确价值，且排污权质押贷款这项业务仍不够完善，作为鼓励其发展的一项措施，可以不只采取排污权作为质押标的物，还可以将排污权与其他资产一起组成资产包，来进行质押贷款，这样既鼓励了这项业务的发展，也减轻了银行和企业双方面的顾虑和风险。③ 排污权的拥有时限应予以明确。我国的总量控制计划一般是以 5 年作为周期，总量减排是以年度为基本时间单元考核的，建议排污权的所有权年限可以以此作为参考。

（2）推动建立绿色信贷与绿色保险制度。落实国家在担保、特许经营权等方面的优惠政策，引导和鼓励社会资本投入水环境保护产业。选择一批基础较好、有发展潜力的水环境保护企业纳入企业上市后备资源库，进行重点指导、重点培育。对条件成熟的水环境保护企业，要推动其在境内外资本市场上市融资；对已上市水环境保护企业，要通过增发、配股、发行公司债等多种形式支持进行再融资。探索设立水环境保护产业投资基金和水环境保护信托投资公司、风险投资公司，对暂时出现经营困难的水环境保护企业，金融机构应允许其到期贷款适当展期。

（3）积极推动信托产品创新。鼓励将各种社会资金集中起来，委托信托投资公司管理、运作，投资于某个特定的水环境保护领域，共同分享投资收益。在推动水环境保护信托产品创新的过程中，信托公司作为项目的投融资中介，以专业经验和理财技能安排融资计划，综合运作多种手段加强项目投资管理，推动相关水环境保护项目的有效实施。排污权质押贷款在积极探索排污权交易发展的同时，还可以综合排污权交易、金融产品创新，促进信贷产品创新，优化市场配置环境资源，解决中小企业的资金周转问题，促进前景良好的中小企业发展。

（4）积极探索水环境保护领域的资产证券化。积极研究资产证券化的特点与优势，推动其在水环境保护领域的运用。通过推行资产证券化，合理配置风险结构，促进资本的合理流动，有利于分散投资风险，扩大水环境保护融资渠道。

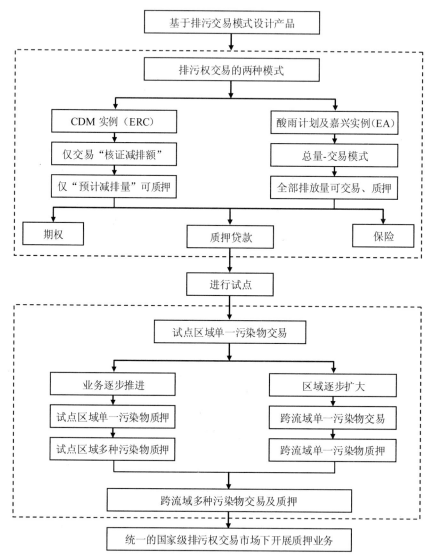

图 1-19 排污权质押贷款业务及相应金融产品开发及试点路线

1.6.8 建立完善水环境保护绩效评价制度

推动水环境保护从投入导向型向绩效导向型转变，将绩效评价的结果与后续年度的资金安排相结合，逐步建立水环境保护绩效预算制度，建立促进水环境保护资金高效利用的长效机制。

（1）构建法律制度框架。通过法律法规或行政规章，对项目绩效评估的流程、方式、标准等内容进行详细规定，为有效开展水环境保护项目绩效评估奠定基础。成立独立的水环境保护项目绩效评估机构，强化水环境保护投资项目预期绩效论证机制，科学安排项目立项；完善项目绩效约束机制，强化项目预算执行监控；建立项目绩效事后评审机制，综合衡量项目管理水平。保证评价内容的完整性和连续性、评价过程的动态性和连续性，并强化对评价结果的运用。

（2）探索合适的评估方法和工具。本着客观务实的态度，鼓励各地、各部门因地、因项目选取操作性强、适用性强的方法，并在实践中不断改进完善。方法和工具既要简便易行，又要符合指标、目标设置多维度的要求，增强事前、事中、事后评价标准的一致性。积极培育绩效评价的中介机构、外部专家力量，为第三方力量参与绩效评价创造条件、形成制度，努力提高项目绩效水平。在实际过程中，在每个预算年度选取部分具有代表性和一定影响力的重点水污染防治项目组织评价，同时对主管部门、项目单位的绩效评价情况进行抽评。

（3）建立完善指标体系。绩效评价指标体系是一项重要的基础工作。需要结合具体的投资项目，根据项目的不同性质，对评价指标进行细化和量化，落到实处，以减少评价指标的不确定性，减少评价中的主观性。在总体的绩效评价体系当中，充分考虑专项资金特点，建立体现经济性、效率性和效果性的指标评价体系。另外，要发挥项目绩效评价的作用，还需要进一步完善评价工作信息化管理，开发项目基础数据资源、建立专家库等技术支持系统。一般而言，要按照科学性、综合与系统性、可操作性、可比性等原则，建立针对不同类型水污染防治投资项目的多层次的综合绩效评估指标体系，通过多级绩效评估指标分析流域水污染治理项目的投入、产出和成效，综合反映流域水污染防治投资绩效。

绩效评价指标分为共性指标和个性指标。共性指标是适用于所有项目、流域的指标，主要包括项目管理绩效指标、资金投入和使用绩效指标和产出绩效指标。共性指标包括 3 个一级指标，一级指标各项下设若干二级指标，二级指标定量和定性指标相结合。根据需要，在二级指标下面设立若干三级和四级指标。一级指标包括：项目管理绩效指标、资金投入和使用绩效指标以及产出绩效指标等。

除上述共性指标外，研究针对各投资项目的个性指标和修正指标。个性指标主要反映某项水污染治理专项独有的特点，反映其资金来源、使用及成效的具体特性。如针对不同湖泊设置总磷、总氮指标等；修正指标主要是根据周边环境、产业状况对环境、社会发展、长期体现的效益的影响来对评估结果做出修正。该类指标包括地区经济社会发展水平影响因素、所处行业的特殊性因素、对环境的影响因素、长期效益影响因素、突发性和不可预见性影响等指标。个性指标和修正指标可结合专家经验、问卷调查等方法确定。

（4）规范绩效评价程序。一般而言，绩效评价的具体工作程序是：① 确定项目。由厅内各业务处室筛选推荐上一年度需要实施绩效评价的重点项目。经预算处审核汇总后，报主管厅长和厅长审定确认。② 前期准备。组织实施政府采购，选取有经验、有规模的中介机构开展绩效评价工作。由财政部门和中介机构共同组织资金主管部门的负责人进行绩效评价业务培训，并根据项目特点建立评价指标体系，聘请专家具体组织实施绩效评价、撰写绩效报告等工作。③ 实施评价。中介机构组织专家按一定的项目和资金覆盖面进行现场评价。绩效评价开展后，预算处负责协调厅内相关业务处室和各市、县（市、区）财政局，厅内相关业务处室负责协调有关部门。具体绩效评价工作财政部门不过多介入，全部由中介机构独立完成。④ 出具报告。现场评价结束后，中介机构向财政厅提供评价报告。报告内容包括项目执行总体情况，得分情况、有关问题、专家意见等。⑤ 通报结果。省财政厅会同相关部门、项目执行单位召开绩效评价结果通报会，各单位提出整改意见。⑥ 指导预算。积极利用绩效评价结果指导下一年度预算编制。

（5）加强对评估结果的应用与反馈。绩效评价结果既要作为中央对项目资金支持的重要依据，也要作为该单位目标管理考核的重要内容或干部任用的重要参考。要推动建立水环境保护绩效评价信息披露制度，通过适当方式公开项目绩效评价结果，接受公众评判，强化对财政资金支出的监控，增强公共投资的公正性和透明度。建立内部共享、一定范围内通报、向人大报告、向社会公开等制度，既增强绩效评价结果的利用效果，又全方位地接受权力机关、社会公众的监督。

1.6.9　加快推动相关配套制度建设

（1）完善水环境保护相关法律制度。从法律层面上界定环境资源价值，为在环境领域广泛引入市场化手段治理环境污染提供制度基础和配套措施。按照产业化发展、市场化运作、企业化经营、法制化管理的要求，深化流域内废水、垃圾处理管理体制改革，切实转变政府职能，实现政企分开、政事分开，确保社会公众利益和城市环境效益。加快推进相关领域立法工作，促进完善水环境保护相关法律法规体系。

（2）完善水环境保护的市场调节机制。充分发挥市场调节杠杆作用，加强水污染治理和水环境保护。① 完善水资源定价制度。将水资源作为基本的生产要素，运用市场手段发现价值、配置资源、调节保障，根据发展需要和水环境实际支撑能力，实行阶梯式水价、超定额用水加价制度，确定再生水价格，鼓励中水回用，严格用水收费制度，探索建立水资源的市场定价和配置资源机制。② 明确水体污染治理责任。尽快修订有关环境保护法律法规，明确"谁污染、谁负责、谁付费"；"谁污染、谁付费，谁治理、谁受益"，明确工业企业可自己治理污染，也可委托专业化的治污企业来治理污染，明确排污企业和治污企业在污染治理中的相关法律责任。③ 保护好市场主体利益。在鼓励各种社会资金投资水环境保护的过程中，明确投资者之间的责、权、利，保护投资者利益。比如，在水污染治理领域引入"特许经营"模式，将水污染治理特许权给有实力、有经验的专业化污染治理公司，鼓励专业化污染治理公司实行污染治理设施的投资、建设、运行和维护管理等，加快水污染治理市场化进程。

（3）完善水环境保护的激励约束机制。① 进一步健全准入和退出机制。进一步完善产业政策，综合运用价格、土地、环保、市场准入等措施，加快淘汰落后生产能力。严格执行建设项目环境影响评价和"三同时"制度，根据资源禀赋和水环境容量，严把建设项目准入关，从严控制向水体排放有毒有害物质、向湖泊排放氮、磷污染物的项目，杜绝产生新的污染。② 完善财税奖惩机制。对地方政府淘汰落后生产能力，按其实际削减的污染物排放量给予奖励；对未能按期淘汰落后产能的地方，适当扣减其转移支付额度。根据企业排污强度、排污量和对水体造成的影响程度，实行不同的税率标准；对企业新上污染治理项目，减少污染物排放的，适当给予奖励。进一步完善差别水价和差别电价制度，引导企业减少水电资源消耗，减轻污染排放。③ 建立生态补偿机制。根据主体环境功能区划和水环境保护管理要求，明确不同区域的功能定位和环保目标，制定重点流域的水污染防治规划，充分运用资源环境政策的杠杆作用，实施差别化的流域开发，形成各具特色的发展格局。在科学评估相关区域水环境保护效能的前提下，通过财政转移支付为贡献地区给予补偿。

1.6.10　进一步明确政府部门管理责任

（1）建立高效统一的水环境保护管理体制。加强水污染防治，保护水资源环境，政府责无旁贷。各级政府和相关部门的主要领导是水环境保护的第一责任人，必须把水环境保护作为落实科学发展观、维护群众根本利益、促进经济社会健康发展的一件大事，切实承担起治理水环境污染，保护水环境生态的责任。要建立健全环境保护综合决策机制，完善环保部门统一监督管理、有关部门分工负责的环境保护协调机制，加强部门间的协调与配合，明确职责，理顺关系，增强工作的整体性和协调性，防止政出多门、责任不清、工作缺位、执法无序等问题，提高环境保护的执行力。对于跨省流域的水环境保护问题，要在中央政府的统筹协调下，建立相关省际的联动机制，构建跨流域、跨省域的水环境保护机制和网络，实现水资源的和谐共管、共用、共赢。

（2）进一步完善区域管理体制。强化跨越行政区域的重点水系或流域管理，按照区域生态统筹管理的要求，建立区域协调机制，合理设立监管机构或派出机构，在落实属地政府水环境保护责任的同时，打破行政区划界限，按照流域特点，加强流域内各地政府间的沟通协调，统筹实施全流域的保护和治理，有效促进跨行政区域水环境保护问题。改进排污费的征收与管理办法，积极开展排污费征收改革，将"环保开票、银行代收、财政统管"的模式改为"环保核定、税务收费、银行入库、财政统管"，将征、管、用分离，形成环保、税务、财政、人民银行四部门联动，共同监管，环保部门经费全额纳入财政预算的机制，切实提高排污费征收率、规范管理水平和使用效益。

（3）健全完善干部环境保护考核制度。严格落实有关法律法规的相关规定，完善考核制度和监督管理办法，加强对地方政府和干部环境保护工作的考核。① 健全考核指标。将水环境保护作为生态环境保护的重点，与经济社会发展指标统一起来，纳入干部政绩考核指标体系。水环境考核指标设计既要注重工作考核，更要注重绩效考核，全面反映水污染治理和水环境改善的实际成效。② 完善考核程序。水环境保护考核要以扎实的工作措施、科学的监测数据为依据，坚持定期考核与日常督察相结合，专家评价与社会评议相结合，工作考核与现场监测相结合，公开评价指标，动员全社会参与监督、评价。③ 硬化考核结果。将水污染防治和水环境改善作为约束性指标，突出水环境保护的地位，不仅在评优创先中实行"一票否决"，而且在干部提拔任用上实行"一票否决"。

（4）强化监督检查和责任追究机制。加大水污染防治监督检查力度，继续严格贯彻实施新修订的《水污染防治法》，加快制定《排污许可证管理条例》《饮用水水源地环境保护管理条例》《城镇污水处理厂监督管理条例》《流域生态补偿管理条例》《污染源限期治理管理办法》《环境影响评价区域限批管理办法》等配套法规和规章，加大对地方执法工作的指导和监督力度，切实落实《水污染防治法》确定的各项制度和措施。继续开展整治环境违法行为、保障群众健康环保专项行动，充分利用好法律赋予的各种手段，进一步完善重大水污染违法案件移送司法和协同配合机制，严厉打击各类环境违法行为，提升《水污染防治法》的震慑力，树立环境执法的权威。要按照《水污染防治法》和国务院对环保、发展改革、住房和城乡建设、水利、农业、卫生等部门主要职责的规定，加强涉水部门的沟通，依法统一发布水环境质量信息，强化信息共享和部门联动，完善跨部门、跨区域的水污染联防机制，进一步研究理顺流域管理体制，推动水污染防治形成合力。

第2章

水污染防治投资规划技术方法和需求预测

投资口径的界定是进行投资预测的基础。目前，我国水污染防治投资范围界定不清，投资口径亟需调整。水污染防治规划编制不规范，投资预测方法体系亟需建立。基于任务需求的投资预测方法缺乏，规划与投资的内在关联亟需建立。这些都是实施环境管理的重要基础，也是开展和落实规划的重要保障。本章在系统梳理了国内外水污染防治投资统计体系的基础上，对我国水污染防治投资进行了全面地评估，并提出优化水污染防治投资口径的方案。基于以上研究，本章从宏观经济关系层面和微观减排任务需求两个层面研究建立了水污染防治投资预测方法体系。通过水污染防治投资规划与水污染防治规划水环境质量目标和总量控制目标之间的关系研究，提出了水污染防治投资规划的程序、重点等，建立了水环境保护投资规划编制方法体系，从而为水污染防治投资规划编制提供依据。

2.1 国内外研究回顾

2.1.1 国内水污染防治投资口径界定及预测方法研究回顾

2.1.1.1 现有环境保护支出统计基础

我国有关环境保护统计随其服务的职能分散在政府各个主管部门。根据环境保护所涉及的领域，大体涉及以下部门：

- ☞ 环境保护部：污染防治和防止环境退化方面的环境保护管理。
- ☞ 住房和城乡建设部：与城市环境改善有关的城市基础和公用设施建设及其运行管理。
- ☞ 国土资源部：有关地质环境监测、保护以及矿山环境恢复治理的管理。
- ☞ 水利部：涉及水土保持及水生态保护的管理。

☞ 国家林业局：以天然林保护、退耕还林、防护林建设、风沙源治理、野生动植物保护等为重点的森林保护与生态建设管理。

☞ 国家海洋局：海洋质量监测及海洋环境防护管理。

☞ 农业部：农业资源环境保护和乡村环境建设管理。

以上各个部门均已经或多或少地设置了与环境保护有关的统计调查项目或数据报送系统，可以定期提供相关统计数据。但是，环保统计并非环保支出统计。以下分部门列示与环境保护有关的统计调查项目，同时标出与环保支出有关的统计内容，以此即可了解当前我国环保支出统计的现实状况（表 2-1）。

表 2-1　政府各部门环保支出统计现状一览

部门	统计/调查项目	环保投资统计	环保运行支出统计	环保支出资金来源统计
环境保护部	工业污染治理项目建设情况	√		
	建设项目"三同时"环保投资	√		
	污染治理设施运行费用情况		√	
	排污费征收及使用情况			√
	环境监测工作情况		√	
	环境行政监督管理工作情况			
	环境科技工作情况		√	
	环保产业收入情况		√	
住房和城乡建设部	城市市政公用设施建设固定资产投资情况	√		
	村镇市政公用设施建设固定资产投资	√		
国土资源部	地质环境监测及矿山环境恢复治理投资情况	√		
	地质遗迹保护及地质公园建设投资情况	√		
水利部	项目类型是水土保持及生态的水利工程项目投资	√		
国家林业局	林业固定资产投资完成和资金来源情况	√		√
	林业生态建设重点工程固定资产投资完成情况	√		
国家海洋局	暂缺			
农业部	农业资源环境保护机构固定资产投资情况	√		
	乡村清洁工程建设投资	√		
财政部	政府支出功能分类科目：资源与环境科目	待开发	待开发	待开发
国家统计局	全社会固定资产投资统计	√		

2.1.1.2　现有废水管理支出框架设计

中国人民大学研究设计的废水管理支出框架包括：工业废水处理支出，包括工业废水处理投资，工业废水处理设施运行费用；城市污水处理支出，包括城市污水处理投资（包括排水系统、污水处理厂），城市污水处理运行费用；废水监测等支出；其他活动支出。

2.1.1.3　预测方法研究回顾

环保投资在环境事业发展中的地位日益重要，尤其是占较大比重的水污染防治投资。迄今为止，关于环保投资的预测方法学研究较为成熟，而关于水污染防治投资预测的研究尚处于空白状态。本研究将基于环保投资预测方法学，探索适用于水污染防治投资预测的方法。

（1）灰色系统预测模型。

GM（1，1）模型　灰色预测所需样本数据较少，原理简单、运算方便，短期预测精度高，环保投资可采用灰色模型 GM（1，1）来进行预测。模型预测方法如下：

① 对于时间序列 $X（0）$ 有 n 个观察值：

$X（0）（t）$，$t=1$，2，$\cdots$，n，通过作 1-AGO 累加生成新序列 $X（1）（t）$，$t=1$，2，$\cdots$，n。

② 对 $X（0）$ 作准光滑性检验，要求在一定条件下，$X（0）$ 满足准光滑性检验。

③ 对 $X（1）$ 进行检验，看其是否有指数规律，若其满足准指数规律，就可以对 $X（1）（t）$ 建立 GM（1，1）模型。

④ 建立相应的微分方程：

$$\frac{\mathrm{d}X^{(1)}(t)}{\mathrm{d}t} + a X（1）（t） = u \tag{2.1}$$

表示的 GM（1，1）预测模型。

⑤ 参数估计：

$$\hat{a}=[a,\ u]^{\mathrm{T}} = (B^{\mathrm{T}}B)^{-1}B^{\mathrm{T}}Y \tag{2.2}$$

其中：

$$B = \begin{bmatrix} -\dfrac{1}{2}\big[X^{(1)}(1)+X^{(1)}(2)\big] & 1 \\ -\dfrac{1}{2}\big[X^{(1)}(2)+X^{(1)}(3)\big] & 1 \\ \vdots & \vdots \\ -\dfrac{1}{2}\big[X^{(1)}(n-1)+X^{(1)}(n)\big] & 1 \end{bmatrix},\ Y = \begin{bmatrix} X^{(0)}(2) \\ X^{(0)}(3) \\ \vdots \\ X^{(0)}(n) \end{bmatrix}$$

⑥ 预测方程：

$$\hat{X}^{(1)}(t+1) = \left(X_{(1)}^{(0)} - \frac{u}{a} \right) e^{-at} + \frac{u}{a}, \quad t=1, 2, \cdots, n \quad (2.3)$$

式（2.3）的模拟值为：

$$\hat{X}^{(0)}(t+1) = \hat{X}^{(1)}(t+1) - \hat{X}^{(1)}(t), \quad t=1, 2, \cdots, n \quad (2.4)$$

郭志达、张洪玉、张国永利用 GM（1，1）模型预测 2000—2004 年我国的环保投资，计算及比较结果如表 2-2 所示。

表 2-2 2000—2004 年我国环保投资计算及比较结果　　　　　单位：亿元

年份	$X^{(0)}$	$\hat{X}^{(0)}$	残差	相对误差/%
2000	1 014.9	1 014.9	0	0
2001	1 106.6	1 126.5	−19.9	1.8
2002	1 367.2	1 344.7	22.5	1.64
2003	1 627.7	1 605.2	22.5	1.38
2004	1 909.8	1 916.2	−6.4	0.33

从表中可以看出，预测精度较高，相对误差控制在 2% 以内。进而预测"十一五"期间我国环保投资情况，如表 2-3 所示。

表 2-3 "十一五"期间我国环保投资情况计算结果　　　　　单位：亿元

年份	$X^{(0)}$	$\hat{X}^{(0)}$	残差	相对误差/%
2006	2 566	2 793.7	−227.7	−8.9
2007	3 384.6	3 306.5	78.1	2.3
2008	4 490.3	3 913.6	576.7	12.8

从表中可以看出，预测精度下降明显。由于 GM（1，1）模型的单变量变化率是一个指数分量，随时间的发展变化是单调的。当动态序列满足检验要求时，预测效果较好，反之则不理想。

GIM（1）模型　由于数据并不一定有指数函数规律，所以可以考虑单变量灰色线性幂函数曲线即 GIM（1）模型。模型预测步骤如下：

① 对于时间序列 X（0）有 n 个观察值：

X（0）（t），$t=1, 2, \cdots, n$，通过作一次累加生成新序列 X（1）（t），$t=1, 2, \cdots, n$。

② 建立相应的微分方程：

$$\frac{dX^{(1)}(t)}{dt} + a\,\frac{X^{(1)}(t)}{t} = b, \quad t \in T, \ T \text{ 为实数集} \quad (2.5)$$

其解为：

$$\hat{X}^{(1)}(t) = \left(X^{(0)}(1) - \frac{b}{1+a} \right) t^{-a} + \frac{b}{1+a} t \qquad (2.6)$$

式中的参数 a、b 可依最小二乘法求出，也可以采用线性回归法求解。

③ 已知

$$\hat{X}^{(1)}(t) = \left(X^{(0)}(1) - \frac{b}{1+a} \right) t^{-a} + \frac{b}{1+a} t$$

令 $p = X(0)(1) - \dfrac{b}{1+a}$，$q = \dfrac{b}{1+a}$，则

$$\hat{X}^{(1)}(t) = p\, t^{-a} + qt \qquad (2.7)$$

向跃霖利用 GIM（1）模型预测某地 1985—1992 年环保投资，模型预测结果误差小、精度高，具有一定的科学合理可行性。

（2）时间序列模型。

平稳时序分析　时间序列预测方法应用广泛，比起其他分析方法具有其自身的优越性，体现在：确定性时序分析刻画序列的主要趋势，直观简单、便于计算，随机时序分析能揭示出变量的非线性特征。平稳时序分析可通过建立自回归移动平均模型（Autoregressive Moving Average Models，ARMA）分析序列的规律。

如果时间序列 $X_t\,(t=1,2,\cdots)$ 是平稳的，与前面 $X_{t-1},X_{t-2},\cdots,X_{t-p}$ 有关且与其以前时刻进入系统的扰动（白噪声）也有关，则此系统为自回归移动平均系统，预测模型为：

$$X_t - \varphi_1 X_{t-1} + \varphi_2 X_{t-2} + \cdots + \varphi_p X_{t-p} = a_t - \theta_1 a_{t-1} + \theta_2 a_{t-2} + \cdots + \theta_q a_{t-q}$$

即　$(1 - B\varphi_1 - B^2\varphi_2 - \cdots - B^p\varphi_p)X_t = (1 - \theta_1 B - \theta_2 B^2 - \cdots - \theta_q B^q)a_t \qquad (2.8)$

成刚、袁佩琦、陈瑾利用 1978—2004 年北京市人均 GDP 的数据构建 ARMA 模型，并利用此模型预测 2005—2010 年北京市人均 GDP，同时考虑到预测标准差随时间推移由于误差积累而越来越大的事实，计算得出预测结果（95%的预测区间）如表 2-4 所示。

从计算结果可以看出，虽然人均 GDP 实际值落在预测区间内，但是预测精度不是很高，保持在 10%左右，相对误差的波动不大，数据样本要求大，短期预测效果一般。

表 2-4　2005—2010 年北京市人均 GDP 预测计算结果　　单位：元

年份	2005	2006	2007	2008	2009	2010
人均 GDP 预测值	41 286.02	46 103.08	51 286.28	56 834.63	62 742.56	68 999.52
人均 GDP 实际值	45 444	50 467	58 204	63 029	—	—
残差	4 157.98	4 363.92	6 917.72	6 194.37	—	—
相对误差/%	9.1	8.6	11.9	9.8	—	—
预测上限	46 383.32	53 962.07	61 838.47	70 313.15	79 572.46	89 772.5
预测下限	36 748.89	39 388.66	42 534.73	45 939.85	49 472.25	53 033.31

非平稳时序分析　非平稳时间序列分析需要先将数据序列平稳化，然后再建立 ARMA 模型。ARIMA 建模是把非平稳时间序列平稳化的过程。通过对数据进行差分处理使其平稳化。计算自相关和偏相关系数，检验预处理后的数据是否符合 ARMA 建模要求。根据自相关系数（AC）及偏相关系数（PAC）的截尾性，初步判别序列属于哪类模型以及模型阶次，应用 AIC 准则为模型定阶。根据时间序列模型的识别规则，建立相应的模型。若平稳序列的偏相关函数是截尾的，而自相关函数是拖尾的，可断定序列适合 AR 模型；若平稳序列的偏相关函数是拖尾的，而自相关函数是截尾的，则可断定序列适合 MA 模型；若平稳序列的偏相关函数和自相关函数均是拖尾的，则序列适合 ARMA 模型。通过参数估计，检验是否具有统计意义。通过假设检验，诊断残差序列是否为白噪声，如果不能通过，则必须对模型重新进行定阶。最终利用已通过检验的模型进行预测分析。

吴海军利用 ARIMA 模型预测了 2000—2004 年北京市全社会固定资产投资，计算得出预测结果如表 2-5 所示。

表 2-5　2000—2004 年北京市全社会固定资产投资预测计算结果　　单位：亿元

年份	2000	2001	2002	2003	2004
预测值	1 253.5	1 488.8	1 781.2	2 058.1	2 429.7
实际值	1 297.4	1 530.5	1 814.3	2 157.1	2 528.3
残差	43.9	41.7	33.1	99	98.6
相对误差/%	3.4	2.7	1.8	4.6	3.9

从计算结果可以看出，预测值和实际值的差异较小，说明模型预测的效果较好。ARIMA 模型在短期内预测比较准确，随着预测期的延长，相对误差会逐渐增大。该模型同样要求有大量的数据样本。

（3）协整分析。经典回归模型（Classical Regression Model）是建立在稳定数据变量基础上的，对于非稳定变量，不能使用经典回归模型，否则会出现虚假回归等诸多问题。虽然许多包括环保投资在内的经济变量是非稳定的，但如果变量之间有着长期均衡关系，即它们之间是协整的（Cointegration），则可以使用经典回归模型方法建立回归模型。

假设 X 与 Y 间的长期均衡关系由式（2.9）描述：

$$Y_t = \alpha_0 + \alpha_1 X_t + \mu_t \tag{2.9}$$

式中：μ_t——随机扰动项。

式（2.9）是变量 X 与 Y 的一个线性组合，经过移项整理可得：

$$\mu_t = Y_t - \alpha_0 - \alpha_1 X \tag{2.10}$$

如果式（2.9）所示的 X 与 Y 间是长期均衡关系，那么式（2.10）表述的非均衡误差应是一平稳时间序列，并且具有零期望值，即具有 0 均值的 I（0）序列。因此，一个重要的前提就是：随机扰动项 μ_t 必须是平稳序列。

如果两个变量都是单整变量，只有当它们的单整阶数相同时，才可能协整；如果它们的单整阶数不相同，就不可能协整。此条件不适用于多变量协整检验。3 个以上的变量，如果具有不同的单整阶数，有可能经过线性组合构成低阶单整变量。

协整检验有多种方法：两变量的 Engle-Granger 检验和多变量协整关系检验—扩展的 E-G 检验。多变量协整关系的检验要比双变量复杂一些，主要在于协整变量间可能存在多种稳定的线性组合。对于多变量的协整检验过程，基本与双变量情形相同。在检验是否存在稳定的线性组合时，需通过设置一个变量为被解释变量，其他变量为解释变量，进行 OLS 估计并检验残差序列是否平稳。若平稳，则变量之间存在长期均衡关系，反之则不存在。

中国环境规划院采用此方法构建环保投资、GDP、固定资产投资和财政收入四变量长期均衡关系式，并根据该关系式研究预测 2008 年环保投资将达到 4 447.07 亿元左右。如果按照[-0.3，0.3]的误差波动的话，预计环保投资的波动区间在[3 294.47，6 002.91]。而当年实际的环保投资为 4 490.3 亿元，残差为 43.23 亿元，相对误差为 1%，预测精度较高，短期预测效果较好，构建模型的样本量要求适中。

2.1.2　国外水污染防治投资统计口径与预测方法

2.1.2.1　统计口径

（1）定义和范围。针对环境污染所带来的巨额社会成本代价，自 20 世纪 60 年代末 70 年代初开始，工业发达国家就着手大力开展环境治理和保护工作，美国、英国、日本、德国用大量资金投资于环境污染治理和自然资源保护，其环境保护投资占同期国民生产总值的比重都超过 2%。

美国把一切用于环境保护的资金投入都归为环境保护费用，将环境保护费用分为 4 种，即损害费用、防护费用、消除费用和预防费用。损害费用是指由于环境污染和生态破坏本身的直接费用，如废水排入河流造成的渔业、农业、工业等方面的损失费用；防护费用是指公民为保护自己免受不利环境影响而需要采取防护措施所花费的费用；消除费用是指人们为消除或减缓已经产生的环境污染和生态破坏，而采取必要的治理措施所消耗的费用；预防费用则是指各类企业为避免产生可能的环境污染和生态破坏，而建设和安装各种预防性措施或采取其他预防性手段所投入的费用，如用于环境监测、环境保护科学研究、环境保护宣传教育等方面的费用。

欧盟对环保投资更确切的定义为环保支出，在欧洲环境的经济信息收集体系（SERIEE）中，环保支出是用于环境保护的投资性支出和经常性支出的总和。环境保护是一种使用机器、劳动力、生产技术、信息网络和产品的活动，这种活动的主要目的是收集、治理、减少、防止和消除由于企业经营活动而产生的污染物、污染或者是环境的退化。按照环保活动的不同内容，在环保活动支出的分类（CEPA2000）中，将环境保护活动分为 9 类：① 保护环境空气和气候；② 废水处理；③ 固体废物处理；④ 土壤、地下水和地表水的保护和恢复；⑤ 减少噪声和震动；⑥ 生物多样性和自然景观的保护；⑦ 放射性污染物的处理；⑧ 环保 R&D（研究与发展）支出；⑨ 其他环保活动，包括能力建设、教育、培训等方面。按发生方式，环境保护活动可以分为单独环保活动和环境受益活动。单独环保活动指由专门的环保机构或单位所采取的环境保护活动；一般有专门的环保设施，其主要目的就是环保。环境受益活动指那些融入一般经济活动之中的环境保护活动，其主要目的一般并不是环保，只是在达到另一经济目的的同时产生了环保作用。定义里所涉及的环保活动与企业经营行为是有区别的，环保支出主要是指单独环境保护活动的支出，不包括在环境受益活动中所发生的支出。

欧共体统计局（Eurostat）和欧洲自由贸易联盟（EFTA）的报告中，对环境保护支出的定义包括经常性支出和投资性支出。经常性支出包括环保设备的运行费、环境管理支出、科研实验支出、非固定资产的购置费、环保服务的支出和特殊税款等。投资性支出包括末端治理费用和综合工艺费用。环保费用主要用于污水、固体废物、大气和其他方面污染的治理。

欧盟统计处（SOEC）对环保支出的定义中，环保支出是用于减少和防止大气和水污染物，保护和清洁土壤和地下水，减少、处理和处置固体废物方面的支出。环保支出应该包括运行性支出（OPEX）和投资性支出（CAPEX）。OPEX 包括一个企业自身环境保护设备和设施的运行费用，也包括使用其他环保设施的支出。CAPEX 包括末端治理费用和综合工艺费用。末端治理费用是指使用设备来处理生产排放的废气和废水而支出的费用。综合工艺费用是关于采用新工艺实现清洁生产的费用。这可能是对现有设备的更新改造，也可能是引进将环境保护考虑在内的新工艺。能源消耗费用不包含在环境保护费用的范畴内，除非这种能源是环保设备或设施使用的。

东欧、高加索和中亚地区联盟（EECCA）的报告中，环保费用包括政府部门、工业企业、环保界的特殊生产者和家庭在环保上支出的费用。内容上包括环保投资费用、经常性支出、产品的收入、补贴收入和税收等，用于大气污染治理，污水和固体废物处理，土壤、地下水和地表水的保护和恢复，减缓噪声，生物多样性和陆地的保护，防止辐射和其他环境保护活动的支出。

芬兰的公共环保费用包括用于环保设备的运行费用和投资总和，以及投入的资金和其他补偿金。环保投资是指一个企业用于环保活动的资金，这些活动的目的是收集、处理、减少、防止和消除在其生产活动中产生的废气、废水或其他环境有害物质。

德国的环保费用包括经常性开支和环保投资费用。与欧共体统计局的定义不同的是，环境保护费用被限制在以下几个区域：固体废物管理、废水处理、噪声防治和大气污染治理。政府的核安全管理和生态保护，以及环境管理的支出费用不包括在内。

英国的环保费用包括运行费用（Operating Expenditure）和固定资产费用（Capital Expenditure）。其中，运行费用包括企业自己环保行为的内部操作费用，还有其他包括固体废物处理的支出费用。固定资产费用包括末端治理投资和集成工艺投资费用。这个定义与欧盟统计处和欧共体统计局的定义是一致的。但其不包括自然资源的管理费用和防治自然灾害的费用，例如在渔业管理、水资源管理、林业管理和对自然资源管理、控制、监督、数据收集的研究上支出的费用。

（2）统计分类。欧盟国家对环保投资更确切的定义为环保支出，在其统计口径中，将其分为环保投资性支出和环保经常性支出两部分。

☞ 环保投资性支出：环保投资性支出包括所有与环保活动有关的资本性支出，其主要目的是收集、处理、监测、控制、减少、防治和消除污染、污染物或由企业的运行活动引起的环境的恶化。

环保总投资性支出是在污染治理和污染防治方面的资本性支出的总和。

污染治理的投资性支出被定义为用于污染物产生之后，收集和转移污染和污染物、防止污染扩散、评价污染级别、处理企业运行活动产生的污染物的方法、技术、过程和设备的资本性支出。

用于表示这部分支出的其他专业名词有末端治理投资、设备附加投资或工艺外部投资。专栏 2-1 给出了不同环境领域中几个污染治理的实例。

专栏 2-1　不同环境领域中污染治理的投资性支出的实例

1. 保护环境空气和气候
不同类型的烟气过滤器、涤气器、离心式除尘器、离心机等；
用于治理生产过程废气的冷却器和冷凝塔；
运输和储藏过程中产生的尘土问题的控制措施；

监测设备。

2. 污水处理

污水处理厂的所有投资性支出；

用于存放污水的堤和水井；

油分离器、沉淀池、硝化池；

处理污泥的设备；

市政污水处理的相关费用；

监测设备。

3. 固体废物处理

存放和运输固废的设备，如特殊卡车、容器、垃圾中转站等；

处理固废的设备，如压缩机和填埋点的投资。

4. 其他方面

噪声污染：用来减少污染的多种材料和措施，比如设备的密封、隔音装置和噪声屏蔽装置等；

生物多样性和自然景观的保护：包括种植树木隐藏建筑物的例子；

土壤、地下水和地表水的保护和恢复：清洁已污染土壤的设备。

当污染治理投资性支出用于已经产生的污染时，污染防治就包括生产革新、控制工艺流程、用于源头防治和使用减少污染的原材料。

污染防治的投资性支出是指用于防治和减少源头产生的污染的现有方法、技术、工艺流程上的资本性支出，从而减少污染物排放和污染活动引起的环境影响。在不同的国家，这项投资支出还有其他的名词——如"清洁技术"或"综合工艺"。专栏 2-2 给出了不同环境领域中几个污染防治的实例。

专栏 2-2　不同环境领域中污染防治投资性支出的实例

1. 保护环境空气和气候

工艺过程中废气的再流通系统；

涉及燃烧技术、控制系统、操作优化设备的措施；

涉及改用污染更少的原材料和燃料的措施，比如，使用耗水产品的生产线的更新费用，替换生产过程中冷却剂的费用等；

减少火炬系统产生的污染的措施，如用于更佳燃烧的蒸汽或注水系统和火焰监测系统，以防止大气污染；

改善气体污染物向周围大气扩散的措施，如设备的封装、增高现有的排气塔等；

专门的附加设备；

通过一些控制设备和计划减少废气排放。

2. 污水处理

闭路循环水系统，闭路冷却系统，再循环系统；

涉及用污染少的产品替代投入的措施；

通过一些控制设备和计划减少废水排放；

最大化水循环的设备；

逆流清洗；

改进现有设备以增大泵容量减少废水排放；

限制热污染的控制设备。

3. 固体废物处理

提高回收率和在生产过程中可以回收利用的材料的措施；

减少原材料的使用的措施；

改用少污染的产品使废弃物减少有害性的措施。

4. 其他方面

噪声污染：低噪声机器的额外耗费；

生物多样性和自然景观的保护：适用于自然景观的标志牌的额外费用；

土壤、地下水和地表水的保护和恢复：双壁容器的费用。

☞ 环保经常性支出：环境保护的经常性支出包括劳工费、租金、能源和其他物资的使用费、服务费，其主要目的是阻止、减少、处理或者降低污染物和污染，或者由商业运作行为导致的一些其他的环境恶化。

不包括：① 环境设施的折旧补偿；② 报告单位税金或者费用的转让。即使政府当局已确定将这些转让收入用于资助其他环境保护活动，这些转让费也不能用于购买与商业运作活动环境影响有关的环境服务。

根据支付的性质将经常性支出分为"内部开销"和"支付/购买"。

来自企业自己内部资源的经常性支出叫做内部经常性支出。内部支出包括除了外部组织环境保护服务费用以外所有有关环境保护的经常性支出。

专栏 2-3 内部经常性支出的实例

• 环保设施的运作：劳工费、租赁费、环境设施的保险费和运作所必需的商品或者服务的消费，监测、修理、维护环保设施的费用。也包括收集、存放和处理废弃物的开支，该部分可能与环保设施没有直接联系；

• 由内部全体员工管理的污染水平的分级和监测；

• 用于环保目的的商品支出，该部分也与环保设施没有直接联系。包括明确属实的由于新产品转化导致的额外消费，例如，溶剂涂料、低硫燃料或者可再生资源。经验表明当企业改用更清洁的原材料时，可能需要实际的投资，而使用更清洁原料本身一般不会导致任何严重的额外经常性支出。当然，在这种原材料不太昂贵的情况下，没有额外的环保支出。

• 与环保设施没有直接联系的一般的管理和其他的行为。例如，建立和维护环境信息系统；环境执照、规范和证明的准备；环境教育和信息；额外的交际（如同专家）；印刷和发布环境报告等。

• 包括新设备测试或者旨在减少商业运作行为对环境的影响的实践的环保研究和发展。

对于一个与商业运作行为的环保影响有关的环保行为来说，经常性支出包括购买环保服务的所有消费。

专栏 2-4　购买环保服务费用的实例

• 收集处理固体废物的费用，包括使用容器或者手推车、压缩污泥的费用等；

• 收集处理废水的费用——支付给水服务公司进行污水处理和一般污水服务或者支付给承包人进行废液去除的费用。

• 污染土壤或者地下水收集处理或者存放的费用。也包括在工业污染地区支付给城乡管理部门或者市政当局用于将来土壤净化的费用。

• 调整收费——支付给环保机构用于获得排污权、特殊废物运输说明、IPC 权等的费用；

• 控制和监测收费。这里给出向外部单位收取的用于环境控制和监测的费用。用于环境状态、分类排放、监测、分析、研究及水和环境许可证报告的管理和研究费用。

• 用于环境咨询或者与专家合作的费用，例如，用于投资、员工培训、信息和认证，或者环境设备和设施的运作和维护的费用。

2.1.2.2　投资预测方法

（1）投入产出法。美国、日本、加拿大以及欧盟国家，相继研究和应用了投入产出模型，以解决经济发展和环境保护的综合平衡问题。

根据经济生产活动产生废物的特点以及各种废物的特点，假定生产和消费同时排放 m 种废物（如废水中的有机物、重金属等）。实际中一种废物可由几个治理部门同时治理，而几个废物治理部门也可以同时治理一种废物。为了简化和分析问题方便起见，类似于纯经济范畴的投入产出表要求的"纯部门"或"产品部门"假设。规定每种废物治理可以独立由一个治理部门完成，而每个治理部门只处理一种废物，即废物与治理部门建立一一对应关系，我们称这种治理工业部门为虚拟治理部门。

如果将生产活动中排放的废水以实物形式去除，而相应废水的削减与治理部门以虚拟治理部门表示，即引入 m 种废水和 m 个虚拟治理部门，构成一个引入废水和虚拟治理部门的环保投入产出表。

在制定国民经济计划时，当一系列最终需求指标确定以后，利用环保投入产出法就可以计算出各个生产部门产生各种废物的总量和为了达到预测的环境目标所要治理的废物量以及治理废物所要投入的原料、材料、燃料和劳动力。

通过投入产出法掌握了需要治理的废物量，就可以将这个数量减去现有治理设施的处理能力所能负担的废水量，得出二者的差额，并通过这一差额（即现有设施治理不完的废物量）推算出今后尚需新建治理设施的处理能力和建设规模，进而由此计算出新建治理设施的基建投资。另外，还可以由治理废水所要投入的原料、材料、燃料和劳动力，计算出治理废水的经费。将以上基建投资和治理经费相加，即为计划治理废水的投资。

环保投入产出法将数学规划模型用于环境保护投资和投资结构的研究更加接近实际。而且环保投入产出模型在研究大量变量与结构的相互关系时极为有用，使其非常适用于明确分析经济-环境的影响。

由于投入产出法的预测是利用已有投入产出表中的各部门之间的相互关系系数为依据分析测算，实质上是一种静态的分析预测，所以只能用于短期预测，时间跨度越长，各种经济结构关系变化就越大，特别是处在经济结构调整时期，预测结果的准确性也就越低。要想预测更加精确，首先必须要有长时间的投入产出数据库，对投入产出关系作出分析。

投入产出法进行预测时所需要的数据主要有：预测区域的行业投入产出表，建立环境投入产出模型所需的其他基础数据。具体包括：分行业的产值；分行业的废水产生、排放和治理数据；预测年份的国民生产总值 GDP；各行业对 GDP 的贡献率等。

（2）经济合作与发展组织（OECD）的 FEASIBLE 模型。FEASIBLE 模型是由 OECD 秘书处和丹麦共同开发的，用于分析与环境费用相关的投资费用、运行和维护成本，评估资金缺口规模、资金的可得性以及家庭承受力的模型。到目前为止，该模型的使用都显示了很高的正确率（相对误差只有 5% 左右）。

FEASIBLE 模型可以研究水供给、污水收集和处理、城市固体废物管理三个方面的投融资问题。模型包括 5 个组成部分：概况、支出需求、资金供应、资金缺口、结果。

目前，该工具主要适用于城市水生产和废水处理部门。其对于水以及废水部门，支出及支出需求函数设计达到了相当程度，已经取得了不错的效果。

废水收集和处理支出计算由 5 个部分组成：① 废水收集现状，包括收集系统的面积、连接到排污系统的人口比例、废水收集体积、BOD 浓度、雨水收集系统等；② 废水处理现状，包括处理厂的个数、处理厂的平均容量、处理厂的实际平均负载和维护需要；③ 废水收集目标，废水收集目标表要输入的第一类数据就是起始年和目标年。第二类数据包括目标年废水收集系统的面积、收集的废水量和 BOD 浓度、废水处理率；④ 废水处理的目标，这里显示了目标年将要实施的废水处理技术类型；⑤ 基于本地物理条件的成本校正，废水工作表的最后一个表格是当地物理条件的输入。输入这些条件用来对函数进行校正，从而将反映本地成本的主要变量考虑进来。

在支出需求模块中，FEASIBLE 模型根据环境现状和未来的环境目标估算所需的环保支出。FEASIBLE 模型预测的范围可以是几个城市，也可以一个大的区域甚至是整个国家，最长可以预测未来 20 年的环保支出。

FEASIBLE 模型的重要特征之一就是使用了具有一般性的支出函数，这些函数通过有限的数据可以很方便地估算出要实现一定环境目标所需的环保支出。这些支出函数包括很多方面的专业技术措施。一般支出函数可以预测给定类型基础设施的成本。在函数中一般只有一个或两个变量作为决定因子。一般支出函数是对现实的一种简化，但是它减少了数据收集的困难，更重要的是它们可以进行快速的情景分析，可以预测不同环境或者服务目标下的支出成本。支出函数是建立在国际价格和一套标准的技术假设之上的。模型中的价格和标准可以根据不同预测地区的实际情况进行相应的调整。

FEASIBLE 模型中预测的支出种类有：扩展费、改造费、再投资费、运行和维护费用。投资支出函数对新的投资、再改造费用、再投资费用进行预测。运行支出取决于当地的条件，因而比投资支出的要求更高。运行支出指所有与日常设施运行相关的支出。

很多其他的支出需求的预测是在项目水平上进行的，但是，在处理大范围预测时，是把所有项目进行累加形成一个宏观上的总支出需求的。在项目水平上，可以提供一个很好的机会对特定城市与环保相关的基础设施进行详细的统计并且最后得出一个比较精确的预测，但是当这种方法转移扩大到大的范围甚至国家层面上时，大量数据的收集就成为一个难题，更有甚者，从下而上的方法很难应对政策变化的情景预测。FEASIBLE 模型中的支出需求预测是通过建立一般支出函数估算出来的。投资支出、年维护支出和年运行支出都是一些关键变量的函数。这些函数中的关键变量都是通过复杂的分析，为了更好地表达总的支出而选定的，这些变量不仅仅是其他很多变量的综合代表，而且在实际中它们对于总的支出都有很大的影响。

运用 FEASIBLE 模型进行有关的环保支出预测时，需要比较多的专业数据，数据量大，数据种类很多，数据的收集有一定难度，但是预测的精度很高，而且预测的支出可以细化，实际应用非常方便，预测的范围可以达到 20 年，对于短、中、长期预测均可以采用。

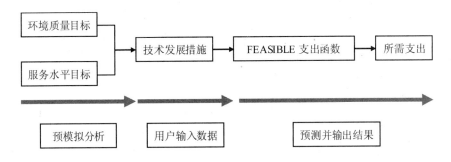

图 2-1　FEASIBLE 模型预测环保支出流程

（3）因果分析预测法。因果分析预测方法运用统计相关分析法，依据自变量与因变量之间的函数关系，由一些变量的数值来预测另一因变量的数值。这种联系可能是前因后果，也可能是同步联系，或者是另外一种未经查明的变量发挥作用的结果。

可以利用回归分析法对水污染防治投资支出进行预测，回归分析法包括简单回归分析和多元回归分析。回归分析的基本假定是：因变量的变化正相关或者负相关于自变量的变化。因此，如果已知自变量的值，就可以准确地推测因变量的值。

简单回归分析。简单回归分析即一元回归分析，用于因变量只受一个自变量影响的情况。在建立自变量和因变量之间函数关系所需的大量数据均为已知的简单情况下，大多数可以使用这种方法。一般支出程序是分两个阶段进行的，首先确定收入约束，然后确定实际的支出。这时函数关系是很容易建立的，自变量即收入约束，决定因变量即支出。

多元回归分析。多元回归分析方程中可以包括多个变量，一般认为它比一元回归分析更为有用。在现实生活中，水污染防治投资因变量可能受到好几种因素的影响和作用，而多元回归分析则近似地反映了这个事实。多元回归分析比简单回归分析的优越性在于：多元回归分析的结果比简单一元回归分析的结果更加接近事实，即方差较小；在多元回归分析中可容纳相对重要的变量因子，也可剔除影响较小的因子。

多元回归方程可以表示如下：

$$Y=a+b_1X_1+b_2X_2+b_3X_3+b_4X_4+\cdots+b_iX_i \qquad (2.11)$$

在运用多元回归分析方法时应注意：方程中包含的变量数目应尽可能地少。这是因为过多的变量使自由度受限，从而减少了检验中回归方程的自由度。如果按照单纯经验统计方法，一个方程中自由变量的数目最好不要超过 4 个。

为使回归分析具有一定的价值，必须有足够的观测数据，以便能够清楚地找出统计关系。这意味着在大多数情况下，必须有 20 个或更多的观测数据。这个要求的难处在于每一个数据点的分析中都被赋予相同的重要性或权数。而事实上，最后的一个数据可能是最重要的，因为它可能标志着一个趋势的开始。正因为如此，回归分析在短期预测中用处很大，在短期中它能够很容易地找到转折点。为此，需要对数据必须进行检验以确定现有的数据中是否有标志着经济转折点的数据存在。

2.2 水污染防治投资统计体系研究

2.2.1 统计制度范围、方法与口径

2.2.1.1 统计制度

《国务院关于环境保护若干问题的决定》（国发[1996]31 号）中要求："切实增加环境保护投入，提高环境污染防治投入占本地区同期国民生产总值的比重，并建立相应的考核检查制度"。为统一环境保护投入范围，便于在国民经济和社会发展宏观决策和调控中科学地计算环境保护投入，加强环境保护投入管理，原国家环境保护总局印发了《关于建立环境保护投资统计调查制度的通知》（环财发[1999]64 号）。这一通知是中国环保投资统计制度的核心法规，明确了环境保护投入的分类和统计范围、环境污染治理投资和环境管理能力建设投资统计调查实施办法（试行）、环境保护投资统计表等文件。

2.2.1.2 统计范围

按照《关于建立环境保护投资统计调查制度的通知》要求，目前我国环境污染治理投资（环保投资）统计范围主要包括以下 3 个方面：① 城市环境基础设施建设投资。主要指用于城市排水、集中供热、燃气、园林绿化、市容环境卫生等方面的投资，一般直接采用城市建设统计年报；② 工业污染源治理投资。主要是指排放污染物的老企业结合技术改造和清洁生产用于污染防治发生的投资。数据来源于中国环境统计年报；③ 建设项目"三同时"环保投资。主要是指产生污染物的新建项目建设与主体生产设施同时设计、同时施工、同时投产（即"三同时"）的防治污染设施发生的投资。这部分投资是环保投资中的重要组成部分，数据来源于中国环境统计年报。

2.2.1.3 统计方法

城市基础设施建设环保投资统计，由城建部门年报制度中的"城市（县城）市政公用设施建设固定资产投资综合表（市县综表）"统计得到。工业污染源治理投资统计，是环保部门环境统计综合报表制度的组成部分，由在建工业污染治理项目的企业填报"工业企业污染治理项目建设情况表"（环年基 3 表），后由环保部门汇总生成"各

地区工业污染治理项目建设情况"(环年综 2 表)。建设项目"三同时"环保投资统计，是环保部门环境统计专业报表制度的组成部分，由各级环保部门逐级填报汇总生成"各地区建设项目环境影响评价执行情况"(环年专评 2 表)。该表已经明确纳入环境保护"三同时"管理的建设项目环保投资，这部分环保投资将在建设项目全部竣工验收后汇总到当年"三同时"项目环保投资中，即自项目开工建设到竣工投产累计完成的环保投资额。

2.2.1.4 统计口径

现行的环境保护投资统计主要包括城市环境基础设施建设投资、工业污染源治理投资、建设项目"三同时"环保投资三部分。本研究中的水污染治理投资主要来源于工业污染源治理投资中的废水治理投资、建设项目"三同时"环保投资中的废水治理投资、城市环境基础设施建设投资中的排水投资。

（1）城市环境基础设施建设投资。城市或区域污水集中处理厂；排污、截流、清污分流管网工程；城市污水处理后资源化工程；污泥处理后资源化工程；氧化塘等土地处理工程；科学排江排海工程；城市河道、湖、塘整治（疏浚、清淤、砌护、绿化美化）工程。

（2）工业污染源治理投资。

☞ 水污染防治设施：燃料堆放场排水及冲水处理设施；造成热污染的废水冷却设施；锅炉清洗废水的处理设施；炉渣冲洗水处理设施；含废油污水回收和处理设施。

☞ 原材料采选系统：勘探队生活污水收集处理设施；矿山油田（含油、气）采矿、选矿、浮选废水处理或回用设施；尾矿坝外排水处理设施；储运系统废水、污油处置或回收设施。

☞ 生产工艺系统：有毒、含腐蚀物质废水的防渗漏和防腐蚀设施；工艺废水（含酸、含碱、含金属废水、含废油、含有机污水等）的回收和处理净化设施；高炉煤气、烟气淋洗水和湿式除尘废水等的处理净化设施；冷却水循环回收利用设施；化验分析废液、废水处理设施；高浓度有机废水、废液（如釜液、母液）等的焚烧处理设施；生物制药废水的处理设施；酸性水气提装置；造纸行业碱回收设施；食品、纺织等原材料加工行业废水治理设施；食品、发酵行业的废液综合生产 DDGS 或沼气设施。

☞ 全厂性设施：原料堆场的排水、冲水处理设施；易挥发、有毒有害液体原料、成品等的贮存、防泄漏设施。

☞ 维修、养护系统污染治理设施：事故或设备检修的排放液和冲洗废水以及跑冒滴漏的溶液的收集处理或回用设施；对有毒有害或含腐蚀性物质废水的输送沟渠和地下管线、检查井等采取防渗漏和防腐蚀性措施。

☞ 生活污染治理设施：职工生活区和医院废水的收集、排污、清污分流管网设施。

☞ 全厂环境综合整治设施：全厂范围内的污、废水收集、外排、清污分流管网设施；废水循环利用设施；废水集中处理设施。

☞ "三废"综合利用工程：污水处理后的资源化工程；污水处理后生产 DDGS 和沼气等综合利用工程。

（3）建设项目"三同时"环境保护投资。建设项目"三同时"环保投资中的废水治理投资，但是由于统计制度原因，只有"十五"期间的统计数据。

2.2.2 水污染防治投资评估

2.2.2.1 水污染防治投资规模

20 世纪 80 年代，随着城市化进程的加快和城市水污染问题日益严重，城市排水设施建设有了较快发展。我国第一座大型城市污水处理厂——天津市纪庄子污水处理厂于 1982 年破土动工，1984 年 4 月 28 日竣工投产运行，处理规模为 26 万 m³/d。随后，北京、上海、广东、广西、陕西、山西、河北、江苏、浙江、湖北、湖南等省区市根据各自的具体情况分别建设了不同规模的污水处理厂几十座。国家"七五"、"八五"、"九五"科技攻关课题的建立，使我国污水处理的新技术、污泥处理的新技术、再生水回用的新技术都取得了可喜的科研成果，某些项目达到了国际先进水平，我国的污水处理事业也得到了快速发展。到 2000 年年底，全国有 310 个城市建有污水处理设施，建设污水处理厂 427 座，年污水处理量 113.6 亿 m³，城市污水处理率 34.23%。"十五"期间，我国水污染防治投资达到 2 658.0 亿元，增长率波动较大。

2001—2005 年建设项目"三同时"环保投资中的废水治理投资占建设项目"三同时"环保投资的比例分别为 20.0%、20.1%、29.2%、32.9%、30.8%，据此测算 2006—2008 年建设项目"三同时"环保投资中水污染防治投资，进而测算 2006—2008 年废水治理投资。由 5 年的比例变动规律可以看出，2004 年达到峰值，2005 年之后呈下降趋势。一方面，根据环境保护"十一五"规划主要污染物排放总量控制计划要求，到 2010 年，全国主要污染物排放总量比 2005 年减少 10%。且在国家确定的水污染防治重点流域、海域专项规划中，还要控制氨氮（总氮）、总磷等污染物的排放总量。水污染防治是"十一五"规划的重点领域，水污染防治投资仍然是投资的主要方向之一。另一方面，水污染防治投资需求不可能无限增长，治理废气等的投资也是"十一五"规划投资的重点，且不断增长。综合考虑，"十一五"前三年建设项目"三同时"环保投资中水污染防治投资预计约占建设项目"三同时"环保投资的比例为 30%、

29%、28%，那么计算可得"十一五"前三年水污染防治投资分别为 712.8 亿元、1 002.6 亿元、1 291.7 亿元，总计 3 012.5 亿元，超过"十五"总体水平。

表 2-6　2001—2008 年水污染防治投资情况　　　　　单位：亿元

年份	小计	水污染防治投资		
		城市环境基础设施建设	工业污染源治理	建设项目"三同时"
2001	364.7	224.5	72.9	67.3
2002	424.8	275.0	71.5	78.3
2003	560.1	375.2	87.4	97.5
2004	609.4	352.3	105.6	151.5
2005	699.0	368.0	133.7	197.3
2006	**712.8**	**331.5**	**151.1**	**230.2**
2007	**1 002.6**	**410.0**	**196.1**	**396.5**
2008	**1 291.7**	**496.0**	**194.6**	**601.1**

注：黑体字为预测值，其余来源于《中国环境统计年报》。

2.2.2.2　水污染防治投资结构

按照现有的环境统计口径，水污染防治投资主要由城市环境基础设施建设投资中的排水投资、工业污染源治理投资中的废水治理投资、建设项目"三同时"环保投资中的废水治理投资构成。从图 2-2 和表 2-7 可以看出：城市环境基础设施建设投资中的排水投资占总废水治理投资的 50%以上，是主要构成部分，但是比例呈逐年下降趋势；工业污染源治理投资中的废水治理投资占总废水治理投资的比重保持在 15%～20%，比较稳定，呈先降后升趋势；建设项目"三同时"环保投资中的废水治理投资占总废水治理投资的比例 2004 年以后上升趋势明显。

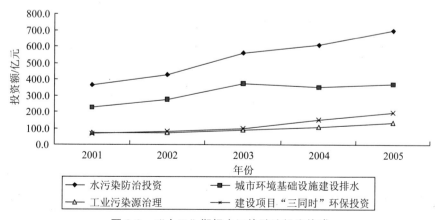

图 2-2　"十五"期间水污染防治投资构成

表 2-7 "十五"期间水污染防治投资构成占比

年份	废水治理投资/亿元	占比/%		
		城市环境基础设施建设	工业污染源治理	建设项目"三同时"
2001	364.7	61.6	20.0	18.5
2002	424.8	64.7	16.8	18.4
2003	560.1	67.0	15.6	17.4
2004	609.4	57.8	17.3	24.9
2005	699.0	52.6	19.1	28.2

表 2-8 "十一五"期间中央政府环境保护投资   单位：亿元

年 份		中央投资
2006		116
2007		235
2008		345
2009		423.63
2010		446.58
合计		1 566.21
其中	中央财政环境保护专项资金	746.45
	中央预算内基本建设资金	819.76

说明：数据为初步整理得到，不含生态建设与节能。

2.2.3 水污染防治投资渠道优化

2.2.3.1 传统的水污染防治投融资渠道

1984 年七部委联合发布的《关于环境保护资金渠道的规定的通知》，是我国第一次就环境保护资金作出的明确的政策规定，顺应了投资体制改革的形势，是环境保护工作的重大改革，对于改善我国的环境保护投资状况具有十分重要的意义。自从环境保护投资渠道明确以来，各地区、各部门执行有关规定，为防治水环境污染提供了大量的资金支持。

表 2-9 环境污染治理投资来源

年份		基建环保投资*	更新改造污染治理资金	城建基础设施环保投资	排污收费用于污染治理资金	综合利用利润留成	其他环保投资	合计
"七五"期间（1986—1990）	亿元	170.18	57.7	153.64	32.55	5.4	56.95	476.42
	%	35.72	12.11	32.25	6.83	1.16	11.93	100

年份		基建环保投资*	更新改造污染治理资金	城建基础设施环保投资	排污收费用于污染治理资金	综合利用利润留成	其他环保投资	合计
1991	亿元	58.5	17.21	55.78	20.29	2.13	16.21	170.12
	%	34.39	10.12	32.79	11.93	1.25	9.52	100
1992	亿元	69.5	17.94	71.5	24.79	2.16	19.67	205.56
	%	33.81	8.73	34.78	12.06	1.05	9.57	100
1993	亿元	87.99	20.89	106.3	29.07	3.2	21.38	268.83
	%	32.73	7.77	39.54	10.81	1.19	7.96	100
1994	亿元	107.33	24.8	113.15	32.51	3.34	26.07	307.2
	%	34.94	8.07	36.83	10.58	1.09	8.49	100
1995	亿元	126.11	28.63	130.77	34.37	4.59	30.39	354.86
	%	35.54	8.07	36.85	9.69	1.29	8.56	100
"八五"期间（1991—1995）	亿元	449.43	109.47	477.5	141.03	15.42	113.72	1 306.57
	%	34.4	8.4	36.6	10.8	1.18	8.7	100
1996	亿元	128.68	16.5	170.82	39.61	6.71	46.34	408.66
	%	31.49	4.04	41.8	9.69	1.64	11.34	100
1997	亿元	143.26	12.51	257.25	45.82	9.25	34.4	502.49
	%	28.51	2.49	51.2	9.12	1.84	6.85	100
1998	亿元	152.64	12.64	388.87	49.67	9.35	39.75	652.92
	%	23.38	1.94	59.4	7.59	1.43	6.09	100
1999	亿元	198.98	16.37	411.91	54.59	8.7	65.66	756.21
	%	26.31	2.16	54.47	7.22	1.15	8.69	100
2000	亿元	272.18	20.94	515.51	6 136	16.52	128.4	1 014.91
	%	26.82	2.06	50.79	6.05	1.63	12.65	100
"九五"期间（1996—2000）	亿元	895.74	78.96	1 744.36	251.05	50.53	314.55	3 335.19
	%	26.86	2.36	52.3	7.53	1.52	9.43	100

注：投资为当年价；* 基建环保投资包括老企业污染治理基建投资和基本建设项目"三同时"环境保护投资。

资料来源：国家环境保护总局，中国环境年鉴，1996—2000；建设部，中国城市建设统计年报，1991—2000。

（1）基本建设项目"三同时"环境保护资金。国家计委等四个部门联合颁布的《基本建设项目环境保护管理办法》中规定："防治污染和其他公害的设施，必须与主体工程同时设计、同时施工、同时投产。建成投产或使用后，其污染物的排放必须遵守国家或省、市、自治区规定的排放标准"。经过十余年的实践，我国已经建立起了相当完备的建设项目环境保护管理制度，从工程项目立项开始，到环境影响评价、初步设计、竣工验收，均对环境保护有明确的规定和要求，有章可循。长期以来，建设项目的"三同时"环境保护资金一直是环境污染防治资金的重要组成部分。这部分环境保护资金的投入对于控制新污染源的污染发挥了重要作用。

近年来用于老污染源的环境保护基本建设资金呈现波动下降的趋势，在 1995 年出现了高峰期后，随后几年显著下降，1999 年的投资还不到 1995 年的 1/3，但 2000 年又有所回升。这与老污染源的治理特点相关，老污染源的治理主要是解决历史遗留问题，国务院《关于环境保护若干问题的决定》（国发[1996]31 号）要求："到 2000 年，全国所有工业污染源排放污染物要达到国家或地方规定的标准"。这在很大程度上促进了老企业的污染治理。

（2）技术更新改造投资中的环境保护资金。各级经委、工交部门和地方有关部门及企业所掌握的更新改造资金中，每年拿出 7%用于污染治理；污染严重、治理任务重的，用于污染治理的资金比例可适当提高，企业留用的更新改造资金，优先用于治理污染。企业的生产发展基金可以用于治理污染。这一资金渠道主要是针对老企业的污染治理而建立的，自该融资渠道开通以来，更新改造投资中用于环境保护的部分在老企业污染治理中起到了十分重要的作用。另外，更新改造资金中属于"三同时"的更改资金归基建资金。

（3）城市基础设施建设中的环境保护资金。大中城市按固定比率提取的城市维护费，要用于结合基础设施建设进行的综合性环境污染防治工程，如能源结构改造建设，污水、垃圾和有害废弃物处理等。该部分资金是环境保护资金中较为稳定的部分，而且所占总投资的比例越来越大。城市基础设施建设的环保投资主要来源于城市建设维护税和地方财政拨款。

（4）排污费补助用于污染治理资金部分。我国的排污收费制度建立于 1979 年，在 20 余年的发展历程中，排污收费制度已经建立了比较完整的法规体系，包括国家法律、行政法规、部门和地方行政规章等，制定了污水、废气、废渣、噪声、放射性 5 大类 100 多项排污收费标准。排污收费已经在全国所有的省市（县）全面开展实施。根据规定，企业缴纳的排污费要有 80%用于企业或主管部门治理污染源的补助资金，以解决老企业污染治理资金的不足。其余部分由各地环保部门掌握，用于环保自身建设。实践证明，排污收费是一项比较成熟、行之有效的环境管理制度，对于污染物排放的削减和控制发挥了积极的作用。

2003 年 7 月 1 日，有关部门颁布了新的《排污费征收标准管理办法》。新的排污收费办法具有两个明显的变化：一是按照污染者排放污染物的种类、数量以及污染从量计征，提高了征收标准。二是取消了原有排污费资金 20%用于环保部门自身建设的规定，将排污费全部用于环境污染防治，并纳入财政预算，列入环境保护专项资金进行管理，主要用于重点污染源防治、区域性污染防治、污染防治新技术开发和国务院规定的其他污染防治项目。

排污收费也是我国环境保护中一项稳定的资金来源，新的《排污费征收标准管理办法》的颁布，进一步提高了排污费的征收额度。排污收费政策是目前我国实行的主要环境经济政策之一，在减少污染排放、筹集环保资金方面，起到了重要的作用。

（5）综合利用利润留成用于污染治理的资金。综合利用利润留成用于企业治理污染，很好地体现了环境效益和经济效益的统一。1979 年 12 月，国家为奖励工矿企业治理"三废"开展综合利用，颁布了《关于工矿企业治理"三废"污染开展综合利用产品利润提留办法》，规定综合利用产品实现的利润可在 5 年内不上缴，留给企业继续治理"三废"，改善环境。工矿企业为消除污染、治理"三废"，开展综合利用项目的资金，可向银行申请优惠贷款。1987 年，国家又颁发了《关于对国营工业企业资源综合利用项目实行一次性奖励的通知》。这些奖励政策，对企业治理"三废"，开展综合利用发挥了重要作用。

在环境效益方面，综合利用利润留成的政策一方面促进了企业积极开展"三废"的综合利用，减少了大量"三废"的排放，另一方面又积累了一定数量的资金，用于环境污染治理，形成了一种良性的循环。

"三废"综合利用留成是指允许企业将综合利用利润交财政的那部分资金在头 5 年内可留在企业治理污染，但"八五"期间经济体制改革后企业税后利润全部归企业自有，这条政策就不起作用了。

（6）银行和金融机构贷款用于污染治理的资金。主要指一部分经济效益较高、具有投资还贷能力的污染治理和"三废"综合利用项目，申请银行贷款进行建设。银行和金融机构贷款也是环境保护投资的一个重要组成部分。在投资来源中，这部分资金统计在其他类中，没有作为单独的一项进行统计。

环境保护部和中国人民银行已经决定将企业环保信息纳入全国统一的企业信用信息基础数据库，并要求商业银行把企业环保守法情况作为审办信贷业务的重要依据。2007 年 7 月 12 日，原国家环保总局、中国人民银行、中国银监会共同发布了《关于落实环境保护政策法规防范信贷风险的意见》。这是国家环境监管部门、央行、银行业监管部门首次联合出手，为落实国家环保政策法规，推进节能减排，防范信贷风险而出台的重要文件。

（7）污染治理专项基金。指多年来国家计委和一部分省市拨出的专款，用于一些重点污染源、重点区域的治理。这部分资金是与国家和地方的环境保护目标和政策紧密联系的。一般是由国家或地方政府从财政收入中拿出一部分资金作为污染治理专项基金或专项贷款，支持某些"大"、"重"、"急"的环境保护项目。随着政府对环境保护的重视和污染防治力度的加大，这部分资金出现增长的趋势。例如，近年来，许多地方省、市政府也积极致力于环境保护，安排一定资金专项用于重点污染治理项目。

（8）环境保护部门自身建设经费。国家每年拨出一定数量的资金用于环境监测、环境科研、环境宣传教育、自然保护以及放射性废物库建设等方面。排污费改革前，地方排污收费的 20%也用于环境保护部门的自身建设。该渠道与环境污染治理投资没有直接的关系。随着排污费的改革，环保部门自身建设经费难以保障，能力建设资金渠道不畅通，对环保部门自身能力建设带来了较大的难度。

总的来看，上述环境保护资金渠道多依靠计划管理，与国家经济形势发展有着密切的联系，主要受两方面预算的影响：① 国家、地方、部门或企业固定资产投资总量的影响。一般而言，随着国家投资总量的膨胀，大多数环境保护投资渠道，尤其是基本建设"三同时"投资和更新改造投资也随着增长，反之则下降；② 经济效益好坏的影响。企业经济效益的状况，在大多数环境保护投资渠道，尤其是排污收费方面有较为明显的反映。

2.2.3.2 拓宽水环境保护投资渠道的建议

（1）发行国债。城市环境基础设施也是国债投资的一个重要方面。1999 年中央财政增发国债 600 亿元，用于加大基础设施建设投资力度，其中用于环保项目的国债资金 138 亿元，占 23.1%。城市环保基础设施建设、"三河三湖"污染治理、北京市环境综合整治、环保设备国产化等项目是重点投资项目。

（2）BOT 项目融资。BOT 即英文 Build-Operate-Transfer 的缩写，意指建设—运营—移交，即政府（或其主管部门）在一定期限内授权一经济实体（如外商企业或国内企业）建设、管理和维护某基础设施，并在该期限过后无偿转让给政府或其授权机构。这实际上是通过转移管理权利来获得投资的一种方法，可以看做是政府把一个公用事业项目的开发和经营权暂时移交给了私营企业或私营机构。

"八五"期间，国家计委就提出了利用 BOT 引进外资，投资基础设施的设想。我国政府对于 BOT 项目十分重视和支持，并在交通基础设施项目中进行了试点。1995年 10 月，首例规范化 BOT 项目的顺利通车标志着 BOT 投资方式在我国是可行的。实际上，BOT 投资方式在环境保护基础设施领域也是现实可行的。这是因为，BOT投资方式符合国家发展环保产业的政策导向，符合污染集中控制的思想，环境保护基础设施建设具备 BOT 项目的要求的条件，同时，我国的环境保护产业有着广阔的市场，对外商有较大的吸引力。近年来，在城市供水和废水处理方面，我国已经有了一些 BOT 和 BROT 的实例，成为环境保护基础设施建设融资的一条重要渠道。

BOT 用于环境保护的重要意义在于有利于加快城市基础设施包括环保基础设施建设的步伐；有利于减轻政府财政负担，促进国民经济持续稳定发展；有利于改善投资结构，加快环境公用事业的制度创新；有利于借鉴国外成功经验，提高环境基础设施管理水平。

专栏 2-5　北京经济技术开发区城市污水处理项目 BOT 项目案例

　　投资商为美国金州（控股）集团北京金源环保公司，工程总投资为 3 200 万元，外方投资 2 600 万元，开发区政府以土地使用权形式投资 600 万元。北京经济技术开发区污水处理厂位于亦庄开发区南部，紧邻凉水河。污水处理厂规划中远期规模为设计水量 10 万 t/d，分期建设。一期工程规模为 2 万 t/d。2000 年年初，开发区管委会决定以 BOT 模式建设污水处理厂并公开招标，国内外的 8 家企业参与竞争。经过两轮评标、多轮谈判，于 2000 年 9 月正式签约，采用 C-TECH 工艺，占地面积仅 1.04 hm²，运营期为 20 年。前两年的水价为 1.10 元/t，以后按照双方商定的水价调整方式予以调整。投资回收期约为 10 年。

　　2000 年 11 月，北京桑德环保产业集团公司采用 BOT 模式，斥资 1.1 亿元建设并运营北京市肖家河和通州污水处理厂。2001 年，该公司又与湘潭、南昌、荆州、江阴、格尔木等十几个城市签约，准备以 BOT 模式承建和运营这些地区的城市污水处理厂，项目运营期为 25 年，之后无偿移交给政府授权的有关部门。据估算，污水处理厂在运营 10 年后将收回全部投资，15 年后将获得可观的利润。

　　推进 BOT 模式应用的政策建议有：规范政策法规环境，提高 BOT 投资保障程度，降低投资风险和价格要求水平；切实加强在融资、收益等方面政策调控的力度，提供赢利的政策保障，创造 BOT 模式应用的基础条件；合理提高收费水平，价格补贴是有效的杠杆；以企业化运营为出发点，多种形式融资。

　　（3）股票市场融资。据《经济日报》报道（2000-06-02），我国有近 30 家上市公司涉足环保产业。根据 1999 年年报数据，这些公司具有整体业绩优良、高成长性、高含金量、高获利能力和股本扩张快等特点，因此它们组成了潜力板块。目前它们的业务范围包括环保机械设备的制造及工程安装，污水及工业废料处理，垃圾等新能源发电及垃圾处理，新型环境建材及绿色材料，汽车尾气、噪声处理装置、清洁汽油及环保节能型汽车、摩托车生产制造，处理及冶炼设备的改造，化工生产的环保处理及清洁燃料生产，造纸业生产过程环保处理，环境综合治理，生态农业及林木种植业，环境技术、咨询及环境评价、监测，生产环保工业品和消费品。它们的经营方式有主营环保业务，出资参股、控股环保类公司，募集资金投向环保项目，对自身业务进行环保型规划和改造。因此利用上市公司募集资金或出资参股、控股环保类公司是环保投资项目融资的一条新途径。

　　（4）环境保护基金。我国目前已经建立了政府基金、投资基金、污染源治理专项基金和环境保护基金会等多种环境保护基金。这些基金的来源、融资渠道和投资方向及运作机制等都有所不同。环境保护基金在环境融资中既是融资的载体又是投资的主体，充分发挥环境保护基金的作用是现阶段我国完善投融资体制的重要内容。

（5）利用外资。利用外资包括政府利用外资（含政府出面担保的）和企业利用外资。由于受现行体制限制，我国企业很难独立地引进外资，这里主要讲的是政府利用外资。"八五"期间我国环保利用外资 11.77 亿美元。"九五"计划提出环保利用外资 40 亿美元的指标。"九五"期间，我国利用外资的速度似乎比计划还要快。1996—1997 年，经国家批准的利用世界银行、亚洲开发银行、日本政府及其他国家政府贷款的环保项目，贷款额度达 40 亿美元。

赠款部分主要用于履行国际协议，小部分用于环保机构能力建设和污染治理；贷款部分则主要用于污染治理，小部分用于履行国际协议；国际贷款几乎不用在环保机构自身能力建设方面。

利用外资是我国政府发展经济的一大举措。环境保护也需要利用外资。据预测，今后五年我国仍将从国外金融机构和有关国家通过各种渠道融资，而且用于环境保护的规模保持在"九五"水平，相当于 320 亿元人民币。

2.2.4　水污染防治投资效果评价

2.2.4.1　环境效益分析

"十一五"期间水污染防治投资使我国的水环境得到了很大的改善，主要体现在：

（1）水污染物排放总量得到有效控制，污染物减排两项指标作为约束性指标列入"十一五"规划，并纳入地方各级政府考核体系。主要污染物排放量"十一五"期间超额完成任务，全国化学需氧量排放量较 2005 年下降 12% 左右。

（2）水环境质量逐步改善，2010 年，全国地表水国控断面高锰酸盐指数平均质量浓度为 4.9 mg/L，比 2005 年下降 31.9%。2010 年七大水系国控断面好于III类水质的比例由 2005 年的 41% 提高到 60%；劣V类水质断面比例由 2005 年的 27% 降低到 16%，七大水系水质总体上持续好转。

（3）重点流域水污染防治工作取得进展，截至 2009 年年底，"十一五"规划治污工程项目及投资完成 60%，水质监测考核断面中 80% 的断面水质达标。

2.2.4.2　经济效益分析

"十一五"水污染防治投资对于我国的 GDP 具有一定的拉动作用，2008 年，水污染防治投资拉动 GDP 0.6 个百分点。

水污染防治投资促进我国污染治理设施快速发展，不仅使城市环境治理能力继续增强，而且使得水务行业蓬勃发展。"十一五"期间，我国城镇的污水处理以及再生利用设施建设规划新增加的投资额有 3 300 多亿元人民币；到 2009 年年底，全国共有废水治理设施 77 018 套，比 2005 年多 7 787 套；根据国家统计数据，2008 年，我国水务行业产值已达到 912.6 亿元。

2.2.5 水污染防治投资统计存在的主要问题

2.2.5.1 环保投资概念不清，统计范围不一致

由于环保投资概念不清，造成环保投资统计范围不一致。统计范围的边界条件不规范，对环保投资统计的指导性不强，地区统计范围差异性大。在环保投资中主观随意性大，往往根据统计员的理解进行统计。环保投资统计上存在多个口径，其主要问题集中在如下 5 个问题：① 运行费用是否纳入环保投资口径；② 生态保护和建设投入是否纳入环保投资口径；③ 环境管理能力建设和环境管理服务费是否纳入环保投资口径；④ 具有环境效益的项目投资是否纳入环保投资口径；⑤ 清洁生产、环境保护友好产品生产项目建设是否纳入环保投资口径。

在实际统计工作中，存在自觉或不自觉地片面扩大环保投资范围、增加环保投资绝对量的情况，导致各城市统计的环保投资普遍偏高，而环境污染没有得到根本遏制，环境质量没有得到根本好转，造成了环保投资与效果之间的明显反差。

2.2.5.2 环保投资统计方法科学性不强，重复交叉统计现象严重

环保投资存在重复统计问题。现有环保投资是由城市环境基础设施建设投资、建设项目"三同时"环保投资和工业污染源治理投资三者相加之和，统计范围上存在交叉，难以避免会造成计算上的重复性，使环保投资存在较大水分。主要表现在：

（1）建设项目"三同时"环保投资与工业污染源治理投资存在一定的重复性。建设项目"三同时"环保投资是根据项目验收报告统计得到的，既包含新建项目"三同时"环境保护投资，也包括老污染源新改扩项目环保投资。

（2）建设项目"三同时"环保投资与城市环境基础设施建设也存在一定的重复性。城市污水处理厂和垃圾处置场均在城市环境基础设施投资中予以统计，但在建设项目"三同时"环保投资中也进行了统计，造成了统计上的重复性。

（3）建设项目"三同时"环保投资存在统计时差问题。目前，建设项目"三同时"环保投资是根据竣工验收报告进行统计填报的，实施周期超过一年的项目均是在项目竣工验收的年度予以统计，并非年度实际完成投资，而是多年累计投资。这与工业污染源治理投资和城市环境基础设施环保投资的时间存在不一致的问题。

2.2.5.3 环保投资统计制度不完善，数据管理不规范

（1）环保投资数据管理较为分散，衔接性差。城市环境基础设施建设投资、建设

项目"三同时"环保投资和工业污染源治理投资，分别由不同的部门负责统计、管理，未实行集中统一管理，三部分投资构成中统计指标衔接性差，例如无法得到环境要素的环保投资。

（2）环境统计报表填报不规范，数据填报随意性大。企业对"环年综 2 表"中各地区工业污染治理投资项目建设情况的填报中，存在数据空缺、随意填报、累计填报等问题，缺乏必要的数据核证体系，因而造成工业污染源治理投资统计不规范，与年度真实的环境保护投资有较大差距。

2.2.6　水环境保护投资口径优化对策

2.2.6.1　明确界定环保投资内涵，调整环保投资统计范围

（1）明确环保投资应该属于固定资产投资范畴，根据目的性原则与效果性原则，明确环保投资统计范围与口径，调整环保投资构成。

（2）将工业污染源治理投资与建设项目"三同时"环保投资合并为工业污染治理投资。

（3）调整城市环境基础设施投资构成，排水中仅将污水处理纳入环保投资统计范围。

（4）环保投资统计范围中增加环境监管能力建设投资、农村环保投资等。

（5）严格界定循环经济、清洁生产等环保投资，防止随意扩大环保投资。

2.2.6.2　建立环保投资的科学统计方法，真实反映环保投资水平

（1）进一步明确建设项目"三同时"环保投资不包括城市污水处理厂等投资，明确"三同时"环保投资不包括老工业污染源治理新改扩项目，在"三同时"环保投资统计中要予以扣除。

（2）根据调整后的环保投资统计范围，针对不同类型的环保投资建立科学合理的环保投资统计方法。借鉴固定资产投资统计方法，有效解决环保投资重复统计与统计时差问题。

（3）完善环保经常性支出统计体系，开展环保支出统计试点，建立与国际接轨的环保支出统计体系。

2.2.6.3　完善环保投资统计制度，规范环保投资统计

（1）实行部门集中管理，改善环保投资统计分散管理的现状，维持年度环保投资统计指标的连续性。

（2）完善环保投资统计制度，制定科学合理的环保投资统计报表，对环保投资的

各项构成实行按要素、按行业统计分类，在现有统计渠道中增加资金来源、运行费用支出等内容，将运行费用纳入环保投入，完善环保投资数据库。

（3）建立和完善环保投资核算体系与数据质量控制体系，加强环保投资数据核证，提高环保投资数据填报质量，客观反映真实的环保投资水平。

（4）建立环保投资账户、环境投入账户和环境保护支出账户，便于环保投资的国际比较分析。规范环保投资数据采集与发布，增加发布指标。

2.3　试点地区水污染防治投资分析

结合各地区环保投资数据规范、完整性及已开展的基础工作，以吉林省为试点地区开展水污染防治投资分析，在对投资情况进行分析的基础上，以项目表为重点，分析水污染防治投资中存在的主要问题。

2.3.1　吉林省环境保护投资情况

2.3.1.1　城市环境基础设施投资

2007 年吉林省市政公用设施建设固定资产投资为 1 050 264 万元，其中环境基础设施投资为 358 104 万元，占总固定资产投资的 34.10%。

表 2-10　2007 年吉林省市政公用设施建设固定资产投资　　　单位：万元

市政公用设施建设固定资产投资		本年度完成投资合计	1 050 264	合计	所占百分比/%	备　注
		供水	54 534		5.19	合计 65.90%
		公共交通	65 328		6.22	
		道路桥梁	545 775	692 160	51.97	
		防洪	7 340		0.70	
		其他	19 183		1.83	
	城市环境基础设施	燃气	30 057		2.86	排水、园林绿化和市容环卫投资占总投资的 18.44%，其中：污水处理和垃圾处理占总投资的 9.44%
		集中供热	134 395		12.80	
		排水	101 899	358 104	9.70	占总固定投资 34.10%
		其中：污水处理	69 079		6.58	
		市容环境卫生	38 664		3.68	
		其中：垃圾处理	30 058		2.86	
		园林绿化	53 089		5.05	
		本年新增固定资产	762 137		72.57	

在城市环境基础设施投资中,全省范围内环境受益活动——集中供热、燃气等方面投资比例比较均衡,占整个城市环境基础设施投资的43%~46%,其中集中供热方面投资占绝大部分,这表明2007年吉林省集中供热方面投资力度较大;与之相对应的是吉林省2008年第一、第四季度(采暖期)环境质量季报显示,影响吉林省空气质量的主要污染物颗粒物呈下降趋势。

表2-11 2007年吉林省全省城市(县)环境基础设施投资 单位:万元

项目名称	燃气	集中供热	排水	其中:污水处理	市容环境卫生	其中:垃圾处理	园林绿化	合计
投资金额	30 057	134 395	101 899	69 079	38 664	30 058	53 089	358 104
所占比例/%	8.39	37.53	28.46	19.29	10.80	8.39	14.82	
其中:环境受益方面投资164 452万元,占总投资比例45.92%			排水、市容环境卫生、园林绿化方面投资193 652万元,占总投资比例54.08%,其中:污水处理和垃圾处理方面投资99 137万元,占总投资比例27.68%					

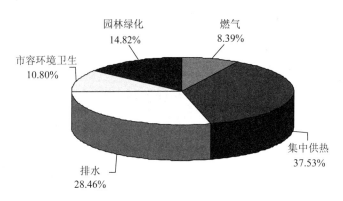

图2-3 2007年吉林省城市环境基础设施建设固定资产投资比例

在排水、市容环境和园林绿化方面,县城和城市的投资差别不大,均为28%左右,但县级在此方面投资全部为排水方面建设投资,在污水处理厂方面投资极少。污水处理厂方面投资为69 079万元,占城市(县)环境基础设备总投资的19.29%。垃圾处理方面的投资与此大体相同。用于垃圾处理方面的投资为30 058万元,占城市(县)环境基础设备总投资的8.39%。综合两方面的投资,用于污水处理和垃圾处理方面投资为99 137万元,占总投资比例27.68%。

2.3.1.2 工业污染源治理投资

2007年,吉林省工业污染源治理项目占主导,年度完成投资70 718.5万元,占整个投资的88.06%,其余约占11.94%,其中:生产设备与环保设备界限不清类项目投资为 4 132 万元，占 5.15%；尾矿库类项目投资为 1 836.1 万元，占总投资比例为 2.29%；环境友好产品类项目投资为 200 万元，占总投资的 0.25%；环境综合治理类项目投资为 142.3 万元，占总投资比例为 0.18%；运行费用计入环保投资类项目投资为 30 万元，占总投资比例为 0.04%。

表 2-12　2007 年吉林省环境保护资金工业项目投资比例比较

序号	项目类别	本年度完成投资/万元	所占比例/%
1	污染源治理类	70 718.5	88.06
2	生产、安全设备（设施）与环保设备（设施）界限不清类	4 132	5.15
3	综合利用	3 249	4.05
4	尾矿库类	1 836.1	2.29
5	环境友好产品类	200	0.25
6	环境综合治理类	142.3	0.18
7	运行费用列入环保投资类	30	0.04
	合计	80 307.9	100.00

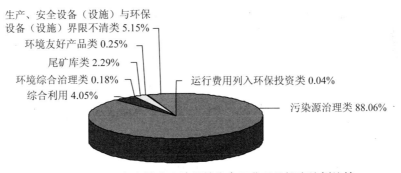

图 2-4　2007 年吉林省环境保护资金工业项目投资比例比较

2.3.1.3　建设项目"三同时"环保投资

2006 年，吉林省当年建成投产"三同时"项目共计 1 135 个，项目投资 223.84 亿元，其中环保投资 7.103 亿元，占总投资额的 3.17%。由于环境统计数据方法和信息搜集的限制，目前本研究报告仅收集到 2006 年部分省级审批项目库，项目共计 299 个。

表 2-13 2006 年吉林省建设项目"三同时"执行情况

指标名称	项目数量/个	实际执行"三同时"项目投资/亿元
当年建成投产项目	1 135	223.84
应执行"三同时"项目	1 135	—
实际执行"三同时"项目	1 135	223.84
其中：新建项目	1 008	200.79
扩建项目	100	11.56
技改项目	27	11.49

表 2-14 2006 年吉林省建设项目"三同时"环保投资

名　　称	投资金额/万元
实际执行"三同时"环保投资	71 033.64
其中：新建项目	57 473.34
扩建项目	11 670.7
技改项目	1 889.6
其中：废水治理	13 189.07
废气治理	27 563.58
噪声治理	1 945.83
固体废物治理	3 163.26
绿化及生态	14 028.1
其他	11 143.8

2.3.2　吉林省环保投资项目类别界限不清问题简析

2.3.2.1　生产、安全设备（设施）与环保设备（设施）界限不清类项目

在 2007 年吉林省环境保护投资项目库中，部分项目未区分生产设备投资和环保设备投资之间的区别，将生产设备或经过改造能够降低污染物排放量的生产设备计入环境保护投资，如：吉林市松江炭素有限责任公司油炉改造项目、桦甸市火炬供热有限公司除渣机改造项目等属于生产设备与环保设备界限模糊；珲春紫金矿业有限公司井下巷道支护项目属于安全类设备与环保类投资界限不清。

2.3.2.2　能源综合利用类项目投资与环保项目未区分类项目

2007 年吉林省工业污染治理项目中存在将能源综合利用类项目投资与环境保护投资相混淆的现象，部分能源综合利用类项目投资被当作环境保护投资进入总体投资累计，例如：中国石油天然气股份有限公司吉林石化公司炼油厂瓦斯回收系统增设 30 000 m^3 干式气柜项目和能源综合利用糠醛塔下废水闭路循环系统等（表 2-16）。

表 2-15　生产、安全设备（设施）与环保设备（设施）界限不清类项目　　单位：万元

序号	企业详细名称	污染治理项目名称	本年完成投资及资金来源合计	排污费补助	政府其他补助	企业自筹	银行贷款	改造内容简介
1	公主岭市莲花山化工有限公司	环保锅炉	50			50	—	公司主要产品是糠醛，该公司于 2007 年进行了环保锅炉的更换和改造工作。更换的锅炉主要用于生产
2	和龙人造板有限公司	热风炉改造	160			160	160	公司主要产品是各种密度板，该公司于 2007 年对生产用热风炉进行更换，并对其附属设施进行改造
3	桦甸市火炬供热有限公司	除渣机改造	25			25	—	公司于 2007 年对供热生产设备除渣机进行改造，该设备主要用于供热锅炉除渣
4		变频设备	35			35	—	公司于 2007 年为主要生产设备风机、水泵等加装了变频设备，降低能耗
5	珲春紫金矿业有限公司	井下巷道支护	10			10	—	该公司是一家以铜、金生产为主的企业，该企业于 2007 年对采矿井下的巷道的支护进行了改造和加固，属于安全生产范围
6	吉林省石岭水泥有限责任公司	矿渣烘干机系统改造	171			171	—	公司对其水泥生产过程中的原料生产设备矿渣干机系统进行改造，降低生产过程中的污染物排放量
7	吉林市东福实业有限责任公司黑米深加工分公司	锅炉	40			40	40	该公司是一家以生产农产品为主的公司，该公司黑米深加工公司于 2007 年对生产锅炉进行改造更换，减少污染物排放量
8	吉林市松江炭素有限责任公司	油炉改造	36			36	—	公司于 2007 年对该公司生产使用的燃油锅炉进行了改造更换，在一定意义上降低了污染物排放量
9	延边晨鸣纸业有限公司	工艺管网改造	186			186	—	该公司主要产品是新闻纸等，该公司于 2007 年对车间工艺管网进行改造，减少了生产过程中的跑冒滴漏等事件的发生
10	中国石油天然气股份有限公司吉林石化分公司电石厂	更换醋酐车间地下管线	210			210	—	公司电石厂于 2007 年对醋酐生产车间地下管线进行了改造，减少了生产过程中跑冒滴漏等事件的发生

序号	企业详细名称	污染治理项目名称	本年完成投资及资金来源合计	排污费补助	政府其他补助	企业自筹	银行贷款	改造内容简介
11	中国石油天然气股份有限公司吉林石化分公司化肥厂	化肥厂地下管网改造	881			881	308	公司化肥厂对场内地下管网进行了改造,减少了生产过程中跑冒滴漏等事件的发生,降低了环境事故发生的可能性
12	中国石油天然气股份有限公司吉林石化分公司聚乙烯厂	工厂地下管网改造项目	2 328			2 328	—	2007年吉林石化聚乙烯厂对工厂地下管网进行了改造,减少了生产中生产原料、中间产品以及终产品的跑冒滴漏等事件的发生,降低了环境事故发生的概率
	合　计		4 132	0	0	4 132	508	

表 2-16　综合利用类项目投资　　　　　　　　　　　　　　　　单位:万元

序号	企业详细名称	污染治理项目名称	本年完成投资及资金来源合计	排污费补助	政府其他补助	企业自筹	银行贷款	改造内容简介
1	吉林远恒化工实业有限公司	能源综合利用糠醛塔下废水闭路循环系统	260			260	—	该公司主要产品是糠醛。该公司于2007年建立糠醛塔下废水闭路循环综合利用,实现塔下综合废水闭路循环,最大程度地减少高浓度废水排放量
2	中国石油天然气股份有限公司吉林石化公司炼油厂	瓦斯回收系统增设30 000 m³干式气柜	2 989			2 989	1 793.4	该公司在瓦斯回收系统增设30 000 m³干式气柜,以便于对瓦斯的综合利用,实现贮气调峰的作用
	合计		3 249	0	0	3 249	1 793.4	

2.3.2.3　尾矿库类项目

2007 年环境保护资金项目库中尾矿库类的项目主要涉及尾矿库筑坝、尾矿库防渗等方面,项目主要涉及安全方面,故此类应单独列出。如桦甸市三泰钼业有限责任公司尾矿坝改造项目等(表 2-17)。

表 2-17　尾矿库类项目投资　　　　　　　　　单位：万元

序号	企业详细名称	污染治理项目名称	本年完成投资及资金来源合计	排污费补助	政府其他补助	企业自筹	银行贷款	改造内容简介
1	桦甸市三泰钼业有限责任公司	尾矿坝改造	310			310	—	公司于 2007 年对该公司选矿产生的尾矿库进行改造,工程重点在尾矿坝的风险排除等方面
2	珲春紫金矿业有限公司	尾矿坝筑子坝	32			32	—	公司是以生产贵金属金和有色金属铜为主的集采、选、冶炼为一体的生产企业,拥有较大规模的选矿厂。该公司在生产中有大量的尾矿产生,在现有尾矿坝的基础上筑子坝以保证尾矿坝的安全
3		尾矿库排渗	208.7			208.7	—	该公司对现有尾矿坝进行了防渗处理,降低了尾矿水对地下水的影响
4	吉林海沟黄金矿业有限责任公司	筑坝	6.6			6.6	—	
5	龙井市瀚丰矿业有限公司	尾矿库	290		200	90	—	公司是一家以生产钼、铜、铅、锌等有色金属为主,集采、运、选一体化的矿山企业。该公司于 2007 年主要进行了尾矿库的建设
6	吉林松花江热电有限公司	灰场子坝加高工程	888.8			888.8	—	公司为保证现有灰场的运行安全和正常生产的需要,对灰场子坝进行了加高
7	延边天池选矿有限公司	建尾矿库	100			100	—	公司是一家以铁矿采选,铁精矿加工为主的黑色金属矿采选企业。该公司于 2007 年建立选矿后尾矿存放库
	合　计		1 836.1	0	200	1 636.1	0	

2.3.2.4　运行费用列入环境保护投资类项目

2007 年环境保护资金工业项目库中个别项目将运行费用(如日常维护费用等)作为环保投资,现单独列出(表 2-18)。

表 2-18   运行费用列入环境保护类项目投资   单位：万元

序号	企业详细名称	污染治理项目名称	本年完成投资及资金来源合计	排污费补助	政府其他补助	企业自筹	银行贷款	改造内容简介
1	中国石油天然气股份有限公司吉林石化分公司电石厂	疏通下水管线并清理沉淀池	30	0	0	30	0	电石厂对该厂的下水管线进行了疏通，同时对废水处理主要构筑物沉淀池进行了清理，以保证其更好地运行

2.3.3   吉林省环保投资重复计算问题简析

2.3.3.1   建设项目"三同时"环保投资与城镇基础设施建设项目重复统计问题

吉林省 2006 年度建成项目"三同时"项目库中，涉及城市基础设施的基本项目构成中项目数量为 76 个。通过对 76 个城市基础设施项目分析可以发现，项目中可以分为 8 个部分，包括道路、供水、供热、燃气、排水、市容、绿化、区域基础设施建设项目等，由于区域基础设施建设项目包含道路、供水等部分。根据城市环境基础设施分类，将道路、供水等建设项目排除后，包括区域基础设施建设项目共计 53 个项目，其中以区域基础设施建设项目为主占 75.5%，其余供热、排水等占 24.5%。由于建设项目"三同时"环保投资项目统计方法等问题，本次研究未收集到详细的项目投资组成，建设项目"三同时"项目库与城市基础设施建设项目库之间存在重复统计问题。以下以污水处理厂为案例进行分析。

通过调取 2007 年吉林省"三同时"项目中有关污水处理厂的项目，本书选取了 5 个污水处理项目进行案例分析，它们是：长春市西郊污水处理厂工程项目，长春市北郊污水处理厂二期（部分）、三期工程，长春市北郊污水处理厂升级改造及污水再生利用工程（四期工程），松原市江南城区污水治理工程，延吉市污水处理厂一期工程，吉林市污水处理厂相关数据源于相关的建设项目竣工环境保护"三同时"登记表及竣工环保验收监测报告，6 个项目相关内容及组成详见表 2-19。

表 2-19   污水处理厂项目投资比较

序号	污水处理项目名称	项目概况	项目投资/环保投资/万元	主体建成时间/验收时间	2007 建设年报中有关项目投资表述	备注
1	长春市西郊污水处理厂工程项目	处理能力 15 万 t/d	38 000/38 000	2002/2007	无	全部投资均计为环保投资

序号	污水处理项目名称	项目概况	项目投资/环保投资/万元	主体建成时间/验收时间	2007 建设年报中有关项目投资表述	备注
2	长春市北郊污水处理厂二期（部分）、三期工程	二期处理能力 13 万 t/d，再生 10 万 t/d；三期处理能力 13 万 t/d，改造一期工程	37 735/37 735	2007/2007	24 306	全部投资均计为环保投资
3	长春市北郊污水处理厂升级改造及污水再生利用工程（四期工程）	处理能力 13 万 t/d，新增二级处理设施	12 244/12 244	2007/2007		全部投资均计为环保投资
4	松原市江南城区污水治理工程	处理能力 5 万 t/d，二级处理工艺	14 500/86.5	2002—2005/2007	无	用于污染治理的投资被计为环保投资，其中：废气治理投资 1.5 万元，噪声治理投资 15.0 万元，绿化生态投资 70.0 万元，共计 86.5 万元
5	延吉市污水处理厂一期工程	建设日处理污水能力 10 万 t 的污水处理厂 1 座和 29 km 污水截流干管。污水处理工艺采用厌氧—好氧活性污泥法（A/O 法）。工艺流程分污水处理、污泥处理两部分	24 475/24 475	2002—2007/2007	无	全部投资均计为环保投资
6	吉林市污水处理厂	设计污水处理能力 30 万 t/d，主要处理工艺为 A/O 工艺	64 195/64 195	2006—2007/2007	无	全部投资均计为环保投资

通过进一步对长春、松原和通化三地的城市环境基础设施"三同时"竣工验收时登记表格的填报方式、"三同时"统计报表时环境保护资金的统计方式进行分析可以发现，目前城镇环境基础设施项目的环境保护投资主要可以分为两类：第一类是将项目的全部投资均计为环境保护投资，如长春市西郊污水处理厂工程项目，长春市北郊污水处理厂二期（部分）、三期工程，长春市北郊污水处理厂升级改造及污水再生利用工程（四期工程），延吉市污水处理厂一期工程，吉林市污水处理厂；第二类是仅

将用于污染治理方面的费用计为环保投资，如松原市江南城区污水治理工程中环保投资主要包括：废气治理、固体废物治理投资、绿化等方面投资。

在表 2-19 的 6 个污水处理厂项目中，长春市西郊污水处理厂工程项目、松原市江南城区污水治理工程、延吉市污水处理厂一期工程和吉林市污水处理厂主体建成时间均不是 2007 年，因此在 2007 年度的建设年报上上述项目的投资未统计，在城市环境基础设施项目投资中未见计入。

对于环保投资中有关城市污水处理厂"三同时"建设项目投资，当项目通过环保部门验收后，其投资将会被计入当年的"三同时"环保投资。通过到试点城市——通化市调研并与省内部分参加环境统计和"三同时"项目管理人员座谈,确定吉林省"三同时"环保投资主要采用上述方法进行统计。

通过对以上 6 个污水处理厂项目的环保投资分析，并将环保投资与 2007 年度建设年报投资相比较，可以发现以上项目存在建设项目"三同时"环保投资和城市环境基础设施建设投资重复计算的现象，重复额度分为全部重复计算和部分重复计算两类。

对于第一类"三同时"项目投资计算,目前的计算方法主要是调查项目的实际投资或者参照项目概算,例如：长春市北郊污水处理厂升级改造及污水再生利用工程（四期工程）项目，在建设年报上该项目 2007 年度实际投资为 24 306 万元，同时该项目于 2007 年通过环保验收，根据"三同时"项目环保投资统计惯例，该项目"三同时"环保投资为 37 735 万元；延吉市污水处理厂一期工程项目投资 24 475 万元，环保投资为 24 475 万元。根据以上两个例子，可以确定该项目的环保投资存在重复计算的问题。同时第二类"三同时"项目——松原市江南城区污水治理工程也存在上述问题，该项目"三同时"环保验收时确定环保投资为 86.5 万元，而建设年报上该项目 2007 年度未有实际投资，因此难以确定该项目在 2007 年度是否存在环保资金重复计算。

根据 2007 年度建设年报中有关项目组成表，长春市西郊污水处理厂工程项目等 6 个项目以城市环境基础设施统计的项目建设投资为 24 306 万元；而根据 2007 年度吉林省"三同时"建设项目中污水处理厂项目验收竣工报告和全国污染源普查取得相关信息，长春市西郊污水处理厂工程等 6 个项目建设总投资总计为 191 149 万元，6 个项目"三同时"环保投资总计为 176 735.5 万元。由此确定，在 2007 年度 6 个污水处理厂项目上，城市环境基础设施投资与"三同时"环保投资重复计算率为 13.75%。

2.3.3.2 建设项目"三同时"环保投资与工业污染源治理项目重复统计问题

根据以往吉林省工业污染治理项目环境保护资金计算方式,工业项目中"三同时"项目环境保护资金统计过程"时点"采取当年计算的方法，即按验收时确定工程投资计算；对于跨年度"三同时"项目，未验收之前既往投资不再与验收确定工程投资重复计算。但对于部分工业污染源治理类项目，如：企业的废水处理站建设、除尘系统改造等，由于此类项目在编制项目可行性报告的同时也按要求开展了项目环境影响评价，使得该项目既属于工业污染源改造项目又属于"三同时"项目，在进行环保投资统计时，存在重复计算的问题。

为分析以上问题，本部分以通化市的鼎鑫屠宰有限责任公司屠宰废水改造处理项目为 2007 年度项目进行分析。通化市鼎鑫屠宰有限责任公司每天生产污水排放约 70 m³，污水中的主要污染物有 COD、BOD、SS、NH₃-N、动植物油等。该公司污水处理工程于 2005 年申报省级环保资金补助，获得吉林省环保专项资金补助共计 30 万元。2007 年上半年，完成了设计、施工、调试运行等相关工作，并通过竣工验收。环境监测部门对处理后排水水质监测认定，处理后排水水质已经完全达到了环境保护部门的排放要求，即达到了《肉类加工工业水污染物排放标准》（GB 13457—92）中相关要求。该公司污水处理站直接投资为 124 万元。该项目为老工业污染源改造项目，是工业企业污染治理类项目，因此在 2007 年度环境统计中，该项目被计入当年的"环年基 3 表"。同时，该公司在申报环境保护资金过程中，按申报要求对污水治理项目进行了环境影响评价，因此该污水治理项目同样属于"三同时"项目，在工程竣工验收后，计入当年的"三同时"项目投资，投资计算按照实际发生资金情况计入。

2.3.4　吉林省其他环保投资问题简析

2.3.4.1　生态、农村、能力建设、科研投资方面的问题

生态部分投资在《关于建立环境保护投资统计调查制度的通知》（国家环保总局环财发[1999]64 号）中属于环境保护投资统计范围，但在《"十一五"国家环境保护模范城市考核指标实施细则（修订）》中明确指出"不包括环财发[1999]64 号中资源和生态环境保护投入。道路、桥梁、路灯、防洪等市政工程及水利、生态建设投资不计入环境保护投资"。

通过分析本研究收集到的项目发现，将生态恢复、修复费用全部计入环保投资的较少，主要原因是在生态方面的投资统计中存在很多问题：首先，生态方面的投资主体较多，包含水力、农业、林业、市政等部门，众多的投资主体就意味着投资统计工作量增加，难度加大，数据的精确度受到影响；其次，投资项目类型较为多样，涉及湿地保护、农业生产、退耕还林还草、自然保护区保护、城市景观绿地建设等项目类型。在与试点城市——通化市的环境统计、环境影响评价管理等人员座谈过程中，管理人员认为此类项目目前计入"三同时"环保投资，未按其类型进行单独统计。

对于农业方面投资而言，由于投资涉及面较宽，一些项目如农田水力建设、良种栽植等方面的投资目前未单独统计，单单就农村环境综合整治等方面的项目建设投

资，应该计入环境保护投资。环境能力建设包含内容较多，如环境监管能力建设、环境应急监测能力建设等方面，应该列入环境保护投资范围内。

2.3.4.2 农村植被恢复、辐射等问题是否应纳入环保投资的问题

目前通化市农村环境综合整治类项目未单独作为环境保护投资项目进行统计，而是当项目开展环境影响评价，在"三同时"项目竣工验收时，对该项目中涉及环境保护部分的投资进行统计，计入"三同时"环保投资。对于农村环境综合整治类项目应该按类型进行分类，根据具体项目内容加以判断。

对于辐射类项目，由于开展此类项目的时间较晚，通化市目前还没有将此类项目计入环保投资加以统计。通过座谈，当地环境部门工作人员认为，随着辐射项目的不断增加，辐射环境监管工作的不断深入，此类项目应该作为环境保护投资。

植被恢复类项目情况与农村项目情况有相似之处，通化市目前此类项目一般是由农业部门或国土部门管理，其具体投资等问题环保部门无法掌握。如果此类项目进行了环境影响评价，则在"三同时"竣工验收时，计入环保投资核算范围。

在调研过程中，通化市环境统计、管理部门的工作人员认为此类项目应该根据项目内容进行细化，确定项目归属。

2.3.4.3 清洁生产、循环经济、环境友好产品生产项目方面的问题

根据吉林省 2007 年度工业污染源环境保护投资项目表，虽然有个别项目涉及循环经济范畴，如吉林远恒化工实业有限公司能源综合利用糠醛塔下废水闭路循环系统项目，但数量较少，而清洁生产类项目和环境友好产品类项目目前尚未以清洁生产类或环境友好类项目计入环境保护投资中，个别项目是以污染治理类等项目上报的，如长春吉阳工业有限公司 KBG 点火药项目。

对于清洁生产类项目、循环经济和环境友好产品生产项目建设投资，由于涉及领域广泛、行业众多，很难将所有项目一概而论，应该视不同类别具体分析。对于清洁生产和循环经济类项目，此类项目更多地涉及生产工艺、生产工序和产业链等方面的调整、改造等问题，是通过"节能降耗"等工艺方面的改进实现"减污增效"目的的，其中工艺改造部分投资如何计入环境保护投资需要有关部门制定较为翔实、可行的计算方法，根据不同行业和区域特点分阶段实施。

2.3.4.4 矿山开发、道路、桥梁、水电、环境综合整治类问题

《"十一五"国家环境保护模范城市考核指标实施细则（修订）》中明确指出：不包括环财发[1999]64 号中资源和生态环境保护投入，道路、桥梁、路灯、防洪等市政工程及水利、生态建设投资不计入环境保护投资"。根据吉林省 2007 年度工业污染源

环境保护投资项目表和吉林省以往的统计方法，环境综合整治类有按工业污染源治理进行环保统计投资的情况，如在吉林省 2007 年度工业污染源环境保护投资项目表中就包含矿山环境综合整治项目——白山市新宇煤矿矿山地质环境专项。对矿山开发、道路、桥梁、水电类的环保投资统计，开展建设项目环境影响评价的，其投资中包含的环境保护投资，纳入建设项目"三同时"环境保护投资进行统计，而环境保护投资额度通常是根据项目登记表中的数据填报的，通常未经过详细核查。在吉林省道路建设项目开展环境影响评价过程中，环境保护投资主要包括：隔声消音措施投资、水土保持方面投资、破坏植被恢复等方面投资，其中水土保持方面投资是否应该计为环境保护投资，如果计为环境保护投资应该全额计入还是折算计入，目前尚无明确说法。矿山开发、桥梁、水电类项目同样存在与道路项目同样的问题，应该根据不同区域、流域和不同项目区别对待，如果采取一定系数进行折算则应该考虑建立折算系数被选集，以适应不同类型的需要。

2.4　水污染防治投资宏观预测方法研究

2.4.1　水污染防治投资需求影响因素分析

表 2-20 和表 2-21 是 2001—2008 年废水治理投资和相关经济指标数据。从图 2-5 可以看出，水污染治理投资与经济指标变动方向基本一致，说明它们之间具有一定的关联性。设废水治理投资为 WI，固定资产投资为 AI，工业增加值为 IAV，财政收入为 PF，本书将简要分析废水治理投资与 GDP、固定资产投资、工业增加值、财政收入之间的关系，从而找出规律来预测"十一五"后两年及"十二五"期间的废水治理投资，即水污染防治投资。

表 2-20　2001—2008 年水污染防治投资与相关经济参数　　　单位：亿元

年份	废水治理投资	GDP	固定资产投资	工业增加值	财政收入
2001	364.7	109 655.2	37 213.5	28 329.4	16 386.04
2002	424.8	120 332.7	43 499.9	32 994.8	18 903.64
2003	560.1	135 822.8	55 566.6	41 990.2	21 715.25
2004	609.4	159 878.3	70 477.4	54 805.1	26 396.47
2005	699	183 867.9	88 773.6	72 187	31 649.29
2006	712.8	210 871	109 998.2	91 075.7	38 760.2
2007	1 002.6	249 529.9	137 323.9	117 048.4	51 321.78
2008	1 291.7	300 670	172 828.4	—	61 330

注：2006—2008 年水污染治理投资数据为估算数据，2008 年无工业增加值数据。

数据来源：《中国统计年鉴》和《中国环境统计年报》。

表 2-21 2002—2008 年水污染防治投资增长率与相关经济参数增长率

年份	废水治理投资增长率/%	GDP增长率/%	固定资产投资增长率/%	工业增加值增长率/%	财政收入增长率/%
2002	16.5	9.7	16.9	16.5	15.4
2003	31.9	12.9	27.7	27.3	14.9
2004	8.8	17.7	26.8	30.5	21.6
2005	14.7	15.0	26.0	31.7	19.9
2006	2.0	14.7	23.9	26.2	22.5
2007	40.7	18.3	24.8	28.5	32.4
2008	28.8	20.5	25.9	—	19.5

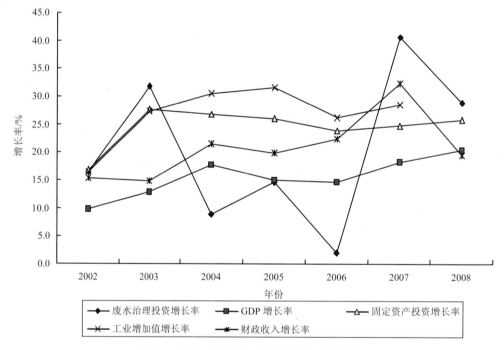

图 2-5 废水治理投资增长率与经济指标增长率

2.4.1.1 废水治理投资与 GDP 关联性

利用统计软件，对 2001—2008 年废水治理投资与 GDP 的关联性进行检验，从表 2-22 可以看出，废水治理投资与 GDP 呈很强的关联性。结合表 2-21，除 2004 年和 2008 年两个指标增长变化趋势相反外，其余年度变动趋势趋于一致。

表 2-22　WI 与 GDP 关联性检验结果

		WI	GDP
WI	泊松关联度	1	0.983[**]
	滞后 2 期	—	0.000
	N	8	8
GDP	泊松关联度	0.983[**]	1
	滞后 2 期	0.000	—
	N	8	8

注：** 在 0.01 水平（滞后 2 期）显著相关。

2.4.1.2　废水治理投资与固定资产投资关联性

利用统计软件，对 2001—2008 年废水治理投资与固定资产投资的关联性进行检验，从表 2-23 可以看出，废水治理投资与固定资产投资呈很强的关联性，较与 GDP 的关联性略微弱一点。结合表 2-21，除 2005 年和 2008 年两个指标增长变化趋势相反外，其余年度变动趋势趋于一致。

表 2-23　WI 与 AI 关联性检验结果

		WI	AI
WI	泊松关联度	1	0.982[**]
	滞后 2 期	—	0.000
	N	8	8
AI	泊松关联度	0.982[**]	1
	滞后 2 期	0.000	—
	N	8	8

注：** 在 0.01 水平（滞后 2 期）显著相关。

2.4.1.3　废水治理投资与工业增加值关联性

利用统计软件，对 2001—2008 年废水治理投资与工业增加值的关联性进行检验，从表 2-24 可以看出，废水治理投资与工业增加值呈较强的关联性，但是与 GDP、固定资产投资、财政收入三项指标与废水治理投资的关联度相比较弱。结合表 2-21，除 2004 年两个指标增长变化趋势相反外，其余年度变动趋势趋于一致。

表 2-24 WI 与 IAV 关联性检验结果

		WI	IAV
WI	泊松关联度	1	0.967**
	滞后 2 期	—	0.000
	N	8	7
IAV	泊松关联度	0.967**	1
	滞后 2 期	0.000	—
	N	7	7

注：** 在 0.01 水平（滞后 2 期）显著相关。

2.4.1.4 废水治理投资与财政收入关联性

利用统计软件，对 2001—2008 年废水治理投资与财政收入的关联性进行检验，从表 2-25 可以看出，废水治理投资与财政收入呈较强的关联性，较与固定资产投资、工业增加值的关联性强一点。结合表 2-21，除 2006 年之前两个指标增长变化趋势相反外，2006 年之后两个指标增长变化趋势趋于一致，情况比较特殊。

表 2-25 WI 与 PF 关联性检验结果

		WI	PF
WI	泊松关联度	1	0.983**
	滞后 2 期	—	0.000
	N	8	8
PF	泊松关联度	0.983**	1
	滞后 2 期	0.000	—
	N	8	8

注：** 在 0.01 水平（滞后 2 期）显著相关。

综上所述，废水治理投资、GDP、固定资产投资、工业增加值、财政收入这 5 个指标总量上都呈增长趋势，只是增长率变动情况不同，且 GDP、固定资产投资、工业增加值、财政收入与废水治理投资之间都存在着较强的关联性。

2.4.2 水污染防治投资宏观预测方法建立

灰色系统模型、时间序列模型、协整分析模型对于短期预测基本上都有较好的效果，长期预测误差会增大。但是，灰色系统模型 GM（1，1）序列要近似符合指数函数规律才会有较好的预测效果；灰色系统模型 GIM（1）要求序列近似满足线性幂函数规律才会有较好的预测效果；时间序列模型中，不论是平稳序列构建 ARMA 模型，还是非平稳序列构建 ARIMA 模型，都要求有较大的样本量才会有较好的预测效果；协整分析要求序列满足一定的单整条件方可建模。考虑到各模型的特征和要求，本书基于现有的"十五"期间废水投资及相关数据，综合采用建模方法，预测"十一五"水污染防治投资。

2.4.2.1 "十一五"水污染防治投资预测

（1）方案 1：采用灰色系统预测"十一五"水污染防治投资。表 2-26 是 2001—2008 年我国水污染防治投资情况，"十五"期间稳定增长，"十一五"前三年增速加快。图 2-6 是 2001—2008 年我国水污染防治投资情况，废水治理投资原序列满足准光滑性检验，对累加生成的新序列进行分析可以看出序列近似满足指数函数规律。

表 2-26　2001—2008 年废水治理投资情况　　　　　　　单位：亿元

年份	废水治理投资	累加生成序列
2001	364.7	364.7
2002	424.8	789.5
2003	560.1	1 349.6
2004	609.4	1 959
2005	699	2 658
2006	712.8	3 370.8
2007	1 002.6	4 373.4
2008	1 291.7	5 665.1

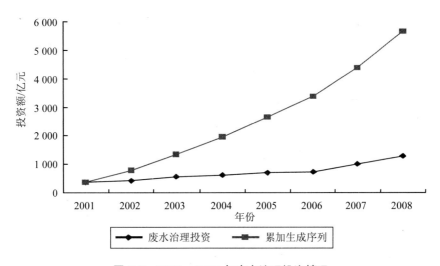

图 2-6　2001—2008 年废水治理投资情况

表 2-27　2002—2008 年水污染防治投资模拟值　　　　单位：亿元

年份	废水治理投资	模拟值	残差	相对误差
2002	424.8	405.3	−19.5	−4.5
2003	560.1	485.9	−74.2	−13.3
2004	609.4	582.4	−27	−4.4
2005	699	698.2	−0.8	−0.1
2006	712.8	837	124.2	17
2007	1 002.6	1 003.4	0.8	0.1
2008	1 291.7	1 202.9	−88.8	−6

经 GM(1,1)模型预测，2009—2010 年水污染防治投资分别为 1 442.0 亿元、1 728.6 亿元，预计"十一五"水污染防治投资将达到 6 177.7 亿元，约占"十一五"规划环境污染治理投资的 40.4%。

（2）方案 2：时间序列模型预测。对原始废水治理投资数据进行对数化处理得 LWI，然后对 LWI 进行单位根检验。经检验，二次差分之后，序列在 5% 的显著水平下是平稳的 LWI~I（2），得序列 iilwi~I（0）。

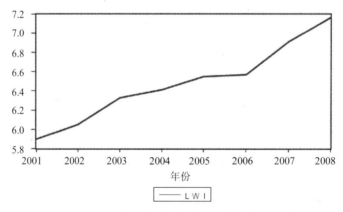

图 2-7　废水治理投资数据对数化处理

Null Hypothesis: D(LWI,2) has a unit root
Exogenous: Constant, Linear Trend
Lag Length: 0 (Fixed)

		t-Statistic	Prob.*
Augmented Dickey-Fuller test statistic		-6.087703	0.0338
Test critical values:	1% level	-8.235570	
	5% level	-5.338346	
	10% level	-4.187634	

Sample: 2001 2008
Included observations: 6

Autocorrelation	Partial Correlation		AC	PAC	Q-Stat	Prob
		1	-0.425	-0.425	1.7308	0.188
		2	0.179	-0.001	2.1158	0.347
		3	0.000	0.092	2.1158	0.549
		4	0.000	0.040	2.1158	0.714

由图 2-7 可以看出，偏自相关系数在 $k=2$ 后很快趋于 0，所以取 $p=2$，自相关系数在 $k=3$ 处显著不为 0，可考虑取 $q=3$。因此，序列 iilwi 可考虑 ARMA（2，3）。但是由于数据样本量不足，无法构建模型，故暂不考虑时间序列模型预测方法。

（3）方案 3：协整分析法预测"十一五"水污染防治投资。设水污染防治投资为 WI，国内生产总值为 GDP，工业增加值为 IVA，固定资产投资增长率为 AI，财政收入为 PF。在做协整分析之前，可以先对样本数据进行对数化处理，不改变变量特征。那么，对数化后的变量可分别设定为 LWI、LIVA、LGDP、LAI、LPF。然后对序列进行 ADF 检验，检验结果如表 2-28 所示。

表 2-28 ADF 检验结果

变量	检验形式 (C，T，K)	ADF 检验值 (t 统计量)	5%临界值	变量	检验形式 (C，T，K)	ADF 检验值 (t 统计量)	5%临界值
LWI	(C，T，1)	-1.964 348	-4.773 194	Δ^2LWI	(C，T，0)	-6.087 703	-5.338 346
LGDP	(C，T，1)	-0.543 251	-4.773 194	Δ^2LGDP	(0，0，1)	-2.868 433	-2.082 319
LIVA	(C，T，1)	-1.752 386	-5.338 346	ΔLIVA	(C，T，1)	-74.851 79	-5.338 346
LAI	(C，T，1)	-2.845 543	-4.773 194	ΔLAI	(C，T，0)	-7.509 510	-4.773 194
LPF	(C，T，1)	-0.400 724	-4.773 194	ΔLPF	(C，T，1)	-74.851 79	-5.338 346

由表 2-28 可知，LWI、LGDP、LIVA、LAI 和 LPF 的 t 统计量值比显著性水平为 5%的临界值大，所以，三序列都存在单位根，都是非平稳的。经一阶差分后，LIVA、LAI 和 LPF 三序列在 5%的显著水平下是平稳的，得到 LGDP～I（1）、LAI～I（1）、LPF～I（1）、LWI～I（2）、LGDP～I（2）。四经济指标和水污染防治投资的单整情况不满足拓展的 EG 两步法检验变量间是否存在协整关系的必要条件。但是 LWI 和 LGDP 满足同阶单整，构造检验方程：

$$LWI = 1.149\ 821\ 422 \times LGDP - 7.387\ 999\ 254 \tag{2.12}$$

t-统计检验： （13.037 86） （-6.940 346）

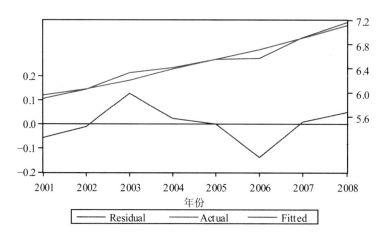

图 2-8 LWI 与 LGDP 方程残差分析

同样对残差序列 e 进行单位根检验，结果如下：

表 2-29 序列 e 的 ADF 检验结果

ADF Test Statistic	−2.246 416	1%	Critical Value*	−3.007 406
		5%	Critical Value	−2.021 193
		10%	Critical Value	−1.597 291

从表 2-29 可以看出，在 5%的显著性水平下，残差序列是平稳的，说明它们之间存在协整关系。且从简单相关性分析中也可以看出其与水污染防治投资的关联性较强。

表 2-30 计算结果

年份	实际值	估计值	残差	相对误差/%
2001	364.7	386.0	−21.3	−5.8
2002	424.8	429.5	−4.7	−1.1
2003	560.1	493.7	66.4	11.9
2004	609.4	595.5	13.9	2.3
2005	699.0	699.3	−0.3	0.0
2006	712.8	818.7	−105.9	−14.9
2007	1 002.6	993.5	9.1	0.9
2008	1 291.7	1 231.0	60.7	4.7

方程的拟合优度达到 96.6%，说明式（2.12）较好地反映了水污染防治投资和 GDP 之间的关系，因此可以利用方程来预测"十一五"水污染防治投资。根据"十二五"

环境保护规划思路中口径取 GDP 增长率，那么预计 2009 年和 2010 年 GDP 分别为 324 821 亿元、352 431 亿元。那么，测算 2009 年和 2010 年水污染防治投资为 1 345.4 亿元、1 477.7 亿元。那么预计"十一五"水污染防治投资达到 5 830.2 亿元，约占"十一五"规划环境污染治理投资的 38.1%。

2.4.2.2　水污染防治投资预测方法比较

经过比较，基于现有数据样本情况，本书选取灰色系统预测法和协整分析法预测水污染防治投资。

表 2-31　预测方法比较

方案	数据要求	预测精度		应用情况
		短期	中长期	
灰色系统预测法	若干年份，样本数量要求小	精度较高	精度低	较为广泛
时间序列预测法	样本数量要求大	精度较高	精度较低	广泛
协整分析预测法	样本数量要求适中	精度较高	精度较低	广泛

2.5　基于目标任务需求的污染减排投资预测方法建立

2.5.1　基本思路与研究路线

目前的环保投资预测方法大部分是采用宏观的预测方法，包括基于统计数据的时间序列模型、关联模型等，上述方法与环境保护任务难以挂钩，难以反映环境保护的实际任务需求。本章将从环境保护的目标出发，建立基于"目标—任务—投资"的水污染治理投资预测方法。考虑到"十一五"期间我国将 COD 减排作为约束性指标，"十二五"期间其仍将作为约束性指标出现，因此在本书基于污染减排任务的水污染治理投资中采用 COD 总量控制为基准进行预测。

（1）实际减排量测算。在水污染减排目标确定后，实际减排量包括两个部分：① 新增产生量，即由于人口规模增加、经济发展等因素，会造成污染物产生量的持续增加，在减排目标确定后，需要考虑目标完成时间段内污染物的新增量。新增产生量来源于 3 个方面，一是生活污染物新增量，二是工业污染物新增量，三是农业污染物新增量。② 存量的削减，通常规划中所制定的减排目标是以某一年度为基准年，在此基础上削减一定比例，实际上指的是对存量的削减。这两个部分之和，即为规划区间内实际的减排总量。因此，在预测水污染治理投资需求时，实际削减任务为新增产生量与存量削减量之和。

（2）总量减排任务分解。在确定实际的 COD 削减总量之后，采用的污染治理途径包括 3 个方面：① 通过建设城镇生活污水处理厂或对已有污水处理厂升级改造、加大管网建设增加污水收集率等措施削减；② 通过新建工业企业污染治理设施或进行深度的污染治理削减；③ 通过建设农业畜禽养殖水污染治理设施削减。三者之和达到实际目标削减量，即可满足规划的污染治理目标。由于城市污水处理厂、工业污染治理、农业污染治理在污染治理成本方面存在差异，因此在预测水污染治理投资时，首先考虑的是在确定实际削减任务之后，减排量在城市污水处理厂、企业污染治理和农业污染治理之间的分配问题。此问题得到有效解决后，可分别进行投资需求的测算。

（3）城市污水处理厂新增污水处理能力及投资预测。确定城市污水处理厂 COD 削减量后，推算规划期内需新增的污水处理厂处理能力，通过新增处理能力计算污水处理厂处理规模等，依此测算投资需求。

（4）工业新增污水处理能力及投资预测。确定工业 COD 减排量后，同样由于各行业之间治理成本差异较大，首先需要在各行业之间进行减排量的分解，确定各行业污染减排量后，推算规划期内需新增的污染治理规模，从而测算水污染治理投资需求。

（5）农业新增污水处理能力及投资预测。确定农业 COD 减排量后，推算规划期内需新增的污水处理能力，根据新增的农业污水处理能力计算农业污染治理投资需求。

三者投资之和，即为水污染治理总投资。需要说明的是，由于本课题侧重的是水污染治理投资需求预测，而非污染治理投资测算，因此在预测水污染治理投资需求时尽量忽略个体的差异，多采用平均水平予以预测。另外，由于在预测中将 COD 折算为新增污水处理能力进行预测，投资系数采用平均值，包括不同排放标准要求的投资系数平均、不同技术工艺的投资系数平均，因此可不考虑其他污染物的控制目标。

综上所述，基于目标任务需求的水污染治理投资预测方法的构建路线图如图 2-9 所示。

2.5.2 污染物新增产生量预测

在本研究中，2010 年和"十二五"期间 GDP、人口和城镇人口预测数据等与全国预测数据保持同一体系。根据各省"十二五"期间城镇人口增量，以污染源普查所用的 5 区 5 类城镇生活产排污系数（COD）加权平均[75 g/（人·d）]，计算城镇生活 COD 排放增量。工业 COD 新增量计算原则上采用《主要污染物减排统计办法》中工业污染物新增量核算体系，为方便计算工业行业的新增量，将核算方法中 GDP 调整为工业增加值。以 10 年来生猪存栏量变化拟合曲线（年增长率约 0.58%）预测农业污染源水污染物新增量。

应该说明的是，污染源普查数据中一些行业排放浓度与环境统计差异较大，数据吻合性不高,由于污染源普查数据量较大,且行业数据信息填报统一性等方面的问题,预测数据会与其他研究有所差距。

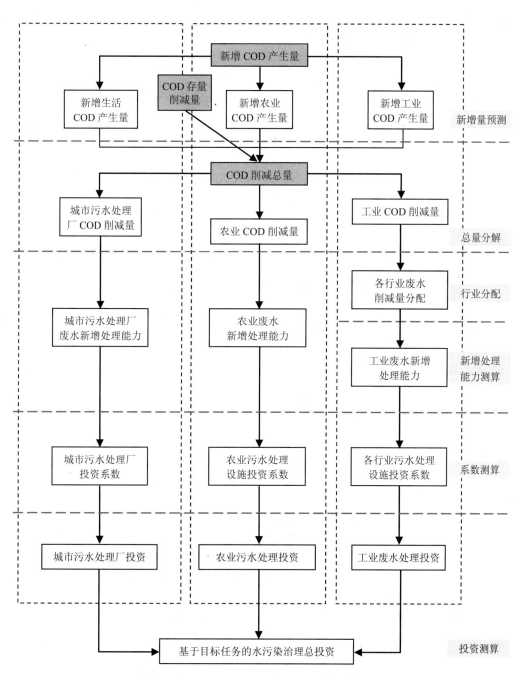

图 2-9　基于目标任务需求的水污染治理投资预测方法构建路线

2.5.2.1 生活 COD 新增产生量预测

根据《主要污染物减排统计办法》，新增生活 COD 排放量采用产污系数法计算，根据新增城镇常住人口数计算得到。

计算公式为：

$$P_{\text{生活COD}} = P_N \times e \times D \times 10^{-6} \tag{2.13}$$

式中：$P_{\text{生活COD}}$ —— 目标年城镇生活 COD 新增量，万 t；

P_N —— 目标年新增城镇常住人口，万人；

P_N = 基准年城镇常住人口数×(1+城镇人口平均增长率)^n−基准年城镇常住人口数；

e —— 人均 COD 产污系数，g/（人•d）；

n —— 目标年与基准年的时间差，a；

D —— 天数。

生活污染物新增量根据人口变化和排污系数预测。以污染源普查所用的 5 区 5 类城镇生活产排污系数（COD）加权平均[75 g/（人•d）]，计算各省城镇生活 COD 排放增量，最后得到全国的生活 COD 新增产生量。

表 2-32　5 区 5 类城镇生活产排污系数（COD）　　　　单位：g/（人•d）

	一类	二类	三类	四类	五类
一区	77	69	66	63	60
二区	79	73	69	64	58
三区	81	74	67	64	59
四区	82	72	65	59	53
五区	76	68	64	58	53

2.5.2.2 工业 COD 新增产生量预测

根据《主要污染物减排统计办法》，工业 COD 新增产生量采用产生强度法进行预测，计算公式为：

$$P_{\text{工业COD}} = I_{\text{基准}} \times \text{GDP（或工业增加值）} \tag{2.14}$$

式中：$P_{\text{工业COD}}$ —— 新增工业 COD 产生量，万 t；

$I_{\text{基准}}$ —— 基准年 COD 产生强度，万 t/亿元；

GDP —— 目标年 GDP，或采用工业增加值，亿元。

2.5.2.3 农业 COD 新增产生量预测

2007 年全国污染源普查中农业源 COD 排放量约 1 324 万 t，以畜禽养殖业为主（占

93%）。由于种植业年度变化小，故忽略不计。本研究以畜禽养殖业的新增排放量代替农业 COD 新增产生量，用生猪存栏量和排污系数预测。

表 2-33　农业 COD 新增量预测主要参数

年份	2000	2001	2002	2003	2004	2005	2006	2007
生猪头数/万头	41 633	41 950	41 776	41 381	42 123	43 319	41 850	43 989
生猪产污系数（COD）/ [t/（头·a）]	20.7							

2.5.2.4　新增 COD 产生总量

"十二五"期间新增 COD 总产生量包括三部分：生活、工业和农业 COD 新增产生量。故新增 COD 总产生量计算公式如下：

$$P_{COD} = P_{生活COD} + P_{工业COD} + P_{农业COD} \tag{2.15}$$

2.5.3　存量削减计算方法

存量削减量是指在基准年的基础上，根据规划期内所设定的污染物减排目标，得到的目标年排放量与基准年排放量之差。计算方法为：

$$R_{存量COD} = 基准年 COD 排放量 \times 污染减排目标 \tag{2.16}$$

以"十一五"主要污染减排 10% 的目标测算为例，2005 年 COD 排放量（工业与生活）为 1 414 万 t，2010 年排放量在 2005 年基础上削减 10%，即"十一五"末 COD 存量削减量为 141.4 万 t。以此推算目标年 COD 存量削减量。

2.5.4　总削减量测算方法

规划期内水污染治理总削减量应包括新增 COD 产生量与存量削减量两部分。计算公式如下：

$$P_{总COD} = P_{COD} + R_{存量COD} \tag{2.17}$$

式中：$P_{总COD}$ —— COD 总削减量；

　　　P_{COD} —— 新增 COD 产生量；

　　　$R_{存量COD}$ —— COD 存量削减量。

2.5.5　削减量分解方法

2.5.5.1　总量分配

改善水环境质量是环境保护的主要任务之一，实施水污染物总量控制是改善水环境质量的重要措施，也是控制污染源发展趋势、改善环境质量，实现经济社会可持续发展的重要途径。实行总量控制后，各个排污单位或污染源之间如何科学、合理地分配允许排放污染物量，成为总量控制的核心问题。我国的水污染控制工作只是刚刚起步，对污染源控制的要求基本上还处于浓度达标层面。而在水污染控制初期，所制定的排污总量分配方案能否有效地付诸实施，将是至关重要的。按照"流域共享，上下游公平"的原则，排污总量分配应当公平、合理。但也应当看到，区域间在经济、环境、资源和管理等方面存在的差异性以及排污总量控制系统所具有的不确定性，忽视了这些方面的信息，所制定的污染物削减分配方案也就很难收到预期效果。实现公平与效益的统一，是水环境管理追求的目标。

目前，环保部门在进行总量分配时，依据的是环保部于 2006 年发布的《主要水污染物总量分配指导意见》，根据各地区的污染物排放现状、水质现状和污染物降解能力进行粗略分配，或者根据各地区污染物排放现状、污染物治理力度进行大致等比例分配，这些方法简单且数据容易获得，但其合理性与公正性很难保证，而且，很难全面地考虑环境承载力和社会经济发展的需要。

污染物允许排放量的分配是总量控制的核心。由于分配方式对水域环境容量大小有着重要影响，并且与排污者的切身利益直接相关，因而受到极大的关注和重视。目前，对排污总量分配方法的研究，国内外已有一些报道。其中，Fujiwara 等基于概率约束模型，对允许排放的污染物量在各个排污口间进行了分配。Burn 等依据概率约束条件，运用优化模型研究了这一问题。Li 和 Morioka 等运用线性规划方法，Joshi等采用直接推断法对排污口间污染物分配进行了研究。但总的来说，这些分配方法都还不成熟、不完善，还有待于进一步研究、探讨。以往研究较多地将"效率优先，兼顾公平"作为分配的指导原则，极容易突出整体效益而忽略了个体的合理要求，导致排污者因分配不公平而产生抵触，总量控制也难以顺利实施。部分学者提出，首先根据公平原则进行初始分配，然后通过税收、经济等手段（如排污权交易）进行调整，最终实现整体效益的最大化。因此，公平分配是允许排污量分配的起点，是实施总量控制首先需要解决的问题。然而，公平是一个极难衡量的概念。由于排污者所处地理位置和环境影响程度不同，排污者之间也存在差别，公平并不意味着平均。同时，出于利益考虑或认识上的差异，各方的公平观点也不一致，公平分配难以客观定量化。一些学者对此展开研究并取得了相应成果。其中，傅国伟提出首先计算排污者的基准排放量，然后对超量部分等比例削减；林巍讨论了等比例分配和按贡献量分配的缺陷，并且在公理体系基础上建立了公平分配模型；李如忠采用 AHP 法分配允许排污量；Burn、Hathhorn 在建立污染负荷分配模型时也对公平性作了考虑。但总体而言，这些方法仍然存在各种局限。例如，傅国伟的分配方法实际上没有考虑排污者的自然条件差异，林巍的公平模型没有区分企业行业，AHP 法的定量化具有较大的主观性等。

此外，已有研究仅考虑了单一的水质控制断面，而河流往往存在多个控制断面，应用范围受到了较大限制。

污染物排放总量的分配，关系到各排污源的切身利益，各排污源最关心的是能够获得尽可能多的污染物排放量和尽可能少的污染物削减量，以达到最佳的经济效益。而区域内污染物的允许排放总量有限，这样就产生了各排污源之间的矛盾。因而，管理部门在制定污染物排放量的分配时，要依据区域经济效益最佳、削减费用最少、公平合理等原则来进行。主要分配方式如表 2-34 所示。

表 2-34　污染物总量分配原则及对比

分配原则	含义	优点	缺点
等比例分配	在承认各污染源排污现状的基础上，将总量控制系统内的允许排污总量等比例地分配到源，各源等比例分担排放责任	承认现状，不易产生纠纷，简单易行	由于各排污源在削减污染物的费用上存在差异，因此区域经济效益差，资源利用率低，有欠公平
费用最小分配（经济优化规划分配原则）	以治理费用最小为目标函数，以环境目标值作为约束条件，使系统的污染治理投资费用总和最小，求得各污染源的允许排放负荷	此数学优化规划求得的结果反映了系统整体的经济合理性，即有很好的整体经济效益、社会效益和环境效益	不能反映出每个污染源的负荷分担是合理的。对于有计划的商品经济体制来说，不利于企业在平等的市场交换条件下开展竞争，束缚企业高效率。由于各源处理费用的不同，导致分配到的污染物削减量不同，容易发生争执，管理起来也有一定难度
按贡献率削减排放量分配	按各个污染源对总量控制区域内水质影响程度的大小，即污染物贡献率大小来削减污染负荷，对水质影响大的污染源要多削减，反之则少削减	体现了每个排污者平等共享水环境容量资源，同时也平等承担超过其允许负荷量的责任。对排污者来说，这是一种公平的分配原则，有利于企业提高效率，开展竞争	不涉及污染治理费用，也不具备治理费用总和最小的经济优化规划的特点，在总体上不一定是合理的
日最大负荷（TMDL）方式	在满足水质标准的条件下，水体能够接受的某种污染物的最大日负荷量。它包括污染点源负荷 WLA 和非点源 LA（含背景负荷及支流负荷），同时还要考虑不确定因素留出的安全余量 MOS，负荷计算可考虑季节性变化	目前总量分配与控制中最系统最全面的一种方式	TMDL 的制定需要大量高质量的数据和复杂的手段来分析这些数据，没有一定时期的积累难以达到相应的质量要求，要有与此相配套的资金和技术做保障才能完成

分配原则	含义	优点	缺点
按污染范围和程度大小的（包括污染长度、面积的大小）分配	由于在功能区或污染控制单元内污染源的位置不同，有的污染源污染距离长、面积大，有的污染源污染距离短、面积小，这意味着各污染源的污染影响的范围和程度不同，应当作为污染责任分担率的重要因素加以考虑	目前只做考虑因素	目前只做考虑因素
按污染物毒性大小承担污染责任分担率的原则	在排污总量或排污责任分担率的分配中，对毒性大、危害严重的危险污染物应提高其治污责任，加大其污染责任分配比例的原则	目前只做考虑因素	目前只做考虑因素

根据污染物排放总量控制中的经验，以上几种分配方式都存在一定的片面性和局限性。在具体污染物总量分配个案中可以按需要进行选择使用，但对于流域尺度的污染物分配，在有一定的工作积累和资金的情况下，应以 TMDL 为最佳选择。

2.5.5.2 总量削减分配

总削减量在城市污水处理厂、工业污水处理、农业污染治理三者中的分配，考虑到其投资成本差异较大，不宜采用最小投资法，因此本研究在分配中考虑采用按贡献率削减的分配方法，即按照基准年生活污水 COD 排放量、工业 COD 排放量和农业 COD 排放量三者的比例关系，确定总削减量的分配。具体公式如下。

（1）城市污水处理厂 COD 削减量分配。

$$R_{生活}=R_{总}\times Per_{城市} \tag{2.18}$$

式中：$R_{生活}$ —— 城市污水处理厂 COD 削减量；

$R_{总}$ —— 2015 年 COD 总削减量；

$Per_{城市}$ —— 基准年城市污水处理厂 COD 排放量占总排放量的比例。

（2）工业 COD 削减量分配。

$$R_{工业}=R_{总}\times Per_{工业} \tag{2.19}$$

式中：$R_{工业}$ —— 工业 COD 削减量；

$R_{总}$ —— 2015 年 COD 总削减量；

$Per_{工业}$ —— 基准年工业 COD 排放量占总排放量的比例。

（3）农业 COD 削减量分配。

$$R_{农业}=R_{总}\times Per_{农业} \qquad (2.20)$$

式中：$R_{农业}$ —— 农业 COD 削减量；

　　　$R_{总}$ —— 2015 年 COD 总削减量；

　　　$Per_{农业}$ —— 基准年农业 COD 排放量占总排放量的比例。

2.5.5.3　工业水污染削减量分配

各个行业的水污染削减量分配应充分考虑各行业的特点。考虑到各个行业经济发展水平、水资源消耗、废水产生量等差异，同时其污水处理的进水浓度与排放标准也不尽相同，因此工业水污染削减量的分配，应充分考虑以下 3 个因素：① 各个行业的废水产生量，由于各个行业的发展情况难以预测，各行业废水产生量的数据目前尚无统计，考虑到数据的可操作性，可选用各个行业废水排放量代替；② 各个行业废水处理的进水浓度；③ 各个行业的废水排放标准。其中各个行业废水处理的进水浓度与排放标准的差值即为单位污水的理论减排量。各个行业水污染削减量的分配应综合考虑上述因素，其中废水排放量越多，在单位理论减排量一定的情况下，其削减量应该越大；在废水排放量一定的情况下，其单位污水的理论减排量越大，其分配的水污染削减量应当越大。

基于此，可采用上述三项指标建立各个行业水污染减排量的测算方法，以 COD 污染削减量分配为例，公式如下：

$$R_{工业i}=R_{工业}\times[E_{工业废水i}\times(J_i-C_i)/\sum(E_{工业废水j}\times(J_j-C_j))] \qquad (2.21)$$

式中：$R_{工业i}$ —— 分配至第 i 个行业的 COD 削减量；

　　　$R_{工业}$ —— 所有行业的 COD 削减量；

　　　$E_{工业废水i}$ —— 第 i 个行业的基准年废水排放量；

　　　J_i —— 第 i 个行业的平均废水进水浓度；

　　　C_i —— 第 i 个行业的平均废水排放浓度（或排放标准）。

考虑到行业差异性，工业水污染治理投资测算将重点选取 10 个水污染治理行业作为 COD 削减量分配的重点。根据《环境统计年鉴》，2007 年工业 COD 产生量居前十位的行业是：造纸及纸制品业，农副食品加工业，纺织业，化学原料及化学制品制造业，饮料制造业，医药制造业，食品制造业，石油加工、炼焦及核燃料加工业，煤炭开采和洗选业和黑色金属冶炼及压延加工业（其中不考虑"其他行业"）。2007 年上述十大行业 COD 产生量均超过 40 万 t，十大行业 COD 总产生量为 1 424.3 万 t，约占工业行业 COD 总排放量的 89%（其中不含"其他行业"）。据此，工业行业水污染防治投资预测中将重点考虑上述十大行业，其他行业由于其排放量较小，在 COD 削减量分配中不予考虑。

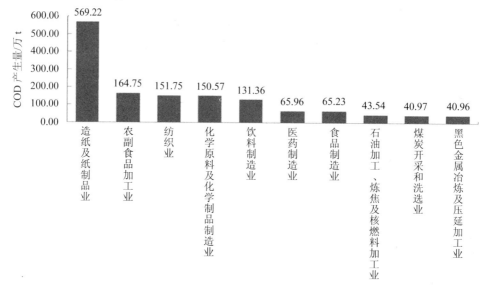

图 2-10　2007 年工业 COD 产生量居前十位的行业

2.5.6　水污染治理投资测算系数的确定

水污染治理投资系数部分参考环境保护部环境规划院承担的"水污染控制战略与决策支持平台研究"项目的子课题"水污染控制技术经济决策支持系统研究"（子课题二：工业水污染控制投资和运行费用函数研究报告）的部分成果。

2.5.6.1　城市污水处理厂平均投资系数测算

根据污染源普查数据，对 1 221 家污水处理厂的投资费用函数进行模拟，其计算模型为：

$$\text{Invest} = e^{-0.305 - 0.317 f - 0.234 s} \cdot (\text{WD}_{\text{tre}})^{0.881} \tag{2.22}$$

式中：Invest ——污水处理投资费用，万元；

f ——0-1 变量，计算处理级别为 1 的污水处理厂时取 1，其他为 0；

s ——0-1 变量，计算处理级别为 2 的污水处理厂时取 1，其他为 0；

WD_{tre} ——污水处理厂的设计处理能力，t/d。

在式（2.22）中，当 f 取 1，s 取 0 时，对应污水处理厂的一级排放标准；当 f 取 0，s 取 1 时，对应污水处理厂的二级排放标准；当两者都取 0 时，对应三级排放标准。在污水处理量给定的情况下，可以得出投资费用与污水处理级别的关系，从而计算出提高污水处理标准所增加的投资费用。

以目前中等规模的污水处理厂（设计处理能力 5 万 t/d）为标准，计算城镇污水处理厂不同处理级别的投资和运行系数。

表 2-35　城镇污水处理厂不同处理级别的投资和运行系数

	一级	二级	三级
投资系数/[元/（t·元）]	1 482	1 610	2 034
运行系数/（元/t）	0.9	0.95	1.07

2.5.6.2　工业行业水污染治理平均投资系数测算

根据污染源普查数据，对本研究中选择的 10 个重点水污染行业的污水治理投资进行模拟，得到其单位废水治理投资系数，详见表 2-36。

表 2-36　重点水污染行业污水治理投资系数

序号	行业	单位废水治理投资系数/（元/t）
1	造纸及纸制品业	2 585
2	农副食品加工业	2 612
3	纺织业	2 564
4	化学原料及化学制品制造业	2 375
5	饮料制造业	2 825
6	医药制造业	2 729
7	食品制造业	2 449
8	石油加工、炼焦及核燃料加工业	4 869
9	煤炭开采和洗选业	1 845
10	黑色金属冶炼及压延加工业	2 891

2.5.6.3　农业水污染治理平均投资系数测算

根据环境保护部环境规划院相关研究成果，参考全国案例数据，按照 50～1 000 头，1 000～1 万头，1 万头以上的生猪养殖所占的比重和各养殖规模的投入量加权计算，治理农业水污染所需投资为 2 000～2 500 元/t（仅指养殖废水处理），为满足环境质量要求，本研究中农业水污染治理平均投资系数选取 2 500 元/t。

2.5.7　基于目标任务需求的污染减排投资预测方法

基于上述分析，在确定城市污水处理厂、工业污染治理、农业污染治理的 COD

削减量，并对工业 COD 削减按照上述方法进行行业分配后，结合不同污染治理方式的投资系数，计算规划期内 COD 削减的总投资。公式如下：

$$I_{总} = R_{生活} \times T_{城市污水处理厂} + \sum_{i=1}^{10} R_i \times T_i + R_{农业} \times T_{农业}$$

式中：$I_{总}$——规划总投资；

$R_{生活}$——城市污水处理厂 COD 削减量；

$T_{城市污水处理厂}$——污水处理厂投资系数；

R_i——第 i 个行业的 COD 削减量；

T_i——第 i 个行业污水处理投资系数；

$R_{农业}$——农业 COD 削减量；

$T_{农业}$——农业水污染治理投资系数。

城镇生活污水处理厂的建设需要配套管网，管网建设应因地制宜，数据差距较大，无法通过单纯的计算得到，因此可根据实际情况及具体规划布置好配套管网后，根据投资系数测算得到管网投资。公式如下：

$$I_{管网} = L_{管网} \times T_{管网}$$

式中：$I_{管网}$——管网总投资；

$L_{管网}$——管网总长度；

$T_{管网}$——管网投资系数，根据环境保护部环境规划院相关研究成果，约为 200 万元/km。

2.6 水污染防治投资规划编制规范研究

2.6.1 水污染防治投资规划与流域水污染防治规划环境目标的关系

目标和指标体系对整个环境规划具有引导方向和反馈评估的重要作用。我国当前的环境规划充分重视目标指标体系的设定与实现。然而，现有的规划目标和规划指标的联系对应不够密切。指标体系在面对可行性和科学性之间存在两难的决策：规划指标过多，统计困难；指标过少，难以保证环境规划的可行性和决策的科学性，也难以解释复杂的环境质量及其管理。"十五"规划相比于"九五"规划，规划目标大幅减少，从 6 类 69 个，调整为 6 类 35 个，反映出当前我国更重视环境规划的可操作性。但"十五"规划在执行过程中，仍然面对指标难以落实的困境。"十一五"规划对之前的规划进行了较大的调整，将规划指标锐减到 5 个，以保证指标的可达性和严肃性。

表 2-37　"十一五"规划主要环保指标

指标	2005 年	2010 年	"十一五"增减情况
化学需氧量排放总量/万 t	1 414	1 270	−10%
二氧化硫排放总量/万 t	2 549	2 295	−10%
地表水国控断面劣 V 类水质的比例/%	26.1	<22	−4.1 个百分点
七大水系国控断面好于Ⅲ类水质的比例/%	41	>43	2 个百分点
重点城市空气质量好于Ⅱ级标准的天数超过 292 天的比例/%	69.4	75	5.6 个百分点

　　水污染防治投资规划的编制是在水污染防治规划的基础上进行的,投资的数额决定于所制定的规划目标。也就是说,水污染治理投资受水污染防治规划目标的直接影响,规划目标的确定是开展水污染防治投资规划编制的基础条件。同时,约束性指标作为政府对公众的承诺,是整个规划任务的核心与灵魂,是规划期内各项污染治理工作所围绕的主线,因此约束性环境指标,尤其是总量控制指标对开展投资规划编制的重要依据。目标的制定,决定了规划期内任务措施的工程量,任务措施又决定了投资的需求高低。投资与规划目标密不可分。

　　以"十一五"期间水污染防治投资测算为例,"十一五"期间以 COD 排放量削减 10%作为约束性环境指标,被纳入了国民经济和社会发展"十一五"规划纲要。围绕这项约束性指标,环境保护部对各省污染减排目标进行了分解,并分别签订了责任状。全国上下围绕实现节能减排目标开展了大量工作,包括建设污染治理工程设施、调整产业结构、加强环境监管等。而上述所有措施,与约束性环境指标的制定是密不可分的。

　　(1)"十一五"COD 减排目标。《国民经济和社会发展第十一个五年规划纲要》明确提出 2010 年主要污染物 COD 和 SO_2 排放总量比 2005 年降低 10%。这是一个静态的、绝对的减排目标,是 2010 年 COD 减排目标与 2005 年 COD 排放量(1 414 万 t)之间的差值,并不是实际的减排任务。考虑到"十一五"期间 GDP 还将持续增长、资源能源消费还将增加、大量的新建项目还难以实现"零排放",因此,考虑到"十一五"期间新增量的因素,实际的 COD 减排任务将远大于 10%。

　　(2)"十一五"COD 减排任务。根据测算,如果"十一五"期间 GDP 以年均 7.5%的速度增长,在新建项目环保措施到位的情况下,新建项目将导致 COD 排放量新增 310 万 t,COD 实际需要的动态削减量为 451 万 t,相当于在 2005 年排放量的基础上削减 32%。

　　如果 GDP 以 10%的速度增长,新建项目将导致 COD 排放量新增 430 万 t,COD 实际需要削减总量为 571 万 t,相当于在 2005 年排放量的基础上削减 40%,比静态削减率高出 30 个百分点。

也就是说，在现有污染源污染存量（stock）削减10%的同时，还必须"以旧带新"，把新增污染物排放量全部削减。分析表明，绝大部分省市动态削减量要比静态削减量高出2～8倍。

客观地说，污染减排约束性指标提出之时，不少地方对其难度认识不足，目前仍然有部分地区盲目乐观。而目前仍有许多省市不清楚本地区的动态减排量，而是把上一级政府分配的静态减排量平均分配到5年，这是亟待纠正的错误做法。从这个意义上讲，在科学测算新增量后，分配削减任务比分配总量控制目标重要得多。

表2-38 "十一五"COD全国新增量预测

GDP年均增长率/%	新建项目增量/万 t	总削减量/万 t	与2005年相比削减比例/%
7.50	310	451	31.90
9	380	521	36.85
10	430	571	40.38

为完成COD减排目标，国务院的《节能减排综合性工作方案》（以下简称《方案》）提出了明确的要求。《方案》提出"十一五"期间新增城市污水日处理能力4 500万 t、再生水日利用能力680万 t，形成COD削减能力300万 t；2007年设市城市新增污水日处理能力1 200万 t，再生水日利用能力100万 t，形成COD削减能力60万 t。加大工业废水治理力度，"十一五"形成COD削减能力140万 t。加快城市污水处理配套管网建设和改造。

（3）"十一五"COD减排投资。为实现"十一五"期间主要污染物排放量削减10%的目标，在综合考虑"十一五"期间污染物排放新增量的情况下，结合污染治理工程措施，初步测算，"十一五"期间我国COD减排投资需求为4 300亿元，其中1 200亿元用于污水处理厂建设（含污泥处理处置及污水再生利用），2 100亿元用于污水处理厂配套管网建设，1 000亿元用于工业企业达标治理以及达标后的深度治理回用，满足城镇污水处理率由2005年的48%提高到70%，工业企业废水治理实现稳定达标的要求。

"十一五"期间全国城镇污水处理及再生利用设施建设规划新增投资额3 320亿元：城镇污水处理厂升级改造投资120亿元；新增污水处理厂投资540亿元；污水管网补充完善已建和在建、新建污水处理能力配套管网投资2 396亿元；根据国家制订的城镇污水处理厂污染物排放标准，污泥需要全部稳定化处理，测算污泥处理投资202亿元，处置投资271亿元，污泥处理和处置设施总投资473亿元；2010年规划城市污水再生处理日均生产能力680万 m³/d，污水再生利用设施投资102亿元，其中污水再生处理设施的总投资为34亿元以上，再生水配套输配管网投资费用约68亿元。

表 2-39　"十一五" 全国城镇污水处理及再生利用项目建设规模和投资

	工程内容	分期	规模	投资/亿元	备注
1	污水处理厂	在建	3 703 万 m³/d	570	2006 年前基本完成，不计入
		升级改造	2 000 万 m³/d	120	—
		"十一五" 新增	4 500 万 m³/d	540	—
		小计	—	660	19.9%
2	管网	现有补建	30 000 km	300	各省上报管网投资311 亿元，2006 年前基本完成，不计入
		在建新增	78 874 km	946	
		"十一五" 新增	95 850 km	1 150	—
		小计	204 724 km	2 085	62.8%
3	污泥	处理	60%	202	—
		处置	100%	271	—
		小计	—	473	14.2%
4	再生水	新增	680 万 m³/d	102	3.1%
	合　计			3 320	—

2.6.2　水污染防治投资规划编制的目的、原则与依据

2.6.2.1　编制目的

编制水污染防治投资规划的主要目的是基于规划目标和任务，进一步明确规划投资需求及投资重点领域，建立切实可行的资金筹措渠道，保障规划目标和任务的顺利实施。

2.6.2.2　编制原则

（1）科学合理。水污染防治投资规划的编制应建立在科学合理的基础之上，包括任务量测算、削减量分配、资金构成、资金来源渠道等均需要科学、合理、可行的测算方法，保障投资规划编制的科学合理性。

（2）突出重点。水污染防治投资规划的编制应以规划目标为核心，对应于规划措施与任务，围绕规划目标的实现，突出投资的重点领域与方向，切实保障规划目标的完成。

（3）分清事权。水污染防治投资应明确资金的来源渠道，保障规划投资的有效落实。分清事权是明确政府与企业、社会，中央政府与地方政府水污染防治职责的基础。在事权划分的基础上，明确政府、企业等投资主体的投资需求和投资重点，同时有利于根据不同资金渠道，测算资金供给情况。

（4）经济可行。水污染防治投资规划在编制中要遵循经济可行的原则，确保投资经济上的可承受性及可行性，强化投资规划实施的可操作性。

2.6.2.3 编制依据

水污染防治投资规划编制的主要依据如下：

- ☞ 国民经济和社会发展规划纲要。
- ☞ 全国环境保护规划。
- ☞ 总量控制规划。
- ☞ 重点流域、区域环境保护规划。
- ☞ 各省环境保护规划。
- ☞ 其他相关专项规划。

2.6.3 水污染防治投资规划编制程序

在水污染防治目标确定之后，污染减排总量也随之确定。在运用数学工具初步了解投资规模的基础上，依据规划所确定的减排任务进行投资测算。水污染防治投资规划编制主要从两个方面进行。

2.6.3.1 利用宏观预测模型，了解水污染防治投资规模

在投资规划编制过程中，由于各项具体任务难以量化，因此仅仅通过规划目标和规划任务难以预测规划期内水污染治理投资的总规模。测算水污染治理投资总体规模的目的是掌握水污染治理投资的资金盘子，分析水污染治理投资与环保投资的关系，判断水污染治理投资规模确定的合理性，落实规划资金筹措渠道，保障规划的顺利实施。因此，利用宏观预测模型尽管难以与具体的规划目标与任务衔接，但在投资规划编制中具有重要意义。

2.6.3.2 测算基于污染减排目标的投资需求，明确投资重点

基于规划目标，构建目标—任务—投资三位一体的投资预测方法，是测算主要污染物减排投资需求的必然要求。从规划目标和任务出发，对污染减排的工程措施予以定量，与规划任务结合更为紧密。从目前阶段看，总量控制将是现阶段主要的环境管理手段，因此从总量控制目标出发，测算投资需求，有利于进一步明确投资的重点领域和方向，有利于保障规划目标的实现。

2.6.4 水污染治理投资宏观需求预测

水污染治理投资宏观需求预测旨在匡算规划期内水污染治理投资的大体规模，以

便于合理筹措资金,满足规划任务需要。水污染治理投资宏观需求预测方法参照 2.2.2。

2.6.5　污染减排投资预测

2.6.5.1　明确规划目标,测算污染削减量

如前所述,规划目标的确定是编制投资规划的基础和前提条件。在规划目标明确的基础上,需开展污染物削减量的测算。

(1)新增污染物产生量测算。包括生活污染物新增产生量与工业污染物新增产生量,计算方法分别见 2.5.2.1、2.5.2.2。总的污染物新增产生量测算见 2.5.2.4。

(2)污染削减存量测算。污染物削减存量的计算是对应于基准年与污染削减目标的削减量,计算方法见 2.5.3。

(3)总削减量测算。在新增污染物产生量和污染削减存量确定后,两者之和即为总削减量。计算方法见 2.5.4。

2.6.5.2　污染削减量总量分配

污染削减量总量分配是指在污染减排量确定后,按照一定的原则确定城市污水处理厂治理与工业污染治理之间的削减量。在规划已经明确新建城市污水处理厂规模(包括更新改造、管网建设等)的情况下,可据此开展测算,明确城市污水处理厂投资需求以及城市污水处理厂的新增削减量。以此确定工业污染减排量。在新建城市污水处理厂规模等尚未确定的情况下,可按照费用最小化的原则进行城市污水处理厂与工业企业之间的总削减量分配,计算方法参照 2.5.5.1。

2.6.5.3　工业行业污染削减量分配

由于不同工业行业的污染治理成本和投资系数不同,因此在确定工业污染减排量后需要在工业行业中进行分配。分配中应考虑两个方面:一是结合各工业行业污染物排放量等考虑其削减空间,二是结合污水产生浓度与排放浓度或标准考虑其减排空间。工业行业污染削减量分配方法参照 2.5.5.3。

2.6.5.4　城市污水处理厂建设规模与投资测算

由于城市污水处理厂建设的投资系数是对应于单位污水处理能力而言的,因此在确定城市污水处理厂污染物削减量后,需要反推新增污水处理能力和规模,根据规模与投资系数测算城市污水处理厂建设投资需求。需要注意的是,城市污水处理厂新增污水处理能力与规模,需综合考虑新建污水处理厂、污水管网建设等方面。计算方法参照 2.5.6.1 与 2.5.7。

2.6.5.5 工业行业污染治理规模与投资测算

在工业行业污染削减量确定的基础上,结合不同工业行业废水主要污染物产生浓度与平均排放浓度,测算各重点工业行业污染治理新增规模,对应于不同工业行业投资系数,测算工业行业污染治理投资规模。计算方法参照 2.5.6.2、2.5.7。

2.6.5.6 污染减排投资总量测算

城市污水处理厂投资规模与工业行业污染治理投资规模确定后,即可测算主要污染物减排投资需求。计算方法参照 2.5.7。

2.6.5.7 投资渠道测算

在宏观政策指导下,多渠道的环境保护融资机制正在形成,资金筹措渠道日趋明确。按照污染者付费原则,企业是水污染治理投资的主体,中央政府在水污染治理资金筹措方面发挥了重要的作用。中央财政环境保护专项资金是中央政府环境保护投入的主要渠道,对引导地方财政、企业、社会的环保投资起到了积极的作用。

中央政府支持水污染治理投资的资金按照来源和管理渠道主要分两类:① 中央预算内基建投资(含国债),由国家发改委负责,环境保护部参与其中部分资金的分配;② 中央财政环境保护水污染治理(专项)资金,由财政部负责,环境保护部参与其中部分资金的分配。地方政府的水污染治理投资资金来源主要有:① 地方政府基建投资;② 地方政府水污染治理专项资金。企业水污染治理投资的资金主要来源于银行贷款,其次来自企业自筹。利用外资的水污染治理投资的资金主要来源于外资企业直接投资和国外银行贷款。

水污染防治投资资金渠道测算中,在政府投资空间确定的前提下,根据"污染者付费"原则,企业是污染防治的主要承担者,剩余资金缺口应由企业自筹解决。综合考虑上述资金渠道,按照上述思路,测算中央政府—地方政府—企业资金渠道,明确各方责任。

2.7 "十二五"水污染防治投资预测

2.7.1 "十二五"水污染防治的主要任务

"十二五"期间要坚持让江河湖泊休养生息、改善水环境质量的原则,严格保护饮用水水源地,完成城市集中式饮用水水源保护区划定工作,推动水源地环境管理规范化建设,加强饮用水水源地环境风险防范和应急预警;深化重点流域水污染防治,流域统筹，水陆结合，实行分区控制，明确优先单元，以点带面，重点突破，建立全面控源的污染防控体系，重点流域水环境质量明显改善，抓好其他流域水污染防治，加大长江中下游、珠江流域水污染防治力度，流域水质保持稳定并有所好转；综合防控海洋环境污染和生态破坏，坚持陆海统筹，河海兼顾，推进渤海等重点海域综合治理；推进地下水污染基础调查和防治试点，优先完善现有污水处理设施，加强污水处理设施运营监管。

推进县城和重点镇污水处理厂建设，县县具备污水处理能力，全国新增污水处理能力 6 000 万 t/d，全国城市污水处理率达到 85%。城镇污水处理厂严格执行污染物排放标准，滇池、巢湖、太湖等重点流域城镇污水处理厂进一步提高脱氮除磷水平。积极推进污水再生利用，城镇污水处理厂再生水回用率达到 10%，缺水城市再生水回用率达到 20%。加快污水收集管网建设，推进雨污分流，新建配套管网 16 万 km，力争使污水处理设施负荷率提高到 80% 以上。

以造纸、纺织印染、化工、制革、农副产品加工、食品加工和饮料制造等行业为重点，继续加大水污染深度治理和工艺技术改造力度，提高行业污染治理技术水平，主要水污染物排放总量削减比例不低于 10%。长三角和珠三角等重点区域严格控制新建造纸、纺织印染、制革、农药、氮肥等单纯扩大产能项目。重点流域江河源头禁止新建造纸、纺织印染、化工、制革等项目。

2.7.2　"十二五"水污染防治投资宏观预测

基于 4.2 节研究内容，本节将选取灰色系统和协整分析两种方法初步探索预测"十二五"期间我国水污染防治投资，由于预测期较长，预测结果可能存在较大偏差。从方法学角度讲，这是在所难免的。

2.7.2.1　基于灰色系统的"十二五"水污染防治投资宏观预测

表 2-40 和图 2-11 是 2001—2010 年我国水污染防治投资情况。

表 2-40　2001—2010 年废水治理投资情况　　　　　单位：亿元

年份	废水治理投资	累加生成序列
2001	364.7	364.7
2002	424.8	789.5
2003	560.1	1 349.6
2004	609.4	1 959
2005	699	2 658
2006	712.8*	3 370.8
2007	1 002.6*	4 373.4

年份	废水治理投资	累加生成序列
2008	1 291.7[*]	5 665.1
2009	1 442.0[*]	7 107.1
2010	1 728.6[*]	8 835.7

注：* 为预测值，其余来源于《中国环境统计年报》。

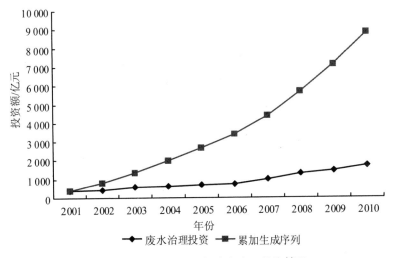

图 2-11　2001—2010 年废水治理投资情况

　　废水治理投资原序列满足准光滑性检验，对累加生成的新序列进行分析可以看出序列近似满足指数函数规律。

　　经 GM（1，1）模型预测，结果如表 2-41 所示，预计"十二五"我国水污染防治投资将达到 15 057.8 亿元。

表 2-41　2011—2015 年我国水污染防治投资预测值（1）[*]　　　　单位：亿元

年份	2011	2012	2013	2014	2015	合计
环保投资预测值	2 042.1	2 441	2 917.8	3 487.8	4 169.1	15 057.8

注：* 基于灰色系统的"十二五"水污染防治投资宏观预测。

2.7.2.2　基于协整分析法的"十二五"水污染防治投资宏观预测

　　根据国家统计局发布的《中华人民共和国 2010 年国民经济和社会发展统计公报》，以及《中华人民共和国国民经济和社会发展第十二个五年规划纲要》，我国"十二五"期间国内生产总值年均增长 7%，预测 2011—2015 年我国 GDP 分别为 425 842 亿元、455 651 亿元、487 546 亿元、521 675 亿元、558 192 亿元。

根据方程：LWI = 1.149 821 422×LGDP−7.387 999 254，预测结果如表 2-42 所示，"十二五"我国水污染防治投资预计将达到 10 795.2 亿元。

表 2-42　2011—2015 年我国水污染防治投资预测值（2）[*]　　　　单位：亿元

年份	2011	2012	2013	2014	2015	合计
环保投资预测值	1 836.8	1 985.4	2 146.0	2 319.6	2 507.3	10 795.2

注：* 基于协整分析法的"十二五"水污染防治投资宏观预测。

2.7.2.3　小结

GM（1，1）模型由于预测期较长，预测精度会明显下降。协整分析预测法随着预测期的增强预测精度也会有所下降。"十五"期间，水污染防治投资占环保投资的比重为 31.6%。根据环境保护部环境规划院预测，"十二五"期间我国环保投资约为 3.1 万亿元，且水污染防治仍是环境污染治理的重中之重，按照水污染防治投资占环保投资的比重为 35%（比"十五"略有增加）估算，"十二五"期间水污染防治投资约为 10 850 亿元。综合比较之后发现，协整分析法预测值更为合理一些。

据此，预测"十二五"期间全国水污染防治投资约为 11 000 亿元。

2.7.3　基于 COD 减排任务的"十二五"水污染防治投资预测

2.7.3.1　"十二五"水污染治理目标

按照与 2020 年实现全面建设小康社会奋斗目标紧密衔接的要求，综合考虑未来经济社会和环境保护发展趋势条件，"十二五"时期环境保护总体目标是，主要污染物排放总量显著减少，城乡环境质量明显改善，生态环境总体恶化趋势得到基本遏制，环境安全得到基本保障，确保核与辐射安全。其中主要污染物排放总量显著减少的具体指标是 COD、SO_2 排放分别减少 8%，氨氮、氮氧化物排放分别减少 10%。

2.7.3.2　COD 存量削减量计算

根据 2007—2009 年城镇污水处理厂的新增减排能力并考虑 2010 年减排力度，考虑目前污水处理厂建设力度基本可以解决污染源普查比环境统计新增城镇人口增量因素，预计 2010 年全国生活污染源 COD 排放量约为 964 万 t。

2007 年全国污染源普查工业 COD 排放量为 584.7 万 t（比环境统计数据多 73.6 万 t），根据 2007—2009 年的工业污染减排实际并考虑 2010 年减排力度，按照污染源普查口径也能实现总量削减目标，且污染源普查口径年度削减比例与环境统计年度削减比例基本相同的原则，预计到 2010 年工业污染源 COD 排放量约为 566 万 t。

2007 年全国污染源普查农业源 COD 排放量约 1 324 万 t,以畜禽养殖业为主(占 93%)。畜禽养殖业的新增排放量按生猪存栏量和排污系数预测。根据国家统计局发布的"十五"和"十一五"期间生猪存栏量变化情况,年度量有较大波动,曲线拟合结果年增长率约 0.58%。2007 年畜禽养殖业 COD 排放量约为 1 268 万 t,预测 2007—2010 年增长约 22 万 t。由此预测 2010 年农业源的 COD 排放量约为 1 344 万 t。

按照规划确定的 2015 年化学需氧量排放量较 2010 年减少 8%的目标计算,2010 年 COD 排放量为 2 874(含农业源)万 t,削减 8%即削减量为 230 万 t。

表 2-43 "十二五"期间 COD 减排目标测算及基数参考 单位:万 t

指 标	2010 年	2015 年	比 2010 年削减目标	存量削减量
化学需氧量排放总量	2 874（含农业源）	2 644	-8%	230

2.7.3.3 COD 新增产生量预测

(1)生活 COD 新增产生量预测。据测算,2015 年全国城镇人口数将达到 7.52 亿人,较 2010 年增加约 8 077.2 万人,以污染源普查所用的 5 区 5 类城镇生活产排污系数(COD)加权平均[75 g/(人·d)],计算城镇生活 COD 新增产生量为 221 万 t。

表 2-44 "十二五"期间人口预测 单位:万人

年份	2010（基数年）	2011	2012	2013	2014	2015
城镇人口数	67 079	68 621	70 200	71 814	73 466	75 156.2

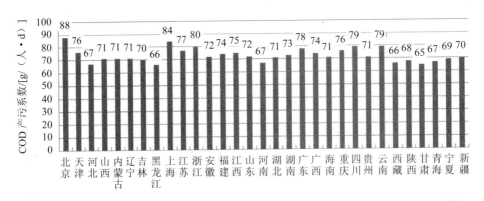

数据来源:《"十二五"主要污染物总量控制规划编制指南》。

图 2-12 各省(区、市)COD 综合产污系数

（2）工业 COD 新增产生量预测。根据中华人民共和国《2010 年国民经济和社会发展统计公报》，2010 年工业增加值 160 030 亿元，比上年增长 12.1%。由于 2010 年工业 COD 排放量与去除量尚未统计，因此采用 2009 年数据计算。2009 年工业 COD 排放量为 439.7 万 t，去除量为 1 321.26 万 t，计算当年工业 COD 产生量为 1 760.96 万 t。基于上述数据，测算 2009 年工业 COD 排放强度为 0.013 t/万元，考虑 2010 年工业 COD 排放强度衰减系数，2010 年工业 COD 排放强度按照 0.012 t/万元计算。"十二五"期间，假设工业增加值增速与 GDP 同步，保持 7% 的增长速度，2015 年工业增加值为 224 450 亿元，较 2010 年增长 64 420 亿元。基于此，预测 2015 年工业 COD 排放量较 2010 年增加 773 万 t。

表 2-45　2015 年新增工业 COD 产生量预测

2009 年	工业增加值/亿元	134 625
	工业 COD 排放量/万 t	439.7
	工业 COD 去除量/万 t	1 321.26
	工业 COD 产生量/万 t	1 760.96
	工业 COD 排放强度/（t/万元）	0.013
2010 年	2010 年工业 COD 排放强度/（t/万元）	0.012
	2010 年工业增加值/亿元	160 030
2015 年	2015 年工业增加值/亿元	224 450
	2015 年较 2010 年新增 COD 产生量/万 t	773

（3）农业源 COD 产生量预测。预测"十二五"末生猪头数较 2010 年增加约 18 357 头，按照污染源普查数据，生猪产污系数（COD）为 20.7 t/（头·a），农业 COD 新增量约 38 万 t。

（4）新增 COD 产生总量预测。基于上述分析，2015 年较 2010 年新增 COD 产生总量为 1 032 万 t。其中生活 COD 新增产生量 221 万 t，工业 COD 新增产生量 773 万 t，农业 COD 新增产生量 38 万 t。

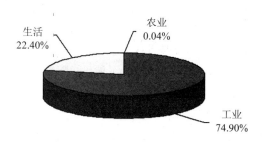

生活 22.40%　农业 0.04%　工业 74.90%

图 2-13　新增 COD 产生总量各污染源比例

2.7.3.4 COD 总削减量测算

按照规划目标与测算，2015 年较 2010 年需削减 COD 存量为 230 万 t，削减新增 COD 产生量为 1 032 万 t，合计"十二五"末在 2010 年的基础上必须实现 1 262 万 t 的 COD 削减量才能达到规划目标要求。亦即为实现"十二五"COD 排放量削减 8% 的目标，需要在 2010 年基础上新增 COD 削减量 1 262 万 t。

2.7.3.5 COD 削减量分配

为实现 2015 年 1 262 万 t 的新增 COD 削减量，并测算对应的投资需求，需将其分解到城市污水处理厂、工业、农业三方面。按照总量分配方法，具体测算如表 2-46 所示。

表 2-46 COD 削减量分配

生活	2010 年生活 COD 排放量/万 t	964
	2010 年生活 COD 排放量占总量比/%	33.54
	预计 2015 年城市污水处理厂新增削减量/万 t	423.3
工业	2010 年工业 COD 排放量/万 t	566
	2010 年工业 COD 排放量占总量比/%	19.69
	预计 2015 年工业新增削减量/万 t	248.54
农业	2010 年农业 COD 排放量/万 t	1 344
	2010 年农业 COD 排放量占总量比/%	46.76
	预计 2015 年农业源新增削减量/万 t	590.16
合计	2010 年 COD 排放总量/万 t	2 874
	预计 2015 年新增削减量总量/万 t	1 262

根据上述测算，为实现 COD 排放量的总量控制目标，城市污水处理厂 COD 新增削减量为 423.3 万 t，工业 COD 新增削减量为 248.54 万 t，农业 COD 新增削减量为 590.16 万 t。

2.7.3.6 工业 COD 削减量分配

根据 10 个重点 COD 排放行业废水 COD 平均产生浓度、排放标准与废水排放量，按照本书建立的工业 COD 削减分配方法，工业 COD 新增削减量 248.54 万 t 的行业分配如表 2-47 所示。

表 2-47 工业 COD 削减量分配

行业	2009 年废水排放量/ 万 t	平均进水浓度/ （mg/L）	平均出水浓度/ （mg/L）	理论削减量/ 万 t	理论削减量占比/ %	新增削减量分配量/ 万 t
造纸及纸制品业	392 604.1	1 676.95	471.68	473.19	27.02	67.16
农副食品加工业	143 837.7	830.68	349.51	69.21	3.95	9.82
纺织业	239 115.6	1 028.66	291.60	176.24	10.06	25.01
化学原料及化学制品制造业	297 061.7	1 851.86	262.03	472.28	26.97	67.03
饮料制造业	69 673.6	498.20	86.97	28.65	1.64	4.07
医药制造业	52 718.4	1 529.32	260.23	66.90	3.82	9.50
食品制造业	52 699.1	1 353.90	432.29	48.57	2.77	6.89
石油加工、炼焦及核燃料加工业	66 406.3	3 574.44	199.31	224.13	12.80	31.81
煤炭开采和洗选业	80 235.5	1 674.68	71.22	128.65	7.35	18.26
黑色金属冶炼及压延加工业	125 978.3	570.11	67.71	63.29	3.61	8.98
合计	1520 330.3	14 588.8	2 492.55	1 751.12	100.00	248.54

2.7.3.7 单位 COD 治理投资系数测算

按照本书确定的城市污水处理厂、工业行业、农业水污染治理投资系数，需将单位污水处理投资系数转换到单位污染物处理投资系数。考虑到目前城市污水处理厂的污染治理要求，采用三级处理标准的投资系数进行测算。

计算方法为：单位 COD 治理投资系数（元/t）=单位废水治理投资系数（元/t）× 10^{-6}×[COD 平均进水质量浓度（mg/L）−COD 平均出水质量浓度（mg/L）]×365 d。计算结果如表 2-48 所示。

表 2-48 单位 COD 治理投资系数测算

行业	单位废水治理投资系数/ （元/t）	COD 平均进水浓度/ （mg/L）	COD 平均出水浓度/ （mg/L）	单位 COD 治理投资系数/ （元/t）
城市污水处理厂	2 034	400.00	60.00	16 390.01
造纸及纸制品业	2 585	1 676.95	471.68	5 876.02
农副食品加工业	2 612	830.68	349.51	14 872.42
纺织业	2 564	1 028.66	291.60	9 530.65
化学原料及化学制品制造业	2 375	1 851.86	262.03	4 092.80
饮料制造业	2 825	498.20	86.97	18 820.92

行业	单位废水治理投资系数/（元/t）	COD平均进水浓度/（mg/L）	COD平均出水浓度/（mg/L）	单位COD治理投资系数/（元/t）
医药制造业	2 729	1 529.32	260.23	5 891.40
食品制造业	2 449	1 353.90	432.29	7 280.29
石油加工、炼焦及核燃料加工业	4 869	3 574.44	199.31	3 952.36
煤炭开采和洗选业	1 845	1 674.68	71.22	3 152.43
黑色金属冶炼及压延加工业	2 891	570.11	67.71	15 765.42
畜禽养殖污水处理	2 500	2 640.00	528.00	3 243.05

2.7.3.8 "十二五"COD减排投资测算

基于上述测算，根据城市污水处理厂、10个重点行业、畜禽养殖场COD削减量与单位COD污染治理投资系数，测算"十二五"期间COD减排总投资为1 041.29亿元。其中城市污水处理厂需削减COD 423.30万t，投资693.79亿元；工业COD削减量为248.54万t，投资为156.11亿元；农业COD削减量为590.16万t，投资为191.39亿元。

表2-49 "十二五"COD减排投资测算

行业	单位COD治理投资系数/（元/t）	2015年COD削减量/万t	治理投资/亿元
城市污水处理厂	16 390.01	423.30	693.79
造纸及纸制品业	5 876.02	67.16	39.46
农副食品加工业	14 872.42	9.82	14.61
纺织业	9 530.65	25.01	23.84
化学原料及化学制品制造业	4 092.80	67.03	27.43
饮料制造业	18 820.92	4.07	7.65
医药制造业	5 891.40	9.50	5.59
食品制造业	7 280.29	6.89	5.02
石油加工、炼焦及核燃料加工业	3 952.36	31.81	12.57
煤炭开采和洗选业	3 152.43	18.26	5.76
黑色金属冶炼及压延加工业	15 765.42	8.98	14.16
畜禽养殖污水处理	3 243.05	590.16	191.39
合计	—	1 262.00	1 041.29

根据"十二五"环保规划要求，提高污水处理负荷率约需增加配套管网2.5万km，原有污水处理厂管网完善需增6万km（"十一五"建设任务为16万km，预计"十一五"末实际完成10万km左右），新建污水处理厂需配套管网7.5万km。合计新增管

网 16 万 km。按 200 万元/km 管网建设投资计算,管网投资约为 3 200 亿元。

合计"十二五"COD 减排投资需求为 4 241.29 亿元。

2.8 本章小结

通过上述研究分析,可得出如下结论:

(1)统计口径与方法存在的一些问题影响了水污染防治投资的真实性。本章通过回顾国内水污染防治投资,系统梳理国外水污染防治投资口径,全面分析了水污染防治投资统计存在的主要问题,主要体现在:环保投资概念不清,统计范围不一致;环保投资统计方法科学性不强,重复交叉统计现象严重;环保投资统计制度不完善,数据管理不规范。本章提出了水环境保护投资口径优化对策,包括明确界定环保投资内涵,调整环保投资统计范围;建立环保投资的科学统计方法,真实反映环保投资水平;完善环保投资统计制度,规范环保投资统计。

(2)不同预测方法之间的适用性存在较大差异。本章较全面地搜集了国内环保投资的预测方法,包括灰色系统预测方法、时间序列预测方法及协整分析预测方法,供水污染防治投资预测的方法研究参考,并对各种方法进行了对比分析,得出 3 种方法对于短期预测基本上都有较好的效果,长期预测误差会增大。但是,灰色系统模型 GM(1,1)要求序列近似符合指数函数规律才会有较好的预测效果;灰色系统模型 GIM(1)要求序列近似满足线性幂函数规律才会有较好的预测效果;时间序列模型中,不论是平稳序列构建 ARMA 模型,还是非平稳序列构建 ARIMA 模型,都要求较大的样本量才会有较好的预测效果;协整分析要求序列满足一定的单整条件方可建模。根据各模型的特征和要求,基于现有的"十一五"期间废水投资及相关数据,本章采用协整分析建模方法预测了"十二五"期间我国水污染防治投资。

(3)综合运用两种方法开展水污染防治投资需求预测。基于宏观经济的水污染防治投资需求预测与规划目标、任务之间缺乏一定的关联性,包含与水污染防治相关的各方面的投资,涉及水污染防治的各个污染因子的治理。而基于任务需求的水污染防治投资预测方法是与规划紧密结合的,是基于目标—任务—投资的关系建立起来的预测方法,但由于目标、任务需要量化,因此只针对某项目标的投资需求,不能包含水污染防治的各个领域。因而开展水污染防治投资需求预测,需要综合运用上述两种方法,进行相互校对和印证。

(4)基于两种方法,测算了"十二五"水污染防治投资需求。按照规划要求,"十二五"末要实现 COD 削减 8%,氨氮削减 10%的目标,并推进县城和重点镇污水处理厂建设,县县具备污水处理能力,全国新增污水处理能力 6 000 万 t/d,全国城市污水处理率达到 85%。以造纸、纺织印染、化工、制革、农副产品加工、食品加工和饮料制造等行业为重点,继续加大水污染深度治理和工艺技术改造力度,提高行业污染治理技术水平。基于构建的水污染防治宏观预测方法,"十二五"期间全国水污染防治投资约为 11 000 亿元。基于 COD 减排任务的投资测算表明,"十二五" COD 减排投资需求约为 4 241.29 亿元。

第 3 章

水环境保护事权财权的划分机制研究

在相关利益主体之间科学合理、清晰地划分水环境保护事权财权是建立健全投融资体系的前提和基础，是推进水污染综合治理和水环境水生态保护的一项重大体制性安排。水环境保护事权划分是一项复杂的系统工程，是关系到水环境保护绩效的基础性、长效性的体制安排。长期以来，在体制转轨过程中，我国水环境保护和污染防治体制与机制不健全，水环境产权理念未完全建立，有关事权没有得到科学、合理、明确的划分，尤其是在涉及到一些跨流域、跨区域的水环境保护和污染防治事务时，相关主体责权关系纠葛，责任承担机制难落实，甚至出现责任主体缺位，导致水污染事件频发，水质改善目标难以实现。从纵向来看，由于对水环境保护外溢性的认识和管理不足，中央与地方、地方不同层级间水环境保护事权含混不清，责任边界不明，基层地方政府承担了与其财力不相匹配的支出和管理责任，同时又缺乏内在的责任落实激励；从横向来看，水质和水量管理分割、地表水与地下水管理脱节等，导致部门行政管理职责交叉、相互掣肘却又缺乏协调，影响了水资源环境管理总体绩效。完善水环境保护投融资机制的前提是要明确划分利益主体之间的水环境保护事权，总体目标的是要建立起"事权明晰、责权明确、协调有效、监管有力"的事权承担体制机制，并在此基础上明确支出责任。本章任务是在市场经济体制不断发展完善、公共财政体制不断健全的背景下，根据水环境效益外溢性、成本效率原则、成本收益对称、财权与事权相匹配等基本原则，分清市场经济下各有关主体水污染治理和水环境保护的角色和职责定位，力求厘清责任界面，提出水环境保护的事权财权划分总体思路和设计方案，形成分类分级的水环境事权财权划分明细目录。

3.1　水环境保护事权财权的理论研究

在相关利益主体之间科学合理、清晰地划分水环境保护事权财权是建立健全投融资体系的前提和基础，是推进水污染综合治理和水环境、水生态保护的一项重大体制性安排。在市场经济体制不断发展完善、公共财政体制不断健全的背景下，根据水环境效益外溢性、成本效率、成本收益对称、财权与事权相匹配等基本原则，分清市场经济下各有关主体水污染治理和水环境保护的角色和职责，厘清责任界面，本章提出了水环境保护的事权财权划分设计方案，形成分类分级的水环境事权财权划分明细目录。

3.1.1　问题的提出

《中华人民共和国水污染防治法》第91条第1款规定，水污染是指水体因某种物质的介入，而导致其化学、物理、生物或者放射性等方面特性的改变，从而影响水的有效利用，危害人体健康或者破坏生态环境，造成水质恶化的现象。

水环境保护和水污染防治具有明显的外部性特征，影响范围往往跨流域、跨区域，而具体的投资主体和工程实施载体又是以行政范围来确定的，由此产生了责任与权利相分离的问题。运用科学的技术与经济方法来合理划分相关主体的财权和水环境保护事权，并使之匹配以及采取适当的机制（如转移支付、生态补偿）解决这种财权事权脱节的问题成为政策决策的关键。

合理划分各类主体（利益相关者）在水环境保护和污染防治领域的事权和职责是一项系统工程，也是一项重大的制度创新，不仅需要理论和技术上的探索，更需要在实际工作中不断改进和完善。水环境保护事权划分包括政府与市场、政府间环境事权划分，当前重点内容是要明晰政府间水环境保护事权配置，理顺水环境管理体制，找准我国水环境保护政府间事权财权划分中存在的关键问题，就水环境保护支出责任与财权、财力匹配等重点领域，研究出解决问题的创新性办法，为政府及有关部门提出带有全局性、战略性的政策建议。

在水环保事权得以科学、清晰界定的基础上，才可能建立健全合理的、与之相匹配的公共财政环保投入预算保障机制。

3.1.2　相关概念

3.1.2.1　财权与财力

财权是指在法律允许下，各级政府负责筹集和支配收入的权力，主要包括税权、收费权及发债权。财力是指各级政府在一定时期内拥有的以货币表示的财政资源，来源于本级政府税收、上级政府转移支付、非税收入及各种政府债务等。拥有财权的政府，一般都拥有相应的财力，但政府拥有财力并不一定拥有财权。上级政府的财权常大于其最终支配的财力，一部分财力要转移给下级政府使用，结果是下级政府的财力往往大于其财权。这种财权与财力关系的框架，是目前国际上经济发达国家通常使用的制度框架。

我国财政管理体制遵循"统一领导、分级管理"的原则，各级政府、各部门、各单位为完成一定的行政管理和经济建设任务，都要掌握一定的财力，也就享有一定的财权。正确处理财权集中与分散的关系、财权和事权的关系，对调动各级政府部门的积极性、促进我国政治经济发展具有极其重要的意义。

中央政府具有调节地区间公共服务水平的职责，地方政府只有负责本地区公共服务的职责，因此，中央政府应该具有比地方政府更大的财权，另一方面，地方政府往往比中央政府承担着更多的支出管理责任，这就要求其有相应的财力相匹配。

3.1.2.2　事权与事责

事权实际上是一个中国式的概念，在西方的学术话语体系中难以找到一个可对应的说法。对事权划分的理解，通常是指政府体系内部的分工，通俗地说就是各级政府"应干什么"，应承担什么责任。所谓的"事权与财力相匹配"的提法，其所指的"事权"实际上指的是"事责"。

政府间关系不论在哪个国家都不可能简单，这是由公共事务的本质所决定的。政府间关系的复杂程度，牵涉很多因素；除去其他因素，政府层级多少、各层级负责事务的划分及财力的匹配、层级间的责任体系等最为关键。政府层级的设置，与地域大小和管理理念相关：地域广阔则因为管理半径的限制，倾向于增加层级，这在通信、交通不发达的情况下尤其明显。理念上强调上下级明晰、政府统揽大小事务的，往往设置层级多，部门也多。层级和部门越多，变数越多，关系越趋于复杂。在中央与地方的关系中，所谓"事权"未必是一家独享、他人不可染指之"权"。准确地说，是行事之"责"，即哪些事物应该由哪一级政府负责。"应该"是一回事，恰当与否、是否可行是另一回事，即从理论上讲，某些事物应该由某级政府承担，但由于种种原因，实际上却由另一级来担当，或者低层级有责但高层级掌权；这时，事责与事权二者之间出现分裂，就有必要区别事权与事责。

中央政府的事权相对容易界定，主要包括国防、外交、宏观经济稳定、地区间调控等全国性公共产品，这在大多数国家已经成为共识。因为中央代表国家，拥有主权，所以其事责与事权至少大部分重叠。地方政府层级直接服务于百姓，并提供公民日常生活的基本公共服务和公共产品。这些公共服务和公共产品是地方性的，外溢少。所以基层政府的事责在理论上非常清楚，容易界定。如果基层政府应该做什么、怎么做，可以由本级自主决定，不受上级政府指令约束，其事权与事责就是吻合的，否则二者之间就出现分裂。在我国，地方（基层）政府的事权与事责是分裂的。相对而言，处在最高和最低之间的次中央级政府（如我国的省）和区域性政府（如我国的地、市等）的事权事责，在一定程度上不容易界定，甚至"是一场讨价还价，结果不可预测"

（Oates，1972：181）。在外国如此，我国亦然。讨价要来的是事权，还价打发出去的是事责。对上级不好讨或者讨不到时，容易向下级征要；向上级还不出去时，自然地会向下级打发。如此往复，中间层级的事权与事责也多数不吻合，以致错位（拥有本不该有的事权）、缺位（未负本该负的事责）。从某种意义上说，致使政府间关系复杂的主要原因之一是这些中间层级的事权边界含混、事责不清，在我国尤其如此。明确事权、事责，并使二者尽量重叠，其意义在于建立政府间责任体系。事权清，则责任明晰；事责混，则责任失察，无从追究。事权到位，有助于清楚地界定府际责任，消除事责缺位；权责吻合，有利于厘定责任界限，提高资源使用效率和工作运行效度，清除推诿扯皮。

事权与财权两者之间无法完全匹配，两者不匹配是常态，但需要通过资金转移支付等手段实现财力与事权相匹配。高层级的政府拥有较多的税收权和支配权，超出其承担的事权的需要。低层级政府拥有的税收权少，事责重，自有财力无法满足所承担的事责。这就需要高层级政府通过转移支付增加基层政府的可支配财力，从而改善上下级政府之间的纵向平衡，使承担事责多的层级获得与其所负事责相称的可支配财力。

环境是一种典型的公共物品。基于环境质量的这种公共性，对环境进行保护自然被视为政府的基本职能之一。但在政府履行环境保护责任过程中需要解决的一个问题是，由于许多国家都存在着不同层级的政府，环境保护责任应在中央政府和地方政府之间如何适当分配、各级政府在环境管理中各自应扮演何种角色。

3.1.3 环境保护的分权理论

环境保护的分权理论（或环境联邦主义理论）兴起于 20 世纪六七十年代的美国，研究的主要问题是在环境管理中不同层级政府间的关系以及各层级政府在设计、执行各种环境规制措施中的角色。其发展经历了两个阶段：第一代环境联邦主义理论和第二代环境联邦主义理论。

3.1.3.1 第一代环境联邦主义理论

早期的环境联邦主义理论家普遍相信，环境管理绩效的提高应依赖于联邦法律的制定和执行能力，如果缺乏强有力的中央政府，地方政府往往会出于经济增长竞争的考虑而降低环境标准。例如，第一代环境联邦主义学者中的代表人物 Stewart（1977）就指出，因为以下几个原因需要对环境实行集权式的管理：① 解决"公地悲剧"问题并获取全国性的规模经济收益。Stewart 认为，由于制造业和商业活动的流动性，地方政府出于担心环境改善的收益会被资本流向其他低环境标准的地区带来的损失所抵消甚至超过，倾向于拒绝单方面采纳会增加企业的生产成本、阻碍经济发展的高环境标准。这会导致地区间环境规制方面扑向低层的竞争，造成环境的恶化。因此应由中央政府对环境事务统一进行管理。② 纠正由污染外部性引起的政府失灵。当污染排放跨区域时，会预期有过度的环境破坏。这是因为对一个地区的政策制定者来说，很少有激励去担心他们的行动对周围地区产生的成本。③ 克服环保主义者和污染利益集团之间在政治影响方面的不对等。根据 Stewart 的观点，相比污染利益集团，环保主义者在地方政治活动中处于劣势地位，其在全国层面上比在地方层面上更容易获取充分的资源来施加有效的政治影响。

3.1.3.2　第二代环境联邦主义理论

20 世纪 80 年代中期以后，随着对"大政府"有效性的质疑，开始有越来越多的学者提出在环境管理方面中央政府应向地方政府分权，下放管理权，使环境规制的中心从中央政府向地方政府转移。主张环境保护分权的第二代环境联邦主义理论逐渐占据主导地位。其理论认为，由中央政府对各地区环境质量进行规制的一个重要缺点是其对不同地区居民对环境质量偏好的差异不敏感，很容易出现所有区域执行统一的环境标准的情况。而在现实中，一些地区可能偏好于高质量的环境，另外一些地区则想要低水平的环境质量。同时，在环境治理成本方面由于地理位置、技术状况等因素各地区也可能存在很大的差异。如果每一地区根据本地的具体情况自己制定环境政策，基于成本-收益分析方法，不同地区选择的环境质量水平可能是不同的，即最优的政策并不是各地区都要统一的。因此，中央政府"一刀切"的方法是会带来福利损失的。除此之外，环境管理的分权化也使地方政府有较强的激励和更多的空间进行政策试验，实施政策创新。当一个地区采取创新性政策时，其他地区往往会进行学习和模仿。

针对第一代环境联邦主义者反对分权的几个主要理由，第二代学者一一作了反驳。关于对地方政府承担环境保护责任会出现地区间扑向低层的竞争，导致环境的恶化的担心，环境保护分权的积极倡导者、财政联邦主义的奠基人之一 Oates 和他的同事 Schwab 从理论上证明，如果没有溢出效应并且用非扭曲税收（如一次总付税）为预算融资，地方政府会提供社会最优水平的环境质量（Oates and Schwab，1998）。在他们的模型中有两个重要假定：公共决策制定者在资本市场上是价格接受者；公共部门能够使用其所需要的财政工具（如对居民征收非扭曲的税收）。在这些设定下，如果地方官员追求最大化其辖区内居民的福利，区域间竞争会导致有效率的结果（即满足帕累托效率的一阶条件），包括环境标准以及其他地方性公共品产出。根据他们的观点，在公共部门和在私人部门中一样，竞争是有增进效率的。

第二代学者在实证方面做的有关研究同样不支持政府间扑向低层的竞争。List 和 Gerking（2000）及 Millimet（2003）分析了美国里根时期的环境政策分权化。List 和 Gerking 使用州层面的面板数据，检查了环境质量和治理支出的水平。他们通过检验里根时期的时间固定效应符号对面向低层的竞争做了实证考察,结果发现大部分的时间效应要么是不显著的,要么是和改进的环境质量相一致的。最终得出的结论是,在环境质量方面扑向低层的竞争在 20 世纪 80 年代没有出现。而 Millimet 甚至发现了强有力的支持分权化的环境政策导致奔向顶层的竞争(对环境过度保护)的证据。

关于跨界污染问题,Oates(2002)认为,在这种有溢出效应的情况下,一种形式的政策反应是早期学者所主张的集权化。与地方政府只考虑对自己辖区内的居民产生的损害不同,中央政府会考虑一边际单位污染对所有地区居民造成的损害,因此会对跨界污染活动进行限制。除了集权式的解决方法外,Oates 提出,至少在原则上区域间地方政府合作对地区间溢出效应问题提供了潜在的有效率的、科斯类型的解决方式。其基本的思想是只要跨界的污染活动没有在它们的有效率水平上,就存在来自于规制这种活动的地区间的交易收益。在这种情况下,污染削减的成本小于污染所影响的所有区域居民所获得的收益。但在实践中困难的问题在于如何设计能够实现交易所能带来的收益的合作决策制定机构。总之,从经济理论的角度来看的最优措施在实践中可能是不可行的。次优的选择包括集权式的中央政府设定统一的环境质量标准和分权式的区域合作管理努力,但具体哪种方式更优可能会因具体例子的不同而不同。

至于 Stewart 的相比污染利益集团,环保主义者在全国层面上比在地方层面上更容易获取充分的资源来施加有效的政治影响的观点,第二代理论家认为环保主义者和污染利益集团在政治力量方面的不对称是否存在,以及这种不对称是否在地方政府层面比在中央政府层面更严重,迄今为止并没有获得相应研究的支持,一些人认为这种不对称被夸大了,特别是在许多环保组织出现以后。

基于以上分析,环境保护的分权者们认为,环境保护政策应是一个联合行动,由地方政府对仅限于其辖区范围内的环境事务执行规制控制,而由中央政府承担全国性污染问题的规制责任,并对环境科学和污染控制技术的研究和开发活动提供支持以及对地方政府提供必要的信息和指导(Oates,1998)。

环境保护的分权理论及其在美国的实践证明,面临的环境问题的多样性,在环境事务管理中由中央政府和地方政府共同承担责任、联合采取行动,建立多层次的规制结构,对于取得良好的环境治理绩效是至关重要的。这一点对如何适当地在我国的中央政府和地方政府之间分配环境治理责任有重要的启示意义。

作为世界上人口最多的发展中大国,我国对环境保护工作一直非常重视,将环境保护确立为一项基本国策,在推进经济发展的同时,采取一系列措施加强环境保护。新中国成立以来,全国人民代表大会及其常务委员会共制定了 9 部环境保护法律,包括水污染防治、大气污染防治、固体废物污染环境防治等环境保护法律,并通过环境保护立法确立了国家环境保护标准体系,对制定环境保护标准作出了具体规定。特别是近年来,我国坚持以科学发展观统领环境保护事业;坚持预防为主、综合治理,全面推进、重点突破；坚持创新体制机制，依靠科技进步，强化环境法治，发挥社会各方面的积极性。经过努力，在资源消耗和污染物产生量大幅度增加的情况下，环境污染和生态破坏加剧的趋势减缓，部分流域污染治理初见成效，部分城市和地区环境质量有所改善，应该说取得了很大成绩。

但我国的环境保护存在的一个不容忽视的问题是环境规制呈现过度集权化的态势，中央政府在环境保护中起着绝对主导作用，承担了过多的责任，地方政府发挥的作用相对较小。虽然我国名义上实行的是各级政府对当地环境质量负责、环境保护行政主管部门统一监督管理的环境管理体制，环境保护标准也分为国家级标准和地方级（省级）标准两个级别，但在主要的环境规制领域基本上都是各地区在统一的时间执行统一的全国标准。例如在汽车排放物领域，全国各地都统一执行由原国家环保总局发布的《轻型汽车污染物排放限值及测量方法》第 I、II、III、IV 阶段标准等国家标准，唯一的例外是北京由于作为首都的特殊地位和主办奥运会的原因，其实施各阶段标准的时间比其他地区提早两年。

环境保护方面的过度集权使得我国的环境规制有可能是无效率的。根据环境联邦主义理论的观点，由于和中央政府相比，地方政府具有信息优势，其更了解自己辖区内公民的偏好和环境状况，地区性污染的规制责任适宜于由地方政府承担。特别是我国是一个幅员辽阔的国家，由于各地区的经济发展水平不同，居民对环境质量的要求也并不相同，再加上各地工业发展水平、技术水平和构成污染的状况、类别、数量等不相同，环境中稀释扩散和自净能力不相同，统一的规制标准带给各地区的收益和成本不完全一样，在有些地区可能会存在成本大于收益的情况，规制是无效率的。

我国的环境保护规制呈现高度集权的态势很大程度上源于地方政府在环境保护方面的不作为。这主要是因为现行的干部考核和选拔体制基本上还是以 GDP 论英雄，谁领导的地区 GDP 增速快就提拔谁。而为了追求经济增长，吸引外来投资，各地区往往降低环境保护要求，高污染、高耗能企业常常受到地方政府的保护。因此，尽管同样存在着政府间竞争，中美之间却存在着显著差异，面向低层的竞争在我国更容易出现，因为处于竞争关系中的地方政府本身就是污染企业的支持者（古特曼、宋雅琴，2008）。地方政府的不作为在一定程度上迫使中央政府只能采取强制性的统一标准。

为了提高环境规制的效率和环境治理绩效，需要改变规制过度集权、环保责任主要由中央政府承担的状况，提高地方政府在环境保护方面的积极性，使其履行更多的职责。具体来说可考虑采取以下措施：① 建立环境问责制，将环境考核情况作为地方官员选拔任用和奖惩的依据之一，必要时可采用"一票否决制"，使环境目标成为各级政府需要实现的众多指标中至关重要的一项。任何不负责任的部门和个人，都必须承担后果。② 推动公众参与环境治理，建立环境后督察和后评估机制。社会公众在环保问题上最为利益攸关，理应成为促使地方政府在环保方面发挥更大作用的重要力量。要实行环境信息公开，使污染状况和污染者的情况被公众知晓，切实保障公众的环境知情权、监督权和参与权。③ 开展更强的舆论监督攻势。对高耗能、高污染的行为形成"老鼠过街人人喊打"的氛围，使地方政府官员在意识上认识到环境保护的重要性。

3.1.4 政府间事权划分的基本路径

对政府间事权划分（即公共产品或者说公共服务的分级提供）的必要性在国内外学术界和实际部门几乎没有分歧，除了只有一级政府的微型国家（如新加坡），事权的纵向和横向科学合理划分都具有重要意义。

但究竟如何划分，理论上的主张几乎是一致的，即将各项公共产品或公共服务分别由不同层级的政府来生产、提供，如国防、外交、社会治安、教育、卫生保健、社会保障、环境保护等各项事权在不同层级的政府之间做出明确的分工和界定。无论是西方国家的教科书，还是我国学界的主流看法，都是这样来认识和理解事权划分的，而且认为，只有按照这种方式来分清各级政府之间的事权，政府才能高效率地运转。当前对政府间事权关系进行批判的各种观点，实际上也都是基于这样一种认识形成的。

政府间事权的分工界定并非只有一种方式，还有另外一种方式，那就是依据事权构成要素在政府间进行划分。政府的每项事权由决策权、执行权、监督权与支出权等要素构成，针对这些事权要素在各级政府之间进行分工界定，同样可以实现政府高效率的运转。如果把前述事权划分方式称为横向分工界定，那么，这一种方式则可以称为政府间事权的纵向分工界定。

政府间事权的横向分工和纵向分工本身并无优劣之分，只有社会条件和政治环境的不同。当政府间事权分工界定与相应的社会条件和政治环境相匹配时，就能够有效地发挥出政府间事权分工的作用，提高整个政府的运作效率。

3.1.4.1 西方国家的事权划分以横向为主，我国的事权划分以纵向为主

从全球政府间事权划分与界定的实践来观察，西方发达国家的事权分工以横向为主，而我国的事权分工则以纵向为主。在西方发达国家，中央政府以及之下的各级政府之间的事权分工主要是横向的，把不同的公共事务在各级政府之间分工界定，如国防、外交、全国性社会基础设施、社会保障等公共事务由中央政府负责，而社会治安、交通管理、教育、医疗卫生、垃圾处理等公共事务由中央以下的政府负责。而在我国，除了国防、外交可以说完全属于中央的公共事务之外，其他的几乎所有公共事务都是

其决策在中央政府，而执行在地方政府。相比于西方发达国家的"横向"事权划分，我国的各级政府间事权划分具有明显的"纵向"特征。

决定事权划分构架的重要因素是政治体制，我国与西方国家有着不同的政治环境。在西方国家，中央政府以下的各级政府都拥有很大的自治权，选民投票决定地方行政长官是普遍做法，但中央政府以下的各级政府，其功能相对弱小，基层政府的架构简单，其行政长官甚至可以由志愿者"业余兼职"，由此形成了"大的中央政府、小的地方政府"的行政管理格局。而我国的情况恰恰相反，地方各级政府都没有自治权，地方各级行政长官在考虑民意的基础上由上级指派，但整个政府职能的履行却离不开地方政府，也可以说，在"小的中央政府，大的地方政府"的行政格局下，中央政府更像是一个司令部，各项决策指令的执行都要靠地方政府。就此而言，我国中央政府对地方政府的依赖程度很大，而西方中央政府的独立性却很强，很多事权从决策到执行都是中央政府一手操办，无须地方政府插手。

在这样的行政格局下，我国要像西方国家一样主要实行横向的事权划分十分困难。这也就是为什么我们探索了多年的事权划分而难以有进展的原因。学术界对事权的讨论基本上是以西方国家的做法为标准的，强调横向的事权划分，这自然与我国国情格格不入。除非"做大"我国中央政府，使中央政府有能力从决策到执行履行其界定的事权。否则，我国的事权划分就只能以纵向划分为主。

从事权横向划分的角度来看，我国的权力集中程度很高，几乎各项公共事务都由中央政府做出决策，地方政府主要是执行；但从纵向划分的角度来考察，我国的分权程度又很高，每一项公共事务的履行几乎都离不开地方政府。而西方国家相反，从事权横向划分的角度看，其分权程度很高，一些事权的履行完全是由地方政府负责，居民的参与度很高；但从事权纵向划分的角度来看，西方国家的集权程度却又很高，中央政府的独立性很强，凡中央政府的事权都是中央政府说了算，从决策到执行都不需要依赖于地方政府。从整个公共权力的分配来看，西方国家的中央政府在日益集权，所承担的职能越来越多，规模越来越大，而地方政府职能简单，基本上属于"夜警政府"，因而也是"小政府"。这种集权从财政上早就反映出来了，西方国家中央政府财政规模都占绝对优势。

3.1.4.2　事权共担是我国现行体制的一个基本特点，应客观对待

基于我国纵向事权划分的特点，下级政府的事权往往取决于上级政府。通俗地说，下级政府干什么，要由上级政府来安排。而事权与财权又是两条线，下级政府没有（也不可能有）足够的财力来履行某一项事权。这样一来，某一项事权的履行都是各级政府共担的，往往是中央、省、市、县、乡共同出力，负有共同责任。

由于事权划分以纵向为主，所以从横向来看，各项事权几乎都是由多级政府共担的。一方面，"干什么"都是中央政府做出决策，如新农村建设、医疗卫生改革、义务教育的推行等，各级政府共同推动，下级政府在上级政府的领导下来履行各项事权。某一项事权履行情况如何，各级政府都负有责任。例如，安全生产这项事权一旦履行不到位，出现重大事故，往往是从省一级到乡镇一级，都逃脱不了相应的责罚。另一方面，"干什么"所需的钱，也都是由中央政府安排，中央政府通过转移支付安排一点，省财政拿一点，市县乡镇也各出一点，这几个一点，形成了"几家共同抬"的特色，共担事权，共同出力，共同落实。学界常常以西方的标准来评判这种事权共担的机制，认为事权划分不清，责任不明。这也通常被认为是现行财政体制存在的重大问题，属于要改革的对象。事实上，事权共担是我国改革、发展背景下的一种有效的事权履行方式，有很强的动员能力，可以集中力量办大事，解决我国改革发展中的突出问题和矛盾。尤其在公共服务的提供上，我国人口众多，地区差距大，任何一项事权仅仅交给某一级政府来承担，都是不现实的。很显然，在现阶段，要按照西方国家那种横向的事权划分模式来改革我国的事权划分，是无法实现的。事权共担，是我国现行政治架构下一种有效的事权履行方式，也是经济、社会发展现阶段只能采取的方式。

3.2 我国水环境保护事权划分现状分析

规范的事权划分必须以法律法规为基础。《中华人民共和国水污染防治法》第二条明确规定："水污染防治应当坚持预防为主、防治结合、综合治理的原则，优先保护饮用水水源，严格控制工业污染、城镇生活污染，防治农业面源污染，积极推进生态治理工程建设，预防、控制和减少水环境污染和生态破坏。"这为水环境保护奠定了基础并提供了理论依据。

水环境保护多元投资主体包括政府、污染者和其他营利性机构。污染者应按照"谁污染、谁治理"或"污染者付费"等原则来确定环保投入责任。在"受益者负担"原则下，营利性机构对污染防治设施建设和运营进行投入。

3.2.1 基本概况及评价

3.2.1.1 相关法律规定

水环境事权划分必然首先要以法律制度为基础。在法律体系方面，我国已经颁布并实施了《水法》《环境保护法》《水污染防治法》《水土保持法》《海洋环境保护法》《环境影响评价法》《城乡规划法》《固体废物污染环境防治法》《森林法》《防洪法》等11部法律法规，此外还包括《关于预防与处置跨省界水污染纠纷的意见》《环境保护部关于加强环境应急管理工作的意见》等多项行政规章和制度。这些法律法规对水环境保护相关事项、水污染防治措施和责任主体，都有基本的界定和规范。

《中华人民共和国水法》第三十二条规定"县级以上人民政府水行政主管部门或者流域管理机构应当按照水功能区对水质的要求和水体的自然净化能力，核定该水域的纳污能力，向环境保护行政主管部门提出该水域的限制排污总量意见。"第三十三条规定："国家建立饮用水水源保护区制度。省、自治区、直辖市人民政府应当划定饮用水水源保护区，并采取措施，防止水源枯竭和水体污染，保证城乡居民饮用水安全。"第三十四条规定"禁止在饮用水水源保护区内设置排污口。在江河、湖泊新建、改建或者扩大排污口，应当经过有管辖权的水行政主管部门或者流域管理机构同意，由环境保护行政主管部门负责对该建设项目的环境影响报告书进行审批。"第五十二条规定："城市人民政府应当因地制宜采取有效措施，推广节水型生活用水器具，降低城市供水管网漏失率，提高生活用水效率；加强城市污水集中处理，鼓励使用再生水，提高污水再生利用率。"

2008 年修订后的《水污染防治法》等法规和制度加大并细化了政府职责：① 政府应当将水环境保护工作纳入政府重要的规划。如第四条规定："县级以上人民政府应当将水环境保护工作纳入国民经济和社会发展规划。县级以上地方人民政府应当采取防治水污染的对策和措施，对本行政区域的水环境质量负责。"② 强化对政府的目标责任制和监督考核。第五条规定："国家实行水环境保护目标责任制和考核评价制度，将水环境保护目标完成情况作为对地方人民政府及其负责人考核评价的内容。"③ 强化政府具体的水污染防治责任。如第四十条规定："国务院有关部门和县级以上地方人民政府应当合理规划工业布局，要求造成水污染的企业进行技术改造，采取综合防治措施，提高水的重复利用率，减少废水和污染物排放量。"第四十一条规定："国家对严重污染水环境的落后工艺和设备实行淘汰制度。"第四十四条规定："城镇污水应当集中处理。县级以上地方人民政府应当通过财政预算和其他渠道筹集资金，统筹安排建设城镇污水集中处理设施及配套管网，提高本行政区域城镇污水的收集率和处理率。"④ 强化政府的监督管理责任。第八条规定："县级以上人民政府环境保护主管部门对水污染防治实施统一监督管理。交通主管部门的海事管理机构对船舶污染水域的防治实施监督管理。县级以上人民政府水行政、国土资源、卫生、建设、农业、渔业等部门以及重要江河、湖泊的流域水资源保护机构，在各自的职责范围内，对有关水污染防治实施监督管理。"⑤ 明确了政府对水环境保护的投入责任。《国务院关于落实科学发展观　加强环境保护的决定》（国发[2005]39 号）规定："各级人民政府要将环保投入列入本级财政支出的重点内容并逐年增加。要加大对污染防治、生态保护、环保试点示范和环保监管能力建设的资金投入。当前，地方政府投入重点解决污水管网和生活垃圾收运设施的配套和完善，国家继续安排投资予以支持。"

关于市场主体的水环境保护责任，《水污染防治法》也有较为明确的界定。第十七条规定："新建、改建、扩建直接或者间接向水体排放污染物的建设项目和其他水上设施，应当依法进行环境影响评价。……建设项目的水污染防治设施，应当与主体工程同时设计、同时施工、同时投入使用。"第二十四条规定："直接向水体排放污染物的企业事业单位和个体工商户，应当按照排放水污染物的种类、数量和排污费征收标准缴纳排污费。"第四十一条规定："生产者、销售者、进口者或者使用者应当在规定的期限内停止生产、销售、进口或者使用列入国家淘汰设备名录中的设备。工艺的采用者应当在规定的期限内停止采用列入国家淘汰工艺名录中的工艺。"

3.2.1.2　现行水环境事权划分的基本特点

总体来看，我国现行的水环境保护事权划分体制呈现以下几个特点：

（1）在市场主体的水环境保护责任界定上，遵循"谁污染、谁负责"、"污染者付费"原则。要求水污染物产生者采取措施处理和降低水污染，如要求建设项目必须实现"三同时"；要求企业进行技术改造，减少废水和污染物排放，淘汰严重污染水环境的落后工艺和设备；要求排污者按照规定缴纳排污费。

（2）在政府间水环境保护事权划分上，基本上是执行着"统一领导、分级负责"的管理体制，即由县级以上地方政府分级对其行政辖区内的水环境事权承担责任，具体包括地方水环境标准制定、水污染防治规划的编制和实施、水环境监督执法、水环境基础设施建设和运营、水源地保护等。中央政府主要对全国性、外溢性较强的事项负责，如国家水质标准、重点（跨省界）流域的水污染防治规划的确定，并基于水环境保护基本公共服务能力均衡化的原则对特定地区进行转移支付。同时，在跨行政区域、流域性水环境保护上，建立流域管理体制和协调机制。

（3）在政府部门间的水环境保护职责分工上，呈现着"多龙治水"的格局。早在1988年的《水法》第九条就规定："国家对水资源实行统一管理与分级、分部门管理相结合的制度"。政府有关部门按照职责分工，负责水资源开发、利用、节约和保护的有关工作。水行政的主管部门主要是国家及地方各级环境保护部门和水利部门，在法律规定的各自范围内分别对水环境和水资源进行管理，此外还有国土资源、卫生、建设、农业、渔业等多个部门涉及水环境行政管理。具体来说，城建部门对部分城市地下水、城市排水、城市污水集中处理设施建设的管理和指导，环境保护部门对城市污水排放行为和排放标准、水污染防治的管理，国土资源管理部门对地下水、矿泉水的开发和经营权的管理，另外还存在如湿地保护、生态保护、航道管理、农业开发等大量的直接或间接对水资源开发利用和管理产生影响的管理职能。同时，国家还实行行政区划管理与按流域管理相结合的制度，除了地方各级政府的水利部门与环境部门对水进行管理之外，水利部在全国设立了7个流域管理机构：长江、黄河、珠江、海河、淮河、松辽水利委员会及太湖流域管理局，在这 7 个流域管理机构之下设置了由水利部和环境保护部双重管理的流域水资源保护局。

在实际工作中，水环境保护和污染防治的事权划分非常复杂，如何划分存在较大的理论、经济、技术、行政管理和法律上的困难。尽管我国《水法》和《水污染防治法》等法律法规及相关配套的制度对水环境事权的界定有了总体上、原则性的规范，但总体来看，这些法律对相关责任的界定还较为笼统、宽泛，缺乏明细化的规定和具体的实施条例或细则。

3.2.2　水环境事权划分中存在的主要问题

3.2.2.1　水污染防治法体系不完善，相关法律之间协调不足

我国现行与水环境、水资源保护的相关法律包括《环境保护法》《水污染防治法》等 11 部，它们都是全国人大常委会通过的法律，属于同一位阶，具有同等的效力。但现行《水污染防治法》在一些问题上还存在规范上的空白。比如，水污染防治法律制度无论在立法基础、适用对象，还是实施条件和方式上，都无一不是以针对城市的居民和企业的需要为核心的，极少规定专门适应于农村和乡镇建设、农村集体经济组织和乡镇企业所带来的水环境问题的法律制度及其实施方法。对农村生活污水和禽畜养殖污水等问题缺乏相应的规定和管理制度，对有关农村水污染的法律责任也未作规定。这种情况致使农村面源污染现象严重却没有有效治理的执法依据来遏制。

同时，这些法律法规关于水环境保护和污染防治的规定还都较为笼统，或者即使有了一些总体上的规范，但实际执行情况总不够理想，同时法律之间衔接不足。在执行层面，还存在功能重叠、重复设置、协调不足、部门利益冲突的问题，如环境保护部门与水利部门在水环境管理职责上（如水污染断面监测）存在一些交叉、"打架"的问题，其对污染状况的发布、标准等也存在差异，导致水环境保护和污染防治工作协调性差，管理有效性不足。

3.2.2.2　水环境成本体现不充分，企业守法成本高、违法成本低

在我国体制转轨过程中，由于资源价格和税费机制还不完善、不健全，经济活动中水环境的成本未完全显性化，体现不到位、不充分，相关主体权责机制尚不十分明确，导致水环境事权划分存在模糊性。"环境有价"、"谁污染、谁付费"的理念和制度尚不能得到深入、有效地贯彻落实（如排污费征收率低、征收标准难以提高到合理成本），使得污染的负外溢性问题普遍。

此外，《水污染防治法》实施中"守法成本高，违法成本低"的问题突出。现在许多企业宁愿缴纳排污费，取得合法的排污权，也不去投资建设处理设施，甚至有的

企业建有处理设施也不运行。如河南周口莲花味精集团 2003 年因修建排污暗管被原国家环保总局查处，追缴了 1 500 多万元的排污费，并处理了 10 多名责任人，但该企业 2004 年又再次偷排大量污水。这说明通过收缴现行标准的排污费或罚款，并不足以遏制环境违法行为。就民事赔偿责任而言，在我国，水污染侵权民事责任赔偿总额也远远低于日本、美国等，我国水污染侵权民事责任赔偿总额一般不到日本的 10%。由于"守法成本高，违法成本低"，一些水污染者和水资源破坏者敢于无视法律而肆意妄为。

3.2.2.3　地方政府缺乏水环境保护和污染防治的自主激励

政府间水环境保护事权原则上实行统一领导、分级负责。中央政府通过多种手段引导和促进地方加强水环境保护，但是责任边界不明；地方原则上应承担属地水资源和水环境保护责任，但在追求经济发展中，环保目标偏失，缺乏环保事权承担的激励约束机制。特别是在跨行政区域、流域性水污染防治职责划分上，更是缺乏制度性的约束。

近年来，我国虽然越来越重视水环境保护和水污染防治工作，但在不少地方依然存在"重经济，轻环境；先发展，后治理"的观念，只顾眼前利益，不顾长远利益，《水污染防治法》难以得到全面正确地贯彻执行。如我国《水污染防治法》第十五条明确规定"企业事业单位向水体排放污染物的，按照国家规定缴纳排污费；超过国家或者地方规定的污染物排放标准的，按照国家规定缴纳超标准排污费。"针对此条规定，一些经济相对落后地区认为本地经济条件差，难以吸引外商投资，因此，只有降低投资准入门槛、生产成本，才能吸引外资，从而发展本地经济。以此思想为指导，一些地方不但不支持环保部门依法征收排污费，反而替排污者说情，甚至采取行政干预。在个别地方，环保部门即使对拒缴排污费行为实施了行政处罚，该行政处罚也难以执行，有些行政处罚决定书甚至变成了一纸空文。

3.2.2.4　政府部门间职责交错，行政分割，缺乏有效协调

我国对水实行资源与环境分部门管理体制。在水行政领域，表现为水资源与水环境分别由水利行政部门和环境保护部门管理，其他部分在各自的领域内协同管理。水，作为一种可再生资源，水利部门管理的是水的可被利用量；作为一种具有生态价值的环境要素，环境保护部门管理的是水的质量。这种行政分割管理不适应水作为一个生态系统的内在要求，水资源的生态价值和经济价值不能有效兼顾，最终导致水环境质量下降、水资源枯竭。合理的管理应是水质与水量并举，没有水量的水，水质再好也没有环境容量；没有水质的水，水量再丰富对人类来说也是无法利用的。

首先是环境保护部门与水利部门的职权范围存在较大的交叉。《水污染防治法》

规定环境保护部门对水污染防治实施监督管理,《水法》规定水利部门对水资源实行统一管理和监督。这种制度割裂了水质与水量的联系,将水质与水量分别交由环境保护部门与水利部门主管,造成了环境保护部门与水利部门职能的交叉,主要表现为:① 环境保护部门主管制订水环境保护规划、水污染防治规划,水利部门主管制订水资源保护规划,由于水资源具有不同于其他自然资源的整体性和系统性,这几类规划间不可避免地存在着重合;② 环境保护部门和水利部门各自拥有一套水环境监测系统,这两个监测系统在实际运行中各自为政,存在着严重的重复监测现象,浪费了宝贵的行政资源,而且由于水文站和环境监测站的数据不一致,在协调跨地区行政纠纷时,很难结合运用这些数据。

除了环境保护部门和水利部门之外,《水污染防治法》规定国务院建设主管部门根据城乡规划和水污染防治规划,会同经济综合宏观调控、环境保护主管部门,组织编制全国城镇污水处理设施建设规划;各级政府的建设主管部门组织建设城镇污水集中处理设施及配套管网,对城镇污水集中处理设施的运营进行监督管理。农业主管部门负责指导农业生产者科学、合理地使用化肥和农药,控制化肥和农药的过量使用,防止造成水污染。渔业主管部门审批在渔港水域进行渔业船舶水上拆解活动,同时负责调查处理渔业污染事故或者渔业船舶造成的水污染事故。海事管理机构对除渔业船舶以外的船舶造成的污染进行调查处理。对于生产、销售、进口或者使用列入禁止生产、销售、进口、使用的严重污染水环境的设备名录中的设备,或者采用列入禁止采用的严重污染水环境的工艺名录中的工艺的违法行为,由县级以上人民政府经济综合宏观调控部门负责责令改正并处以罚款。国土资源部门负责地下水资源的管理。卫生部门协助有关部门对饮用水水源保护区进行划定。在实际运作中,虽然多个部门的管理可以更广泛地调动政府各部门对水管理的参与,但各个部门之间的协调制度很不完善。目前的协调机制都是临时性的、应急性的,如太湖流域水污染防治领导小组联席会议制度、三峡库区水污染防治领导小组,这些协调机制目前运行良好,但这些机制缺乏立法对其进行制度化保障,并未上升到制度层面。目前普遍存在的现象就是统管部门与分管部门之间由于自身利益关系,各自出台的政策缺乏对水资源和水环境的全面考虑,缺乏综合决策。在这种情况下,对于事权相互交叉和重叠的事项,由于缺乏清晰的部际合作与协调机制,就会出现问题。有利的事情,各部门会争权;而不利的事情,各部门会推诿或杯葛。

3.2.2.5　流域水环境综合管理机制困难重重

(1)流域管理体制与区域管理体制不能形成有机结合。我国经济社会管理体制是按照行政单元划分的区域管理体制。《水法》第二十条规定,国家对水资源管理实行"流域管理与行政区域管理相结合"的管理体制。虽然《水污染防治法》强调了水污染防治中流域管理的重要性，但实践中水污染防治主要是"以地方行政区域管理为中心"的分割管理。例如，主要污染物减排的约束性指标是按省区分解的，并未分解到各流域。这种避开流域的污染指标分解方法科学性不足，无法有效地将水污染减排与流域环境质量的改善建立联系，容易形成各行政区污染责任不清、相互推诿，导致严重的越界水污染问题。同时，水质监控的间接性可能无法有效控制排污行为，最终也将导致流域管理的失效。目前流域机构在流域水质管理上的主要机制是：依据流域水环境容量确定流域总纳污能力，据此再分解区域排污总量，通过对区域边界断面的监测来监控区域排污总量。在这种制度安排中，一是边界断面监测结果对区域缺乏法定约束；二是在微观管理上，水行政主管部门负责水域的保护，环保部门负责排污的监督管理，两个部门不仅在法律责任上缺乏相互制约的机制，而且两个部门同时服从于区域政府，必然最终为区域利益所左右，导致流域监管体制失效。

（2）在流域管理上，水资源和水环境的双重管理体制运行不畅。如我国七大流域管理机构均设置了水资源保护局，名义上接受水利部和环境保护部的双重领导，但事实上是水利部的派出机构，这制约了流域机构在水污染防治方面的作用。从部分流域的管理实践来看，目前部门协调的难度，甚至要高于地区协调的难度。淮河十几年的治污实践表明，环保和水利两部门共同牵头的领导小组有名无实，是"十年淮河治污"效果不佳的重要体制原因之一。

（3）流域综合管理职能被架空。由于行业管理部门还保留了相当大的资源配置权，这一配置权与行业利益相结合，导致了在资源管理和开发利用上分散化决策的状况，在水资源方面，表现为水功能的分割管理和不同形态的水资源的分割管理。由于这两方面的决策和管理权的分散化，使得流域机构在水资源管理、开发、利用上受到事实上的架空，流域机构始终没有承担起流域综合管理的职能。由于流域水管理权力已被区域几近分割完毕，流域机构的位置不得不从区域和行业夹缝中寻求。因此，流域管理机构只能被以后的法律法规限定在特定区域（如重要河段、边界河段）和特定标准内（如取水许可的限额以上）承担水管理职能，而对流域水资源开发利用和管理的调控起不到实质性作用。

（4）流域管理机构缺乏进行流域管理的权威。从体制设计上考虑，流域管理机构应是流域综合管理主体。然而，流域机构在实际运作过程中，无法承担起流域综合管理的职责。流域管理的主要难点在于改变区域分散决策的格局，在国家体制状况没有得到改变之前，充分的管理权限解决不了分散管理的体制基础。要想在区域事权现状基础上，建立一个能充分调节区域利益和权力的具有国家级权威的流域管理机构，显然是不现实的。

3.2.3　水环境事权划分的难点

（1）在我国体制转轨过程中，经济活动中水环境的成本未完全显性化，资源价格和税费机制还不完善、不健全，相关主体权责机制尚不十分明确，导致水环境事权划分存在着模糊性。我国宪法规定，水资源归国家或集体所有。从法律层面上来看，法律约束的水权具有无限的排他性，但从实践上来看，水权具有非排他性。我国现行的水权管理体制存在许多问题，理论上水权归国家或集体所有，实质上归部门或者地方所有，导致水资源优化配置、水环境保护障碍重重。根据我国的实际情况，水资源的所有权、经营权和使用权存在着严重的分离，这是由我国特有的水资源管理体制所决定的。在现行的法律框架下，水资源所有权归国家或集体所有，这是非常明确的，但纵观水资源开发利用全过程，国家将水资源的经营权委授给地方或部门，而地方或部门本身也不是水资源的使用者，他通过一定的方式转移给最终使用者，水资源的所有者、经营者和使用者相分离，导致水权的非完整性。

（2）在我国成文法体系中，现行法律和行政法规缺乏关于事权的详细、具体规定。有的事权规范仅限于部门管理性办法，由此就导致：一是制度规范稳定性差，二是效力偏低，带有"一事一议"、"讨价还价"的色彩。我国在法律上并非分权化国家，因此在缺乏法律依据和约束的情况下，中央和地方迄今为止的所有财政安排和事权调整都是中央和地方谈判和妥协的结果，也都是根据中央和地方政府的"决定"、"通知"、"条例"等来传达和执行的。这其中，中央政府凭借着政治和行政上的权威地位，往往对事权和财权配置方案有主要的动议权和决定权。事权和财权的调整通常也并不上升到全国人大和地方人大，而主要是政府之间由行政渠道解决，因此缺乏内在的稳定性和法律保障。事实上，上级政府能够比较"方便"地调整事权和财权的分配，从而造成近年来的事权层层下放，财权逐级上收。地方政府在面对随时会变的事权和财权分配格局的基础上，也就容易滋生不负责任的短期行为，这对水环境保护尤为不利。

（3）政府间事权和支出责任划分不够清晰，执行中交叉错位现象较为普遍。《宪法》没有具体列举哪些行政事务归属中央，哪些归属地方，哪些既可由中央管理也可由地方管理，而只是原则规定由国务院"统一领导全国各级国家行政机关的工作，规定中央和省、自治区、直辖市的国家行政机关的职权的具体划分"；《中华人民共和国地方各级人民代表大会和地方各级人民政府组织法》规定县级以上地方人民政府行使国民经济和社会发展计划、预算，管理本行政区域内的经济、教育、科学、文化、卫生、体育事业、环境和资源保护、城乡建设事业和财政、民政、公安、民族事务、司法行政、监察、计划生育等行政工作。上述法律都没有明确规定各级政府的支出责任划分。1994 年分税制改革时，《关于实行分税制财政管理体制的决定》（国发[1993]85号）对中央与地方政府间支出责任划分也只作了原则性表述，缺乏具有操作性的制度规范。另外，政府间支出责任调整较为频繁，实际执行中各级政府间事权存在缺位和越位的问题，在多级政府共同事务及上级政府委托下级政府事务方面，筹资责任不是十分明了。

（4）我国体制中存在着很大比例的政府间共担事权、交叉性事权。基于我国纵向事权划分的特点，下级政府的事权往往取决于上级政府。通俗地说，下级政府干什么，要由上级政府来安排。而事权与财权又是两条线，下级政府没有（也不可能有）足够的财力来履行某一项事权。这样一来，某一项事权的履行都是各级政府共担的，往往是中央、省、市、县、乡共同出力，负有共同责任。由于事权划分以纵向为主，所以从横向来看，各项事权几乎都是由多级政府共担的。一方面，"干什么"都是中央政府做出决策，如新农村建设、医疗卫生改革、义务教育的推行等，各级政府共同推动，下级政府在上级政府的领导下来履行各项事权。某一项事权履行情况如何，各级政府都负有责任。例如，安全生产这项事权，一旦履行不到位，出现重大事故，往往是从省一级到乡镇一级，都逃脱不了相应的责罚。另一方面，"干什么"所需的钱，也都是由中央政府安排，中央政府通过转移支付安排一点，省财政拿一点，市县乡镇也各出一点，这几个一点，形成了"几家共同担"的特色，共担事权，共同出力，共同落实。学界常常以西方的标准来评判这种事权共担的机制，认为事权划分不清，责任不明。

事实上，事权共担是我国改革、发展背景下的一种有效的事权履行方式，有很强的动员能力，可以集中力量办大事，解决我国改革发展中的突出问题和矛盾。尤其在公共服务的提供上，我国人口众多，地区差距大，任何一项事权仅仅交给某一级政府来承担，都是不现实的。在现阶段，要按照西方国家那种横向的事权划分模式来改革我国的事权划分，是无法实现的。事权共担，是我国现行政治架构下事权有效履行的客观需要，也是与经济、社会发展现阶段相适应的责任分配方式。

（5）省以下财政体制五花八门，分成制、包干制、分税制都有，很难拿出一个全国统一的水环境事权划分规范细则。

此外，缺少基于环境保护的中央与地方财政转移资金分配方法、技术经济方案；在我国单一制行政体制和分税分级财政体制的现实背景下，跨流域环境因素横向转移支付资金的技术方案和实施机制较难。

3.3　水环境保护事权划分的制度分析

3.3.1　事权划分的维度

政府事权，是政府从事社会经济事务的责任和权力，它规定着各级政府承担社会经济事务的性质和范围。政府事权，尤其是交叉事权的明确界定，不仅是政府间财政支出责任划分的依据，政府间收入划分及转移支付的重要基础、我国分税制财政体制改革的关键，而且对我国政府职能转变具有重要的指导意义。同时，在理论上，政府事权是财税管理理论的基础和前沿问题，事权划分的理论研究可以有力地推动财政分权等相关理论的发展。

水环境事权纷繁复杂，但可以从不同角度和层面来进行分类。

（1）功能角度。从功能角度来看，水环境保护是一个系统工程。从功能角度的事权划分是指水环境保护具体要达到的目标，如源头节水减排（源头控制水污染）、水生态保护、水污染治理。这些功能都可以分别构成一个子系统，它们从不同的角度共同构筑或推动实现水环境质量保障和改善目标。

（2）经济属性角度。所谓经济属性是指事权项目的。从经济属性角度看事权包括能力建设类（管理、监察、监督、执法等能力）事权、环境工程设施建设和运营事权、落后产能淘汰事权、减排技术研发和推广事权、环境污染责任兜底事权等。

（3）按事权构成要素分类。政府间事权的分工界定并非只有一种方式，还有一种方式，那就是依据事权构成要素在政府间进行划分。政府的每项事权可进一步分解为决策权、执行权、监督权与支出权等要素构成，针对这些事权要素在各级政府之间进行分工界定，可以实现政府高效率的运转。从事权的承担方式来看，又可划分为出资（筹资、投资）责任、建造并组织实施、服务提供责任、运行和管理责任以及监督（监察）考核责任等；从支出预算管理和财务的角度划分，又可分为基本支出、具体项目支出。

因此，改进环境事权划分的一个重要内容是要尽可能地将各种事权明细化，形成分类、分项的事权划分框架，在此基础上，才有可能形成相关主体分类、分级的环境事权承担机制和责任机制。

表 3-1　事权分类属性及承担主体

事权的分类属性	事权具体项目列举	事权承担主体
决策权：规划、制度、标准制定	制定水质安全标准 制定污水排放标准	中央政府为主承担
支出权：出资（投资）责任	水源保护、水生态修复 流域面源污染防治 污水处理设施投资、建设、运营、维护 水污染防治技术研发、推广 水污染行业和企业的转产、搬迁和技术改造	中央和地方共同承担
执行权：组织实施、建造、运营、服务提供责任	流域面源污染防治 污水处理设施投资、建设、运营、维护 水污染防治技术研发、推广 水污染行业和企业的转产、搬迁和技术改造	地方政府为主承担

事权的分类属性	事权具体项目列举	事权承担主体
监督权：管理、监督考核责任	水环境监测与执法 流域断面水质监测	中央承担跨流域断面水质监测，地方分级承担所属地；也可考虑监测职责中央垂直管理
最后责任人：担保、兜底责任，等	水污染事故的处理，公共补偿或赔偿，等 责任主体灭失的水污染责任 水环境国际协调	中央地方共同承担

3.3.2 水环境保护事权项目解析及承担机制

就具体项目来说，水环境保护系统可分解为：水环境标准制订、监测与执法；工业水污染处理；城镇生活污水处理；农业面源污染防治；水土保持、水源生态涵养；小流域综合治理；城乡河道的清淤疏浚、漂浮物打捞；地下水污染防治；水污染防治技术的研发、推广；水污染突发事件的应对；历史遗留水环境污染治理；节水、清洁生产、水循环利用。12 大项中每个具体项目成本效益匹配和外溢性均不同，其实施的技术经济手段也不同，因此，权益责任即事权的划分也不一样，有必要进行逐项解析。

3.3.2.1 水环境标准制订、监测与执法

水环境标准制订、水环境监测作为一项公共产品，主要由各级政府部门承担。《水污染防治法》第十一条规定：国务院环境保护主管部门制定国家水环境质量标准。省、自治区、直辖市人民政府可以对国家水环境质量标准中未作规定的项目，制定地方标准，并报国务院环境保护主管部门备案。

（1）制订废水排放标准。各地方政府有关部门要制订严格的废水排放标准，加强排放口监管。禁止向水体排放、倾倒工业废渣、城镇垃圾和其他废弃物，禁止将含有汞、镉、砷、铬、铅、氰化物、黄磷等的可溶性剧毒废渣向水体排放、倾倒或者直接埋入地下。确保向城镇污水集中处理设施排放水污染物，应符合国家或者地方规定的水污染物排放标准。

（2）做好水环境监测。水文部门要做好水质动态监测，对重要水域进行实时监控，及时把有关信息传报给当地政府及环保部门。环保部门要建立健全水资源保护法规体系，强化水域的综合治理，从恢复和改善水体功能出发，以水源地保护为重点，加大对重要水域的治污和水环境保护工作力度。

（3）加强水环境执法。各级环境保护部门和水利部门要协调职责、合理分工、密切合作，不断加强和改善水环境执法。

3.3.2.2　工业水污染处理

工业水污染防治是我国环境保护工作的重点。与过去相比，我国工业水污染防治战略目前正在发生重大变化，逐步从末端治理向源头和全过程控制转变，从浓度控制向总量和浓度控制相结合转变，从点源治理向流域和区域综合治理转变，从简单的企业治理向调整产业结构、清洁生产和发展循环经济转变。

工业水污染的防治措施主要有：

（1）做到"三同时"和限期治理。对于水污染控制，环境保护法和水污染防治法中都有明确的规定。一是坚持污染防治设施与生产企业的主体工程同时设计、同时施工、同时投入使用，也就是我们所说的"三同时"。真正坚持了"三同时"，许多污染物就会得到有效控制，也就做到了预防为主。二是对原有污染进行治理，对于污染严重的，要依法进行限期治理，对限期治理不达标或拒不进行治理的企业，要依法责令其停产或关闭。

（2）淘汰和关闭技术落后、水污染严重、水资源浪费型的工业生产企业。"九五"（1996—2000 年）期间，我国关闭了 8.4 万家严重浪费资源、污染环境的小企业。2001—2004 年，连续三次发布淘汰落后生产能力、工艺和产品的目录，淘汰 3 万多家浪费资源、污染严重的企业，并对资源消耗大、环境污染重的钢铁、水泥、电解铝、铁合金、电石、炼焦、皂素、铬盐 8 个重污染行业进行集中整顿，停建、缓建项目 1 900 多个。2005 年，关停污染严重、不符合产业政策的钢铁、水泥、铁合金、炼焦、造纸、纺织印染等企业 2 600 多家，并对水泥、电力、钢铁、造纸、化工等重污染行业积极开展综合治理和技术改造，使这些行业在产量逐年增加的情况下，主要污染物排放强度呈持续下降趋势。

（3）大力推行清洁生产。清洁生产包括清洁的生产过程和清洁的产品两个方面。清洁生产是国内外 20 多年环境保护工作经验的总结，它着眼于全过程的控制，具有环境和经济双重效益。推行清洁生产，是深化我国水污染防治工作、实现可持续发展的重要途径。如北京啤酒厂、青岛果品厂、天津油墨厂、天津合成洗涤剂厂等企业，都在清洁生产方面进行过成功的尝试，取得了良好的效果。

（4）提高工业废水处理技术水平。工业废水处理正向设备化、自动化的方向发展。传统的处理方法，包括用以进行沉淀和曝气的大型混凝系统也在不断地更新。近年来广泛发展起来的气浮、高梯度电磁过滤、臭氧氧化、离子交换等技术，都为工业废水处理提供了新的方法。

根据"谁污染、谁付费"原则，工业水污染防治的责任应主要由排污企业承担，企业要将水污染防治和污水处理成本纳入生产经营活动，进行成本"内部化"。一方面要大力推行清洁生产，开展减排技术改造；另一方面要按照国家标准建造污水处理设施，确保废水达标排放，当然企业也可通过缴纳排污费将污水交由第三方集中处理。

3.3.2.3 城镇生活污水处理

《水污染防治法》第44条规定：城镇污水应当集中处理。县级以上地方政府应当通过财政预算和其他渠道筹集资金，统筹安排建设城镇污水集中处理设施及配套管网，提高本行政区域城镇污水的收集率和处理率。

县级以上地方政府组织建设、经济综合宏观调控、环境保护、水行政等部门编制本行政区域的城镇污水处理设施建设规划。县级以上地方政府建设主管部门应当按照城镇污水处理设施建设规划，组织建设城镇污水集中处理设施及配套管网，并加强对城镇污水集中处理设施运营的监督管理。

城镇污水集中处理设施的运营单位按照国家规定向排污者提供污水处理的有偿服务，收取污水处理费用，保证污水集中处理设施的正常运行。向城镇污水集中处理设施排放污水、缴纳污水处理费用的，不再缴纳排污费。收取的污水处理费用应当用于城镇污水集中处理设施的建设和运行，不得挪作他用。

城镇污水处理面临的困难主要表现为：一是缺乏充足的建设资金，目前全国尚有一大批城市没有建立污水处理收费制度，城市污水处理费用没有落实，设有该项制度的城市收费标准也偏低，不能满足污水处理厂的运营需要；二是缺乏保证城镇污水处理"保本微利"的市场运作机制，大多数污水处理厂仍沿用计划经济体制下的投资方式，市场化运作力度不大，尚未形成多元化投资机制。已建成的污水处理厂大多也是以事业单位形式运作，污水处理收费与处理效果脱钩，难以形成促进污水处理的激励机制。故2004年全国城市污水处理率仅为45%，中西部地区更低。

对于污水处理设施建设项目，由于城市污水管网投资浩大、资本沉淀性强、建设周期长，社会资本一般难以介入，需要由政府来投资。而污水处理厂建设完全可以市场化，采取BOT、TOT等形式。实际上，近年来"政府建网、企业建厂、市场化运营"的模式已经取得了许多成功经验，成为我国城市环境建设的基本模式。

城镇污水事权承担问题主要是要解决城镇生活污水处理厂的建设、运行费用的承担机制。从目前的情况来看，建设资金由于是一次性投入，相对来说较容易解决，更大的难题在于运行费用的筹措。从理论上来说，污水处理费足额征收所得加上处理水有偿回用所得，应基本能够满足运行费用所需。

一方面，我国的污水处理收费政策尚不完善，所收取的污水处理费不能满足污水厂运营的需求。据《2007中国城市建设统计年鉴》，2007年，我国县城污水处理厂已达到323座，污水处理能力为727万t/d，而污水处理费收入仅为9.6亿元，平均污水处理费收入为0.36元/t。另一方面，有部分污水处理厂由于管网不配套或规划问题造成设计能力大量闲置，有的甚至无法运行。

鉴于县城和中小城镇污水垃圾处理设施过于分散、规模小、运营成本高的特点，为吸引社会资本投资，建议地方以县级行政区域或小流域为单元，将分散的小型污水垃圾处理项目统一打捆后进行市场招标，以保证投标企业能够实行规模化运营，降低运营成本；或在污水处理厂建成后，委托社会企业进行专业化运营。

鉴于中小城镇居民特别是中西部地区居民收入水平较低，收费政策难以一步到位，建议由各级财政来承担污水垃圾运营费用，东部地区可由省市两级财政承担，中西部地区则需要中央政府给予补贴。

为保证污水处理厂进水水质，使污水处理设施正常运营。要同时加大对雨污分流工程建设的投资，实现雨水和污水分流，建设雨水管网与污水管网应统一规划，做到同时设计、同时建设、同时运营。对排入城镇污水管网的工业废水要制定严格的准入标准，对超标排放严厉处罚，并确定有关政府部门严格进行监管。

明确污泥处理的责任主体，构建污泥处理的政策支撑体系，将污泥无害化处理纳入地方节能减排考核体系，从体制上杜绝二次污染。征收污水处理费中应包含污泥处置费用，或由政府财政予以补贴，使污泥处置实现市场化运营。

在具体操作上，政府可以采取城市污水厂的"两权分离"方式，即建设权与运营权分离。由政府投资建设处理设施，建成后由政府将设施委托给专业化的运营公司负责运营，实行社会化的有偿服务。运营公司在污水处理厂建成投入运行后，实行企业化管理，同其他市场经营者一样，自主经营，自负盈亏，一切运行管理均与经济挂钩，提高效率，降低成本，从而将环境、社会和经济效益统一起来。

政府还可以对治污企业给予直接的财政支持。例如，作为国家环保产业基地的沈阳市将污水处理厂建设、运行及管理均纳入产业化，其北部污水处理厂投资 6 亿元，日处理 $40 \times 10^4 \, \text{m}^3$ 污水，年运行费需 4 000 万元。沈阳市向城市居民收取排污费（0.2 元/m³），年收入 1 亿多元，其中 4 000 万元拨到污水处理厂做运行费，余下的 6 000 多万元以配股形式拨到负责沈阳污水处理厂建设的已公开上市的沈阳特种环保公司名下，其扩股后的收益全部用于新建的污水处理厂，连拨 10 年就是 6 亿多元，预计上市后可增值 3 倍，即可在 10 年里筹集到 20 多亿元，而这笔钱则正好是沈阳将要再建的两座处理能力各为 $50 \times 10^4 \, \text{m}^3/\text{d}$ 的污水处理厂的投资。此外，沈阳特种环保公司接手后，完全实行市场化和产业化管理，将其中的 $20 \times 10^4 \, \text{m}^3$ 污水经深度处理后作为工业用水，年可节约水资源 $7\,000 \times 10^4 \, \text{m}^3$；其余 $20 \times 10^4 \, \text{m}^3$ 污水处理后可作为城市环境调节用水，还可为浑河下游两岸提供农田和绿化用水；污泥处理后作为农业用肥，收益颇为可观，实现了在政府优惠政策扶持下城市污水处理厂企业化运作的新模式。

3.3.2.4　农业面源污染防治

第一次全国污染源普查结果显示，农业面源污染严重，治理需求迫切。面源污染是一种由分散的污染源造成的水体污染，即因降雨动能的冲击作用及地表径流冲刷而产生的土壤颗粒、土壤有机物、化肥、农药、有机肥料或陆地堆积物等随地表径流流入受纳水体并引起水质污染的一种污染类型，具有发生区域的随机性、排放途径及排放污染物的不确定性、污染负荷空间分布的差异性这三大特征。农业面源污染主要包括养殖生产的畜禽粪便、化肥、地膜、农药使用、累积与流失以及农村生活污染，污染物产生量大、分布面广，而且对其的监测、管理和控制都较为复杂。在农业集约化程度较高的东部和中部一些地区，农业面源污染已成为水体富营养化的重要因素，并导致地下水硝酸盐污染，对农村地区饮用水质量安全构成威胁。

治理农业面源污染的主要措施包括：① 健全法制，强化管理。尽快制定《农业清洁生产条例》，制定并颁布限定性农业技术标准，从源头上防范农业面源污染的发生。② 强化监测，摸清情况。加强农业环境监测网络建设，开展农业面源污染调查和监测，为科学防治提供依据。③ 全面规划，分步实施。制定《农业面源污染防治规划》，科学分类，因地制宜地开展农业面源污染防治。④ 加大投入，科技先行。设立农业面源污染防治专项财政资金和基本建设资金，加大农业面源污染防治力度。加强农业面源污染防治关键技术的科技攻关，引导农民采用环境友好型生产技术和模式。

（1）农村固体废物治理。农村固体废物主要是指农村生活和生产中产生的固体垃圾。参照城镇固体废物处理方式，对农户的固体垃圾实行以自然村庄为单位，集中收集处理。设立自然村垃圾卫生保洁员，负责农户垃圾的集中、分拣，把垃圾分成能回收利用的、可堆沤还田的、有毒有害不可利用的三类分别处理，最大限度地减少固体废物对环境的污染。

（2）农村生活污水治理。农村生活污水主要是农户生活用水，治理方法为通过污水收集管网进入污水处理池，可集中亦可分户处理。生活污水处理流程：暗管→沉淀池→厌氧池→兼氧池→过滤池→缓冲区（湿地、农田等）→水渠。

（3）养殖业污染源治理。这类污染主要是农户畜禽养殖和大中型畜禽养殖场对环境的污染。① 一般农户人畜禽粪便处理流程：粪便池（禽舍、畜棚、厕所）→沼气池→农田。② 大中型畜禽养殖场粪便处理流程：畜禽粪便→干湿粪分离。

（4）水产养殖对水体污染的治理。提高饵料和药品利用率，减少投饵和用药量；设置增氧机；通过种植水生植物、撒播光合细菌，吸收降解和转化水中氮磷和有机污染物；定期清淤，减少鱼病进而减少施药量。

（5）种植业污染源治理。种植业污染源主要是指在农业生产过程中过量使用化肥、农药、农用地膜、农作物秸秆等对生态环境和水体的污染。其主要治理措施有：① 削减农药使用量，提高农药利用率。一是通过建立健全农作物病虫害测报体系，实施达标防治，避免盲目用药和乱用药；二是推广应用高效低毒农药、生物农药、植物源农药，减少剧毒、高毒、高残留农药对环境的污染；三是实施病虫害的综合防治，扩大物理防治、生物防治等控害措施的使用，推广"以虫治虫""以菌治虫""灯光诱杀虫""黄板诱杀虫"以及使用防虫网等措施，削减化学合成农药的使用量。② 大力推广应用有机肥，削减化肥使用量。一是实施测土配方施肥，推广平衡施肥技术；二是实施化肥深施技术；三是增施有机肥。③ 农用残膜的集中回收再利用。农用残膜再利用性能较好，只要集中回收，就可进入再利用循环系统。④ 农作物秸秆综合利用。一是因地制宜地搞好秸秆还田，既可直接粉碎还田，也可粉碎堆沤发酵后还田；二是大力推行秸秆过腹还田，在有条件的饲养小区，积极推广秸秆青贮、氨化、微贮等技术，实行过腹还田；三是利用农作物秸秆大力发展食用菌生产。

3.3.2.5　水土保持、水源涵养

水土保持，是指对自然因素和人为活动造成水土流失所采取的预防和治理措施。2010 年 12 月 25 日颁布并自 2011 年 3 月 1 日起施行的《中华人民共和国水土保持法》规定：国务院和县级以上地方人民政府的水行政主管部门，应当在调查评价水土资源的基础上，会同有关部门编制水土保持规划。县级以上人民政府应当加强对水土保持工作的统一领导，将水土保持工作纳入本级国民经济和社会发展规划，对水土保持规划确定的任务，安排专项资金，并组织实施。国家在水土流失重点预防区和重点治理区，实行地方各级人民政府水土保持目标责任制和考核奖惩制度。地方各级人民政府应当按照水土保持规划，采取封育保护、自然修复等措施，组织单位和个人植树种草，扩大林草覆盖面积，涵养水源，预防和减轻水土流失。水土保持设施的所有权人或者使用权人应当加强对水土保持设施的管理与维护，落实管护责任，保障其功能正常发挥。

国务院水行政主管部门在国家确定的重要江河、湖泊设立的流域管理机构（以下简称流域管理机构），在所管辖范围内依法承担水土保持监督管理职责。县级以上地方人民政府水行政主管部门主管本行政区域的水土保持工作。县级以上人民政府林业、农业、国土资源等有关部门按照各自职责，做好有关的水土流失预防和治理工作。

在发挥社会共同参与的作用上，《中华人民共和国水土保持法》还规定，任何单位和个人都有保护水土资源、预防和治理水土流失的义务，并有权对破坏水土资源、造成水土流失的行为进行举报。国家鼓励和支持社会力量参与水土保持工作。

3.3.2.6　小流域综合治理

小流域综合治理以小流域为单元，在全国规划的基础上，合理安排农、林、牧、副各业用地，布置水土保持农业耕作措施、林草措施与工程措施，做到互相协调，互相配合，形成综合的防治措施体系，以达到保护、改良与合理利用小流域水土资源的目的。小流域综合治理的基本原则是：① 根据小流域内水土资源现状及社会经济条件，正确地确定生产发展方向，合理安排农、林、牧用地的位置和比例，积极建设高

产稳产基本农田，提高单位面积粮食产量，促进陡坡退耕，为扩大造林种草面积创造条件；② 水土保持工作要为调整农业生产结构、促进商品生产的发展和实现农业现代化服务；③ 在布置治理措施时，使工程措施与林草措施及农业耕作措施相结合，治坡措施与治沟措施相结合，在地少人多的地区，林草措施面积比例可以小些；④ 在实施顺序上，一般先坡面后沟道，先支毛沟后干沟，先上中游后下游；⑤ 讲求实效，注意提高粮食产量与经济收入，注意解决饲料、肥料和人畜饮水问题。技术措施主要有：① 水土保持农业耕作措施，也叫水土保持耕作法；② 水土保持林草措施，即水土保持造林措施及种草措施；③ 水土保持工程措施：在山坡水土保持工程中有梯田、坡面蓄水工程（水窖、涝池）、山坡截流沟等，在山沟治理工程中有谷坊、拦沙坝、沟道蓄水工程及山洪、泥石流排导工程等。以小流域为单元进行综合治理是山丘区有效地开展水土保持的根本途径。世界上许多国家已经把小流域治理与流域水土资源以及其他自然资源的开发、管理与利用结合起来，按流域成立了管理机构，加快治理速度，提高治理效果。

3.3.2.7　城乡河道的清淤疏浚、漂浮物打捞

河道的清淤疏浚、漂浮物打捞对于恢复并提高河道的引排能力，保持城镇河流水环境生态、人文和景观价值具有重要作用，是一项区域性的公共产品，应主要由地方政府承担。应全面推进城乡河道的疏浚清淤，实施乡河道疏浚整治，积极开展生态修复。主要任务包括：重点解决河道堵塞、污泥堆积、杂草丛生、水质恶化等问题，恢复河道引排能力，疏通水系、改善水质。加强水土流失预防、监督和治理工作。严格落实开发建设项目水土保持"三同时"制度，严禁在土壤侵蚀危险度高的地区挖沙采石、建厂建房，严格监督建设项目按照规划渣场合理处理弃渣。

各级政府是综合环境治理的工作主体、实施主体和责任主体，水行政主管部门主要负责人是专项治理活动的责任人，要组建相应专项治理活动领导小组和办事机构，加强组织领导，其实施措施必须经当地政府审定后施行。要制定切实可行的目标任务、工作措施和实施办法，强化考核检查评比，制定激励与惩处办法。

3.3.2.8　地下水污染防治

地下水环境作为水环境的重要组成部分，是社会经济发展以及生态系统稳定的基础和保障条件之一。我国地下水的主要污染源是工业废水和生活污水的排放，其中工业废水的污染占首要地位，主要表现在氰、砷、汞、铬等有害物质的污染。

3.3.2.9　水污染防治技术的研发、推广

《中华人民共和国水污染防治法》第六条规定：国家鼓励、支持水污染防治的科

学技术研究和先进适用技术的推广应用，加强水环境保护的宣传教育。

3.3.2.10　水污染突发事件的应对

我国水污染形势非常严峻，重大突发性水污染事件时有发生，必须且已经引起了社会各界的高度关注。从松花江污染事故发生迄今，全国大概发生过 270 多起突发性水污染事件，其中半数以上都涉及饮用水水源，严重威胁着广大居民的生命健康、环境安全以及经济社会的可持续发展。因此，做好重大突发性水污染事件的预防、监测预警、应急处置及善后工作，建立快速高效的应急组织管理体制和突发事件的应对管理机制，最大限度地减少对生态环境的污染破坏，保护人民生命财产，已经成为我们必须面对和解决的重大课题。

2005 年我国政府制定了《国家突发环境事件应急预案》，对突发环境事件信息接收、报告、处理、统计分析，以及预警信息监控、信息发布等提出了明确要求。国家制定和完善了涉及重点流域敏感水域水环境应急预案、大气环境应急预案、危险化学品（废弃化学品）应急预案、核与辐射应急预案等 9 个相关环境应急预案，以及《黄河流域敏感河段水环境应急预案》《处置化学恐怖袭击事件应急预案》《处置核与辐射恐怖袭击事件应急预案》《农业环境污染突发事件应急预案》《农业重大有害生物及外来生物入侵突发事件应急预案》等突发环境事件应急预案。近年来，我国对 127 个分布在全国江河湖海沿岸、人口稠密区、自然保护区等环境敏感区附近的重点化工石化类项目进行了环境风险排查；对近 5 万家重点企业进行了全面、拉网式检查。

水污染突发事件通常会给一个地区民众的生产生活造成较为严重的冲击，甚至直接危害人民群众的健康，如 2005 年松花江严重水污染事件直接破坏了安全供水保障。为此，地方政府应建立应急机制，加强监测，并在水污染突发事件发生后采取保障措施。应急保障主要包括：① 经费保障。国务院和县级以上地方各级人民政府应当采取财政措施，保障重大突发性水污染事件应对工作所需经费。做好重大突发性水污染事件应对工作，经费保障是最重要的前提条件。② 物资保障。有效保障应急物资的供应，是成功处置突发事件的重要前提，国家要建立健全应急物资储备保障制度。物资保障主要包括各类应急物资如水、电、石油、煤、天然气等和应急设施如应急发电机、检测仪器等。应急物资储备的主体主要是设区的市级以上人民政府和突发事件易发、多发地区的县级人民政府。

3.3.2.11　历史遗留水环境污染治理

在我国，长期以来由于粗放型经济发展模式以及环保法律法规的不健全和执行不到位，导致出现很多环保历史欠账和污染治理历史遗留问题，包括国有企业改革带来的历史欠账和城市环保基础设施建设的历史欠账，事发多年之后，这种环境影响越来越凸显出来。例如，一些国有企业搬迁、改制、破产后留下了有毒污染物，多年后这些被污染的土壤修已经成为一项非常棘手的任务。以已经有 50 多年历史的北京市化工三厂为例，其原址位于北京市丰台区宋家庄地区，后被外迁，但在过去几十年里该厂生产排放了大量的有机物和重金属等严重污染，初步估计仅治理和修复该厂原址的土壤污染就得投入 3 亿~4 亿元。对于这类转制企业，显然已经无法按照"谁污染、谁付费、谁治理"的原则来找到或确定责任主体，对此势必要有特殊的制度安排。目前来看，可行的策略可以考虑参照企业原来的利税上缴关系，由相应层级的地方财政为主承担历史污染治理的筹资责任，同时中央财政或省级政府也要根据原来的财税体制关系安排相应比例的补助。

3.3.2.12　节水、清洁生产、水循环利用

节水、清洁生产和发展水循环利用是源头上保护水环境的重要措施。在我国建设资源节约型和环境友好型社会的背景下，节水、清洁生产和发展水循环利用一方面可以为市场主体带来经济效益的提高，另一方面也对全社会资源环境保护有显著的正外部性。因此，节水、清洁生产和发展水循环利用事项的承担机制应以居民、企业和社会为主，同时各级政府也要通过财政奖励资金或者税收优惠等手段积极鼓励和引导，从而推动形成节水型社会。

根据上述事权项目的解析，依据"污染者付费"、"受益者分担"、成本效率、外溢性范围等事权划分的基本原则，可简要将上述事权项目的责任承担机制（这里主要指筹资、支出责任，具体组织管理实施可根据项目特点采取市场化、公私合作等灵活、多样化的形式）归纳如表 3-2 所示。

表 3-2　具体事权项目和责任主体、承担机制

事权项目	责任主体及承担机制
水环境标准制订、监测与执法	以中央政府为主，垂直管理
工业水污染处理	工业企业，政府引导
城镇生活污水处理	地方政府组织实施，居民通过付费方式承担责任
农业面源污染防治	农业生产者，地方政府
水土保持、水源涵养	地方政府
小流域综合治理	地方政府
城乡河道的清淤疏浚、漂浮物打捞	地方政府
地下水污染防治	地方政府
水污染防治技术的研发、推广	各级政府引导，市场参与 政府负责基础性、关键性、共性水污染防治技术的研发、推广和应用
水污染突发事件的应对	地方政府，省级和中央共同负责

事权项目	责任主体及承担机制
历史遗留环境污染治理	按行政隶属及财税上缴关系确定责任主体 成立超级基金，实现共同负担
节水、清洁生产、水循环利用	居民、社会、企业，政府（通过补贴、奖励、税收优惠等）进行引导

3.3.3　混合性水环境事权的承担方式

在需要中央与地方共同承担事权的配置上，基于管理效率和激励相容的原则，中央财政可通过（专项）补助的方式来提供地方污染减排和治理工程及设施（如污水处理厂）的一次性基本建设投入，地方财政负责所属辖域内水环境污染治理和减排设施的运行费用。这样一方面可以更好地发挥地方在项目实施和运行中的组织管理信息优势，激励其加强管理和自觉监督；另一方面也可以有效防范环境工程或设施的高运行成本、低运营产出（如有些运营主体为了节省开支而将治污设施低水平运行）等道德风险。

在对自然保护区建设投入的事权划分机制上，中央财政负有重要的出资责任，但是在资金安排上，可将自然保护区基础设施、管护能力建设和基本管护费用，以及扶持保护区内原住居民进行生态移民的费用纳入相应层级的政府财政预算。

3.4　水环境事权财权划分的总体框架设计及思路建议

3.4.1　水环境事权划分的基本原则

水环境事权划分总体上应遵循"环境公共物品效益最大化"、"污染者付费"（PPP）、"使用者付费"（UPP）和"受益者分担"等原则来界定责任主体（即事权承担主体）及责任边界。但鉴于环境保护和污染防治涉及面非常广，牵涉利益复杂，特别是在涉及流域性、跨界污染治理、水源保护等多方共同责任的领域（即共担的事权）时，需要研究出更为具体、更为明确和科学的制度、机制和技术方法来界定环境责任承担主体（单位）及其职责范围。

（1）环境公共物品效益最大化原则。环境公共物品效益最大化要求以现有的社会环境资源，通过最优配置和使用，生产出最多的环境产品，并使环境产品在使用中达到最大效益。为了使环境公共物品效益最大化，必须分散环境产品的公共性，建立明确的环境产权，提高各类环境保护主体的积极性；必须对环境资源的自然垄断进行严格的管理和控制，防止其以牺牲环境的代价来寻求局部的、短期的私人利润。

（2）污染者付费（PPP）原则。污染者付费原则就是"谁污染、谁付费"的原则，包括污染控制与预防措施的费用、通过排污费征收的费用以及采用其他一些相应的环境经济政策所发生的费用，都应由污染者来负担。污染者付费原则主要解决的是环境产品的负外部性、公共性和环境资源无市场性等问题。通过对污染者收费，把环境污染的所有外部性成本内部化，以达到使环境污染的私人成本等于社会成本，减小以至消除厂商因污染带来的超额收益的目的。通过环境污染外部性的内部化可以将环境资源的公共性分割为不同的环境保护主体所有，把环境保护的利益与害处、权利与义务完全与各主体挂钩，使环境保护的利益外溢性减小。同时，污染者付费原则也表明，任何对环境资源的耗费都需要付出相应的费用，环境产品的价格并不低于其他市场商品，它在一定程度上可以减小环境产品价格的扭曲，解决环境资源无市场性问题。OECD 环境委员会于 1972 年提出了关于治理环境污染的污染者负担原则，已逐渐演变成为各国环境管理的一项基本政策。欧盟规定，任何对污染负有责任的自然人和法人，必须支付清除或削减此种污染的费用；日本规定，污染者不仅要承担治理费用，而且还要承担环境恢复费用和被害者的救济费用；荷兰在环境管理中实施"经济罪法"，政府有权关闭对环境造成污染的企业，追究违法者的法律责任。为保证污染者负担原则的有效实施，西方国家政府还鼓励公众积极参与环境监督。英国政府规定，所有人都有权对环境质量进行监督，有权对污染者提起诉讼，有权向造成损害的人或企业提出损害赔偿，而且这种诉讼行为不受任何发给的排污许可证的影响。

（3）使用者付费（UPP）原则。使用者付费原则就是"谁使用、谁付费"原则，是指对某些业已发生、已经没办法查究污染者或者查究成本太高的环境问题的治理，发生的相关费用应由该环境产品的使用者来承担。使用者付费原则主要解决的是环境资源的公共性、环境产品的正外部性、无市场性和环境资源的信息稀缺性等问题。通过对环境产品的所有使用者收费，把生产环境产品的一切社会成本分割给各受益者来承担，这样就可以克服部分使用者"搭便车"行为的产生，从而减弱或消除环境产品的正外部性。为了减少费用，环境产品的使用者就有积极性去监督环境污染者的行为并收集相应的环境资源信息，把它们公开出来，减小了环境资源信息的稀缺性和不对称性。

（4）投资者受益原则。投资者受益原则就是"谁投资、谁受益"原则，是指由专门从事环境保护的环境保护主体从事环境保护，其效率和效益要比一般的环境问题产生者从事环境保护高。这样，可以把环境问题的解决任务交由这些专门的环境保护主体来进行，收益也自然归其所有。环境公共物品效益最大化要求以现有的社会环境资源，通过最优配置和使用，生产出最多的环境产品，这种环境资源最优配置必然导致由专门从事环境保护主体来从事环境保护，同时获取其收益。可见，投资者受益原则是污染者付费原则、使用者付费原则和环境公共物品效益最大化原则存在的基础。

（5）受益者分担原则。受益者分担原则是指环境受益者同样也需要为环境质量的改善支付一定的费用，尤其对于一些环境质量改善项目，可能并不存在确切的污染主体，这时候就应更多地考虑由环境项目的受益者来支付。此外，为了保证或提高环境质量，污染者可能需要被迫或自觉放弃发展的机会，增加预防性投入和治理支出。他们的这种约束性和自觉性行为，对当地和受益地区的人们和受益的地方政府都将产生良好的生态和健康效果，为了鼓励污染者的有益行为，受益者通过付费方式来承担部分环境成本对激励污染者的有益行为有很好的效果。这个过程中政府可以充当政策制定者、收入征集者、收入支配或为环境付费这样一个角色。

（6）环境外溢性范围与行政管辖范围相适应原则。由于很多环境污染物可以通过空气、水和迁徙物种发生长距离的移动，污染的制造者通过这种移动不仅会对当地也会对移动的地点造成环境负效应。所以要在源头加强监控，要通过更高一级行政机构的干预实现污染者造成的外部负效应在不同行政区域中得到协调解决。下游地方政府有责任向上游地方政府提供环境和生态补偿类的横向转移支付；上级政府充当协调人和组织者，以利于上下游行政单位通过平等协商达成协议。环境外溢性范围与行政管辖范围相适应原则还同时包含管理成本效率原则，即凡是地方管理效率更高的，应将事权下划或委托地方，凡是由更高一级政府组织实施更具整体效益的事项和项目，就应上划更高层级的政府。如辖区环境综合治理、污染场地的无害化处理等项目，根据管理效率原则将其划为地方事权，相应地将补助地方的财力纳入一般性转移支付范围，同时地方政府要负起相应的环境失职责任。

（7）激励与约束原则。为提高制度的运行效率，水环境事权划分要贯彻激励与约束相容原则，建立健全有利于污染减排的激励约束机制。在事权划分的基础上，严格执行国家主要污染物减排专项资金预算目标管理责任制的同时，用足用好中央财政支持中西部城镇环保基础设施建设、欠发达地区关停污染企业给予一次性补助和奖励等政策。各级政府要将污染减排专项资金纳入同级财政预算并逐年增加。要采取财政补助、以奖代补等方式，建立污染减排政府激励机制。

（8）引导和优化经济社会发展合理布局原则。各级政府和主管部门要根据资源禀赋、环境容量、生态状况、人口数量以及国家产业政策和环保法规，依据国家和省域主体功能区划与生态功能区划，科学制定发展规划和环保规划。以主体功能区划和生态功能区划为依据，以环境资源承载力为基础，以环境容量为基准，以确保环境安全为前提，引导和优化经济社会发展合理布局，实现可持续发展目标。

3.4.2 水环境事权划分的总体框架

在计划经济体制下，企业是国家或政府的附属物，因此，相应的水环境保护责任及其投资，从本质上说都是由国家或政府承担的，无所谓各投资主体投融资事权划分。但随着市场经济体制的逐步建立和企业经营机制的转换，政府、企业和社会公众将在遵循一定的投融资原则基础上重新划分原先为政府承担的环境保护事权。政府、企业和个人的环境事权各不相同,但都应统一于市场经济体制下的环境保护活动。在充分发挥市场机制的前提下,三者应按照责任机制,切实履行各自的环境事权,互相监督、共同努力,共同实现水环境保护和水质安全目标。

3.4.2.1 政府的水环境保护事权

政府是水环境保护技术手段、法律手段、行政手段、宣传教育手段和经济手段的主要参与者,政府应按照社会公共物品效益最大化原则,首先行使规制、管理和监督职能,建立合理的市场竞争和约束机制,使企业把污染危害及影响转嫁给消费者的可能影响减至最小。在我国社会主义市场经济体制转轨和完善过程中,政府其中的一个重要职责就是对建立市场经济进行规制和监督。例如,统筹制定水环境法律法规,编制国家中长期水环境保护规划、重大区域和流域环境保护规划,进行污染治理和生态变化监督管理,组织开展水环境科学研究、水环境标准制定、水环境监测评价、水环境信息发布以及水环境保护宣传教育等。政府还应当承担一些公益性很强的水环境保护和污染防治基础设施建设、跨地区的污染综合治理,同时履行国际环境公约和协定。

对那些营利性、以市场为导向的环境保护产品或技术,其开发和经营事权应全部留归企业;对那些不能直接盈利而又具有治理环境优势的环保投资的企业或个人,政府应制定合理的政策和规则,使投资者向污染者和使用者收费,帮助其实现投资收益。

在政府范畴内,还应明确各级政府的水环境事权划分及其投资范围和责任,公共需求的层次性是各级政府环境事权划分的基本依据。按受益范围公共需求分为全国性公共需求和地方性公共需求。全国性公共需求的受益范围覆盖全国,凡本国的公民或居民都可以无差别地享用它所带来的利益,因而应由中央来提供。地方性公共需求受益范围局限于本地区以内,适于由地方来提供。按受益范围区分公共需要的层次性,不仅符合公平原则,同时也符合效率原则。因为受益地区最熟悉本地区情况,掌握充分的信息,也最关心本地区公共服务和公共工程的质量和成本。从效率原则出发,跨地区的特大型工程属于全国性公共需要。相反,一个地区性的水库由中央提供,就不一定能做到因地制宜,符合地方需要。

例如,城市生活污水不同于工业废水,工业废水的排放主体一般比较明确,按照"谁污染,谁治理"的原则,工业废水治理应当以排放企业承担为主。但城市生活污水主要来自居民生活,不能要求居民自己去处理,因此属于政府(地方政府)的职责,也是公共财政应该保障的重点。

在安排公共需求特别是地方性公共需求的布局时,为了提高效率,还要考虑公共需求或公共物品本身的特性,如"外溢性"就是一个必须关注的问题。外溢性是指公共设施的效益扩展到辖区以外,或者对相邻地区产生负效应,即造成损失,水环境保护在上下游以及周边地区的利益外溢是最典型的例子。显然,全国性公共需求不存在国内的利益外溢，只有地区性公共需求才存在利益外溢问题。从财政上解决利益外溢的主要措施就是由主受益地区举办，中央给予补助。规范的分级预算体制对水环境保护事权的划分应该以法律形式具体化，力求分工明确，依法办事。

3.4.2.2　企业的水环境保护责任

在市场经济中，企业是生产经营活动的主体，也是水环境污染物的主要产生者。根据"谁污染、谁付费"的原则，企业是水环境保护和污染治理的责任主体。企业首先要根据市场规则进行经济活动，在严格遵守国家环境法规和政策的前提下获取经济利润。企业应承担包括水环境污染的风险在内的投资经营风险，不能把水环境污染成本和损害转嫁给社会公众，按照"污染者付费"原则，直接削减产生的污染或补偿有关环境损失。为了降低削减污染的全社会成本，可以允许企业通过企业内部处理、委托专业化公司处理、排污权交易、交纳排污费等不同方式实现环境污染外部成本内部化。但是，无论采取哪种方式或手段，企业都需要为削减污染而付费。此外，按照投资者受益原则，有些企业可以直接对那些可盈利的、以市场为导向的环境保护产品或技术开发进行投资，也可以通过向污染者和使用者收费，实现其对某个环境产品投资的收益。

企业的水环境责任的另一个重要方面是清洁生产，而清洁生产是从源头保护水环境的重要措施。清洁生产"是指不断采取改进设计、使用清洁的能源和原料、采用先进的工艺技术与设备、改善管理、综合利用等措施，从源头削减污染，提高资源利用效率，减少或者避免生产、服务和产品使用过程中污染物的产生和排放，以减轻或者消除对人类健康和环境的危害"（《清洁生产促进法》第 2 条），也就是说，企业要在材料采购、生产、包装、销售等方面减少污染的排放。

此外，企业的责任还包括根据污水排放量和排污费征收标准缴纳排污费。我国相关环境立法对企业排污的最重要的规制是排污费的收取。排污收费制度体现的是"污染者付费"的原则。排污费可用于集中化、专业化的污水处理设施和运营单位进行水污染治理。

3.4.2.3　社会公众的水环境保护责任

在市场经济中，社会公众既是水环境污染的产生者，往往又是水环境污染的受害者。作为前者，公众应当首先按照"污染者付费"原则，交纳环境污染费用，这样可以促使其自觉遵守环境法规以减少污染行为。同时要按照"使用者付费"原则，在可操作实施的情况下有偿使用或购买环境公共用品或设施服务，如居民支付生活污水处理费和垃圾处理费。作为环境污染的受害者，公众应该从自身利益出发，积极参与对环境污染者的监督，成为监督企业遵守环境法规的重要力量，以克服市场环境资源信息的稀缺性，防止或减少环境问题的进一步产生。

　　根据水环境外溢性、污染者付费、使用者付费等多项原则，可简要列举我国政府、企业、社会、公众等多元主体环境事权的配置项目，详见表3-4。当然这些事权的列举不可能穷尽所有的环境保护事项，但其目的在于反映出基本的逻辑路线，其他相关更细的环境事务可依此逻辑在相关责任主体之间探索合理划分和科学配置的机制。

表3-3　我国水环境保护和污染防治多元主体事权

水环境保护和治污领域	责任主体	费用负担模式	融资渠道
水环境管理能力建设	各级政府	政府负担	财政预算支出
工业水污染防治	污染企业	污染者负担	自有资金、排污费、商业融资渠道、政府扶持（特别是针对中小企业）
城镇水污染：生活污水	地方政府、居民	受益者负担、政府补贴	使用者付费，地方财政、中央财政补贴，商业融资渠道，民间或海外资本直接投资，国际援助和贷款等
生态建设与保护、自然保护区	政府、社会	政府负担、受益者负担	财政、商业融资渠道、民间或海外资本直接投资、国际援助和贷款等
农业面源污染及农村环境保护	政府	化肥使用者负担、政府补贴	化肥使用者付费、财政、商业融资渠道等
流域/区域环境治理	政府、企业	政府和污染责任方负担	财政、排污费、受益者收费、商业融资渠道、民间或海外资本直接投资、国际援助和贷款等

表3-4　政府、企业和社会公众的环境保护事权划分

环境保护主体	事权划分所遵循的原则	主要事权	主要手段
政府	环境公共物品效用最大化原则	制定法律法规、编制水环境规划；环境保护监督管理；组织科学研究、标准制定、环境监测、信息发布以及宣传教育；履行国际环境公约；生态环境保护和建设；承担重大环境基础设施建设，跨地区的水污染综合治理工程；城镇生活污水处理；支持环境无害工艺、科技及设备的研究、开发与推广，特别是负责环保共性技术、基础技术的研发等	行政手段、宣传教育手段、经济手段
企业	污染者付费原则、投资者受益原则	治理企业水环境污染，实现浓度和总量达标排放；不自行治理污染时，缴纳排污费；清洁生产；环境无害工艺、科技及设备的研究、开发与推广；生产环境达标产品；环境保护技术设备和产品的研发、环境保护咨询服务等	技术手段、经济手段、法律手段

环境保护主体	事权划分所遵循的原则	主要事权	主要手段
社会公众	污染者付费原则、使用者付费原则、受益者付费原则	缴纳排污费用、污水处理费；有偿使用或购买环境公共用品或设施服务；消费水环境达标产品；监督企业污染行为等	法律手段、经济手段、宣传教育手段

　　政府与市场之间的环境保护事权划分要从理论上阐释清楚、从政策上界定明确，还需要在社会主义市场经济体制改革过程中不断完善，特别是要根据市场经济体制改革和环境形势的变化，加强环境经济计量分析，重点研究当前和未来可能出现的一些新生的环境事权和边界容易在有关责任主体间"漂移"的事权，以及目前政策尚未明晰化界定的一些共担事权、交叉性事权和混合型事权。

　　首先，按照政府和市场、中央和地方职责划分的原则理顺资金渠道，明确投资主体。企业是水污染治理的责任主体和投资主体，必须采取有效措施加大环保投入。政府应从替企业治理污染的泥潭中摆脱出来，抽出财力，重点做好环境监测、执法、标准制定以及市场不能提供的环保基础设施建设等方面的工作，其中中央财政重点做好跨区域环境监测、执法以及重大环保技术开发等工作。其次，要进一步优化资金支出方式，并加大投入力度。通过"以奖代补"等方式，充分调动企业和地方政府的积极性，引导建立多元化水环境保护资金投入机制。

3.4.3　推进政府间水环境保护事权合理划分

　　总体来说，政府环境事权范围应当与环境影响的范围（外溢性范围）相适应。影响范围限于特定行政管辖区的环境问题，属于地方性环境服务，应该由地方政府负责筹资和组织提供或实施；如果环境影响范围是跨行政区域的，甚至是全国范围的，属于全国性公共物品，则应由中央政府负责。中央政府的环境事权主要是解决具有跨行政区、跨流域、具有明显外部性特征的国家环境事务。

　　同时，推进基本公共服务均等化是贯彻落实科学发展观，完善社会主义市场经济体制的需要，是实现社会公平公正的需要。政府间环境事权划分基本原则还应体现基本环境公共服务均等化原则，即要扩大环境公共财政覆盖面，让全体社会成员和地区共享环境公共财政制度的安排，要因地制宜地确定不同发展程度区域的环境事权财权划分，使之能够有效匹配，使地方政府和财政有能力和动力提供基本的环境公共产品和服务。

　　研究环境保护政府间事权财权划分方案，界定中央与地方及地方各级政府在环境保护的责任范围，重点在于厘清流域水污染防治、跨省界环境质量改善事权，界定各级政府在不同区域层次水污染防治中的职责。

　　长期以来，我国中央政府和地方政府之间、各环境保护机构之间，在没有科学的制度规范和恰当的利益机制引导下，未能有效进行环境事务管理权配置和事权的划分，导致环境保护投资、管理行为往往偏离环境管理的目标，进而使环境管理的成本与环境管理的收益呈不对称格局。

要改变政府环境管理的现状，必须对政府环境管理的事权进行合理界定和重新划分。在政府环境管理事权划分中必须注意以下几点：

（1）利益机制是事权划分的前提，合理的选择是要根据激励相容的原理，科学地界定各级政府以及各类政府机构之间在环境保护和环境事务管理中的事权，使地方政府环境管理中的成本和收益成正比，增强其积极性。如果一项环境管理的收益能够主要被当地获取，那么地方政府就有责任和义务进行环境保护投资。

（2）在一些领域，政府还应被列为监管的客体。由于环境管理的收益和成本从局部而言具有不对称性，存在着区域外溢性，在不同的环境保护项目上地方政府的动力有很大的差异。因此，在一些环境管理领域，不能仅将地方政府当做环境管理的监管主体，而应把地方政府当做监管的客体。如全国性大江大河的治理，地方政府就有可能纵容当地企业排放"三废"污染物。

（3）责任政府的构架关键在于在正确确定归责原则的基础上进行行政问责制的设计。在规范政府环境行为方面，地方政府对环境质量负责缺乏约束机制和责任追究制度，环境法律体系中缺乏调整和约束政府行为的法律法规。在规范企业环境行为方面，对违法行为处罚软弱无力，缺少量化标准。政府在环保方面不作为、干预执法及决策失误是造成环境顽疾久治不愈的主要根源。从震惊全国的"沱江水污染事件"和"松花江特大水污染事件"，到由于政府行政不作为导致的甘肃血铅超标和湖南岳阳砷超标等环境事件，使我们看到环境违法事件背后，大都与政府有千丝万缕的联系。一些地方政府在片面追求经济利益的错误政绩观指导下，大搞地方保护主义，甘为环境违法行为充当保护伞和挡箭牌。许多地方环境污染问题之所以长期得不到根本解决，看似责任在企业，实际上根源在于政府。造成这种问题的主要原因是法律的缺失和约束的不足，政府环保责任几近成为一纸空文。目前我国现行各单项环境资源法律多以公民、法人或者其他组织作为主要调整对象，而规范和约束政府行为的法律规定非常有限。《环境保护法》对环境监管主体的职能划分不清，责任不明，统一监管部门与分管部门之间、分管部门相互之间职能交叉、缺位、错位现象大量存在。要改变这种现状，需要将政府直控分散型的环境管理体制转变为社会制衡型的环境管理体制，并重新对政府间的环境管理权限、职责进行合理配置，科学划分环境管理中各级政府之间的事权与财权。

3.4.3.1　调整组织架构，完善管理体系

我国可借鉴一些国家的做法，成立"环境与资源部"，把环境保护和资源开发有

机结合起来，从源头上减轻环境的压力。由"环境与资源部"全面规划和实施环境管理工作，其运行方式与其他部委相同：定规划、做预算、拨款、实施项目，但其功能要进行重新定位，并在法律上予以确认。

成立跨区域的环境管理机构。区域的划分，以污染问题和生态功能上存在关联性为主要依据，成立环境管理机构，直属"环境与资源部"，专职负责管理跨行政区间的环境保护事务：协调跨区间的环境纠纷，对跨区间的重大项目进行环境影响的评估、监督和执行。现有的环境管理机构可以并入新的跨区域的环境管理机构中去。

将各部委原有的各种环境管理机构的功能进行集中，归口"环境与资源部"统一管理，各部委不再设立专门机构进行环境管理。

在各级政府中增设环境资源产权管理机构，专门负责对环境资源的产权进行界定、划分、确认、管理，完善环境资源的产权制度，并运用市场的手段对环境资源进行有效管理。

在"环境与资源部"中建立农村环境管理局，负责对农村环境状况的调查、农村污染政策的制定、农村环境纠纷的处理等环境管理事宜。同时，将我国现有的环境信访制度推广到农村。

在各级环境管理机构中设立环境审议机构和咨询机构，成员由专家、学者、企业家、公众代表组成，对重大环境政策的制定、重大管理的决策提供科学化、民主化的咨询和建议。

3.4.3.2　界定管理职能，合理划分事权

中央、区域、地方环境管理机构分别从宏观、中观、微观 3 个层次行使管理职能，合理地界定和区分三者在环境资源管理中的职能和事权。中央环境管理机构的主要职能是制订中长期战略规划、环境立法、环境政策和标准的制定，掌握的是国家整体生态发展和环境保护的大方向，即不具体到实际操作方面。中央环境管理具有长期性、稳定性、原则性的特点。

区域环境管理机构的主要职能是传达宏观环境管理的政策，评估本区域的生态状况和环境问题，选择与之匹配的政策条款和管理方法。主要包括环境经济政策、环境技术政策、环境贸易政策、环境社会政策的选择和管理。区域环境管理政策对于中央环境管理政策而言是分政策，它必须遵循中央环境保护政策的指导；对于地方环境管理而言，则是总指导，是地方环境管理的行动指南。

地方环境管理机构的主要职能在国家环境管理的宏观调控下，传达区域环境管理政策，实施具体的环境管理，接受管理对象的反馈信息，对具体的环境问题、生态现象进行直接管理。地方环境管理的管理对象是特定的主体，具有直接性、灵活性、适用性的特点。还应根据环境资源类别的不同对环境资源进行分类，由中央、省（市）、

下级市分别代表国家进行产权管理，行使出资人的责、权、利，改变我国环境资源的产权不确定或不存在的现象。

应该充分地认识到，中央政府与地方政府的环境保护事权划分是一个非常繁复的、由粗到细的、不断调整的动态过程，需要纳入国家财政体制整体改革中进行通盘、综合性地部署，也需要在国家整个行政体制改革中进行协调配套。

3.4.4 推进政府部门间水环境职责合理划分

水作为人类生存、生活、生产的必需品，其功能、用途具有多样性，影响水环境的相关事务涉及各行各业。企图通过一个行政主管部门来统领甚至包揽所有涉水的资源和环境管理职能显然并不现实，一个国家存在多个直接或间接涉及水资源环境的管理部门实属正常。如前所述，长期以来我国基本实行着"多龙治水"的体制格局，但在水资源和环境政策决策上尚缺乏有效的高层次会商、协调机制（征求意见的机制往往只对单项政策，不能对产业布局、行业利益起到根本的调节作用），其深层原因是一些部门从自身或行业利益出发，缺乏统筹协商的内在要求，使得源头水污染防治举步维艰，出现经济发展过程中水环境质量下降的后果。针对这一现实，关键是要做好顶层设计、统筹协调，即要建立起协调配合、功能衔接、相互制衡、运转有序的政府部门间水环境事权分配体制与机制。在这之中，环境保护部应担当环境宏观政策的牵头和归口管理职能，中央应赋予其充分的规划和部门协调职责，增强环境评价和环境审批的权威性。具体的部门权责分工设计如表3-5所示。

表3-5 各部门在水污染防治和水资源管理方面的职责分配

部门	水污染防治	水资源管理
环保部门	统一拟订有关水污染防治的规划、政策、法规、规章和标准，并统一监督执行；统一负责水环境质量监测以及相关的监测信息发布等；确定水环境容量；排污费征收管理；参与制定污水处理收费政策；进行环境影响评价和环境审批	参与水资源保护相关政策的制定；参与水资源保护规划编制；审查水利工程的环境影响评价报告书
水利部门	提出水域限制排污的意见；实施水资源优化调配，调节水环境容量；参与节水、废水资源循环利用，以降低水环境污染	统一管理水资源，拟定水资源保护规划，监测江河湖泊水量、水质；发布国家水资源公报，组织实施取水许可证制度和水资源费征收制度，水量分配；工程给水，组织和管理重要水利工程；节水政策、编制节约用水规划、制定有关标准，组织、指导和监督节约用水工作
建设部门	城市污水处理厂规划、建设和运营管理；对工业污水进入城市污水管网进行监督管理	饮用水管理；城市供水，城市节水管理，城市水务管理

部门	水污染防治	水资源管理
农业部门	农业面源污染控制（控制农药、化肥的施用）；规模化畜禽养殖粪便的环境无害化处理	农业水源地保护，农业取水管理，农业用水和农业节水灌溉
国土资源部门	海洋水环境保护	地下水资源管理；矿泉水资源开发与管理
林业部门	水生态环境的保护；水环境功能区的管理	林业水源涵养林地保护
交通部门	水运环境管理；航道水运污染控制	工业用水取水管理，工业用水定额标准制定，工业节水管理
经贸（工信）部门	水污染防治的产业扶持政策；与水污染相关的清洁生产政策法规制定及其监督实施	参与拟定水资源收费标准以及水价政策
财政部门	参与排污收费政策和资金管理；参与污水处理收费政策制定	参与水价政策，水资源税费政策和困难群体用水补贴
发改部门	根据水环境影响评价制定投资政策、产业政策、地区政策等；水环境基础设施建设和投资管理；制定排污收费标准；制定污水处理厂收费标准	组织制定、调整水价政策；水利、水资源基础设施建设
卫生部门	饮用水健康安全标准的制定和监管；水环境（水微生物）影响健康评估	

3.4.5　水环境保护政府间财权划分

3.4.5.1　与水环境相关的财权基本要素分析

财权配置是保证各级政府有效履行职能的重要制度安排。按照贯彻落实科学发展观、推进和谐社会建设的要求，考虑税种属性，兼顾地区间利益分配关系，需要理顺中央与地方之间水环境保护财权划分、促进经济发展方式转变。从总体上看，将容易造成税源转移和跨地区间分配不公，有利于收入分配调节、推动经济发展方式转变、促进资源永续利用以及统一市场形成的税种改为中央固定收入。中央政府为履行宏观调控职能，应当掌握有利于维护统一市场、流动性强、不宜分隔、具有收入再分配和宏观经济"稳定器"功能的税种如个人所得税，有利于贯彻产业政策的税种如消费税，以及与国家主权相关联的税种如关税。地方政府为履行提供区域性公共产品和优化辖区投资环境的职能，应当掌握流动性弱、具有信息优势和征管优势、能与履行职能形成良性循环的税种如不动产税等。

事权与财权、财力相匹配是财政体制运行良好的一个基本要求。各级政府部门对与其相应事权相匹配的财力应具有支配权，即控制、管理、使用权。有一级政权，就有一级事权，就需要一级财权和财力作保证。财权的大小取决于可支配资金数量的多少，可支配的资金多，则财权就大，反之则小。我国财政管理体制遵循"统一领导、分级管理"的原则，各级政府、各部门、各单位为完成一定的行政管理和经济建设任务，需要掌握一定的财力，配置相应的财权。

我国处理财权所坚持的基本原则是：集权与分权相结合，财权与事权相统一。我国幅员辽阔、人口众多，各地区经济发展又极不平衡，要实现党和国家的政治目标，经济、社会发展战略，要充分发挥中央和地方的积极性和主动性。中央政府要对全社会的政治、经济事务进行宏观调控，就必须要集中相当的财力作保证，而地方政府具体组织地方的社会、经济事务，也应享有相应的财权。正确处理财权集中与分散的关系，财权和事权的关系，对调动各级政府部门的积极性，促进我国政治经济发展具有极其重要的意义。从我国的实际情况来看，中央必须相对集中全国的财权，强化中央政府的宏观调控作用，提高财政收入在国民收入中的比重，集中财力，确保重点建设。1994 年分税制财政体制的出台在一定程度上为这一决策提供了保证。

财力是指各级政府在一定时期内拥有的以货币表示的财政资源，来源于本级政府税收，上级政府转移支付，非税收入及各种政府债务等。

拥有财权的政府，一般都拥有相应的财力，但政府拥有财力却并不一定拥有财权。从宏观调控的需要出发，上级政府的财权往往大于其最终支配的财力，一部分财力要转移给下级政府使用，结果是下级政府的财力往往大于其财权。这种财权与财力关系的框架，是目前国际上经济发达国家通常使用的制度框架。

中央政府具有调节地区间公共服务水平的职责，地方政府只有负责本地区公共服务的职责。因此，一方面中央政府应该具有比地方政府更大的财权；另一方面，地主政府往往比中央政府承担着更多的支出管理责任，这就要求有相应的财力相匹配。

3.4.5.2 财权的基本配置

财权是指行为主体的收入取得权，对于政府来说，财权的重要体现主要是税收权、收费权。税收是一种重要的宏观调控手段，与环境相关的税收主要是环境资源税。环境税收是指有利于环境保护及生态发展的各种税收的总称。环境税在环境保护工作中可以发挥重要的作用，其基本内容主要由两部分组成：① 以保护环境为目的，针对污染、破坏环境行为而课征专门税种，这是环境税收制度的主要内容；② 在其他一般性税种中为保护环境而采取的各种税收调节措施，包括为激励纳税人治理污染、保护环境所采取的各种税收优惠措施和对污染、破坏环境的行为所采取的某些加重其税收负担的措施。作为环境保护的重要政策工具，环境税在遏制污染、改善环境质量方面的作用已被国际社会认可。环境税已经成为发达国家保护环境的一个有效手段。目前我国的环境状况不容乐观，环境对经济的约束力逐渐增大。尽管我国已经初步建立了适应社会主义市场经济体制及环境保护要求的环境经济政策体系，这些政策在环境保护和降低污染方面也起到了一定的作用，但是仍存在着一些不足，滞后于我国的环境保护和资源保护，所以，有必要通过开征环境税等措施，来解决我国环境保护中的一些深层次问题。

要进一步强化水环境保护财权制度建设。改革和完善资源税制度，全面推进矿产资源有偿使用制度改革，健全排污权有偿取得和交易制度，扩大排污权交易试点，促进资源节约和环境保护。

1982 年，国务院发布了《征收排污费暂行办法》。这一政策的实施促进了环境保护事业的发展，但是排污收费标准太低，同时排污费返还企业，对其污染治理缺乏激励作用。2003 年 7 月 1 日国务院发布了《排污费征收管理使用条例》，对排污收费制度进行了全面改革，从分级征收管理改为属地征收，分级管理；由超标收费改为总量收费；由单因子收费改为多因子收费；排污费实行收支两条线管理，取消返还企业和用于环保部门经费，纳入财政，全额用于污染治理。总量收费后，刺激力度加大，对企业治理污染起到了一定的作用，而对于超标排污企业罚款的惩罚作用却没有体现出来。排污费筹集资金作用较为明显，收费额逐年增加。

3.4.5.3　政府间的水环境财权配置

谈到财权与财力配置的问题，主要是就政府层级间的财权和财力配置而言。政府收入的主体是税收，因此财权最核心的问题是税基怎么配置以及取得收入后的分享权。根据现行财税体制，中央的固定收入有关税、消费税，此外还有与地方共享的增值税、企业所得税和个人所得税等；在省一级，目前营业税为省级主体税种，因为与第三产业的协调有关，在一些省区采取了省与市县分成共享的体制；到市县这级，意义重大的是不动产税或者是房地产税；在资源富集的地区，可以主要依托资源税。2010年国家在新疆先行先试而启动的资源税，虽然仅仅覆盖石油和天然气，一年新增地方收入就达 50 亿元以上，且以后会越来越多，可以预计资源税将会成为地方政府的主体税种之一。

狭义的政府环境财权主要是指环境领域的与环境直接相关的、征收的各种专项收入（如排污费、水资源费、集中征收的垃圾处理费等）以及今后将开征的环境保护税、碳税等。

（1）水资源费。水资源费主要指对城市中直接从地下取水的单位征收的费用。这项费用，按照取之于水和用之于水的原则，纳入地方财政，作为开发利用水资源和水管理的专项资金。我国在 20 世纪 80 年代初期，开始对工矿企业的自备水资源征收水资源费。《中华人民共和国水法》规定，对城市中直接从地下取水的单位，征收水资源费；其他直接从地下或江河、湖泊取水的，可以由省、自治区、直辖市人民政府决定征收水资源费。征收水资源费的目的，是运用经济手段，促进节约用水，特别是控制城市地下水的开采量。

　　根据现行体制，水资源费基本属于地方收入。根据自 2009 年 1 月 1 日起执行的《水资源费征收使用管理办法》的规定，除南水北调受水区外，县级以上地方水行政主管部门征收的水资源费，按照 1∶9 的比例分别上缴中央和地方国库。水资源费收入在"政府收支分类科目"列第 103 类"非税收入"02 款"专项收入"02 项"水资源费收入"，作为中央和地方共用收入科目。

　　水资源费全额纳入财政预算管理，由财政部门按照批准的部门预算统筹安排。其中，中央分成的水资源费纳入中央财政预算管理，省、自治区、直辖市以下各级分成的水资源费纳入地方同级财政预算管理。水资源费专项用于水资源的节约，保护和管理，也可以用于水资源的合理开发，任何单位和个人不得平调，截留或挪作他用。使用范围包括：① 水资源调查评价、规划、分配及相关标准制定；② 取水许可的监督实施和水资源调度；③ 江河湖库及水源地保护和管理；④ 水资源管理信息系统建设和水资源信息采集与发布；⑤ 节约用水的政策法规，标准体系建设以及科研，新技术和产品开发推广；⑥ 节水示范项目和推广应用试点工程的拨款补助和贷款贴息；⑦ 水资源应急事件处置工作补助；⑧ 节约，保护水资源的宣传和奖励；⑨ 水资源的合理开发。从全国各地水资源费征收使用实践来看，各省征收的水资源费全部留在地方使用。目前水资源费的主要用途包括以下几方面：基础工作、设备、人员工资及其他。据统计，1998—2005 年我国共征收水资源费 170.53 亿元，共支出水资源费 109.28 亿元，水资源费支出占总收的 64.08%。

表 3-6　1998—2008 年全国各地水资源费征收情况　　　　　　单位：万元

地区	省份	1998 年	1999 年	2000 年	2001 年	2002 年	2003 年	2004 年	2005 年	2006 年	2007 年	2008 年
东部	天津	1 070	3 728	4 069	4 220	4 338	8 067	8 789	10 135	10 799	6 998.8	13 372.9
	河北	3 080	3 555	5 971	7 669	8 323	9 295	16 706	28 046	24 239	17 002.4	36 740.4
	江苏	5 856	7 964	8 092	9 928	12 213	13 554	13 620	23 810	36 114	14 990.0	50 706.8
	浙江	—	—	—	5 700	6 850	6 130	6 400	12 024	20 655	13 273.1	27 438.1
	福建	3 010	4 557	3 600	3 503	3 560	3 100	3 238	3 386	3 733	3 280.0	21 500.0
	广东	4 720	4 959	5 074	7 671	9 056	10 765	11 395	31 020	35 630	24 052.3	33 689.7
中部	山西	4 089	4 175	4 369	4 410	4 680	5 139	10 289	20 853	22 988	19 216.0	46 864.3
	吉林	3 071	3 769	4 700	6 941	7 937	8 683	10 272	11 858	12 253	9 060.8	12 257.5
	江西	900	977.4	1 029	987	1 171	1 389	1 892	1 999	3 341	5 385.6	6 448.0
	湖北	1 913	2 069	3 087	2 641	2 776	2 852	3 066	3 540	3 445	4 968.4	14 007.4
	湖南	—	—	—	—	—	1 200	6 800	8 111	9 896	12 000.0	10 591.0
	河南	—	—	—	—	—	11 194	16 009	22 431	33 390	19 303.1	40 691.6

地区	省份	1998 年	1999 年	2000 年	2001 年	2002 年	2003 年	2004 年	2005 年	2006 年	2007 年	2008 年
西部	内蒙古	1 156	1 361	2 155	2 422	3 798	5 373	4 534	5 168	6 806	2 922.8	7 927.0
	广西	2 866	3 011	3 162	3 316	3 476	3 786	3 692	1 087	5 447	3 857.4	15 791.5
	重庆	800	850	1 050	1 300	1 430	1 726	3 095	4 635	6 422	6 959.2	8 997.2
	贵州	—	952.3	1 010	1 162	1 227	1 391	1 497	1 445	1 340	8 170.4	22 000.0
	云南	2 936	3 119	3 286	3 211	3 304	3 547	13 903	19 737	25 427	14 873.5	36 383.4
	陕西	—	—	—	—	—	1 739	1 946	2 886	20 920	3 174.5	27 931.4
	甘肃	950	1 540	1 980	2 276	2 450	2 600	2 631	3 210	3 352	3 258.0	3 396.0
	青海	204	244	233	229	198	259	239	239	3 000	3 000.0	3 743.0
	宁夏	—	—	—	—	—	—	150	901	1 064	—	2 343.0
	新疆	1 283	1 434	1 775	2 156	2 428	2 688	2 800	3 900	5 000	2 500.0	7 800.0

资料来源：《全国水资源费现状调查》（2005 年）和《2003—2008 年度水资源管理年报》。

各地出台的水资源费管理办法中均规定，收取的水资源费是政府专项资金，纳入各级财政专户储存，专款专用，以收定支，不得挪用。均规定了水资源费的使用范围，并由各级水行政主管部门编制年度用款计划，经同级财政审核，拨款安排使用。各级物价、财政部门负责水资源费的监督管理。

水资源费实行分级分成管理。各省级水资源费管理办法中均规定了在本辖区内分级分成管理，即下级水行政主管部门直接征收的水资源费，自留一部分，上缴上级水行政主管部门一部分。各地上缴比例不同，其中河北、山西、云南、福建、广西、贵州、新疆等省区水资源费以县级留成为主；内蒙古、黑龙江、吉林、福建、陕西、宁夏、广东等省区水资源费以市级留成为主；湖北、重庆、甘肃、江西等省市水资源费以省级留成为主。

按照国家现行政策规定，水资源费的使用原则是"取之于水，用之于水"，水资源费专项用于水资源的节约、保护和管理，也可以用于水资源的合理开发，范围主要包括：水资源调查评价、规划，水源地保护和管理，水资源管理信息系统建设和水资源信息采集与发布，节约用水的政策法规、标准体系建设以及科研、新技术和产品开发推广，水资源的合理开发等。

从全国各地水资源费实际使用情况来看，总体而言，各地水资源费主要用于水资源调查规划保护、科研、水资源管理信息系统建设、水资源的合理开发以及行政事业费和人员工资等方面，基本上体现了"取之于水，用之于水"的使用原则。具体来看，水资源费主要用于以下方面：① 水资源调查、规划、保护等基础性工作；② 行政事业费、人员工资；③ 设备；④ 其他。总体上四者在规模上大体相当。其中湖北、湖南、青海、黑龙江用于水资源保护、规划等基础性投入占水资源费总收入的 40% 以上，江西、辽宁、天津等省市用于水资源保护、规划等基础性投入占水资源费总收入的 30%～40%；有些省份用于行政事业费和人员工资超过 60%，如甘肃。

（2）排污费。根据《排污费征收使用管理条例》，直接向环境排放污染物的单位和个体工商户，应当依照条例的规定缴纳排污费。排污费应当全部专项用于环境污染防治，任何单位和个人不得截留、挤占或者挪作他用。

从 2003 年起，排污费实行"收支两条线"改革。2004 年，在全国集中 10% 的排污费的基础上，设立了中央环境保护专项资金。近年来，环境保护部和财政部依据国务院颁布的《排污费征收使用管理条例》（国务院令第 369 号）和《排污费资金收缴使用管理办法》（财政部、国家环境保护总局第 17 号令），紧紧围绕环境保护中心目标和重点任务，针对当前环境污染的重点地区、重点行业、敏感领域，出台了项目申报指南，对项目申报和评审工作制定了明确的工作程序，严格执行形式审查和专家评审制度。截至 2009 年，中央环境保护专项资金共安排 47.36 亿元，共支持污染防治项目 1 544 个，带动资金数百亿元，在解决突出的环境污染问题，保障区域环境安全和人民身体健康，改善人民生活环境，提高环保系统监管能力等方面都发挥了重要作用。同时，也引导和调动了地方政府、企业治理环境污染的积极性，推动了全社会的污染减排工作。

中央环保专项资金来源包括排污费上缴中央部分收入与其他中央财政预算收入。从实际情况来看，中央财政排污费收入增长比较缓慢，资金池有限。建议中央财政在每年的预算收入中或财政新增量中按照一定的比例纳入环境保护专项资金，以保持中央环保专项资金逐年稳定增加。

表 3-7　与水环境相关的政府专项收入　　　　　　　　　　单位：亿元

年份	2002	2003	2004	2005	2006	2007	2008
中央财政排污费收入	—	—	—	11.93	14.21	17.96	18.50
地方财政征收排污费和城市水资源费收入	84.74	93.40	109.50	151.91	180.14	216.90	235.49

资料来源：《中国财政年鉴 2009》。

3.4.5.4　水环境财权划分的基本内容

财权通常是指在法律框架范围内，各级政府为履行其职责而筹集和支配收入的权力，主要包括征税权、收费权、举债权以及资产收益权等。在体制决定上，事权与财权应适度相匹配、相适应，这是责、权、利、效相统一的基本要求。无论哪级政府，"事大财小"还是"事小财大"，都会造成权责关系的失衡和效率的损失。"事大财小"会出现"小马拉大车"的问题，财力不足，只能是降低供给公共产品的供给数量和质量；同样，"事小财大"则会出现"大马拉小车"的问题，财力过剩，也会造成稀缺财政资源的浪费。

（1）征收决定权。公共收入的征收决定权是指税收征收立法权限的归属与划分、规费的行政规章的制定权属与划分。在我国单一制政体下，税收立法权是国家立法权的重要组成部分，是指政权机关依据一定程序制定、颁布、实施、修改、补充和废止税收法律、法规的权力。在这种背景下，公共收入的征收决定权基本都归属于中央政府，具体包括税收的开征、停征、税率、税基、征收范围、减免等。根据我国宪法的规定，省、自治区、直辖市的人大及其常委会在不与宪法、法律和行政法规相抵触的前提下，可以制定地方性税收法规。但是，在实际税收立法上，这一项规定没能实现。国发[1993]第 85 号文件规定："中央税、共享税以及地方税的立法权都要集中在中央。"几乎所有地方税种的税法乃至实施细则均由中央制定及颁布，只是把屠宰税、宴席税的某些税权下划到地方。全国人大除了授予海南省和相当于省级的民族自治区及深圳特区可以制定地方性税收法规外，其他的省、直辖市都无权制定地方性税收法规。目前在有限范围内，地方政府在法治框架下，也可享有一定的税收减免权，省级地方政府在经过地方人民代表大会表决程序后可对行政性规费等非税收入的征收享有一定的征收决定权。

（2）收入征管权（组织收入权）。所谓收入征管权，指政府为提供公共产品和服务、履行职责，凭借国家权力，在法律法规的框架内向社会筹集收入，它既可能以税收征收的形式，又可能通过收费、政府性基金等非税收入的形式来取得。在组织收入上，应坚持"依法征收，应收尽收，坚决不收过头税，坚决防止和制止越权减免税"的组织收入原则。

根据现行财税体制，应遵循"一级政府、一级事权、一级财权"的基本原则。收入征管权是政府作为社会公共利益的代表，在经济社会活动中凭借公共权力而筹集的为弥补提供公共产品和公共服务所需必要的成本和费用。随着现代财税制度的发展，收入征管权不仅仅是一种筹集资金的手段，而且还可以成为一种重要的经济调节手段。比如，为了体现节能环保的政策导向，可对环保产业、清洁生产活动规范化地减征或免征有关税费。由于收入征管权涉及微观操作，可主要下放在地方政府执行。

（3）财力配置权。财力配置权包括决定税基和费基的配置、转移支付资金的权力。在我国分级财政体制下，由于地区经济基础和发展条件的不同，各级政府之间的财权与事权不平衡是一种常态。事实上，在尽可能地实现财权与事权相匹配的基础上，更关键的要素是"财力"与事权的匹配，因为财力是政府提供公共产品、履行相关职责并保持机构运作的直接条件。因此，财力配置权也往往显得更为重要。

我国区域经济发展不平衡的特点突出，区域横向税收转移问题大量存在，进一步加剧了税收在区域之间分配的不平衡。从本质上讲，财力再分配属于国民收入再分配范畴，对市场经济条件下的初次分配具有调节作用。这种调节不仅包括对不同纳税能力纳税人的调节，还应包括对不同区域税收利益者的调节。中央政府具有调节区域间公共服务水平的职责，地方政府负责行政辖区范围内公共服务的供给职责。为此，中央政府通常需要掌控更大的财权；另一方面，地方政府往往比中央政府承担着更多的支出管理责任，这就要求有相应的财力来支撑。

3.5 水环境事权财权划分的配套政策和机制

环境事权财权的划分不是一项孤立的任务，需要加强与水环境市场机制、环境税费政策、环境生态补偿、污染赔偿政策的衔接、协调和综合配套，才能顺利推进，使相关责任得到落实，并最终取得水环境保护的综合成效。

3.5.1 强化问责机制，硬化水环境保护目标责任制和考核评价制度

事权合理划分并得到有效履行离不开有关监管、评估、考核等行政举措的配套。就政府间水环境事权划分而言，要确保各级政府按照法律和体制的要求来充分、合理地承担起其既定的水环境保护事权，其中很关键的一条就是要强化并严格执行水环境保护行政问责制。否则，事权财权划分得再科学合理，如果在落实上缺乏强有力的保障和约束手段，也会陷入"空谈"的境地。严格水环境保护的目标责任制和问责机制，具体措施有：对违反水环境保护法律、法规，出现重大决策失误，造成严重水环境污染事故的；对水环境违法行为查处不力，甚至包庇、纵容违法排污企业，致使群众反映强烈的水环境问题长期得不到解决的；对不依法行使职权，造成严重后果的乡镇、部门负责人和有关人员，实行"一票否决"，并按照规定严肃追究相关责任。相关工作需要得到组织部门、监察部门等的协同。

加强对地方政府和干部水环境保护工作的考核，是落实水环境保护事权的重要组织保障。① 健全考核指标。将水环境保护作为生态环境保护的重点，与经济社会发展指标统一起来，纳入干部政绩考核指标体系。水环境考核指标设计既要注重工作考核，更要注重绩效考核，全面反映水污染治理和水环境改善的实际成效。② 完善考核程序。水环境保护考核要以扎实的工作措施、科学的监测数据为依据，坚持定期考核与日常督察相结合，专家评价与社会评议相结合，工作考核与现场监测相结合，公开评价指标，动员全社会参与监督、评价。③ 硬化考核结果。将水污染防治和水环境改善作为约束性指标，突出水环境保护的地位，不仅在评优创先中实行"一票否决"，而且在干部提拔任用上实行"一票否决"。

3.5.2 加快完善跨行政区水质考核制度

按照"守土有责"的原则，实行跨行政区断面水质考核制度，也是落实地方政府责任关键的制度。完善跨行政区水质考核制度，有利于分清流域上下游的责任，调动

地方治污的积极性，形成齐抓共管的治污局面，切实改善出境断面水环境质量。国务院 2005 年《关于落实科学发展观　加强环境保护的决定》中已经明确要求"建立跨省界河流断面水质考核制度，省级人民政府应当确保出境水质达到考核目标"。按照这一要求，目前已有江苏、湖南等一些地方采取了断面水质考核制度。实践证明，这一措施明确了责任，对有效控制水污染有明显的作用。省、自治区、直辖市人民政府应当采取措施，确保重要江河在本行政区域的出境水体达到国家确定适用的水环境质量标准。

要抓紧建立和完善跨省、跨市、跨县界断面水质考核制度，将污染物排放情况与水质改善情况挂钩，使减排成效体现在环境质量的改善上；将水质状况与经济处罚和补偿挂钩，上游超过规定的总量排放污染物造成水体污染的，应在经济上受到处罚，反之，超额完成减排和水质达标任务的，应获得经济补偿。与此同时，将跨行政区水质考核情况向社会公开，接受群众监督，切实推动落实各地方水污染防治的责任。

3.5.3　完善水环境保护的激励约束机制

（1）完善水环境影响准入和退出机制。进一步完善产业政策，综合运用价格、土地、环保、市场准入等措施，加快淘汰落后生产能力。对不按期淘汰的企业，依法予以关停。严格执行建设项目环境影响评价和"三同时"制度，确立环保第一审批权。根据资源禀赋和水环境容量，严把建设项目准入关，从严控制向水体排放有毒有害物质、向湖泊排放氮、磷污染物的项目，杜绝产生新的污染。坚决执行新建项目环评未通过的一律不准开工、"三同时"未落实的一律不准投产；污染减排任务未完成的县市一律暂停环评审批新增污染物排放的项目。

（2）完善财税奖惩机制。建立淘汰落后生产能力奖惩机制，对地方政府淘汰落后生产能力，按其实际削减的污染物排放量给予奖励；对未能按期淘汰落后产能的地方，适当扣减其转移支付额度。根据企业排污强度、排污量和对水体造成的影响程度，实行不同的税率标准；对企业新上污染治理项目，减少污染物排放的，适当给予奖励。进一步完善差别水价和差别电价制度，引导企业减少水电资源消耗，减轻污染排放。

（3）建立生态补偿机制。要科学划定主体环境功能区划和水环境功能区划，明确不同区域的功能定位和环保目标，制定重点流域的水污染防治规划，充分运用资源环境政策的杠杆作用，实施差别化的流域开发，形成各具特色的发展格局。对饮用水水源地等环境脆弱区、敏感区实行强制性保护。在科学评估相关区域水环境保护效能的前提下，通过财政转移支付对为保护水环境作出贡献的地区给予补偿。建立生态体系补偿标准、流域水质补偿制度、财政转移支付制度等，以利益协调机制促进生态和发展的相对平衡。

3.5.4 加大治污资金投入

水污染防治是一项公益性极强的事业,具有投资规模大、建设周期长、投资回报慢、财务收益率低、社会筹资难等特点。长期以来国家对水污染防治投入不足,缺乏稳定的投入保障机制,导致水污染防治工作严重滞后于经济社会发展要求。基于此,政府应加大对水污染防治工作的资金投入,鼓励民间资本和外资进入水污染防治领域继续推进建立城市水污染处理市场化机制,全面推进工业废水和生活污水无害化处理等水污染防治工作;科学合理地调配水资源,加强节水教育,增强全社会节水意识,建设节水型社会;加强排污费的征收和管理,制定有利于水污染防治的价格税收政策;大力研究开发污水资源化技术,加快污水处理及其配套设施和污水回用设施建设,在大幅提高城市污水处理能力的基础上,高度重视污水再利用,以达到减污增效的双重作用,实现废水资源化,提高水资源利用率。

随着经济的不断发展和生活水平的不断提高,国民对环境质量的要求越来越高,对环境保护和治理的关注度越来越高,对破坏环境的违规违法行为的容忍度则越来越低。近年来的几起水污染重大事件变成社会突发性危机事故一再表明,在水污染防治和水环境的改善上只能进步,不能原地踏步,更不能退步。这也是国民对全面建设小康社会、提高生活质量的正当要求。《水污染防治法》的再次修订,对于我国水污染防治、生活生产用水环境与质量的提高,对其施行过程中遇到问题的解决与完善都具有重大而深远的现实意义。

3.5.5 加大水污染防治监督检查力度,强化政府监管责任

继续严格贯彻实施新修订的《水污染防治法》,加快制定《排污许可证管理条例》《饮用水水源地环境保护管理条例》《城镇污水处理厂监督管理条例》《流域生态补偿管理条例》《污染源限期治理管理办法》《环境影响评价区域限批管理办法》等配套法规和规章,加大对地方执法工作的指导和监督力度,切实落实《水污染防治法》确定的各项制度和措施。继续开展整治环境违法行为保障群众健康环保专项行动,充分利用好法律赋予的各种手段,进一步完善重大水污染违法案件移送司法和协同配合机制,严厉打击各类环境违法行为,提升《水污染防治法》的威慑力,树立环境执法的权威。要按照《水污染防治法》和国务院对环保、发展改革、住房城乡建设、水利、农业、卫生等部门主要职责的规定,加强涉水部门的沟通,依法统一发布水环境质量信息,强化信息共享和部门联动,完善跨部门、跨区域的水污染联防机制,进一步研究理顺流域管理体制,推动水污染防治形成合力。

在水污染的防治中,监督、管理是政府最为重要的职能之一。我国水问题很大程度上源于管理的失范和制度的欠缺。过去我国的环境保护工作建立了不少行之有效的

制度，但主要是在环境保护部门内部，而新时期的制度建设应是加强和促进环境与资源保护行政主管部门和其他相关政府部门以及整个社会的协调与合作。通过对管理行为规则的制定和规范，消除环境与资源保护工作的体制性障碍，确保新型资源环境管理体制的正常运转和目标的实现。监管制度建设正是建立新型资源环境管理体制的客观需要，为有效预防、制止、纠正那些环境违法的现象，其核心是水政执法。加强该项工作应全面规划，统筹兼顾，综合治理，从而切实把水政执法纳入法制化的轨道。为此，各级政府和水利部门要依据国家的法律法规，结合本地区的实际，因地制宜，制定出行之有效的政策，使水政执法职能部门便于操作，依法办事且执法有据。《水污染防治法》应明确政府在水政执法中的定位，注重政府的规制与监管职能，通过政策和执法引导水污染治理的良性运转，最终实现政府在公平诚信执法方面的成本效益。

按照国家有关法律的规定，企业排污有严格的标准，并要缴纳排污费；超过相应标准的，要建立废水处理设施，并定时启动，保证排放的污水达到合格的标准。而现实的情况是，不少企业偷偷摸摸排放严重超标的污水，或宁愿缴纳排污费，也不肯投资建设废水处理设施，或虽有排污设施，但平时不启动，只是上级领导来检查时运转一下。他们就是用这种违法、欺骗的手段使其在成本相对低的状态下生产经营，取得市场中的比较优势。而另一方面，守法企业增加投入治理污染，提高了生产成本，相对削弱了竞争力，这就是现实情况下，守法成本高，违法成本低的真实写照。所以应使违法违规排污的企业付出高昂的代价，才能改变这种状况。因此，在立法上应明确采取相应的行政处罚、司法追究、排污收费、民事赔偿等措施。

3.5.6　强化水流域管理机制创新

水污染具有明显的流域特性，流域则具有自然与社会的双重属性。尊重流域自然生态特性、实行集中控制，是世界各国水污染防治立法的重要经验。对水污染控制应当以构建流域管理为目标，建立相应管理体制和监督管理制度，对流域内淡水资源及其相关资源的开发、利用与保护进行统一的规划与协调。以长江、黄河为例，提出应当按照完整的流域管理概念，参考国外流域管理的发展趋势，制定我国统一的流域立法。在水污染控制体系中，流域控制属于一种中观控制，它具有宏观控制与微观控制所不具有的优势，是水污染控制系统不可或缺的一个环节。在此基础上，流域管理综合立法和建立中观层次立法机制的构想，包括水污染流域控制的立法模式、管理体制、制度体系的基本思路。我国加强流域管理立法，应当明确规定流域管理机构的法律地位高于省级水行政主管部门；同时，建立和健全流域管理法律制度，加强流域立法的可操作性。

3.5.7 完善跨界水污染纠纷的处理机制

由于大量污染物排放以及区域河网复杂的动力特性，使得跨流域水污染事故频繁发生，给流域的社会稳定带来不利影响。根据现行水污染防治法律的规定，跨界水污染纠纷的解决是有关地方人民政府的职责，且以协商或调解为原则，至于协商不成如何处理没有规定。因受各自所处区域内行政权力的牵制，面对此类纠纷目前想引入司法救济途径，让法院来裁判，恐难以操作，但是因跨界水污染引起的民事赔偿纠纷，当事人可以选择直接向人民法院起诉。此外，处理纠纷的部门除有关地方人民政府和其共同的上一级人民政府之外，还可以增加流域水污染防治机构。因其利益中立、地缘优势和人员专业，流域水污染防治机构能发挥重要作用。同时，为方便跨界水污染纠纷的解决，应建立信息沟通机制和联合监督机制。由河流交界两地政府和环保部门定期、不定期地召开联席会议，通报有关情况，开展技术交流，实现信息共享。双方派出环境监察人员组成督察组，对双方排污企业开展联合检查和对口互查，对突发性事件和苗头性问题，立即采取措施，现场处理，协商解决。

3.5.8 加强环境监察部门的执法权

加大处罚力度，增添处罚的种类；合理配置权力，加强环境监察部门的执法权。目前对于不遵守《水污染防治法》的企业，对其罚款的上限是 20 万元，而有的污染企业造成的损失远不止此，以至于守法成本高、违法成本低。所以建议新的《水污染防治法》提高处罚标准，打破原来最高 20 万元罚款限额的规定，而代之以"按日计罚"，即对于持续违法排污行为不再一次性罚款了事，而是按照违法排污日期的长短来计算罚款，并每日累积叠加，最终按叠加额进行处罚，以增强法律的威慑力。除此之外，还应增加处罚种类，如对于排放污水的违法设施可以扣留、扣押，以利于及时排除危害，还可以依法没收违法排污所得。我国环境监察部门的执法权一直偏弱，环境保护行政主管部门只能对一些严重排污的违法排污行为提出建议，至于该企业关闭还是限期整顿最后仍由政府来决定，然而这种个别企业的问题往往不容易排到政府的议事日程上。或者受由经济利益而滋生的地方保护主义观念影响，政府部门也未必能做出恰当的决定，故有必要赋予利益相对中立的环保部门要求违法企业限期治理、停产治理的处罚权。

3.5.9 推行水环境责任保险

环境责任保险是责任保险的下位概念，是以责任保险作为防范环境污染风险的法律技术手段。目前我国尚未全面建立实质意义上的环境保险制度，有关的环境责任保险被纳入公众责任险的范畴。然而，环境责任保险作为一种社会化责任填补救济制度，应当作为试点在水污染防治立法中有所体现，并逐渐扩展到环境保护的其他领域。建立环境责任保险的必要性主要表现在可以保证环境污染受害人及时、足额获得补偿；强化保险公司对企业环保活动的监督管理；减轻企业破产危险。同时建立环境责任保险也已具备可行性条件：有发达国家较完善的制度可供借鉴；我国环境侵权诉讼的发展为环境责任保险的发展奠定了法律基础；我国已存在对船舶、石油钻井等造成的污染事件所产生的责任进行保险；我国保险业日渐成熟壮大并有不断开展新业务的需要。环境责任保险的设定需要解决风险核保、险种设计、保险费率设置、保险模式选择、保险机构确定等一系列具体问题，可以先将其用于水污染的治理进行试点。试点确定水污染责任险，一方面是因为严重的水污染现状所带来的紧迫感；另一方面是因为水污染往往带来巨大的财产、人身损失，社会影响大、范围广，在目前的生产规模和技术水平下，侵害者一般都难以承受。如果在水污染防治立法中确立对水污染风险企业进行强制保险的制度，将分散企业巨额赔偿的风险，也使受害者得到充分的赔偿，从而减少社会震荡。

3.5.10　完善水环境保护的市场机制

充分发挥市场调节杠杆和资源配置作用，加强水污染治理和水环境保护，是保障水环境安全的重要实现形式。

（1）完善水资源定价制度，将环境成本充分纳入水价。粗放型增长方式之所以长期延续，一个重要原因在于水资源使用价格过低，没有真实反映其稀缺性和使用成本。要真正解决好水资源在有效保护基础上的集约利用，必须将水资源作为基本的生产要素，运用市场手段发现价值、配置资源、调节保障，根据发展需要和水环境实际支撑能力，在水价中充分体现环境成本，实行阶梯式水价、超定额用水加价制度，确定再生水价格，鼓励中水回用，严格用水收费制度，探索建立水资源的市场定价和配置资源的机制。

（2）加快建立排污权交易制度。排污权作为一项基本产权，应科学确定企业和单位的初始排污权，并实行有偿分配。有偿使用费作为财政非税收入纳入预算。新建项目必须购买排污权，允许排污权自由转让，无排污权不得擅自排污，有排污权必须达标排污。配套建立排污权交易市场，探索建立排污权交易机制。

3.5.11　加大宣传力度，提高公众水环境保护参与执行意识

公众是环境的重要利益关联方。世界环保事业的最初推动力量就来自公众，没有公众的参与就没有环境保护运动，应大力倡导公众参与水环境保护和管理。加强政府环境管理，科学界定政府环境管理的事权，并不是否定公众参与环境管理，而是要最大程度地鼓励公众参与。如果说政府是看得见的手，那么非政府组织则是看不见的手，

看得见的手在宏观领域发挥作用，看不见的手则微观领域发挥作用，两者密切配合，带来社会福利的增加。

《水污染防治法》是一部全面规定水污染防治的监督管理，防止地表水污染、地下水污染的法律。它的颁布实施，对于加强水资源管理，防治水污染具有重要意义。全国各级国家机关、社会团体、企事业单位要针对当前一些党政机关、企事业单位、人民群众法制观念淡薄，水污染防治意识不强的现状，大力加强《水污染防治法》的学习、宣传工作，把学习、宣传《水污染防治法》作为贯彻实施《水污染防治法》的一项基础性工作来抓。① 在执法机关内部大力加强《水污染防治法》的学习和宣传工作，进一步增强广大执法人员贯彻执行《水污染防治法》、依法履行职责、公正执法的责任感和使命感，从而为全面正确地贯彻实施《水污染防治法》奠定思想基础。② 依靠各级党委的领导和各级人大及其常委会的支持，做好《水污染防治法》的学习、宣传和组织实施工作并虚心接受社会各界、新闻媒体、人民群众的监督，努力解决《水污染防治法》在贯彻实施中出现的一些实际问题。③ 充分利用本地广播、电视、报刊、网络等各种传播媒体，采取多种形式，通过多种渠道，向社会各界大力宣传《水污染防治法》，着重突出并反复强调水污染防治的重要意义，告知人民群众在因水污染受到损害时，要注意保全证据。公民的环境权日益受到重视，我国的《水污染防治法》应加强对公众参与的明确、具体的规定，保证、鼓励公众更多地参与环境管理，促进水环境保护目标的实现。同时应提高公众的环境意识，加强宣传、教育、培训，为水环境污染治理、保护、发展提供持续的社会根本动力。

第 4 章

水环境保护的政府投资政策研究

从理论角度看，水环境保护具有明显的公共产品特征和外部性特征，政府介入具有合理性和必要性。从现实角度看，政府投资是水环境保护资金保障机制的重要组成部分。本章主要研究政府水环境保护投资的一般理论，分析我国政府水环境保护投资的政策现状，在借鉴国外政府水环境保护投资相关经验的基础上，提出完善我国水环境保护政府投资政策的基本建议。

4.1 水环境保护政府投资理论研究

研究政府水环境保护投资相关问题，首先需要明确政府水环境保护投资的理论基础，包括政府介入的必要性，政府投资的重点和投资机制等问题。政府水环境保护投资是实现我国经济社会可持续发展的必然要求，而"公地悲剧"与水环境保护投资的外部性是政府投资的理论基础。

4.1.1 政府投资的理论分析

政府投资是以国家为主体的一种集中性投资，是社会总投资的重要组成部分。国内外理论研究和实践表明，在现代经济发展中，政府投资具有其他投资不可替代的作用，它既可以调节社会供需，又可以引导社会投资的方向，是经济发展的重要推动力量。

在现代社会中，社会总投资都是由政府部门投资和非政府部门投资两大部分组成的。从理论上分析，上述两种投资的运作及其投资的侧重点存在较大的差异。非政府投资以追求盈利为目标。作为商品生产者，它们要追求盈利，而且它们的盈利是根据自身所能感受到的微观效益和微观成本计算出来的。非政府投资主要依靠企业自身积累和社会筹资作为投资来源，而企业自身积累不可能很大，社会筹资也有一系列约束条件，以致无力承担规模稍大的投资项目。非政府投资由于追求微观上的营利性，由此决定它不可能顾及非经济的社会效益，而且一般只能从事周转快、见效快的短期性投资。政府投资与非政府投资相比，则具有明显不同的特征。① 政府居于宏观调控主体的地位，它可以从社会效益和社会成本角度来评价和安排自己的投资，而不以营利为主要目的。政府投资项目的建成，如社会基础设施等，能极大地提高国民经济的整体效益。② 政府资金雄厚，可以从事大型项目和长期项目的投资。③ 政府可以从事社会效益好而经济效益一般的投资。上述特点决定了政府投资具有自身的活动范围，不能与非政府投资相混淆。

从国际经验看，在不同国家及其不同的发展阶段，政府投资范围并非一致，甚至具有较大差别。从工业化国家情况看，由于其经济发达，市场机制完善，社会筹资能力强，由此决定政府投资主要定位在弥补市场缺陷，提供公共产品，具体投资范围限于基础设施、储备战略性物资以及补充或增加特定主体的资本等。与此同时，工业化国家的政府投资比重也相对较低。在发展中国家，政府部门作为一个投资者，比工业化国家发挥着更大的作用。这至少是因为，发展中国家基础设施建设需要比工业化国家更多的投资，而基础设施建设一般来说周期长、耗资多、收益低，非政府部门既无力量也不愿进行投资，因此只能由政府担当起这方面投资主体的任务。此外，发展中国家大多处于经济起飞阶段，国民经济的一些重要领域和产业需要政府投资兴建或扶持，这也决定了发展中国家的政府投资职能更重一些，投资范围更宽一些。

如上所述，政府投资的范围主要包括两大方面：① 基础性投资。基础性项目指具有自然垄断性、建设周期长、投资量大而收益较低的基础设施项目以及需要政府进行重点扶持的基础工业项目。这样的项目则需要政府进行主体投资，因为私人市场很难取得巨额的资金来源，而且投资时间长，需要资金量比较大，即使能够融到资，融资成本也是相对比较大，所以私人和市场一般不愿意投资这些基础性领域。基础性项目投融资属于政策性投融资，由政府集中必要的财力物力，通过经济实体进行投资为主，并广泛吸收企业投资。政府投资主要集中于期限长、投资大、关联度高、带动性强的项目。② 公益性投资。公益性项目主要指教育、文化、卫生、体育、环保事业的项目，公、检、法、司等政权机关的项目，以及政府机关、社会团体办公设施、国防设施等。公益性项目投资主要由政府运用财政性资金，以拨款方式投资。按照市、区、镇、村四级政权与财权的划分，各级财政承担相应的责任，各级政府集中相应的政府收入统筹安排，用于服务社区和相应地域范围所有居民的设施建设，跨地域的由上级政府协调投融资，一些为局部市民服务的无法按地域划分的社团公益性事业则由企业或社会团体分别承担，采取谁投资、谁管理、谁受益的原则，实行有偿投资，有偿使用。

4.1.2 水环境保护政府投资的必要性

4.1.2.1 "公地悲剧"与水环境保护投资的外部性是政府投资的理论依据

水作为一种公共品,其产权难以私有化,特别是对那些不断流动的水来说,其产权的保护成本太高。正是由于水的公共产品特征,才导致水的过度污染。由于水是免费使用的,没有私有产权的保护,因此,一些企业、家庭便将废弃物大量排入水中,而不用承担任何责任,也不用负担任何成本,结果更多的企业和家庭将废弃物排入水中,造成水质严重下降、产生污染。因此,对社会来说,污染所带来的成本很高,但对各个污染者来说,他们几乎没有成本,也就没有约束来减少排放,这就是"公地悲剧"。"公地悲剧"从另一个角度说明,水环境保护是具有外部性的。而正是由于这种外部性的存在,私人和企业通过自发机制是不会进行水环境保护投资的。一方面,水环境污染的负外部效应导致私人成本与社会成本、私人收益与社会收益的不一致,从而使私人最优与社会最优之间发生偏离,资源配置出现低效率,环境污染所带来的私人收益远大于其成本;另一方面,水环境保护的正外部效应使得污染治理企业无法因其社会贡献获得满意的经济回报,水污染防治方面就会出现"免费搭车者"。如果所有的社会成员都成为"免费搭车者",水污染治理投入会出现供给量不足甚至为零的情况,就会导致"市场失灵"。

从一个流域范围角度看,"公地悲剧"仍然上演,说明地方政府同样缺乏水环境保护投资的激励机制。以城市污水处理厂为例,在一个流域内,城市污水处理厂位于某个特定的城市内,通过集中处理生活污水,该城市的排水水质大幅改善,但这样只能使该城市下游城市或地区的水质得到改善,却无法提升上游来水的水质状况。对该城市来说,本市内的污水处理厂基本没有给自身带来收益。因此,该城市居民在没有利益驱动的情况下,也就不会关心污水处理厂的兴建。而作为决策者的地方政府,从利益角度出发,自然也不会积极地出资兴建污水处理厂。换句话说,如果地方政府对基础设施建设项目有一个优先序,那么与市内绿地等相比,污水处理厂的建设将被排在一个比较靠后的位置。这也就解释了为什么污水处理厂建设迟缓,而城市绿地建设却非常迅速。

综上说明,"公地悲剧"与水环境保护投资的外部性是政府特别是中央政府进行水环境保护投资的重要理论依据。

4.1.2.2 我国水环境保护的重大意义与政府支持的必要性

随着经济社会的迅速发展,人口的增长和生活水平的提高,人类对河流、湖泊、水库、港湾等的污染日趋严重,正在严重威胁人类的生存和可持续发展。正如许多科学家所预言的，如果人们在发展经济中不注意保护环境，最终将使自己失去赖以生存的环境而导致自身的毁灭。面对越来越严峻的污染公害，许多国家都制定了一系列关于水环境保护的法律和政策措施，加大了政府对水环境保护的投入。

水环境污染在我国相当严重。根据 2008 年《中国水资源公报》数据统计，河流水质严重污染（劣V类）的占 20.6%，省界水体水质严重污染（劣V类）的占 27.5%，湖泊水质严重污染（劣V类）的占 23.3%。近几年，水环境污染出现进一步恶化的趋势，不断出现大面积的河流和湖泊污染灾害。2008 年，国家重点治理的"三湖"中，湖体水质均劣于III类，IV类、V类、劣V类水面积分别占评价面积的 7.4%、27.2%和65.4%；滇池耗氧有机物及总磷和总氮污染均十分严重，V类水面均占评价水面的28.3%，劣V类水面占 71.7%；巢湖东半湖评价水面水质为IV～V类，西半湖为劣V类，总体水质为劣V类。[①]更为严重的是水污染事故频繁发生，已经成为制约我国经济发展的一个重要因素，根据原国家环保总局和国家统计局联合发布的《中国绿色国民经济核算研究报告》，2004 年全国因包括水污染在内的环境污染造成的经济损失为5 200 多亿元，约占当年国内生产总值的 4%。[②]从当前水环境污染的情况看，加强政府对水环境保护的支持和投入，对于实现我国经济社会可持续发展具有重大的意义。

4.1.3 水环境保护政府投资介入方式的理论探讨

水环境保护需要政府的介入，但政府介入的程度和方式有差别，政府投资的方向和重点也有差别。在公共经济学中，市场失灵是政府介入的基本依据。市场失灵主要包括垄断、外部性、公共产品等方面。市场失灵需要政府干预，政府干预垄断和外部性的方法主要是通过政府规制来实现的，政府收入和支出方式也是构成政府规制的组成部分，而提供公共产品则需要通过政府的直接投入。政府在水环境保护方面的事权，除生态保护外，主要是水污染防治，包括工业污水处理控制、城市污水处理设施建设、农村面源污染预防与控制、水体生态清淤和综合治理以及水污染防治基础研究和技术推广等方面，分析这些事权的性质，有利于厘清政府水环境保护投资的重点和方向。

4.1.3.1 工业废水处理政府投资的介入方式

企业排出的工业废水是生产者对下游居民的负外部性，这种负外部性的矫正可以通过排污费或者可交易排污许可证制度进行规制。排污费实际上是"庇古税"。按照庇古的观点，导致市场配置资源失效的原因是经济当事人的私人成本与社会成本不相一致，从而私人的最优导致社会的非最优。因此，纠正外部性的方案是政府通过征税或者补贴来矫正经济当事人的私人成本。只要政府采取措施使得私人成本和私人利益

---

① 中华人民共和国水利部，《2008 年中国水资源公报》，http://www.mwr.gov.cn。
② 国家环保总局，国家统计局，《中国绿色国民经济核算研究报告 2004（公众版）》。

与相应的社会成本和社会利益相等，资源配置就可以达到帕累托最优状态。这种纠正外在性的方法也称为"庇古税"方案。

"庇古税"说明，对于工业污水处理，只能通过对企业征收排污费（税）进行矫正，而不能通过政府为企业的污水处理投资解决，因为政府为企业投资，相当于给企业补贴，这样不但不能使企业的外部成本内部化，减少污染排放，反而会促使企业进一步加大污染。

对于企业负的外部效应，除了通过排污费（庇古税）矫正以外，还有一种方法，就是可交易排污许可证制度。经济学家已经证明，在确定情况下，可交易排污许可证和排污费是等价的，即当以福利最大化为目标的管理者知道确定的相关函数时，排污许可证市场和排污费制度会产生恰好相同的结果。[①]如果环境管理者发放最有数量的许可证，在自由市场上的拍卖中，许可证的价格将正好抬高到庇古税的水平，在这一点上，对于一个污染者而言，不管他是按每单位的污染排放支付排污费给当局，还是在自由市场上按每单位经授权的污染排放量支付相同的钱购买许可证，都没有什么区别。在两种情况下，污染者都将排污排放限制在正好相等的数量上，因而每一个持续经济的污染者对这两种激励的反应完全相同。

4.1.3.2　城市污水处理政府投资的介入方式

居民应该负担城市污水处理相应的成本。城市生活污水是城市居民对外部的负效应，所以居民应该负担污水处理的成本，负担的方式是缴纳一定的污水处理费。

政府也应该负担相应的成本。居民应该负担相应的成本，但是居民缴纳的污水处理费毕竟是有限的，不足以弥补城市污水处理设施的建设和运营成本。而且污水排放带有"公地"的性质，因此污水处理设施具有准公共产品性质。对于这样的准公共产品，政府应该负担一定的成本。

城市污水处理设施具有区域性准公共产品和跨区域性准公共产品的双重属性（图4-1）。首先，城市污水处理设施是城市范围内的区域性准公共产品，因为如果没有城市污水处理设施，城市自身的土地和地下饮用水将受到污染。其次，城市污水处理设施是跨区域性准公共产品，因为从一个流域范围来看，城市污水处理厂位于某个特定的城市内，通过集中处理生活污水，该城市的排水水质大幅改善，使该城市下游城市或地区的水质得到改善。

由于城市污水处理设施具有区域性准公共产品和跨区域性准公共产品的双重属性，因此该城市所在的地方政府和中央政府都应该承担城市污水处理设施建设和运营的相应成本。

---

① 威廉·鲍莫尔，华莱士·奥茨. 环境经济理论与政策设计，经济科学出版社，2003.

图 4-1　城市污水处理设施的双重属性

另外，由于城市污水处理设施存在运营的过程，在运营过程中，向居民收集的污水处理费以及政府的持续投入可以产生一定的现金流，如果现金流预期比较稳定，则污水处理设施的建造和运营可以采取 PPP 的投融资模式，让社会资本参与城市污水处理设施的建造和维护，而以稳定的现金流作为回报。

4.1.3.3　农村面源污染预防与控制政府投资的介入方式

中共十七届三中全会明确提出"加强农村基础设施和环境建设"，强调"把农村建设成为广大农民的美好家园"。为此，必须高度重视并采取切实有效的措施控制和减少农村面源污染。农村面源污染的途径主要有 3 个方面：

（1）农业生产造成大量面源污染。种植业中化肥、农药、地膜过量及不合理使用现象十分普遍。有数据显示，我国化肥年使用量达 40 t/km²，远远超过发达国家，我国占世界不到 1/10 的耕地，使用的氮肥量占了世界的 1/3。农民普遍重化肥、轻有机肥，农业生产中大量使用氮肥，造成土壤有机养分不足，土壤酸化，地力下降。农药年施用量达 130 多万 t，但利用率仅为 30% 左右，一些高毒高残留农药禁而不绝，仍有使用。化肥、农药的不合理使用，加上大水漫灌等不合理灌溉，不但导致耕地污染，还造成水体有机污染和富营养化，甚至造成地下水污染。蔬菜大棚、水稻育秧、西瓜、玉米、棉花种植等普遍使用的农膜残留，逐年累积，造成耕地白色污染，影响耕作。①

（2）少数污染企业向农村转移。随着节能减排力度加大和环保执法日趋严格，少数污染企业向欠发达地区甚至农村转移，以逃避监管；一些"五小"企业藏身于农村，污染物未经处理直接排放，给农村环境带来了严重危害。近年来，畜禽和水产养殖业也逐步成为农村面源污染的重要来源之一。一些规模化畜禽养殖和加工企业选址不够合理，未建立相应有效的处理设施；精养水面养殖密度过高，人工投放饵料过多，有的甚至直接抛洒有机肥或化肥，造成水体污染和严重富营养化。

（3）农村生活垃圾与生活污水无害化处理水平极低。目前，污水集中处理设施和生活垃圾无害化处理设施建设仅局限于城市，广大集镇、村庄垃圾和污水无害化处理

---

① 安徽政协网. 减少农村面源污染的几点建议. http://www.ahzx.gov.cn.

几乎是空白。大量的农村生活垃圾或随意丢弃村庄路边，或倾倒于河塘沟渠，日积月累，无人清理，垃圾越堆越多，污染越来越重。农村生活污水随意排放，大量含磷洗衣粉的使用，进一步加剧了水体的污染。

农村面源污染治理比较复杂，针对农村面源污染的原因，大致有以下几个方面的治理措施：

☞ 发展有机农业遏制农业面源污染：可以建设畜粪处理中心，生产有机肥，取代化肥的使用。

☞ 开展以农村生活垃圾集中收集处理为重点的农村环境卫生综合整治：可以结合新农村建设，加大环境综合治理力度。积极发动群众开展"四清四改"（即清垃圾、清污泥、清路障、清庭院，改厨、改厕、改圈、改园），清洁美化农村生产生活环境。农村生活垃圾的处理需要建垃圾箱、垃圾桶、垃圾收集点，配备垃圾清运车和保洁员，在乡镇级还应建立垃圾中转房。

☞ 开展以农村生活污水处理为重点的农村生态环境治理：实施农村生活污水无害化处理，对有条件的镇区和中心村，通过铺设管道，将生活污水直接接入集污管网；对其他一些村落，通过培育自然或人工湿地、安装净化装置、兴建沼气池等形式，进行生活污水处理。

☞ 开展以农村河道清淤整治为重点的水环境综合治理。

从以上治理方式来看，农村面源污染的治理需要大量的投入，但是农村面源污染具有纯公共产品的性质，很难让市场力量参与农村面源污染的治理投入，而且农民的负担能力较弱，向农民收费的可能性不大，因此农村面源污染的治理主要需要政府投资。

通过比较分析，可以看出，农村面源污染治理与城市污水处理一样，也具有区域性准公共产品和跨区域性准公共产品的双重属性，因此地方政府和中央政府都应该承担农村面源污染治理的相应成本，加大农村面源污染治理的投入力度。

4.1.3.4　水体生态清淤和综合治理以及水污染防治基础研究和技术推广的政府投资介入方式

水体生态清淤和综合治理属于典型的公共产品，水体周边地方均受益，因此各级政府都应分担水体生态清淤和综合治理的相关成本。

水污染防治基础研究和技术推广，也属于公共产品，具有很强的外溢性。水污染防治基础研究和技术推广需要大量的成本投入，而这种成本不可能通过市场的方式回收，因此必须要政府的公共资金投入。当然政府投入水污染防治基础研究和技术推广的方式可以有多种，既可以直接支持研究和推广，也可以通过购买技术的方式实现。

综上所述，在水环境保护措施中，城市污水处理设施的建设和运营、农村面源污染预防与控制、水体生态清淤和综合治理以及水污染防治基础研究和技术推广等几个方面，都需要各级政府的投入。而工业污染的治理，则主要通过政府规制让企业加大污水处理投入。

4.2 我国水环境保护政府投资的现状及评价

本部分阐述我国水环境保护政府投资的总体情况，研究我国水环境保护政府投资的资金来源、投入渠道和投资机制，剖析水环境保护政府投资典型案例，分析水环境保护政府投资中存在的问题。

4.2.1 我国水环境保护政府投资的总体情况

随着经济的快速发展，城市化和工业化进程的不断增加，我国水环境污染问题日益严重，并在一定程度上危及社会经济的可持续发展和人民群众的身体健康和生命安全。在此背景下，我国对水环境保护、水污染治理的重视程度越来越高，水环境保护投资力度不断增加，水环境保护投资产出成效较为显著。

4.2.1.1 水环境保护投资总体情况

从 2003—2008 年度数据来看，我国环境污染治理投资额不断增加，其占 GDP 的比重也在提高，其中用于工业污染源污染治理特别是废水治理的投资增长较快（表 4-1）。

表 4-1 2003—2008 年我国环境污染治理投资情况

年份	全国环境污染治理投资		工业污染源污染治理投资/亿元	废水治理投资/亿元
	总量/亿元	占 GDP 比重/%		
2003	1 627.3	1.39	221.8	87.4
2004	1 908.6	1.4	308.1	105.6
2005	2 388	1.31	458.2	133.7
2006	2 567.8	1.23	485.7	151.1
2007	3 387.6	1.36	552.4	196.1
2008	4 490.3	1.49	542.6	194.6

资料来源：2009 年《中国环境统计年鉴》。

从表 4-1 可以看出，2008 年我国工业污染源治理投资和废水治理投资均比 2003 年翻了一倍多。废水治理投资产出效果较为明显，同期工业废水排放达标率、工业用水重复利用率、城市生活污水处理率水平显著提高。

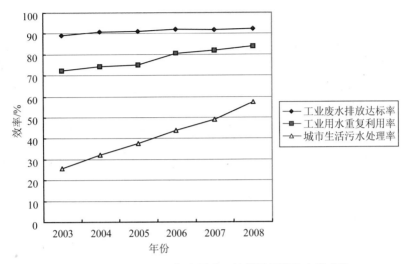

图 4-2　2003—2008 年我国水环境保护投资的产出成效

4.2.1.2　水环境保护政府投资总体情况

2006 年以前，我国水环境保护投资的主要来源是国债资金，如"十五"期间，中央财政安排环境保护资金 1 119 亿元，其中，国债资金安排 1 083 亿元。[①]国债资金用于水环境保护的投入方向主要包括以下两个方面：

（1）"三河三湖"水污染治理。"三河三湖"是指辽河、海河、淮河和太湖、巢湖、滇池。"三河三湖" 流经我国人口稠密的聚集地，这些重点流域的水污染治理事关我国接近半数的省市社会经济发展，以及人民群众的生活质量，是我国水污染防治工作的重中之重，我国水环境保护中央政府投资开始阶段也主要是围绕"三河三湖"水污染治理进行的。从 1999 年起，国家在国债投资中，专门设立了"三河三湖"水污染治理国债专项，主要用于城市污水处理厂及污水主干管建设，辅以部分河湖清淤等综合整治项目。

（2）三峡库区及其上游地区水污染治理。"九五"和"十五"期间国家投入 181.67 亿元在三峡库区及其上游建设了一批城镇污水、垃圾处理设施，清理了库底固体废物，确保了库区水质安全。

2006 年，环境保护支出科目被正式纳入国家财政预算，水环境保护投资开始主要从财政预算中安排。2007 年，财政部和原国家环保总局出台《中央财政主要污染物减排专项资金管理暂行办法》，设立了减排专项资金。2007 年，中央财政安排了 235 亿元支持节能减排，其中与水污染治理直接相关的中西部城市污水处理厂配套管网建

[①] 中国的环境保护（1996—2005），光明日报，2006-06-06.

设资金和"三河三湖"水污染防治资金分别为 65 亿元和 50 亿元。2008 年，中央财政安排了 270 亿元支持节能减排，其中与水污染治理直接相关的中西部城市污水处理厂配套管网建设资金和"三河三湖"及松花江流域水污染防治资金分别为 70 亿元和 50 亿元。此外，加上中央建设投资中安排的 148 亿元，2008 年中央财政共计安排 418 亿元用于支持推进节能减排工作。

除了上述用于城市污水处理厂配套管网建设资金和"三河三湖"水污染防治资金以外，与水环境保护直接和间接相关的还有以下几个方面：

（1）农村环境综合整治投入。近年来，我国在广大农村地区开展环境优美乡镇、生态文明村等创建活动，推动农村环境综合整治。国家重点在"三湖"地区和长江三角洲、珠江三角洲、黄河三角洲地区，开展畜禽水产养殖污染、面源污染的综合防治示范。2008 年，中央财政安排 3.36 亿元转移支付资金用于农村改厕和水质监测工作，以进一步改善农村饮用水和环境卫生状况。另外，2008 年 11 月中央出台的 10 项扩大内需的重要措施中，加快农村基础设施建设名列第二。2008 年第四季度中央新增 1 000 亿元资金中，291 亿多元用于农业、林业和水利等基础设施建设，其中有些与农村面源污染治理直接或间接相关。

（2）水环境保护科研投入。2007 年，原国家环保总局环保科研项目经费突破了 3 亿元，相当于过去 5 年环保科研项目经费的总和。根据《国家中长期科学和技术发展规划纲要（2006—2020 年）》，国家设立水体污染控制与治理科技重大专项（简称水专项），项目研究内容主要涉及湖泊、河流、饮用水、城市、监控预警、战略政策 6 大方面。水专项将分 3 个阶段进行组织实施，第一阶段目标主要突破水体"控源减排"关键技术，第二阶段目标主要突破水体"减负修复"关键技术，第三阶段目标主要突破流域水环境"综合调控"成套关键技术。水专项是新中国成立以来投资最大的水污染治理科技项目，总经费概算 300 多亿元，水专项对于构建我国水环境管理技术体系和水环境保护技术支撑体系具有重要意义。

除了中央政府投资之外，实际上我国水环境保护政府投资以地方政府投资为主。《国家环境保护"十一五"规划》明确提出，环境基础设施建设、重点流域综合治理、核与辐射安全、农村污染治理、自然保护区和重要生态功能区建设、环境监管能力建设等，主要以地方各级人民政府投入为主，中央政府区别不同情况给予支持。

4.2.2 我国水环境保护政府投资的特征和成效

作为发展中国家，我国一直把水环境保护作为一项基本国策，政府对水环境保护投入了极大的热情和不懈的努力，并取得了一定的成绩。从政府投资角度而言，目前主要呈现出以下几个特点。

4.2.2.1 近年来投资规模不断扩大，特别是预算内资金投入快速增长

水环境保护投资是改善水质量的有效手段。环境保护投资的大小与环境质量的好坏成正比。一般认为，当一个国家的环境保护投资占其同期 GNP 的 1%～2%时，才能大体上控制环境污染的发展；而要使环境质量发生明显的好转，则花费在环境保护上的投资需占同期 GNP 的 3%～5%。我国从 20 世纪 70 年代起，就充分注意到环境保护投资对改善环境质量和保证经济发展的重要作用，并一直致力于增加环境保护投资。

改革开放以来，我国环境污染治理投资总额逐年增加，环保投资占 GDP 的比重也稳步提高，特别是 2004 年以来增长迅速。2004—2008 年，我国环境污染治理投资额分别为 1 909.8 亿元、2 388.0 亿元、2 566.0 亿元、3 387.6 亿元和 4 490.3 亿元，整体年均增长速度 20.4%，投资总额占同期 GDP 比重分别为 1.19%、1.30%、1.22%、1.36%和 1.49%（表 4-2）。

表 4-2 2000—2008 年我国水污染治理投资

年份	环境污染治理投资总额/亿元	环境污染治理投资占 GDP 比重/%	水污染治理投资额/亿元	水污染治理投资占环境污染治理投资比重/%	水污染治理投资占 GDP 比重/%
2000	1 014.9	1.02	518.9	51.1	0.52
2001	1 106.6	1.01	633.8	57.3	0.58
2002	1 367.2	1.14	736.2	53.8	0.61
2003	1 627.7	1.20	796.1	48.9	0.59
2004	1 909.8	1.19	918.4	48.1	0.57
2005	2 388.0	1.30	1 141.8	47.8	0.62
2006	2 566.0	1.22	1 249.8	48.7	0.59
2007	3 387.6	1.36	1 973.5	58.3	0.79
2008	4 490.3	1.49	2 837.3	63.2	0.94

资料来源：2009 年《中国环境统计年鉴》。

其中，具体到水环境保护，环境污染治理当中与水污染治理相关的三部分投资分别为城市环境基础设施建设当中的"排水"投资、工业污染源治理当中的"治理废水"投资、建设项目"三同时"环保投资。2000—2008 年，这三项水污染治理投资总额由 518.9 亿元增长到 2 837.3 亿元，9 年当中水污染治理投资额占到环境污染治理投资总额的 53.0%，水污染治理投资年均增长率达到了 23.7%。

同时，中央政府和地方政府用于环境保护的预算内财政支出也逐年快速增长。2006 年以前，我国水环境保护投入的主要来源是国债资金，未被纳入财政预算。2006

年，环境保护支出科目被正式纳入国家财政预算，水环境保护投资开始主要从财政预算中安排。纳入财政预算后的几年，中央和地方政府用于环境保护的财政支出保持着较快的增长，2008 年用于环境保护的财政支出达到 1 451.36 亿元，增长 45.7%（表 4-3）。

表 4-3　用于环境保护的财政支出

单位：亿元

年份	环境保护财政支出	中央	地方
2002	78.44	—	78.44
2003	88.96	—	88.96
2004	93.69	—	93.69
2005	132.97	—	132.97
2006	161.24	—	161.24
2007	995.82	34.59	961.23
2008	1 451.36	66.21	1 385.15

资料来源：2003—2009 年的《中国统计年鉴》。

4.2.2.2　政府投资方向多元化，侧重新建项目"三同时"

我国的环境保护投资主要用于以下 3 个方面："三同时"资金、老污染源污染治理投资、城市基础设施建设中有关环境保护的投资。其中，城市环境基础设施建设投资主要用于饮用水保护、城市生活污水处理、集中供热和绿化等方面；老企业污染源工业污染治理投资主要用于对现有企业已产生的污染进行治理，尤其是重点污染区域、重点污染企业的综合整治；新建项目"三同时"投资主要用于防止新污染源产生。

2000—2008 年，城市环境基础设施建设中的"排水"投资平均占到水污染治理投资的 31.6%，工业污染源治理的"治理废水"投资占 11.7%，建设项目"三同时"环保投资占 56.7%。这一投资比重说明，现行水环境保护投资总的侧重于防止新污染，次重点为对现有污染进行治理。

同时，在水污染治理投资总体保持年均增长 23.7%的情况下，"排水"投资由 2000 年的 149.3 亿元增长到 2008 年的 496 亿元，年均增长 16.2%；"治理废水"投资由 109.6 亿元增长到 194.6 亿元，年均增长 7.4%；"三同时"环保投资由 260 亿元增长到 2 146.7 亿元，年均增长 56.7%。基本上，在 2005 年以前，城市排水、治理废水和"三同时"环保投资的增长幅度大致相同，2005 年后建设项目"三同时"环保投资急剧增加，增长幅度远远高于其他两部分。这进一步表明，目前水环境保护投资的重心正逐步从污染治理向预防新污染倾斜。

4.2.2.3　政府投资引领社会力量投入成效显著

很长一段时间，我国的环境保护责任过多地依靠政府，但自"九五"以来，市场力量越来越多地参与到了水环境保护中来。这主要体现在工业废水和城市污水处理资金的来源结构发生了很大变化，企业自筹资金所占比重逐步提高。以工业污染源治理为例，2000 年以来，企业自筹资金的比例一直保持在 70% 以上，2008 年企业自筹资金的比例高达 95.9%，而"排污费补助"和"政府其他补助"两项合计只占 4.1%。城市污水处理投入方面，企业自筹资金比例也在不断上升（表 4-4）。

表 4-4　2000—2008 年工业污染源治理投资来源情况

年份	投资总额/亿元	排污费补助[1]		政府其他补助[2]		企业自筹[3]					
		绝对数/亿元	占比/%	绝对数/亿元	占比/%	绝对数/亿元	占比/%	国内贷款		利用外资	
								绝对数/亿元	占比/%	绝对数/亿元	占比/%
2000	239.4	6.7	2.8	33.1	13.8	195	81.5	12.6	5.3	9.2	3.8
2001	174.5	8.3	4.8	36.3	20.8	129.8	74.4	67.1	38.5	7.2	4.1
2002	188.4	6.8	3.6	42	22.3	139.6	74.1	43.6	23.1	7.2	3.8
2003	221.8	12.4	5.6	18.8	8.5	190.7	86.0	25.1	11.3	6.8	3.1
2004	308.1	11.1	3.6	13.7	4.4	283.7	92.1	29	9.4	4.6	1.5
2005	458.2	20.6	4.5	7.8	1.7	429.8	93.8	39	8.5	7.1	1.5
2006	483.9	14.3	3.0	15.5	3.2	454.2	93.9	30.1	6.2	—[4]	—
2007	552.4	10.8	2.0	15.7	2.8	526.0	95.2	38.3	6.9	—	—
2008	542.6	8.8	1.6	13.6	2.5	520.1	95.9	30.7	5.7	—	—

注：①2005 年前统计口径对应为"环保专项资金"。
　　②2005 年前统计口径对应为"国家预算内资金"。
　　③2005 年前统计口径对应为"其他资金"。
　　④2006 年统计口径调整后，统计表中没有此项数据。
资料来源：2009 年《中国环境统计年鉴》。

统计分析也表明，近几年来，企业在工业污染源治理方面的投入更多地转向利用自有资金，国内贷款的比重在 2001 年和 2002 年达到峰值以后就开始逐步下降，2008年国内贷款比例仅占总投资的 5.7%。

这种变化主要源于水环境保护投融资政策思路的调整。国家计委、建设部和原国家环保总局 2002 年 9 月共同发布的《关于推进城市污水、垃圾处理产业化发展的意见》明确提出："现有从事城市污水、垃圾处理运营的事业单位，要在清产核资、明晰产权的基础上，按《公司法》改制成独立的企业法人。暂不具备改制条件的，可采用目标管理方式，与政府部门签订委托经营合同，提供污水、垃圾处理的经营业务。"在该文件的指引下，水环境公用设施市场化步伐大大加快，政府为解决水污染治理的资金缺乏难题，积极推进污水处理产业化、市场化，吸引了大量社会资本进入水务行业。

4.2.3 我国水环境保护政府投资的案例

4.2.3.1 中央财政主要污染物减排专项资金

2007 年，财政部和原国家环保总局出台《中央财政主要污染物减排专项资金管理暂行办法》，设立了减排专项资金。中央财政主要污染物减排专项资金主要用于 7 个方面：① 支持国家、省、市国控重点污染源自动监控中心能力建设；② 补助污染源监督性监测能力建设和环境监察执法能力建设；③ 补助国控重点污染源监督性监测运行费用；④ 补助提高环境统计基础能力和信息传输能力项目；⑤ 围绕主要污染物减排开展的排污权交易平台建设及交易试点工作等；⑥ 主要污染物减排工作取得突出成绩的企业和地区的奖励；⑦ 财政部、国家环保总局确定的与主要污染物减排有关的其他工作。

上述几个方面都涉及水环境保护方面的投资，因此可以看出，中央财政主要污染物减排专项资金用于水环境保护投资机制主要包括能力建设方面的直接投入和补助以及对水污染防治工作的奖励等。对于不同的项目，减排专项资金的投资机制也存在差别，例如，在环境质量监测能力建设项目方面，重点水域及饮用水水源地水环境挥发性有机物自动在线监测试点全部由减排专项资金支持；在重点城市应急监测能力建设项目和运行保障项目等方面，减排专项资金分东、中、西部地区按 40%、60% 和 80% 的比例予以补助；在环境统计能力建设项目方面，全部由减排专项资金支持。[①] 另外，减排专项资金还对超额完成国家确定的主要污染物减排指标的企业和地区予以奖励，对积极开展排污权交易试点的企业和地区予以奖励。

在管理方面，减排资金预算实行目标管理责任制。财政部、国家环保总局每年年初共同研究确定减排资金预算目标管理的具体内容、目标、要求和考核等内容，年底联合将减排资金预算目标管理责任制的落实情况向国务院报告。国家环保总局与各地区各项目单位签订预算目标管理责任书。国家环保总局对落实减排资金预算目标管理责任制负总责。各地区和项目单位应确保建设和运行资金及时到位，按时完成项目年度预算目标。在具体职责方面，财政部主要负责减排资金的预算和资金管理，国家环保总局主要负责减排资金项目的监督管理。

2008 年年底，按照党中央、国务院关于当前进一步扩大内需、促进经济增长的总体部署，为了加快"三河三湖"和三峡库区等重点流域水污染治理，国家发展改革委紧急下达重点流域水污染治理项目 2009 年新增中央预算内投资计划。截至 2009 年

---

① 环境保护部. 2008 年中央财政主要污染物减排专项资金项目建设方案编制大纲，2008 年 6 月。

4 月，中央下达的 2 300 亿元投资中，有 230 亿元用于污水、垃圾处理等环保项目，具体治理建设项目如表 4-5 所示。

表 4-5　扩大内需中央水环境保护相关投资项目

项目名称	项目个数/个	总投资/亿元	下达投资/亿元
安徽省淮河及巢湖流域水污染治理项目	13	12.77	2.64
大连市渤海流域水污染治理项目	3	1.71	1.07
甘肃省黄河中上游地区水污染治理项目	4	2.3	1.07
贵州省三峡上游区水污染治理项目	4	2.09	0.9
河北省渤海及海河流域水污染治理项目	21	21.62	5.13
河南省黄河中上游、淮河和海河流域水污染治理项目	18	31.1	10.78
黑龙江省松花江流域水污染治理项目	9	7.24	3.77
湖北省三峡库区和丹江口库区水污染治理项目	6	4.18	1.42
吉林省松花江流域水污染治理项目	5	5.11	2.18
江苏省太湖和淮河流域水污染治理项目	48	48.63	17.93
辽宁省渤海及辽河流域水污染治理项目	11	13.58	3.83
内蒙古自治区黄河中上游、辽河及海河流域水污染治理项目	19	21.28	5.51
宁夏回族自治区黄河中上游地区水污染治理项目	2	1.07	0.26
青海省黄河中上游地区水污染治理项目	—	—	0.26
山东省渤海、淮河和海河流域水污染治理项目	23	20.63	7.2
山西省黄河中上游及海河流域水污染治理项目	24	16.61	3.44
陕西省丹江口库区和黄河中上游地区水污染治理项目	13	13.95	4.01
上海市太湖流域水污染治理项目	6	1.85	0.45
四川省三峡影响区及上游区水污染治理项目	28	10.12	3.36
天津市渤海及海河流域水污染治理项目	4	7.95	2.91
云南省滇池流域和三峡上游区水污染治理项目	16	23.39	5.18
浙江省太湖流域水污染治理项目	30	50.21	5.6
重庆市三峡库区水污染治理项目	6	8.51	4.43
渤海流域水污染治理项目	22	24.98	8.18
巢湖流域水污染治理项目	6	5.8	1.26
丹江口库区及其上游水污染治理项目	5	5.93	1.48
滇池流域水污染治理项目	6	17.87	4.42
海河流域水污染治理项目	36	37.2	11.86
淮河流域水污染治理项目	42	44.9	13.5
黄河中上游地区水污染治理项目	50	44.64	12.36
辽河流域水污染治理项目	13	15.9	4.11
三峡库区及上游水污染治理项目	51	27.13	9.9
松花江流域水污染治理项目	14	12.35	5.94
太湖流域水污染治理项目	69	89.89	20.27

资料来源：国家发改委《重点流域水污染治理项目 2009 年新增中央预算内投资计划》。

4.2.3.2 江苏省太湖水环境保护政府投资

2008 年江苏省出台《江苏省太湖水污染防治条例》和《江苏省太湖水污染防治工作方案》。《江苏省太湖水污染防治条例》要求太湖流域各级地方人民政府应当将太湖水污染防治工作纳入国民经济和社会发展计划，增加水污染防治资金投入，确保水污染防治的需要。《江苏省太湖水污染防治工作方案》要求各级政府要按照建立公共财政的要求，较大幅度地增加对太湖流域水污染治理的投入，着重支持基础性、公益性治污项目建设。

（1）政府投资资金来源和投入渠道。按照《江苏省太湖水污染防治条例》和《江苏省太湖水污染防治工作方案》的规定和要求，江苏省太湖水环境保护政府投资资金来源和投入渠道包括 3 个方面：① 省财政每年安排的专项资金，支持太湖调水引流、疏浚清淤、污水处理、生态修复、监测预警等重点工程建设，从 2007 年开始，江苏省设立太湖污染治理专项资金，每年安排 20 亿元；② 省级环境保护引导资金、污染防治资金等专项资金，重点向太湖水污染防治倾斜；③ 从 2008 年起，太湖流域各市县（17 个市县）新增财力每年安排 10%～20%用于太湖治理，资金量每年约 20 亿元。

专栏 4-1 江苏省太湖水污染治理专项资金的使用范围

（一）饮用水安全项目

包括水源地污染防治及环境保护、应急备用水源地建设、跨区域联网应急供水等。

（二）点源污染治理项目

支持太湖流域化工、印染、冶金、造纸、电镀、酿造等主要污染行业开展污水深度处理及清洁生产，提高主要水污染物排放标准。

（三）城镇污水处理及垃圾处置项目

1. 城镇污水处理配套管网建设项目。

2. 新（扩）建乡镇污水处理项目。

3. 城镇生活污水处理设施除磷脱氮技术攻关及标准制定。

4. 污水处理厂除磷脱氮改造工程项目，包括太湖流域现已建成投入运行和正在建设的污水处理厂开展除磷脱氮深度处理。

5. 城镇无害化生活垃圾处理设施建设。

（四）农业面源污染防治项目

1. 规模化畜禽养殖污染控制，太湖流域大中型畜禽养殖场实施畜禽养殖场废弃物处理利用工程，实现资源化利用须达到规定比例。

2. 通过实行灌排分离，将排水渠改造为生态沟渠，对农田流失的氮磷养分进行有效拦截的示范工程。

---

　　3. 分散农户生活污水处理示范工程。

　　4. 循环水池塘清洁养殖技术示范工程。

　　（五）提高太湖水环境容量的引排建设工程（"引江济太"工程）

　　重点包括走马塘延伸拓浚工程、望虞河西岸控制工程、新沟河延伸拓浚工程、新孟河延伸拓浚工程、望虞河后续工程。

　　（六）生态修复工程

　　1. 太湖围网整治工程。

　　2. 位于太湖入湖口且污染较为严重地区的湿地保护与恢复工程。

　　3. 环太湖重点区域林业生态建设。

　　4. 水葫芦等水生植物控制性种养示范工程。

　　5. 太湖重点污染湖区及入湖口底泥清淤工程，环太湖重点河道清淤工程。

　　（七）太湖流域水环境监管体系建设

　　1. 太湖水环境监测信息共享平台建设。

　　2. 太湖流域水环境自动监测系统建设。

　　3. 太湖蓝藻预警监测系统建设。

　　4. 太湖流域主要水污染物排污权交易平台建设。

　　（八）适当安排省级太湖水污染治理规划编制、太湖流域主要水污染物排放指标有偿使用及交易试点方案制定、项目库建设、项目评审及中介机构审计费用等

　　（九）规划范围内经批准的其他水污染防治项目

　　（2）政府投资机制和资金管理模式。《江苏省太湖水污染治理专项资金使用管理办法（试行）》明确了专项资金支持方式，规定对省级项目，主要由省级专项资金投入，需地方安排配套资金的，应按省有关要求落实地方配套资金。对地方项目，主要由地方负责投入，省级专项资金按规定给予支持。在支持方式方面：对省级项目，主要采取相关投资或补助的方式。对地方承担建设、投资任务的各类项目，专项资金根据项目类型并结合目标任务完成情况确定不同支持方式：对基本建设性质类项目，如城镇污水处理及垃圾处置项目等，根据年度目标任务、开工情况等，实行年初预拨、年终考核后清算补助；对工程周期短（一年以内）、投资量较小的项目，经过目标考核后，实行"以奖代补"；对点源污染治理项目，经考核达标情况后，实行计量奖励；对经省政府批准的应急性项目任务，如围网拆除、蓝藻应急处置等，结合地方资金到位情况，实行按比例一次性补助。

　　在资金管理方面，《江苏省太湖水污染治理专项资金使用管理办法（试行）》规定，省发改委会同省财政厅根据省政府相关要求、年度目标任务及资金预算安排情况等发布年度专项资金项目申报指南并提出相关要求。省级项目由省级主管部门统一申报。地方项目由同级发展改革部门会同财政、环保及相关部门负责组织，经同级人民政府

审定同意后，由省辖市汇总向省申报。省发改委会同省财政厅及参与太湖水污染治理相关主管部门对申报项目进行形式审查，并组织相关专家组开展专业评审。专家组按规定要求对项目申报材料进行审核，并出具明确的书面意见。参与项目建设的相关专家应采取回避制度。省发改委、省财政厅依据审核结果，根据省政府确定的补助重点和原则，确定当年的实施项目和补助金额，报经批准后，及时下达各地及省有关部门组织实施。专项资金下达后，省级项目有关部门应按项目用款进度及时将资金用于项目建设，并对项目建设情况进行监督检查，确保项目按计划完成。《江苏省太湖水污染治理专项资金使用管理办法（试行）》要求各地加强专项资金拨付管理，对项目建设情况及时进行监督检查，严格按项目建设进度拨付资金，确保项目按计划完成；对"以奖代补"项目，应在项目完成并达到考核要求后拨付资金，资金专项用于规划任务内后续项目建设、归还项目建设贷款等同类环境保护项目支出，不得违规使用。

4.2.3.3 辽宁省辽河流域水环境保护政府投资

（1）政府投资资金来源和投入渠道。辽宁省辽河水污染防治投入的资金来源大致可分为 4 个方面：① 中央和地方政府投入，地方政府投入以排污费为主；② 银行贷款；③ 企业自有资金；④ 采取 BOT 等方式融资建设资金。

按照国家批复的《辽河流域水污染防治规划（2006—2010 年）》，辽宁省的 134 个规划项目，总投资 111.07 亿元，截至 2009 年年底，已完成投资 69.82 亿元。包括三大项目：① 工业治理项目 54 个，总投资 36.79 亿元，已完成投资 26.07 亿元；② 城镇污水处理设施项目 65 个，总投资 61.45 亿元，已完成投资 34.68 亿元；③ 重点区域污染防治项目 15 个，总投资 12.83 亿元，已完成投资 9.06 亿元。以上项目投资中，省财政集中安排 91 个辽河规划内项目，计 15.54 亿元，地方财政安排 13.66 亿元，贷款、企业自筹等社会资金 40.62 亿元。

"十一五"以来，辽宁全省对辽河流域水污染防治累计筹措资金 39.9 亿元，其中中央补助 18.26 亿元，省本级财政安排 5.85 亿元，市县财政安排 15.8 亿元。辽宁省辽河流域水环境保护政府投资资金来源和投入渠道有以下几个特点：

☞ 全省排污费重点支持辽河流域水污染防治：2006—2009 年，全省排污费累计投入 17.2 亿元，其中中央 1.5 亿元，省本级 2.5 亿元，市县 13.2 亿元。排污费重点安排用于工业污染治理项目及区域环境综合整治项目。

☞ 建立辽河水污染防治专项资金：2006 年，辽宁省政府在《落实科学发展观、加强环境保护决定》中明确提出"建立辽河流域水污染防治专项资金"，资金规模每年 1 亿元，其中省本级 6 000 万元，各市配套安排 4 000 万元，主要用于辽河流域水污染防治，重点用于解决流域内重点污染企业历史遗留环境问题、公共环境危害、生态保护和跨区域、跨流域污染综合治理、饮用水水源保护等方面项目的资金补助。

☞ 农村环保专项资金用于水污染防治：2006 年，辽宁省政府印发《辽宁省人民政府办公厅关于转发省环保局辽宁省小康环保行动计划实施方案的通知》，决定从 2006 年起，设立省级农村环保专项资金，规模最初为每年 1 500 万元，2009 年已经增至 4 000 万元。专项资金重点用于支持饮用水水源地保护、农村生活污水和垃圾治理、畜禽养殖污染治理、农村环境基础设施建设等方面。

☞ 加大资金整合力度，统筹集中支持重点水污染防治项目建设：2007—2009 年，辽宁省统筹安排中央"三河三湖"和省辽河专项，安排 14.05 亿元支持了 53 座污水处理厂建设，新增处理能力 150.9 万 t/d；另外集中安排 8 186 万元，支持了 25 个配套管网项目，新增管网长度 580 km。

除了水污染防治方面的投入以外，辽宁省地方政府与水环境保护相关的投入还包括以下几个方面：① 实施东部生态重点区域财政补偿政策。从 2008 年起，省财政每年安排东部受补偿的 16 个县（市、区）财政补偿资金 1.5 亿元。② 支持绿化造林。省以上财政每年安排投入 7.2 亿元，重点支持以荒山荒地造林、村屯绿化、河道生态建设等为重点的林业生态建设。③ 支持小流域综合治理和东部山区控制水土流失，每年安排 7 000 万元。2010 年，一次性增加安排辽河流域河道生态治理专项资金 1.9 亿元。

（2）政府投资机制和资金管理模式。2007 年辽宁省出台的《辽宁省辽河流域水污染防治专项资金管理办法》规定水污染防治专项资金支持的范围包括：流域内严重影响群众生活的集中式饮用水水源地污染防治和重点水污染防治项目；流域内区域性环境监测和执法能力建设项目；流域内水污染防治及饮用水水源地保护等方面的规划、科研项目；省政府确定的流域内其他重点水污染防治项目。从这里可以看出，辽宁省辽河流域水污染防治专项资金主要采用项目建设的直接投入方式。

在管理方面，《辽宁省辽河流域水污染防治专项资金管理办法》对水污染防治专项资金部门管理责任进行了明确。省财政部门负责专项资金的预算安排，参与项目的审查和项目库管理，下达专项资金年度使用计划，批复下达专项资金项目的支出预算，负责对省级项目专项资金使用和日常财务管理进行监督检查，参与省级项目的竣工验收。各市财政部门参与组织项目的申报和初审，负责对申请项目的资金筹措方案的可行性进行初审，落实地方政府配套资金。负责对实际项目专项资金使用和日常财务管理进行监督检查，参与市级项目竣工验收工作。省辽河办和省环保局负责对申报项目的形式审查、汇总，组织专家进行项目审查，提出专项资金年度使用计划预算建议，对项目实施过程进行监督检查，组织省级项目竣工验收。各市环境主管部门负责组织专项资金项目的申报和初审，对符合使用条件的申报项目治理方案可行性提出具体初审意见，负责市级项目执行情况的监督检查和项目竣工验收工作。

如前所述，辽宁省农村小康环保行动计划专项资金涉及农村面源污染治理等方面的水环境保护投入，《辽宁省农村小康环保行动计划专项资金使用管理暂行办法》规定，专项资金采取以奖代补的方式进行使用和管理。遵循"规划先行、突出重点、定额补助、定向使用的原则"，并以项目形式下达补助资金。

在资金管理方面，《辽宁省农村小康环保行动计划专项资金使用管理暂行办法》规定，项目由镇（乡）政府组织实施。县级环境保护主管部门负责项目建设全过程的工程监督管理，按工程进度组织编制项目资金使用计划。县级财政部门依据环境保护主管部门资金使用计划和项目实施进度按时拨付资金。项目所在县级财政部门负责对补助专项资金使用和日常财务管理进行监督检查。

4.2.3.4 淮河流域水环境保护政府投资

1995 年 8 月 8 日，我国制定了第一部流域法规——《淮河流域水污染防治暂行条例》。以此为标志，淮河治污拉开序幕。淮河流域涉及河南、安徽、山东、江苏四省，在《淮河流域水污染防治"十一五"规划》中，确定淮河水环境保护规划项目 656 个，投资约 306.7 亿元。其中河南省 174 个项目，投资 95.5 亿元；安徽省 98 个项目，投资 39.2 亿元；江苏省 146 个项目，投资 91.3 亿元；山东省 238 个项目，投资 80.7 亿元。列入《南水北调东线工程治污规划》的项目 46 项，投资 42.4 亿元。在这 656 个项目当中，包括城镇污水处理项目 27 个，投资 19.1 亿元；重点区域污染治理项目 19 个，投资 23.3 亿元；工业污染治理项目 31 个，投资约 58.3 亿元；城镇污水处理设施建设项目共 251 个，投资约 201.4 亿元；重点区域污染防治项目 88 个，投资约 47.0 亿元。在上述投资中，其中有些需要四省各级地方政府共同投资。

4.2.3.5 陕西省渭河流域水环境保护政府投资

为了加强渭河水环境保护，1998 年陕西省出台《渭河流域水污染防治条例》，要求省人民政府和渭河流域县级以上人民政府应当把渭河流域水污染综合防治项目纳入国民经济和社会发展规划，并在年度计划内予以安排。2006 年，陕西省政府出台《渭河流域水污染防治工作意见》，要求各级人民政府要把环境保护投入作为公共财政支出重点，对渭河流域重点治污项目建设给予重点扶持，并建立筹措资金的长效机制。从 2006 年起，陕西省将设立每年 1.5 亿元的省级渭河流域水污染防治专项资金，并随着财力增强逐年增加。沿渭各级政府也要建立本级的治渭专项资金，并保证专款专用。按照以上要求，从 2006 年起，陕西省财政从省级新增财力中拿出 1 亿元，从原有的环保专项中切出 5 000 万元，建立渭河流域水污染防治专项资金，专项用于渭河的水污染防治，以项目形式对专项资金进行管理，采取奖励、补助、贴息和资本金注入等方式，主要对渭河流域落实关停并转企业责任的市级政府给予奖励、对环保基础设施建设工程给予配套、对重点源污染治理工程给予支持、对环境监控能力建设给予保障等。

4.2.4　我国水环境保护政府投资存在的主要问题

随着我国各级政府对水环境保护的重视程度不断增加，水环境保护政府投资力度不断增加，水环境保护投资也取得了一定的产出成效，但还是存在不少问题，表现为以下几个方面。

4.2.4.1　投资来源依然比较单一

从水环境保护中央政府投资来看，2006 年以前，我国水环境保护投入的主要来源是国债资金，"十五"期间，中央财政安排环境保护资金 1 119 亿元中有 1 083 亿元来源于国债资金。2006 年以后，水环境保护中央政府投资大部分从中央财政设立的主要污染物减排专项资金安排。因此，从中央层面来看，并没有形成规范的、稳定的和比较广泛的水环境保护政府投资资金来源渠道，没有形成国债资金和政府性基金收入用于水环境保护投资的有效渠道，虽然 2008—2009 年在扩大内需的背景下有一些水污染防治项目来源于国债资金，但这仅是临时性的安排。

从水环境保护地方政府投资来看，有些地方尝试建立水环境保护政府投资的多来源渠道，如江苏省开辟了 3 条渠道：① 省级政府设立的水污染防治专项资金；② 其他专项资金向水污染防治倾斜；③ 规定各市县新增财力用于水污染防治。辽宁省除设立水污染防治专项资金外，还安排农村环境整治专项资金用于农村面源污染的治理。但总体来看，这些资金也基本上来源于一般预算，并没有形成预算、收费、基金、国债、税式支出、特许权收入综合的资金来源途径。

4.2.4.2　资金较为分散，整合效应不强

我国长期以来采取的是由水利部和环境保护部管理水资源，而由下属的事业性的水污染处理厂负责水污染处理和控制工作，同时由相应部门加以"同体监督"。另外，由于水资源的效益涉及农业灌溉、水力发电、水路运输、地下水勘探与开采等部门的利益，水资源管理实际上由水利、电力、交通、城建、地矿、农业等十几个不同或相同级别的局、部以及流域各省市区水环境保护行政管理部门共同负责，从而在我国出现水资源管理"多龙治水"、"政出多门"的管理格局。每个部门都掌握一定的资金，从这些资金的性质来看，大部分都与水环境保护相关，但是由于这些资金分散在不同的部门，而且每个部门对资金的使用安排有不同的目的和意图，这些资金并不能形成整体效应。从每个部门来看，都在水环境保护方面进行了投资，但有的可能是重复投资，有的又由于单笔资金小，不能发挥较好的效果。在调研中我们就发现，有的水污染防治项目有几个不同的部门同时投资，有的重大项目则由于缺乏资金而不能实施。

4.2.4.3 投资方向用于治理工业污染的多，用于治理农村面源污染的少

造成水污染的不仅是工矿企业的生产废水，还有农业生产污水。农村经济发展带来的农药、化肥和畜禽养殖污染，量大面广，治理难度大。考虑到水资源生态系统的整体性，在水污染防治工作中我们也应从整体出发，合理分配人力、资金等各要素。而政府部门就应该采取引导性的政策措施，合理调整政府投资以及市场投资的流向，提高资金的使用效率，从而促进水污染防治目标的顺利实现。但现实中却并非如此，政府治理水污染工程以工业为投资对象的项目过多，而对于农业水污染治理的投资力度却不够。

与工业、生活污水的治理投资相比，农业水污染治理投资的比重要小很多，在很大程度上是因为人们对于农业水污染的认识不够，比如其污染物迁移转化规律、严重性等，而且对此方面的治理技术、治理手段缺乏深入的了解。另外，政府对农村污染源控制的科研经费不足，导致有关科研部门、化工和医药工厂因缺乏资金而无力研究和生产无污染的化肥、农药。

以淮河流域水污染防治"十五"计划完成情况为例，该计划共安排了 488 个项目，计划投资 255.9 亿元。到 2005 年年底，已完工项目 342 个，占 70.1%；在建项目 88 个，占 18.0%；未动工项目 58 个，占 11.9%。累计完成治理投资 144.6 亿元，占计划投资的 56.5%。如表 4-6 所示，农业面源治理计划投资 3.9 亿元，而实际投资 1.8 亿元，在整个投资计划中投资的完成比率只有 44.9%，其实际投资仅占整个计划实际投资的 1.25%，这一比例远远低于工业结构调整（11.94%）和工业综合治理（8.13%）。

表 4-6   淮河流域水污染防治"十五"计划项目中农业面源治理比重

	计划项目/个	计划投资/亿元	已完成项目比例/%	在建项目比例/%	未动工项目比例/%	投资完成情况	
						投资/亿元	比例/%
污水处理厂	161	148.9	41.0	39.8	19.2	87.6	58.8
工业结构调整	131	24.3	97.7	0.8	1.5	17.2	70.7
工业综合整治	116	17.3	95.7	1.7	2.6	11.7	67.9
流域综合治理	29	31.4	41.4	55.2	3.4	16.6	53.0
截污导流	15	12.5	0.0	6.7	93.3	0.4	3.2
饮水工程	3	2.8	100.0	0.0	0.0	3.9	135.0
城市垃圾处理	14	8.9	42.8	14.3	42.9	2.0	22.1
农业面源治理	6	3.9	83.3	16.7	0.0	1.8	44.9
自身能力建设	13	5.9	84.6	7.7	7.7	3.4	57.5

4.2.4.4 "重建设、轻维护"现象比较突出

在我国目前水环境保护政府投资安排的项目当中，几乎全是用于水环境保护项目的建设方面，很少有资金直接安排用于项目的维护方面，这就导致某些水环境保护项目进入了"建得起，养不起"的怪圈。

2008 年的一项统计资料显示，我国 600 多座城市已建成的 709 座污水处理厂中，正常运行的只有 1/3，低负荷运行的约有 1/3，还有 1/3 开开停停甚至根本就不运行，根据环保部和全国人大常委会执法检查组的典型调查资料，我国一些城市已建成的污水处理厂，有的完全没有运行，有的实际处理污水量不到设计能力的 1/10，污水处理厂污水处理"打折"现象严重。

在我们的调研中，有关部门也反映，城市污水处理厂建设资金筹集比较难，但更难的是污水处理厂的运行费用的来源没有渠道。城市污水处理厂运行更大的问题在于运营。而水环境保护投资更多地考虑建设，但是维护和运营问题如果不处理好，就会前功尽弃。

4.2.4.5 投资方式和机制比较单一，缺乏杠杆效应

在我国目前水环境保护政府投资中，不管是中央投资还是地方投资，运营最多的投资方式是预算直接投入和奖励性的投资方式。例如，中央财政安排的主要污染物减排专项资金主要用于水环境保护能力建设方面的设备购置投入，还有一部分用于对地方和企业水环境保护的奖励。地方政府设立的水污染防治专项资金的安排也大抵如此。虽然采取奖励的方式具有一定的撬动效应，但效果也不是很明显。政府在水环境保护投资的过程中，发挥市场作用和引入的民间及社会资本远远不够。在城市污水处理厂建设方面，虽然有一些 BOT 等方式的运用，但整体来看，政府与私人合作的 PPP 模式没有得到充分运用，政府财政资金引导的杠杆效果并不明显。

4.2.4.6 投资效果差强人意

从我国水环境保护的历程可以看出，国家对水污染治理非常重视，也投入了大量的资金用于水污染治理，取得了一定的阶段性成效。但总体来看，与水污染治理的目标差距还很大，水污染的状况没有得到根本性的改变。审计署 2009 年发布的审计调查结果称，历经 6 年时间，投入资金 910 亿元，涉及 8 201 个项目，我国"三河三湖"水污染防治虽然取得了一定成效，但整体水质依然较差，淮河、辽河为中度污染，海河 49.2% 的断面水质为劣 V 类，巢湖平均水质为 V 类，太湖、滇池平均水质仍为劣 V 类。

1998 年 12 月，国务院发起了太湖水污染治理"零点行动"，拉开了太湖水污染

治理的序幕。但近 10 年来，政府投资数百亿元，太湖水质并未明显改善。工业污染、农业污染和城市生活污水控制没有达到预期目的，太湖水污染有加重趋势，2007 年甚至出现太湖蓝藻大规模暴发事件。

绵延千里、流经豫皖鲁苏四省的淮河，自 20 世纪 70 年代后期开始遭到污染。在党中央、国务院的高度重视下，1995 年 8 月 8 日，我国制定了第一部、也是迄今为止唯一一部流域法规——《淮河流域水污染防治暂行条例》。以此为标志，淮河治污拉开序幕。经过 10 年的治理，淮河污染的综合整治取得了一定成效，整体水质明显改善，但流域水体污染依然严重，部分支流污染有加重趋势，水污染治理规划项目进展缓慢，水质与水污染治理规划目标仍有较大差距。

4.3   国外水环境保护政府投资的经验和启示

4.3.1   国外典型流域水污染状况及政府管理比较

4.3.1.1   北美五大湖区跨流域

（1）北美五大湖区概况及水污染回顾。在加拿大和美国东北部交界处，有 5 个大湖，这就是闻名世界的五大淡水湖。它们按大小分别为苏必利尔湖、休伦湖、密歇根湖、伊利湖和安大略湖。

五大湖总面积约 245 660 km²，是世界上最大的淡水水域。五大湖流域约为 766 100 km²，南北延伸近 1 110 km，从苏必利尔湖西端至安大略湖东端长约 1 400 km。湖水大致从西向东流，注入大西洋。除密歇根湖和休伦湖水平面相等外，各湖水面高度依次下降。五大湖流域储存着全球 30%、北美 95% 的淡水资源，是世界上最大的单一地表淡水资源地带；是加拿大 30% 农产品和美国 7% 农场的主要分布区；分布着大约 3 000 万人口（美国约 10% 的人口、加拿大约 30% 的人口），大量的城市生活污水、农业废水以及工业废水对当地的水环境带来直接威胁。

自从欧洲人来到美洲大陆，对原有的生态环境造成了很大的影响，森林被砍伐，开垦导致土地暴露，造成水土流失，过量的商业捕捞使鱼群效应急剧下降。进入工业化时代后，早期未经处理的工业废水污染了湖区周围一条又一条河流，城市迅速扩展，沼泽地大量减少，加上农业上大量使用农药和化肥，造成湖区环境和水质的恶化。20 世纪 50 年代，伊利湖藻类大量繁殖，富氧现象严重。

沼泽地对于维护大潮区的生态系统有着重要的作用，它提供了众多动植物栖息地，尤其是野鸭和一些候鸟赖以生存的地方，也是许多鱼类繁殖的场所，且对于防止堤岸侵蚀、洪水和改善污染起着积极的作用。然而，沼泽地面积持续大幅度锐减，已损失 2/3，现存的也受到开发、污染的威胁。沼泽地的损失破坏了在沼泽生活的野生物种的生存环境，致使这些物种难以生存。

由于五大湖每年流出的水量不足总水量的 1%，故一旦出现污染问题，将很难自我修复。五大湖区的污染途径主要有：

- ☞ 人们在努力减少点源污染与研究非点源污染的同时，发现许多污染来自空中，如酸雨。湖中 20% 的磷来自雨水、雪和尘埃。

- ☞ 在控制污染之前已受污染的湖中沉积物是很难排除的污染源，过去填埋的污染物可能污染地下水源。美加两国正试图通过研究和示范项目寻找有效地分离和消除污染沉积物的方法。

- ☞ 地下水流是另一种污染途径，地下水受污染通常发生在污染严重的地方或使用农药的地区。由于处理地下水极为困难和昂贵，故应重在预防。

- ☞ 大量的污染来自地表，涉及农业上使用的农药和化肥，水土流失以及与城市生活有关的污染。

- ☞ 栖息地与生物多样性。由于大湖区生态环境的变化，造成了一些物种的灭绝、少数物种濒临灭绝或重要基因多样性的损失。在污染得到控制和减少的同时，人们意识到栖息地对于大湖区生态系统的重要性。

目前，五大湖区主要防治的是磷排放、有毒污染物、富氧现象、病原体等方面。

（2）五大湖治理的国际合作机制。除密歇根湖外，其余四湖为美加两国共有，有效地治理湖区污染需要两国共同努力与合作，两国早在 20 世纪初就开始合作，从合理使用水资源发展到共同治理湖区污染。五大湖地区的横向协调组织有以下几种：

- ☞ 国际联合委员会（The International Joint Commission）：实际上，在五大湖地区，美国和加拿大任何一方的用水行动，都会给对方带来明显影响。只有双方实施合作治理，才会使五大湖地区的水资源得到持久性保护。因此，1909 年美国和加拿大在制定《边界水条约》的同时，根据该条约规定，依法成立了一个相对独立、跨国的联合组织——国际联合委员会，以支持政府有效解决五大湖地区的水资源纠纷。国际联合委员会由 6 个成员组成，其中 3 个成员由美国总统任命，另外 3 个成员由加拿大总理任命，其主要职能是站在独立、公正的立场上，针对涉及两国共同利益的问题，提出双方都能够接受的解决策略，有效预防和处理双方各种水资源利用冲突。

  按照最初的条约规定，国际联合委员会承担三项重要职责：① 具有一定的审批权限，如可以审批一方因开展水资源利用、截留、阻塞等活动可能会对另一方湖区自然水位和水量带来影响的申请，正是这一权限决定了它可以控制不同湖区之间水资源的调配和利用；② 根据政府的重要会议和要求，对具体问题开展相关研究，如根据两国政府的意见对国际联合委员会决议的执行情况进行研究，甚至委托一些专家委员会对相关决议的执行进行监督研究等，这样的研究是国际联合委员会的一个长期性工作；③ 仲裁两国政府间有关边界水域可能出现的具体纠纷。政府可提请任何双边问题给国际联合委员会，以获得最终裁决。国际联合委员会的诸多工作主要依靠两国政府的各级组织和学术团体，目前它在美国和加拿大的首都（华盛顿和渥太华）各设一个办事处，在安大略省温莎市设立有"大湖区域办公室"，大湖区域办公室为各专业委员会提供行政支援和技术援助，以及为国际联合委员会提供公共信息服务。

目前，国际联合委员会下设 20 个专业委员会，旨在加强湖区水污染研究，为美国和加拿大政府提供相关水资源利用保护的决策建议，共同帮助国际联合委员会履行各项义务。国际联合委员会除了严格履行保护双边水质免受污染、支持政府净化大湖地区水源的职责外，还在很多地区发挥着协调作用。例如在五大湖区的西部地区，委员会为流经华盛顿州、爱达荷州、蒙大拿州、不列颠哥伦比亚省的库特尼河、奥索尤斯河和哥伦比亚河，积极创造条件修筑大坝，还帮助艾伯塔、萨斯喀彻温省和蒙大拿州制定三者分享圣玛丽河与牛奶河资源的相关规则。在中西部地区，委员会一直在萨斯喀彻温省、马尼托巴省和北达科他州之间就如何共享苏里斯河发挥协调作用。在东部地区，该委员会对流经新不伦瑞克省和缅因州的圣克罗伊河水库库容进行协调，以更好地保护河流水质。

☞ 五大湖渔业委员会（The Great Lakes Fishery Commission）：在 20 世纪 50—60 年代，侵入的寄生海鳗大量吞食其他鱼类，造成严重问题。1955 年，成立了五大湖渔业委员会，负责控制海鳗。到 70 年代末，通过选择化学药品杀死鳗鱼幼苗，使鳗鱼的数量减少了 90%。自那时以来，该委员会还负责恢复大湖鱼类的工作。

☞ 五大湖州长理事会（The Council of Great Lakes Governors）：1983 年，为了促进五大湖地区的环境保护，以美国为主导，设立了五大湖州长理事会。最初的成员包括美国伊利诺伊州、印第安纳州、密歇根州、明尼苏达州、俄亥俄州和威斯康星州 6 个州。1989 年，纽约州和宾夕法尼亚州也加入理事会，共 8 个州。此外，加拿大的安大略省和魁北克省也以准会员身份加入该理事会，但这两个会员无须缴纳基本会员费。因此可以说，五大湖州长理事会是一个准跨国性区域组织。五大湖州长理事会是一个非官方的非营利性机构，主要职责是协调湖区各州或省之间的利益关系，特别是旨在鼓励和促进 8 个州和 2 个省之间的公共部门和私有部门进行有效合作，实现湖区经济的可持续增长，共同解决经济与环境之间的现实问题与未来挑战。

在五大湖州长理事会下还有各种独立运作的机构。各州都在五大湖州长理事会常驻地建有办公室，由州长派出的代表直接对州长负责，代表们可以向州长直接汇报工作。与地方政府最高行政长官建立起最直接的信息通道，这是五大湖州长理事会的一个创造，从而确保五大湖州长理事会在实际运行过程中创造了独树一帜的管理效能。根据美国联邦的法律，各州之间签署的协议得到法律保护，其施行也有连续性，一般不会因为州长更替而改变。五大湖州长理事会各成员定期或不定期会晤的形式主要是论坛交流。通过论坛交流这一形式，可以达到相互理解和沟通的目的。五大湖州长理事会的运作资金有多方面来源：各州提供的基本资金，大约每年 3 万美元；各项目所需资金由相关成员另外拨款；从不同的项目基金中筹资；还有来自各方的捐款等。近年来，理事会在注重环境保护的基础上，进一步促进各成员地区的经济发展，成为五大湖州长理事会的新使命，这一新使命也推动着五大湖州长理事会运行方式的根本变化。

（3）签订的协议。美加双方制定水质保护的相关协议，随着时代的发展而不断更新完善，有针对性地保护五大湖地区的水环境，是五大湖地区跨界水质保护的主要经验。具体来说，自 1972 年美国和加拿大签署《大湖水质协议》以来，根据水环境变化和保护的需要，两国政府对此协议进行了三次重大的更新和完善，使其发挥有效的约束作用。

☞ 1972 年的《大湖水质协议》：该协议明确了两国政府共同保护的大湖水质目标，以及为了达到目标而需要两国协同运作的 3 个程序：首先是控制污染，要求每个国家在自有法律框架下完成任务，主要目标是减少磷的排放水平，在伊利湖和安大略湖周边的有关行业的废水磷排放低于 1 mg/L，此外要消除石油、固体废物和其他富营养化的条件。其次是两国针对大湖问题进行单独的或者是合作性研究，两个国家建立新的大湖区研究计划，主要开展关于上游湖区污染和污染源治理（土地污染等）方面的合作研究。再次是对发现问题、解决问题的过程进行监督和检测，检测的对象由起初的水化学污染及相关报道向湖区生态系统健康转变，以更好地保护湖区生物安全。此协议同时也规定，如果有必要的话，5 年后根据不同的检测目标进行新的谈判。

☞ 1978 年的《大湖水质协议》：5 年的水质协议实践表明，五大湖地区的双边联合管理总是比任何一个国家单方面行动要有效，但是为了进一步加强湖区污染的控制力度，1978 年美国和加拿大重新修订了《大湖水质协议》，新协议的主要目标在于达到统一的水质目标、提高流域污染控制水平、加强水环境检测等。尤其是在污染物控制方面，新协议要求制定每个湖的磷的最大承载量、消除有毒化学品污染。同时，新协议提出两个新的管理要求和管理理念：首先是加强湖区生态恢复，并对湖区物理、生物、化学等多要素实施一

体化的生态系统管理理念；其次是实施湖区磷排放的质量平衡管理，完全禁
止有毒化学品的排放。

☞ 1987 年的《大湖水质协议》：1987 年，国际联合委员会对 1978 年的协议进
行了修订，旨在加强水管理规定，要求研发大湖地区的污染控制目标和指标
体系，重点要求控制解决好地下水有毒污染、空气污染等面状污染源，并提
出了新的管理办法，包括研制涉及五大湖区域的"补救行动计划"（Remedial
Action Plans，RAPs）和控制关键污染物的"全湖行动计划"（Lakewide
Management Plans，LMPs）。这一新协议的目的在于推动五大湖地区实施一
体化的生态系统管理。其中 RAPs 在全湖划定了 43 个"相关问题区域"，在
政府和社区团体的支持下，不断解决问题区域的水质问题，进而促进整个湖
区的可持续发展能力；为了达到水质目标和恢复用途，LMPs 制定了降低湖
区关键污染物（有毒污染物、污染沉积物、地下水污染等）的时间表，并在
整个湖区推行质量平衡管理。

此外，随着时代的发展和五大湖地区水环境问题的不断变化，两国相关地方政府
及时地制定了一些有针对性的协议，以保护五大湖水环境免受威胁。例如，2006 年
加拿大安大略、魁北克与来自美国 8 个州的代表共同签署了《五大湖区-圣罗伦斯河
盆地可持续水资源协议》，禁止美国南部诸干旱州大规模调用五大湖区-圣罗伦斯河盆
地的水资源。

（4）两国采取的措施。

☞ 美国的措施：美国和加拿大两国政府主动配合，大力支持，并在自己国家内
部依法落实跨界水质治理的各项要求，是五大湖地区跨界水质管理体制取得
成效的重要原因之一。对此，美国和加拿大在国内都制定了不尽相同的五大
湖治理计划和举措。

美国方面主要采取以下方法：① 制定很多法案并提出明确的控制要求。
如美国涉及五大湖地区水质管理的法案有《清洁用水法》《资源保护和回收
法》《有毒物质控制法》《综合环境反应和恢复条例》和《国家环境政策法》，
等；这些法案为州政府提供了有力的指导。总的来看，美国的这些法案对五
大湖区的污染物控制提出两点要求：首先，所有城市的污染物排放标准必须
满足国家最低标准；其次，在五大湖地区污染物的控制中，如果为了满足周
边环境的要求，必要时可以强加更加严厉的限制。② 明确联邦政府负责机
构，协同付出努力。如美国国家环境保护局是五大湖地区的领导和负责机构，
此外还有美国鱼类和野生生物局、美国国家生物局和美国海岸警备队等都在
协同参与。③ 支持相关机构对大湖区域开展研究工作。如芝加哥的环保局
区域办公室下的大湖国家计划办公室，为应用研究提供资金，并协调其与环

保局研究实验室在大岛、密西根、德卢斯、明尼苏达州和其他地方开展的研究活动。又如美国国家海洋和大气管理局（NOAA）有一个大湖环境研究实验室；陆军工程兵开展水质和水量研究；州政府和联邦政府资助五大湖周边 7 个州的若干大学也开展水质研究等。④ 注重部门互动，强调跨部门之间协调整合。例如 2004 年 3 月，根据五大湖地区复杂的纵横分割体制，布什总统签局了一项行政法令，要求在环保局下面组建一个跨机构工作队，该工作队与当地 10 个相关机构和内阁官员协同工作，为联邦大湖政策、优先事项和计划提供战略方向。同时，命令环保局同大湖州长理事会主席协同工作，倡议大湖地区城市开展区域合作。

☞　加拿大的措施：加拿大方面采取的主要举措有：① 明确联邦政府和省政府的权限及主要负责部门。也就是说，按照英国北美法案，五大湖地区的通航水域和国际水域的管辖权属于联邦政府，而省政府主要负责污染控制和自然资源管理，而根据大湖水质协议设立的水质管理目标由联邦政府和省政府共同负责，目标的执行由省政府负责。其中联邦层面的领导机构是加拿大环境部，参与部门有渔业和海洋部、卫生局、农业和农业食品部、运输部和政府服务部等；而地方层面的主要负责机构是安大略省环境和能源部及安大略省自然资源部，前者主要负责制定各个行业的污染物控制标准和提供污染治理资助；后者主要负责湖区的渔业、林业和野生动物管理。② 中央和地方联合制定行动法案和协议。例如，《加拿大联邦水法案》规定了联邦-省协定，确定了两级政府的责任；加拿大-安大略协定规定，为了满足大湖水质协议的相关要求，联邦政府和安大略省进行联合工作。③ 制定法律。如 1988 年加拿大制定实施了《环境保护法》，为控制五大湖地区有毒物质提供了一个基本框架，为彻底禁止造纸厂排放二噁英等有害物质提供了法律基础。

（5）五大湖防治费用的融资机制。五大湖区的水资源防治费用一般为美加两国各自承担，美国对于水污染治理费用的筹措手段比较有限，有财政补贴和基金贷款两种方式，近几年才出现流域排放交易方法筹集资金。另外，根据美国的《综合环境反应、赔偿和责任法》（该法俗称"超级基金"），设立的超级基金项目以治理高污染、有害废弃地为主。通过法律的手段惩罚污染事件的肇事者，取得的罚金再反哺环境的治理与恢复。

表4-7　美国 1999—2000 年运用五大湖区基金项目资金指导　　　　　　单位：美元

项目	受污染的沉积物	污染预防和改善	生态保护和恢复	外来物种	偶发事件
金额	1 400 000	800 000	1 000 000	300 000	300 000

资料来源：《五大湖区基金 1999—2000 年优先次序和筹资指导》。

加拿大主要通过财政投入和税收优惠来支持水体防治，例如，1990年12月，加拿大联邦政府发布实施了全国性的"绿色计划"，推动了环境事业的发展。该计划分8大领域，共100多个项目，总预算30亿加元。从联邦政府的预算中支出。

4.3.1.2 莱茵河流域

（1）概况及水污染状况回顾。莱茵河全长1 320 km，是一条贯穿欧洲大陆的生命线。它源自瑞士阿尔卑斯山的博登湖，流经法国东面边境，穿过整个德国，再经由荷兰的鹿特丹流入北海，其流域涉及9个国家，莱茵河流域也是欧洲最重要的经济地区，沿河分布有5个重要工业区。即巴赛尔-牟罗兹-弗莱堡工业区；斯特拉斯堡；莱茵-内卡地区；科隆-鲁尔地区以及鹿特丹。还流经法国东北部著名的葡萄酒产地香槟区及阿尔萨斯地区。其流域面积15万 km²，人口约5 000万，其中2 000万人的饮用水取自莱茵河。

自19世纪末期开始，随着流域内人口的增加和工业的发展，莱茵河的水质日益下降。"二战"以后，莱茵河沿岸国家的工业急剧发展，环境管理工作滞后，造成污染不断蔓延。从莱茵河上游经年冲下的被污染的泥沙，全都积聚到了荷兰的鹿特丹这个莱茵河最下游的港口。要排除这些被污染的泥沙，鹿特丹港口必须用船将其运走，而这需要大量的资金投入。面临生态和财政的双重压力，鹿特丹港被逼无奈，不得不做出反应。在荷兰的倡议下，莱茵河干流经过的5个国家——瑞士、德国、法国、卢森堡、荷兰，成立了"保护莱茵河国际委员会"（ICPR）。

尽管在成立之初，ICPR做出了很大的努力，但一开始的工作并没有取得显著成效。因为在"二战"后，欧洲大陆各国需要在废墟上重新迅速建立起家园，发展工业是头等要事。而且，对流域内的9个国家来说，莱茵河的重要性并不一样，这9个国家的经济发展水平也不一样。因此，到了20世纪70年代，莱茵河的污染程度进一步加剧，大量未经处理的有机废水倾入莱茵河，导致莱茵河水的氧气含量不断降低，生物物种减少，最具代表性的鱼类——鲑鱼开始死亡。为此莱茵河流域9国合作，制定了莱茵河"鲑鱼2000"行动计划，经过13年的努力，莱茵河又恢复了生机，成了一条生态良好的河流。莱茵河等欧洲大型河流的治理成功经验，成为制定欧盟《水框架指令》（Water Framework Directive，WFD）的背景和基础。

（2）莱茵河治理的国际合作机制。除了签署多项国际合作协议外，莱茵河流域各国还在协议框架内建立起了多个合作组织。在莱茵河流域的国际合作框架中，除了50年代建立的保护莱茵河国际委员会外，还有莱茵河流域水文委员会、摩泽尔河和萨尔河保护国际委员会、莱茵河流域自来水厂国际协会、康斯坦斯湖保护国际委员会、莱茵河航运中央委员会等国际组织，这些组织虽然任务各不相同，但相互交流信息，保持固定的联络机制，共同为莱茵河的水资源开发利用和保护作出了贡献。

☞ 莱茵河流域水文委员会：主要任务是为莱茵河流域水文科学机构和水文服务机构的合作提供支持；推动莱茵河流域的数据和信息交换。主要业务活动包括开展水文模型和仪器设备的比较；洪水预报与分析；泥沙输移调查；莱茵河地理信息系统开发和气候变化对径流影响研究。

☞ 保护莱茵河国际委员会：主要任务是污染、污染物输送和沉淀调查；为沿岸国家政府提供建议；保护莱茵河协议的起草；政府间协议的实施、防洪行动计划的落实。主要业务活动包括水生生物污染调查；生物和化学监测；生态研究；点源与面源调查；预警系统开发；污水排放监测。

☞ 摩泽尔河和萨尔河保护国际委员会：主要职责是摩泽尔河和萨尔河污染情况调查；为沿岸国家政府提供建议；促进政府间协议的实施。主要业务活动包括生态系统研究；水污染防治规划；测量系统标准化；水污染传播监测及预警。

☞ 莱茵河流域自来水厂国际协会：主要任务是水质监测；饮用水水源分析标准化；水质改善。主要业务活动包括水处理技术比较；分析程序标准化；改善水质的技术调查。

☞ 康斯坦斯湖保护国际委员会：主要任务是康斯坦斯湖水质监测；为沿岸国家政府提供建议；制订流域污染防治措施。主要业务活动包括推进湖泊研究；开展水质评估；制定可持续用水规划。

☞ 莱茵河航运中央委员会：促进沿岸国家航运合作，维护莱茵河河道，进行技术指南标准化。主要任务是起草莱茵河国际航运建议书，监督航运活动。

早在 1950 年，以莱茵河为界的国家就已联合起来，设立了保护莱茵河防治污染论坛，交流、讨论和寻求解决莱茵河水污染的途径。1963 年，在保护莱茵河国际委员会框架下签订了合作公约，奠定了共同治理莱茵河的合作基础。其当时的主要任务是：对莱茵河污染进行详细分析，并对结果进行评估；提出保护莱茵河的行动计划；制定国际公约。

1976 年，当时的欧共体加入了这个协定，使保护莱茵河国际委员会在欧洲更具广泛性。同年，该委员会又先后通过了《防止化学物质污染莱茵河协定》以及《防止氯化物污染莱茵河协定》，逐步开始了莱茵河的污染治理工作。

各部门相互协调，先后实施了诸如"莱茵河地区可持续发展计划"、"高品质饮用水计划"、"莱茵河防洪行动计划"等项目，并采取了拆除不合理的航运、灌溉及防洪工程，重新以草木替代两岸水泥护坡，以及对部分裁弯取直的人工河段重新恢复其自然河道等措施。此外，委员会还制定了相应法规，强行对排入河中的工业废水进行无害化处理，减少莱茵河的淤泥污染，严格控制工业、农业、交通、城市生活污染物排入莱茵河并防止突发性污染。

委员会采用部长会议决策制，由每年定期的部长会议做出重要决策，明确委员会和成员国的任务，决策的执行是各成员国的责任。保护委员会常设 3 个工作组和 2 个项目组，进行委员会决策的准备和细化，分别负责水质监测、恢复重建莱茵河流域生态系统以及监控污染源等工作。委员会常设的秘书处负责委员会的日常工作，每年仅召开各类会议就达 60 多次。

目前委员会的主要目标和任务包括以下 5 个方面：莱茵河生态系统的可持续发展；保证莱茵河水用于饮用水生产；河道疏浚，保证疏通材料的使用和处理不危害环境，改善河流沉积物的质量；防洪；改善北海和沿海地区水质。

法、德、荷等西欧九国在上述国际协议及合作组织框架内，严格按计划推进莱茵河整治工作，并在水质得到改善的前提下严格执行共同制定的排污标准及保护条款，使得莱茵河水质改善后未出现返污的情况，并使得流域保护工作成为欧盟的常态工作，由于莱茵河流域相关国家相互协调与合作，共同治理莱茵河的污染问题，使得莱茵河已然重新成为西欧地区生活及居民用水的主要来源，重新焕发勃勃生机。

（3）签订的协议与实施的措施。莱茵河的治理需要流域内各国互相协调，加强合作，才能实现共同治理、保护莱茵河的目标。为此，莱茵河沿岸各国前后签署了多项合作治理和保护莱茵河的国际条约，旨在改善莱茵河污染状况，协调流域内各国行动步调，还原莱茵河风貌。

☞ 《莱茵河保护国际公约》：其适用范围是莱茵河整个流域、与莱茵河有关的地下水、莱茵河水生及陆生的生态系统、可能向莱茵河输送污染物的地区、对莱茵河防洪有重要意义的沿岸地区。

☞ 《控制化学污染公约》：该公约于 1976 年签署。公约要求各成员国建立监测系统，制订监测计划，建立水质预警系统。公约还规定了某些化学物质的排放标准。通过建立不同工业部门的工作方式，采用先进的工业生产技术和城市污水处理技术，来减少水体和悬浮物的污染。

☞ 《控制氯化物污染公约》：该公约于 1976 年签署。公约确定的治理目标是减少德国—荷兰跨国边界的水体含盐量，使河水盐浓度不超过 200 mg/L（天然情况下的盐含量氯化物小于 100 mg/L）。由于经费原因，导致逐步减少氯化物污染的工作失败。1991 年部长级会议签署了一个更有效的方案作为防治氯化物污染公约的附加条款，这个方案才获得成功。

☞ 《防治热污染公约》：该公约虽未签署，但已执行。20 世纪七八十年代，莱茵河沿岸的电站和工厂必须修建冷却塔，确保进入莱茵河的水温低于规定值。目前，莱茵河的热污染已解决，不再成为重要问题。

☞ 《莱茵河 2000 年行动计划》（RAP）：1987 年 9 月 30 日，莱茵河流域成员国部长级会议通过了莱茵河 2000 年行动计划，确定了 2000 年要达到的目标。

这个计划的特点是：从河流整体的生态系统出发来考虑莱茵河治理，把大马哈鱼回到莱茵河作为环境治理和流域生态系统管理效果的标志。行动计划的主要内容有：① 整体恢复莱茵河生态系统，使水质恢复到原生物种如大马哈鱼、鳟鱼等能够洄游的水平，又称"鲑鱼2000"行动计划，即以2000年大马哈鱼回到莱茵河作为检验环境治理效果的标志。② 莱茵河继续作为饮用水水源地。③ 减少莱茵河淤泥污染物含量，尽量使淤泥达到能够用于造地或填海的程度。1988 年德国北海发生环境灾难事件，大片藻类覆盖北海海滩，近1/3 的氮负荷来自莱茵河。为了保护北海生态系统，莱茵河流域生态系统保护目标应更加严格，以尽可能减少北海有害物质的来源。④ 全面控制和减少工业、农业（尤其是水土流失带来的氮磷和农药等农业非点源污染）、交通和城市的污染。⑤ 防止工厂中有害物质危及水质，应按要求进行处理，防止由于事故带来的污染。⑥ 全面改善莱茵河及沿岸湿地动植物的生存环境。

　　莱茵河 2000 年行动计划分 3 个阶段实施。第一阶段首先确定"优先治理的污染物质的清单"，共 45 种，包括重金属如汞、铅、氮、磷和其他有机物等，分析这些污染物的来源、排放量。具体措施包括：要求工业生产和城市污水处理厂采用新技术，减少水体和悬浮物的污染，采取强有力措施减少事故污染。第二阶段是决定性阶段，即所有措施必须在 1995 年以前实施，所有污染物质必须在 1995 年达到 50%的削减率。1990 年委员会会议要求 1995 年重金属（如铅、镉、汞）要至少削减 70%。第三阶段是强化阶段（1995—2000 年），采取必要的补充措施，全面实现莱茵河流域生态系统管理目标。

　　2000 年，在上述行动计划取得显著成效后，该委员会又制定了"莱茵河 2020 行动计划"，旨在进一步改善并巩固莱茵河流域的可持续生态系统。这项计划的主要内容是进一步完善防洪系统、改善地表水质、保护地下水等。

　　（4）莱茵河合作治理的融资机制。资金保障是跨界流域管理的重要基础，尤其是初始阶段的建章立制、文件起草、会议筹备等工作需要大量的资金支持，而且资金保障对流域管理机构的运转及保护措施的落实也是至关重要的。欧洲环保署等单位对可能的跨界流域管理资金进行了详细分析并编制了申请指南。欧洲环保署编制了水政策及结构/凝聚基金（Water Policy and the Structural and Cohesion Funds）申请指南，指导各成员国寻求与欧盟政策相关的水资源保护资金；WFD 于 2005 年出版了《2007—2013 年欧盟环境基金申请指南》（EU Funding for Environment, A Handbook for the 2007—2013 Programming Period）并上网公布，帮助有关国家积极寻求资金支持，开展跨界流域管理并落实 WFD 有关要求。欧盟层次的资金支持主要包括针对成员国边界及欧盟边界活动的 IN TERREG、针对东南欧国家的 CARDS、针对中东欧拟加入欧盟国家环境及交通基础设施建设的 ISPA、针对东欧及中亚技术支持的 TACIS、针对地中海及波罗的海周边国家及欧盟成员国的 LIFE 等，都可申请用于跨界流域保护及管理工作。此外，欧洲投资银行、欧洲建设及发展银行、世界银行等金融机构也对跨界流域管理提供了一定的经济支持，一些多边捐助资金（主要指向特定区域）也支持跨界流域管理相关工作。

根据保护莱茵河国际委员会的内部财务规定，莱茵河中国界治理的预算费用主要由各成员国每年按比例交纳，这部分金额将严格用于莱茵河的跨国界治理、保护及开发等工作上。其中，超过 100%的部分作为机构运作及管理和协调费用。图 4-3 为各国分摊预算费用的比例。

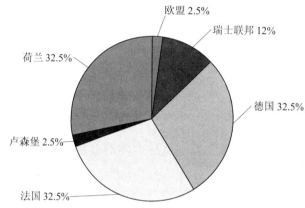

资料来源：根据《ICPR 工作条例内财务规定》整理。

图 4-3 莱茵河跨国界治理费用分摊比例

而莱茵河在各国国内的河段，其治理费用除通过保护莱茵河国际委员会按需要划拨部分外，其余款项由各国国内按本国法的相关规定和其治理机制进行筹集和使用，但要配合保护莱茵河国际委员会所制定的相关政策实施。

德国作为莱茵河贯穿的主要国家，是莱茵河治理的主力。其水资源治理及保护经费的来源是多元化的，不仅有政府财政的支持，还有银行的政策性贷款及专项税费作为支持和保障：

☞ **完善的环境财税体系**：德国环境财税政策的实施主要是通过政府投资和改革完善环境税收和收费政策来实现的。政府投入方面，联邦政府统一各部门用于环保的预算，其中一部分由联邦环境部组织实施，并列入环境部预算，其他分散在联邦各职能部门。2005 年列入环境部的预算为 7.69 亿欧元，主要用于可再生能源促进资助、太阳能热水器用木材取暖设备购置资助、新技术开发资助等。但联邦政府用于与环保相关的支出为 74.38 亿欧元，大致占联邦总预算的 4%。除环境部外，其他部门还有交通部、经济技术部、农业部、建设部、卫生部、教育部、林业部、经济合作发展部等。除政府投资外，2005年民间投资大致为 78 亿欧元。

☞ 政策性银行为环保项目融资：德国复兴银行也称联邦德国银行，成立于 1948年，2004 年共有员工 3 697 人，资产 3 290 亿欧元。主要有四方面业务：① 促进发展；② 中小企业融资；③ 项目出口融资；④ 发展中国家资助。2004 年融资额达到 620 亿欧元。作为政策性金融机构，德国复兴银行在环保领域充当了三方面的角色：① 经济界伙伴；② 联邦政府环保目标的执行者；③ 实现可持续发展项目的融资者。项目服务对象包括政府部门、企业、个人等。贷款条件是：项目必须能够提高能源使用效率、使用可再生能源、用循环经济的方法处理垃圾、减少废水产生、排放要达标。运作方式是：对符合要求的项目给予低息贷款，其特点是利息低、时间长，最初几年可以免利息，项目可以与其他促进项目组合实施。贷款人不直接与复兴银行接触，而是与其开户行联系，具体业务操作在开户的商业银行。复兴银行根据开户行信用等级确定开户行总的贷款额度和利率，不同地区贷款额度不同。开户行给一般企业只贷 50%，中小企业 75%，中小企业也可向其他银行申请贷另外的 25%。对于开发利用可再生能源的企业可以 100%贷款。如果对于个人使用可再生能源的项目，还款期限还可灵活，利率也可以浮动。

☞ 政府补贴污水处理厂的建设：各州对污水处理厂的建设给予一定比例的无偿的财政补贴，这要视各州的情况而定，一般在 30%～50%，有的甚至达到60%～80%。但这仅限于生活污水处理厂和城市污水处理厂，工业和企业无权享受这一补贴。

4.3.1.3　琵琶湖水域

（1）概况及水污染状况回顾。琵琶湖位于日本滋贺县的中部，面积 674 km^2，是一个平均水深达 40 m 的深水湖。琵琶湖在漫长的历史演进过程中形成了丰富的自然生态系统，目前，它已成为包括 50 多种特有物种在内的 1 000 多种动植物的栖息地。它具有丰富的自然资源及旅游资源，发挥着供水、防洪、水产养殖、学术研究、旅游观光、生物多样性宝库和地域象征等多种功能。琵琶湖流域面积 3 848 km^2，属于淀川水系的上游，约占淀川水系面积的 47%。在琵琶湖流域的外缘分布着海拔 1 000 m左右的群山，400 多条河流从这些山脉分水岭一侧流入湖中，构成了琵琶湖的主要水源。湖水经濑田川流入宇治川，然后与桂川、木津川汇合形成淀川水系。生活在琵琶湖周围的人们，长久以来享受着琵琶湖带来的丰富的水产品、便利的水上交通和优美的自然景观。尽管琵琶湖提供的水资源供日本东京、大阪等城市超过 1 400 万人使用，但是琵琶湖仍保持着较好的状态，这在世界范围内是比较少见的。

随着"二战"后日本高度经济增长期的到来，琵琶湖地区以及下游地区的用水需求急剧增加。伴随工业化与城市化的发展，高强度的土地开发利用使农地面积不断减少，住宅、商业、工业等建设用地增加。1966—2000 年的 34 年间，滋贺县的土地利用变化与同期日本全国的情况相比，农地减幅与住宅等建设用地增幅远大于日本全国的平均水平，大量的农地变成了建设用地。

另外，虽然滋贺县的森林覆盖率高达 50%左右，但是人工林占了 43%，大面积的人工林由于缺乏抚育性的采伐、修枝以及护林管理，森林质量下降；与天然林相比，人工林的地表水入渗能力大大减小。土地利用与土地覆被变化导致琵琶湖集水区域的自然下垫面减少，加上森林质量下降，琵琶湖集水区域的蓄水、保水能力降低，整个流域的正常水循环被改变，对水量和水质都产生了不利影响。

流入琵琶湖的污染负荷来自工业、农业、家庭和大自然 4 个方面。既包括工业与家庭类点源污染，又包括农业与自然类面源污染，主要是有机物污染和无机物污染：

☞ 有机物污染：1950 年以前，琵琶湖区以农业为主，使用粪便作肥料。随着城市人口的聚集和工业的发展，农民开始使用化肥，破坏了城市和农村的废物循环，城市开始粪便处理，在居民家中安装了粪便净化槽。

☞ 富营养化：富营养化由于营养盐的增加而导致水质变坏的必然结果，在自然条件下富营养化的出现要经过一个相当长的演变过程。琵琶湖因水污染带来过多的营养盐的输入而造成富营养化，从而多方面影响了水的利用，如给饮用水的处理带来很大困难；由于赤潮的暴发导致湖底缺氧，带来了锰、铁和有毒物质释放，严重影响了农业生产和饮用水的处理；由于鱼的死亡和种类的减少、浮游生物毒性的增加，导致了渔场的关闭；由于水污染破坏了美好的景致，休闲场所、游泳、钓鱼活动范围受到限制。

☞ 无机有毒物质污染：1968 年 3 月，日本富冈县发生食油中毒事件，受害人出现呕吐、胃疼和麻木现象，甚至脸面、脖子和背部出现黑色沉淀。同年 11 月发现一家食油厂使用 PCB（多氯联苯）作为除臭的填料，PCB 混入食油，由此引发了一系列的严重问题。1971 年 4 月，从琵琶湖和瀬田河捕获的鱼中发现了 PCB，而且其在南湖鱼中不断地累积，一旦进入人体就无法排泄出去。调查发现有几家工厂曾经使用过 PCB，10 月份县政府要求这些厂家改进污水处理设施。1979 年，国家健康福利部门发现琵琶湖中的鱼含有汞和甲基汞，严重影响了琵琶湖的渔业发展。如果毒性物质通过河流进入湖泊，将沉入底泥，通过生物累积放大而污染鱼类，并且很难治理。

（2）琵琶湖治理的政府合作机制。琵琶湖的保护管理机构众多，这是由于日本的水资源由多个部门保护与分管，中央政府一级的水管理部门涉及国土交通省、厚生劳动省、农林水产省、环境省、经济产业省，部门之间对于水资源的管理分工明确，各司其职。

日本各级地方政府都有专管河流湖泊的部门，水资源管理属分部门、分级管理，区域管理与流域管理相结合的类型。由于琵琶湖的重要性，相关省厅设有专门的琵琶湖管理机构，如国土交通省琵琶湖河川事务所、环境省国立环境研究所和生物多样性中心等。琵琶湖所在的滋贺县设有滋贺县琵琶湖环境部、琵琶湖/淀川水质保护机构等负责琵琶湖的保护管理。由于政府方面参与琵琶湖保护管理的机构较多，为了更好地协调各方关系，专门设立了县、市、镇、村联络会议制度，由中央政府与地方共同组成的行政协作体制和中央省厅协作体制。这种管理协作体制除了部门之间、中央政府与地方政府之间交流与沟通以外，更重要的是负有调整、协调各方活动的责任，使琵琶湖的管理在纵向上得到理顺，横向上得到协调。县市镇村联络会议成员单位由其所在的小流域组织机构组成；琵琶湖综合保护推进协会由国土交通省、农林水产省、林野厅、大阪府、兵库县、京都府、滋贺县、大阪市、神户市、京都市组成；琵琶湖综合保护联络调整会议成员由国土交通省、厚生劳动省、农林水产省、林野厅、水产厅、环境省组成。

（3）制定的法律和实施的措施。除了作为日本河流湖泊保护管理的水法体系标准的《河川法》之外，随着"二战"后日本逐渐进入经济高速增长期，为防止工业废水、生活污水污染河流湖泊，日本政府迅速出台了相关法律来保护水环境。

为了保护琵琶湖，日本政府和滋贺县先后制定了《滋贺县公害防止条例》《琵琶湖综合开发特别措施法》《琵琶湖富营养化防治条例》《湖沼水质保护特别措施法》等法律法规。日本制定的一系列与琵琶湖保护与管理相关的国家法律和地方法规，明确了各级政府、企业团体及个人的职责、权限与义务。其目的在于调整与琵琶湖有关的人与人、人与琵琶湖之间的关系，对琵琶湖的开发、利用、保护、管理等各种行为进行规范，最终实现琵琶湖的可持续利用，促进琵琶湖流域以及下游的淀川流域的经济、社会和环境协调发展。

琵琶湖自 20 世纪 60 年代起开始出现富营养化的问题，为此，日本自 1972 年开始进行了一个名为"琵琶湖综合发展工程"的项目，项目的开展在《琵琶湖区发展特别法》的规定下进行。项目由 22 个不同的类组成，工程计划投资约 18 630 亿日元，实际投资 19 050 亿日元。该项目的目的是解决琵琶湖的历史问题，以及寻找琵琶湖所在流域——Yodo 河域经济发展的可行之路。该项目包括促进用水的有效性、控制洪水和干旱，以及建造一个宜人的湖滨水域等。同时，项目还着重应对该湖的环境方面的挑战，包括应对水质的下降。

此外，污水处理系统是琵琶湖治理的最重要的措施之一，使用污水处理系统的地区是流域总面积的 60%，占流域大部分地区，应用先进的污水处理过程，例如生物氮移除技术，同时结合凝结和过滤技术等。尽管琵琶湖的湖水水质没有达到日本的水质执行标准，但是通过水质改进项目，水质的改善还是很明显的。为了减少营养盐的输入，滋贺县规定禁止使用含磷洗衣粉，控制工农业含氮磷废水的排放，管理好污水处理设施，对小型企业实行贷款，提高污水处理能力。建造和改进污水处理工厂、畜牧场污水处理设施、农村社区排水设施以及污水处理工厂，这些工程对提高入湖之前的水质具有特别的效果，因此减少了湖泊富营养化发生的概率。为开发湖周边的景观，在湖周边还建造了一些城市公园。此外，各级政府还购买了湖边的景观以便于湖滨环境的保持。

日本政府还制订了琵琶湖综合保护计划，期限是 1999—2020 年。其中前 12 年（1999—2010 年）为第 1 期，后 10 年（2011—2020 年）为第 2 期，以大约 50 年后（2050 年前后）实现琵琶湖的理想状态为目标。该计划的长期性保证了其稳定性，但同时又为了使该计划的弹性得以保持，日本政府不断对计划进行修改。

保护计划实施以来，通过不断的努力，今天的琵琶湖水质已从Ⅴ类恢复到可饮用水的标准，山清水秀的琵琶湖风光已然回到了日本人民的生活中，琵琶湖也成为日本最知名的风景名胜之一。

（4）琵琶湖治理的融资机制及管理。日本琵琶湖的治理及保护所需经费主要由政府财政及由法律法规规定而建立的一些基金组成。

日本各级政府依据相关法律规定的中央和地方分担的原则各自提供财力，支持琵琶湖的保护与管理，从多方面筹措琵琶湖保护管理所需资金。在财政政策方面，日本建立了对水源区的综合利益进行补偿的机制。1972 年日本制定的《琵琶湖综合开发特别措施法》规定，下游受益地区需要负担上游琵琶湖水源区的部分项目经费，进行利益补偿。1973 年制定的《水源地区对策特别措施法》则把这种补偿机制变为普遍制度固定了下来。

在资金的使用上，除了支付日常的水域保护及管理费用外，还对一些项目进行补贴，如综合处理净化槽设备推广措施。对于处于公共下水道或农村集中排水区以外的居民，该设备能将生活杂排水（厨房、洗衣机、浴室）与厕所屎尿水合并进行处理，国家按 5 人槽至 50 人槽不等进行经济补助，其补助额从几十万日元至数百万日元不等（表 4-8）。

表 4-8　推广使用综合处理净化槽设备的补助金标准

范围	补助金额/日元	范围	补助金额/日元
5 人槽	354 000	11～20 人槽	842 000
6～7 人槽	411 000	21～30 人槽	1 107 000
8～10 人槽	519 000	31～50 人槽	2 117 000

此外，日本的法律体系为很多水资源项目建立各种基金提供了支持。包括：国家政府特别基金：国家级政府成立的特殊基金等。琵琶湖综合治理项目；Yodo 河下游地方市政支持资金：Yodo 河下游地方市政将会从工程建设中获益，所以也要对工程进行投资，投资的比例决定于获益的多少，即水源供给的多少，地方市政投资约 602 亿日元；琵琶湖管理基金：为了支持琵琶湖的建设和维护，日本释伽直辖县在 1996 年成立了琵琶湖管理基金，大约 100 亿日元。

琵琶湖治理与保护经费的使用及管理有一整套严格的机制和流程，由县议会审议每一年度计划中关于费用的安排，批准后报国土省，经有关部门协议后再将计划报送总理大臣，由总理大臣批准后下达滋贺县知事和有关各方。政府在这个过程中发挥着把握总体方向和审定总费用的作用。每笔资金必须用于琵琶湖治理及保护的项目上，资金的监管也严格纳入当年各地方政府及各部门的预算体系中。

4.3.2　国外水环境保护政府投资的主要经验

由于各国的政治体制、经济水平和水资源条件的差异，各国进行水污染治理的投资方式各有侧重。

4.3.2.1　资金来源的渠道

随着经济的发展，单纯依靠政府的单一融资方式已不能有效解决日益严重的水污染问题。世界各国在水环境保护筹集资金方面，大致可划分为政府资金支持、企业自筹和公私合作 3 种方式。

（1）政府资金支持。

☞ 财政支持：以美国为例，早期美国政府水污染治理的资金，主要来源于联邦政府和各级政府的财政预算投资。从 1972 年联邦政府启动"清洁水补助金工程"开始，不足 15 年，城市污水处理设施得到了全面普及。而这一笔巨额的建设资金，75%来自联邦政府的财政补贴，12.5%来自州政府的拨款或低息贷款，其余部分由地方通过发行债券筹集。联邦政府、州政府和地方政府的投资比例为 6∶1∶1。

环保局下属的首席财政官办公室（OCFO）负责每年统一进行各项环保事业的预算，提出年度预算报告，报告中以资金投入后所要达到的目标为主体，在所列各项目标中分别说明预计投入资金总量、前一年实际投入资金总量以及在本年度预计达到的目标。2005 年以来的预算报告显示，专门用于与水环境管理相关方向的投资一直维持在 30 亿美元左右，占总投资的 40%左右。

表 4-9　水管理投资预算比例

预算年度	水管理投资（总统）预算/亿美元	占环保局总投资比例/%
2005	29.4	—
2006	28.3	37.2
2007	27.3	37
2008	27.1	38
2009	25.8	36.1
2010	51.4	48.9
2011	45.9	45.7

资料来源：根据 http://www.epa.gov/ocfopage/budget/整理。

政府的这笔资金以转移支付或贷款的形式提供给水污染治理产业，用于技术支持、设施建设、系统完善、特殊地区帮助（印第安人地区和美墨边境地区等）等方面。资金的投放部门涉及者众多，环境保护局、农业部、内务部、国家海洋与大气管理局、地质勘查局、商务部、住房与城市发展部、卫生部等都有一定的资金用于环保项目。

☞ 市政债券：由城市政府或某一公共事业公司发行的，以政府财政收入或对某项公共服务的收费（预期收益）作担保的，在资本市场发行的可流通债券。美国在对环保事业发展的支持方面，其资金的筹集很大一部分是通过发行市政债券来完成的。在饮用水和污水处理两个领域，其项目建设资金约 85% 来自市政债券融资。但污水处理厂建设资金方面，这一方式的融资占建设投资的 5%~16%。

☞ 专项征税：政府向直接将废水排入水域（包括地表、地下）的单位和个人征收税或费也是筹集资金的一种手段。废水污染税就是德国筹集水污染治理资金的一个渠道。其法律依据是 1994 年 11 月 3 日颁布、1998 年 8 月 25 日修订的《废水纳税法》。废水污染税的征税主体是各州，其纳税义务人是废水的直接排放者。其税率是根据废水的有害性而定的，以氧化物、磷、氮、有机卤化物、金属汞、镉、铬、镍、铅、铜和它的化合物以及废水对鱼的毒性为基础组成有害单位，废水纳税按有害单位计算，并有数量上的规定。在评估有害性时，对测量设备有害性的规定要与当时的科学技术水平相符合，目的是简化审理程序，或者是减少在确定有害性时所需要的人力和物力上的浪费。每排放一个单位的水污染物需交纳的费用 1981 年为 12 德国马克，1993 年上升到 60 德国马克，1997 年提高到 70 德国马克。如果水污染物的排放者应用了最佳实用技术，可以削减费用 20%。收取的费用上交到州政府，用于本州的水环境保护。污水排放费基本归州一级政府所有，用于本区域内水环境的治理及保护。

表 4-10　1989 年和 1996 年东柏林、西柏林地区水费、排污费比较

单位：亿德国马克

年份	供　水		排　污		总　计
	东柏林	西柏林	东柏林	西柏林	
1989	1.02	0.25	1.98	0.135	3/0.385
1996	3.45	3.45	4.85	4.85	8.3/8.3

资料来源：张文理、郝仲勇，德国的水资源保护及利用，北京水利，2001.3。

☞ 排污许可证：排污许可证的交易非常普遍、活跃。美国排污权交易包括 3 种
模式：排污削减信用模式（Emission Reduction Credits，ERC），总量-分配模
式（Cap And Allocate），非连续排污削减模式（Discrete Emission Reductions，
DER）。排污削减信用模式是美国排污权交易最初采取的模式，总量-分配模
式从 20 世纪 90 年代开始成为排污权交易的主要趋势，这两种模式贯穿着美
国 20 多年来的排污权交易实践。非连续排污削减模式近几年刚刚用于实践，
它实质上是对 ERC 模式在增加灵活性上的改进。排污削减信用一般来说是
指由污染源采取自愿的措施使其排放的污染低于允许的排放量而产生的差
值；总量-分配模式是指政府用某种程序将有限的污染权发给污染者；非连
续排污削减模式是最新的排污权交易模式，是真实的排污削减，来源于采取
某项控制排污行动的前后实际的排污量的差值。

排污权交易这种方式很简便，就像萨缪尔森所言：排污许可证就像猪和
小麦一样，可以自由地拿到市场进行买卖。通过排污权交易制度的不断完善，
尤其是将价格机制引入，可以有效地刺激更多企业投资于环保产业，减少对
环境的污染。因为，一旦排污许可证的价格制定合理，就会有许多的厂商在
这方面自觉"下工夫"。追逐利润，是企业的目的，如果许可证交易买卖中
有更多的利润可得，并且可以得到政府更多的优惠政策以及广大民众的支
持，这对于任何企业而言是求之不得的好事。所以说，排污许可证交易制度，
在一定程度上有利于企业投融资于环保产业，投资于环保事业，这对于环境
保护、生态恢复都非常有意义。在这方面，美国科罗拉多州 Dillon 水库磷污
染控制便是成功的一例。

专栏 4-2　科罗拉多州 Dillon 湖排污权交易的实践

位于科罗拉多州的 Dillon 湖地区以滑雪、旅游和其他娱乐项目吸引游客，旅游业
是该地区的支柱产业。但是在 20 世纪 80 年代，由于过量的磷排放，Dillon 湖水质受到
了污染，影响到该地区经济的发展。在 1982 年，以固定点污染源为对象，该地区设立

了排入 Dillon 湖的磷容量的总量限制（cap），这一排放总量被分配到该地区的点污染源，主要是四家污染处理工厂。两年以后，该州水质量管理委员会批准了一项创新计划，允许点污染源增加磷的排放，条件是必须减少非点污染源排入 Dillon 湖的磷量。经研究，认为采用氧化塘控制城市径流就可去除 70%的非点源磷，且去除每千克磷只需 149 美元，仅为污水处理厂升级处理费用的 1/12。采用排污交易，4 个污水处理厂（点源）以 1∶2 的比例削减 51%的非点源磷，每年可节约 75 万美元；以 1∶3 的比例，每年仍可节约 42 万美元。1997 年，一家加拿大的公司计划在 Dillon 湖地区开设娱乐场所，这将大大增加该地区的磷排放，而且极有可能突破磷排放的总量控制。在采取了尽可能的减污措施以后，仍有 18 kg 的超标磷排放。因为无法从固定污染源处获得排污信用，该公司只能向面污染源寻求排污削减，由于存在交易比率，因此要求面污染源削减 36 kg 的排污。该公司采用的办法是为 80 户家庭每户安装一套下水道污水处理设备，这样就可以解决排污限制的问题。这一项目在 1999 年完成，这也是 Dillon 湖地区 20 年来的首例排污权交易。

从这一交易实践可以看出，通过排污权的交易，一方面能够有效地解决环境问题，另一方面能为企业节约污染处理费用，这其实是企业变相投融资于环保事业发展环保产业的一种手段。所以说，美国的排污许可证交易在一定程度上为企业投融资于环保产业提供了思路。

（2）企业自筹。企业自筹，就是企业自身进行一系列筹措资金的方式和方法，如银行贷款、发行企业债券、企业上市融资等。企业之所以会自觉地筹措资金投资于环保产业，一方面是因为企业为了适应社会、时代发展的需要，另一方面也是企业为了获得持续的利润、保持持久竞争力的需要。以美国的杜邦公司为例，在 20 世纪 80 年代末，杜邦公司的研究人员将循环经济理念引入了该企业，创造性地把 "3R" 原则发展成为与化学工业实际相结合的 "3R 制造法"，大力实施清洁生产，发展环保产业，以达到少排放甚至零排放的环境保护目标。它们投资于环保产业，取得了显著的成果，生产出了诸多被人们乐于称道的环保产品。比如杜邦生产的特卫强无纺布坚固耐用，一直用于美国邮政服务行业中的邮包和联邦快件投递包。这样的邮包只有传统邮包重量的一半，节省了邮费。还有，在美国和加拿大，杜邦把 3.4 万英亩（约 1.4 万 hm^2）公司土地设立为野生动物保护区、森林公园和生态保留地，并且先后向两国的自然保护机构捐献了 4 万多英亩（约 1.6 万多 hm^2）的公司土地，以保护湿地、原始森林和野生动物。2002 年，杜邦公司获得美国自然保护基金会（the Conservation Fund）的嘉奖，并于 2003 年获国际保护区基金会（International Habitat Conservation）的表彰。这一系列的殊荣，使得杜邦能够 200 多年以来一直在国际舞台上立住脚跟，保持旺盛的生命力。积极地投资于环保产业，不仅为杜邦赢得了丰厚的利润，也为其赢得了社会的认可和长久的赞叹，同时，"杜邦效应" 也为其他美国企业起到了模范带动作用，大大促进了美国企业投融资于环保产业，有力地推动了美国环保市场的发展。

（3）公私合作。公私合作（Public-Private Participation，PPP）包括民营化、合同、租赁、新建基础设施项目融资方法，以及在发展援助领域的公共部门与私人部门之间的合作。这是一种主要为了分离管理权和所有权而建立的一种合作形式。在这方面，美国 Rouge 河道走廊的治理是一个成功的典范。Rouge 河道走廊（The Rouge River Gateway Corridor）是美国密歇根东南部的重要自然文化资源之一，该区域集城市化、自然风光、繁荣文化、人口聚集和经济增长于一体。然而，17 年前的 Rouge 河曾是众所周知的该州污染最严重的河流。像其他城市的水体一样，污染、下水道排放、工业活动破坏了它的自然生态。1999 年成立了 Rouge 河流区域俱乐部，成员既有政府部门，又有著名企业与科教机构。该俱乐部代表着 Wayne 县、4 个城市、文化机构和私有企业的联合，被底特律自由快报（1999 年 12 月 5 日）誉为"政府和私有企业为恢复受伤河流及其周边地区最完美的组合"。2003 年在该俱乐部的指导下，诞生了一项旨在推进民众、生态、经济共同可持续发展的行动计划，该计划将拆除河道中的部分混凝土构作，以便为鱼类提供新的生存环境并恢复自然河岸。这些努力的目的在于使 Rouge 河恢复到 100 年前的样貌——各种野生动物和本土植物共存、原汁原味的自然休闲空间。

4.3.2.2　资金的使用方向和渠道

西方发达国家在水污染治理的资金使用方向上，主要集中在水资源或水介质处理、水治理及环境研究、保护基金等方面。

（1）水资源或水介质处理。在 1948 年，仅有 1/3 的美国人享受城市污水系统提供的服务，而且大部分系统未对污水做任何处理或者仅经过一级处理就排放，很多人依靠污水池系统来处理生活污水。从 1972 年开始，在水污染控制上美国已以国家资助形式花费了 1 800 多亿美元，而私人投资额可能是国家资助的 10 倍，用以建造和改善数千个城市污水处理厂。

目前，美国的城镇污水处理设施已经全面普及，几乎每个市民都能享受到城市污水系统提供的服务，污水处理率 100%，污水处理程度都达到了二级处理以上的标准，城镇污水回用也已经从研究试验阶段进入生产应用阶段，城镇污水回用设施的数量和功能增长迅速。美国城镇污水回用的用途十分广泛，包括非饮用用途的直接利用和饮用用途的间接利用。从回用水的使用构成上看，农作物灌溉、回灌地下水、景观与生态环境用水以及工业用水，是目前美国城镇污水回用最主要的用途。加州的统计数据显示，回用水总量中，约 32%用于农业灌溉，27%用于回灌地下水，17%用于绿化灌溉，7%用于工业生产，3%用于补充地表径流、营造湿地和休闲娱乐水面等景观生态用水，1%用于屏蔽海水入侵，其余 13%用于城镇公共建筑和居民家庭的多种非饮用用途，包括冲厕、洗车、街道清洗、建筑物的卫生保洁、非食品和非饮食用具的洗涤等。

德国政府投入方面，联邦政府统一各部门用于环保的预算，其中一部分由联邦环境部组织实施，并列入环境部预算，其他分散在联邦各职能部门。2005 年列入环境部的预算为 7.69 亿欧元，主要用于可再生能源促进资助、太阳能热水器用木材取暖设备购置资助、新技术开发资助等。但联邦政府用于与环保相关的支出为 74.38 亿欧元，大致占联邦总预算的 4%。除环境部外，其他部门还有交通部、经济技术部、农业部、建设部、卫生部、教育部、林业部、经济合作发展部等。除政府投资外，2005年民间投资大致为 78 亿欧元。

德国连续多年对净水设施和水处理技术进行投资。例如，1998 年德国仅在公共废水处理设施和技术开发上就投资 110 亿德国马克，1988—1998 年，废水处理总投资达 2 500 亿德国马克，远远超过欧洲其他国家。这些投资更有力地促进了德国水环境的改善。

德国各州对污水处理厂的建设都给予了一定比例的无偿财政补贴，这要视各州的情况而定，一般在 30%～50%，有的甚至达到 60%～80%。但这仅限于生活污水处理厂和城市污水处理厂，工业和企业无权享受这一补贴。

（2）水治理及环境研究。水污染治理中需要使用到很多先进的技术和设备，这些技术和设备的开发情况直接影响着水污染治理的效果和成本。因此对水污染治理相关的技术和设备研发进行投资就变得至关重要。

美国国家环境保护局成立了科学技术部，该部的主要职责是开展有关水环境的相关研究为环保局、各州及印第安部落保护水环境提供科学技术支持。根据该部门所提供的信息，联邦政府、各州和印第安属地确立自己的排污标准。同时，一旦该部门内的信息通过项目实践得以成熟，国家环保局下辖的 10 个区域机构负责向公众公开这些技术信息。除了提供技术情报外，该部门还负责向各州和印第安部落提供必要的技术培训。在人员配置上，该部门设有一名高级科学顾问、一个行政处室（人力资源、管理和信息处）和 3 个功能处室（工程分析处、标准及健康保护处、健康及生态标准处）。

工程分析处主要负责提供工业向水面排污和工业污水处理厂的排污标准、工厂内的冷却水标准、对于工厂的污水处理过程和污水处理技术进行认证；标准及健康保护处负责指导各州及印第安属地贯彻水质标准、防止受污染水体水质的进一步恶化，同时该部还负责帮助各州和美国国家环境保护局下属的 10 个区域机构对未达标水体贯彻"最大日承载量"（Total Maximum Daily Loads）项目所要求的水质标准；另外该处还负责确保避免公众接触到有毒害的水体，负责维护《国家渔业名册》的数据库，使得公众得以通过互联网获得相关的文献信息。

在海洋管理方面，美国国家环境保护局针对海岸水提出了新的实验室检测方法，为了推广该检测方法环境保护局设计了大量项目，标准及健康保护处负责各州、印第安属地部落等地方当局有关该项目的资金申请批准工作，同时，它还负责开发其他有关水质标准模型、流量及成分分析模型等确定污染源、污染治理方面的科研研究，以此来帮助各州、印第安属地的地方机构更好地达到水质标准。

健康及生态标准处的主要工作是对水体表面和饮用水进行风险评估并设定相应的安全标准，同时该处所聘请的专业人员还要负责为各州、印第安部落等地方机构实施饮用水标准提供技术支持和咨询，为了更好地保护水生生物，该处开发并颁布了营养标准来避免水体的富营养化，颁布了生态标准来保障水体群落的生态条件，颁布了化学标准来规范化学物质的浓度，颁布了清洁沉降标准来保护水生生物免受沉淀物的损害，同时该处还对淤泥的处理和使用进行风险评估。

（3）保护基金。政府以基金支持的方式开展对水环境保护的财政支持。如美国的"国家清洁用水周转基金"、"安全饮用水周转基金"，欧盟的"环境基金"，以色列的"水网更新基金"、"国家废水计划"、"灌溉体系改进基金"等。这些基金以补贴、发放低息贷款的方式向水环境保护提供支持，最为重要的是，各国颁发了专门的指令对于基金的申请条件、申请程序、审批条件、审计要求加以规定，并向公众公布，① 明确了基金的申请资格，使更多的人参与到水环境的保护中来；② 保证了基金使用的严格性，增加了资金使用的透明度；③ 设立了基金使用效果的评估标准，由于大部分的基金都与项目的开展相配套，所以基金的使用效果也成为保障项目使用效果的重要组成部分。

4.3.2.3 资金的运作机制和监管模式

（1）美国周转基金的运作。美国各级政府通过预算对水污染治理事业投入了大量的资金，为水污染治理这一持续性工程奠定了良好的开端。但伴随着环保法规的强化和公众环保意识的提高，人们对于水环境的保护和水污染治理也有了更高的要求。无论是改建不能满足当前需求的污水处理厂，还是在人口快速增加的地方新建污水处理厂，抑或是改造更新不符合要求的污水管网，都需要大量的资金和有效的资金运作机制，如果不能有效地运作政府资金，形成良性循环，那势必造成政府资金使用的低效，甚至如"无底洞"。美国政府在政府资金的运作机制中引入了市场运行机制，较好地实现了资金的自动积累，该机制就是周转基金。

周转基金（SRF）是国家清洁用水周转基金（CWSRF）和国家安全饮用水周转基金（DWSRF）的统称，主要用来资助实施污水处理以及相关的环保项目。其前身是"水处理构筑物贷款"，通过"水处理构筑物贷款"发放贷款时，资金的回收只有本金及利息；后设立周转基金为特定部门或计划提供贷款时，资金则以本金加利润的形式回收。而这一转变，使得周转资金自建立并资本化以来，资金积累成倍增长，很好地发挥了水污染治理的融资作用。

周转基金的初始资金通常来自于联邦政府和州政府，这些资金作为低息或者无息贷款，提供给那些重要的污水处理以及相关的环保项目。项目取得收益后，所偿还的贷款、利息、利润再次进入周转基金用于支持新的项目。自 1987 年成立以来，截至目前，周转基金已经累计资助清洁水项目超过 680 亿美元，提供贷款 22 700 余项。近年来，周转基金年平均贷款额均超过 50 亿美元①，其相应的利息也有相当规模，为环保项目提供了良好的资助。

周转基金很好地解决了美国地方政府在水环境保护上的困境。在美国的水污染中，来自非污染源点的污染占了很大部分。所谓非污染源点是指非工业设施（可以造成水污染）的地点，例如农场、停车场、居民区和商业区等。2000 年，400 多笔贷款是用于全国与非污染源点有关的环保项目的。例如，纽约长岛地区苏富克郡的地下蓄水层是当地居民的饮用水水源，但由于不断扩大的公路、商业和居民区，地表水对地下蓄水层的回灌过程受到了很大阻碍。而人口的增加又造成对地下水的大量抽取。这种回灌和抽取的不平衡导致了沿海岸线一带咸水对蓄水层的渗透，从而造成水质恶化，并使当地的化污池排放的污水渗入地下水而产生污染。为了防治这种非污染源点造成的地下水污染，当地政府从周转基金获得了 7 500 万美元的贷款来购买土地，建成水资源保护区，有效地保证了地表水的回灌过程，从而改善了地下水的水质。

周转基金不仅面向地方政府，还对环境保护组织、企业、个人发放贷款。加州的环境保护组织就曾从周转基金中获得 800 多万美元的贷款，购买了约 7.8 万 m^2 的草地作为当地湿地生态保护区的一个重要组成部分。俄亥俄州的地产商也曾从周转基金中获得了 65 万美元的贷款，对即将开发的土地的土壤和地下蓄水层进行了清理整治，使之成为商业区。在有众多农场的美国明尼苏达州，周转基金向农场主提供了 1 900 多笔贷款用于当地的水资源保护项目。农场主们普遍用这些贷款来改善或更新传统的化污池，很好地保护了当地水资源。

当然，在管理体制上，周转基金也会面临贷款流失的潜在风险。因此，各州根据本州的实际情况建立各州周转基金的运作机制，并进行不同的改革和尝试。为了扩大基金量，在 50 个设立周转基金的州中，有 34 个州还通过发行"平衡债券"（用周转基金中的 1 美元作担保发行 2 美元的债券），使其周转基金的可使用资金共增加了 44 亿美元。发行公债收入再次进入周转基金。这些周转基金的公债发行和良好表现都受到了美国专业评估机构的充分认可。

与其他基金不同的一个方面是，周转基金的运作往往与当地银行密切合作。如当

---

① 数据来源：http://www.epa.gov/owmitnet/cwfinance/cwsrf/。

地的农场主在当地银行设有账户，周转基金与这些银行签订协议，由周转基金向这些银行注资并由银行把这些资金贷给指定项目，同时，协议还规定银行向周转基金支付的利息要低于当时市场上的利率，而且农场主所获得贷款的利率也要低于当时市场上其他银行的利率。这种运作机制使银行管理所有的贷款业务，并且承担所有可能发生的商业风险。这样就使得政府部门降低了管理基金时所需的费用。

总之，美国的周转基金计划对于保护水环境确实起到了很重要的作用。面对越来越严峻的挑战，各州也在不断地对周转基金的运作和机制进行改革和完善，使该基金能够发挥更大的作用。

（2）德国的财政投融资。与美国的周转基金类似，德国也综合运用了财政投融资手段。德国复兴银行也称联邦德国银行，成立于 1948 年，2004 年共有员工 3 697 人，资产 3 290 亿欧元。主要有 4 方面的业务：① 促进发展；② 中小企业融资；③ 项目出口融资；④ 发展中国家资助。2004 年融资额达到 620 亿欧元。

作为政策性金融机构，德国复兴银行在环保领域充当了三方面的角色：① 经济界伙伴；② 联邦政府环保目标的执行者；③ 实现可持续发展项目的融资者。项目服务对象包括政府部门、企业、个人等。贷款条件是：项目必须能够提高能耗使用效率、使用可再生能源、用循环经济的方法处理垃圾、减少废水产生、排放要达标。

复兴银行的运作方式是：对符合环保及水治理要求的项目给予低息贷款，其特点是利息低、时间长，最初几年可以免利息，项目可以与其他促进项目组合实施。贷款人不直接与复兴银行接触，而是与其开户行联系，具体业务操作在开户的商业银行。复兴银行根据开户行信用等级确定开户行总的贷款额度和利率，不同地区贷款额度不同。开户行给一般企业只贷 50%，中小企业 75%，中小企业也可向其他银行申请贷另外的 25%。对于开发利用可再生能源的企业可以 100% 贷款。如果对于个人使用可再生能源的项目，还款期限还可灵活，利率也可以浮动。

4.3.2.4　美国 EPA 预算案例分析

美国国家环保局有五个目标，目标 1：清洁的空气和全球气候变化；目标 2：清洁的水和安全用水；目标 3：土地保护与恢复；目标 4：健康社区和生态系统；目标 5：环境法规的执行与环境管理。国家环保局结合各个战略目标进行预算编制。根据历年的国家环保局部门总统预算我们整理了历年国家环保局的预算变化情况。

表 4-11　美国国家环保局部门年度总统预算

财年	2003	2004	2005	2006	2007	2008	2009	2010	2011
预算/亿美元	76	76	78	76	73	72	71	105	100

资料来源：根据 http://www.gpoaccess.gov/usbudget/browse.html 整理。

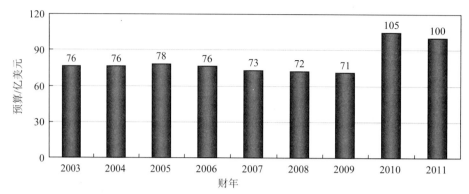

资料来源：根据 http://www.gpoaccess.gov/usbudget/browse.html 整理。

图 4-4   美国国家环保局部门年度总统预算

通过整理可知 2003—2009 年环保局的预算一直保持在 70 亿～80 亿美元，到了 2010 年美国环保局对环境保护的投入猛增至 105 亿美元，这一显著增长表明环保局对环境保护的力度开始加大。2011 年环保局总统预算虽然有所下降，但仍维持在百亿美元。

其中目标 2 是与水环境相关的目标。其战略目标是确保饮用水安全，恢复和维护海洋、河流的水生生态系统，以保护人类健康，支持经济活动和康乐活动，并为鱼类、植物和野生动物提供健康的栖息地。

为达到战略目标，目标 2 的预算又划分成三项：保护人类健康、保护水质、增强科研。根据历年的环保局预算我们整理了这三项的预算明细。

表 4-12   美国国家环保局目标 2 预算历年变化明细

财年	2005	2006	2007	2008	2009	2010	2011
保护人类健康/亿美元	11.69	11.95	11.77	11.56	11.62	18.28	16.04
保护水质/亿美元	16.54	14.84	14.13	14.22	12.86	31.69	28.31
增强科研/亿美元	1.22	1.34	1.41	1.36	1.33	1.41	1.52
总计/亿美元	29.45	28.13	27.31	27.14	25.81	51.37	45.87
保护人类健康同比增长/%	—	2.22	-1.51	-1.78	0.52	57.31	-12.25
保护水质同比增长/%	—	-10.28	-4.78	0.64	-9.56	146.42	-10.67
增强科研同比增长/%	—	9.84	5.22	-3.55	-2.21	6.02	7.80

资料来源：根据 http://www.epa.gov/ocfopage/budget/整理。

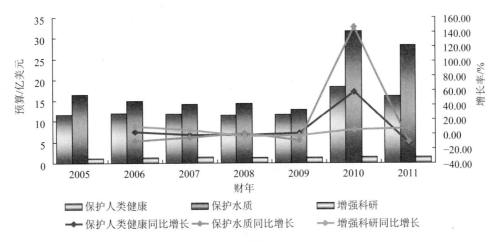

资料来源：根据 http：//www.epa.gov/ocfopage/budget/整理。

图 4-5　美国国家环保局目标 2 预算历年变化明细

正如前面所说环保局 2010 年总统预算有显著提高，相对应的目标 2 预算也从 2009 年的 25.81 亿美元提高到了 2010 年的 51.37 亿美元，增幅近 100%。而在其目标 2 中科研预算增幅较小，仅为 6%，大体与往年持平；保护人类健康预算增幅较大，约为 57.31%，与往年增幅相比较大；而保护水质预算增幅最大，为 146.42%，达到了 31.69 亿美元，比往年目标 2 的预算还要大，这是因为奥巴马总统批准了环保局的增资要求。其中环保局总统预算中用于水环境周转基金预算如表 4-13 所示。

表 4-13　美国国家环保局预算中周转基金历年变化明细

财年	2003	2004	2005	2006	2007	2008	2009	2010	2011
CWSRF/ 10^2 万美元	1212	850	850	730	688	688	555	2 400	2 000
DWSRF/ 10^2 万美元	850	850	850	850	842	842	842	1 500	1 287
SRFs/ 10^2 万美元	2 062	1 700	1 700	1 580	1 530	1 530	1 397	3 900	3 287
CWSRF 同比增长/%	—	−29.87	0.00	−14.12	−5.75	0.00	−19.33	332.43	−16.67
DWSRF 同比增长/%	—	0.00	0.00	0.00	−0.94	0.00	0.00	78.15	−14.20
SRFs 同比增长/%	—	−17.56	0.00	−7.06	−3.16	0.00	−8.69	179.17	−15.72

资料来源：根据 http：//www.gpoaccess.gov/usbudget/browse.html 整理。

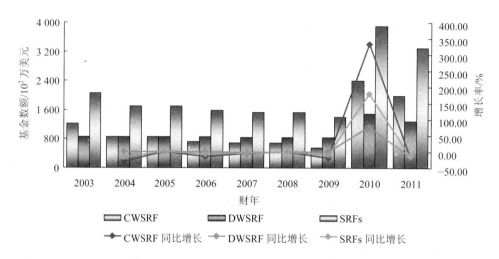

资料来源：根据 http://www.gpoaccess.gov/usbudget/browse.html 整理。

图 4-6　美国国家环保局预算中州周转基金历年变化明细

2010 年财政预算要求 39 亿美元的国家清洁用水周转基金和国家安全饮用水周转基金，达到了周转基金创立以来的高峰，往年周转基金保持在 14 亿～21 亿美元的水平，随着清洁水和安全用水目标预算的增长，周转基金大幅增长，增长幅度为 171.17%，创下了历史纪录。其中国家清洁用水周转基金达到了 24 亿美元，几乎达到了往年清洁的水和安全用水目标预算的水平，更是比前 3 年的国家清洁用水周转资金总和还要多；国家安全饮用水周转基金也创出历史新高，大幅增长了 179.17%。2011 年的国家环保局预算虽略有下降，但依然沿袭了 2010 年的高预算的做法，周转基金预算达到了 32.87 亿元。

下面以美国 2010 年国家环境保护局的部门预算为例说明其水环境资金的使用方向。

美国国家环保局旨在通过保护国民饮用水安全，保护和改善例如河流，湖泊和沿海水域的地表水，来实现其清洁的水和安全用水的目标。在 2010 财政年度，美国国家环保局将与各州和各部落协作实现清洁的水和安全用水的目标。该机构还将支持更多的水环境倡议，包括碳吸存、水安全和坚实的基础设施。

在 2010 年财政年度，美国国家环保局已用总投资规模 39 亿美元的清洁水和饮用水州立周转基金项目，加强了其对饮用水和污水处理基础设施升级的承诺。这项投资将有助于饮用水和清洁水的目标继续向前迈进，还可以增加当地就业机会。与此同时，美国国家环保局将建立一个可持续的管理定价政策，以鼓励节约和充实长期资金来满足未来资本缺口。

国家水项目将继续把重点放在基础设施、流域管理、全成本定价、用水效率以及环境管理系统的实践上。美国国家环保局将特别注重对可循环、绿色基础设施的金融创新和利用，为保护湿地提供资金支持和水质升级。2010 财政年度，该机构将继续推进水质监测活动、清洁水法案下的水质标准战略的形成，以及安全饮用水法案下的规章和活动。为改进监测和监督做出的努力将有助于推动全国用水安全。其中包括：

（1）清洁水。在 2010 财政年度，美国国家环保局将继续与各州、部落合作，以促成环保局的清洁水目标。美国国家环保局将实施核心清洁水方案，为了加快水质改善，将会实施基于流域的有为创新。基于 30 年清洁水的成功经验，美国国家环保局与各州和部落协作，实施清洁水法案。绿色基础设施研究将扩大到评估、开发和编译科学严谨的工具和模型，以供各州和部落使用。

2010 财政年度，美国环保局要求继续进行始于 2005 年的主动监测，主动监测可以增强全国监测网络，并完成国家基准水的水质评价。美国国家环保局每年还将继续给国家清洁用水周转基金（CWSRF）提供资本，让美国国家环保局的合作伙伴用于改善污水处理和非点源污染。为了实现 CWSRF 带来的长远利益，在 2010 财政年度，美国国家环保局给 CWSRF 的资金会是承诺的 3 倍，达到 24 亿美元。

同时 2010 财政预算案要求 39 亿美元的国家清洁用水周转基金和国家安全饮用水周转基金，这有了历史性的增加。基于先前项目的平均花费，该计划每年可以在州、部落和地区支持超过 1 000 个清洁水项目和近 700 个饮用水项目。周转基金项目提供赠款给各州以充分利用周转资金，这将为废水和饮用水水处理系统提供资金来源。周转资金利用联邦资本、各州配套（20%）、州融资、利息和贷款还款的资金，发放低利率贷款给社区。由于还款及利息被回收到项目中来，即使没有联邦资本周转基金也会形成贷款资金（周转）。美国环保局估计，联邦每投资 1 美元，至少可以提供给各地方政府两美元的融资。由于联邦资金用于当地水利基础设施的需求急剧增加，当局将采取项目改革方案，把这些资源放在更坚实的基础需要之上。美国国家环保局将与州合作伙伴及当地的合作伙伴发展一个可持续性的政策，该政策包括管理政策和通过周转基金为未来基础设施投资的定价政策。这项政策用来鼓励环境保护和提供充足的长期资金来满足未来的资本需求。为了给小系统客户提供公平的补偿，2010 年财政预算将计划与州政府和地方政府合作制定联邦饮用水政策。

（2）饮用水。在 2010 财政年度，基于过去的成功，环保局、各州和社区水系将建立各种基于健康的标准，他们正朝着 2010 财年有 90% 的人口能够喝上符合这种标准的社区水的目标而努力。为了促进与达到饮用水标准，各州开展了一系列活动，如引导供水系统的现场进行卫生调查等活动。环保局将通过指导培训和技术援助来努力提高水质合格率，确认供水系统经营者正当的认证，唤起消费者对饮用水的安全意识，保持系统卫生调查和现场审查的比例，并对违规采取适当的行动。在 2010 财政年度，为了帮助确保饮用水安全，美国国家环保局提供了 15 亿美元作为国家安全饮用水周转基金，几乎是上年同期的两倍。

（3）富营养物。监测数据表明，过量营养物（氮和磷）仍然是美国的水质下降的主要原因之一，这需要通过授予州/部落水质项目增加 500 万美元来加速数字营养标准的推进和采纳，从而提高点源治理技术和基于流域战略的非点源规划的效率和成效。

发展数字水质量标准并有效地将其转化为 TMDLs 和 NPDES 命令是预防和补救缺氧及营养过度造成的其他问题的关键。当前的营养标准难以执行。虽然各州有责任为获得和维系地表水所得利益来制定水质标准，但是有 25 个州仍然没有数字标准。其余 25 个州也仅有有限的数字标准。最近的诉讼和由国家环保局为佛罗里达州的数字养分标准所作的判决结果，凸显了 2010 财政年度数字标准需求的重要性。

（4）国土安全。国家环保局在保障国民水资源不受恐怖主义威胁中起着很大作用。在 2010 财政年度，美国国家环保局将继续支持水安全倡议（WSI）试点项目及水务业特定机构的责任，包括减少威胁水联盟（WATR），以保护国家的重要水利基础设施。2010 财政年度的预算要求为致力于水安全提供 3 150 万美元的资金，这包括 2 240 万美元用于水安全倡议和 130 万美元用于 WATR。WATR 将继续致力于展示在各种规模的高危城市，其饮用水的公共事业机构可能采取的有效污染预警系统概念。在 2010 财政年度，将有更多像国家应急预案一样的关于区域水资源应急响应/技术援助小组成员的培训和宣传演习。此外，美国国家环保局与安全供水部门协作，将继续致力于发展、实施和开展对有关国土安全的关键基础设施保护活动的国家措施的追踪。

美国国家环境保护局的责任是消除和控制污染，包括相应的整合研究、监测、标准制定以及执行。与过去 8 年的预算请求相比，2010 年美国国家环保局的预算请求大幅增加，达到了 105 亿美元，这比 2009 年的预算高出 34 个百分点。包括 39 亿美元的美国国家环境保护局的运行预算，这是美国国家环保局的环保功能的核心，包括研究、规范和执法基金。美国国家环保局的预算还为周转基金提供州项目实施补助和资本补助，帮助市政府支付控制污染和清污费用。

（5）大湖区的生态恢复。2010 年财政预算案中包括一个 4.75 亿美元的机构间新倡议方案，以解决影响大湖区区域问题，例如外来物种、非点源污染和被污染的沉积物。这一倡议将利用成果为导向的绩效目标和措施来解决最重要的问题，并对问题的进展进行跟踪。美国国家环境保护局及其联邦合作伙伴将协调州、部落、地方和行业行动以保护、维持和恢复大湖区的生态。

为了保证国民的供水，2010 年财政预算案还拿出 2 400 万美元资金，以支持所有五个水质安全倡议（WSI）试点合作协定和水联盟的减少威胁活动。而这些试点合作协议和活动的产生是为了响应 2002 年颁布的生物恐怖主义法。美国国家环保局在 2006 年推出的水质安全倡议，是用来防范饮用水分配系统被故意污染的危险。这些试点完成后，美国国家环保局会引导并促成有效的饮用水水体污染预警系统。

4.3.2.5　投资效果及评价

（1）美国。美国除特大暴风雨降临期间造成的溢流外，已没有一个大城市向河流和湖泊直接排放未经处理的工业、农业和生活废水。由此，很多地方的水质明显改善，鱼类、水生昆虫等水生动物又出现在水中。曾一度被关闭的河流、湖泊和海滨再次向公众开放，准许游泳和其他水上运动。美国饮用水的质量也是相当高的，人们可以享受到当今世界上最为安全的饮用水供应。美国水污染治理政策在清洁和保护美国的水体，包括河流、湖泊、泉水、湿地、海洋、海岸和地下水等，维护鱼类及其他野生动物和植物的生存，满足人们娱乐和经济活动等的需求，保证人们享有洁净和安全的饮用水方面发挥着重要的作用，美国水污染治理政策详细、全面，多样、灵活，重视公众参与、关注公平公正，这些都是具有启发和借鉴意义的。

（2）德国。在水资源保护方面，德国联邦政府提供了大量经费，以促进水质监控、工业和居民区的污废水处理、无废水或少废水生产工艺技术的发展。仅在 20 世纪 80 年代中期至 90 年代末，联邦政府对水资源保护的投资就达到 1 000 多亿德国马克。现在IV级水质（严重污染）已经消除，II级及好于II级的水质占大多数。90 年代中期，莱茵河曾出现几十年来最小的流量之一，而河水的含氧量明显高于鱼类生存所需底线的 4 mg/L。

现在，德国全国有 90%多的居民利用地下水道，84%的居民污水经过生物净化处理。20 世纪 80 年代以来，国家为新建、扩建和更新下水道和净化设施投入约 780 亿德国马克（下水道 570 亿德国马克，占 74%；净化设施 210 亿德国马克，占 26%）的资金。目前常规净化设施对难分解的氮和磷以及不可分解的重金属，如水银、镉、铬、铅等的治理仍然是个问题。常规净化设施对下列物质的消除率为：氮约 30%、磷约 25%、水银约 70%、镉约 50%、铬约 60%、铅约 80%。

德国对水污染的控制是卓有成效的，其重点是加强对水污染源的控制。根据德国地表水污染防治法，对工矿企业实施排污许可证制度，根据水体使用目的（饮用水、生态保护等），确定水体的功能，对列入黑名单的污染物质（如汞、镉等）不准排放，对其他污染物质实行总量控制，同时给企业定出时间表去改革工艺技术，减少排污；按照污染者付费的原则，制定合适的税收政策，使企业感到建立污水处理厂处理污水比交排污税更有利于企业发展，调动企业进行污水处理的积极性；通过征收排污税，从居民和企业中筹集建集中污水处理厂的资金，建立集中式污水处理厂。目前，德国污水二级处理率达 60%~70%，三级处理率达 10%~30%，基本上解决了地表水的污水处理问题。

4.3.3 国外水环境保护政府投资的经验与启示

纵观国外水环境保护的情况，各发达国家的做法几乎如出一辙，现今已在各国形成了环境产业，并在环境产业形成的过程中完成了政府角色的转变，由当初的守夜人角色转变成了调控人角色。各国均运用了法律手段、行政手段与经济手段相结合的方式。只是在治理的过程中都从本国的实际情况出发，形成了一套适合自己的方法。

4.3.3.1 建立完备的法律体系

立法为水环境保护提供了完备的法律体系，为水环境保护的实施提供了坚实的法律基础。例如，美国的《清洁水法案》《资源保护和回收法》《安全饮用水法》《有毒物质控制法》《综合环境反应和恢复法案》和《国家环境政策法案》等；加拿大先后建立的《环境保护法》《加拿大联邦水法案》等；日本先前制定了《河川法》，随着经济进入高速增长期，为防止工业废水、生活污水污染河流湖泊，日本政府迅速出台了相关法律来保护水环境，此外还针对单独的湖泊河流制定了相应的保护法律。比如《琵琶湖综合开发特别措施法》《琵琶湖富营养化防治条例》等。

4.3.3.2 积极开展国际合作

为了保护跨流域的河流湖泊，各流域相关国家纷纷成立合作组织，签署合作协议。例如，1972年美国和加拿大签署了《大湖水质协议》，后来根据水环境变化和保护的需要，两国政府对此协议进行了三次重大的更新和完善，使其发挥更有效的约束作用；欧洲的《水框架指令》包括水资源利用、水资源保护、防洪抗旱和栖息地保护等，几乎涵盖水资源、水环境管理的全部领域；莱茵河流域各国共同签署了多项国际合作协议，还在协议框架内建立了保护莱茵河国际委员会等多个合作组织。

4.3.3.3 实施完善的行政监管

在建立了完备的法律体系后，必须运用行政手段促使法律规定严格实施，以达到保护水环境的目的。英国的水务行业在1989年实现了私有化，在私有化完成后，英国政府设立了水服务办公室作为独立的监管者。该办公室设有规制融资部、客户事务部、成本与绩效部及运营管理部，通过综合手段对水务公司进行监管。在推动水务行业高度市场化运行的同时，政府对于市场监管也作了精心的制度设计，合理布局市场结构，明确市场主体权利和责任，为实施有效监管提供依据和基础。① 通过法律对供水企业的权利义务加以明确，要求供水者必须满足用户对于水质和水量的要求。除了环境部大臣任命的监查官有权检测水质外，地方政府有权获知辖区内的水质情况报告。② 通过许可证制度来限定供水企业的经营权，明确界定水务企业的经营范围，具体规定其权利、义务与责任。③ 最大限度地引入竞争制度，防止出现行业垄断，保持水价在合理的区间运行。

4.3.3.4　充分发挥政府投资的引领作用

各国政府在水环境保护中充分运用政府的经济调节职能，以此推进水环境保护工作。主要手段有政府财政支持、税费调节、基金运作、政府融资等。

（1）财政支持。财政支持是各国在水环境保护中最常采用的手段。认识到水环境对经济社会的重要性，美国、日本、德国、英国、法国等发达国家无一例外地将大量的财政资金投入到水环境保护当中。政府投入用于治理水环境污染的投资领域为环境基础设施的建设、运行与管理及生态保护，只是各国政府投入中地方政府和中央政府投入的比例有所不同而已。

（2）税费调节。作为一种激励手段，各国政府对排污的控制普遍通过税收和收费进行控制。通常研究污染防治的新技术、低排放的环保企业可以享受税收优惠政策，另外通过征收污水处理费或者征收污染税来减少企业和居民的排污行为。

（3）基金运作。设立基金对水环境保护进行支持的做法也取得了成效。如美国的"循环基金"，主要用来资助实施污水处理以及相关的环保项目，该基金规模现已达到39 亿美元，对美国的水环境保护作出了巨大贡献。另外还有欧盟的"环境基金"，以色列的"水网更新基金"、"国家废水计划"、"灌溉体系改进基金"等。这些基金以补贴、发放低息贷款的方式为水环境保护提供支持。

（4）政府融资。各国通过发行债券、资产证券化、BOT 模式、PPP 模式等进行融资。如美、日等发达国家环保资金大部分来源于市政债券；英国水务行业在 1989 年实现了全面私有化，将水务局转变为上市的有限责任公司筹集资金，通过企业重组和资本运作，英国政府在水务行业私有化过程中还获得了大量利润；在水环境保护的不同领域，需要灵活选择不同的融资方式，美国水务行业实践证明了 PPP 模式的可行性，美国大多数水务资产属于市政当局所有，但凭借其发达的资本市场，政府吸引了众多社会资金投资水务行业，并遵循市场机制进行投资和运营。污水处理厂的运行和维护则主要靠收取的生活污水处理费来维持。

4.3.3.5　预算项目安排规范化、制度化

美国国家环保局的预算安排十分规范。国家环保局按照其 5 个目标来进行预算草案编制，各目标下可以安排几类大项。国家环保局预算要经历预算草案的编制、预算草案的审批、预算的执行及对执行情况的审核 4 个阶段。预算的法制程度较高，公开度和透明度高。

4.4 完善我国水环境保护政府投资的政策建议

从水环境保护政府投资理论出发，根据我国水环境保护政府投资现状和存在的问题，借鉴国外水环境保护政府投资的经验，本节提出了完善我国水环境保护政府投资的政策建议。

4.4.1 拓宽水环境保护政府投资的资金来源渠道

目前我国水环境保护政府投资表现为资金来源渠道比较单一，资金量比较少，与政府应该承担的水环境保护事权不相适应，因此应该进一步拓宽水环境保护政府投资的资金来源渠道，提高水环境保护政府投资的比重。

4.4.1.1 完善水环境保护政府投资预算科目，逐步提高水环境保护预算投入

预算投入是指由财政预算科目进行全额拨款。根据预算拨款主体的不同，可分为中央财政拨款和地方财政拨款。根据预算拨款是否有特定目的，可分为专项拨款和一般预算拨款。当前需要完善政府公共财政预算制度，细化和完善在中央和地方财政支出预算科目中水环境保护财政支出预算科目，逐步提高政府财政对水环境保护的支出，尤其是城市污水处理设施建设和农村面源污染治理的投入。

提高水环境保护预算投入要以完善水环境保护政府投资预算科目为基础。2006年2月我国开展了一项自新中国成立以来预算管理方面牵涉面最广、调整幅度最大、影响最为深远的制度创新——政府收支分类改革。这次改革解决了以前预算科目不透明、不明晰、不完整、不可比的问题，按功能建立了新的科目编码体系。改革后的政府收支分类由"收入类"、"支出功能分类"、"支出经济分类"构成。特别是"支出功能分类"以172款实现了政府收支分类的"一个突破、两个区分"。总体来看，这是一次成功的改革，同时也是一项纲领性的改革，但具体落实到"211"环境保护类中的污染防治款水体项，从政府的投资方向和资金介入形式的角度分析，仍需要对该科目进一步细化和完善。2007年1月1日开始实施的政府收支分类将环境保护单独以"211"编号列出。该科目主要反映政府环境保护支出，下列环境保护管理事务支出、环境检测与监察支出、污染治理支出、自然生态保护支出、天然林保护工程支出、退耕还林支出、封山荒漠治理支出、退牧还草支出、已垦草原退耕还草支出和其他环境保护支出等。其中"2110302"水体项是本专项研究中政府投资支出的项目，主要反映政府排水、污水处理、水污染治理、饮用水水源地保护等方面的支出。

综上所述，当前"211"科目改变了以前的水环境保护财政预算支出按部门列支的情况，以防治水体污染和保护水环境的财政功能作为政府投资支出的主要依据；同

时打破了原来专项和一般性资金的分类列支，将基金和专项资金按支出的大体用途分款在支出功能分类的类、款下单独设置项级科目反映，加强了财政支出的功能性。但在该项中并没有列支细目，仅对政府排水、污水处理、水污染治理、饮用水水源地保护等方面的政府支出做了宽泛的反映，不能明确政府在水体方面的支出方向和重点，也不利于政府统筹安排水环境保护的措施，因此，需要将其细化并加强其专项化。

针对现有水体污染历史欠账严重和新污染源不断增加的现实情况，政府对水环境保护的投资应根据紧急处理、重点防治和长期保护等方面从源头上、本质上，以多角度、多阶段以及多层次进行多元化治理和保护。为更进一步明确政府在水体污染防治方面的投资重点和方向，并有利于政府统筹安排水环境保护的措施，需要进一步细化和完善现有的"211"类中的污染防治款水体项支出科目。具体地，可根据"2110302"科目分类单独分设细目。

（1）"2110302"科目中分设细目的原则。分设细目应该坚持明晰化、长效性和制度化的原则。

所谓明晰化是应该对"2110302"科目中的支出方向进一步明确和清晰，要反映政府水环境保护的支出和投资重点。

所谓长效性是指在细化"2110302"科目时，既要考虑短期的环境污染治理支出，又要考虑中长期水体污染防治支出和水环境保护支出。

所谓制度化是指在细化"2110302"科目的同时，必须建立和完善水污染防治和水环境保护支出及投资的相关法律规定，确保资金合规、有效和高效利用。

（2）分设细目的方法。对水体污染防治和水环境保护的支出政策是一项投资规模大、效益慢的长期政策。因此在分设细目时，需要考虑多个阶段和多个角度，不宜采用穷举式列支细目。

（3）细目列支。除现有列支的政府排水外，可列支如下细目：

☞ 水体污染紧急处置支出：主要反映专项用于水体污染事件的紧急性处置支出。政府这方面的支出主要应对类似太湖蓝藻等的紧急水体污染事件。应考虑将"2110202"环境执法监察项中应急处置支出拿出并将其单独列入"2110301"、"2110302"、"2110304"、"2110305"及"2110306"项中，加强对紧急污染防治处置的支出。

☞ 重点水体污染防治支出：根据国家对重点水体污染防治政策可及时调整投资重点。针对当前各水体流域的受污染程度来看，"三湖"、"三河"、"一江"和"一库"是当前水体污染防治支出的重点。政府在这方面应有相应的投资重点。

☞ 中长期水体污染防治支出：除紧急支出和重点支出以外，还应对现在不能马上治理和处理的流域和水体污染作支出考虑，筹集充足的资金。

☞ 中长期水环境保护支出：作为一项长期的保护性活动，政府在水环境方面的支出还应对可能发生的隐患进行适当考虑，从根本上保护已经治理好的污染源，从源头上解决水环境长期保护的资金问题。

4.4.1.2 加大国债投入力度，使水环境保护投资成为国债投资的重要领域之一

尽管国债资金也属于财政性资金，但是按照我国的国情，国债资金一般不负责部门事业费支出，只负责项目资金或其一部分。国债资金需要投资项目用以后的收入来分期偿还，因此其支持力度应该弱于公共预算投入。国债投资属于公共支出，主要应用于提供市场机制不能解决、私人资本发展缺乏起码条件的、外部性较强的公共产品，而不应直接投入属于企业投资范围的制造业等竞争性行业。国债投资的真实效果应以能否带来社会福利水平的提高和经济发展环境的改善为标准，而不能主要以产业的即期波及程度和直接经济效益进行衡量。国债投资是要创造环境，而不是创造收益。只要通过国债筹集的资金用于基础设施和公共服务，能够给人们提供应有的效用，能为私人投资创造良好的条件，国债政策的作用就越强。水环境保护投资领域是重要的基础设施领域，不仅具有一定的带动效应，而且对国民经济的长期健康发展具有重要意义，因此水环境保护投资应该属于国债投资的重要领域之一。2006 年以前，我国水环境保护投入的主要来源是国债资金，如"十五"期间，中央财政安排环境保护资金1 119 亿元，其中，国债资金安排 1 083 亿元。但 2006 年以后，环境保护支出科目被正式纳入国家财政预算，水环境保护投资开始主要从财政预算中安排，国债资金用于水环境保护投入的资金较少。

在水环境保护方面，可以考虑利用国债资金建设城市污水处理厂和污水管网，特别是要利用国债资金建设一批技术先进、投资合理、运营创新的污水处理厂，等等。

4.4.1.3 推进排污费税改革，形成水环境保护比较稳定的投资来源渠道

设立水环境保护专项收费或专项基金，将收取排污费作为水环境保护的资金来源渠道。

近期内排污费改革的重点应放在制度的进一步完善上，即规范排污收费制度。在市场经济相对成熟的国家里，收费必须有相应的立法基础，必须通过与税收类似的审议批准程序，部门无权自行制定收费项目，核定收费标准和范围。同时，各项税收和收费都要反映在政府预算中，不允许单位或部门自收自支，分散掌握。因此，目前改革的首要任务就是尽快将其规范化。① 要将排污费逐步纳入预算管理，形成各级政府的环境保护专项基金，至于环保部门的行政事业开支可由财政专项拨付。② 要将环保专项基金改为有偿使用的形式，以低息贷款、贴息等方式对企业或地方政府的环保资金提供支持，主要用于下列项目的拨款补助或者贷款贴息：重点污染源防治；区

域性污染防治；污染防治新技术、新工艺的开发示范和应用等。③ 提高费率。根据世界银行在中国进行的案例研究得出的数据"在设定其他因素不变的条件下，实际收费率对中国各省市的工业污染程度有显著影响。实际收费率每增加 1%，化学需氧量将降低 0.8%，二氧化硫将降低 0.3%，烟尘将降低 0.8%，工业粉尘将降低 0.4%。而且，自 1987 年以来，凡是实际收费率上升的地方，污染程度都下降了。"可见，排污费率的高低与污染的增减直接相关，费率的提高必然会带来环境质量的改善。

从中长期来看，待条件成熟时，可以考虑实施排污费的"费改税"，在开征初期，可以先从现有的排污费征收范围入手，从重点污染源和易于征管的课征对象入手，选择有限的几个污染源征收。待以后各方面条件成熟再逐步扩大污染税的征收范围。例如，可以将超标污水排污费改为水污染税。课税对象为我国境内的企事业单位、个体经营者以及城镇居民排放的含有污染物质的废水。对企业排放的废水，可采用实际排放量为计税依据，实行从量定额征收。实际排放难以确定的，可根据纳税人的设备生产能力或实际产量等相关指标测算。从排污税开征的基本意图出发，应该建议指定收入的使用用途，即排污税的开征应该专款专用，排污税收入应该主要用于包括水环境保护在内的环境保护方面的投资。

4.4.1.4　推动国有资本经营预算改革，将部分国有资本收益用于水环境保护投资

数据显示，2009 年中央财政从中央企业国有资本收益中共收取 388.7 亿元。而根据相关统计，2009 年央企实现利润 9 000 多亿元，税后利润也有 6 000 多亿元。中央财政从中收取不到 400 亿元，只占央企税后利润的 6.2%。这说明，国有资本收益还有很大的空间。我国国有企业发展多年享受国家的优惠政策，目前最根本的问题是，国有资本已经积累的大量财富如何真正惠及或更好惠及全民。因此，从国有资本收益中拿出一块资金支持水环境保护是符合我国基本国情的。本书建议，国家在确立国有资本收益的使用方向，或者在编制国有资本经营预算的时候，在国有资本收益中，至少应该在钢铁、纺织、化工、能源等排污量比较大的企业的国有资本收益中拿出一定的比例，用于水环境保护投资。

4.4.1.5　完善水环境保护产权和特许权制度，形成水环境保护的特许权投入

特许权投入不是政府自身的资金投入，而是政府特许企业或其他主体投入水环境保护设施建设，并允许其经营一段时间。这是政府通过特许权的转让而筹集的资金，应该属于准政府投入的范畴。

水环境保护特许权投入需要以明确的产权和特许权制度为基础，因此应该进一步推动我国基础设施领域的产权制度和投资体制改革，明确私人资本进入水环境保护基础设施领域的条件和方式，为私人资本进入提供便利。

4.4.1.6 加快推行生态补偿制度，促进实现外部成本内部化

广义的生态补偿是指环境资源受益人、国家、社会、其他组织对因生态保护而利益受到损害或者付出经济代价的人给予的适当经济补偿。我国在森林资源的保护上已确认了该项制度，目前开始试用于水污染治理方面，长江、嘉陵江等江河污染治理2005年起试行生态补偿机制。但在水污染治理中的生态补偿应作狭义理解，即补偿的主体应是地方人民政府，而不涉及具体的单位和个人。这也是把该制度归类为财政制度的原因。首先，依据《中华人民共和国环境保护法》第16条"地方各级人民政府，应当对本辖区的环境质量负责，采取措施改善环境质量"的规定，以及"水源受益者应该补偿受害者"的原则，下游地方人民政府作为受益者理应分担上游地方人民政府的治理费用。其次，水污染生态补偿机制的实质是流域上下游地区政府之间部分财政收入的重新再分配过程，目的是建立公平合理的激励机制，使整个流域能够发挥出整体的最佳效益。最后，一般的单位及个人难以承受巨额的补偿资金，即使地方人民政府也必须将其纳入生态建设专项基金，每年由中央及省级政府统一划拨，专款专用。将生态补偿机制运用于水污染治理中有利于解决河流跨流域治理的难题，使上游政府及百姓认识到，保护好水源就是创收，就是发展经济，使保护水资源成为主动、自觉行为。因此也应将其纳入水污染防治立法的范畴中，使其在全国范围规范、有效地施行。

4.4.1.7 建立中央与地方联动的财政投入机制

在确定政府水环境保护的资金来源时，还有一个问题必须考虑，就是如何确定各级政府水环境保护的投资比例。这就需要对水环境保护的政府间事权进行研究和分析。特别是水源地保护，涉及很多河流，其投资在中央和地方之间应该如何协调需要有明确的说法。

如前所述，加大水环境保护投入，是各级政府都应承担的责任。因此，中央在加大水环境保护财政投入的同时，也要采取相应的措施约束和激励地方政府相应加大投入力度，具体来说，应该建立中央与地方联动的财政投入保障机制。在建立联动机制的具体思路上，中央政府可以采取法律规定和经济激励相结合的方式，充分调动地方政府对水环境保护投入的积极性。首先，中央通过法律规定的方式，确定地方相关支出一定的比例必须用于支持水环境保护；其次，中央可以通过以奖代补的方式，对支持水环境保护做得比较好的地方给予一定程度的奖励，引导地方将一定的财力用于支持水环境保护。

以上可以看出，政府水环境保护的资金来源有多种渠道，需要依据政府财政和投资管理的基本规范以及水环境保护的特点来选择确定，现实中可能是上述渠道的某一

种，也可能是某两种或某几种的组合方式，这需要根据实际情况研究确定。

4.4.2　进一步明确水环境保护政府投资资金的使用方向和重点

水环境系统是由污染物发生系统、污染物承纳系统和污染物控制系统组成的综合系统，污染物承纳系统的质量是水环境保护的重要目标。

由于自然条件和经济条件不同，水环境系统的组成有差别，一般情况下的水环境系统如图 4-7 所示。

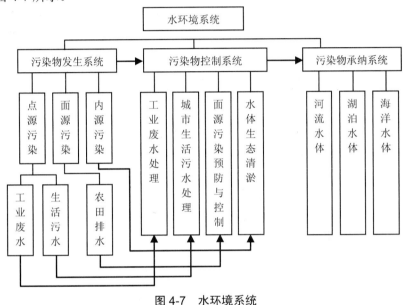

图 4-7　水环境系统

我国点污染源主要是工业废水和城市生活污水。目前许多企业的生产设备还相对落后，资源利用效率低，污染物大量排放，工业企业的排污，无论是绝对量还是单位产品排污量，都比发达国家高很多。另外随着城镇化率的不断提高，城市生活污水排放量迅速增加。1980 年全国生活污水排放量为 315 亿 t，1996 年为 420 亿 t，2000 年为 620 亿 t，2003 年为 680 亿 t，呈持续增长趋势。目前在废污水排放总量中，工业废水约占 2/3，城市生活污水约占 1/3。

另外，农村面源污染也是我国水污染的主要来源之一。20 世纪 90 年代中期，"三湖"流域总氮和总磷负荷来自农村面源污染的比例分别是：巢湖 70% 和 52%、滇池 53% 和 42%、太湖流域 60% 和 30%。到 2005 年，上述"三湖"的污染负荷中，来自农业面源污染的总氮、总磷和 COD 分别占 60%～70%、50%～60%、30%～40%。农村面源污染主要来自化肥和农药的过度使用，这也是水污染防治的重点和难点。[1]

---

[1] 王浩. 中国水资源与可持续发展. 科学出版社，2007.

从污染物控制系统看，我国水污染治理的投资主要包括城市环境基础设施建设投资、工业污染源治理投资、建设项目"三同时"环保投资三部分。从环境污染治理的总体投资可基本判断我国水污染治理投资的方向。2006 年环境污染治理投资总额 2 566 亿元，其中城市环境基础设施建设投资 1 314.9 亿元、工业污染源治理投资 483.9 亿元、建设项目"三同时"环保投资 767.2 亿元。在工业污染源治理投资的 483.9 亿元中，政府排污费补助和其他补助占 29.8 亿元。[①]上述数据表明，传统上我国政府为企业治污投资较多，但是用于城市生活污水处理和面源污染预防与控制的投入却非常少。目前，我国还有大部分的设市城市没有污水处理厂，已有的污水处理厂也有相当一部分由于污水收集管网不配套、污水处理费过低、运行成本过高等原因不能正常运行。

上述分析表明，我国水环境保护投入的关键问题主要体现在以下几个方面。

4.4.2.1　提高工业污水处理资金投入的使用效率

我国社会和政府为企业治污投入了大量的资金，虽然取得了一定的效果，但是总体来看，资金利用效率还很低，一边治理，一边污染，污染问题仍没有得到根本解决。

4.4.2.2　加大城市污水处理厂建设和维护的投入

城市生活污水约占废污水排放总量的 1/3，在大城市这个比例更高一些。但是由于地方政府缺乏污水处理厂投资的激励，导致生活污水的处理率大大低于工业废水处理率。

4.4.2.3　强化农村面源污染预防与控制的投入

农村面源污染种类繁多，产生量大，分布面广，治理难度较大。农村面源污染预防与控制是一项系统工程，其中包括农村垃圾、人畜粪便、作物秸秆等固体废物及生活污水、生产废水的处理，化肥的减量合理使用，农药和有机物的控制，水土流失的治理等方面。但是，水污染的严峻形势不等人，必须尽快加大面源污染治理的力度，增加面源污染治理的投入，结合生态农业建设，实施综合整治措施，在治理面源污染的同时，使流域农村社会、经济进入可持续发展的良性循环。

4.4.2.4　继续加大水体生态清淤和综合治理的投入

包括调水引流工程、河湖生态清淤、建立生态隔离带以及湿地恢复重建、绿化造林等生态建设方面的投入。水体生态清淤和综合治理属于典型的公共产品，水体周边

---

① 国家统计局. 中国统计年鉴 2008. 中国统计出版社，2008.

地区均能受益，因此各级政府都应分担水体生态清淤和综合治理的相关成本。

4.4.2.5　加强水污染防治基础研究和技术推广的投入

水污染防治基础研究和技术推广也是水环境保护投入的重要方面。目前我国设立了水体污染控制与治理科技重大专项（简称水专项），项目研究内容主要涉及湖泊、河流、饮用水、城市、监控预警、战略政策六大方面。水体污染控制与治理科技重大专项的设立对提高我国水环境保护的水平将起到重大的推动作用，关键是要组织好项目的研究工作，选好示范点，切实发挥专项资金对水环境保护的科研支撑作用。加强水污染防治基础研究和推广还要注重加大技术设备研发方面的投入，主要体现在建立现代化水质信息系统、应急预案、全面开展技术研发等方面。通过研发创新更新软硬件装备，必要时可以引进国外先进软硬件设备，建立起先进的监控信息系统，监控污染物实时数据，利用先进的计算机信息监控技术对水污染做到防患于未然。由于引进国外先进设备和进行技术研发所需资金较高，很大程度上可能出现资金缺口。因此可以尝试引入私募股权投资弥补缺口。

4.4.2.6　加强水环境保护能力建设的投入

水环境保护政府投入还必须重视加强水环境保护能力建设。① 加强水环境质量监测能力建设。提高各级环境监测装备水平，完善环境质量监测网络，逐步建立先进的环境监测预警体系，提升环境质量监测对减排成效的校验能力。加强水质自动站实施更新改造力度，在重点水域及饮用水水源地建立水环境挥发性有机物自动在线监测试点。② 加强环境监察执法标准化建设。加快推进全国水环境监察机构标准化建设，提高各级水环境监察队伍的执法能力，逐步建立完备的水环境执法监督体系，保障水环境保护政策、法律法规的执行。③ 加强水环境统计能力建设。加强有重点水污染地的环境统计基础能力，提高水环境统计数据收集、存储、汇总、分析、报送等业务能力，及时获取有关重点污染源排污数据等资料，为制定水环境保护政策提供基本依据。

4.4.2.7　适度安排资金用于水环境保护设施的维护，改变"重建设、轻维护"的现状

如上所述，在我国目前水环境保护政府投资安排的项目当中，存在"重建设、轻维护"的现象，几乎全是用于水环境保护项目的建设方面，很少有资金直接安排用于项目的维护方面，这就导致了某些水环境保护项目进入了"建得起，养不起"的怪圈。实际上，近几年在我国水环境保护进行了大量的投入，但最终的效果不尽如人意，问题的关键也在于水环境保护建成以后，由于缺少运营和维护费用，项目并不能真正发挥作用，最为突出地体现在城市污水处理厂的运营方面，很多污水处理厂建成以后处

于闲置状态。因此，在安排水环境保护资金投入时，除了要重视水环境保护设施的建设工作外，还必须同时兼顾设施的维护，安排一定比例的资金用于水环境保护设施和项目的维护，提高设施的使用寿命，使水环境保护设施可持续地发挥作用。

综上所述，在水环境保护资金使用方向上，要切实分清政府和企业的职责，政府应从为企业治理污染中腾出财力，加大对城镇生活污水处理管网建设等属于政府职责范围有关工作的资金投入。当前的重点是填平补齐现有污水处理设施，充分挖掘现有设施的潜力，加大对现有设施脱氮除磷技术改造的资金支持，在此基础上再新建污水处理厂。

4.4.3 促进水环境保护政府投资机制创新

政府水环境保护的投资机制应该创新并多样化。传统的政府水环境保护投资往往是政府单独投资水环境保护设施，很少让私人部门参与。实际上，在政府水环境保护投资中，引入公私合作机制，让私人部门广泛参与，有利于提高政府水环境保护投资的绩效，也有利于水环境保护设施的可持续发展。总的来说，水环境保护政府投资机制创新可以从以下几个方面入手。

4.4.3.1 运用杠杆性政策工具发挥财政资金的最大效果

一方面，财政资金是有限的，即便是发达国家，财政资金也无法满足社会需要的所有政府投资；另一方面，政府投资对于社会发展来说，仅仅是一种外力，更重要的是要发挥财政资金"四两拨千斤"的作用。因此，必须利用和丰富发展各种财政投入形式和手段，如税式支出、财政补贴、贷款贴息、以奖代补等，形成对企业和居民的激励约束机制，使水环境保护形成社会内在推动力。具体来说，促进水环境保护投资的杠杆性政策工具包括以下内容：

（1）税式支出，即企业投资水环境保护，政府税收优惠。通过对企业税收返还或税收优惠的方式，使企业自觉注意环境保护，并增加污染处理设备的投资。

（2）财政补贴，即企业在水环境保护方面产业化经营，财政予以补贴。特别是在流域水污染治理产业化方面，政府对这些企业可以给予一定的财政补贴。

（3）贷款贴息，国家利用财政资源建立水污染治理基金，对城市（特别是贫困地区）污水处理厂建设给予投资补助或贷款贴息。

（4）以奖代补，即国家财政拿出专项资金，对地方或企业投资水环境保护设施予以奖励。

4.4.3.2 在水环境保护投资中积极运用多种形式的 PPP 模式

公私合作机制通常称为 PPP（Public-Private Partnership）模式。萨瓦斯对公私合作模式进行了分类（表 4-14）。

表 4-14　PPP 模式分类

基础设施类型	模式	描述
现有基础设施	出售	民营企业收购基础设施，在特许权下经营并向用户收取费用
	租赁	政府将基础设施出租给民营企业，民营企业在特许权下经营并向用户收取费用
	运营和维护的合同承包	民营企业经营和维护政府拥有的基础设施，政府向该民营企业支付一定的费用
扩建和改造现有基础设施	租赁—建设—经营购买—建设—经营	民营企业从政府手中租用或收购基础设施，在特许权下改造、扩建并经营该基础设施；它可以根据特许权向用户收取费用，同时向政府缴纳一定的特许费
	外围建设	民营企业扩建政府拥有的基础设施，仅对扩建部分享有所有权，但可以经营整个基础设施，并向用户收取费用
新建基础设施	建设—转让—经营	民营企业投资兴建新的基础设施，建成后把所有权移交给公共部门，然后可以经营该基础设施 20～40 年，在此期间向用户收取费用
	建设—拥有—经营—转让或建设—经营—转让	与建设—转让—经营类似，不同的是，基础设施的所有权在民营部门经营 20～40 年后才转让移给公共部门
	建设—拥有—经营	民营企业在永久性的特许权下，投资兴建、拥有并经营基础设施

资料来源：E. S. 萨瓦斯，《民营化与公私部门的伙伴关系》，中国人民大学出版社，2002 年版，第 259 页。

通过对 PPP 模式的研究，可以看出采用 PPP 模式是有条件的，即能够运用 PPP 模式的基础设施必须能够通过向用户收取费用而带来现金流。一些水环境保护设施恰好具备这样的条件，如城镇生活污水处理设施是可以通过向用户收取费用而带来现金流的。因此本书认为，在政府水环境保护的投资机制方面，可以大胆创新广泛应用 PPP 模式。具体来说，水环境保护投资可以尝试以下几种 PPP 模式：

（1）政府对现有水环境保护设施的出售、租赁。政府将水环境保护设施出售、出租给民营企业，民营企业在特许权下经营并向用户收取费用。这里特别强调 TOT 的方式。TOT 意为转让（Transfer）—经营（Operate）—转让（Transfer），是投资者购买某项现有水环境保护设施项目的特许经营权，在合同约定的经营期限内通过经营回收全部投资并得到合理利润，然后再将水环境保护设施的经营权无偿交还给政府部门。它是指政府部门把已经投产的项目在一定经营期限内转交给投资者经营，即转让"现货"，以项目在该期限内的现金流为标的，一次性地从投资者手中获得一笔资金，用于建设其他新项目，待经营期期满后，再收回该转让项目的经营权。这种投资方式一方面可以吸引投资者，另一方面政府投资的回收也比较快，从而建设更多的项目。

（2）在扩建和改造现有水环境保护设施方面，采用租赁—建设—经营（LBO）或购买—建设—经营（BBO）或外围建设的方式。企业从政府手中租用或收购水环境保护设施，在特许权下改造、扩建并经营该水环境保护设施；它可以根据特许权向用户收取费用，同时向政府缴纳一定的特许费。或者企业扩建政府拥有的水环境保护设施，仅对扩建部分享有所有权，但可以经营整个水环境保护设施，并向用户收取费用。

（3）在新建水环境保护设施方面，采用建设—拥有—经营—转让（BOOT）或建设—经营—转让（BOT）或建设—拥有—经营（BOO）或建设—转让—经营（BTO）或建设—转让（BT）方式。企业投资兴建新的水环境保护设施，建成后把所有权移交给公共部门，然后可以经营该水环境保护设施 20～40 年，在此期间向用户收取费用；或者水环境保护设施的所有权在民营部门经营 20～40 年后才转让移给公共部门。特别是应积极采用 BOT 模式建设和运营城市污水处理厂。在推行 BOT 模式过程中，应尽可能降低处理成本和使用者的付费价格，从而减少 BOT 模式的财务风险；提供城市污水处理 BOT 模式盈利条件。为投资商提供一些优惠政策，如污水处理厂无偿使用土地、优惠电价、邻近土地的开发使用、污水资源的使用权分配以及中水价格放开等；应充分利用国内外两个资本市场。在利用外资建设 BOT 项目的同时，要高度重视内资 BOT 项目的开发，特别是私人资本。

总之，水环境保护设施投资必须推进投入机制创新。在水污染治理方面，不应仅局限于某种方式，而且应该拓展思维，特别是市场机制中的投资方式，很多在政府财政投资中也是可行的。在资金安排方式上，调整只"批项目"和"管项目"的做法，积极探索通过"以奖代补"、贷款贴息等方式，着力调动地方和企业的积极性，切实提高资金使用效益。同时，引导形成多元化的资金投入格局，积极研究引导通过银行贷款、发行企业债券、国际金融组织贷款等方式筹集资金，带动社会和企业投入。

4.4.4 完善并创新流域水环境保护的政府投资管理体制

政府投资管理体制是政府投资决策、投资实施、投资回收过程中的管理机构、管理权责、管理规则的总称，包含了资金管理体制、项目管理体制、人力管理体制和物资管理体制。2004 年国务院《关于投资体制改革的决定》明确了完善政府投资体制、规范政府投资行为的要点，主要包括：① 合理界定政府投资范围；② 健全政府投资项目决策机制；③ 规范政府投资资金管理；④ 简化和规范政府投资项目审批程序，合理划分审批权限；⑤ 加强政府投资项目管理，改进建设实施方式；⑥ 引入市场机制，充分发挥政府投资的效益。这些要点对于我们完善和创新流域水环境保护的政府投资管理体制具有指导意义。

具体来说，完善和创新流域水环境保护的政府投资管理体制有以下几个方面的要点。

4.4.4.1　合理界定政府水环境保护投资的范围，发挥政府投资的引导作用，实现水环境保护投资主体多元化

这一点在上文已经进行了详细阐述。需要强调的是，在政府水环境保护投资中，引入公私合作机制，让私人部门广泛参与，有利于提高政府水环境保护投资的绩效，也有利于水环境保护设施的可持续发展。因此，在政府水环境保护的投资机制方面，可以大胆创新，广泛应用多种形式的 PPP 模式。

4.4.4.2　健全政府水环境保护投资的决策机制，坚持科学的决策规则和程序，提高投资项目决策的科学化、民主化水平

（1）要明确各级政府在水环境保护投资决策中的地位和作用，建立层次明确、责任清晰的分级投资决策结构。要明晰产权、事权，建立协调机制，切实解决"公地悲剧"问题。除中央部门组织协调外，流域内相关省市要形成联动，明确责任。将流域管理与区域行政管理有机结合，形成齐抓共管的体制。

（2）重视公共财政投资项目的可行性研究与评估，可以考虑建立政府水环境保护投资项目专家评审论证和咨询评估制度。建立政府投资项目评审专家库，以保证政府投资项目评审专家独立、公正地对申报的投资项目进行评审；在项目资金申请报告和项目审批管理中引入第三方独立的咨询评估制度。

（3）建立投资决策责任追究长效机制。在水环境保护投资决策的各个环节上建立和完善决策问责制，对承担水环境保护投资项目的工程咨询、决策、设计、施工、监理等职能部门或单位，不遵守法律、法规或失职失责导致违反建设规划，或严重超出预算成本，或发生重大安全事故，造成重大损失的，依法追究有关责任人的行政和法律责任。

（4）对政府水环境保护投资的重大建设项目逐步推行公示制度，提高透明度，公开接受社会的监督。

4.4.4.3　完善资金管理法律规定，规范政府水环境保护投资资金管理

流域水污染防治的投资管理体制关系到整个水污染防治的成功与否。因此，在资金管理方面，应对流域水污染防治的投资资金进行集中管理。

要在编制政府水环境保护投资的中长期规划和年度计划的基础上，统筹安排、合理使用各类政府水环境保护投资资金，包括预算内投资、国债资金、各类专项资金，以及税式支出和特许权投入等。政府水环境保护投资资金按项目安排，根据资金来源、

项目性质和调控需要，可分别采取直接投资、资本金注入、投资补助、转贷和贷款贴息等方式。以资本金注入方式投入的，要确定出资人代表。要针对不同的资金类型和资金运用方式，确定相应的管理办法，实现政府水环境保护投资的决策程序和资金管理的科学化、制度化和规范化。

特别需要强调的是，在水环境保护投资中引入 PPP 模式后，政府投资资金管理面临的情况将更加多样化，如在 BOT 和 TOT 等模式中，政府的投资在不同的阶段会发生价值形态的变化。因此政府的资金管理模式也应该相应采取多种形式。这需要根据实际情况进一步研究。

4.4.4.4　加强政府水环境保护投资项目管理，创新水环境保护设施建设实施方式

应该规范政府水环境保护投资项目的建设标准，并根据情况变化及时修订完善。要建立科学、严密的财政资金拨付制度，按水环境保护设施项目建设进度下达投资资金计划。加强政府水环境保护投资项目的中介服务管理，对咨询评估、招标代理等中介机构实行资质管理，提高中介服务质量。对非经营性的政府水环境保护投资项目要推行"代建制"，即通过招标等方式，选择专业化的项目管理单位负责建设实施，严格控制项目投资、质量和工期，竣工验收后移交给使用单位。要增强投资风险意识，建立和完善政府投资项目的风险管理机制。

4.4.4.5　适度整合水环境保护投资资金，提高资金使用效果

如上所述，我国水资源管理实际上由水利、电力、交通、城建、地矿、农业等十几个不同或相同级别的局、部以及流域各省市区水行政管理部门共同负责，从而在我国出现水资源管理"多龙治水"、"政出多门"的管理格局。每个部门都掌握一定的资金，从这些资金的性质来看，大部分都与水环境保护相关，但是由于这些资金分散在不同的部门，而且每个部门对资金的使用安排有不同的目的和意图，导致这些资金并不能形成整体效应。虽然每个部门都在水环境保护方面进行了投资，但有的可能是重复投资，有的又由于单笔资金小，不能发挥较好的效果。

因此，应该适度整合水环境保护投资资金，便于提高资金的使用效果。当然，由于各项资金涉及不同的部门，而且有的专项资金在性质和用途方面也存在一定的差别，因此实现水环境保护投资资金的完全整合也有一定的困难。具体操作思路可以考虑从 3 个层面进行：① 实现统计意义上的整合。目前水环境保护投资到底有多少渠道的资金，各资金量的大小如何，这些基础性的材料尚不十分清楚，因此有必要加强统计工作，摸清水环境保护投资的所有资金来源渠道和资金量大小，为出台水环境保护投资政策提供基础资料。② 实现功能整合。水环境保护各项投入资金继续保持现状，但各资金来源渠道的资金支出应该在统一的规划下安排使用。③ 实现使用整合。

合并水环境保护投资的相关资金，统一使用，以加大水环境保护重点项目投资的资金支持力度。

总之，在流域水污染防治过程中应该形成投资主体多元化、资金来源多渠道、投资方式多样化、项目建设市场化的投资管理体制。在项目建设与管理方面，要积极引入市场机制，让企业参加到项目的建设中来；应该规范政府核准制，建立健全流域水污染防治项目备案制。在资金管理方面，一方面要加强防治投入资金的集中管理，另一方面还要实现投资方式与投资主体的多元化。在人力管理方面，政府应该加强相关科技人员的培养，形成强大的人才支撑。同时，加强投资决策、投资实施和投资回收的一体性，不能割裂三者之间的关系。

4.4.5　建立健全流域水污染防治政府投资监管机制

4.4.5.1　构建全方位、多层次的流域水环境保护政府投资监管主体

由于流域水环境保护的复杂性，对它的投资需要各方的监督。在投资决策、投资实施和投资回收整个过程中都要加强监督。

（1）国家相关法律的监督。完善法律法规，依法监督管理。建立健全与投资有关的法律法规，依法保护投资者的合法权益。认真贯彻实施有关法律法规，严格财经纪律，堵塞管理漏洞，降低建设成本，提高投资效益。加强执法检查，培育和维护规范的建设市场秩序。

（2）国家相关部门的监督。建立政府流域水环境保护投资责任追究制度，工程咨询、投资项目决策、设计、施工、监理等部门和单位，都应有相应的责任约束，对不遵守法律法规给国家造成重大损失的，要依法追究有关责任人的行政和法律责任。加强代表国家对财政分配活动实施监督的主体的监督，比如人民代表大会及其常委会和政府的财政部门、审计部门、税务部门等。

（3）各级地方政府的监管。各级政府投资主管部门要加强对企业投资项目的事中和事后监督检查，对于不符合产业政策和行业准入标准的项目，以及不按规定履行相应核准或许可手续而擅自开工建设的项目，要责令其停止建设，并依法追究有关企业和人员的责任。

（4）建立政府投资项目的社会监督机制。鼓励公众和新闻媒体对政府投资项目进行监督，加强社会大众舆论与媒体的监督。

4.4.5.2　改进水环境保护政府投资的监管手段和方式

（1）建立政府水环境保护投资行政监督网络。通过该网络对政府水环境保护投资的中长期规划和年度计划、政府投资资金的拨付、项目资金申请报告和政府投资项目

的审批、政府投资项目招标结果、资金使用情况、项目工期、质量以及政府投资项目的中介服务机构等进行全程监管，实现部门之间、地区之间网络的互联互通。同时，利用该网络平台，为政府投资项目参建各方和公众提供网上投诉、举报、申诉、政策法规咨询等服务。

（2）建立和实行政府水环境保护投资项目的报告制度、项目进展监督制度、项目投资风险管理制度等。

（3）建立政府水环境保护投资不良行为记录和公示制度。对招标投标人、招标代理机构、评标委员会成员、代建机构、建设单位、勘察设计单位、施工单位、监理单位、供货单位等进行严格考核，其不良行为记录达到规定标准时，将对其采取降低资质、清理出市场等措施。

（4）建立政府水环境保护投资责任追究制度。有步骤地推行水环境保护投资项目后评价制度建设，提高后评价对水环境保护投资项目的反馈与约束作用。根据各地的实际情况制定水环境保护投资项目后评价管理办法，确保后评价工作的落实。制定政府投资责任追究法规时，应明确后评价在责任追究中的作用、后评价信息沟通与获取方式等内容。

（5）明确政府水环境保护投资监管机构的监管责任。水环境保护投资监管机构和各专职监管人员都应有明确的责任，各司其职，奖惩分明。

4.5 辽河流域水环境保护政府投资政策试点示范

辽河流域位于我国东北地区的南部，为树枝状水系，干流总长度 1 390 km，流域面积达 21.96 万 km^2。主要由两大水系组成：一支为东、西辽河，于辽宁昌图汇流后为辽河干流，经双台子河由盘锦市汇入渤海；另一支为浑河和太子河，于三岔河汇合后经大辽河由营口市汇入渤海。辽河自古就被称作辽宁的母亲河。近年来，辽河流域的水资源有力地支撑了辽宁省乃至整个东北地区经济社会的快速发展。在辽河流域开展试点示范研究，进一步完善水环境保护的政府投资政策机制，有利于推动辽宁的生态省建设，对其他地区具有一定的借鉴意义。

4.5.1 辽河流域水环境保护政府投资现状

4.5.1.1 辽河流域水环境保护进展

我国政府历来都非常重视辽河流域的水环境保护。早在 1980 年，国家领导人邓小平同志就曾经对治理浑河污染，改善沈阳、抚顺两地居民的生产生活条件作了重要指示。1996 年，国务院召开常务会议决定将辽河列为"九五"期间重点治理的三条河流之一，并先后批复实施了《辽河流域水污染防治"九五"计划及 2010 年规划》《辽河流域水污染防治"十五"计划》《辽河流域水污染防治规划（2006—2010 年）》，辽河流域进入了全面治理阶段。

2001 年、2004 年、2006 年，辽宁省政府与各市政府 3 次签订环保目标责任书，将辽河治理目标、任务和责任层层分解，直至重点污染企业。2006 年，辽宁省政府出台了《关于落实科学发展观　加强环境保护的决定》，辽河治理再一次被确定为全省环保工作的重点，成立了以分管副省长为组长的辽河流域水污染防治工作领导小组，定期研究解决流域污染防治重点问题；建立了辽河治理目标责任制。2007 年，辽宁省被国家环保总局列为生态省建设的试点省份，制定了《辽宁生态省建设规划纲要》，将辽河流域减排暨辽河治理确定为生态省建设的重中之重。2010 年，辽宁省建立了辽河保护区，主要保护对象为辽河干流水体、河流湿地和珍稀野生动植物资源，制定了《辽宁省辽河保护区管理条例（草案）》，条例提出设立辽河保护区专项资金，用于辽河保护区的保护治理。为了做好相关工作，辽宁省专门成立了辽河保护区管理局（省政府直属正厅级事业单位）。

经过十多年的综合治理，辽河流域水环境保护工作取得了一定的成效。"十五"期间，在流域 GDP 增长 1.63 倍的情况下，COD 排放减少了 10.18 万 t，辽河流域水质总体上保持稳定，浑河水质明显改善。进入"十一五"以来，辽河流域水环境状况有了进一步好转。2006 年，辽河流域 26 个干流监测断面中，有 8 个断面水质优于 V 类标准，比 2005 年增加 4 个。《2009 年辽宁省环境状况公报》显示，辽河流域水质污染明显减轻（以 COD 评价），COD 浓度和超标断面数量均有所下降。辽河、浑河、太子河 COD 年均质量浓度为 16～24 mg/L，为 2001 年以来历史最低值，其中，辽河 COD 浓度同比下降 59.3%。26 个干流断面 COD 年均浓度首次全部符合 V 类水质标准。

4.5.1.2　辽河流域水环境保护政府资金投入情况

辽河流域水环境保护资金来自多个方面，包括政府投资、国债资金、企业自筹资金、国际组织贷款等。由于水环境保护具有较强的公共性，政府投资特别是地方政府投资一直是水环境保护的投入主体。本书重点就政府资金投入展开论述。

（1）"十一五"之前。在 1996 年我国政府开始对辽河流域实施综合治理之后，政府投资依据各个时期的规划，资金投入渠道主要集中在污水处理厂等水污染防治工程方面。资金来源主要为省级集中的污水处理费。1999 年和 2001 年，分别投入 700 万元和 1 750 万元对各市污水处理厂建设给予补助。2002—2003 年，投入 1 821 万元支持小流域综合整治、污水处理厂建设、重点工业污染源治理等。

按照《辽河流域水污染防治"九五"计划及 2010 年规划》，辽河流域水环境保护计划投资 111.64 亿元，实施 161 个重点治理工程项目，COD 排放总量由 1995 年的

56.15 万 t 下降到 2000 年的 20.73 万 t。实际情况是，完成投资 31.99 亿元，占计划的 28.7%；完成项目 110 个，占计划的 68.3%；实际排放量为 47.98 万 t，比 1995 年下降了 14.6%。按照《辽河流域水污染防治"十五"计划》，辽河流域水环境保护计划投资 93.43 亿元，实施 86 个重点治理工程项目，COD 排放总量由 2000 年的 47.98 万 t 下降到 2005 年的 26.84 万 t。实际情况是，完成投资 50.29 亿元，占计划的 53.8%；完成项目 56 个，占计划的 65.1%；实际排放量为 37.8 万 t，比 2000 年下降了 21.2%（表 4-15）。

表 4-15 辽河流域水污染防治计划完成情况

计划	计划投资/亿元	实际投资/亿元	完成比例/%	计划实施项目/个	实际实施项目/个	完成比例/%
辽河流域水污染防治"九五"计划及 2010 年规划	111.64	31.99	28.7	161	110	68.3
辽河流域水污染防治"十五"计划	93.43	50.29	53.8	86	56	65.1
辽河流域水污染防治规划（2006—2010 年）	111.07	69.82	63	134	91	67.9

（2）"十一五"时期。"十一五"以来，辽宁省确立了生态省建设的战略目标，大力推进辽河流域水环境保护，在加大政府投资力度的同时，资金投入渠道从单纯的水污染防治扩展到生态环境综合治理（表 4-16）。为了切实加强环境保护，2006 年环境保护支出科目正式纳入财政预算。水环境保护投资开始从财政预算中安排。依据《2009 年度辽宁省一般预算支出决算功能分类明细表》，预算科目中与辽河流域水环境保护直接相关的包括：环境保护-污染防治-水体、排污费支出；环境保护-污染减排-减排专项支出；林业-森林生态效益补偿；水利-水土保持、水资源费支出。

表 4-16 近年辽河流域水环境保护政府投资情况

资金来源	投入总量及构成	投入渠道和领域
中央"三河三湖"专项资金	16.04 亿元（2007 年以来累计安排）	城镇污水处理设施、配套管网项目、重点区域综合治理项目
辽河流域水污染防治专项资金	1 亿元/a（省级财政 6 000 万元，各市配套 4 000 万元，2006—2009 年累计 4 亿元）	辽河流域水污染防治
农村环保专项资金（部分用于辽河流域水环境保护）	2006 年起设立，1 500 万元/a，2009 年增至 4 000 万元/a（2006—2009 年，全省共安排农村环保专项资金 1.67 亿元）	村庄环境综合治理、重要水源地保护、重要流域污染防治等

资金来源	投入总量及构成	投入渠道和领域
排污费（部分用于辽河流域水环境保护）	17.2 亿元（2006—2009 年累计投入，其中中央 1.5 亿元，省本级 2.5 亿元，市县 13.2 亿元）	工业污染源治理项目、区域环境综合整治项目等
部门预算支出	1.5 亿元/a	辽宁东部水源地重点生态区财政补偿
部门预算支出	7 000 万元/a	小流域综合治理、东部山区水土保持
部门预算支出	1.9 亿元（省财政一次性安排）	2010 年辽河流域河套生态治理专项
部门预算支出（部分用于辽河流域水环境保护）	7.2 亿元/a（省以上财政投入）	造林绿化、河道生态建设等

在辽河流域水污染防治方面，辽宁依靠专项资金、排污费资金，实施工业污染源治理、建设污水处理厂，进一步支持流域水污染防治。按照《辽河流域水污染防治规划（2006—2010 年）》，截至 2010 年年初，辽宁 134 个规划项目总投资 111.07 亿元，已完成投资 69.82 亿元，占 63%。项目可以分为三大类：① 54 个工业治理项目，总投资 36.79 亿元，已完成投资 26.07 亿元；② 65 个城镇污水处理设施项目，总投资 61.45 亿元，已完成投资 34.68 亿元，新增污水处理能力 359 万 t/d；③ 15 个重点区域污染防治项目，总投资 12.83 亿元，已完成投资 9.06 亿元。以上项目投资中，省财政集中安排 91 个辽河规划内项目，投入 15.54 亿元，地方财政投入 13.66 亿元，贷款、企业自筹等社会资金 40.62 亿元。截至 2010 年年初，辽宁省对辽河流域水污染防治累计筹措资金 39.91 亿元，其中中央补助 18.26 亿元，省本级财政安排 5.85 亿元，市县财政安排 15.8 亿元。2006—2009 年，全省排污费累计投入 17.2 亿元，其中，中央 1.5 亿元，省本级 2.5 亿元，市县 13.2 亿元。排污费重点安排用于工业污染源治理项目及区域环境综合整治项目等。

表 4-17　2006—2009 年工业废水治理项目建设情况

年份 项目	2006	2007	2008	2009
本年施工项目/个	133	111	84	66
本年竣工项目/个	110	86	72	57
施工项目本年完成投资额/万元	79 661.0	72 092.6	81 906.7	33 785.1
本年竣工项目新增设计处理能力/（t/d）	102 108	138 230	901 879	—

注："—"表示无数据。

在辽河流域生态环境建设方面，政府每年投入 10 亿元左右，实施植树造林、水土保持、小流域综合治理等。自 2008 年起，省财政每年安排东部受补偿的 16 个县（市、区）财政补偿资金 1.5 亿元，累计已安排 3 亿元，对辽宁东部地区的经济发展和生态环境建设起到了积极的促进作用。在造林绿化方面，省以上财政每年安排投入 7.2 亿元，重点支持了以荒山荒地造林、村屯绿化、河道生态建设、重点工业园区绿化等为主的林业生态建设。为了支持小流域综合治理和东部山区控制水土流失，每年安排资金 7 000 万元，确保实现水土流失治理目标。2010 年，一次性增加安排辽河流域河道生态治理专项资金 1.9 亿元。

4.5.1.3　辽河流域水环境保护政府投资机制建设

（1）建立辽河流域水环境保护专项保障机制。随着辽河流域水环境保护的逐渐深入，各级政府陆续设立了财政专项资金，确保了政府投入的连续性，包括辽河流域水污染防治专项、中央及省级农村环保专项、中央"三河三湖"及松花江流域水污染防治专项等。目前，以专项资金为主的财政投入保障相关政策体系已经初步形成。

2006 年，辽宁省在《落实科学发展观　加强环境保护的决定》（辽政发[2006]34 号）中提出建立省辽河流域水污染防治专项资金。资金规模每年 1 亿元，其中：省本级安排 6 000 万元，各市配套安排 4 000 万元，主要用于辽河流域水污染防治。截至目前，辽宁全省已经累计安排 4 亿元。从 2006 年起，辽宁省还设立了省级农村环保专项资金，规模最初为 1 500 万元/a，2009 年已经增至 4 000 万元。2008 年起中央也设立了农村环保专项资金。2006—2009 年，辽宁共安排农村环保专项资金 1.67 亿元，其中省本级 0.95 亿元，中央补助 0.72 亿元，用于重要水源地保护和重要流域污染防治，支持饮用水水源地保护、农村生活污水和垃圾治理、畜禽养殖污染治理、农村环境基础设施等。

2007 年，按照国务院加大"三河三湖"及松花江流域水污染防治力度的要求，中央财政设立了"三河三湖"及松花江流域水污染防治专项补助资金。同年 11 月，财政部印发了《"三河三湖"及松花江流域水污染防治财政专项补助资金管理暂行办法》（财建[2007]739 号）（以下简称《办法》），该《办法》实行中央对省级政府专项转移支付，省级政府负责项目实施管理，具体项目包括污水、垃圾处理设施以及配套管网建设项目，工业污水深度处理设施，清洁生产项目，区域污染防治项目：饮用水水源地污染防治，规模化畜禽养殖污染控制，城市水体综合治理等。2007—2009 年，中央共补助辽宁专项资金 17.12 亿元。截至 2009 年年底，辽宁全省已下达中央专项资金 16.04 亿元、91 个项目。

（2）构建辽宁东部生态重点区域财政补偿机制。辽宁东部生态重点区域主要是大伙房水库水源保护区。为了加强水资源的保护，水源保护区以牺牲自身经济发展为代价进行大伙房饮用水水源地的生态建设，关闭了众多对水源污染严重的造纸、化工企业，并对水源地周边的工业企业发展做出了严格限制，对水源地周边的经济发展和居民生存发展造成了一定的影响，拉大了当地与省内其他县区城乡居民的收入差距。为了改变这种状况，辽宁省开始探索建立财政补偿机制。按照《关于对东部生态重点区域实施财政补偿政策的通知》（辽政发[2007]44 号）文件精神，自 2008 年起，辽宁省级财政每年安排东部受补偿的 16 个县（市、区）财政补偿资金 1.5 亿元，累计已安排 3 亿元，对辽河流域上游水源地保护起到了积极的促进作用。

（3）探索污水处理厂建设资金整合机制。为了推进辽河流域水污染防治，辽宁省正在探索污水处理厂建设财政资金整合机制。为提高财政资金使用效益，辽宁省加大了资金整合力度，对专项资金进行统筹安排，集中支持重点水污染防治项目建设，取得了较好的效果。

2007—2009 年，辽宁统筹安排中央"三河三湖"、辽河流域水污染防治等专项资金，投入 14.05 亿元支持了 53 座污水处理厂建设，新增处理能力 150.9 万 t/d，基本上都是地方财政比较困难的县级及以下污水处理厂；同时，配合污水处理厂运行，安排财政资金 8 186 万元，支持了 25 个配套管网项目，新增管网长度 580 km。通过财政资金整合机制，推动了辽宁减排能力的跨越式提升。在两年时间内，全省新建 99 座城镇污水处理厂，实现了县县都有污水处理厂的目标，辽河流域水环境保护基础设施水平大幅度提高。

4.5.2　辽河流域水环境保护政府投资存在的问题及原因分析

4.5.2.1　存在的主要问题

（1）总量规模低，资金需求缺口大。政府投资一直是资金投入的主体，对辽河流域水环境保护起到了关键性作用。但是，辽河流域的环境问题由来已久，从 20 世纪七八十年代至今，几十年的环境污染不断累积，形成了沉重的历史欠账。尽管进入"十一五"时期，中央和辽宁省级财政都设立了专项资金支持辽河流域治理，但实施的时间短，专项资金的总量规模低，与环境治理资金需求相比存在着较大的缺口。

从几个时期的水污染防治规划可以看出，"九五"计划实际完成投资 31.99 亿元，仅仅占到计划的 28.7%；"十五"计划的实际完成投资 50.29 亿元，占到原计划的 53.8%，虽然比起"九五"时期的完成比例有所提高，但仍然很低。到了"十一五"时期，完成投资 69.82 亿元，占到原计划的 63%。可见，一直以来，无论是投入资金规模，还是完成原定计划的比例，都没有实现原定的目标，政府投入一直处于不足状态，缺口明显。

根据国际经验，当治理环境污染的投资占 GDP 的比例达到 1%～1.5% 时，可以控制环境污染恶化的趋势；当该比例达到 2%～3% 时，环境质量可有所改善（世界银行，1997）。发达国家在 20 世纪 70 年代环境保护投资已经占 GDP 的 1%～2%，其中美国为 2%，日本为 2%～3%，德国为 2.1%。从财政投入上看，2006—2009 年，辽宁省包括水环境保护在内的地方一般预算支出中环境保护支出从 21.16 亿元增长到 55.71 亿元（同期辽宁省 GDP 分别为 9 304.5 亿元、15 212.5 亿元）。地方一般预算支出中环境保护支出占辽宁省 GDP 的比重从 0.23%增长到 0.37%。可见，辽宁省水环境保护财政支出偏低，无法满足现阶段治理需要。随着经济社会的发展，整个社会对于生态环境质量的要求也在不断提高，辽河流域生态环境建设的标准同样需要相应地提高。辽河流域水环境保护的资金需求仍将进一步扩大。

（2）资金来源少，投入渠道单一。从辽河流域水环境保护的资金来源和投入渠道上看，政府投资仍存在缺陷，即资金来源少的同时投入渠道也比较单一。早期的资金来源主要是省级集中的排污费，2006 年以后，中央和省级财政陆续设立了专项资金，同时增加了一些部门的预算支出用于辽河流域治理。但是综合起来看，也不过是排污费、中央"三河三湖"专项、辽河流域水污染防治专项 3 个主要方面，再加上一些分散在林业、水利等部门的预算支出，资金来源很少，有的资金还是一次性的预算安排，缺乏连续性。总体上，辽河流域水环境保护主要依靠地方财政投入和中央财政补助资金的支持，对于民间资本的吸引不够，社会力量投入不足。虽然辽宁已经开始在污水处理厂建设方面探索社会和企业共同参与的发展模式，在项目建成后实施市场化运营，但部分污水处理厂在经营权委托、转让过程中存在不科学、不规范的现象。在投入渠道上，更多的是着眼于工业污染源治理项目、污水处理厂项目两大方面，主要针对污染防治，投入渠道和领域过于单一，水土流失、流域动植物资源破坏等辽河流域水环境存在的其他问题没有得到足够的重视和有效的解决。

（3）资金分散列支，缺乏有效整合。辽河流域面积广大，水资源丰富，水环境保护所牵涉的部门很多，诸如环保、林业、水利、农业等直接相关的业务部门，还有国土、建设、交通等掌握项目工程建设实施的职能部门，由此形成了多头管理、政出多门的管理格局，这种"多龙治水"的局面导致了政府投入的资金分散，这些资金都分散地列支在各个部门的年度财政预算之中，每个部门对资金的使用安排都有着各自的目标和导向。资金分散列支，表面上看是多个部门都对辽河流域水环境保护进行了投入，但实际上缺乏有效的整合，导致有的政府投入属于重复建设，浪费了本就十分有限的财政资金；有的政府投入属于"撒芝麻盐"，资金额度较低而且不具有连续性，降低了资金的使用效益。同时，现有预算科目设置已经实现按照功能进行分类，比政府收支分类改革之前有了很大的进步，但是与水环境保护直接相关的支出仍然分列在多个预算科目中，难以准确全面地反映出政府投资状况。

（4）偏重项目建设，资金监管薄弱。设立项目、上马工程，是辽河流域水环境保护政府投资的主要方式。从"九五"计划、"十五"计划到 2006—2010 年的辽河流域水污染防治规划，都是以项目工程为带动资金投入的载体，通过工业污染治理、污水处理厂等项目来治理污染，落实减排目标。这种做法的好处是易操作、见效快，在早期辽河流域环境问题较轻的时候具有一定的优势。但是近年来，辽河流域的水环境问题日益复杂，生态环境形势日益严重，单纯依靠项目建设，难以实现流域环境的综合治理，难以从根本上解决环境问题。偏重项目建设，导致了项目运行困难、资金监管薄弱的问题。近几年，各地区在短时间内上马大量工程，多数项目没有进行跟踪问效，资金监管薄弱，绩效评价有待加强。工程建成后的运营问题一直没有得到很好的解决，有些市县的污水处理厂存在运营困难。在《辽宁省辽河流域水污染防治专项资金管理暂行办法》中明确规定"对截留挪用、弄虚作假、套取资金、项目实施存在重大问题的，严格按照有关规定进行处理"，但是在实际的项目执行过程中，这些过于原则化的规定难以有效执行。因为有的项目是必须要实施的重点项目，即使执行单位存在违规操作也难以取消。

4.5.2.2　原因分析

改革开放在带来了辽宁跨越式发展的同时，长期的高强度开发、人口规模的不断膨胀也导致了辽河流域水环境状况恶化、环境承载能力下降。为了改善辽河流域水环境，辽宁省制定实施了一系列治理规划和重点工程，逐年加大投资力度，初步建立了政府投资机制，取得了一定的成效，辽河流域水环境总体上趋于好转。但正如前文所述，相关的政府投资政策机制仍存在问题。这些问题的出现有着深层次的背景原因，有的是历史问题的累积，有的是随着经济增长而出现的。只有抓住了这些深层次矛盾，才能找到解决问题的方向和方法。

（1）财政保障能力有限。辽河流域面积广大，多年的经济建设早已透支了流域水环境资源，尤其是近几年辽河流域地区一直保持着较高的经济增长速度，工业污染排放的总量不断提升，水环境承载能力承受着巨大的压力，流域水污染防治的任务越来越重。历史遗留的环境问题和新近出现的环境问题交织在一起，原本就比较有限的政府财力投入更显捉襟见肘。同辽河流域水环境保护资金需求相比，无论是中央财政的支持还是地方财政的投入都明显不足，低于多数发达国家的水平。政府投资总量规模低、投入来源少，有限的资金只能投入到最需要的地方，导致投入渠道单一。

（2）政府投资体制尚不完善。虽然在辽宁省的努力下，政府投资体制初步形成了专项投入机制、财政补偿机制以及集中排污费支持污水处理厂建设的资金整合机制，但是这些机制还不完善，许多相关的政策规定还比较简单，政府投资偏重项目建设，项目绩效不高。水环境保护牵涉环保、建设、水利、林业等多个部门，项目的统筹协调困难，财政部门难以及时掌握工程实施的全部情况，弱化了专项资金的监管。由于我国环境保护尚未形成市场化运行机制，政府一直是流域生态环境治理的投资主体。辽河流域水环境保护也是这样，主要依靠地方财政投入和中央财政补助资金的支持，投入来源少。作为一项公益性很强的公共服务，水环境保护项目一般没有投资回报或回报率很低，难以吸引社会资金进入。对于民间资本的吸引不够，社会力量投入不足，缺乏有效的投融资机制，难以实现市场化运行。虽然污水处理厂项目已经开始探索社会和企业共同参与的管理模式，但由于污水处理费标准较低，收缴率不高，部分实行市场化运营的污水处理厂要依靠财政补贴维持运转，市场化效果并不理想，难以保障其发挥预期治污能力。

（3）缺乏跨行政区域合作机制。辽河流域面积达 21.96 万 km^2，流域涉及内蒙古东南部、吉林西部、辽宁大部分地区，包括多个省市地区。2008 年，辽宁省开始着手建立省内跨行政区域合作机制，制定了《辽宁省跨行政区域河流出市断面水质目标考核暂行办法》，按照考核结果，确定各市应缴纳的补偿资金。资金补偿给流域下游城市，专项用于水污染综合整治、生态修复和污染减排工程。目前，辽宁省内已经初步形成了针对各市的水质考核机制。但是各市之间的责权仍不明确，考核指标也有待进一步细化，协调合作机制还不完善。与辽宁省内的跨行政区域合作机制建设相比，在整个辽河流域范围内涉及的辽宁、吉林、内蒙古几个省份之间的跨省级行政区域的合作协调机制更是一片空白，既缺乏中央政府的协调，也没有建立起有效的合作机制。一方面，流域上游省份缺乏实施水环境综合治理的积极性；另一方面，流域下游省份独自承受污染防治压力，违反了"谁污染、谁治理"的环境保护基本原则，制约着流域的综合治理。

4.5.3 完善辽河流域水环境保护政府投资的政策建议及机制设计

4.5.3.1 基本政策建议

（1）加大财政投入保障力度。辽河流域水环境保护是一项公益性极强的事业，公共财政负有重要责任。只有不断加大财政资金支持力度，才能真正确保流域环境治理的有效推进。这就需要加大财政直接投入力度，将水环境保护作为一项重要的公共服务来对待，列为公共财政的支出重点。为了满足辽河流域水环境保护的资金需求，政府投资一定要进一步加强保障力度，加大政府投入，建立政府投资保障措施。① 要调整财政支出结构，确保财政支出不断向环境保护倾斜，尤其是全省一般预算收入中新增财力的 1%～2% 要重点向水环境保护这种关系到社会民生和稳定发展的领域倾斜。② 要建立稳定的辽河流域水环境保护的财力投入增长机制，逐步提高辽河流域水环境保护支出占环境保护总投入的比重，从制度上保证水环境保护投入拥有稳定并持续增长的财力资金来源。具体来说，每年政府应按照一定额度（2 亿～4 亿元）增大财力投入规模，切实解决辽河流域环境问题。③ 整合现有财政专项资金。总体上，当前财政支持辽河流域水环境保护的专项资金主要来自中央"三河三湖"、辽河流域水污染防治、农村环保专项 3 个方面。这三大专项资金有着一定的关联性，应按原资金使用渠道，制定或调整使用方向和管理方式。本着"集中财力办大事"的原则，统筹使用分散的财政专项资金，发挥资金和政策的合力作用，改变资金使用分散、多头管理的状况。

（2）增加政府资金投入来源。治理辽河流域水环境需要加大财政保障力度，扩大资金总量规模。随之而来的就是资金的筹措问题。因此，完善政府投资支持辽河流域水环境保护，要进一步增加政府资金的投入来源，改变资金来源少的现状。① 设立辽河流域生态建设专项资金。在整合原有的三大专项资金的基础上，建议中央和地方政府共同设立辽河流域生态建设专项资金。区别于原有的专项资金主要针对水污染防治项目工程的建设，辽河流域生态建设专项资金主要针对流域内的生态环境保护和修复项目工程的建设。例如，生态修复项目建设、生态补偿机制建设、水利基础设施建设等。② 提高排污费集中比例，设立辽河流域环保基金。要逐步提高排污费的省级集中比例，设立辽河流域环保基金。该项基金以低息贷款、贷款担保等有偿使用的方式，对地方政府和符合条件的企业进行流域水污染防治重点项目予以融资支持。③ 安排地方政府债券资金支持辽河流域水环境保护。2009 年，中央财政首次代发了地方政府债券，为地方政府提供了新的融资平台。地方政府债券资金具有利率低、用途明确的特点，受到了基层政府的普遍欢迎。在今后新发的地方政府债券中，建议辽宁省利用地方政府债券，增加安排地方政府债券资金支持辽河流域综合治理。

（3）拓宽政府资金使用渠道。不论什么方式和性质的政府资金投入，都需要有具体的资金使用渠道来对应，才能发挥出政府投入效果。目前辽河流域水环境保护的资金投入渠道主要局限于工业污染源治理、污水处理厂建设等水污染防治方面，渠道比较单一，影响了流域综合治理的整体效果。为了真正实现对辽河流域的综合治理，政府投资要进一步拓宽资金的使用渠道。① 支持流域综合治理的技术创新。先进的技术手段是流域生态环境综合治理的重要保证。只有不断研发创新，提高技术水平，才能最大限度地发挥出政府投资的推动引导作用。反过来，政府资金也应该加大对技术研发的支持力度，研发治污的新工艺等。② 支持农村面源污染防治。辽宁是农业大省。农业种植面积较大，农村面源污染较重，对辽河流域水环境产生了一定的影响。政府投资应支持农村面源污染防治，结合农村环境综合整治工程，降低农业生产化肥、农药施用量，控制耕地水土流失。③ 支持水环境保护基础设施建设。辽河流域治理，离不开环境基础设施的建设。政府投资应重点支持污水处理管网建设，提高污水收集能力，支持大伙房水库输水工程建设，优化配置全省水资源，支持林区、湿地等生态隔离带建设。

（4）改进预算科目设计。2006 年，我国实施政府收支分类改革，按功能重新建立了预算科目编码体系。环境保护支出科目正式纳入财政预算（即"211"环境保护类），水环境保护投资开始从财政预算中安排，具体到预算科目上为环境保护类污染防治款水体项。在实际预算编制的过程中，预算科目中与辽河流域水环境保护直接相关的还包括：环境保护类污染防治款排污费支出项；环境保护类污染减排款减排专项支出项；农林水事务类林业款森林生态效益补偿项；农林水事务水利款水土保持项、水资源费支出项等多个科目。这其中，有的科目支出全部用于水环境保护，有的科目支出则部分用于水环境保护；有的科目支出已经形成了较为固定的财政投入来源，有的科目支出还不稳定；有的科目具有明确的使用方向，有的科目则规定得比较笼统。为了改变辽河流域水环境历史遗留问题严重、当前治理压力巨大的现状，有必要进行公共财政投资科目设计，细化完善相关科目设计。① 在环境保护类下面设置水环境保护款。整合现有的与流域水环境保护直接相关的预算支出科目，形成完整的预算支出安排。② 在环境保护类水环境保护款下面设置水污染防治项、流域生态环境建设项，将原来安排在其他科目下的与流域水环境保护直接相关的支出列在此处。

4.5.3.2　相关机制设计

（1）跨行政区域合作机制设计。要想真正治理好辽河流域的水环境，必须明确划分流域内各省市之间的权责关系。当前，需要尽快在中央政府的组织协调下，建立跨行政区域合作机制，共同治理辽河流域。① 建立跨省级行政区域合作机制。辽河流域主要涉及辽宁、吉林、内蒙古 3 个省份。从地理位置上看，吉林和内蒙古处于流域上游地区，应当承担起保护好流域上游地区水环境的责任。辽宁处于流域下游地区，应当承担起保护好流域下游地区水环境的责任（表 4-18）。② 进一步完善省内跨市行政区域合作机制。目前，辽宁省已经初步形成了全省跨市河流断面的考核机制，出市断面的具体位置由省环境保护行政主管部门组织上、下游市环境保护行政主管部门共同设定，每月由省环境监测中心站对出市断面水质进行监测，形成监测结果。省环境保护行政主管部门根据监测结果确定每月各市应缴纳的补偿资金总额。该考核机制还规定了资金的扣缴和使用办法，即补偿资金由省财政厅在年终结算时一并扣缴，并作为辽宁省流域水污染生态补偿专项资金，专项用于流域水污染综合整治、生态修复和污染减排工程，补偿给下游城市。可见，辽宁省内跨市合作机制已经有了较好的基础，形成了较为规范的操作程序。未来应进一步完善断面水质考核指标体系，提高考核机制的可操作性，抓紧制定出辽宁省流域水污染生态补偿的管理办法，运用专项资金提高全省各市开展辽河流域水环境保护的责任心和积极性。

表 4-18　辽河流域水环境保护跨省合作机制

上游省份 下游省份	履行职责	未履行职责
履行职责	上游地区接受下游地区补偿	中央对上游地区进行处罚，下游地区接受中央补偿
未履行职责	中央对下游地区进行处罚，上游地区接受下游地区补偿	中央政府对上、下游地区进行处罚

（2）投资监管机制设计。流域水环境保护涉及多个地区和多个部门，过程比较复杂，同时，政府投资包括多个方面的资金来源，需要建立健全投资监管机制，加强资金监管。辽河流域水环境保护的政府投资多用于项目工程建设，其投资监管机制应该着眼于项目绩效考评机制的建立和完善。① 在国家相关法律法规的指导下，应明确财政部门和项目管理部门作为监管的主体，共同制定实施政府投资监管制度和办法。在做好事后监督的前提下，还要将监管前移到项目立项之初，从预算安排到项目论证都应该符合相关制度办法。② 建立水环境保护投资责任追究制度。一般情况下，依靠较为完善的监管制度和办法，就可以客观合理地得出项目实施的最终绩效。但是如果缺乏评价之后的责任追究制度，评价也就失去了意义，监管机制也就形同虚设了。因此，要建立投资责任追究制度，对于绩效差、资金使用存在问题的项目追究责任，依法依规进行处罚，同时在之后的预算安排和项目立项的过程中对相关投资主体予以限制。

（3）市场融资机制设计。市场融资机制是实施辽河流域水环境保护的重要途径之一。建立完善市场融资机制，引导社会资金进入，可以大大缓解财政投入压力，提高资金使用效益，有利于项目建成后的后期运营。目前，辽宁已经开始在污水处理厂建设运行方面探索市场化机制，虽然取得了进展，但仍需要完善。① 继续探索市场化运作。对于具备市场融资条件的项目，要制定相关政策鼓励社会化资金进入，逐步理顺融资程序。政府投资要发挥引导作用，对市场化资金给予贷款担保、财政补贴等支持政策。② 规范项目经营权转让。当前能够实现经营权转让的项目主要集中于污水处理厂、垃圾处理场等方面。在污水处理厂经营转让的过程中，要严格执行特许经营权管理规定，科学合理地约定转让协议，制定合适的经营转让期及水价。

第5章

水环境污染治理社会化资金投入政策研究

　　环保投资是我国实现"十一五"时期水环境保护与污染治理目标的重要手段和依靠，也是能否实现"十二五"及之后一个时期内水环境保护与污染治理目标的关键之一。而新时期我国水环境污染形势的严峻性和复杂性将进一步加大，区域性、流域性、面源性和生活性污染逐渐成为新的矛盾，加之历史上环保投资欠账较多等因素均加大了水污染治理的难度、增加了对资金投入的需求量。

　　尽管我国政府财力逐年增加，但是政府公共管理任务巨大，投入到水污染控制的政府财政资金非常有限。在"十一五"总共1.4万亿元的环保投资中，中央财政累计下达预算资金100.34亿元，全口径中央环保投资达1 564亿元（周生贤，2011），社会资金已经成为我国环保投资中的主要部分。为满足"十二五"及之后一个时期内的环境保护和污染防治的资金需求、实现环保目标，必须研究促进水环境污染治理社会化资金投入的问题。随着我国社会主义市场经济体制的建立和完善，以及政府在水污染控制中的职责定位的确定，社会化在水污染控制中将发挥更重要的作用。社会化投融资将是我国水污染控制的主要途径。

　　随着我国民营经济的发展和人均收入的提高，民营资本和个人储蓄量已非常巨大，适度合理地在水污染治理领域引入社会化资金，一方面可以为社会资金提供和拓宽可供投资的投资渠道，另一方面也可拓宽水污染治理的资金来源和融资渠道、充分利用社会资金为水污染治理提供支持。到目前为止，我国水污染控制总投资逐年增加，社会化投资也逐年增加。相对来说，从投资规模来看，城镇污水处理方面，社会化投资比较多，工业污染控制领域比较少，农业水污染控制社会化投资就更少；从融资途径来看，城镇污水处理方面，社会化融资途径和方法较多，工业污染控制领域融资途径和方法比较少，农业水污染控制社会化融资途径和方法更少。这种特点与社会化投融资的回报率和配套政策有非常重要的关系。但从总体来看，我国传统环境保护投资渠道在萎缩、失效，新的有效渠道正在积极探索，大多渠道没有约束性和制度性安排。随着中国投融资体制的进一步发展，计划融资或以政府为基础的融资将逐步减少，社会化资本通过市场途径进入水污染治理领域将进一步增加。

20 世纪 90 年代中期，我国政府提出了城市污染治理设施社会化、市场化和专业化的政策。尽管社会化投融资已经存在了一段时间，但是关于社会化投融资的概论还没有明确，社会化的必要性和作用还仍待探讨。本章以水污染控制社会化投融资政策为研究对象，对社会化、社会化投融资概念进行了界定，分析了水污染控制社会化投融资存在的问题，提出了促进水污染控制领域社会化投融资的政策建议。

5.1　水污染治理社会化投融资现状

本章在分析我国水污染治理形势的基础上，以水污染治理社会化投融资政策为研究对象，对社会化、社会化投融资概念进行了界定，对水污染治理投融资现状、社会化资本投入现状和水污染治理投融资的市场化模式进行了系统分析和总结。

5.1.1　相关概念和范围的界定

5.1.1.1　水污染治理

全国科学技术名词审定委员会审定公布的水污染治理概念是指对水的污染采用工程和非工程的方法进行改善或消除的过程。水污染治理是控制向水体排放污染物的方法，水污染主要有点污染源和面污染源，点污染源有具体的污染源，可以通过开发污染物排放控制技术控制住；面污染源是农田过度使用农药和化肥造成的；城市生活污水成为主要的污染源，必须以城市污水处理厂的方式解决。

5.1.1.2　水污染治理投融资

（1）投融资概念。投融资从概念上来讲，应该是两个经济行为，即投资和融资。对于投资，萨缪尔森在《经济学》一书中指出，许多人把购买一块土地、或老年保险金，或任何财产所有权都叫投资。如从投资和消费的角度来看，投资是指利用金融资本努力创造更多的财富（汉姆·列维和任淮秀等，1999），或者是为未来收入货币而奉献当前的货币（威廉·夏普等，1998）。美国的投资学家德威尔认为："投资可分为广义投资和狭义投资。广义投资是指以获利为目的的资本使用，包括购买股票和债券，也包括运用资金以建筑厂房、购置设备、原材料等从事扩大生产流通事业；狭义的投资指投资者购买各种证券，包括政府公债、公司股票、公司债券、金融债券等"（张中华，2006）。《新帕尔格雷夫经济学大辞典》对融资的理解是：融资是指为支付超过现金的购货款而采取的货币交易手段，或为取得资产而集资所采取的货币手段。

融资是一种筹集资金的方式，而投资则是一种利用资金的方式，通过筹资将分散的、闲置的资金有效地结合起来（即融资），再将其科学、合理地加以利用（即投资），以实现投入产出最大化或投入效用最大化，达到增加企业的财富的目的，这就是投融资（王中军，2007）。融资是投资的前提，是为投资提供资金来源的行为。由于融资是与投资密不可分的，并且是同一问题的两个方面，因此习惯上称为"投融资"。

（2）水污染治理投融资概念和范围界定。一个投资者通过不同途径、方式筹资，将分散的、闲置的资金有效地结合起来（即融资），再将其科学、合理地加以利用（即投资），用于水污染设施建设、运行、技术开发等活动，达到水污染治理的目的。这样的行为称为水污染治理投融资。图5-1给出了我国的水污染治理投融资结构图。

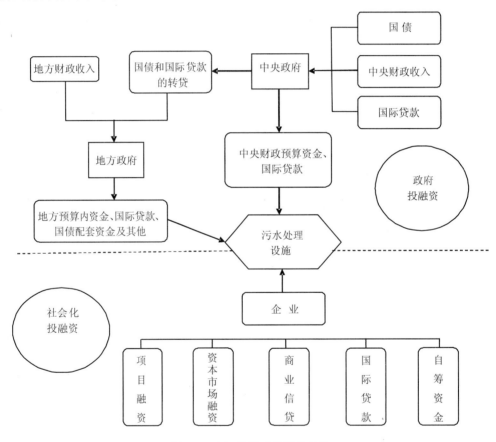

图 5-1 水污染治理投融资结构

一般来说，水环境保护可以选择的融资渠道和方式包括：① 财政预算资金；② 国债资金；③ 使用者缴费；④ 政策性融资，如"三同时"制度、彩票等；⑤ 项目融资，如 BOT 等；⑥ 商业信贷；⑦ 长期资本市场融资，如权益资本、债券和基金等；⑧ 海外援助、外商投资和国际环境公约下的融资机制等。

主要的融资主体为：① 政府：包括中央政府、地方政府以及相应的政府机构；

② 居民：除了按"使用者付费"原则缴费外，也包括居民自有资金的投资；③ 企业：包括生产经营企业和金融机构；④ 国外机构：包括外国政府、企业、个人和金融机构等（财政科学研究所，2010）。

按照官方的统计口径，环境污染治理投资由城市环境基础设施建设、工业污染源治理投资及建设项目"三同时"环保投资三部分构成；由废水、废气、固体废物、噪声以及其他污染要素治理投资五个要素构成。

鉴于以上构成，水污染防治投资主要由三部分组成：① 城市环境基础设施建设投资中的"排水"部分；② 老工业污染源治理投资中的"废水治理"部分；③ 新建项目"三同时"环保投资中水污染治理部分。

5.1.1.3　水污染治理社会化投融资

（1）社会资本。"社会资本"这一概念多次在国家发改委、统计局、财政部等中央部委的文件中出现。国务院于 2004 年 7 月发布的《关于投资体制改革的决定》（国发[2004]20 号）中多次提到社会资本，从这个文件中不能看出，社会是相对于政府，政府以外的投资都属于社会资本的范畴。

（2）水污染治理社会化与市场化。社会化这个概念，在社会学上的定义为由自然人到社会人的转变过程，这个概念并不是本书研究的社会化。本书所指的社会是相对于政府而言的，而社会化则指由传统的政府承担污染治理模式转变为由社会承担污染治理模式的变化过程。从这个概念来看，从传统的政府承担模式到社会承担污染治理，市场化程度逐步提高，因此社会化在一定程度上来说也就是市场化的过程。

（3）水污染治理社会化投融资。水污染治理社会化投融资可以从投资主体、资金来源和融资渠道 3 个方面来界定。从投资主体角度，是由市场主体投资并以市场主体名义向社会提供，而不是由政府投资并以政府名义向社会提供的水污染治理服务；从资金来源角度，利用国内贷款、外资、自筹资金和其他非政府来源资金，而不是由国家预算内资金来进行水污染治理的行为；从融资渠道角度，以项目融资、商业信贷、资本市场、海外援助等方式筹集资金，进行水污染治理。

表 5-1　环保投资和环保融资

	政府	企业	其他非官方机构
环保投资	属于政府投资的计划与项目	企业自身水污染治理项目	非盈利的公益项目
环保融资	财政公共预算、环境专项税收与收费、国债、基金、政府借贷（含国外贷款）、产权转移等	银行借贷、企业债券、股票、自有资金等	社会募捐、捐赠、国际 NGO 捐款

以水污染处理设施主体为研究对象，投资方式可分为直接投资、企业自有资金。

表 5-2　社会化投融资划分范围

	政府投融资	社会化投融资
投资主体	① 中央政府；② 地方政府	① 居民；② 企业；③ 国外机构
资金来源	国家预算内资金	① 国内贷款；② 外资；③ 自筹资金；④ 其他资金
融资渠道	① 财政预算资金；② 国债资金；③ 使用者缴费	① 项目融资，如 BOT 等；② 商业信贷；③ 长期资本市场融资，如权益资本、债券和基金等；④ 海外援助、外商投资和国际环境公约下的融资机制等

对于外国政府和国际金融组织的贷款，做以下界定：若以政府主权外债的方式发放，并需要国家财政担保的，归为政府投融资；若企业从国际金融组织，如国际金融公司（IFC）、亚洲开发银行的私人部门获得其他性质资金则属于社会化融资。

（4）水污染治理社会化投融资政策。水污染治理社会化投融资政策是指为鼓励社会资本投入我国水污染治理而采取的政策。由于社会化投融资政策包括投资政策和融资政策，因此可以从投资和融资两个方面来研究社会化投融资政策。在投资方面，研究社会化投资的主体、规模和作用。在融资方面，研究社会化融资的途径、方法和作用。

社会化对我国水污染治理是非常必要的。我国水环境保护形势非常严峻，经济快速增长和城镇化给我国水环境带来了巨大压力。尽管我国政府财力逐年增加，但是政府公共管理任务巨大，投入到水污染治理的政府财政资金非常有限。随着我国社会经济的发展和人均收入的提高，社会资本和个人储蓄非常巨大。社会化的投融资模式可以为这些资金提供一个有效进入水污染治理领域的途径，为水污染治理提供资金支持。

从市场经济规律看，可预期的回报是社会化投融资的根本。市场经济条件下，理性的经济投入是通过比较决策的成本和效益后才做出来的。水污染控制如果要吸纳社会资金，其投资回报率必须高于这些资金的机会成本，否则投资者是不会将资金投向水污染治理的。

从制度经济学看，明晰的产权是社会化投融资的基础。没有明晰的产权，投资者的经济利益就得不到保障。水污染治理方面，由于一些水污染的责任主体比较难以确定，水污染治理的责权利很难明确，影响水污染治理的社会化进程。目前国内污水处理厂的运营模式有事业单位体制、国有企业化管理、委托运营、DBO（设计—建设—运营）、特许经营、股权/产权转让、合资合作模式以及完全私有化模式等，见表 5-3。

表 5-3　国内现有污水处理设施运营模式

公有公营	公有私营	私有私营	自助方式
事业单位体制、国有企业化管理、委托运营、DBO、特许经营	股权/产权转让、合资合作	完全私有化	用户与社区自助

在我国，城市污水治理设施建设以政府为主，虽然推进了污水治理的企业化进程，但所有权还是归属于国家。根据国外的经验，城市环境基础设施领域，即使在发达国家，私人部门也不能代替政府发挥主导作用。因此，在推进中国城市污水处理厂建设和运营市场化过程中，前期政府应该发挥主导作用，在中长期法律政策完善后，市场化方式可发挥更大的作用。

5.1.2　我国水污染治理形势

30 多年来，改革开放战略的实施不仅促进了我国经济的快速和持续发展，国民生产总值和人民生活水平也得到显著提高。进入 21 世纪以来，中国经济增长速度进入新的历史阶段，工业化和城市化加速发展，这一时期也是重化工业加速发展的阶段。然而，经济的快速发展，特别是重化工业的发展也给我国带来了日益严峻的环境压力。我国当前主要污染物排放总量均大大超过环境承载能力，90%以上的城市水域受到污染，地表水污染较重，湖泊（水库）富营养化问题突出。水环境问题呈现出显著的复合性、流域性、复杂性特征，重大水污染问题随时会聚集爆发，严重危及国家水环境安全和流域经济社会的可持续发展，中国水污染防治依旧任重而道远。为了减少环境污染，保障国民经济可持续发展，我国政府在"十一五"期间加大了环保投资力度，在主要污染物减排方面取得了一定的成绩。

5.1.2.1　我国水污染及排放现状

为全面贯彻落实国务院《节能减排综合性工作方案》，国家先后出台了一系列促进污染减排的环境经济政策，制定并实施了污染减排的管理制度，加大了污染减排财政投入，治污工程建设取得跨越式进展，超额完成"十一五"计划（张震宇，2010）。主要污染物的排放量有了明显下降，节能减排技术得到不断提高，但是其他污染物累积的环境压力也日益呈现，水环境保护形势依然不容乐观。

（1）水质状况局部有所改善，形势依然严峻。"十一五"期间，我国地表水质局部地区有所改善。环保部及其前身国家环保总局先后制定和实施了《"三河三湖"流域水污染防治规划》《三峡库区及其上游水污染防治规划》和《南水北调治污规划》等水环境保护计划，并提出"让江河湖海休养生息"的口号，使得重点流域主要污染物污染程度有所减轻。2009 年上半年，全国地表水国控断面水体高锰酸盐指数平均质量浓度为 5.3 mg/L，比 2005 年同期（8.0 mg/L）下降 1/3；全国地表水国控断面Ⅰ～Ⅲ类水质比例为 55.8%，比 2005 年同期提高 15.3%。

我国环境保护在取得很大成绩的同时，整体水污染形势依然十分严峻。2008 年我国地表水 746 个国控断面中，Ⅰ～Ⅲ类水的比例为 47.7%，Ⅴ类或劣Ⅴ类水占 23%。饮用水安全问题突出，饮用水水源地受到严重威胁，2008 年，全国饮用水水源地取水有 23.6%超过Ⅲ类标准，农村饮用水水质状况更不乐观，2009 年地表水饮用水水源达标率为 70.3%。

（2）废水排放结构变化，主要污染物排放量下降。我国废水排放总量呈持续上升趋势，生活污水排放量的增长速度大于工业废水排放量。根据现有统计，全国废水排放总量从 1997 年以来呈逐渐上升的趋势，由 1997 年的 415.6 亿 t 上升到 2008 年的 571.7 亿 t（国家环保总局，1998；环境保护部，2009）。废水排放结构发生了显著变化，2008 年，全国废水排放总量 571.7 亿 t，其中工业废水排放量 241.7 亿 t，工业废水排放量占废水排放总量的 42.3%；生活污水排放量 330.0 亿 t，生活污水排放量占废水排放总量的 57.7%。

工业废水排放量占废水排放总量的比例逐年减少，从 54.5%下降到 42.3%；而生活污水排放量所占比例逐年增加，从 45.5%上升到 57.7%。废水排放量变化趋势如图 5-2 所示。

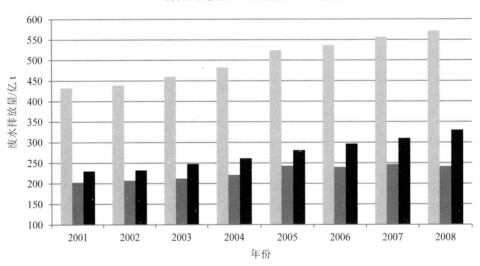

图 5-2 废水排放量变化趋势

我国主要水污染物控制也取得了显著成效，特别是工业 COD 控制和氨氮控制成效突出。2008 年全国 COD 排放总量 1 320.7 万 t，在 2005 年（1 414 万 t）基础上削减了 6.61%。工业 COD 排放量由于污染减排的作用，呈现明显的下降趋势，而生活污水中 COD 排放量没有显现出明显的趋势。2008 年全国氨氮排放总量 127.0 万 t，在 2005 年（149.8 万 t）基础上削减了 15.2%。工业氨氮排放量由于污染减排的作用，呈现明显的下降趋势，而生活污水中氨氮排放量没有显现出明显的趋势。COD 和氨氮排放量变化趋势如图 5-3 和图 5-4 所示。

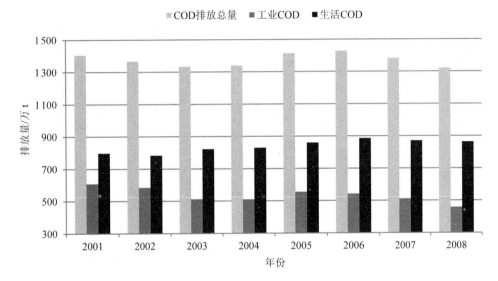

图 5-3　COD 排放量变化趋势

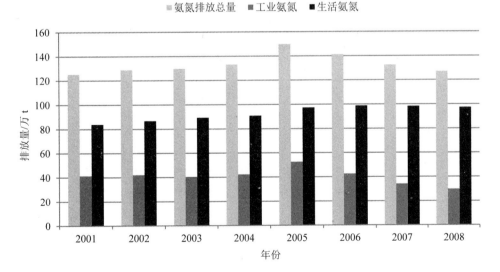

图 5-4　氨氮排放量变化趋势

工业废水、COD 和氨氮排放总量均低于生活污水、COD 和氨氮排放总量，主要原因包括两个方面：① 工业污染治理取得了一定成效，而随着城市人口的聚集，生活污染的排放逐步凸显；② 由于工业污染物的统计口径尚不能覆盖全部工业，尤其是规模小、种类多的乡镇企业，因此其数值较实际情况偏小。

（3）点源污染问题依然突出，农业面源污染形势日益严峻。当前我国的水污染负荷结构正在发生变化，工业和生活点源污染问题依然突出，来自农业面源的污染日益增加。根据 2010 年公布的全国第一次污染源普查公告（国家统计局，环境保护部和农业部，2010），2007 年 COD 排放量来自工业源、生活源和农业面源的分别有 715.1 万 t、1 108.05 万 t 和 1 324.09 万 t。

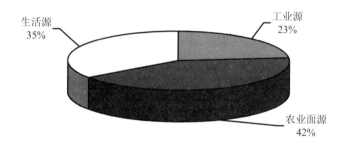

图 5-5　第一次污染源普查 COD 排放来源

重点行业点源污染物排放量大。工业废水中 COD 排放量居前几位的行业有造纸及纸制品业 176.91 万 t、纺织业 129.60 万 t、农副食品加工业 117.42 万 t、化学原料及化学制品制造业 60.21 万 t、饮料制造业 51.65 万 t、食品制造业 22.54 万 t、医药制造业 21.93 万 t。上述 7 个行业 COD 排放量合计占工业源 COD 排放量的 81.1%。

生活源主要以城镇居民生活源为主，包括住宿业、餐饮业、洗染服务业、理发及美容保健服务业、洗浴服务业等相关产业。其废水产生量相对较大。农业源（不包括典型地区农村生活源）中 COD 排放（流失）量以畜禽养殖业为主，其 COD 排放量为 1 268.26 万 t，占排放总量的 95.8%；其次是水产养殖业，其 COD 排放量为 55.83 万 t。

随着工业生产的发展和城市人口的增加，工业废水和生活污水的排放量日益增加，再加上日益扩大的农业面源污染，大量污染物进入河流、湖泊、海洋和地下水等水体，使水和水体底泥的理化性质或生物群落发生变化，造成水体污染。污染水体的污染源复杂，污染物种类繁多。因此，今后一段时期我国不仅要重点治理主要工业行业和生活点源的污染物排放，也急需增加投入，治理日益严峻的农业面源污染。

5.1.2.2　我国水污染治理现状

（1）水污染防治政策体系不断完善。经过 30 多年的努力，我国水体污染控制与治理政策不断完善，已经基本形成了以行政法规手段为主、以经济手段为辅的水体污染控制政策体系。目前中国主要采用行政法规手段来控制水污染，"十一五"以来我国水污染治理之所以能够取得积极成效，很大原因在于"总量控制"政策的实施，尤其是把 COD 减排列为刚性指标，上升为国家意志，加强对减排工作的责任追究力度，这才带动了地方政府对环境保护的重视，各地兴建污水处理厂、严格环境准入、积极淘汰落后产能。

随着我国水污染防治体系的不断完善，目前已形成多种手段共用、有所侧重的防治体系。以行政强制为特征，以"三同时"、达标排放、总量控制、排污许可等为内容的"命令控制型"机制一直处于核心地位，在实践中也取得了一定的效果。我国水污染防治政策分类见表 5-4。

表 5-4　我国水污染防治政策分类

控制对象 政策性质	工业污染源	农业污染源	城市居民生活和第三产业 污染源
强制（指令）政策	流域水污染防治规划、环境影响评价和"三同时"、总量控制、排污许可证、关停政策	流域水污染防治规划	流域水污染防治规划、环境影响评价和"三同时"、排污许可证
经济政策	排污收费、污水处理费、生态补偿试点、排污交易试点		排污收费、污水处理费
公众参与政策	群众举报和投诉热线		群众举报和投诉热线
鼓励政策	污水集中处理		污水集中处理

现行的水污染防治政策体系比较重视政府机构在水污染防治中发挥重要作用，即强制性政策的制定。强制性的政策手段比较多，经济性调节政策、鼓励性政策，自愿性政策手段比较少，是现行政策体制的一个重要问题。现行的水污染防治政策在主要关注工业领域水污染治理的同时，还比较重视水污染的末端治理，对水污染的前期预防和中期管理重视程度不够。

（2）水污染治理设施建设不断加强。我国环保产业的发展为缓解经济社会发展带来的资源环境制约发挥了重要作用。从污染防治的事后控制来看，政府不断加强对生活污水处理的投资和管理力度，城镇生活污水处理率和工业废水达标排放率逐年提高。

2000 年以来,我国城镇生活污水处理率保持快速的增长趋势，从 2000 年的 14.52%增长到 2009 年的 63.30%（图 5-6），增长迅猛，城镇生活污水处理率的迅速提高主要是由于政府政策的推动：削减城镇生活污染负荷、推进管网系统改造、提高城镇生活污水处理率和回用率。"十一五"期间，污水处理厂数量增长迅速，污水处理能力的巨大突破直接推动了城镇生活污水处理率的提高。截至 2010 年 9 月，全国设市城市、县及部分重点建制镇累计建成污水处理厂 2 631 座，污水处理能力 1.22 亿 m³/d；在建项目 1 849 个，总设计能力约 0.46 亿 m³/d；2010 年前三季度，全国城镇污水处理厂累计处理污水 244.9 亿 m³，共削减 COD 668.72 万 t。污水处理率达 70.16%。生活污水仍然是城市污水处理厂的主要来源。近年来，生活污水所占比例维持在 80%左右。通过建设和运营污水处理厂，有效降低了生活污水对水环境的压力。

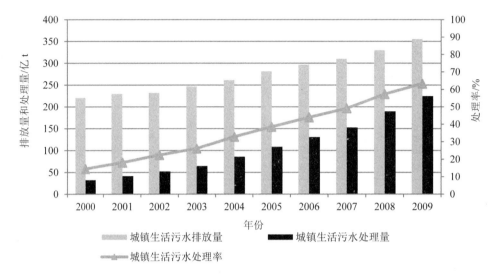

图 5-6　全国城镇生活污水处理情况

随着我国工业废水控制力度的加强，工业废水排放达标率也稳定增长。2000 年以来，我国工业废水达标率保持稳定的增长趋势，从 2000 年的 76.88%增长到 2009 年的 94.20%，成绩显著，工业废水排放达标率的稳步提高主要是由于政府相关政策的约束、监管体系的进一步完善、工业废水处理工艺的提高等。

（3）污染排放逐步从浓度控制向总量控制转变。为了加大水污染控制力度，改善水环境质量，国家从"九五"开始实施污染物排放总量控制，对废气或废水中排放的 COD、石油类、氰化物、砷、汞、铅、镉、六价铬等排放量实行排放总量控制。"十五"期间，原国家环保总局将氨氮列入总量控制目标，城市污水处理收费政策得到推行，同时，经济发展也为污水处理设施的建设提供了一定的财力支持，国家推行流域容量总量控制有了可能。

"十一五"期间，我国污染物总量控制政策更为严格，针对重点污染物制定了严格的总量削减目标。其中水污染物 COD 排放总量削减成为"十一五"环境保护目标中最硬的两项约束性指标之一，国家制定了 2010 年 COD 排放相比 2005 年水平减少 10%的减排目标。同时，2008 年第十届全国人大会议上通过了修订后的《中华人民共和国水污染防治法》，新法规定国家对重点水污染排放实施总量控制和排污许可证制度，各级政府按照国务院的规定削减和控制本区域内的水污染排放总量，并将重点水污染排放总量控制指标分解落实到各个排污单位。2009 年，我国 COD 排放总量 1 277.5 万 t，比上年下降 3.27%，与 2005 年相比，COD 排放总量下降 9.66%，累计减排 137 万 t。"十一五"期间，污染减排目标已经实现"削减进程与任务时间同步"，一些区域和流域的环境质量得到了改善。

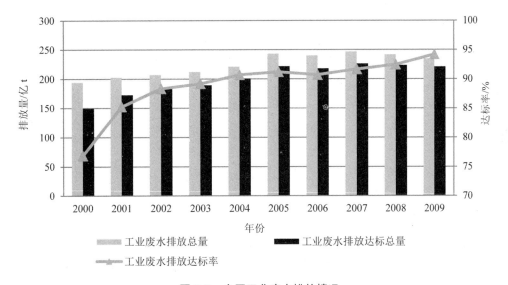

图 5-7　全国工业废水排放情况

进入"十二五"，国家继续深化重点污染物总量减排，对更多重点污染物提出了量化减排目标，其中 COD 和氨氮作为水污染物要在 2015 年相比 2010 年排放水平削减 8%。从"九五"到"十二五"，一方面，总量控制手段越来越被重视，对水环境保护工作起到了很好的引导和约束作用，取得了显著效果；另一方面，总量控制政策也为水污染治理工作提出了更高的要求，需要增加投资，加快水污染治理设施建设。

（4）部分地区污水处理开始集中化。为了更好地集中控制企业污水排放，提高城市污水处理厂负荷，不少城市加大了污水入网比例，同时，工业废水入网比例也在增加，由 2005 年的 8%上升到 2009 年的 17%。入网企业不再缴纳排污费，或由原来缴纳排污费转而缴纳污水处理费、排污费。相对于传统的单个企业分散治理而言，集中治理作为工业污染治理的一种策略早已被确立为我国的环境管理制度之一，并在国务院有关环境保护工作的法规中有明确规定。

工业污染集中治理通过污染企业强制搬迁、工业园区和经济开发区的规划建设、城镇污水集中处理设施建设等，利用污染物集中治理的规模效应优势，使企业有偿使用污染物集中处理设施，实现了工业污染由分散治理变为市场化运作的集中治理。工业污染集中治理兼有降低污染治理成本、提高污染治理效率和工业污染治理融资的作用（中国环境保护投融资机制研究课题组，2004）。工业园区集中污水处理设施处理能力增加，主要集中在江苏省和浙江省。

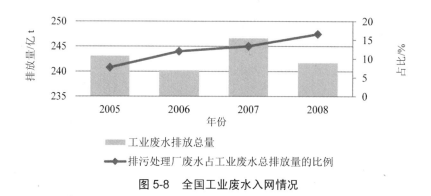

图 5-8　全国工业废水入网情况

工业污染集中治理市场化的实践模式主要有 3 种：

☞　模式一: 同类或相近行业的污水集中治理，这种模式主要针对一些布局分散、污染严重且治污困难的同类中小企业。采用污染企业出资、政府支持或民间融资等多元化投融资形式建设污水处理厂和铺设污水输送管网。污水处理厂实行企业化管理、专业化运营。同类行业污水集中治理一般同产业布局调整、城镇规划和区域环境容量相结合。其特点在于: 通过多元化的投融资渠道吸引民间资本参与工业污染防治，解决了中小企业污染治理投资的问题; 通过污染治理企业化管理、专业化运营，提高了运营效率，保证了达标排放; 通过污染集中治理的规模效益，降低了中小企业治污的投资成本和运行成本; 污染企业可以集中精力发展主业，取得更大的经济效益。

☞　模式二: 工业废水纳入城市污水处理系统进行集中治理。此模式的主要做法是通过污染企业、政府或民间等对城市污水处理厂或污水处理集输管网进行投资，将一定区域内企业排放的废水和城镇居民的生活污水纳入城市污水收集管网，然后由城市污水处理厂进行集中处理。入网企业将支付入网费和污水处理费。城市污水处理厂接纳的工业废水、居民生活和经营服务业所排污水，其污水排放水平差别较大。有的企业处理后达到国家或地方排放标准，包括污水综合排放标准、城镇污水处理厂标准、行业排放标准和地方排放标准，即以前直接排入水体的部分，如合肥市就采取这种方式; 而某些地区采取的是企业自处理至规定标准，再排入污水处理厂进一步处理，因此排放浓度较高，污水处理费标准也较高。

☞　模式三: 新区污水集中治理的"物业管理"。这种模式是新建的各类经济开发区或工业园区内，将污染治理设施同新区的其他基础设施建设同步规划、同步施工。投资、建设和管理由新区管委会统一负责，实行管委会领导下的"物业管理中心"经理负责制。污染治理设施实行专业化运营，园区内的企业向"物业管理中心"缴纳污染物处理费。

工业污染治理市场化总体上有利于提高工业污染治理的达标排放率，同时降低达标排放的成本，能够有效地解决目前我国工业污染治理投资效率低下的问题，政府应该扶持和推动工业污染治理市场化的发展。

5.1.2.3　我国水污染控制压力与趋势

近年来我国国民经济的高速发展、巨大的人口基数，以及不断提高的人民物质生活和消费水平始终是造成水污染的重要驱动力。尽管我国的水污染控制工作取得了一定的成绩，但是由于人口众多、经济增长方式粗放、水资源短缺、水体污染和用水浪费等历史欠账过多等原因，水污染控制工作依然存在着一些突出的问题，主要表现在以下几个方面。

（1）新型多样化的水体污染问题不断呈现。我国水污染主要来源于工业废水及城市污水的排放，农业施用化肥、农药、有机肥的流失以及固体废料的淋溶。近年来，随着我国经济的迅速发展，我国水污染源的类型及其比例也发生了重要的变化，农业面源比重不断增加，工业点源比重逐步下降，城市和小城镇的生活污染源日益突出。污染源的变化是人类生活方式、生产方式进步的结果，这种变化对水污染的防治提出了新的问题和要求。另外，在传统的有机污染还未解决的同时，河流湖泊氮磷污染、持久性有机污染物（POPs）污染、水生态破坏、河流底泥污染以及饮用水水源污染等问题不断出现，给水污染防治带来了新的压力。

重金属、持久性有机污染物（POPs）等在部分流域、部分地区污染问题突出。湘江流域的砷、汞、镉重金属污染风险长期存在；京津地区、长江三角洲、珠江三角洲等地区地下水"三致"有机污染物不同程度地检出，农药类、卤代烃类、单环芳烃类等有机污染检出率为 10%～20%，部分地区达 30%～40%；东北老工业基地地下水"五毒"（挥发酚、氰化物、砷、汞、六价铬）和有机污染问题尤其突出。同时，工业和生活污染排放的多种有害物质形成的复合污染日趋严重，其引起的人体与生态健康风险备受关注（李云生，2010）。

围绕"十二五"环境保护重点工作，危险废物、持久性有机污染物（POPs）、危险化学品等环境安全问题也将逐步纳入工作重点。我国将加强重点领域的环境风险防控，维护环境安全。针对支撑环境管理从常规管理向风险管理转变的关键技术问题，急需开展重金属、危险废物、POPs、危险化学品等重点领域的预防与应急、监测与预警、生态修复与恢复等一系列环境应急管理的技术研究。

（2）工业水污染防治依然是当前重点。人类生产活动造成的水体污染中，工业引起的水体污染最严重。工业污染物对水体和人体都具有最大的损害效应。从工业水污染物的环境属性来看，也必须加强工业水污染防治。根据全国污染源第一次普查数据，2007 年工业废水中主要污染物产生量是 COD3 145.35 万 t，氨氮 201.67 万 t，石油类 54.15 万 t，挥发酚 12.38 万 t，重金属 2.43 万 t。实际排入环境水体的污染物排放量是 COD 564.36 万 t，氨氮 20.76 万 t，石油类 5.54 万 t，挥发酚 0.70 万 t，重金属 0.09 万 t。经过严格的工业污染防治，我国工业污染从产生量到排放量均大幅度减少。

虽然工业废水中 COD、氨氮经过处理后，其比率已经相对降低，但是工业废水中其他污染仍非常重要。若不加强工业废水污染防治，工业污染物造成的危害将大于农业面源和生活点源所排放污染物的总和。工业废水是指工业生产过程中产生的废水、污水和废液，其中含有随水流失的工业生产用料、中间产物和产品以及生产过程中产生的污染物。工业废水具有排放量大、污染范围广、排放方式复杂；污染物种类繁多、浓度波动幅度大；污染物质毒性强、危害大、污染物排放后迁移变化规律差异大；恢复比较困难等特点。

工业废水种类繁多，而且随着各种工业药剂的层出不穷，工业废水的污染物质也千差万别，使得工业废水的处理难度加大。工业废水所含的污染物因工厂种类不同而千差万别，即使是同类工厂，生产过程不同，其所含污染物的质和量也不一样。除了排出的废水直接注入水体引起污染外，固体废物和废气也会污染水体。因此对工业污染源应予以充分重视，将其列入污染治理、控制和监督管理范畴。从污染源的总量来看，必须继续加强工业水污染的防治。与农业排水和生活污水不同的是，工业废水成分复杂，难处理，不易降解和净化，危害性较大。生活污水和农业排水的处理较为单纯，较为容易掌握。所以从处理的角度来说，也应该加强对工业废水的防治。

（3）现有城市污水处理厂运行负荷普遍偏低。实施"十一五"规划以来，各级政府和有关部门高度重视 COD 的减排工作，各地区修建了多家规模不等的城市污水处理厂。1998—2008 年上半年，我国城市污水处理厂由 266 座增加到 1 642 座；设计污水处理能力由 1 136 万 t/d 增加到 8 163 万 t/d，增加了 7.2 倍多；实际污水处理能力由 802 万 t/d 增加到 5848 万 t/d，也增加了 7.3 倍。污水处理能力提升很快，但运行率未见明显提高，如图 5-9、图 5-10 所示。

产生这一现象的原因是城市污水处理厂建设和相关配套设施，特别是污水收集管网建设的极不匹配。到"十五"末，按规划用于污水处理厂建设的投资已超过 10 亿元，而管网建设投资共约 15 亿元（落实情况不明），这个投资比例与国际经验数据 1：3～1：5，还有较大的差距。另外，截至 2008 年，与 2005 年相比新增污水处理厂管网长度达到 4.896 6 万 km，仅完成"十一五"规划要求的 30.1%，距离 16 万 km 的规划要求差距较大，不少地区污水处理负荷偏低，再生水利用和污泥处理滞后。"十二五"期间，要重点发挥现有污水处理设施的实际使用，提高运行负荷。各地方应该因地制宜，采取不同方式进行污水处理及深度处理。

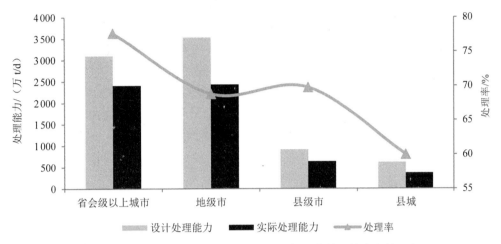

图 5-9 2008 年上半年全国省、市、县级污水处理能力和处理率

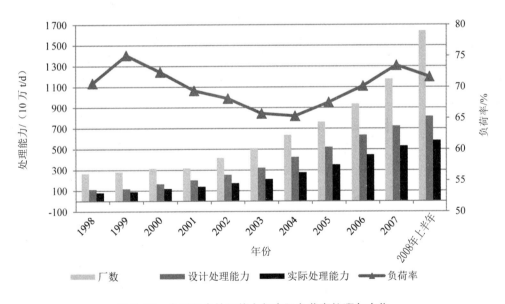

图 5-10 全国污水处理能力与实际负荷率的逐年变化

5.1.3 水污染治理投融资现状

我国水质状况虽然局部有一定的改善，但是总体形势不容乐观，水环境投入不足问题也一直未得到有效解决。本节主要对我国现阶段的水污染投融资投入总量、投资

结构和融资方式进行研究。

5.1.3.1 水污染治理投资规模继续扩大

（1）水污染治理投资总额迅速增长，年均增长率高达 15.5%。2001—2008 年，我国水污染治理投资总额稳步增长（图 5-11）。2008 年水污染治理投资额 1 351.8 亿元，比 2001 年的 401 亿元增长了 237.1%，水污染治理投资年均增长率达 15.5%。特别是 2006 年以来，水污染治理投资额迅速增长，2007 年、2008 年增长率分别为 30% 和 24%。水污染治理快速增长的原因有以下四点：

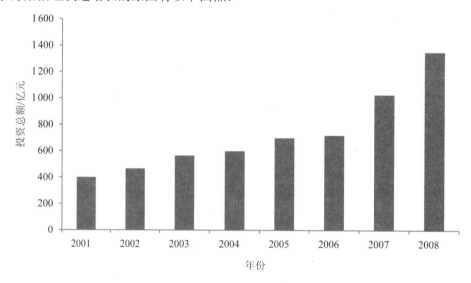

图 5-11　2001—2008 年水污染治理投资总额变化趋势

- ☞ 国家经济保持平稳快速增长，我国的财政收入也快速增长，为环保投入的增加提供了有力的资金保障。
- ☞ "十一五"期间，是我国环境保护的关键时期，城市污水处理工程和重点流域水污染治理工程作为 10 项环境保护重点工程，获得了国家投入大量资金的支持。
- ☞ 在原有的环保专项资金、自然保护区专项资金等财政专项资金的基础上，"十一五"期间中央财政又新设了"三河三湖"及松花江水污染防治专项资金、城镇污水处理配套管网"以奖代补"资金、中央农村环保专项资金，这些与水污染治理密切相关的专项资金的设立大大强化了对水污染治理投资的资金保障。
- ☞ 随着国家进一步鼓励水污染处理市场化的导向，大量的社会资金以自筹、项目融资等方式进入水污染治理市场。

（2）水污染治理占环保投资额近 1/3 的比例继续保持。作为环境治理的重要组成部分，2001—2008 年水污染治理投资额占到环境污染治理投资总额的比例保持在 1/3 左右，平均占比达到 31.8%。我国环境保护治理由废水、废气、固体废物、噪声以及其他污染治理投资 5 个要素构成。水污染治理作为 5 个要素之一，占环保投资比例高达 1/3，体现了水污染治理投资作为环保投资的重要程度和国家对水污染治理的高度重视，"十一五"期间中央财政又新设了"三河三湖"及松花江水污染防治专项资金、城镇污水处理配套管网"以奖代补"资金。

表 5-5　2001—2008 年环保投资及水环保投资额

年份	2001	2002	2003	2004	2005	2006	2007	2008
环保投资总额/亿元	1 107	1 367	1 628	1 910	2 388	2 566	3 388	4 491
水环保投资额　绝对数/亿元	401	467	565	600	699	719	1 027	1 352
占比/%	36.2	34.1	34.7	31.4	29.3	28.0	30.3	30.1

数据来源：根据中国环境统计年报、《中国环境统计年鉴》《中国城市建设统计年鉴》数据整理而得。

（3）水污染治理投资占 GDP 比重稳步提高。随着我国环境污染治理投资总额的逐年增长，水污染治理投资占 GDP 比重稳步提高。特别是 2006 年以来增长非常迅速（图 5-12），接近 0.4%，平均占比为 0.38%。

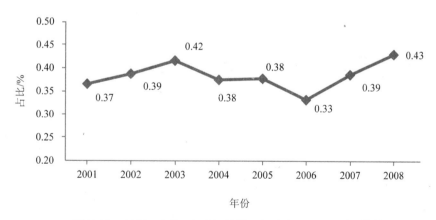

图 5-12　2001—2008 年水污染治理投资占 GDP 比重的趋势

根据国际经验，当环境投资占国民生产总值的 1%～1.5% 时，才能基本控制环境污染；提高到 2%～3% 时，才能较有效地改善环境。作为环保投资的最主要组成部分，水污染治理投资要达到 0.8% 左右，才能有效地改善水污染状况。因此，我国要达到控制水污染、提高水质状况的目标，仍需进一步增加水污染治理投融资。

表 5-6　国内和国外污水处理投资占 GDP 的比例①　　　　　单位：%

国家	中国	美国	英国	德国	法国	日本
20 世纪 70 年代	0.009	0.29	0.31	0.32	0.53	0.48
20 世纪 80 年代	0.027	0.80	0.50	0.88	0.53	0.55
20 世纪 90 年代	0.18	1.02	0.91	1.12	0.98	0.85
21 世纪初	0.38	—	—	—	—	—

注：① 李明等，城市污水处理项目市场化运作与管理，中国铁道出版社，2010。

5.1.3.2　水污染治理投资结构发生变化

从投资结构上来看，2001—2008 年，城市环境基础设施建设投资中的"排水"部分平均占比最多，达到 52%。老工业污染源治理投资的"废水治理"部分平均占到水污染治理投资的 17%，新建项目"三同时"环保投资中"水污染治理"部分平均占 31%。从水污染控制形势分析来看，废水结构发生了较大变化，生活污水排放量的增长速度大于工业废水排放量，即生活污水成为水污染排放的最大贡献者，因此城市环境基础设施建设投资中的"排水"占比最高符合整个水污染控制形势。

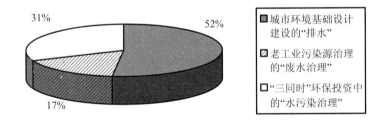

图 5-13　2001—2008 年水污染治理投资比例

2001—2008 年，在水污染治理投资总体保持年均增长 15.5%的情况下，"三同时"水污染治理环保投资增长最快，由 2001 年的 103.6 亿元增长到 2008 年的 661.2 亿元，年均增长 21.3%；"排水"设施投资由 2001 年的 224.5 亿元增长到 2008 年的 496 亿元，年均增长 9.8%；老工业污染源"治理废水"投资由 2001 年的 72.9 亿元增长到 2008 年的 194.6 亿元，年均增长 12.6%。"三同时"水污染治理环保投资的快速增长，一是由于"三同时"环境保护资金与国家基本建设投资的规模密切相关，2001—2008 年我国的固定资产投资规模总量快速增长；二是由于建设项目中的环保投资比例有所提高；三是由于我国环境保护力度不断加强，新建、改建和扩建项目更加严格执行环境治理要求。

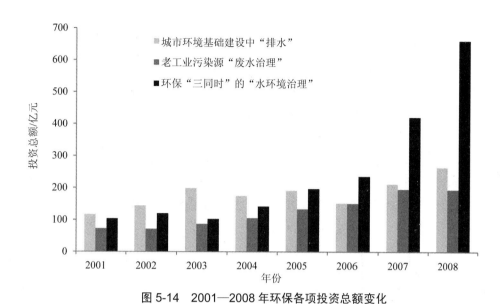

图 5-14　2001—2008 年环保各项投资总额变化

5.1.3.3　水污染治理融资渠道不断扩大

20 世纪 70—80 年代，我国的水污染投资来源主要为国家财政预算、国际金融组织和外国政府的赠款和软贷款，污水处理厂主要以小规模为主。

"九五"期间，我国开始了比较大规模的污水处理项目建设，主要资金来源是中央和地方预算内专项资金、部门和地方配套资金、国债和国际金融组织及外国政府拨款。全国 534 个污水处理项目建设总投资为 1 027 亿元，其中国债资金、预算内专项资金、地方配套资金达 845.9 亿元，银行（包括国开行）贷款和社会投资比重仅为 17.6%（常杪，2005）。

"十五"期间，污染源治理项目投资 1 351 亿元，政府投资占 13%，企业自筹占 72%，银行贷款占 15%。在市政公用行业的市场化改革推进下，BOT 项目（建设—运营—移交）成为主流模式，并利用企业融资建起了一批污水处理厂。污水处理设施建设初步形成了融资渠道多样化的格局。即在原来较为单一的国债、地方财政、国际金融组织/双边政府贷款的融资结构基础上，增加了由企业参与后从资本市场直接和间接融资的渠道，同时国家政策性银行国家开发银行也加大了对于水业的投资力度。

5.1.4　水污染治理社会化投融资现状

现阶段，国家财政仍是水环境保护投融资的重要主体，随着我国社会主义市场经济体制的建立和完善以及政府在水污染控制中职责定位的确定，社会化在水污染控制中将发挥越来越重要的作用。

我国水污染控制总投资逐年增加，社会化投资也逐年增加。相对来说，从投资规模来看，城镇污水处理方面，社会化投资比较多，工业污染控制领域比较少，农业水污染控制社会化投资就更少；从融资途径来看，城镇污水处理方面，社会化融资途径和方法较多，工业污染控制领域融资途径和方法比较少，农业水污染控制社会化融资途径和方法更少。这种特点与社会化投融资的回报率和配套政策有非常重要的关系。

5.1.4.1 城镇水污染治理

城镇水污染控制主要指污水处理厂及其管网建设和运营，以及城镇水环境综合整治。截至 2008 年上半年，全国 31 个省会级以上城市（包括直辖市）共有 327 座污水处理厂，总设计处理规模达到 3 098.58 万 t/d，实际处理规模为 2 407.47 万 t/d。

（1）社会资本在城镇水污染治理投资的数量和比例均呈现增长趋势。目前我国环境治理仍然主要依赖政府投入。截至 2008 年 3 月，无论是已建成投入运营的污水处理厂，还是正在建设的污水处理厂，政府投资的项目比例在全部项目中均高于 50%，其中很大比例来自地方政府投入（田欣等，2011）。但是，政府资金的投入规模有限，这在一定程度上限制了城镇污水处理设施建设。

为了弥补资金不足，我国逐步引入了一些投融资机制吸引社会化资本进入城镇污水处理领域。自 1999 年我国出现了首个社会资本参与的污水处理项目开始，社会资本参与水污染设施建设的比例逐年上升（图 5-15），2001 年社会资本占项目总数大概 10%，2005 年接近 30%。而到 2006 年 10 月，共有涉及 300 多亿元的社会资本投资额、近 450 个污水基础设施项目属于社会资本参与项目，占污水处理厂总数的 57%，涉及的污水处理量占总处理量的 59%，其中，由社会资本参与所带来的新增污水处理能力已超过总处理能力的 1/3。根据 2008 年建设部的统计数据，截至 2008 年 3 月，我国投入运营的污水处理厂已达 1 321 座，其中社会资本参与的项目比例达 34%；在建污水处理厂 889 座，其中社会资本参与的项目比例达 44%。

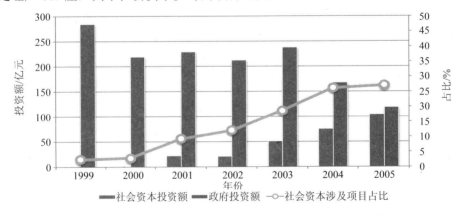

图 5-15 社会资本参与项目建设情况及其投资额与政府资金投资对比

（2）BOT 及其衍生模式是城镇水污染治理社会化投融资的主要途径。目前国内城镇污水治理社会化投融资模式主要有 BOT/BOO/BT、TOT 和其他（包括事改企、股份制、合资、股权转让等）几种方式。统计数据表明，BOT 及其衍生模式是社会资本参与我国城镇水污染治理活动的主要途径。按照项目个数划分，约 70%是 BOT 项目，约 18%为其他方式，约 12%为 TOT 项目；按照投资额划分，BOT 项目的总投资额约占 60%，TOT 项目约占 15%，其他方式约占 25%（常杪，2007）。

☞ BOT 模式：在所有的项目融资模式中，BOT 是应用范围最广的模式，也是社会资本进入污水处理基础设施建设的重要手段和工具。BOT 是建设—运营—移交（Build-Operate-Transfer）的缩写，是指政府与投资者签订合同，由投资者组成的项目公司筹资和建设城市环境基础设施，在合同期内拥有、运营和维护该设施，通过收取服务回收投资并取得合理的利润，合同期满后，投资者将运营良好的城市环境基础设施无偿移交给政府（严晓珑，2007）。

进入"十五"以后，由于城市污水处理基础设施的国债投资减少、国家对民间投资的引导、市政公用事业的市场化改革和国务院的要求，社会上逐渐兴起以 BOT 为主的污水处理厂市场化建设模式，从而掀起了全国范围内大量兴建污水处理厂的高潮。我国的污水处理项目始于"十五"期间，并在"十五"末期得到迅速发展。从项目的区域分布来看，东部沿海的项目数居多，从项目的处理规模来看，当前国内的项目主要是小项目（常杪，2006）。

与典型的 BOT 项目有所不同，准 BOT 模式中，政府不是无偿或优惠提供土地使用权，而是以土地使用权入股成立合作公司，从污水处理厂的运营中获得回报，同时，也可以从合作伙伴那里学习先进的技术和管理经验。准 BOT 模式应用较为突出的就是北京经济技术开发区污水处理厂，日处理规模为 10 万 t，总投资 2 亿元。该项目采取准 BOT 模式，由美国金州公司与北京经济技术投资开发总公司成立合作公司，金州公司提供技术、资金，北京经济技术投资开发总公司代表开发区以土地使用权入股，合作公司负责开发区污水处理厂的设计、施工及后期运行管理。20 年合同期满后，污水处理厂转交给开发区自行管理。

对于我国污水处理行业来说，运用 BOT 模式的优点主要表现在以下 3 个方面：① 能够有效筹集国内外资金，解决政府资金不足问题；② 有利于污水处理行业的市场化改革；③ 有利于利用国内外先进的工程建设和管理经验。

但是随着我国污水处理业 BOT 项目的逐渐增多，这种模式在运用过程中也暴露出一些问题，主要表现在：① 政策长期稳定性的隐忧。由于 BOT 方式运作周期长，一般特许期都在 20 年以上，而没有人能够预见在如此长的时期内政府政策的变化以及国际、国内经济环境的变化，这使得一些潜在投资者望而却步。② 法律法规不健全。BOT 模式结构复杂、周期性长、对法律环境要求更加严格，而目前我国还没有专门的 BOT 法，实施 BOT 项目运作所能依据的相关法律法规尚不健全。③ 固定回报率的弊端。我国污水处理领域的 BOT 项目几乎都实行固定投资回报率。这种方式抑制了项目运作更高效率的发挥，因为回报的固定使得项目公司失去了提高运营效率和进一步降低运营成本的动机。

☞ TOT 模式：与 BOT 模式由投资者筹资并建设城市环境基础设施不同，TOT 模式，即移交—运营—移交（Transfer-operate-Transfer），是指政府对其建成的环境基础设施在资产评估的基础上，通过公开招标向社会投资者出让资产和特许经营权，投资者在购得设施并取得经营权后，组成项目公司，该公司在合同期内拥有、运营和维护设施，通过收取服务费后投资并取得合理的利润，合同期满后，投资者将运行良好的设施无偿地移交给政府（王玲）。2005年 4 月，根据有关经营权转让协议和污水处理服务协议，常州市城建集团以1.68 亿元的总价向深圳水务有限公司转让了城北污水处理厂 20 年的经营权，这是国内第一个通过公开招商实现的污水处理 TOT 项目。TOT 运作模式改变了我国城市污水处理建设长期由政府出资建设，再由隶属于政府的事业性单位负责运营的模式，解决了长期困扰我国市政污水处理设施的投资、建设和运营等负担大、经费紧张的难题，为污水实现达标排放开辟出了一条切实可行的新路。在 TOT 运作中要注意解决其存在的风险，将更有利于该模式在城市污水处理中的应用与推广。

TOT 模式归结起来有以下几个优点：① 风险低且能带动产业发展。投资人与新建项目没有直接关系，避免了前期投资大、周期长、投资风险高的缺点。同时大大缩短了项目建设周期，加快了资金周转。② TOT 融资方式只涉及经营权转让。一般在项目转让过程中，只转让项目经营权，不转让项目所有权，避免了产权、股权之争。③ 盘活存量资产，拓宽融资渠道。有利于盘活国有资产存量，为新建基础设施筹集资金，加快我国基础设施建设步伐。④ 提高污水处理设施运营管理水平、经济效益和环境效益。在我国多数污水处理项目由事业单位垄断经营、运营管理缺乏效率、运营成本高的情况下，社会化通过 TOT 方式获得污水处理设施的经营权后，以追求利润最大化为最终目的，为此，必然运用先进的运营方式和经营管理方法，提高运营管理效率，降低运营成本。

TOT 模式在运用过程中也可能出现一些问题，诸如：① 在进行基础设施经营权的转让前，必须解决好企业改制可能存在的问题，包括富余人员安置、剥离非经营性资产、偿还债务等问题，只有解决好这些问题才能使基础设施经营权的转让顺利进行。② 融资成本较高，采用 TOT 模式进行项目融资，投资方出于自身利益考虑必然要求一定的回报率，只有在投资回报大于同期贷款利率时才愿意投资，因此融资成本相对较高。

BOT 和 TOT 模式为各类企业的资金进入污水处理产业提供了途径，属于社会投资的一级市场。与此对应，国内大量的社会闲散资金也需要由良好的投资渠道进入污水处理产业。由于模式差异、应用条件不同、适用环境各异，企业在选择融资模式时应根据实际情况加以选择。如 BOT 模式适用于城市中单一污水处理厂的建设，城市发展速度较快，原有污水处理的基础设施建设缺口较大，需要大规模建设，而城市政府在引进资金方面有较为丰富的经验，有规避风险和项目成功融资的能力。TOT 模式则适用于城市基础设施中建设较晚，技术、设备较为先进的污水处理项目，通过"以优增优"，引进好的水务公司，推动污水处理业的市场化发展。

5.1.4.2　工业水污染治理

根据 OECD 1972 年提出的"污染者付费"原则，工业水污染控制应由污染企业本身承担，但是为了鼓励和引导企业进行污染控制，政府对企业开展污染治理也给予了一定的补贴或赠款。由于企业污染治理设施建设和运营与企业主体经营活动缺乏区分，导致企业水污染治理设施建设和运营的营利性也不好区分。

因此，企业如果单独将污染治理设施建设和运营拿出来吸引社会化投资比较难。企业可以通过发行银行借贷、企业债券、上市等途径和方法来吸引社会化资本。当然，一些企业从污染治理设施运营的专业化角度考虑，将污染治理设施运营单独拿出来，邀请有资质的运营公司进行运营，也可以吸引社会资本进入。

（1）自筹资金是"老"工业污染源治理投资最主要的资金来源，其占比逐年提升。如图 5-16 所示，2005—2008 年，企业自筹是工业污染治理最主要的资金来源，而且自筹资金占比仍在不断提升。工业污染治理领域的政府投入占比逐渐减少，反映出政府在工业污染治理领域逐渐退出的态势。企业自有资金不断提升，表明"污染者付费"政策得到很好的应用，国家加强了环保监管执法力度，企业以积极主动的态度应对水污染治理。

对地方投资情况进行分析（图 5-17）发现，企业自筹资金均是"老"工业污染源治理投资的绝对主要融资来源，除北京和海南外，企业自筹均占到了 90% 以上。

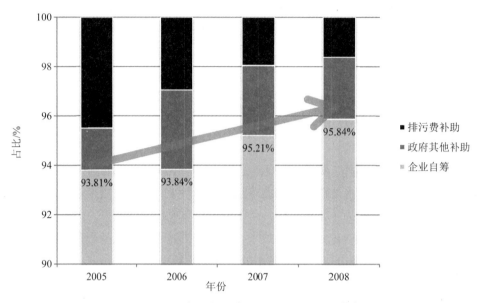

图 5-16　2005—2008 年工业污染源治理领域 3 种资金来源占比情况

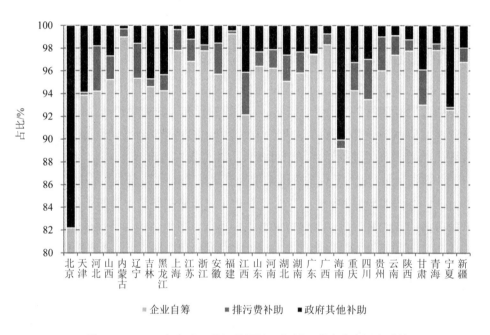

图 5-17　2008 年各省工业污染源治理领域 3 种资金来源占比情况

（2）金融机构贷款在企业筹集污染治理资金中占比较小，且仍在下降。如图 5-18
所示，企业用于污染治理中的国内贷款的占比，从 2005 年的 9.07%下降到 2008 年的
5.9%，下降幅度大且趋势明显；而这部分贷款占老工业污染源治理投资总额的比例，

也基本上是同比例下降，从 2005 年的 8.51%下降到 2008 年的 5.65%。由于污染治理设施难以产生直接经济效益，导致银行环保贷款和国外环境保护投资总量较少，企业利用银行贷款渠道不畅，导致企业利用自有资金来投资建设水污染设施。总体而言，商业银行贷款在我国工业污染治理中发挥的作用还很有限，资金投入量过低，与目前的投资需求有一定的差距，需要政策的进一步引导。

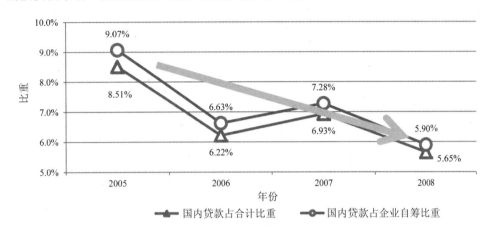

图 5-18　2005—2008 年工业污染源治理投资中国内贷款分别占合计和企业自筹的比例

5.1.4.3　农村水污染治理

相对于城市环境保护和工业污染的防治而言，我国农村环境保护工作起步较晚、基础弱。据建设部 2005 年对全国 74 个村的抽样调查，96%的村庄没有排水沟渠和污水处理系统，生活污水（每年 90 多亿 t）和人粪尿（每年约 2.6 亿 t）几乎全部直排。针对农村水污染问题的来源，国内大多数学者认为乡镇企业污染、农药化肥污染、养殖业污染、农民生活排污和废弃物以及污水灌溉是农村水污染的来源。

总体而言，农村环保实际运用的投融资方式较为简单，主要还是依靠政府的直接财政投入、征收企业排污费等方式进行投融资。中央政府在 2008 年、2009 年、2010 年分别安排 5 亿元、10 亿元和 25 亿元来开展"以奖促治"和"以奖代补"工作，带动地方资金投入近 80 亿元，支持 6 600 多个乡镇开展环境综合整治和生态示范建设，2 400 多万农村人口直接受益（逯元堂，王金南，2011）。

农村水污染控制社会化融资在我国有一定的发展，如江苏省武进区政府有 1 680 家企业参与了 218 个村的污水治理，由企业资助农村共同治理污水；宁波市获得世界银行 5 000 万美元贷款，用于改善宁波市的农村污水管理和城镇基础设施，重点改善宁波市 150 个村的污水管理，供水管网、污水收集处理设施等基础设施的建设和改造等。

地方出台相关政策鼓励社会化资本参与农村水污染设施建设。江苏省常州市发布的《关于加快乡镇生活污水处理实施意见》中提出"农村生活污水处理资金，要鼓励富裕村民、村企或相关企业出资建设，鼓励一般村民出劳力，并积极争取国家及省有关政策性补助资金和银行贷款"。《浙江省委关于推进生态文明建设的决定》中明确指出"完善投融资体制和财税金融扶持政策。按照'政府引导、社会参与、市场运作'原则，积极引导企业等社会资金参与城镇和农村污水处理设施、污水配套管网、垃圾处理设施、污泥处理项目等生态环保基础设施建设和经营。"宁波市北仑区印发的《加快农村生活污水治理实施意见的通知》中指出"农村生活污水治理采取政府主导、社会参与的方式"，并规定"村自筹5%，区财政以奖代补50%，街道（乡镇）配套50%"。政府逐渐重视社会资本在农村水污染中的作用，将会大大推动农村水污染控制的社会化程度。事实上，我国自古就有农民以投工投劳方式参与农村基础设施的传统，现在英国对农民以投工投劳方式参与农村水污染设施建设给予鼓励。这种模式在一定程度上也是一种社会化投入方式，有利于充分调动农民的积极性，利用农村富余的劳动力资源参与农村水污染控制建设。

综上所述，我国农村环保通过社会化渠道进行投资的方式还非常少，农村水污染控制的社会化投融资程度也处于一个很低的水平。这是由于农村水污染控制项目的盈利性比较低，而且产权不太明晰造成的。但是，不管政府还是民众，都越来越重视农村水污染问题，随着国家扶植力度的加大、相关配套政策的完善，将有越来越多的社会资本参与到农村水污染治理的建设中来。

5.1.5 水污染治理市场化融资模式现状

随着我国市场经济的建立和发展，基于市场的投融资手段，如商业银行贷款、基金、股票、债券等在我国经济发展的各个领域都得到了广泛的应用。而面对污水处理设施建设资金短缺、运行管理不善、市政当局早已不堪重负的情况，基于市场的投融资渠道在污水处理领域还有很大的拓展空间。本节主要对银行贷款和资本市场融资手段在我国污水处理基础设施建设领域的使用进行介绍。

5.1.5.1 银行贷款融资

污水治理资金需求巨大，银行贷款是污水治理资金的一个重要来源。我国目前的污水治理资金既有来自国际多边和政府间双边贷款，也有来自国内金融机构的贷款。而国内银行贷款又包括政策性银行贷款和商业银行贷款。

（1）国际多边及双边贷款。国际优惠贷款是指双边机构和多边机构提供的优惠贷款。双边机构贷款是指两国之间的优惠贷款，这种贷款一般具有双边经济援助性质，期限长（20～30年），利率低（年利率2%～3%）、附加费用少，贷款的赠与成分在50%甚至70%以上，我国城市水环境基础设施中的双边机构贷款主要来自法国、挪威、奥地利、丹麦、德国、西班牙、澳大利亚等国家。多边机构贷款主要是指世界银行、亚洲开发银行、日本国际协力银行等金融机构的贷款。这种贷款的期限一般比较长，通常是 20～30 年，宽限期 5～10 年，且利率较低、杂费少，一般提供项目总投资额的 30%～50%，个别可达到 70%；贷款往往需要国内提供一定的配套资金，手续比较严密，耗时较长，需 1～2 年时间。国际贷款通常附带政治条件或经济条件，要求在贷款国或合格货源国进行采购，其成本一般高于国产产品，有可能会损害到国家利益。

我国污水处理行业发展的早期——20 世纪 80 年代末至 90 年代末，国际组织和外国政府贷款起到了重要作用。以北京市污水处理厂建设投资情况为例（表 5-7），早期的污水处理厂建设是政府通过直接或间接担保，获得政府间贷款或国际金融组织贷款，形成政府借贷、项目还贷的融资模式。

表 5-7　排水集团各污水处理厂的信贷融资情况

	投资总额/万元	资金来源	融资模式	备注
小红门污水处理厂	130 000	部分世界银行贷款；部分京城水务投资	商业贷款，企业投资	2005 年 10 月运行
清河污水处理厂	71 700	部分瑞典政府贷款；部分京城水务投资	BOT 特许经营	2004 年建成
酒仙桥污水处理厂	57 000	日本协议基金	财政投资	
高碑店污水处理厂	共 164 400；一期 52 400；二期 112 000	二期瑞典政府贷款 1.73 亿瑞典克朗	财政投资	1993 年建成
吴家村污水处理厂	36 474	世界银行贷款	财政投资	2003 年建成
威嘉污水处理厂	20 116	引进外资，世行贷款	外商直接投资	20 年专营
黄村污水处理厂	10 220	奥地利政府贷款	收购	

2008—2011 年，从国务院批准的国际金融机构贷款规划来看，世界开发银行贷款项目共 41 个，其中与污水治理相关的项目为两个；亚洲开发银行贷款项目共 37 个，其中与污水治理相关的项目为 4 个，且贷款向中西部倾斜，对经济较发达省市的贷款比重则逐年减少。因此，与我国污水处理行业早期相比，国际贷款融资模式在污水治理领域中的比重有所降低。但是我国中西部地区环保历史欠账较多，随着资源开发和沿海产业向内陆地区转移，将面对更为严峻的水污染压力，同时中西部地区同沿海地区相比，资本市场完善度较低，环境治理融资手段更为缺乏，因此今后一段时间国际贷款在我国中西部地区水污染治理领域仍将扮演重要角色。

专栏 5-1　国际金融机构贷款简介

目前，向我国提供贷款的国际金融机构主要是世界银行和亚洲开发银行，具体情况如下：

1. 基本情况

世界银行的主要业务是向成员国提供用作生产性投资的长期贷款。贷款对象包括会员国官方、国有企业和私营企业，若借款人不是政府，则要政府担保。中国自 1980 年恢复在世行的合法席位，截至 2005 年 6 月，中国共获得世行承诺贷款项目 260 余个，贷款额约 390 亿美元，其中软贷款约 102 亿美元。

亚洲开发银行主要通过发放贷款、进行投资、提供技术支援等活动，促进亚太地区经济的发展与合作。我国于 1986 年加入亚行，截至 2004 年年底，共获得亚行承诺贷款项目 112 个，贷款签约额为 149 亿美元。

2. 贷款领域

我国利用世行、亚行贷款主要投向农业、林业、水利、交通、能源、城建环保、教育、卫生及金融等行业，其中以农业、交通和城建环保领域为主。在区域贷款安排上，以中西部地区为主。

世行、亚行贷款基本上覆盖了我国所有的省、市、自治区，为我国经济建设提供了必要的优惠资金，引进了先进技术，促进了管理水平的提高，培养了一批各领域的人才。此外，还利用世行、亚行支援资金和其丰富的人力资源在政策领域开展了广泛的合作研究，提出了一批具有较高参考价值的政策建议。

3. 贷款条件

世行自 2000 财年开始，不再向我国提供软贷款，全部提供硬贷款。世行贷款以单一货币美元贷款为主，偿还期为 20 年，其中含 5 年宽限期。亚行对我国提供的贷款，偿还期一般为 24～26 年，其中含 4～6 年宽限期。世行、亚行贷款年利率以 6 个月伦敦同业拆借利率（LIBOR）为基准，外加各自的筹资成本。此外，还在贷款协定生效后，一次性按贷款总额的 1%收取项目先征费，并对贷款未提取部分，按 0.75%的年利率收取承诺费。

资料来源：国家发改委网站。

专栏 5-2　外国政府贷款简介

通过一些双边和多边合作机制，我国利用外国政府贷款先后投资兴建了一系列能源、交通和环保等基础设施，具体情况如下：

1. 基本情况

外国政府贷款是具有一定赠与性质的优惠贷款。根据经合组织（OECD）的有关规定，政府贷款主要用于城市基础设施、环境保护等非营利项目，若用于工业等营利性项目，则贷款总额不得超过 200 万美元特别提款权。贷款额在 200 万美元以上或赠与成分在 80% 以下的项目，需由贷款国提交 OECD 审核。

我国于 1979 年开始利用外国政府贷款，先后同 25 个国家及机构建立政府（双边）贷款关系，其中大部分贷款由中国进出口银行转贷，总金额达 187.1 亿美元。目前英国、俄罗斯、加拿大、澳大利亚、卢森堡和北欧发展基金等 6 个国家和组织已经停止向我国提供政府贷款。

2. 贷款领域

截至 2000 年年底，借用外国政府贷款总计执行 1 746 个项目，其中建成项目 1 654 个，在建项目 92 个。从投向领域看，交通占 27%、能源占 17%、原材料占 14%、城市基础设施占 10.3%、轻纺占 9.4%、环保及其他占 22.3%。从地区分布看，68% 投向中西部地区，其中 47.6% 投向中部地区，20.4% 投向西部地区，32% 投向东部地区。

3. 贷款特点

外国政府贷款的特点主要有：

（1）属主权外债，强调贷款的偿还。利用外国政府贷款首先是一种外债，是我政府对外借用的一种债务。除经国家发展改革委、财政部审查确认，并经国务院批准由国家统还者外，其余由项目业主偿还且多数由地方财政担保。

（2）贷款条件相对优惠。外国政府贷款其赠与成分一般在 35% 以上，最高为 80%。是我国目前所借国外贷款中条件比较优惠的贷款。

（3）有限制性采购的要求。除科威特、沙特、法国开发署、德国促进贷款为国际招标采购外，多数国家政府贷款为限制性采购，通常第三国采购比例为 15%～50%，即贷款总额的 50%～85% 用于购买贷款国的设备和技术。贷款货币币种由贷款国指定，汇率风险较大。

（4）使用投向具有一定限制，主要用于政府主导型项目建设，领域集中在基础设施、社会发展和环境保护等。

（5）带有一定的政府间接援助性质，易受贷款国外交、财政政策的影响。

资料来源：国家发改委网站。

（2）国内政策性银行贷款。我国政策性银行包括国家开发银行、进出口银行和农业发展银行。涉及城市基础设施贷款的政策性银行只有国家开发银行。近几年，国家开发银行加大了对城镇基础设施建设、重点流域水环境治理等项目的信贷支持力度，2009—2011 年 6 月，国家开发银行累计向城镇污水处理、工业污染整治等环保项目发放贷款 5 896 亿元，重点开发了深圳水务、北控水务等大型水务集团污水处理项目，支持江西鄱阳湖城镇与工业污水治理和广西城镇污水处理设施等项目的建设。"十二五"期间，国家开发银行将重点支持长江中下游、太湖、淮河等重点流域水污染防治及城市污水处理基础设施的建设。

国家开发银行对污水治理领域的贷款主要采取 "省县直管、统借分还、企业还款、差额扣收"的融资管理模式，即国家开发银行贷款给政府指定的融资平台，其平台再将借款分配到各污水治理项目中，部分借款项目所在地的政府需出具还款承诺函（如广西城镇污水处理设施建设项目）。因此，国家开发银行对城镇、工业污水治理项目的贷款对象多为国有企业或国有绝对控股企业，对私营的中小污水处理企业的支持力度则相对较小。

专栏 5-3　国家开发银行简介

国家开发银行主要通过开展中长期信贷与投资等金融业务，为国民经济重大中长期发展战略服务，具体情况如下：

1. 基本情况

根据国民经济发展的战略目标和发展方向，以国家信用为基础，依靠市场发债，筹集和引导社会资金。缓解经济社会发展的瓶颈制约和薄弱环节，致力于以融资推动市场建设和规划先行。支持基础设施、基础产业、支柱产业等领域的发展和国家重点项目建设，支持"三农"、城镇化以及环境保护等瓶颈领域的发展。

2. 绿色信贷政策

积极贯彻绿色信贷政策和国家环保及节能减排政策，国家开发银行与环境保护部签订《开发性金融合作协议》，优先支持国家重大环保项目。重点支持重点流域水环境综合治理、城市和农村环境综合治理、工业企业节能减排技术改造等领域。

3. 城市基础设施贷款政策

国家开发银行受理的城市基础设施项目，需由省级以上部门推荐，贷款方式原则上采取由地方政府指定的经济实体作为借款人。并根据项目效益、借款人的偿还能力和地方财政综合能力等条件确定贷款额度（一般不超过项目总投资的 50%）。贷款期限一般不超过 15 年，对大型基础设施建设项目，根据行业和项目的具体情况，贷款期限可适当延长。

4．贷款程序

（1）文件准备——贷款申请书。贷款申请书的主要内容：项目建设的必要性、建设规模、项目批复及工期安排；项目总投资及构成、资金筹措方式及落实情况、项目资本金情况；项目预计经济效益、借款人综合效益；项目市场供求状况及发展前景、偿债能力；还贷资金来源；项目存在的主要风险和防范措施等。

（2）申请贷款。银行受理项目后进行初审，对基本具备贷款条件项目出具贷款意向承诺函，批准后进行贷款评审工作。

（3）项目评审。贷款项目进行评审主要依据：① 对国民经济的重要性；② 借款人的还款能力；③ 资金注入数额；④ 项目技术和经济上的可行性；⑤ 项目获得其他渠道融资的可靠性和稳定性；⑥ 担保的情况及其他可以提高信用方式的可行性。

（4）贷款项目的审批与承诺。由评审局负责对项目贷款进行评审，提交贷款项目评审报告，由国家开发银行贷款委员会审议。经审议同意贷款的项目，经行长批准后向借款人办理贷款承诺函，贷款承诺函只作为国家开发银行对项目贷款的承诺，借款法人不得将其作为信用证件用于他途。

（5）贷款合同谈判与签订。贷款正式承诺后，各级分行负责贷款合同的谈判工作，经各方协商一致，由总行行长授权分行行长签字。

（3）国内商业银行贷款。与政策性银行不同，商业银行对污水处理项目的贷款存在诸多的局限性，主要表现为两个方面：① 风险性较大，商业银行资金来源为居民与企业存款，大多为短期资金，虽然部分也可作中长期贷款，但比重不宜过大，而污水处理基础设施属于社会公益项目，具有公共物品的属性，投资额度较大，并在相当长的时间内难以盈利。因此，污水处理资金的运用和回流很难满足商业银行贷款的安全性，流动性和营利性的"三性"统一的原则。② 投资回报率低且回收期长，我国污水处理费偏低，大多数污水处理厂为亏损经营，需要政府长期补贴，这与商业银行追求的短期的、高利率的目的背道而驰，且污水处理基础设施的经营权和收费权质押贷款也一直难以有效落实。因此，商业银行很难对污水处理项目进行贷款。

商业银行出于自身利益和风险的考虑对污水处理基础设施贷款存在着诸多限制，但在国家"绿色金融"的宏观政策下，商业银行一直坚持探索金融产品的绿色创新，如用污水处理企业的股权抵押、市场经营权抵押或排污权抵押等新的融资模式来支持污水治理项目的建设。其中，嘉兴银行推出的排污权抵押贷款就是商业银行开展环境金融创新、促进水污染治理投融资市场化和社会化的一个典型案例。排污权抵押贷款是在排污权有偿使用和排污权交易的大背景下创建的，2007 年，嘉兴市成立排污权储备交易中心，企业必须通过交易中心的交易平台购买排污指标，否则不予环保审批，且污染物排放权证可以在交易中心有偿转让，有抵押物的基本属性，银行可以以此为抵押物发放贷款。嘉兴银行的排污权抵押贷款成功的关键在于，排污权具有变现能力和一定的增值能力。由于嘉兴市对排污权进行总量控制，企业无论规模大小都要求有偿使用，使得排放证相当于"原始股"，具有升值空间，如 SO_2 排放证 2007 年初始价格为 2 万元/t，到 2011 年则为 5 万元/t。

从现有的资料来看，我国污水治理资金来源主要以国家开发银行为主，国际组织和商业银行所占比重相对较低，其中商业银行贷款以国有五大股份银行为主。从贷款对象上看，国际金融组织主要投向国家或地方重点污水治理项目；国家开发银行主要投向国家重点水环境综合治理项目、国有企业或国有绝对控股企业；商业银行主要投向国家重点工程或具有政府担保的国有企业。由此可见，污水治理项目所获得银行贷款的规模与政府的政策导向和经济实力息息相关，市场机制并未起到决定性作用。

5.1.5.2 资本市场融资

资本市场是指证券市场和中长期资金借贷的金融市场，包括债券市场、信托市场、股票市场、基金市场等。随着我国工业化、城市化进程的加快和金融体系的完善，污水治理巨大的资金需求将越来越依靠资本市场来进行投融资。

（1）城投债。城投公司发行的债券统称为城投债，是指通过隶属于地方政府的企业作为融资平台发行，由地方政府对债券兑付提供隐性担保的债券，募集资金主要用于城市基础设施的投资，也被称为"准市政债券"。城投债是以企业债券的形式审批并发行的，所以在形式上是合法的，从而规避了《预算法》的制约，但也加大了地方政府的隐性债务。"准市政债券"对污水治理项目的支持力度要比地方债券大。2000—2006 年，共有 21 家地方市政建设类企业发行了 283 亿元的城投债（杨萍，2009），其中与污水治理相关的城投债共 3 只（表 5-8），发行规模为 42 亿元，约占总投资规模的 14.8%。城投债的发行期限和利率与污水处理基础设施项目投资所需要的长期、低成本融资需求相比还存在一定的差距，因此，与交通和能源项目相比，污水处理基础设施项目所占比重相对较低。但城投债的发展，一定程度上在缓解污水处理基础设施融资压力、加快污水处理设施的建设与改造方面提供了资金支持。

表 5-8 污水处理设施的"城投债"融资实例

发行主体	用途	筹资额/亿元
重庆水务控股有限公司	主城区净水工程、排水工程、三峡库区影响区污水处理项目	17
上海水务资产经营发展有限公司	城市污水处理项目和供水系统建设项目	15
合肥城建投资控股有限公司	中心城区路网工程、西北部环境综合治理、环巢湖综合治理工程等	10

资料来源：根据中国证券报、中国经济时报等资料整理而得。

城投债作为金融产品，无论是通过何种形式发行，都存在着"信用风险"和"财政风险"两大问题。目前，我国城投债的信用增级主要采用的是资产抵押和财政隐性担保两种方式。资产抵押是指发行人以其所拥有的土地、收费权等资产为债券本息偿付提供担保，尤其以土地等不动产作为抵押品的增级方式最为常见；财政隐性担保是指发行人所在地方政府及财政部门以资金支持的形式对发行人予以支持，通常采取财政应收账款质押、财政补贴计划等方式对债券本息偿还予以担保。因此，城投债的信用等级很大程度上与地价波动、地方财政实力等息息相关。我国大部分城投公司都是地方政府专门为筹集资金而设立的，为了能够多筹集资金，将大量的土地使用权等无形资产以及公益性资产注入城投公司，导致城投公司经营性资产不足、主营业务盈利能力偏弱的特点，很多城投公司债务的本息偿还主要通过地方财政补贴方式或直接由地方政府代为偿还，无论采取何种方式偿还债务，对地方财政的依赖性都非常地大，一旦地方政府出现财政危机，无法偿还本息，政府的信用风险将大幅增加。如果地方政府难以清偿，中央政府又不能让地方政府破产，则不可避免地成为"最后支付人"，承担最后的清偿义务，从而加大了财政风险。

（2）资产担保债券。资产担保债券（ABS）是资产证券化的一种形式，它把缺乏流动性但能够产生可预见的稳定的现金流量资产，通过一定的结构安排，对资产中风险与收益要素进行分离与重组，进而将其转换成为在金融市场上可以出售和流通的金融产品。资产担保债券是以资产未来收入为抵押的融资方式，资金的取得不是负债，它出售的是未来资产收入而不是资产本身。因此，投资者最关注的是资产的质量，即是否有稳定的现金流支付债券本息，并有足够的收益率。

在我国，以 ABS 模式进行水污染治理融资也有一些尝试。2006 年 6 月，国内首只以市政公共基础设施收费收益权进行资产证券化的产品——"南京城建污水处理收费资产支持收益专项资产管理计划"获得中国证监会批复，正式面向合格机构投资者发售。该项目是以南京城建集团所属污水处理厂未来 4 年的污水处理收费为基础资产，发行规模为 7.21 亿元的债券。按 2006 年南京市每天处理生活污水 130 万 t 左右、1 元/t 的处理费测算，南京污水处理厂每年的收益在 4.7 亿元，4 年收益为 18.8 亿元，这为债券的运转和风险抗跌提供了良好的基础。"南京城建污水处理计划"的成功实施，主要在于根据市场需求制定了合理的污水处理费，保证了该项目在未来 4 年内有稳定的资金流支付债券的本息。

从战略角度看，我国中长期引进、发展污水处理基础设施资产担保证券融资方式十分必要。且结合污水处理基础设施的自身特点，资产担保债券在污水处理领域中具有较大的发展潜力，主要表现在两个方面：① 污水处理基础设施具有稳定的现金流入，能够形成证券化资产的有效供给。污水处理厂由于具有消费的准公共用品性、经营上的自然垄断性等特点，导致了其经营期间的现金收入流相对稳定，这与 ABS 融资对象的要求相符；② 污水处理基础设施的项目风险性较低。污水处理基础设施经营时间较长，其风险、收益能维持在稳定的水平，并且容易得到政府的支持和获得政府担保，能实现较为明确的信用等级。

ABS 融资模式在污水处理基础设施领域能否健康稳定的发展，需要注意两方面问题：① 稳定的现金流供给问题。我国污水处理费的制定标准还没有完全市场化，且收费标准普遍偏低，这可能造成预期的现金流不足，无法支付债券本息，导致投资者的利益受损。为了确保投资者的权益，债券的发起人可以与当地政府签订协议，在污水处理费收入不稳定或不足的时候，考虑以地方政府的财政预算内资金或地方债券募集的资金作为收费不足时的补充。如果当地经济发展水平许可，债券发起人也可以与政府协议，在污水处理基础设施资产收费不足的情况下对污水费率作一定调整。② 相关法律体系不完善问题。从中长期看，我国资本市场逐步建立，法律制度完善，将为我国污水处理基础设施资产担保证券提供广阔的发展空间。然而，就现实条件而论仍然存在很多制约，如我国的商业信用环境尚不理想，而资产证券化的核心就是信用。我国在此方面的法律建设相对滞后，且没有明确的法律层面的政策支持。

（3）信托融资。信托融资的原理，是指项目发起人，依托信托机构搭建融资平台，即信托机构根据项目设立信托计划向社会筹集资金，筹集到的资金通过信托机构投入到项目中去。

基础设施信托融资模式与传统融资模式相比，主要具有三方面优势：① 融资速度较快，信托融资的操作相对简单，从设计到审批及发行所需的时间较少，可缩短项目周期；② 融资成本低，我国多数基础设施项目建设以银行贷款为主，信托融资一般比银行贷款成本低 0.5%～1%。对于需要资金量较大的基础设施项目而言，能较多地节约资金成本；③ 为地县级基础设施拓展融资渠道，地县级城市基础设施很难获得较多的政府投资和银行贷款，且无法达到发债的要求，而信托融资的限制要求很少，只需信托公司认可即可融资，可以缓解地县级政府的投资压力，同时打开新的融资渠道。

作为一种将小额闲散资金集中使用的金融产品在国内外各行业都有广泛的应用，我国污水处理业的信托产品也逐渐得到发展，如 2003 年天津信托发行的天津环科水务 9 000 万元信托、2003 年华宝信托发行的三峡水务 1.8 亿元信托、2004 年北京国投发行的 3 500 万元葫芦岛污水处理厂信托等。目前，我国信托参与到污水治理主要是以贷款信托和权益信托的模式运作：

☞ 贷款信托：污水处理基础设施建设贷款信托是指信托公司向社会发行相应的信托计划，募集信托资金，与借款人签订借款合同并办理相应的担保手续后，统一贷款投资污水处理基础设施建设，以项目运营收益、收费和政府补贴等形成委托人收益。污水基础设施的建设由于有政府信用参与，因此投资风险和融资成本相对较低，这对资金的供给方和需求方来说都是有利的，但由于我国政府只能提供隐形担保，在法律上是不能提供担保的，因此使得在实际的操作中必须增加抵押和有效担保等信用增强措施，从而增加了项目成本。例如，云南水务集合资金信托项目——宜良污水处理厂进行筹资的信托计划采用的就是贷款信托模式。由中铁信托有限责任公司面向社会筹资，委托人资金门槛设为 30 万元，募集资金 2 235 万元，期限 2 年实行按年付息，年收益率为 7%～7.5%。为降低信托风险，将贵州西部城投投资有限公司对项目公司的股权质押给受托人，同时，西部水务集团（贵州）有限公司为项目公司的贷款向受托人提供不可撤销连带责任担保，到期时由项目公司归还贷款。

☞ 权益信托：是指信托公司将污水处理厂产生收益的权益，如股权、经营权、收费权等，进行再设计，使之成为能够分割的投资产品，然后通过实施信托计划购买收益权，并通过收益权溢价转让的形式实现信托收益。例如，亚洲 1 号水务投资集合资金信托计划采用的是权益信托模式，由上海爱建信托公司向社会募集资金，为期 5 年，预计年收益率为 9%。为降低风险，将南昌鹏鹞 100% 股权及南通鹏鹞 77.97% 的股权质押给爱建信托公司，并办理强制公证。计划到期日，江苏鹏鹞环境工程承包有限公司履行股权收益权购买义务。

污水处理基础设施建设项目利用信托筹集的资金来源大多以民间私有资本为主，目前主要有 3 个来源：① 民间私有资本，我国国内居民存款储蓄居高不下，急需寻找投资渠道，其中城镇的高收入阶层或者中产阶级是最主要的资金潜在供应方，尤其在金融发达的地区，民间投资者投资的意识较强，善于抓住各种机会进行集合投资。② 企业资金，信托公司为了募集足额资金，往往寻找企业机构客户：我国的上市公司的技术资金实力较强，很多情况下会有一部分闲置资金需向外投资；近年来一些国有企业也聚集了向外投资的力量；另外一些非国有企业经过多年的积累家底殷实，也能成为信托的潜在资金供给者。③ 保险资金，保险资金比信托公司从社会募集的闲散资金规模大得多，且部分保险品种具有保险期限长的特点，可以进行长期融资。

污水处理基础设施作为准公共用品能得到政府的补贴、税收优惠等政策的支持，具有安全性、低风险和相对稳定的投资收益等特点，而信托公司作为唯一可横跨货币市场、资本市场和实业领域的金融机构，在传统投资领域业绩下滑的背景下，投资受到国家政策支持的污水处理基础设施领域里，既可缓解地方政府的资金压力，也可为信托业带来新的机遇，可谓是双赢。信托公司可以通过对污水处理厂建设用地使用权抵押、地方政府出具承诺函、第三方提供连带责任保证担保等方式，来降低污水处理基础设施信托计划的信用风险，提高信托产品的吸引力，从而吸引众多社会资金投入到污水基础设施的建设领域中来。

（4）股票融资。股票融资模式是指水务企业通过发行股票的方式，在资本市场上筹集资金的一种模式。股票融资模式与水务资金的要求相适应。水务所需资金具有长期性的特点，而股票具有非返还性的特点，可以用于吸收长期稳定的资金，因此，股票适合于水务所需资金的要求，是促进水务设施建设、吸引和转化社会闲散资金、筹集长期可利用资金的一种融资工具。

从污水处理企业上市情况来看，截至 2011 年 6 月，沪深股市的上市企业约有 2 000家，以污水处理为主业的上市水务企业约有 19 家，约占总上市公司的 0.95%，所占比重较少。这主要是因为我国污水处理企业的规模较小，盈利性较差，没有形成跨区域的集团式发展规模，但随着我国市场化、资本化的不断深入，这种情况可能会有所改善。从投资回报率来看，污水处理行业虽然回报较稳定，但目前并非可以获得暴利，投资者在考虑到回报率的问题上，未必会购入股票。因此，现阶段通过股票市场融资很难满足污水治理巨大资金量的需求。

我国资本市场对企业发行股票上市融资有十分严格的限制条件，《证券法》规定，公司拟发行的股本总额不少于人民币 5 000 万元，并且要求最近三年连续盈利。这种门槛，从某种意义上讲，能够促使污水处理企业改善经营状况，同时通过重组、兼并中小企业等途径扩大企业规模，发挥污水处理设施的规模效应。而已经上市的污水处理企业，在"上市集资—股票增值—扩股集资"的循环中，能盘活存量资产，改善我国污水处理基础设施资产利用率低的状况。

（5）基础设施产业投资基金。我国于 2005 年 6 月颁布的《产业投资基金试点管理办法》，对国内的产业投资基金做出了明确定义：产业投资基金，是指一种对未上市企业进行股权投资和提供经营管理服务的利益共享、风险共担的集合投资制度，即通过向多数投资者发行基金份额设立基金公司，由基金公司自任基金管理人或另行委托基金管理人管理基金资产，委托基金托管人托管基金资产，从事创业投资、企业重组投资和基础设施投资等实业投资。从《产业投资基金试点管理办法》的规定来看，产业投资基金包括创业投资基金、企业重组投资基金和基础设施投资基金三种。

将产业投资基金引入基础设施的最终目的，就是通过一系列的制度安排来实现吸纳和集中社会闲散资金，社会资本无疑是其投资主体。基础设施投资基金的构成一般由政府的财政资金、与城建产业相关的法人出资以及居民个人投资三方组成：① 财政资金占基金的比例，根据基础设施盈利的前景确定，为 3%～30%，污水处理基础设施由于对社会效益大、盈利空间小等特点，政府资金需占基金的 30%左右；② 城建相关法人包括项目的建设单位，或基础设施的运营企业及相关企业，甚至还包括各类社会保险基金，其资金占基金的 20%～30%；③ 个人投资，占基金的 40%～77%。

目前，基础设施产业投资基金在污水处理基础设施领域并没有应用，在其他基础设施领域中也没有实质性的操作，无法吸引社会闲散资金的投入，处于十分尴尬的境地。其原因在于污水处理基础设施虽然具有较稳定的资金流入，但实际上，我国大部分污水处理厂盈利能力都比较低，即使考虑到组合投资的风险分散功能，综合投资回报率也偏低，很难打动投资者。

5.1.5.3　社会化投融资市场模式的选择

总体来看，我国传统环境保护投资渠道在萎缩，新的有效渠道正在积极探索，大多渠道没有约束性和制度性安排。随着我国投融资体制的进一步发展，计划融资或以政府为基础的融资将逐步减少，社会化性质的融资将逐步增加。对于城市基础设施投融资而言，采取何种市场手段主要取决于经济发展、政府的管理能力和资本市场状况，它们之间的关系见图 5-19。

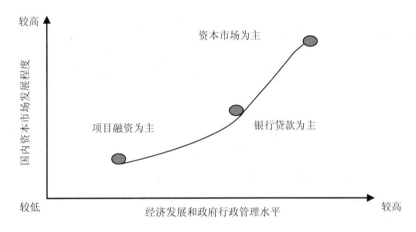

资料来源：中国城市基础设施投融资改革研究报告，2002。

图 5-19　城市基础设施融资的发展阶段

各种主要的市场融资手段具有自身不同的特点、使用方式以及局限性，它们之间的比较如表 5-9 所示。从运作机制看，信托融资和基础设施产业投资基金需要建立一整套的运作约束机制；从项目的盈利性看，商业银行贷款、基础设施产业投资基金、企业证券、资产担保证券对项目的盈利性要求比较高，而国际优惠贷款对项目的盈利性要求相对较低。

除了传统的市场化融资手段以外，发行环保彩票为污水治理筹资也是一种创新的社会化融资手段，且发行环保彩票不仅能解决污水治理资金缺乏的问题，还能起到宣传环境保护、提高公众环境意识的作用。

334

水环境保护投融资政策与示范研究

表 5-9　污水处理基础设施主要市场投融资模式对比

	国际贷款	国内贷款	城投债	股票融资	信托融资	资产担保债券	基础设施产业投资基金
是否适合污水处理融资要求	是	是	是	是	是	是	是
资金来源主体	国外机构/政府	国内银行	个体投资者/企业/投资机构	个体投资者/投资机构	个体投资者/投资机构	个体投资者/企业/国外机构	个体投资者/企业/国外机构
适用范围	政府立项的污水处理项目	有良好盈利能力的污水处理企业/政府立项支持的项目	政府立项的污水处理项目	有良好盈利能力的污水处理企业	有良好盈利能力的污水处理企业	现金流较稳定的污水处理企业	有良好预期盈利能力的污水处理企业
是否需要建立新的机构	否	否	否	否	是	否	是
能否较大提高效率潜力	是	是	是	是	是	是	是
融资成本	较低	较低	中	较高	中	中	中
风险等级	较低	较低	中	较高	中	中	中
利润回报程度	较低	较高	中	较高	较高	较高	中

　　基于各融资方式的比较分析，综合考虑目前政府部门监管的能力及资本市场的发展程度，我国污水处理基础设施融资的发展阶段正处在银行贷款和资本市场两个发展阶段中间，且在多层次资本市场的发展过程中，还有很多问题有待解决，如政府隐性债务、金融体系不完善、政府监管能力参差不齐、利润回报率不高等。因此，银行贷款、市政债券和环保彩票等风险较低的市场化融资模式无疑更适合我国现阶段金融市场的发展水平。

　　通过发行市政债券、资产证券化、银企产权联系等市场手段为污水处理基础设施筹集资金是资本市场十分发达国家的成功经验。随着我国工业化、城市化的不断发展，增加财政对污水基础设施建设的投入存在着相当大的困难，而我国污水基础设施融资的主要来源之一的银行贷款也存在诸多弊病，如商业银行从自身利益和风险考虑对项目贷款的诸多局限性、政策性银行的资金来源有限，且贷款对象侧重于全国性基础设施建设项目等。因此，利用资本市场为污水治理项目筹措资金在今后应成为我国水污染治理投融资的一个重要渠道。

　　随着我国政府监管能力和资本市场发展程度的进一步提高，应该逐步重视发挥资本市场的作用，重点发展证券市场的直接融资方式。通过证券、基金、信托等金融工具，吸引民间资本，促进储蓄向投资转化，为社会资本供求者提供多种可能的选择机会，以适应不同投资和融资的要求，将社会资本导向污水治理领域中。

5.1.6　鼓励社会资金投入水环境保护的政策

5.1.6.1　鼓励社会资金投入水环境保护的政策沿革

从国家的相关政策上看，水务行业的投资主体多元化已经成为必然的发展趋势。自改革开放以来，国家逐步放开了水务行业投资的限制，支持各类资本投入水务行业。

- ☞ 1994 年，对外贸易经济合作部《关于以 BOT 方式吸收外商投资有关问题的通知》，外商可以以合作、合资或独资的方式建立 BOT 项目公司。
- ☞ 1996 年，国务院发布了《关于环境保护若干问题的决定》，提出了多元化筹集污水处理厂建设资金的构想。
- ☞ 1997 年 6 月，财政部、国家计委、建设部和国家环保总局联合发布了《关于淮河流域城市污水处理收费试点有关问题的通知》。之后，东部一些城市开始着手探索城市污水处理市场化道路。
- ☞ 2000 年，国务院发布《关于加强城市供水节水和水污染防治工作的通知》，提出积极引入市场机制，拓展融资渠道，鼓励和吸引社会资金和外资投资城市污水处理和回用设施项目的建设和运营。
- ☞ 2001 年，国家经贸委、国家计委、科技部、财政部、建设部等八部委联合发出《关于加快发展环保产业的意见》，明确规定 "征收的污水处理费要专项用于城市污水处理。要鼓励社会资本、外资投资建设城市污水处理设施，拓展资金渠道，建立多元化的投资体制。"
- ☞ 2001 年 12 月，国家计委发出了《关于印发促进和引导民间投资的若干意见的通知》，明确提出："鼓励和引导民间投资以独资、合作、联营、参股、特许经营等方式，参与经营性的基础设施和公益事业项目建设。近期要积极创造条件，尽快建立公共产品的合理价格、税收机制，在政府的宏观调控下，鼓励和引导民间投资参与供水、污水和垃圾处理、道路、桥梁等城市基础设施建设。"
- ☞ 2002 年，国家计委、建设部、环保总局等部门出台了《关于推进城市污水、垃圾处理产业化发展的意见》，总结规范了各地市场化运作的实践，就困扰地方政府的问题提出了具体意见，明确了政府职责，对市场化运作具有极强的指导作用。
- ☞ 2002 年 12 月 27 日，建设部出台《关于加快市政公用行业市场化进程的意见》，提出加快推进城市污水处理设施在内的市政公用行业市场化进程，引入竞争机制，建立政府特许经营制度，鼓励社会资金、外国资本采取独资、合资、合作等多种形式，参与市政公用设施的建设。市政公用行业主管部门要进一步转变管理方式，从直接管理转变为宏观管理，从管行业转变为管市场，从对企业负责转变为对公众负责、对社会负责。另外，允许企业跨地区、跨行业参与市政公用企业经营。

☞ 2003 年 1 月 2 日，国务院颁布第 369 号令，发布自 2003 年 7 月 1 日起实行的《排污费征收使用管理条例》，条例明确国家积极推进城市污水和垃圾处理产业化。污水和垃圾集中处理的收费办法另行制定，城市污水在收费上有了进一步的法律基础保障。污水处理不但有充足的市场容量增幅空间，而且在运行费用上也有了基本的制度保障。

☞ 2004 年，国务院《关于投资体制改革的决定》提到，放宽社会资本的投资领域，允许社会资本进入法律法规未禁止的基础设施、公共事业及其他行业和领域。

☞ 2006 年，发展改革委出台的《2006 年城市基础设施建设政策建议》中提出"加快城镇污水和垃圾处理设施建设。政府资金主要用于污水管网、垃圾收运系统的建设。污水处理厂、垃圾处理设施应逐步由社会投资主体来投资建设。"

☞ 2010 年 7 月，国务院办公厅发布《关于鼓励和引导民间投资健康发展重点工作分工的通知》（国办函[2010]120 号），提出鼓励民间资本参与市政公用事业建设，支持民间资本进入污水领域。

☞ 2011 年，温家宝在全国节能减排工作电视电话会议上指出"推进污水垃圾处理设施建设与运营市场化"。

国家出台了一系列法律、法规和政策来鼓励水污染治理社会化，这些政策主要有鼓励和引导社会化资本参与水污染治理、完善污水处理收费制度并适当提高标准构成。上述政策构成了当前水污染治理社会化运作的坚实基础，各地方政府和有关行政管理部门根据国家宏观政策框架，相继出台了一些实施细则和指导意见，支持和推动了水污染治理社会化的发展。

5.1.6.2 鼓励社会资金投入水环境保护的相关优惠政策

在国家促进循环经济发展和有关节能减排税收政策的总体要求下，制定了许多促进污染治理环保投资、促进环保产业发展的具体的税收等方面的政策，主要包括以下几方面。

（1）企业所得税政策。

☞ 减免企业所得税的税收政策：企业从事符合条件的环境保护、节能节水项目的所得，可以免征、减征企业所得税。符合条件的环境保护、节能节水项目，包括公共污水处理、公共垃圾处理、沼气综合开发利用、节能减排技术改造、海水淡化等。企业从事符合条件的环境保护、节能节水项目的所得，自项目取得第一笔生产经营收入所属纳税年度起，第1年至第3年免征企业所得税，第4年至第6年减半征收企业所得税（三免三减半）。其中享受减免税优惠的项目，在减免税期限内转让的，受让方自受让之日起，可以在剩余期限内享受规定的减免税优惠；减免税期限届满后转让的，受让方不得就该项目重复享受减免税优惠。

☞ 投资抵免的税收政策：企业购置用于环境保护、节能节水、安全生产等专用设备的投资额，可以按一定比例实行税额抵免。所谓的税额抵免，是指企业购置并实际使用《环境保护专用设备企业所得税优惠目录》《节能节水专用设备企业所得税优惠目录》和《安全生产专用设备企业所得税优惠目录》规定的环境保护、节能节水、安全生产等专用设备的，该专用设备投资额的10%可以从企业当年的应纳税额中抵免；当年不足抵免的，可以在以后5个纳税年度结转抵免。享受该规定的企业所得税优惠的企业，应当实际购置并自身实际投入使用前款规定的专用设备；企业购置上述专用设备在5年内转让、出租的，应当停止享受企业所得税优惠，并补缴已经抵免的企业所得税税款。

（2）增值税政策。对污水处理劳务免征增值税。污水处理是指将污水加工处理后符合《城镇污水处理厂污染物排放标准》（GB 18918—2002）有关规定的水质标准的业务。

（3）营业税政策。根据《国家税务总局关于污水处理费不征收营业税的批复》（国税函[2004]1366号）文件的规定：按照《中华人民共和国营业税暂行条例》规定的营业税征税范围，单位和个人提供的污水处理劳务不属于营业税应税劳务，其处理污水取得的污水处理费，不征收营业税。

（4）"以奖代补"鼓励企业投资工业污染治理。采取多种措施，刺激和鼓励企业污染减排和治理工业废水的积极性。通过财政贴息和"以奖代补"等方式，推动工业废水治理项目的建设和运行等点源治理，以实际减排量为考核依据（而不以投资量为考核依据），因成果而奖励，提高资金的效率，尽快发挥资金的效率。

5.1.6.3 鼓励社会资金投入水环境保护政策存在的问题

不管从国家相关政策制定还是税收优惠政策来看，我国都积极鼓励社会化资本参与水污染治理，但仍然存在以下问题：

（1）现有有关市场化和产业化的政策仅为部门指导意见，缺乏相应的法律依据，政策的权威性和力度不够。

（2）现有政策只是框架性的指导政策，对一些关键问题如企业改制和优惠政策，既缺乏可供操作的实施办法，也没有明确地方政府实施的权限，给地方政府落实相关政策带来较大困难，往往造成有政策无作为的局面。

（3）对投资者利益保障缺乏完善的法律体系的保障。在发达国家，城市污水处理市场之所以备受资金雄厚的投资者青睐，是因为该领域投资回报稳定，风险小，收益有保障。但是，在我国这还是个新兴领域，没有多少实际运作的经验，更缺乏相关法规体系进行规范。

5.2　水污染治理社会化投融资问题分析

结合以上对我国水污染防控现状、水污染治理投融资现状、社会化资本投入现状和环境金融产品创新方式及未来政策需求的分析，本章对我国水污染治理投融资、社会化资本投入以及环境金融创新领域所存在的主要问题以及未来的需求进行系统分析和总结，为我国未来在水污染治理领域拓宽投融资渠道，扩大投融资规模，完善社会化资本投融资机制，通过市场化手段促进环境金融创新，推动基于环境资源使用权的金融创新等方面完善政策体系提供需求分析和理论基础。

5.2.1　水污染治理投融资领域存在的主要问题

5.2.1.1　水污染治理投融资事权与责任主体划分不清

环境保护投融资政策设计的基石是明晰的事权和财权。中央、地方财税分配体制与中央、地方政府环境事权分配体制反差较大，国有大中型企业利润上交中央、治污包袱留给地方，许多历史遗留环境问题、企业破产后的污染治理问题都要事发多年后由当地政府承担，贫困地区、经济欠发达地区财力更是难以承担治污投入，地方政府环境责任和支持条件不对等。

现行的治污投资体制没有明晰政府、企业和个人之间的环境责权和环境事权，没有建立投入产出与成本效益核算机制。随着市场经济体制的逐步建立和企业经营机制的转换，原来由政府独立承担的环保事权，本应在政府、企业和个人之间重新划分，但现在还没有调整到位。政府还未完全退出企业生产与经营决策领域，"污染者付费"的制度基础还不健全，企业生产对环境造成负外部成本还没有完全内部化。污染治理责任过多地由政府承担，企业和个人免费使用环境资源、环境公共物品和环境设施，没有或过少地承担相应的责任、成本和风险。

5.2.1.2　水污染治理投资总量不足

随着我国环境保护力度的加强，水污染治理投资需求将进一步扩大。根据《国家环境保护"十二五"规划》，水污染治理是我国"十二五"期间环保发展的第一重点领域，具体包括脱氮除磷、现有污水处理厂升级改造、中小城市污水处理厂建设以及工业废水处理等。另外，《全国城镇污水处理及再生利用设施建设规划（2011—2015）》已纳入《"十二五"期间报国务院审批的专项规划整体预案》，将于年内正式报批。在此背景下，"十二五"期间治水投资将会大幅增加。市场人士根据上述规划测算，包括中央政府、地方政府和个人投资在内，仅城市污水处理总投资需求在"十二五"期间就能达到 4 500 亿元（21 世纪经济报道，2011）。中国环保产业协会水污染治理分会秘书长王家廉则判断，随着国家加大"十二五"环境治理力度，预计工业废水领域的投资将增加，如"十二五"期间工业废水污染治理投资总需求约为 1 250 亿元，年均治理投资为 250 亿左右。

水污染治理投资总量需求大，仅靠政府不能够满足建设需求，而社会化资金投入意愿总体不强，污染治理设施建设严重滞后。由于我国水环境保护历史欠账多，各水域环境质量要达标，需加大投资力度。例如，地处我国"长三角"经济发达地区的太湖水环境污染治理，其所面临的最主要困难仍旧是水污染治理资金不足。太湖绝大部分水域面积在江苏，尤其是苏锡常地区，此地区经济发展水平相对较高，但其财政资金 55%上交财政部，其上交的部分大于地方留用部分，所以导致地方可用的资金也存在不足的问题。据省财政厅测算，国家层面的"治太方案"，江苏省总计有 625 个项目，总投资 583 亿元；而江苏省层面"治太方案"共计有 1 600 余个项目，总投资约 1 083 亿元。而这 1 000 余亿元投资仅是水污染治理的工程款，另外的诸如关停并转资金等投资并未计算在内。这就导致了资金需求量巨大、而经费来源相对不足的问题。

5.2.1.3　水污染治理投资范围仍需扩大

现有老工业污染源治理投资需求未能有效满足，其投融资需求需要给予重视。在现有政策设置和统计口径下，老工业污染源治理投资占比最低，但是老工业污染源治理非常重要，其现实投资需求和未来投资需求都非常大，对其资金来源应给予重视。就现有的水污染治理投资的三方面投向来说，工业领域的投资占比高于城镇污水处理厂建设投资（59.5：40.1，2008 年）；而 2008 年新建项目"三同时"治理投资占比则达到 47.8%，老工业污染源治理投资占比最低，仅为 12.1%。这说明老工业污染源作为历史环境问题，其投资需求在近年来并未得到有效满足，所以应该着重对能够促进这方面投资的政策和投融资工具进行研究。

工业以及城镇污水处理设施的运行经费资金总量也比较大，资金需求也比较高，其资金来源和融资需求也应该给予足够重视。工业废水治理设施的年运行费用高于工业老污染源水污染治理投资一倍以上，而且污水处理设施的运行费用的增长也较其建设投资增长得更快。随着我国水污染治理设施的进一步增加，治理设施运营资金的规模将持续扩大，其资金来源和融资渠道必须给予足够重视，否则将延续"重建设，轻运营"的老路。

农业面源污染严重，治理需求迫切，农业面源污染治理将面临巨大的资金需求。根据我国第一次全国污染源普查结果可知，农业面源在 COD、总磷和总氮的排放量中占比都是最高的，分别达到了 42.1%、67.4%和 57.2%，在重点区域、重点流域，农业面源对各种水体污染物的贡献率也很高。因此，农业面源污染治理在下一阶段的污染防治工作中是非常重要的，应着重研究如何促进和吸引社会化资金进入该领域。

5.2.1.4 现有水污染治理设施投资运营效率低

当前我国不仅水污染治理投资需求不能有效满足，而且现有水污染治理设施投资及运营效率总的来看也不尽如人意，其主要原因有以下几个方面：

（1）没有引入市场竞争机制。目前还没有形成一个民营企业参与水污染治理投资的良好市场竞争机制。在水环保基础设施领域，长期以来，我国采用的是政府投资建设、事业单位管理运营的模式，这种政府垄断模式从制度上排挤竞争，缺乏效率。

（2）污染治理的社会化程度低。在工业污染治理方面，大部分污染企业都是自己建设处理设施，自己运行管理，较少考虑通过委托合同方式充分利用社会化分工和规模经济效应，让专业化企业治理污染。

（3）由于规模不经济原因，中小企业采取"自己建设和运营设施"的分散治理模式也导致了投资效率的低下。而与此同时，我国环境保护服务业的发展又没有及时跟上，不能为工业污染治理设施的正常运转提供良好的外部运营环境。

5.2.1.5 中小企业水污染防治资金投入力度不够

当前我国中小企业排污负荷大，但水污染治理投入严重不足。中小企业在我国国民经济中地位非常重要，同时中小企业也是我国工业污染的主要来源之一，其污染负荷占工业污染的50%左右。按照"污染者付费"原则，企业应该承担污染治理的费用，但是中小企业一方面治理意愿不高，另一方面限于自身能力的不足和筹资渠道的有限，也导致其实际治理投资能力较低。资金短缺已经成为制约中小企业水污染治理的"软肋"。在中小企业污染方之中，资金的筹集和运作是一个关键问题。由于融资困难，中小企业的污染防治设施往往不能到位，或到位后无法正常运行，无法满足环境法规的要求。考虑到中小企业在经济发展和就业中的重要作用，不可能简单地采取关停手段来解决其环境污染问题。因此，对中小企业的水污染治理资金来源进行专项研究是十分必要的。

5.2.2　水污染治理社会化投融资存在的主要问题

5.2.2.1　水污染治理社会化投融资机制落后

我国水污染治理领域对社会化资本吸引力不足，市场化领域的深度和广度尚待深化。目前，我国水环境污染治理资金来源较窄，仍以政府投资和污水处理费为主。以无锡市为例，2007 年和 2008 年水环境污染治理投资 317 亿元，其中中央财政补助 15 亿元（包含 2.5 亿元国债资金）、省财政补助 7.3 亿元，其中无锡市本级财政出资 80 亿元，县区级财政出资 103 亿元，其余投入为社会化资金（包括政府为建设公益项目而进行的平台融资）。水环境污染治理社会化投融资本身占比就较低，而其中还有很大的一部分背后仍是由政府主导的，可见水污染治理领域对社会化资金的吸引力还较低，实际社会化投融资比例较低。主要原因有：

（1）融资渠道狭窄。受"环保靠政府"的传统观念的影响，水污染治理融资渠道单一，还是政府唱主角，市场难以发挥作用，社会资本游离于市场之外，资金来源主要依靠地方财政和排污收费。地方财政受各种因素制约，投入不足，远不能满足污染治理设施建设的资金需求，排污收费项目单一，标准偏低，收费资源流失严重，收费金额很有限。

（2）融资机制落后。水污染治理的投融资机制应该与经济体制相协调，这是世界各国的共识。主要依靠市场化手段解决水污染治理的投融资问题，已是公认的大势所趋。但目前水污染治理项目的投入机制基本是延续计划经济体制，政府预算资金和预算外资金仍然是其融资的主渠道，环境保护市场化程度明显落后于整个国民经济的市场化程度。

5.2.2.2　社会化资本介入水污染治理途径和领域有限

现阶段社会化资本进入水环境污染治理领域，仍主要集中（基本上是唯一领域）在通过各种"公私合营"（PPP）形式进入污水处理厂的建设和运营领域。就"公私合营"的各种具体形式，主要有 BOT、产权转移、服务购买等四种方式。仅就污水处理厂而言，市场化的程度也不够，现在仅仅是建设和运营领域进行了部分市场化。虽然有效地提高了污水处理率，但由于污水收集管网的建设和运行未能市场化，所以也制约了处理率的进一步提高。

工业废水污染治理设施建设和运营主要依靠企业自筹资金，企业通过投融资渠道获得的社会化资金很少。当前，建设项目"三同时"领域和老工业污染源治理领域除本企业自筹资金外，所获得来源于其他社会主体的投资、信贷等方面的社会资金支持非常少。预计未来，随着国家对水环境质量要求和对污水排放标准的进一步提高以及环保产业的进一步发展，尤其是在工业水污染治理设施的建设和运营更趋专业化的趋势下，工业领域的水污染治理领域，会像城镇污水处理领域那样，越来越需要更多的社会资本进入。

5.2.2.3　现有环保法律法规执行不到位降低了企业的水污染治理投资意愿

我国现行环保法律法规执行不到位，企业为追求经济利益，不愿投资于水污染治理。一些企业对"谁污染、谁治理"原则认识不够深入，对环境污染危害认识不深，对水污染治理投资的重视不够，认为污水处理是公益事业，不能带来经济效益，反而需要大量投入，所以为追求效益，擅自违法降低环保要求、逃避环保监管的现象时有发生。从执法监管情况看，许多企业环保管理措施不到位，跑、冒、滴、漏现象严重；部分企业违法停运治污设施，甚至偷排偷放；少数企业擅自更改污染治理工艺，简化污染治理设施，故意"小马拉大车"；个别企业甚至偷排污泥、废酸和高浓度氨氮废水，严重影响下游污水处理厂的正常运行。

现有排污收费标准偏低，不能有效促进企业投入水污染治理。只有排污费征收标准高于污染治理成本，才能起到刺激污染治理、补偿环境损害的作用。但在 2003 年的排污收费改革中，由于考虑到企业的承受能力和排污收费制度改革的平稳过渡，有关部门坚持排污费征收标准按目标值减半执行，所以时至今日，全国还在执行这种大打折扣的征收标准，没有从根本上解决排污收费标准低于治理成本的问题，造成企业宁可缴纳排污费也不愿治污的尴尬局面。

5.2.2.4　现行水污染防治政策体系对社会化资金投入鼓励力度不够

我国的经济激励制度体系也很不完善，缺乏有效的经济性、参与性和鼓励性政策。强制性的政策手段比较多，经济性调节政策、鼓励性政策、自愿性政策手段比较少，是现行政策体制的一个重要问题。我国的经济激励制度种类较多，以税收手段、收费制度和财政手段为主体，对促进环保产业的发展有一定的成效，但缺乏相应配套措施，执行可操作性不强，并没有起到应有的作用，调节的范围和力度远远不够。存在的主要问题有：① 部门规定多于法律规定。从我国环保产业优惠政策的来源分析，由国家或者有关部委制定的居多，调控范围小，如计划和经济部门的有关资源综合优惠政策，财政、税务部门出台的有关税收优惠政策，金融部门出台的优惠贷款申请等。但在最具有强制执行力的经贸法律法规、环保法律中明确给予的优惠政策却很少。这使得我国环保产业优惠政策在具体操作时缺乏应有的强制力和约束力，削弱了优惠政策推广和执行的基础，造成许多优惠政策落实不到位。② 环保部门的自身政策规定多于相关部门的协同规定。目前我国环保产业的优惠政策多数由环保或相关部门分别制定出台。而缺乏环境保护部门同经济综合部门、产业部门等协同出台的系统性综合政策，即使能出台的优惠政策也带有明显的部门色彩，优惠政策难以制定到位。因此导致环保部门孤军奋战，难以充分调动信贷、金融、财税等其他监督管理部门的积极性，使环保产业政策缺乏系统性。③ 义务性规定多于责任性规定。目前我国环保政策对环保产业优惠政策的界定和要求，仅用一些诸如"应该给予"、"应当采取"、"可以实施"的词语，即使最强烈的语气也仅是用"必须"、"一定"等一系列义务性的条款来规定，没有更进一步明确如果"没有"、"违反"、"违背"这些义务性条款应该承担怎样的法律责任和经济方面的处罚和制裁。因此，在实际工作中导致对那些不按政策规定给予优惠的部门或单位不能追究有关人员的渎职责任，环保产业优惠政策成为可执行、可不执行的弹性政策。④ 原则性规定多于确切性规定。在我国的环保产业优惠政策中常用"一定程度"、"一定期限"、"一定范围内"等一些模糊或不确定的规定来修饰。政策界限不明晰。这样的表达方式给具体执行带来极大的随意性和模糊性，极不利于优惠政策的贯彻执行，使得经营主体难以核算投资效益、确定其投资的预期收益和报酬、决定投资行为、参与市场竞争。⑤ 环保产业优惠政策间相互摩擦、撞车多于相互间的衔接、配套。

现行鼓励水污染治理的社会化投融资政策，较重视提出投资要求，但对于赋予相关责任方投资能力的配套政策建设方面存在欠缺。特别是在鼓励老工业污染源治理投资、鼓励区县级污水处理设施和分散式污水处理设施的建设投资、鼓励工业污染源和污水处理设施运行费用投资等方面存在较为明显的问题。即使目前我国地方政府首选的污水处理建设投融资模式——污水处理 BOT，当前面临的最大困难，或者说投资者面临的最大风险仍是缺乏系统的、专门的、可操作的法律、行政法规、实施细则或导则。国家有关部门对污水处理投资多元化及 BOT 方式的最重要的鼓励、引导、支持应该体现在相关法律法规的建立和健全方面。国家在城市基础设施投资多元化、市场化方面进行了长期的、不懈的探索，在此过程中已陆续颁布了许多有关的行政法规。但已有的法规存在体系不完整，可操作性不强，监管有余，鼓励、引导、支持不足，且没有得到认真执行等问题。同时，国家投入的效率仍较低，对多元化投资的鼓励、吸引、支持作用还不明显。

5.2.2.5　中小企业环境治理难获社会化资本青睐

由于受自身资金实力和融资渠道缺乏所限，中小企业在水污染治理领域很难获得社会化资本投入。我国中小企业数量多、分布广且排污行为较为严重。就工业经济领域的水污染治理来说，中小企业是我国工业污染的主要来源之一，污染负荷占工业污染的 50%左右。在中小企业污染治理之中，资金的筹集和运作是一个关键问题。虽然中小企业具有一定的污染治理投资意愿和需求，但中小企业由于自身原因很难通过银行信贷和资本市场等途径进行融资，导致中小企业环保融资难，无力治理企业生产过程中产生的污染。主要体现在两个方面：① 以银行为代表的金融机构，并没有对企业，尤其是中小企业的环保治理投融资给予足够的支持，使得即使企业有污染治理的意愿，限于自身财力所限，也没有融资渠道和进行环保投资的能力，并最终导致了企业，尤其是中小企业的水环境污染治理落后的状况。② 主营业务为环保产业的企业，并没很好地得到资本市场的支持，在银行信贷方面相对其他企业来说并没有得到政策优惠，在上市融资方面也没有政策优惠。

5.2.3　环境金融产品创新存在的主要障碍

5.2.3.1　现有环境金融产品单一

我国的环境金融产品创新还基本上处于起步阶段，金融和资本市场很少专门推出针对污染治理的环境金融产品。环境金融产品种类单一，导致金融和资本市场对现阶段水环境污染治理支持力度较小。由于绿色信贷的推进面临很多障碍（包括"绿色信贷"的标准笼统，缺乏具体的信贷指导目录、环境风险评级标准，银行缺乏执行绿色信贷的专门机构等），导致银行信贷对水污染治理投资支持较少。以无锡市为例，2007年和2008年水环境污染治理共投资317亿元，其中200余亿元为中央、省级、市级和区县级财政出资，占了绝大部分比例，而银行信贷支持非常少。即便是银行专门推出的一些环境金融产品，如嘉兴银行试点推行的排污权质押贷款，由于排污权发放、转让机制等一系列问题，企业最终通过这些环境金融产品实际获取的投资额度也非常有限。

资本市场对水环境污染治理企业和环保企业支持较少。目前，纵观沪市和深市，两市上市企业中以环保为主营业务的企业并不多，企业规模普遍不大，而且，以现行的IPO程序而言，并没有针对环保企业上市的便利措施。以无锡市为例，其从事环保的规模以上企业1 200多家，仅有一家在新加坡上市。在企业债、公司债市场领域，以现行的发行程序而言，也缺少针对于环保企业的照顾和特殊支持，而且项目融资也比较困难。

5.2.3.2　环境金融创新缺乏市场化渠道

环境金融产品单一的一个主要原因就在于市场化的投融资机制仍未有效形成，金融机构和资本市场通过创新金融产品投资水污染治理的市场渠道不畅。

水环境保护的投融资机制应该与市场经济体制相协调，并主要依靠市场化手段解决融资问题，这是公认的趋势，也已为发达国家实践所证明。环境保护市场化，就是要改变计划经济时期环境保护过多地依赖政府，而市场不能充分发挥作用的局面。要遵循经济规律，建立环境保护的宏观政策调控体系，寻求最有利于环境保护的投资方式，利用市场作用推动环境保护事业，充分发挥政府的环境管理职能。在市场的引导下，使环境保护活动成为社会公众自觉参与、自我发展的社会化、专业化、企业化行为，逐步走上产业发展的道路。但事实上，我国原政策设定的传统融资渠道在逐渐萎缩，而水环境保护的市场化融资渠道未能有效形成。目前，我国城市污水处理设施建设的投资主体仍然是各级政府，其资金主要来源于城市建设维护税、地方财政拨款和征收的污水处理费。

我国应完善水污染治理市场化的运行机制，使环境污染治理和环境保护的运营，由提供社会化服务的独立法人来承担。一方面，要通过新机制的建立，逐步造就一批专业化环境治理公司，形成运营服务市场；另一方面，金融机构和资本市场通过创新环境金融产品，利用市场化渠道为水污染治理设施建设和运营提供投融资服务，改变环境污染治理社会化服务程度低、小生产式运行的局面。通过市场化运行，促进投资者、经营者自觉动用资源价值、环境成本、经济机制，兼顾环保治理效果与运营管理者效益，形成环境治理的良性循环。

5.2.3.3　环境金融创新配套政策不健全

目前我国环境金融创新乏力的一个主要原因就在于缺乏相应的系统配套政策，无法从制度上保障和激励金融机构和资本市场进行环境金融产品创新。众所周知，金融创新的目的之一是充分发掘和利用经济中的盈利机会，并尽可能地分散和化解风险。在制度上构建发展环境金融的激励机制。发展环境金融并不仅仅是技术层面的问题，实践中还必须在制度层面上构建发展环境金融的激励性机制，以推动环境金融的理念，迅速发展成能实实在在推动循环经济发展的根本路径。政府在发展环境金融，推动水污染治理和金融创新双赢的过程中，应对所扮演的角色进行准确定位，首先应着手制定一系列条例、标准和优惠政策，鼓励银行、基金公司等金融机构提高自身的环境责任、增强捕捉环境机会的积极性；其次应着手制定相关的法律、法规和政策，推动适合我国国情的环境金融产品逐步兴起和蓬勃发展。

5.2.3.4　环境资源价值认识不足

当前我国排污权许可和交易制度尚未完善，水污染物交易价值认识缺位，缺乏水污染物排放交易的平台和市场。金融机构和资本市场对环境资源价值的认识不足，另外法律、技术层面上的不足也使其缺乏基于资源环境价值设计环境金融产品的动力和手段。应从法律上界定环境资源及其使用权的经济地位，为建立基于排污权市场交易和环境治理投融资手段打下坚实的理论和实践基础。排污权从狭义上讲，是指法律意义上赋予特定排污者为获取经济利益而进行的生产活动向环境排放各种污染物的对富余环境容量资源的使用权。为保证排污权交易能够顺利进行，需要形成一个完整的法律法规体系，具体包括确定环境容量资源总量、总额配额分配和排污权交易等法律依据，而目前现有的部分法律法规可以为其提供部分法律依据，即从法律层面间接规定了环境容量资源的有限性和稀缺性，为排污权交易和基于交易的金融产品和市场化手段打下坚实基础。

5.3 促进水污染治理社会化投融资的政策建议

5.3.1 框架和原则

制定合理有效的水环境污染治理的社会化资金投入政策，从理论上来讲，应该基于"污染者付费"、"投资者受益"和政府与社会的权责划分等三大原则，针对工业污染治理（包括新建项目"三同时"环保投资和老工业污染源治理）、污水处理厂建设和农业面源防治等水污染治理的三大领域分别进行分析，识别各领域是否应该引入社会化资金、应该引入的比例是多少，此领域所涉及的政府和非政府的企业、公众、社会团体等四大主体分别应该承（负）担多少，然后确定促进各领域引入社会化资金的适当形式，并基于上述需求从法律法规、行政管理及监管、宣传教育、市场机制和经济政策以及金融工具等五大层面制定相关政策。

鉴于上述的政策制定方式在实际操作中困难较大，同时，一方面考虑到我国水环境污染治理领域处在由传统的政府承担治理任务、负担治理费用的模式转变为由政府和社会共同承担治理任务和费用的模式的变化过程中，严峻的水污染形势、巨大的治理资金需求量是现阶段面临的主要矛盾，另一方面结合本书分析的水污染治理投融资领域中的三大问题，将制定水环境污染治理的社会化资金投入政策，在"十二五"及之后的可以预见的一个历史时期内，简化为有针对性地制定三大方面的政策：保障和促进水污染治理领域投资总量，采取多种政策引导和鼓励多种来源和形式的社会资金投资水污染治理、提高水污染治理领域中的社会资金占比，拓宽投融资渠道、创新投融资机制、开发环保金融产品、降低水污染治理社会化、市场化融资的成本。

就增加水污染治理领域社会化资金投入的具体途径而言，概括起来主要有三大类：第一类是通过增加相关主体的水污染治理的义务来迫使其增加治理投资，第二类和第三类分别是通过增强相关主体的投资意愿和融资能力来鼓励其增加治理投资。为实现上述效果，其可供选择的政策工具和手段相应地有以下几类：① 通过提高排放标准等强制性的政策手段来增加相关主体的水污染治理义务；② 通过提高违法成本、加强宣传教育、实施奖优惩劣的激励性的经济政策来增强相关主体的投资意愿和投资自觉性；③ 通过拓宽相关主体的融资渠道、丰富其融资手段来增强相关主体的融资能力。

　　因而，本书提出政策建议的框架如图 5-20 所示：针对水污染治理投资的三大领域和四大主体，为达到促进水污染治理投资、增加社会化投资比例、拓宽投融资渠道的三大目的，从五大层面提出政策建议；一方面针对制约水环境污染治理各领域社会资金投入的普遍性和共性的问题在制度、政策、操作等层面提出改进的政策建议，另一方面为突出重点，挑选最应该、最需要、最可行的水污染治理投资领域，提出政策建议并相应设计有效、带动性强、可操作性强的市场化投融资手段，来有效提高和促进社会主体的市场化投融资水平和能力，进而增加水环境污染治理的社会资金投入。

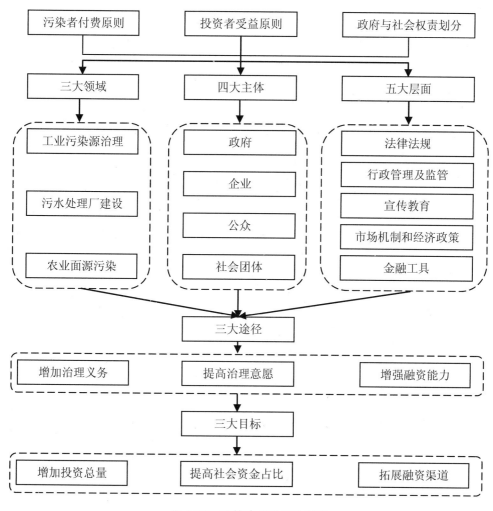

图 5-20　政策建议提出的框架

5.3.2 具体政策建议

5.3.2.1 推进有利于水污染治理社会化投入的制度改进

（1）明确水污染治理财权事权划分。明确水环境保护相关部门、中央与地方政府的环境保护事权与财权，建立健全水环境保护事权财权匹配机制。水环境保护事权和财权划分，需要遵循几点基本原则。① 激励相容原则。合力界定各级政府以及各级政府机构的事权，环境管理的成本收益匹配和政策激励，增强其推动环保事业发展的积极性。② 公平原则。政府间环境事权划分应扩大环境公共财政覆盖面，让全体社会成员和地区共享环境公共财政制度的安排，使不同地区的地方政府和财政有能力和动力提供基本的环境公共产品和服务。③ 环境公共物品效益最大化原则。以现有的环境资源，通过最优配置和使用，生产出最多的环境产品，并使环境产品在使用中达到最大效益。④ 污染者付费原则。通过环境污染外部性的内部化，把环境保护的利益与成本、权利与义务与各主体挂钩，任何对环境资源的耗费都需要付出相应的费用。⑤ 投资者受益原则。通过保障市场主体的合理收益来鼓励市场力量参与水环境保护事业，更多地把环境保护任务交由专门的环境保护主体来进行。

合理划分中央与地方政府间的环境保护事权。根据市场经济和公共财政建设的原则与要求，科学界定中央与地方的水环境保护事权。中央政府主要负责全国性的统一规划和政策制定等战略性工作，对全社会水污染防治、环境评估等重大工作进行指挥、指导、协调和监督。推动落实地区间财力转移支付、跨区域基础设施建设、国际交流与合作等其他工作。地方政府主要负责具有地方公共物品性质的环境保护事务。

进一步理顺政府水环境保护相关部门职责。按照"统一领导、分级管理、运转顺畅、精简高效"的原则，明确水环境保护相关部门、管理机构的责任，进一步细化部门间横向的职责划分。

落实与事权、支出责任相匹配的财权与财力。在将各类水环境保护事权和支出责任进行分类细化的基础上，从税收和非税收入分项、财政转移支付、专项资金支付等多种渠道保证相应的财力支持，促进水环境保护相关职能职责的有效落实。

（2）明确水污染治理投入主体和职责分工。合理界定政府与市场作用边界。政府要进一步转变在环保领域中的职能，主要投向城市环境基础设施建设、流域或区域污染问题、生态环境建设和保护、环境管理能力建设等方面。政府集中抓好制度建设等工作，制定切实可行的环保方面的法律、法规，推动建立公开、公平、合理的市场竞争机制，实施严格的行业监管，提高市场投资效率。把市场能够做、愿意做的事情交由市场主体来完成，切实做到"政府的归政府，市场的归市场"。

政府在水环境事业当中要充分发挥主导作用，引导社会资本参与水环境保护事业。① 政府要立足于长远发展，提供投融资相关制度产品，规范水环境保护投融资管理，为财政投入与社会资本投资提供公平、竞争、有序的市场环境；② 要按照推动经济发展方式转变和公共财政建设的要求，着力调整财政支出结构和国债资金投向，对属于公共财政范畴的水环境保护和生态建设事项，要加大财政投入和支持的力度，努力促进"五个统筹"和全面协调发展；③ 政府还需要从资金、政策上给予引导，通过财政贴息、加速折旧、税收优惠等政策手段，促进形成合理的市场回报水平，引导社会资本参与水环境保护事业。

在政府主导制度建设、加大对相关水环境保护领域投入的同时，要充分利用市场主体在水环境保护投融资领域中的作用，有效解决水污染治理问题。比如，对工业污水处理，应当充分发挥企业作为责任主体的作用，要求必须达标排放，或者企业自己建厂处理，或者付费交给其他专业化运营单位集中处理；对城镇生活污水处理，虽然地方政府是责任主体，但在履行治理污水管理职责的同时，可以通过相关政策引导，吸引民间资本参与污水设施运营管理，利用市场机制推进废水处理再循环利用。即使是完全依靠政府投入来解决问题的领域，其项目的实施与运营，也需要按照市场原则进行规范管理，提高整体的资金使用效益。

进一步明确财政投资的原则、范围和领域。要明确政府水环境保护责任，处理好中央和地方、政府和市场的关系，分清各自职责。财政投资的基本原则是：致力于公共福利的增进；不能对市场的资源配置功能造成扭曲和障碍；不宜干扰和影响民间的投资选择和偏好；不能损害财政资金的公共性质进行风险性和逐利性投资。政府投资的重点领域应当是水环境基础设施和基础产业、水务行业相关科技进步、重点流域和区域发展等一度严重投入不足的水环境保护领域和范围。

（3）建立有效的财政制度保障水污染治理。完善并创新水环境保护的政府投资管理体制。政府投资管理体制包含资金管理体制、项目管理体制、人力管理体制和物资管理体制等全过程（苏明等，2008）。① 要健全政府水环境保护投资的决策机制，坚持科学的决策规则和程序，建立层次明确、责任清晰的分级投资决策结构，完善投资项目专家评审论证和咨询评估制度，探索建立投资决策责任追究长效机制，逐步推行重大建设项目公示制度，提高投资项目决策的科学化、民主化水平。② 科学进行财政投资计划管理与投资方式组合。在编制政府水环境保护投资中长期规划和年度计划的基础上，统筹安排、合理使用各类政府水环境保护投资资金，根据资金来源、项目性质和调控需要，可分别采取直接投资、资本金注入、投资补助、转贷和贷款贴息等多种方式，有机组合进行投入。③ 要完善财政投资资金管理法律规定。要针对不同的资金类型和资金运作方式，确定相应的管理办法，实现政府水环境保护投资资金管理的科学化、制度化和规范化。④ 加强水环境保护的投资监管。实行水环境保护投资项目报告、项目进展监督、投资风险管理等制度。建立政府水环境保护投资不良行为记录和公示制度。对招标投标人、招标代理机构、评标委员会成员、代建机构、建设单位、勘察设计单位、施工单位、监理单位、供货单位等进行严格考核，不良行为记录达到规定标准时，对其采取降低资质等措施，直至清理出市场。

5.3.2.2 发挥财政资金和政府融资平台的引导作用

（1）加大政府财政投入力度，拉动企业和社会资金进入水污染治理领域。建立稳定的资金来源渠道和财政直接投入的稳定增长机制，稳步提高水环境保护政府投入，切实保障水污染治理财政资金的投资规模。① 将环境保护提升到与农业、教育、科技等并重的位置上，构建环保支出与 GDP、财政收入增长的双联动机制，确保环保科目支出额的增幅高于 GDP 和财政收入的增长速度。② 确定增幅指标，规定各级财政预算安排的环保资金要高于同期的财政支出的增长幅度。③ 规定当年政府新增财力主要向环保投资倾斜，新增财力更多地用于环境保护。④ 借鉴欧盟国家利用上级政府转移支付手段为污染治理融资的经验，应将上级政府转移支付作为环境保护上融资的重要补充手段，尤其是拨款或软贷款，加大政府财政转移支付对环境保护的支持力度。

进一步明确水环境保护政府投资资金的适用方向和支持重点。在我国水污染治理体系当中，点源污染主要是工业和城市生活用水，农村面源污染也是水污染的主要来源之一。当前，我国政府水环境保护投入应集中于以下 5 个方面：① 城市污水处理厂配套设施建设和维护；② 强化农村面源污染预防与控制；③ 推动水体生态清淤和综合治理；④ 加强水污染防治基础研究和基础推广；⑤ 加强环境保护能力建设。

创新资金使用方式，建立基于绩效的财政资金使用模式，带动企业和社会化资金进入水污染治理领域。在资金使用方式上，水污染治理项目建设，环保专项资金可以采取"以奖代补"、"以奖代投"、"先建后补"、"先建后投"的方式给予支持，最大限度地发挥中央预算环境保护专项资金的引导作用，带动信贷资金、社会资金及其他资金流向符合产业政策、技术政策、生态环保政策以及社会公益需要的环境保护项目。

政府在水环境保护中除了要提供制度产品、进行行业管理等公共服务以外，国家财政应直接承担起市场不能或不愿介入的领域的投资责任。① 加大对水环境保护的财政支持力度。在推动完善公共财政体系的过程中，在中央和地方财政支出预算科目中，进一步细化水环境保护财政支出预算相关科目内容。重点支持水环境保护关键技术攻关、成果转化应用和技术改造环节，以及环保咨询、污染治理设施运营、环境监测等环保服务业发展。② 建立中央与地方联动的投入机制。中央在增加水环境保护财政投入的同时，采取相应的措施约束和激励地方政府相应加大投入力度。③ 完善水环境保护转移支付制度。财政专项转移支付重点支持公益性很强的环保基础设施的建设、跨地区的污染综合治理、跨流域大江大河大湖等区域环境治理、环境保护的基础科学研究等领域。

（2）调整专项资金的管理和使用方式，引导社会化资本投资水污染治理。中央财政环境保护专项资金的设立，对筹集环境保护资金，加大中央环境保护投入具有极其重要的意义。"十一五"期间，中央财政对环境保护的支持力度进一步加大，主要污染物减排专项、中央农村环保专项、重金属污染防治专项等专项资金相继设立，财政资金的投资渠道不断增加，"十一五"期间中央财政累计投入环境保护专项资金 746.3 亿元，用于解决重点领域、重点区域的重大环境问题，对实现环境保护目标，保障环境安全起到了重要作用。

适度整合水环境保护投资资金，提高资金使用效果。为改变环境保护"多龙治水"、"政出多门"的管理格局，应适度整合水环境保护投资资金，以利于提高资金的使用效益。具体操作可以考虑从 3 个层面进行：① 实现统计意义上的整合。通过全面进行统计，摸清水环境保护投资的所有资金来源渠道和资金量大小，为出台水环境保护投资整合提供基础资料。② 实现功能整合。水环境保护各项投入资金继续保持现状，但各项资金来源渠道的资金支出应该在统一的规划下安排使用。③ 实现渠道整合。整合水环境保护投资的相关资金，统一使用，以加大水环境保护重点项目投资的资金支持力度。与此同时，要建立水环境保护投资责任追究制度。有步骤地推行水环境保护投资项目后评估制度建设，提高后评估对水环境保护投资项目的反馈与约束作用。

整合中央环境保护专项资金、主要污染物减排专项资金、"三河三湖"及松花江流域水污染防治专项资金、城镇污水处理设施配套管网以奖代补资金、中央农村环境保护专项资金、国家级自然保护区能力建设专项资金、集约化畜禽养殖专项资金、环境监察执法专项资金等现有的中央财政专项资金，优化资金使用方式，建立中央预算环境保护专项资金。资金来源包括排污费上交中央部分收入与其他中央财政预算收入。中央财政每年的预算收入或财政新增量按照一定的比例纳入中央预算环境保护专项资金，以保持专项资金逐年稳定增加。资金适用范围包括重点支持环境监管能力建设项目，重大环境污染防治项目，污水、垃圾等城市环境基础设施建设项目，自然生态保护和建设项目等，尤其向水污染防治领域倾斜，重点投资重大水环境保护和水污染治理基础设施建设项目。

推动水环境保护投资机制创新，引导市场资金加大投入力度。鼓励社会资本参与水环境保护，除一些市场机制不能有效发挥作用的公共服务领域外，其余各领域都要放开，允许各类投资主体进入，逐步形成政府、企业、个人和国有资本等多元化的投资格局。通过发展规划和产业政策强有力引导，财政补贴、奖励、贴息等调节方式，充分发挥财税政策的杠杆作用，以较少的资金带动大量的社会资本投入。另外，在政府水环境保护投资中，引入公司合作等机制，让私人部门广泛参与。完善水环境保护用地和价格政策，在安排年度新增建设用地、年度供地计划时对水环境保护项目予以优先保障。

加强政府水环境保护投资项目管理，创新水环境基础设施建设方式。在项目建设与管理方面，要积极引入市场机制，让企业参加到项目的建设中来。加强政府水环境保护投资项目的中介服务管理，对咨询评估、招标代理等中介机构实行资质管理，提高中介服务质量。对非经营性的政府水环境保护投资项目推行"代建制"，即通过招标等方式，选择专业化的项目管理单位负责建设实施，严格控制项目投资、质量和工期，竣工验收后移交给使用单位。促进增强投资风险意识，建立和完善政府投资项目的风险管理机制。

扩大专项资金额度，增强资金的"杠杆"效应。通过公共财政预算、政府性基金预算、国有资本经营预算等的相互衔接，整合资源用于水环境保护，撬动、引导大量企业、社会和个人资金投入到流域水污染防治领域。

充分考虑地区差异，进一步完善专项资金分配。重点向中西部地区、经济基础薄弱地区倾斜，对中西部地区涉及流域水污染防治的重点工程、大型项目，由专项资金全额支出，合理确定东部发达地区水污染防治的中央支出比例。进一步加大对农业面源污染控制的投入力度，在流域水污染防治专项资金中明确用于农村面源污染控制的投资比重。

（3）通过政府融资平台吸引社会化资本进入水污染治理领域。我国预算法规定地方政府不能负债，但仅依靠财政无法支撑地方城镇化、工业化的高速发展。长期以来，投融资平台公司作为创新性的制度载体，是地方政府利用资本市场加速发展地方经济建设的重要平台。2008年，为应对金融危机的影响，满足地方安排的公益性项目建设的资金需要，地方政府融资平台更加迅速发展，举债融资规模也迅速增长。客观地看，融资平台在加强基础设施建设、应对国际金融危机冲击和促进地方经济社会发展方面发挥了积极作用。

在水污染治理方面就规范发展政府投融资平台、吸引社会资金进入提出具体建议如下：

☞ 融资平台必须由政府来主导：作为政府服务水污染治理的专业融资平台，必须在政府主导之下，紧紧围绕服务水污染治理改革与发展这一核心，承担和承接工程建设与筹资融资责任，将污水处理设施建设和融资计划纳入政府规划，由政府下达经济效益和社会效益指标，接受政府的监督、管理和考核。

☞ 融资平台应当有政策作支撑：明确水污染治理投融资平台为水污染治理设施建设专业融资平台，对接中长期政策贷款业务，是市级重点水污染治理建设项目的融资主体。政府授权平台开展公益性水污染治理项目的贷款业务，并负责还本付息。政府支持开展准公益性或经营性水污染治理项目的融资业务，给予税费等优惠政策。

☞ 融资平台需配置相应的资源：融资平台通过对资源（资产）的有效运作，实现资源（资产）的盘活、放大和加速功能，因此，融资平台的运作，需要相应的资源。资源的配置形式，可以是现金的、实物的，也可以是政策的。如公益性项目的启动资金，可以改工程拨款为平台注资；水污染治理工程和设施建设投入可以列入土地成本，由项目周边的土地承载或从土地增值收益中分成；可以水污染治理的行业资源或预期收益进行抵押融资和偿债等。

☞ 融资平台必须适应市场要求：融资平台不仅是单纯的承债主体，还应当是建设主体、管理主体和创收主体；既要发挥资源（资产）的放大功能，将资金链拉长，还要实现资源（资产）的增值功能，创收和赢利。融资平台的运作和管理，应当立足"融资是途径，建设是基础，发展是目标，管理是根本"这一基本原则，遵循市场规律，实行企业化管理。融资平台只有面向市场包装项目，利用市场招商融资，按照现代企业制度组织管理，才能适应市场，也才能得以生存与发展。

5.3.2.3 发挥政策性和市场化投融资渠道的主导作用

（1）通过使用者付费手段进行筹集水污染治理资金。严格践行污染者付费原则，完善水环境保护税费政策，保障和逐步增加企业水污染治理的投资力度和主体地位。一方面明确和增强各社会主体的水环境保护责任和义务、提高水环境违法成本，从而促使企业增加水污染治理建设和运行的资金投入力度。另一方面通过调整完善税收制度，筹集水污染治理资金，具体包括：① 扩大资源税征收范围，规范计税依据，提高征收标准。改革消费税、城市维护建设税等政策，强化水环境保护的减免税政策。② 按照"谁污染、谁缴税"原则，改革排污收费制度，适当提高收费标准，加强收费收入征管。③ 开征生态环境保护新税种。

调整税式支出力度，特别是要完善水环境税费的支出机制，积极利用税费优惠和返还等税式支出政策，鼓励企业投入水污染治理。同时建立税式支出评价制度，增强水环境保护税式支出的整体效应。

（2）扩大传统融资渠道，发挥信贷资金导向作用。首先要扩大 BOT 等传统方式的融资规模。规范政策法规环境，降低市场资本投资风险，切实加强在融资、收益等方面政策调控的力度，提供赢利的政策保障，为积极推广应用 BOT 等运营模式创造良好的基础条件。

同时，要鼓励和引导金融机构加强对水污染治理项目的信贷支持，建立起多元化的投入机制，逐步加大水污染防治资金投入力度。

☞ 加大对水污染治理项目的政策性金融支持：从国外的情况来看，政策性金融是政府增加投入、支持水污染治理发展的主要手段之一，支持方式主要有贴息和担保，以吸引商业银行从事支持循环经济发展的活动。我们目前应做的是：① 加强政策性银行，主要是国家开发银行对水污染治理的资金支持。开发性金融可以通过低息贷款、无息贷款、延长信贷周期、优先贷款等方式，弥补水污染治理基础项目长期建设过程中商业信贷缺位的问题。国家开发银行作为政策性银行以往参与支持基建和环保设施建设以及一些大江大河的污染治理，将来应从对单个项目的支持转变为通过各地环保部门和政府部门形成的有重点、有层次的总体融资支持。② 建立专门支持水污染治理项目建设和发展的银行，弥补政府投融资的不足。目前可以考虑组建区域发展银行，以财政资金和发行金融债券筹集的资金为支持，实现两大目标：一是促进落后地区的发展与区域经济结构平衡；二是为城市的水污染治理发展提供政策性资金支持，也可以考虑成立专门的水污染治理政策支持与发展银行，有针对性地协调全国水污染治理发展的金融支持体系。③ 创建政策性投资开发公司。这种政策性投资开发公司，以政府性资金为主，但股权宜多元化，鼓励社会资金积极参与。④ 创建有关政策性担保公司和保险公司。这类公司的作用主要在于为上述领域的投资提供风险担保，吸引盈利性社会资金积极参与，并从经营管理中分得利润。

☞ 建立商业金融机构支持水污染治理项目的激励机制。由于水污染治理项目的特点，商业金融机构普遍不愿意将贷款发放给这类企业或项目。因此，要疏通商业金融机构对水污染治理项目的融资渠道，国家应当给予一定支持。如：中央银行降低这类企业票据的再贴现率和向银行提供优惠利率的再贷款，直接对这类贷款给予政策补贴，为贷款提供担保等。通过建立一个有效的激励机制，推动金融机构在信贷政策上向这类企业倾斜。商业金融机构与政策性银行相比，它们的资金实力、分布网点、提供的服务等都具有明显优势。所以调动商业金融机构支持循环经济的积极性，作用更大，可持续性更强。

（3）开拓间接融资渠道，发挥资本市场投融资功能。落实国家在担保、特许经营权等方面的优惠政策，引导和鼓励社会资本通过资本市场投入水环境保护事业。选择一批基础好、有发展潜力的水环境保护企业纳入企业上市后备资源库，进行重点指导、重点培育。对条件成熟的水环境保护企业，要推动其在境内外资本市场上市融资；对已上市的水环境保护企业，要通过增发、配股、发行公司债等多种形式支持再融资。探索建立水环境保护产业投资基金和水环境保护信托投资公司、风险投资公司，对暂时出现经营困难的水环境保护企业，金融机构应允许其到期贷款适当展期。

允许发行有关地方政府和企业债券，并创新发行和担保机制。如对某些大型水污染治理项目，可将特定的政府收费作为未来还款保障，通过信托机构发行资产担保债券，然后由信托机构将政府收取的费用用于支付债券的到期本息，此举可在一定程度上缓解建设资金不足的情况。支持水污染治理企业以应收账款或其他资产为基础发行企业债券，必要时可由有关政策性担保公司提供担保。水环境建设项目若选择企业债券这种融资方式，则要对偿债资金储备、违约赔付率、年度收入与年度偿债之间的比率等做出明确的规定，要在筹集、使用、偿还等方面制定严密的制度约束和控制手段，保证债券的稳定性和安全性，提高企业债券的公众信誉度，增强债券对投资者的吸引度。只有这样，才能确保企业债券发行成功。

优先支持符合发展循环经济要求的企业上市融资。一方面，证券监管部门应在同等条件下优先核准与水污染治理相关的企业公开发行股票和上市，甚至适当降低这类企业公开发行股票和上市的标准，鼓励和支持在水污染治理方面优势突出的企业通过收购兼并迅速做大做强，以利于社会资源优先向水污染治理企业配置，促进水污染治理。另一方面，应优先支持符合发展水污染治理要求的上市公司增发新股和配股，对于高消耗、高污染、低效率的上市公司的增发和配股则予以限制，以促进上市公司采取措施转换发展模式，大力发展水污染治理。创业板市场向水污染治理企业倾斜，为积极推动水污染治理发展，对符合创业板上市条件的水污染治理企业优先安排上市。

5.3.2.4　创造政策和市场环境，积极引导社会资金投入

（1）创新水污染治理的市场化和专业化机制。完善水环境保护产权和特许经营制度，形成稳定的特许权收入来源。按照产业化发展、市场化运作、企业化经营、法制化管理的要求，深化水污染治理管理体制改革，切实转变政府职能，实现政企分开、政事分开，确保社会公众利益和城市环境效益。建立和完善污染治理设施的投融资机制，无论是工业企业的污染治理设施，还是城市污染治理设施，其建设和运行都应按企业方式来运作，鼓励各种社会资金投资污染治理设施建设，实现产权的股份化、投资的多元化，明确投资者之间的责、权、利，增加污染治理投资能力，保护投资者利益。在污染治理领域引入"特许经营"模式，将污染治理特许权给有实力、有经验的专业化污染治理公司，鼓励专业化污染治理公司实行污染治理设施的投资、建设、运行和维护管理等，吸收有实力的国有企业、民营企业等跨入污染治理领域，加快污染治理市场化进程。

推进环境保护设施的专业化、社会化运营服务。在具备相对垄断性、社会资源投入较大、环境安全敏感的行业，试点实施设计、建设、运营一体化模式。在工业园区、城市和重点行业开展环境保护设施社会化运营试点，逐步提高社会化运营比例。大力发展环境咨询服务业，鼓励环保企业提供系统环境解决方案和综合服务。鼓励政府、企业综合环境服务外包，鼓励企业间以联盟形式提供环境集成整体服务。在工业园区、城市和重点行业开展综合环境服务试点。

（2）支持合同减排管理环境服务试点。推进水污染治理模式创新，积极探索合同

减排服务等新型环境服务模式。合同环境服务具体分为两种形式：① 污染企业通过合同服务，将节省的减排费用与治污企业共享；② 政府采购由环境服务商所提供的环境服务。

选择造纸废水治理等水污染重点行业，由财政给予适当支持，引导环境服务公司投资企业水污染治理设施改造，并以减少用水量、排污费等效益的分项方式回收投资和获得合理利润。财政资金可采用基于绩效的方式，对环境服务公司实施的合同及安排管理项目按照项目建成后的新增减排量按标准进行一次性的项目服务后补助。资金可用于偿还项目建设贷款、服务费用补贴、环境服务公司发展等相关支出。

（3）整合现有政策，出台鼓励水污染治理市场化的综合性政策。基于市场的水污染政策在我国还处于起步探索阶段，发挥的作用还十分有限，除排污收费已经进行了较长时间的探索以外，排污交易、污水处理收费、PPP 及市场化机制都还处于起步探索阶段，没有形成统一协调、科学合理的环境经济政策体系，所以急需合理确定基于市场的我国水污染控制政策框架，为通过市场化渠道进行水环境治理社会化投融资提供一个中长期的技术路线指引，同时对近、中、远期的环境经济政策改革和试点作出安排。

建立收费、税收和基金相结合的经济政策体系，加大对企业和社会水环境行为的调控，更多地筹集资金。加强水资源费、排污费征收和管理，进一步完善城市污水处理收费制度，采取措施，规范收费环节，逐步扩大收费面，提高征收率和收费标准，提高水资源安全意识、更多地筹集水资源安全资金。

城市环境基础设施建设与运营市场化是提高投资效率的基本制度保障，并兼具重要的融资功能，应大力推动污染治理市场化进程。针对城市污水处理市场化发展过程中面临的企业改制、开放市场、民营企业准入、收费政策和税收优惠等关键问题，国家应制定相应的综合性政策，由国务院颁布，提高政策的权威性和可操作性，推进市场化的发展进程。

5.3.2.5 监管和激励并重，促进企业和居民加大环保投入

（1）加强环保监管，提高企业排污成本。在坚持市场化原则的前提下，根据政府财政情况、公众收入情况、污水处理设施建设情况科学合理地制定收费政策。充分发挥政府在污水治理方面的主导作用，以市政部门为主统筹考虑管理城市水资源和水污染治理。根据城市水循环的系统规划和战略布局，制定相对稳定的供水、污水、回用水、自备性水源水等面向社会的各种用水价格之间合理的比价关系和收费标准，收费超出收入核算部分纳入水费公共基金，不足部分由公共基金补偿，仍然不足部分由政府补偿。

提高排污收费标准。从现在排污费实施情况来看，由于收费标准低等原因，许多

企业宁肯缴纳排污费也不愿治理污染。因此，目前的排污收费制度，根本起不到制约排污和筹集资金及改善环境的作用。

提高"高污染、高排放"行业的排放标准。污染物排放标准是国家环境保护法律体系的重要组成部分，也是执行环保法律、法规的重要技术依据，最主要的是排放标准作为直接控制污染源排放的技术依据，在环境保护执法和管理工作中发挥着不可替代的重要作用。目前，除《污水综合排放标准》外，我国只有 49 个行业性质的水污染物排放标准，从整体上来讲，水污染排放标准不够严格，应该有针对性地选取"高污染、高排放"的重污染行业，着重挑选对促进四个总量控制污染物减排、重金属、持久性有机污染物、化学品污染防治，以及环境风险防范等的行业，有针对性地编制和出台排放标准，增加企业的治理义务，迫使企业增加环保投入。

开征环境税，并对现有税收体系进行绿化。与国外相对完善的环境税收制度相比，我国一直没有专门关于环境保护的税种。而此类税种在环境税收制度中处于重要地位，它的缺位限制了税收对污染、破坏环境行为的调控力度，也难以形成专门用于环境保护的税收收入来源，弱化了税收的环境保护作用。

（2）制定企业污染防治的优惠政策。市场经济条件下，盈利是产业发展的重要内在驱动力，对产业基本盈利的保证，是政府在产业扶持中发挥作用的主要领域。由于环境产业中的公共环境基础设施、自然生态保护与恢复等属于公益性、基础性领域，由完全市场评价所得的投资回报不足以吸引企业和社会投资。因此，政府必须通过实行扶持政策，来促进投资激励机制的形成，使投资者得到相当于市场平均利润率的投资回报，从而吸引多元化投资主体对环境产业的投资。

保障投资回报。① 合理确定投资回报率。为了鼓励企业和个人参与环境基础设施建设，根据各地实际，合理确定投资回报率。城市污水处理厂和垃圾处理场等环境建设项目的投资回报率，一般以控制在 10%左右为宜。② 保证投资者的合法权益。各级政府必须通过认真调查研究和技术论证，合理确定建设项目的规模、条件和建设要求，保证建设项目建成后能正常运行，避免造成处理能力的不足或浪费，影响投资的经济效益和回收周期。③ 建设项目立项时，必须同时确定投资回收渠道和方法。如在费改税之前，确定由哪个部门代收污水处理费，以及环境设施运营服务和管理费等；收上来的处理费，由哪个部门、通过什么样的方式返还给投资方等。

实行政府补贴。将国家财政的环境投资转变成补助性、鼓励性投资，作为引导社会向环境投资的助推剂；对环境产业中某些不易盈利或盈利甚微的行业，政府应给企业以银行贷款的贴息支持；对于征收费用标准较低的地区，低于合理的投资回报率的部分由政府实行补贴。在政府补贴的使用上要建立严格的审核制度，提高国家投入资金的使用效率，达到促进产业发展的基本目标。

企业自筹资金是环境保护投资的主要组成部分，其中工业污染源治理投资中企业自筹资金占资金总量的90%以上。应采取监管和激励并重的方式，通过完善财税政策，制定并实施鼓励企业治污的增值税转型、加速折旧、税前还贷、土地、用电价格优惠等优惠政策，提高企业环境保护投入的积极性和主动性，促进企业加大环境保护投入。

（3）设立中小企业污染防治专项基金。2002年6月29日，第九届全国人大常委会第二十八次会议通过的《中小企业促进法》，对中小企业发展基金作出了规定：国家设立中小企业发展基金；中小企业发展基金由下列资金组成：中央财政预算安排的扶持中小企业发展的专项资金、基金收益、捐赠和其他资金；国家中小企业发展基金用于创业辅导和服务，支持建立中小企业信用担保体系，支持技术创新，鼓励专业化发展以及与大企业的协作配套，支持中小企业服务机构开展人员培训、信息咨询等项工作，支持中小企业开拓国际市场，支持中小企业实施清洁生产；中小企业发展基金的设立和使用管理办法由国务院另行规定。此外，《中小企业促进法》还规定，中国人民银行应当加强信贷政策指导，改善中小企业融资环境；加强对中小金融机构的支持力度，鼓励商业银行调整信贷结构，加大对中小企业的信贷支持。

建议国家在现有的"中小企业发展基金"中建立"中小企业污染防治专项基金"，在"扶持中小企业发展专项资金"中建立"中小企业污染防治资金分项"。也可以在现行的"环境保护专项资金"下建立"中小企业环境保护专项资金"。

（4）完善农村环境保护投融资机制。政府应承担盈利性较差或无经济效益但社会效益明显的公益性很强的农村环境保护项目的投资，比如跨地区的水污染综合治理以及环境管理部门自身建设和投资。专业的环保投资公司或治污企业投资有较好盈利性的竞争性项目，政府应从这类项目中退出，通过完善的法规体系和有效的经济手段，保证良好的竞争环境和投资者的合法权利。金融机构，如中国农业银行、中国农业发展银行，应是农村环境保护投融资的重要主体。积极探索政府购买环境服务的方式，由企业进行项目投资并进行服务，政府定期支付服务使用费，以确保投资者能够合理回收成本并获得社会平均利润。尽快建立农村环境保护均等化投入的长效机制，稳定财政投入。落实"以奖代补"、"以奖促治"政策，带动农村集体组织和农民个人积极投入农村水环境治理，特别是分散型农村水环境处理设施建设，对于缺乏经济能力的地区，农民还可以通过传统的投工投劳方式为农村环境整治提供必要的投入。

5.3.2.6　创新环境金融产品，实施政策机制创新

（1）完善环境金融创新政策体系，构建创新激励和保障机制。针对环境金融产品单一的状况，我国环境金融产品创新应遵循由简到繁的原则，逐步推进，继续完善"绿色信贷"的经营管理体制，推动排污权质押等金融产品创新，密切关注国家在项目审批核准、环境影响评价等方面的政策变化，从信贷额度控管、信贷准入和退出、授权审批条件等方面完善信贷政策。为此，政策上要努力构筑发展环境金融的激励机制，

建立健全国家污染物排放交易体系，加快探索我国的排放配额制度和发展排放配额交易市场，调整不同经济主体利益，有效分配和使用国家环境资源，落实节能减排和环境保护，借助金融市场的价格发现功能，通过有效的激励措施积极鼓励金融机构参与节能减排领域的投融资活动，不断创新环境金融产品。

（2）完善绿色信贷体系，继续推进开发性环保金融。全面推进与水污染治理相关的金融创新。金融创新的核心是开发出各种有利于资金融通的产品。从建立环保信贷非盈利操作平台、创建环保政策性投资开发公司、设立环保信贷政策性担保和保险机制、引导实行建立环境公益信托基金、建立结构或混合使用资金等方面，实施机制创新和政策创新。

商业银行要积极设计开发绿色环保信贷产品。这些信贷产品专门用于支持企业以遵循"3R"原则推行清洁生产、节能降耗以及企业能源和资源的再利用为核心的循环经济生产转型。企业凭借生产经营项目的"绿色因素"获得专项绿色抵押贷款。

推进开发性环保金融，充分利用和发挥开发性环保金融对水污染治理的支持作用。与商业性金融相比，开发性金融最大的不同在于能够主动运用和依托国家信用，在没有市场的地方建设市场；在市场缺损的领域，能结合国家战略目标，通过创新完善市场，将融资与政府组织优势结合，引导资本投向国家政策鼓励的产业。解决以政府主导投资的污染治理项目生态保护、环保建设等项目资金需求大、周期长、资金投入少这一问题。开发性环保金融有利于发挥中长期融资领域优势，积极应对信贷风险，特别是可以利用市场化金融债券方式，依靠长期性、低成本性和集中性的资金来源特点，满足基础设施集中、大额的融资需求，同时在期限、品种、成本、效率等方面，避免商业银行短期资金错配风险。

积极创造条件利用银行信贷等手段为企业污染治理融资。设立企业污染治理专业投资公司，由投资公司向银行申请贷款后为中小企业污染防治提供资金。以排污费质押为企业贷款提供担保。积极利用租赁手段为企业融资。由企业环境治理或投资公司向金融租赁公司申请治污设备的融资租赁，解决银行信贷偏重于短缺融资的局限性。

（3）推动资本和证券市场开展环境金融产品创新。为促进水污染治理投融资，应该支持和引导资本和证券市场创新环境金融机制和产品，为社会资金投入水污染治理产业提供市场化渠道。

积极探索水环境保护领域的资产证券化。积极研究资产证券化的特点与优势，推动其在水环境保护领域的运用，通过推行资产证券化，合理配置风险结构，促进资本的合理流动，有利于分散投资风险，扩大水环境保护融资来源渠道。

积极推动信托产品创新。鼓励各种社会资金集中起来，委托信托投资公司管理、运作，投资于某个特定的水环境保护领域，共同分享投资收益。在推动水环境保护信托产品创新的过程中，信托公司作为项目的投融资中介，以专业经验和理财技能安排融资计划，综合运用多种手段加强项目投资管理，推动相关水环境保护项目的有效实施。

利用集合委托贷款融资。集合委托贷款是指由委托人提供资金承担全部贷款风险，银行作为受托人，按照委托人确定的贷款对象、用途、金额、期限、利率等条件代为发放、监督并协助收回的一项贷款服务。此举一改以往单靠政府拨款、银行贷款、土地批租且风险由政府承担的融资模式。投资公司作为投资主体向社会融资，为民间资本进入市政建设提供平台。吸引民间资金投入水环境整治，让闲置的民间资金转变为"资本"流向生产领域，降低了融资成本，提高了融资效率。

发行环保产业特种彩票。江泽民同志曾经说过："环保产业是行善积德的事"，是属于公益性事业范畴的，可以提请民政部，参考福利彩票的发行进行环保融资。① 环保彩票的发行可以适当缓解我国环境保护资金严重缺乏的现状，同时可以减轻政府所面临的巨大环保压力；② 社会公众通过购买环保彩票，可以直接或间接地参与环境保护事业，最大可能地调动社会公众保护环境的积极性和主动性，以提高其自觉保护环境的意识。当然，我国环保彩票的发行目前仍然面临一些问题，除海南省、广东省有一些尝试外，其他省份还无相关的政策。因此，我国环保彩票发行的各方面条件和措施应进一步完善，以使环保彩票能尽快发行，适当缓解政府的环保压力。

（4）开展基于排污权的环境金融产品创新，完善和推广排污权质押贷款。"十二五"时期，排污权交易将从试点研究阶段进入推广阶段，这为开展排污权质押贷款提供了重要的基础条件。排污权质押贷款既可以看做是排污权交易的一种形式、丰富和完善排污权交易的一种金融产品，也可以看做是独立于排污权交易之外的一种简单的质押贷款的融资方式。

5.4 利用排污权质押贷款促进社会化投融资

目前尽管我国水污染控制社会化投融资逐年增加，但中小企业依然面临污染治理经费来源不足、建设资金短缺的问题，因此积极开发新型的金融产品、拓宽融资渠道、增加水污染处理领域的社会化投融资迫在眉睫。本章就如何通过市场化的手段促进银行进行水污染治理融资设计了一款金融产品——排污权质押贷款，并对其推行的必要性和可行性进行了分析，以增强未来企业通过银行吸纳社会资本的能力，推进社会资金不断进入水污染控制领域。

5.4.1 排污权质押贷款的必要性

排污权质押贷款是指企业将取得的排污权作为质押品到银行申请贷款的融资方式，旨在为企业寻找一条融资的新途径，同时也有利于活跃排污权交易市场。排污权质押贷款的推行,不论是从环保的角度开拓资金来源渠道、缓解政府资金压力,落实政府的绿色信贷政策以推动水污染治理以及节能减排工作的开展,还是从经济发展的角度促进银行业进行金融创新、倒逼国家进行产业结构调整等,都将发挥重要的作用。因此,在我国开展排污权质押贷款将具有重要的意义。

5.4.1.1　有利于企业开拓"节能减排"的资金来源渠道

目前,我国节能减排的资金主要来源于政府推进的示范工程和企业自筹资金,资金量较小,项目效果不尽如人意。根据调查,当前我国开展节能减排需要大量资金,而资金不足、融资难是企业节能减排的主要障碍。同时水污染治理领域也面临融资水平低下、资金困难的问题。从企业方面看,企业本身的发展对资金的需求很大,在资金缺口难以解决的情况下,节能减排、污染治理等项目通常不会被优先安排,因此为更好地开展节能减排,急需为企业开拓其他更有效的资金来源渠道。从商业银行方面看,在参与节能减排项目融资上,银行态度并不积极。究其原因,主要是节能减排项目的效益具有不确定性和外部经济性,而商业银行在业务筛选上以"盈利性、安全性、流动性"为原则,注重的是项目的经济效益,继而才考虑社会效益和环境效益。同时,银行对节能减排技术和项目不熟悉,考虑到贷款的风险性及安全性,难以实施信贷业务,常常做出不对企业节能减排项目融资的抉择。此外,银行对节能减排项目的服务仅仅依靠传统的贷款模式,服务能力和水平比较低,缺乏对金融产品的创新,融资力度较小。

综上所述,排污权质押贷款政策的开发,可以结合我国的现实条件,通过对融资模式的合理设计,使企业能够向银行提供有效的担保,大大降低了银行发放节能减排项目贷款所需要承担的高风险,并提高了贷款的盈利性和流动性,从而调动银行积极参与节能减排与水污染治理。开发排污权质押贷款,能够有效增加企业获得商业贷款的机会,从而可以在较大程度上满足企业污染治理的资金需求,缓解目前融资难的问题。

5.4.1.2　有利于银行业进行金融创新

金融创新是推动我国商业银行发展的重要力量。现代银行体制的变革就是在金融创新和金融监管的博弈中逐步发展起来的。金融创新中最核心的是金融工具和产品的创新,这是商业银行生存和发展的核心动力。近年来,我国银行业围绕开拓业务领域进行了一系列创新,取得了较好的效果。国家开发银行突破传统的基础设施业务束缚,把业务领域延伸到高技术领域、民生科技领域,为实现科学发展作出了贡献。同时,自身也完成了向商业化的转型,为更好地履行开发性金融功能和实现可持续发展奠定了基础。同时,一些商业银行密切结合企业需求,积极探索银行贷款的新方式。比如创新出了知识产权质押贷款模式、出口退税质押贷款模式等。排污权进行质押贷款就是在这种背景下诞生的。排污权质押贷款的开发以金融市场为出发点和立足点，以环境市场需求为导向，在规避交易风险、降低交易成本等方面满足了不同群体的需要，使得多方可以从中受益。排污权质押贷款的形式不仅可以扩大银行的业务领域，增强金融机构的服务功能，提高金融机构规避风险、谋求盈利的能力；而且还可以主动调整绿色金融市场的供求因素，改善市场条件，对于推动我国金融工具的进一步创新具有示范作用。

5.4.1.3 有利于贯彻落实政府的绿色信贷政策

"绿色信贷"是将环保调控手段通过金融杠杆来具体实现的一项环境经济政策，是在金融信贷领域建立起投资项目的环境准入门槛，能够有效地切断严重违法者的资金链条，从源头上切断高耗能、高污染行业无序发展和盲目扩张的经济命脉。如果实行排污权质押贷款，① 企业项目由于污染原因被叫停后，商业银行可以将企业的排污权在市场上转让出去，从而实现部分贷款的回收；② 相当多的中小型污染企业因为向银行贷款困难重重，因此纷纷采取民间融资或者自筹资金，基本上很少利用金融机构的贷款。而质押贷款的推行，使得大量的民营中小企业能够在经营活动中享受到银行贷款，由此增加了银行贷款对污染企业的影响力和约束力；③ 污染权质押贷款实际上是提供了一项推行绿色信贷的激励机制，对于污染治理企业切实给予了资金方面的鼓励性扶持政策，从而达到以经济利益杠杆调节企业环境行为的政策目的；④ 由于我国还处于工业化中后期，一些污染型行业和企业的发展速度非常快。仅 2007 年第一季度，电力、钢材、有色、建材、石油加工、化工等六大行业能耗和二氧化硫的排放就占整个工业能耗和二氧化硫排放的 70%，但增加值合计增长 20.6%（国务院，2007）。从商业利润最大化的角度看，尽管这些行业污染严重，但依然是各家商业银行愿意投放的重点，而其他行业、企业对商业银行资金则缺乏足够的吸引力。对于商业银行来说，排污权质押贷款风险低、利润高，通过在各行业中推行，将十分有利于吸引银行业积极主动的、在更大范围内支持环保项目，促进经济比重低但环境友好的行业和企业的发展；此外，排污权质押贷款的标准相对易于具体化，商业银行可以较容易地制定出相关的监管措施及内部实施细则，大大增加了绿色信贷政策的可操作性。

5.4.1.4 有利于进一步发展排污权交易市场

（1）提高排污权交易的市场化程度。在原有的排污权交易中，污染型企业几乎是交易的唯一主体。而排污权质押贷款模式建立了银行、投资商等排污权交易的中介机构，构建了一个企业、银行及投资商之间进行排污权转让的合作平台。这种机制使得银行和其他投资商能够真正从排污权交易中获利，有了积极涉足污染治理这一领域的动力。因此排污权交易可以借助更多的市场力量，将环境破坏成本内部化问题在经济系统内自动解决，成为一种更加自主、有效的市场行为。此外，在原有的跨市、跨省的排污权交易中，计划卖出方的行政部门常常介入交易过程，禁止把排污权配额转让给其他地区，要求只能在本地区内进行排污权交易，在地区间有失公平。而排污权质押贷款则可以通过银行、投资商的参与跨地区进行，有助于排污权交易市场的公平、有效运作。

（2）降低企业排污权交易的费用。排污权交易从本质上说是利用市场机制对"排污权"这种稀缺资源进行最优配置。但要达到最优配置，只有在市场交易费用（成本）为零时才能实现。但实际上，一个成熟完善的排污交易市场要求参与交易的各方都有充足的市场信息并以稳定的价格进行频繁的交易。为实现这一目的，必需的交易费用是不可忽视的。交易费用的存在将会影响交易主体的积极性，从而影响整个排污权交易体系，妨碍排污权交易制度比较优势的充分发挥。而排污权质押贷款模式可以在一定程度上降低企业排污权交易费用。进行排污权质押的企业可以直接从银行得到排污治理的贷款，而排污权的需求企业则在向银行或投资商支付转让费后可以得到污染权。同时排污权储备中心建立起环境信息传输和交易中枢机构，及时、公开、公正地发布市场需求量和供给量等基础信息，企业无须再花费大量资金和精力去寻求。这样参与排污权交易的企业由于交易程序被大大减少，交易时间缩短，其排污权交易的成本会被降低，有利于排污权交易市场成交量的增大。

（3）促进排污权交易的活跃性。排污权交易与一般的商品交易相比，有很大区别，且不像一般商品交易那样容易进行。在排污权交易市场中，虽然潜在的买卖关系在理论上是存在的，但实际上买卖双方之间存在着很大的差距。对买方来说，非常希望以较低的价格获得排污许可证以实现正常生产或避免因超指标排放而交纳罚款，因此其交易的期望较高；而对卖方来说，随着经济的发展和排污控制总量的削减，排污许可证变得十分必要并且具有很大的增值可能性，成为企业难以估量的一笔资产，所以普遍具有惜售的心理。因此，一般情况下，卖方并不十分愿意尤其是不会迫切进行排污权的交易。这种买卖双方交易期望的差距自然会导致排污权交易市场的不活跃，甚至会导致排污权交易市场的失灵，从而导致根本无法进行交易活动。而排污权质押贷款的推行，一定程度上帮助减轻这种差异性所造成的影响，提高了排污权交易的活跃性。一方面一些企业不想造成排污权这种资产闲置，希望能够融资以进行污染治理，所以愿意将排污权暂时转让给银行；另一方面一些到期不能偿还银行贷款的企业，其污染权将会被迫由银行进行对外转让；两方面共同推进客观上有助于排污权交易的开展。

5.4.1.5 有利于促进国家产业结构调整

目前我国经济发展保持平稳较快增长，社会发展取得较大进步，但与此同时，仍面临一系列的问题，如经济结构亟须优化、产业结构亟待调整、整个社会所面临的资源与环境压力不断加大等。排污权交易，作为一项重要的经济政策和宏观调控手段，实际上是用环境容量倒逼产业结构调整，倒逼企业进一步优化升级，用更少的环境代价取得经济发展的更大成果。该政策的推广，是资源资本化的一种有益尝试，能够促进不同产业、不同企业以及各种资源在地区间的流动，符合未来产业结构调整的方向，理应被提上议事日程。

我国各地经济发展水平差异明显、自然资源禀赋和环境资源承载力差距也较大，从而致使各地适宜发展的产业以及产业政策等均有较大不同；且随着东南沿海地区产业升级的进行、生产成本的提高以及资源和环境承载力的饱和，部分企业会考虑迁移到环境承载力较大但资金尚不充分的中西部地区。而立足于排污权交易市场的排污权质押贷款，在为企业减低交易费用的同时，还能为其筹集环保资金，帮助其进行节能减排且不增添过多的资金压力。因此，在产业由东南沿海向西部迁移的过程中，可以借助于排污权质押贷款筹集资金，优化人力、能源和环境资源的配置，充分挖掘当地的发展潜力，推动我国经济可持续发展。

5.4.2 排污权质押贷款的可行性

排污权质押贷款作为一种新兴的排污权交易形式和融资方式，其在我国的全面开展将面临理论基础是否清晰明确、现实需求是否强烈、现有的政策法律是否予以支持、现有的监督管理机制是否能与之配套以及是否有一定的实践经验予以借鉴等多方面的挑战。本节将围绕上述几个方面，探讨此种形式的质押贷款在我国开展的可行性。

5.4.2.1 具有一定的理论基础

在我国现阶段所有制体制和法律体系框架下，推行主要面向中小企业的排污权质押贷款融资的障碍和需要解决的关键性的理论问题主要集中在（李晓亮，葛察忠等，2009）：环境容量是否是资源，如果是，归国家所有还是集体所有；排污权概念本身的内涵和外延尚待清晰界定；排污权与环境容量权（环境质量权）的关系如何尚不清晰。围绕上述几个方面，国内外已经开展了一系列针对排污权交易的基本原理、目的理论探索和实践研究，对目前的研究成果汇总分析发现理论基础的界定比较明确，结果如下：

（1）环境容量资源是一种自然资源，具有使用价值。联合国环境规划署（UNEP）将自然资源定义为："所谓自然资源，是指在一定时间、地点的条件下能够产生经济价值，以提高人类当前和未来福利的自然环境因素和条件的总称。"简言之，资源是指在一定历史条件下能被人类开发利用以提高自己福利水平或生存能力的、具有某种稀缺性的、受社会约束的各种环境要素或事物的总称。资源的根本性质是社会化的效用性和对于人类的相对稀缺性。按根本属性的不同，资源可以划分为自然资源和社会资源。自然资源是指具有社会有效性和相对稀缺性的自然物质或自然环境的总称，具有区域性、有限性、整体性和多用途性等特点，一般意义上的自然资源仅指自然物质资源，即土地资源、气候资源、水资源、生物资源、矿产资源、海洋资源等。

依据上述资源的概念和分析，环境容量资源也应被视为一种自然资源。因为在现有的生产力水平下，要生产能够"提高人类当前和将来福利"的产品，"维持人类正常生活和生产活动"就不可避免地要排污，而环境资源（容量）为人类的生产生活排泄物提供了吸纳消解的场所和条件，对人类生产生活来说都是必不可少的，因而其具有社会效用性。而且，由于环境承载力是一定的，其对各种污染物的容纳消解量都不是无穷的，所以环境容量资源的数量又是有限的。因此，环境容量资源符合自然资源的定义，可以将环境容量资源看做是一种与土地、水、生物、矿藏等资源类似的自然资源。

（2）排污权是对富余公共环境容量资源的使用收益权。广义的排污权，是指对一定区域内全部的环境容量资源使用的权利，既包括普通排污权，即一切生物为维持生命正常所需而利用环境容量资源的"应然"权利，也包括狭义的排污权，即法律意义上赋予特定排污者为获取经济利益而进行的生产活动向环境排放各种废物的对富余环境容量资源的使用权。显然，普通排污权的排放量有限，不能"充分利用"所有的环境容量资源和承载力，这样就产生了一部分"富余的"环境容量资源，可以提供给生产者利用。

排污权交易和质押贷款体系中所提到的排污权，仅指法律意义上的狭义的排污权。具体来讲，是指规定或隐含在环境保护法律规范中、实现于环保法律调整所形成的社会关系中，排污主体（主要指企事业单位）根据环境保护监督管理部门分配的额度，在正常生产活动中利用环境容量资源的吸收容纳能力排放污染物，从而通过生产的顺利进行而间接获得经济利益的一种权利，是对富余的环境容量资源的使用和收益的权利。狭义排污权最基本的特征是，排污权必须是由法律来调整和规定的。例如，《环境保护法》第 27 条规定："排放污染物的企业事业单位，必须依照国务院环境保护行政主管部门的规定申报登记"。《水污染物排放许可证管理暂行办法》第 6 条、第 16 条规定："排污单位必须如实填写申报登记表，经本单位主管部门核实后，报当地环境保护行政主管部门审批"。"排污单位必须严格按照排放许可证的规定排放污染物，禁止无证排放"。这就是以法律、行政规章的方式规定排污单位只有获得许可证才能排污，才享有排污权。地方政府代表区域内全体人民行使富余环境容量资源的所有权和处置权。理由是，环境资源由于其不可分割性导致其产权难以界定或界定成本很高，往往属于公共物品，或者至少具有一定的公共性，属于"公"权利范畴。根据公共信托理论，为了合理支配和保护共有财产，"国家"受共有人的委托对环境行使管理权。而"国家"的概念具体是指中央和各级地方政府。富余环境容量资源的使用权归区域（流域）内所有居民集体所有，所以视各级地方政府为此项"公"权利的代理是恰当的。这也符合我国现阶段社会经济发展的客观需求，土地、矿藏等资源均属国家所有，但为了更好地整合和利用各种资源促进经济发展，其使用权是可以通过拍卖等形式转让给企业和个人的，环境容量资源也是这样一种形式的自然资源，也可以采用类似的产权设置和流转体系，实现使用权与所有权的分离。

富余环境容量资源归区域内所有居民集体所有，地方政府或相应职能部门代表居民行使其所有权和处置权。所以，部分居民或非该区域内的居民要使用该部分富余环境容量资源、向环境排放污染物，根据"谁受益、谁补偿"的原则，必须对该区域范围内的全体居民进行相应的补偿，即应该支付相应的对价，而排污许可证正是政府代替居民获得对价，进而将排污权转让给企业的合法方式。

5.4.2.2 我国较发达地区面临经济和环保方面的双重需求

伴随我国城市化和工业化进程的进一步加快，综合考虑国家的综合国力以及经济、社会发展水平，总体上我国已经适宜推出排污权交易体系。而作为整个排污权交易体系中的重要一环，排污权质押体系更应被同时推出。尤其是在东部沿海地区，其地方经济和社会总体发展水平较高，环保融资需求较大，且承受能力相对较强，可作为试点推出交易体系，开展质押业务，并以此为基础向全国各地推广。

（1）开展排污权质押贷款，是优化环境资源配置，实现新、老企业利益双赢的需要。我国东南沿海地区工业较为发达，污染物排放量基数较大，在污染物总量控制制度的限制之下，新建企业常因为没有足够的排污指标而不能落户，影响了当地经济和社会的发展，因此需要建立一种合理合法的机制来盘活当地的环境容量资源，使得在不增大污染物排放总量的前提下，企业能够入驻当地。通过实行排污权质押贷款，企业将排污权质押给商业银行，便可获得一定额度的贷款，以投入到节能环保中，这样既对流动资金挤占不明显，而且老企业还可以通过采取减排措施获得一定的排污"余量"，通过交易市场出售获得一定的经济收益，使得环保投资也有利可图；同时，老企业减排提供的排污"余量"，也能满足新建项目进入当地的排污指标需求，达到双赢的目的。

（2）开展排污权质押贷款，是减轻企业水污染治理资金压力的需要。购买排污权对企业来说是一笔不小的开支，以嘉兴市为例，其对排放各种污染物定价：SO_2 为 2 万元/t、重污染行业的 COD 为 8 万元/t、一般建设项目 COD 为 6 万元/t，该定价对于

污染物排放量较大的行业来说，是一笔较重的负担。同时，企业改进生产工艺、建设
节能减排设施时所需投入较大，而且建设周期长、经济效益不明显，那么就可能会给
部分企业带来较为沉重的资金负担，而此种顾虑，会直接影响企业环保投入的积极性。
在人民币升值、国际金融危机肆虐的大背景下，排污权质押贷款能为企业筹集环保资
金，帮助企业节能减排，同时又不给企业增添额外的资金压力，以致影响企业的正常
经营，同时也减轻了政府的资金压力，这在当今我国面临的环境和经济领域的双重压
力之下，不失为一个良好的办法。

（3）开发排污权质押贷款业务，具有较为可观的市场前景。现以山东省为例予以
说明。山东省的特点是经济总量大、发展速度快，"十一五"期间，年均增长 13.1%，
与"十五"时期年均增速持平，比改革开放以来的年均增速快 1.1 个百分点（山东统
计局，2011）。然而在经济快速发展的同时，能源、资源短缺的矛盾进一步加剧，排
污总量与环境容量间的矛盾更加突出，因此亟须多方采取环境政策加大节能减排力
度。2009 年，山东省主要污染物二氧化硫、COD 排放量分别为 159 万 t、64.7 万 t（国
家统计局，2011）。如以嘉兴市二氧化硫 2 万元/t、COD 6 万元/t 的价格计，山东省企
业 2009 年就拥有价值 706.2 亿元的排污权。如果企业以一半的排污权用于质押，那
么银行每年就有 353.1 亿元的贷款业务量，在增大业务量的同时，顺应形势兼顾了环
境保护、降低了环境风险和经营风险，因此是一个理想且可行的选择，前景较为乐观。

5.4.2.3　现行的政策法律予以一定的支持

在我国目前所有制体制下，以排污权进行企业融资的质押贷款是否具有法律依据
与效力是关乎排污权质押贷款能否顺利推进的一个基本要素，如生产者排污权的性质
如何、是天赋的还是法定的、是否属于"公"权利等。本节将从我国现有法律对排污
权合法地位的承认和排污权能够作为标的物进行质押两方面进行阐述。

（1）我国现有法律支持排污权交易的合法地位。为保证排污权交易能够顺利进行，
需要形成一个完整的法律法规体系，具体包括确定环境容量资源总量、总额配额分配
和排污权交易等的法律依据。虽然我国目前为止尚无一套完整的排污权交易法规，但
是现行的《大气污染防治法》《水污染防治法》等均已提到了排污总量控制及排污许
可证制度，可以为其提供部分法律依据。

总量控制作为我国的一项环境政策已于 1996 年 9 月在国务院的《"九五"期间全
国主要污染物排放总量控制计划》中被正式提出。如《淮河流域水污染防治暂行条例》
中第 9 条至第 14 条、1996 年修订的《水污染防治法》和 2000 年修订的《大气污染
防治法》，分别为水环境污染物总量控制和大气污染物总量控制提供了法律依据，相
当于从法律层面间接规定了环境容量资源的有限性和稀缺性，为排污权交易及排污权
质押贷款打下了坚实基础。

排污许可证制度作为现有的总量配额分配的法律基础，在我国从 1990 年年初就开始试点推行。1992 年开始全方位实施排污许可证制度。2000 年修订的《大气污染防治法》第 15 条对污染物总量配额制度做出了详细规定：国务院和省、自治区、直辖市人民政府对尚未达到规定的大气环境质量标准的区域和国务院批准划定的酸雨控制区、二氧化硫污染控制区，可以划定为主要大气污染物排放总量控制区。主要大气污染物排放总量控制的具体办法由国务院规定；有大气污染物总量控制任务的企业事业单位，必须按照核定的主要大气污染物排放总量和许可证规定的排放条件排放污染物。按照环境经济手段分类，排污权交易是一种经济政策。我国对利用经济政策控制环境污染有相应规定。2000 年修订的《大气污染防治法》对利用经济政策来控制大气污染有新的规定。该法第 8 条规定："国家采取有利于大气污染防治以及相关的综合利用活动的经济、技术政策和措施。"这可以包含鼓励尝试排污权交易政策。排污权质押贷款是排污权交易的一种重要形式，对排污权交易的允许和鼓励，也就是对排污权质押贷款的允许和鼓励。

（2）排污权可以作为标的物进行质押贷款。在我国，涉及质押标的物规定的法律主要有《担保法》和《物权法》。1995 年的《担保法》规定：依法可以抵（质）押的其他财产才可质押。这就意味着那些法律、行政法规既没有规定不得抵（质）押，又没规定可以抵（质）押的财产都不能抵（质）押。而第 34 条列出的可以用于抵（质）押的财产，并没有排污权，所以依据《担保法》，排污权是不能够充当质押标的物的。

而 2007 年实施的《物权法》第 179 条规定：法律、行政法规未禁止抵（质）押的其他财产可以抵（质）押。极大地拓宽了质押物的范围。《物权法》改一般禁止为一般允许，而排污权并未在禁止之列，而且《物权法》第 178 条规定：《担保法》与《物权法》规定不一致的，适用《物权法》。所以依据最新颁布的《物权法》，排污权可以作为标的物进行质押贷款融资。

5.4.2.4 目前的技术手段及监测监督水平能基本满足要求

实施排污权交易制度还需要相应的技术手段的支持，如环境容量的计算、排污指标的分配、许可证的管理等，就我国目前的技术水平来看，我国已有排污许可证交易所需要的全部技术，在许多地方已经具备了实施排污权交易的初步条件。

同时，我国已初步建成全国环境监测网络，具备了环境质量监测和污染源监测的基本能力。我国的环境监测网络由一级网（国家）、二级网和三级网组成。一级网由国家级、各省级环境监测中心站、国务院有关部门环境监测中心站组成；二级网由各省环境监测中心站、省辖市环境监测站、各省有关厅局的环境监测站组成；三级网由各省辖市的环境监测站、各县环境监测站、市辖范围内有关部门大中型企业的环境监测站组成。

　　对排污单位进行有效的排污监督管理是实施排污权交易制度的必备条件。有效的排污监督才能保证排污单位按照排污许可证的要求排污，从而使没有排污许可证或虽有排污许可证但指标不足的单位主动购买排污指标。同时，有效的排污监督还能保证排污许可证的出让方所交易的排污许可证的可靠性。我国很早就已开始进行排污权交易的试点工作，在实践中逐步形成了一套行之有效的监督管理制度，如月报、年检、通报、群众监督、企业自检等。该种方式虽然略显粗糙，但却为排污权质押贷款的实施打下了较为良好的基础。

5.4.2.5　具有一定的实践经验

　　2008 年嘉兴市在全国率先推出了排污权抵押贷款融资，允许企业通过抵押排污权获得贷款。截至目前该市商业银行已与 5 家企业签订了 2 200 万元人民币额度的授信意向书，取得了一定的成果，为在全国的推广积累了实践经验。

　　（1）针对排污总量确定、排污权的初始分配与定价等问题，嘉兴市提出了一系列的解决对策。具体表述为：① 根据 2007 年 11 月国家规划的污染排放量这一硬指标确定排污总量，不能突破。在总量一定的前提下，认可老企业通过行政许可获得的排放量，则新企业需要的排放量只能从老企业减少排放的排放量中获得。新企业需要的排放量要根据其环境影响评价报告和"三同时"验收的情况经过论证而定，防止企业多买囤积。② 按照正常的发展过程，排污权交易分为 3 个步骤：排污权初始分配—排污权的有偿使用—排污权的再分配（即排污权交易）。嘉兴市环保局没有按照通常的思维过程首先解决排污权的初始分配问题，而是转变思维，跳过较难以厘清的"排污权初始分配"这一瓶颈，直接实施"排污权的有偿使用"这一步：即在实施总量控制的前提下，认可 2007 年 11 月 1 日之前企业所通过行政许可无偿取得的排污权，但其减排部分可以上交易平台以市场价格进行交易。新建企业则必须通过交易平台购买由老企业削减出的排污权。所有排污权的使用年限均为 20 年。这样就保证了整个地区的排污数量受总量控制，减轻了环境负担，实现了节能减排的目标。③ 排污权的价格主要根据市场对于排污权的需求和供给情况由嘉兴市排污权储备交易中心确定，同时也将污染的治理成本、与排污收费的关系考虑在内。依此确定的排放各种污染物的价格为：SO_2 为 2 万元/t、重污染行业的 COD 为 8 万元/t、一般建设项目的 COD 为 6 万元/t。

　　（2）嘉兴市完善了自身的环境监控系统并确定了排污权质押贷款的程序。具体表述为：① 根据地区污染源的特点，嘉兴市将水污染作为管理和监控的重点。浙江省财政投入几十亿元建立了污染物排放监控体系、大气与地表水监控体系。建立大气自动站 14 个，水自动站若干个，并且引入第三方即中介公司实施监控。监测站每两个月做一次 TOC 与 COD 对比。监控设备主要采用日本岛津公司的产品，目前已能对 90% 以上的日排放废水 200 t 以上的污染源实施实时监控，从而有效解决了排污权交易中的排放量监控问题。2009 年实现对 90%以上的日排放废水 100 t 以上的污染源实施监控。②通过积极联系、协调嘉兴市商业银行，共同研究探索"排污权抵押贷款"这一金融创新手段的可行性和实际操作方案，嘉兴市排污权储备交易中心与嘉兴市商业银行顺利签订了《银政合作协议书》，共同出台了《嘉兴市商业银行排污权抵押贷款管理办法》和《嘉兴市商业银行排污权抵押贷款操作流程》，具体规定了排污权抵押贷款的管理规定和工作流程。简单而言就是企业只需向银行提供《排污许可证》《嘉兴市主要污染物排放权证》《排污权出让合同》、付款凭证原件及复印件、授权排污权储备交易部门处置排污抵押权的《授权委托书》和有关证照报表后，就可以申请贷款项目。

通过上述从现实经济与环保的共同需求、政策法律，以及监测及监督机制等方面的论述，可以看出我国均具备了一定的开展排污权质押贷款的基础。但与此同时，也应看到我们目前面临的困难与挑战，如需不断完善社会主义市场经济体系，突破行政划分的排污权交易市场现状，打破排污权交易主体多为当地污染大户的格局，建立包括达标者、投资者和环保主义者的多元化主体；面对污染源结构的变化和分布的新特点，需积极拓展提高环保监测、监督水平等。惟其如此，才能在已有可行性条件的基础上，切实推动排污权质押贷款的进行。

5.4.3 基于排污权质押贷款的金融产品设计

在上述分析排污权质押贷款必要性和可行性的基础上，本部分从排污权质押贷款的业务设计、风险管理、银行的介入点和实施方案 3 个方面设计了一款金融产品。该产品适用于所有处于环境管理范围之中，并界定了排污权的污染物，如 COD、SO_2 等。

5.4.3.1 排污权质押贷款业务设计

（1）排污权质押贷款业务中的主体。

环境主管部门

县级以上人民政府环境保护行政主管部门依照有关规定，负责排污许可证的审批颁发与监督管理工作。

环境保护行政主管部门应当自受理排污许可证申请之日起一定时限（如 20 日）内依法做出颁发或者不予颁发排污许可证的决定，并予以公布。做出不予颁发决定的，应书面告知申请者，并说明理由。

环境保护行政主管部门应当将审查和颁发排污许可证的情况予以公告，并定期将污染严重排污者主要污染物排放情况向社会公布，接受公众监督。

环境保护行政主管部门应当建立、健全排污许可证的档案管理制度，每年将上一年度许可证的审批颁发、年度检验、撤销、吊销、注销等情况报上一级环境保护主管部门备案。

环境保护行政主管部门应当每年对排污许可证载明的主要事项进行审查，以及时纠正违反许可证规定的行为。

环境保护行政主管部门对纳入重点污染源的排污者实施在线监控、应对排污者的排污行为进行监督检查，发现不按照排污许可证规定排放污染物的，应责令排污者及时改正；对可能造成严重污染危害或拒不改正的排污者，可以查封、扣押其产生或者排放污染物的设备和相关物品。

环境保护行政主管部门及其工作人员违反规定的，由其上级行政机关或者监察机关责令改正；情节严重的，对其直接负责的主管人员和其他直接责任人员给予降级或者撤职的行政处分；构成犯罪的，依法追究刑事责任。

环境保护行政主管部门违法颁发、撤销或者吊销排污许可证，给许可证持有人的合法权益造成损害的，应当依法给予赔偿。

排污权储备交易机构

环境保护行政主管部门授权排污权储备交易机构办理排污权质押的具体事宜，包括办理排污权质押登记、对质押的排污权进行冻结、建立质押登记档案、提供质押权查询、收购处置的排污权等。

排污权储备交易机构是独立核算的事业单位。其组织架构和具体运作受章程的约束。其主要职责是为排污权交易提供场所、设施和信息等服务。所以，排污权储备交易机构应当建立排污权交易信息发布网络平台，形成可供网上查询的信息网站和数据库系统，及时提供排污权交易的信息、管理制度、交易规则和相关的法律、法规、规章及政策规定。同时，排污权储备交易中心应当与环境保护行政主管部门有关排污权交易许可证变更、登记、管理等信息平台联网，实现信息共享与交换。另外，排污权储备交易机构还应当为排污权交易提供价款结算服务。

排污权储备交易机构排污权的来源是通过市场化方式取得的许可量以及通过采取法律、法规及政策等综合措施取得的可交易量。地方财政应安排一定量的启动资金，用于排污权储备交易机构的排污权收购。排污权储备交易机构的资金统一纳入在银行设立的排污权交易资金专用账户。排污权交易资金收益主要用于排污权收购（补助）、环境质量改善、生态保护和环保基础设施建设。交易资金专款专用，不得挪作他用。排污权储备交易机构对交易双方按一定比例（如 5%）收取交易管理费，用于储备交易中心的日常运行开支。

商业银行

开发排污权质押贷款业务的商业银行为在我国境内注册的合法金融机构。

商业银行有权审查申请贷款企业的资信状况，有权向有关方面了解申请贷款企业的有关资料，有权索取、留存和使用申请贷款企业的资料，并有权对申请贷款企业提供的排污权进行评估。

商业银行享有完整意义上的经营自主权,包括在排污权质押贷款业务方面的经营自主权。但它必须在国家法律许可的范围内开展金融活动,并接受国家有关政策的引导,特别是国家环境政策的引导。与此同时,商业银行必须自负盈亏、自担风险。所以,商业银行必须对排污权质押贷款的风险进行评价和控制。

企业

企业排放的污染物不得超过国家和地方规定的排放标准和排放总量控制指标。企业应当采取可行的经济、技术或管理等手段,实施清洁生产,持续削减其污染物排放强度、浓度和总量。削减的污染物排放总量指标可以储存,供其自身发展使用,也可以根据区域环境容量和主要污染物总量控制目标,在保障环境质量达到功能区要求的前提下按法定程序实施有偿转让。

新建项目的企业申请领取排污许可证,应当具备下列条件:① 建设项目环境影响评价文件经环境保护行政主管部门批准或者重新审核同意;② 有经过环境保护行政主管部门验收合格的污染防治设施或措施;③ 有维持污染防治设施正常运行的管理制度和技术能力;设施委托运行的,运行单位应取得环境污染治理设施运营资质证书;④ 有应对突发环境事件的应急预案和设施、装备;⑤ 排放污染物满足环境行政主管部门验收的要求;⑥ 法律、法规规定的其他条件。

(2)排污权质押贷款业务的基本流程。排污权质押贷款业务的基本流程,主要包括排污权的分配和储备、排污权质押贷款的前期准备、排污权质押贷款业务的具体运作三部分。

排污权的分配和储备

如图 5-21 所示,排污权的分配和储备流程分为以下步骤:

第一步,新企业或老企业的新建项目向环境保护行政主管部门申请环境评价,见图 5-21 中的①或③。

第二步,环境保护行政主管部门对新企业或老企业的新建项目进行环境评价,如果合格将颁发许可证,见图 5-21 中的②或④。

第三步,环境保护行政主管部门向排污权储备交易机构授权,允许其向企业出售排污权,见图 5-21 中的⑤。

第四步,排污权储备交易机构接受授权,见图 5-21 中的⑥。

第五步,排污权储备交易机构向新企业配售排污权,见图 5-21 中的⑦。

第六步,新企业购买排污权,见图 5-21 中的⑧。

第七步,如果老企业有节余的排污权,就可将节余的排污权转让给排污权储备交易机构,见图 5-21 中的⑨。

第八步,排污权储备交易机构接受节余的排污权,见图 5-21 中的⑩。

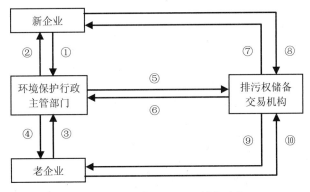

图 5-21　排污权的分配和储备流程

排污权质押贷款的前期准备

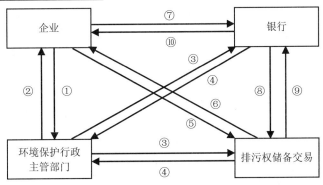

图 5-22　排污权质押贷款的前期准备流程

如图 5-22 所示，排污权质押贷款的前期准备流程分为以下步骤：

第一步，企业在资金短缺时，与环境保护行政主管部门联系，探寻将排污权质押给银行的可能性，见图 5-22 中的①。

第二步，环境保护行政主管部门接受企业的请求，并将企业的要求列入工作议程，见图 5-22 中的②。

第三步，环境保护行政主管部门邀请排污权储备交易机构、银行以及律师事务所有关人员研究排污权质押的可能性，见图 5-22 中的③。

第四步，排污权储备交易机构、银行以及律师事务所接受邀请论证可行性，见图 5-22 中的④。

第五步，如果可行，排污权储备交易机构通知企业，认为可以申请排污权质押贷款，见图 5-22 中的⑤。

第六步，企业接受排污权储备交易机构的通知，拟定申请排污权质押贷款的计划，见图 5-22 中的⑥。

第七步，企业向银行提出排污权质押贷款的申请，见图 5-22 中的⑦。

第八步，银行向排污权储备交易机构发出邀请，要求共同制订排污权质押贷款的程序及实施细则，见图 5-22 中的⑧。

第九步，排污权储备交易机构接受银行的邀请，见图 5-22 中的⑨。

第十步，银行在制订排污权质押贷款的程序及实施细则后，如果企业符合条件，就同意企业的贷款请求，见图 5-22 中的⑩。

排污权质押贷款业务的具体运作

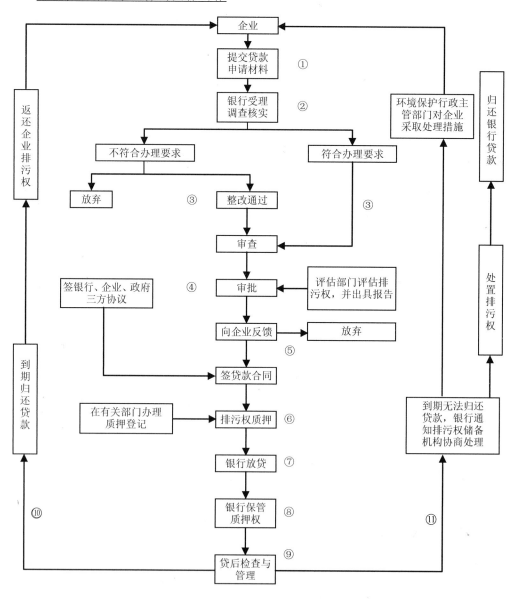

图 5-23　排污权质押贷款业务的具体运作流程

如图 5-23 所示，排污权质押贷款业务的具体运作流程分为以下步骤：

第一步，企业在资金短缺时，提交贷款申请材料，见图 5-23 中的①。

第二步，银行受理调查核实，见图 5-23 中的②。

第三步，银行对于符合办理要求的，纳入审查程序。对于不符合办理要求的，放弃；或要求其整改，整改合格后纳入审查程序，见图 5-23 中的③。

第四步，银行根据审查结果和排污权评估报告进行审批，见图 5-23 中的④。

第五步，银行将审批结果通知企业。对于不同意贷款的，银行自行中止；对于同意贷款的，银行在签订三方协议的基础上，与企业签订贷款合同，见图 5-23 中的⑤。

第六步，企业办理排污权质押手续，见图 5-23 中的⑥。

第七步，银行发放排污权质押贷款，见图 5-23 中的⑦。

第八步，银行保管排污权证，见图 5-23 中的⑧。

第九步，银行进行贷后检查与管理，见图 5-23 中的⑨。

第十步，如企业按时归还贷款，银行就归还其排污权证，见图 5-23 中的⑩。

第十一步，如企业不能按时归还贷款，银行就处置其排污权，见图 5-23 中的⑪。

（3）排污权质押贷款业务的实施方案。实施方案主要涵盖签订银政合作协议、排污权质押贷款的申请、银行对贷款的调查与审批、银行与借款人签订合同、发放贷款等工作、贷后管理工作、贷款到期后的处理等七方面的工作。

签订银政合作协议

排污权质押贷款业务的设计是在环境保护行政主管部门、排污权储备中心和银行签订《银政合作协议》的基础上进行的。具体协议可参考如下内容：① 环境保护行政主管部门作为排污权交易的主管部门，依据政府规范性文件，设立排污权质押的登记部门，建立排污权质押制度和相关操作流程，保证排污权质押的合法有效性。② 环境保护行政主管部门授权排污权储备中心办理排污权质押的具体事宜，包括但不限于办理排污权质押登记、对质押的排污权进行冻结、建立质押登记档案、提供质押权查询、收购处置的排污权等。③ 在遵守国家有关金融法律、法规及银行信贷政策的前提下，银行为从排污权储备中心处有偿取得《污染物排放权证》的企业提供授信支持。④ 环境保护行政主管部门授权排污权储备中心以环境保护行政主管部门名义出具排污权质押登记证，在授信企业持有的《污染物排放权证》上注明排污权质押情况，并代企业保管已质押的《污染物排放权证》。⑤ 企业办理排污权质押登记后，排污权储备中心须对该排污权进行冻结，质押期间内，未经银行同意，禁止企业交易及处置该排污权。⑥ 授信企业申请以排污权质押方式取得银行授信时，由排污权储备中心先行对质押排污权的持有主体、价值、有效期限、授信额度等进行确认，以保证排污权质押权日后能如期实现。⑦ 授信企业如经营出现重大风险、贷款逾期、发生垫款等违约情形，银行要求处置该质押物时，排污权储备中心承诺将在 1 个月内依据企业事前签发的授权委托书和出让合同收购该质押权并支付收购价格。收购价格为该排污权的出让价格扣除相关税费后的金额。⑧ 排污权储备中心收购排污权以价值相当为原则，即以银行主债权本金及其利息、罚息、逾期利息、复利、违约金、损害赔偿金、实现债权和担保权利的费用（包括但不限于律师费、差旅费等）和所有其他应付费用为限。排污权储备中心对超过上述部分的排污权不予收购，由排污权储备中心按剩余排污权为授信企业换发新的《污染物排放权证》。

排污权质押贷款的申请

A. 排污权质押贷款申请前的准备。排污权贷款的申请者必须是排污权交易市场上的交易主体。交易主体必须具备如下条件：首先，主体已进行过排污登记且排污达到环境标准的企业，可以说都已具备了持有排污许可证进行正常生产活动的资格。其次，交易主体范围限于排放同类污染物的企业之间，这样就既可使排污权交易有效进行，又可避免由交易带来的污染监管不力、环境污染失控等结果。再次，交易各方削减相同环境效益的排污量，所需要的治理费用要有明显差异。最后，能耗高、污染严重、不符合国家产业政策和环境功能区总体规划的，不得受让允许排放量指标。企业如果符合交易主体的要求，就可以进入申购程序。申购程序如下：企业首先向环境保护行政主管部门申请《排污权购买总量联系单》；然后向排污权储备中心提交主要污染物申购预约申请，交易中心初审，储备交易中心与需求方签订《污染物排污权交易转让合同》、收取交易款项；环境保护行政主管部门根据《合同》和款项支付凭证发放排污权交易证。

B. 排污权质押贷款的申请。获得排污权交易证以后，企业可以向本地区环境保护行政主管部门签约的银行申请贷款。银行对贷款的申请者有限制，只有符合下列条件的企业才有资格获得贷款：① 污染物排放达标，具备排污权交易主体资格。② 持有的排污权从排污权储备交易部门有偿申购取得。③ 经工商行政管理部门核准登记，并办理年检手续。④ 持有合法有效的营业执照，所属行业或产业符合国家政策，发展前景良好。⑤ 企业和经营者个人信誉良好，无不良信用记录，在贷款行所在地有固定生产经营场所，企业信用等级为 A（a）级（含）以上。⑥ 产权清晰，经营稳定，能按期还本付息，具有一定的发展潜力和市场竞争能力。⑦ 必须在申请行开立结算账户。⑧ 企业必须持有中国人民银行核发的正常有效的贷款卡。

如果企业申请节能减排项目贷款，除满足上述基本条件外，还应具备以下条件：① 申报项目符合国家产业政策、信贷政策和本行贷款投向。② 项目具有国家规定比例的资本金。③ 需要政府有关部门审批的项目，须持有有权审批部门的批准文件。④ 借款人信用状况良好，偿债能力强，管理制度完善，对外权益性投资比例符合国家有关规定。

另外，贷款申请者还应该提供以下资料才可能获得贷款：① 借款申请书。② 借款人营业执照（含年检证明）、企业代码证、公司章程、财务报表。③ 税务登记证明、上年度纳税申报表。④ 法定代表人或负责人身份证明，董事会成员、法定代表人和财务负责人名单和签字样本。⑤《排污许可证》《污染物排放权证》原件及复印件。⑥ 需要提供的其他资料。

银行对贷款的调查与审批

银行接到企业的申请后，会对它进行调查、审批，主要内容有：

首先，审查是否符合前述"排污权质押贷款申请前的准备"所提及的贷款所需要的 8 个基本条件。如果借款人申请节能减排项目贷款的，除审查上述基本条件外，还会审查所提及的 4 个其他条件。

其次，调查核实借款人提供资料的真实性、可靠性、有效性。主要调查核实借款人的资信状况、借款用途、还款来源和还款能力情况。重点掌握该排污权的市场价值，组织开展价值评估。

最后，撰写调查报告，并提出授信意见及风险防范措施。

银行与借款人签订合同、发放贷款等工作

这阶段的工作主要包括：

A. 客户经理与借款人填写合同。客户经理与借款人填写借款合同、排污权质押合同等，填写内容必须完整、正确、合法、有效。

B. 审核人员贷款审查。① 审核人员应审查客户经理提供资料的完整性、借款人贷款对象和条件的合规性，分析授信的风险状况、合同的合法有效性、贷款金额、利率、用途、期限等的合理性。② 提出审查意见。

C. 审批人员费款审批。审批人员按规定权限进行审批。

D. 签署合同。贷款批准后盖上授信合同章及负责人签字。

E. 客户经理与客户办理排污权质押手续。客户经理与客户到质押登记机构办理质押登记。

F. 办理贷款出账手续。办妥排污权质押后，客户经理、结算部门办理贷款出账手续。

G. 排污权质押凭证的保管。将已办理质押的《主要污染物排放权证》交给质押登记机构代为保管。

贷后管理工作

发放贷款后，客户经理除了按有关信贷管理规定做好贷后管理工作外，应做好以下工作：① 还应关注市场行情变化，持续评估排污权的价值，从环境主管部门处了解借款企业的污染物排放情况，采取有效措施防范和控制信贷风险。② 质押的排污权市场价值发生变化，影响银行信贷安全时，应要求借款人追加担保。③ 贷款期间，如质押登记事项发生变化依法需办理变更登记的，应在登记事项发生变更之日起 3 个工作日内到质押登记机构中心办理变更登记手续。

贷款到期后的处理

排污权质押贷款到期后，一般会有以下两种情况出现：一是贷款到期后企业顺利归还贷款，此时企业可以注销排污权的质押，重新获得排污权证。二是如果贷款到期后，企业没有归还贷款。这时银行可以与环境保护行政主管部门、排污权储备中心及企业协商，如果有必要可对贷款展期。对于不符合展期条件的，银行有权处理排污权证，环境保护行政主管部门和排污权储备中心可对企业采取一定的措施。

5.4.3.2 排污权质押贷款业务风险管理

（1）排污权质押贷款业务风险识别。

☞ 排污权质押不易评估：用排污权质押，首先必须准确计量排污权的价值。我国还没形成被普遍接受的无形资产计量方法，现行会计制度不能全面准确地反映排污权的价值。无形资产价值评估体系和监督管理体制不健全，评估的权威性也有待认同。中介服务的这些缺陷，使企业和银行无法确定无形资产的准确价值，这已成为他们不愿接受无形资产为担保标的的最大原因，因而成为发展排污权质押贷款最大的障碍。

☞ 排污权质押具有无形性，难以占有：排污权属于无形资产，很难转移占有或交付标的。无形资产出质后，出质人仍有继续使用权，质权人实际上很不好控制质押标的。债权人不能像占有不动产或动产那样直接占有排污权。

☞ 价值波动大：排污权属于无形资产。无形资产的价值体现在未来的收益上，表现为可收回的金额，受企业所处地理位置、市场、经济及法律等外在环境的制约和影响。且无形资产不具有实物形态，容易遭到忽视，和其他有形资产不同，很少有企业会专门开设机构对其进行经营和维护，对无形资产的保值增值工作缺乏必要的重视。

☞ 变现能力不易预测：银行不愿意接受排污权质押的关键原因是排污权变现难。一旦企业出现经营困难、无力偿还债务的情况，银行不能像处理有形资产质押贷款一样，通过拍卖、租赁、转让等方式及时收回资金。目前社会上缺少专业的排污权交易市场，且交易信息大多比较封闭，不够公开透明，极大程度地影响了排污权的变现能力。

（2）推行排污权质押贷款的风险控制策略。

☞ 建立完善的评估制度：排污权属于无形资产，价值不易确定，因此对排污权价值进行评估是排污权质押的前提，评估机构出具的评估结果对企业和银行都具有非常重要的作用。评估机构应当站在一个公正的立场上，实事求是、不偏不倚地出具评估报告。因此评估行业对评估机构的规范必不可少。当前排污权评估工作系统化、规范化不足，行业管理乏力。应制定《无形资产评估管理细则》，规范评估制度、强调评估管理、加强评估审查、公开评估程序、明确评估责任、加强诚信监督，保证公正评估。加强法制教育，提高评估人员的法制意识及业务水平。

☞ 规范登记手续：排污权质押属于权利质押。我国《物权法》规定质权自权利凭证交付质权人时设立，没有权利凭证的，质权自有关部门办理出质登记时设立。但目前没有专门的排污权质押的登记部门，更缺乏具体的登记管理办法。致使这一业务发展缓慢。因此应尽快规范登记制度，建立专门的登记部门，并出台具体的《登记管理办法》。

☞ 加强合同管理：随着我国经济的飞速发展，无形资产的质押也日益增多。无形资产的质押同有形动产的质押具有不同的特点，若对其放任自流则可能导致市场秩序的混乱，因此有必要加强对排污权质押合同的管理。我们可以专设一个职能部门，统一管理商标、专利以外的保护排污权在内的无形资产质押合同的登记。可以将知识产权局与商标局合并，由合并后的部门设专门机构，统一负责无形资产质押合同的登记管理。

☞ 加强质押管理：我们平常所说的质押一般是指质押人将动产转移于质押权人处，由质押权人亲自保管。这完全是基于当事人之间的自愿而进行的，因此不涉及质押管理的问题。排污权质押是将一种无形的权利作为质押标的物，与有形的动产质押不同。而且排污权是我国为协调经济与环境之间的关系所实行的经济手段，对其应该加强管理。因此为规范排污权质押，我国应改变放任自流的态度，设立机构进行专门的排污权质押的管理。比较可行的方法是由相关的环境保护部门在管理排污权的过程中，增设排污权质押管理的职能。如进行排污权质押的认证、排污权质押合同的管理以及排污权质押的实现等。这样可以保证排污权质押在一个统一有序的环境中进行，从而真正实现经济与环境的协调发展。

☞ 推行排污权质押贷款证券化：排污权价值不稳定性、弱流通性的特点决定了排污权质押必须采取不同于动产质押的实现方式。国外资产证券化的兴起给我们提供了一个新的视角。资产证券化是将原始权益人不流通的存量资产或可预见的未来收入构造转变成为资本市场可销售和流通的金融产品的过程。适于资产证券化的资产公认为是那些缺乏流动性，但能够在未来产生可预见的、稳定的现金流的资产。排污权的流通性不强，能在未来产生可预测的现金流，并且资产的质量和信用比较好（现金流收入稳定；违约率和损失率低），具备证券化交易的资产的基本特征。

排污权质押贷款的资产证券化能增强其流通性和变现能力，使作为担保基础的交换价值极易实现，给银行发放贷款减少风险。首先资产证券化中贷款银行往往将一定数量的质押信贷资产集合成的资产转让给特殊目的机构使其资产证券化，使拟证券化的资产与贷款银行的其他资产隔离，即使银行发生破产也不会影响证券投资者对证券化资产的利益；其次，中介机构以被转让的资产为基础发行证券；最后，由信用增级机构和信用评级机构对资产支撑证券进行信用增级和信用评级，从而使资产支撑证券能够在证券市场上出售流通。从法律的角度来看，资产证券化融资结构的核心概念是资产分割，即把拟证券化的资产从资金的需求者的信用风险中分离出来。银行以其知识产权质押贷款担保的信贷债权未来可预期收回的本息现金流的权利转让而获得债权转让资金，这使得银行可提前收回贷款，从而免除了长期贷款收债的风险，并可提高银行资金运转效率。

☞ 推动中介组织为质押企业提供担保：由于排污权具有无形性、价值波动大、变现困难等特点，使得排污权质押的风险较大。针对排污权的这些特点，可以利用中介组织来为质押企业提供担保，为排污权质押提供一个稳定的环境，增加质押权人的信心。比较可行的方法是可以设立排污权质押保险，由质押人缴纳一定的保险金，由保险机构担保排污权价值降低的风险。另外，也可以设立专业的认证机构，由此机构通过专业知识以及风险预估能力对排污权进行认证，确定其具有的价值，为质押企业提供相应的担保。

☞ 大力发展排污权交易市场：排污权质押属于排污权交易的一部分，为推行排污权质押政策就有必要完善排污权交易市场，从而解决排污权的变现问题。完善的排污权交易制度，能够为排污权质押双方提供准确、有效的供需信息，促进排污权质押的发展；排污权交易市场的发展可以为排污权质押提供便捷的交易方式和稳定的交易场所，从而促进排污权质押在稳定的环境中有序进行。

5.4.3.3 排污权质押贷款业务的银行介入点及实施方案

目前排污权交易体系正在逐步完善，基于排污权交易体系的创新的金融产品也逐渐增多，而以美国 SO_2 和 CDM 机制下的世界范围内的 CO_2 交易规模也正在逐步发展壮大，同时，以全球气候变暖为代表的环境和气候变化问题的现状，使得发展排污权质押贷款成为当务之急，且占据道德上的优势，所以排污权质押贷款是非常有发展前景的。而就商业银行可能在排污权交易体系内开展的业务和推出的产品来讲，主要有建立期权市场、开展污染物治理设施和处理设备的建设保险以及排污权质押贷款业务，而其开展路径，主要分为以下三步（图5-24），即：① 基于两种可能的排污权交易制度分别设计上述 3 种产品；② 在某个区域或行业内，就某种产品开展试点，并逐步推广；③ 在可能的情况和条件下，建立起一个全国统一的排污权交易市场，并推广各种金融产品。

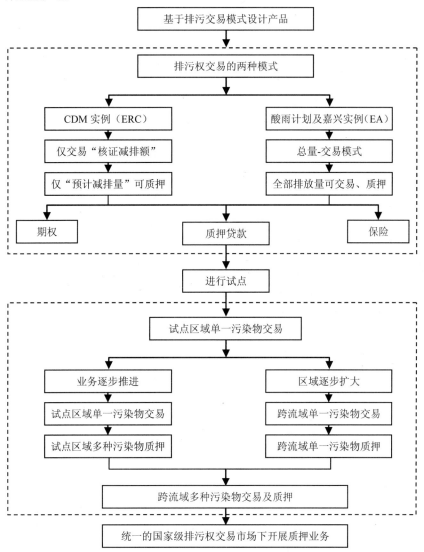

图 5-24　排污权质押贷款业务及相应金融产品开发及试点路线

5.4.4　排污权质押贷款的推广展望

截至 2011 年 1 月 23 日，国内已有 19 个省市相继建立了排污权交易中心（广州日报，2011），以便推行试点工作。同时，从我国各种主要污染物的现实排放量均已大大超过了环境容量，未来仍有可能进一步增加的情况来看，排污权在今后很有可能不会再被无偿赋予。以此为基础，"十二五"时期，排污权有偿使用及交易有望由试点工作发展至全面推出。因此，排污权质押贷款作为丰富和完善排污权交易的一种金融产品，大形势下也具有快速发展的潜力。同时，排污权质押贷款本身也可以看做是独立于排污权交易之外的一种简单的质押贷款的融资方式，仅仅相当于拓展了质押贷款的标的物的范围，其与知识产权、专利权等质押融资方式并无本质区别，所以，即便排污权交易市场在"十二五"期间不能发展得非常完善和顺畅，也并不影响排污权质押贷款作为一种新的鼓励和促进水污染治理领域社会化投资融资方式作用的发挥。

当然，目前我国的排污权交易以及排污权质押贷款还处于试点或起步阶段，全国层面与之相配套的制度、规章等依旧处于探索、开拓阶段，排污权本身作为一种无形资产又面临自身价值难以评估、波动大、预测难等方面的问题。为了保证排污权质押贷款的顺利推行，未来还需做到以下几点。

5.4.4.1 法律与制度先行

健全的法制建设是排放权质押贷款能够健康发展的基础，尤其是一项突破传统管理模式的新制度更加需要法律制度的指引。市场机制虽然具有开放性、灵活性等特点，但在不完全竞争的情况下，如果没有良好的法制环境，市场的缺点也会暴露无遗。因此，首先应从法律的角度界定环境资源的价值和产权，为推进排污权质押贷款奠定良好的法制基础。同时，还需要建立一个完整的制度体系，具体包括对排污权质押贷款合法性的确认、环境容量与排放总量的确定、排放源的排放标准、初始排污权的分配、许可证的管理、排污权配额的定价、贷款规则、贷款程序、贷款监管以及保障机制等，为市场参与主体提供一个公平、公开、安全的交易环境。

5.4.4.2 与其他资产组成资产包进行质押贷款

鉴于我国尚未形成被普遍接受的无形资产计量方法，企业和银行无法确定无形资产的准确价值，且排污权质押贷款这项业务仍不够完善，作为鼓励其发展的一项措施，可以不只采取排污权作为质押标的物，而是将排污权与其他资产一起组成资产包，来进行质押贷款，这样既鼓励了这项业务的发展，也减轻了银行和企业双方面的顾虑和风险。

5.4.4.3 排污权的拥有时限予以明确

排污权不是排污者的权利，而是企业按照规则与程序从政府获得的合法排污行为，政府可根据需要通过合理方式进行调整甚至收回。因此，排污权是在一定时间内的有效量，具有时效限制。如果排污权年限和配额分配不明确，会大大增加排污权质押贷款的风险性，并不利于其广泛推行。当然，分配年限太长，也不利于政策发展过程中的不断变化与完善。因此，应合理确定排污权的拥有年限。我国的总量控制计划一般是以 5 年作为周期的，而总量减排是以年度为基本时间单元考核的，建议排污权的所有权年限可以以此作为参考。

综上所述，排污权抵押贷款的推出未来还将面临方方面面的挑战，需要我们进行法律、制度、资产评估等各方面工作的完善。但是，排污权质押贷款作为我国积极探索排污权交易发展的一个阶段性成果，不仅可以化身为企业的"流动资产"，解决中小企业的资金周转问题，促进前景良好的中小企业的发展，还可以推进排污权交易，优化市场配置环境资源，优化产业结构，推进金融产品创新，促进绿色信贷。结合我国环境保护的严峻形势，"十二五"期间将继续推进排污权抵押贷款，不仅将促进政府与金融部门共同减排、推动经济又好又快发展，而且会不断完善排污权交易制度。

第6章

流域型水污染防治专项资金设计及示范研究

　　江河湖泊是我国重要的生产和生活用水的来源，然而我国目前流域水污染形势严峻，呈现污染面积大、污染问题集中、污染成因复杂化的特点，这不仅威胁着区域的经济社会可持续发展，同时对流域居民带来巨大的环境健康风险。重点加强对流域水污染的防治，已成为全社会对水环境保护工作的共识；为此国家在重视污染防治技术研发的基础上，更通过财政专项资金的形式强化对水污染防治的资金投入，以期发挥专项资金导向性、杠杆性、基础性的示范效应，引导更多的资金进入流域水污染防治领域。

　　那么该如何设置专项资金，流域型水污染防治专项资金的特点又是怎样，我国既往相关专项资金的实施效果如何，该从哪些方面完善和加强专项资金的使用和监管？围绕着这些核心问题，本章从理论入手，运用环境经济学、公共经济学和公共管理学等理论，解析流域型专项资金的理论基础、归纳了专项资金的特点、提出了专项资金设立的原则；同时梳理了我国环境保护特别是流域型水污染防治专项资金的历史演进，并以此为基础，通过构建计量模型，分析了投资与污染控制之间的关系，揭示了资金投入的时滞效应；在借鉴国内外相关专项资金绩效评价方法的基础上，结合流域水污染问题的特点，提出了流域型水污染防治专项资金绩效评价的原则及其具体评价指标体系；并以太湖流域（无锡市）、合肥市、辽河流域（辽宁段）为案例，对于专项资金在设立、分配、使用、管理和评估等环节进行了详细地剖析，从国家和地方两个层面提出了改进专项资金的政策建议，以期完善我国流域型水污染防治专项资金体系，使专项资金从直接治理和带动市场力量两个方面发挥更大作用，提升资金的使用效益。

6.1 流域型水污染防治专项资金理论基础研究

6.1.1 公共物品理论

6.1.1.1 公共物品的定义与特性

"公共物品"一词最早在经济学领域普遍运用，此后被政治学确定为分析公共服务的核心概念，它包括公共产品与服务两个方面。

虽然 Lindahl（1919）在其博士论文《公平税收》中正式使用了公共物品一词，但真正将私人物品与公共物品两个概念分开使用并明确给出定义的是萨缪尔森（Samuelson）。萨缪尔森（1954）在其发表的著名论文《公共支出的纯理论》中给出了公共物品的经典定义：每个人对这种产品的消费都不会导致其他人对该产品消费的减少。他认为，某种私人物品的总消费量等于全部消费者对私人物品消费的总和，与此相对应，公共物品则是指：每个人对此类物品的消费不会减少任何其他消费者的消费。也就是说，任何一个消费者所可能消费的数量都与该物品的消费总量相等。

萨缪尔森在系统研究了公共物品的特性之后，提出了被各国学者基本认同的确认公共物品的两个基本特性，即非竞争性和非排他性。

非竞争性即某人对公共物品的消费不排斥和妨碍他人同时享用，也不会因此减少他人消费该公共物品的数量或质量。这就是说，对于既定的公共物品产出水平，公共物品多分配给一个消费者的边际成本等于零。公共物品的分配成本为零，并不意味着生产公共物品的边际成本为零，社会多提供一个单位的公共物品就需要相应的资源耗费，所以生产公共物品的边际成本是正的。

非排他性指的是不可能阻止不付费者对公共物品的消费，对公共物品的供给不付任何费用的人同支付费用的人一样能够享有公共物品带来的益处。公共物品的这种性质使得私人市场缺乏动力，不能有效地提供商品和服务。

6.1.1.2 公共物品的分类

根据研究的关注点不同，公共物品具有不同的分类方法。

（1）根据竞争性和排他性的有无划分。按此标准，将公共物品划分为 3 个类型（Mankiw，2007）：① 纯公共物品，即同时具有非排他性和非竞争性的物品；② 消费上具有非竞争性，但是却可以较轻易地做到排他的物品，这类公共物品也被称做俱乐部物品（卜晓军，2004）；③ 消费上具有竞争性但是却无法有效地排他的物品，埃利诺·奥斯特罗姆（2000）称这类物品为公共池塘资源，其中第二、第三类被统称为准公共物品，见表 6-1。

表 6-1　公共物品分类

	竞争性	非竞争性
排他性	纯粹的私人物品：面包、私家车、衣服、书籍等	俱乐部物品：电影院、图书馆、收费公路、会员制健身房等
非排他性	公共池塘资源：水、地下石油、公共草场、福利房等	纯公共物品：国防、消防、环境保护、基础科学研究等

注：根据毛寿龙和李梅（2000）内容稍加修改。

（2）按公共物品利益影响的范围划分。根据受益范围不同，一般将公共物品分为全国性公共物品（National Public Goods）和地方性公共物品（Local Public Goods）两大类。其中，全国性公共物品是指受益范围为跨区域的，可供全国居民同等消费和享用的物品，如国防、外交等，同时像三峡工程、"三河三湖"等大型基础设施和环境整治工程也属于全国性的公共物品。地方性公共物品指在某一特定区域内被消费者共同消费和享用的物品，如当地公路、垃圾处理等。在 Olson（1969）提出的对等原则（Equivalence Principal）——当一类公共物品的受益范围恰好等于提供他的政府的疆界时最有效率的基础上，后人整理提出了"分职治事"和"受益原则"，认为全国性公共物品应由中央政府来提供，地方性公共物品则应由当地政府供给。有一些公共物品的影响范围超过了国界的范围，例如全球气候变化应对、防止臭氧空洞以及防止核武器扩散等，就属于全球公共物品范畴。

Ostrom、Vincent 等（1961）提出一些地方公共物品，虽然当地政府更了解本地情况，由低级政府提供的效率更高，但由于存在的外溢范围问题难以解决，往往由更高级政府来提供会有更显著的规模效益。从外部性和规模收益两个维度，地方公共物品的供给如表 6-2 所示，需要注意的是，当存在外部性和规模效益时，地方性公共物品仍然可以由当地政府负责提供，只是上级政府应该提供不同程度和形式的支持（主要是转移支付），也即遵循"地方优先"原则。

表 6-2　地方公共物品的属性与不同的供给方式

地方公共物品属性	无外部性	有外部性
最优规模≤本地供给规模	本地政府提供	本地政府提供并由上级政府转移支付
最优规模＞本地供给规模	多个同级政府联合提供；政府与私人企业联合提供；上级政府可参与协调	上级政府提供；本地政府在转移支付下与相邻政府或私人企业联合

资料来源：宋立、刘树杰，《各级政府公共服务事权财权配置》，中国计划出版社，2005。

（3）按公共物品是否具有物质形态划分。具体可以划分为有形公共物品（物质类公共物品），例如防洪设施、道路、桥梁、环境基础设施等；无形公共物品（精神类公共物品），包括制度、信息、教育、公平等。

6.1.1.3 流域水污染防治的公共物品属性界定

基于前面所分析的公共物品理论，环境保护具有典型的非竞争性和非排他性的特点，因此属于典型的公共物品。就流域水污染防治而言，由于水资源的非排他性，未实施及未参与流域水污染防治的企业和消费者不可能也无法被阻止享受流域水污染防治所提供服务的好处，尽管他们不曾为此付费，这就是流域水污染防治的非排他性。同样，整个流域某一个体（居民、企业）从流域水污染防治获得的好处，并不影响别人同样得到，这属于流域水污染防治的非竞争性。由此看来，流域水污染防治同时具备了非排他性和非竞争性，可以说，流域水污染防治在本质上具有公共物品属性。

6.1.2 外部性理论

6.1.2.1 外部性的定义

外部性（Externalities）一词，在经济学文献中有时又被称为"外部效应"（External Effects）或"外部经济"（External Economies），国内有的学者将其翻译为"外在经济"或"外在性"。在中文版的《新帕尔格雷夫经济学大辞典》中，就有"外在经济"或"外在性"两个词条。

马歇尔（Marshall）在其 1890 年出版的经典著作《经济学原理》中首次提出并论述了外部经济概念（马歇尔，1981），庇古（Pigou）则在 1920 年发表的《福利经济学》一书中对外部性问题进行了系统分析，从而形成了较为完整的外部性理论。此后，鲍默尔、萨缪尔森、史普博、布坎南、斯蒂格利茨等著名经济学家都对外部性问题做出了精辟的分析。

庇古指出：经济外部性的存在，是因为当 A 对 B 提供劳务时，往往使其他人获得利益或受到损害，可是 A 并未从受益人那里取得报酬，也不必向受损者支付任何补偿（Pigou，1920）。简单地说，外部性是指在实际经济活动中，生产者或消费者的活动对其他生产者或消费者带来的非市场性的影响，它是一种成本或效益的外溢现象。

萨缪尔森（P. A. Samuelson）和诺德豪斯（W. D. Nordhaus）则将外部性定义为：外部性是指那些生产或消费对其他团体强征了不可补偿的成本或给予了无须补偿的收益的情形（Samuelson，Nordhaus，1992）。

新制度经济学派代表人物诺思（D. North）对外部性的定义较为直接，他认为当某个人的行动所引起的个人成本不等于社会成本，个人收益不等于社会收益时，就存在外部性（1996）。

用数学语言来表述所谓外部性就是某经济主体的福利函数的自变量中包含了他人的行为，而该经济主体又没有向他人提供报酬或索取补偿。即：

$$F_j = F_j \ (X_{1j}, \ X_{2j}, \ X_{3j}, \ \cdots, \ X_{nj}, \ X_{mk}) \quad j \neq k$$

这里 j 和 k 是指不同的个人或厂商，F_j 表示 j 的福利函数，X_i（$i=1$，2，3，$\cdots$，n，m）是指经济活动。该函数表明只要某个经济主体 j 的福利在受到他自己所控制的经济活动 X_i 的影响外，同时也受到另外一个人 k 所控制的某一经济活动 X_{mk} 的影响，就存在外部性。

6.1.2.2　外部性的分类

根据外部性的影响效果可将外部性分为外部经济性（或称正外部经济效应、正外部性）和外部不经济性（或称负外部经济效应、负外部性）。对外界造成有益影响的称为外部经济性，是指某个经济行为主体的活动使他人或社会受益，而受益者无须花费代价；对外界造成有害影响的称为外部不经济性，是指以某个经济行为主体的活动使他人或社会受损，而造成这种损失的人却没有为此承担成本。

外部性问题的出现，是由于边际私人成本和边际社会成本、边际私人收益和边际社会收益的不一致。如果边际私人成本低于边际社会成本，那么生产或者消费水平就会高于最优水平。如图 6-1 所示，实际产量（消费量）Q_1 超过了最佳产量 Q^*；其中，MC_s 代表边际社会成本，MC_p 代表边际私人成本，MB 代表边际收益。

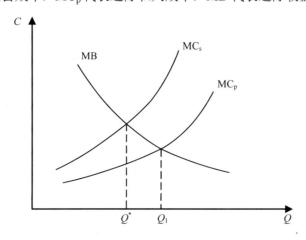

图 6-1　外部不经济情况下的产量与社会最优产量水平

如果私人边际收益低于社会边际收益，那么结果正好相反，如图 6-2 所示。图 6-1

与图 6-2 结合起来可以发现，负外部性会导致有损整个社会福利的物品过量提供，正外部性会导致这些物品的提供过少。这是因为，企业和个人的经营决策依据的是私人成本和私人收益，而不是社会成本和社会收益。

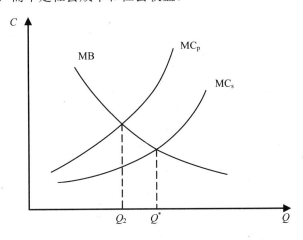

图 6-2　外部经济情况下的产量与社会最优产量水平

6.1.2.3　流域水污染防治的外部性界定

我国目前流域水污染形势非常严峻，呈现污染面积广、污染问题爆发集中、污染成因呈现复合的特点。由于流域自身所具有的流通性、覆盖面积广的特点，加之众多流域通常是我国经济、社会较为发达的地区，人口居住比较稠密，因此，某一地发生水污染问题，其影响的不仅仅是当地的居民，河流湖泊的流动性，使得这种损害会传导给流域其他地方，对整个流域利益造成巨大的损害，具有明显的外部不经济性。进行流域水污染防治，确保整个流域水环境质量，对于我国这样一个"水资源相对匮乏"的国家来讲具有重要的战略意义，同时水环境质量的改善，对于居民生活质量的提高，以及流域经济、社会的和谐发展具有重要的意义，因此，实施有效的流域水污染防治具有明显的环境正外部性。

6.1.3　事权财权理论

6.1.3.1　事权的含义

事权从字面上理解即处理事情的职权。通常来讲，事权包括两方面，当涉及财政活动和政府公共收支时，多使用"支出责任"（expenditure responsibility）；当论及政治统治和政府强制时，多使用"政府权力"（government power）。然而国内多数财政文献提到事权时，往往认为事权就是支出责任，即哪些支出应由哪级政府来承担（张永生，2007；王国清，吕伟，2000 等）。但是事权并不等同于支出责任，因为一级政府的事权要求其以特定结果为目标履行职责，而支出责任更强调事权的成本及花费，而即使花费达到了法定水平，政府也不一定较好地履行其事权。本书认为事权主要指本级政府在公共事务和服务中应承担的任务和职责，由于现代财政中财政支出数量和结构能够较好地反映事权分配状况，因此可以用支出责任来衡量事权。

6.1.3.2 财权的含义

国内外文献关于财权的含义基本一致，即财权是一级政府获得财政收入、确定财政支出的权力，通常来讲，财权包括两部分，即自有收入（主要是税收收入）和转移支付（这里不考虑地方债等收入），本书认为财权是指法律允许下的各级政府负责筹集和支配收入的财政权力。

6.1.3.3 事权与财权关系理论

多数理论认为事权的配置更加重要，如 Bahl（1999）提出的关于财政分权的 12 项实施原则的第 2 项就是事权决定财权，而且该看法已被普遍认可。龚建（2002）认为以事权为基础配置各级财政收支范围及管理权限是完善、规范、明晰的分级财政体制得以建立的核心和基础。综上所述，二者的关系为：各级政府间事权及支出责任决定着其财政支出结构，反过来，各级政府的财政支出结构反映和体现了各级政府间事权划分状况。张永生（2007）在书中将事权与财权的关系用图 6-3 表示，通常分权在事权上指支出责任向下级政府下放，在财权上有两种情形：一种是下级政府自有收入增加，另一种是转移支付比重增加。

图 6-3 事权与财权之间的关系

基本上所有的相关理论都认为每一级政府的事权与财权都应该要匹配，如贾康、白景明（2002）提出的"一级政权、一级事权、一级财权、一级税基、一级产权、一级举债权"的财政体制改革原则，就体现了事权与财权配置必须相对应。如果一级政府的支出责任大于其自有收入和转移支付之和，就会出现政府服务不足的问题；反之，则会出现资源的浪费。寇铁军、周波（2007），宋立（2007）和高玉强、董黎明（2009）等学者通过对英法等 OECD 国家以及我国的实证研究表明，多数国家在实践中都体现出一定程度的"事权下放，财权上收"的趋势，即中央政府的收入远远大于其支出责任，而地方政府的自有收入则远远小于支出责任，使得地方政府出现财政困难，存在公共服务供给不足的问题。

6.1.3.4　纵向财政不平衡理论

针对目前很多国家普遍存在的事权分权化、财权集权化格局带来的中央和地方政府事权与财权不匹配问题，很多理论试图解释其中缘由，从而逐渐形成了纵向财政不平衡（Vertical Fiscal Imbalanced）理论。

Tiebout（1956）、Masgrave（1959）、Qates（1972）等利用经典的财政理论和政府的三大职能，即资源配置效率、社会公平和经济稳定来解释中央财政占主导的现象。但是该理论只提供了一个概念性框架，并未真正回答纵向财政不平衡出现的原因，而且该理论由于缺乏精确的可度量性，也降低了其解释力。Defigureiredo、Weingast（1997）以及 Weingast（2005）利用宪政经济学的思路来解释纵向财政不平衡问题，他们强调了中央与地方政府的相互制衡对于一个联邦（或国家）自我执行的重要性。如果中央政府过于强大，则地方政府的利益就会受到侵犯；如果地方政府过于强大，则中央政府的利益就会受到侵犯。这两种情况都有可能带来危机，甚至导致联邦（或国家）解体。

张永生（2005）在温格斯特的联邦悖论基础上，将其提出的政府控制权分解为认识控制权和财政控制权两个维度，并构建了可以涵盖世界上所有类型的政府关系的结构图（图 6-4）。该结构图不仅强调上、下级政府间有效的纵向制衡，还强调对政府权力的横向制衡。

其中，只有结构一是真正符合温格斯特所说的上下级政府间有效制衡的，具有自我执行功能的结构，结构二和结构三都是不稳定的结构，结构四则是一种相对均衡结构，类似于分税制前我国的财政体制，但是由于中央政府控制地方的人事任免，地方政府并不真正具备与中央政府讨价还价的能力。然而分税制改革后，我国各级政府间的关系呈现出结构三的特征，上级政府倾向于将支出责任下放，而将财政收入集中，然而财政转移支付不足以满足基层政府的需要，使得基层政府普遍出现财政困难，债务或者隐性债务增加。

注："下"表示由下至上，"上"表示由上至下。如人事权"下"表示权力由下至上，即各地方政府官员由选举产生，不受上级控制；"上"则表示各地方政府官员由上级控制。财政权"上"表示上级控制主要财源，"下"表示下级控制主要财源。

图 6-4　政府间关系的四种结构

6.1.3.5 专项资金的事权与财权理论

国内外尚没有专门研究专项资金事权与财权的相关理论,大部分都是在论述转移支付制度的相关问题时,将专项资金作为转移支付的方式之一稍微提及,如安体富(2007)指出要科学界定专项转移支付的标准,控制其准入的条件和规模,对于列入专项转移的项目要经过科学论证和一定的审批程序,还要加强对专项转移支付项目的监督和绩效评估。而且一些文章(如倪红日,2007)认为在进行转移支付制度改革时,应该缩小和改革专项转移支付办法。纵观已有的对转移支付制度的研究,基本都认为我国的财政转移支付制度具有过渡性质且很不规范,以及财政层级较多的现实,导致中央对地方的转移支付效率低下和效果不佳,将转移支付制度存在的问题归咎于现行事权、财权体制的问题。

6.1.4 专项资金

6.1.4.1 专项资金的含义

专项资金是财政部门或上级部门下拨的具有专门指定用途或特殊用途的资金,这种资金都会要求进行单独核算、专款专用,不能挪作他用。在当前各种制度和规定中,专项资金有着不同的名称,如专项支出、项目支出、专款等,并且在包括的具体内容上也有一定的差别。但总体来看,专项资金有 3 个特点:① 来源于财政或上级单位;② 用于特定事项;③ 需要单独核算。专项资金按其形成来源主要可分为专用基金、专用拨款和专项借款三类。

6.1.4.2 流域型水污染防治专项资金

流域型水污染防治专项资金是指由中央财政设立的,用于淮河、海河、辽河、太湖、巢湖、滇池等流域型水污染防治的专项资金。流域型水污染防治专项资金符合专项资金的 3 个特点:① 来源于中央财政;② 用于特定事项,即用于各流域水污染防治规划确定的项目和建设内容。其中已享受中央财政其他专项补助资金的项目,原则上不再安排;③ 需要单独核算。

6.1.4.3 流域型水污染防治专项资金设立的效应

(1)"广告"效应。设立专项资金,表明了政府对环境保护和流域水污染防治的重视,向全社会传达着政府推进污染治理的坚决态度和立场。这必将引起社会各界对环境保护/流域水污染防治的极大关注,并激发企业、社会和个人投资其中的热情和动机。

（2）"杠杆"效应。通过设计良好的专项资金设立使用方式，专项资金能够撬动企业、社会和个人资金，并切实将其引入环境保护/流域水污染防治领域。这一点已为其他专项资金的实践所证实。例如，国家电子发展基金 20 年来累计投入资金仅为39 亿元，而带动地方政府、金融机构和企业资金的投入却超过了 2 000 亿元。

（3）"基础"效应。环境保护/流域水污染防治具有典型的公共物品属性，存在着市场失灵的问题。设立专项资金，通过对这些事关产业发展全局的基础性或战略性的领域、环节和项目进行资助，能够有效地解决市场失灵问题，从而为我国环境保护/流域水污染防治工作打下坚实的基础，提供有力的支撑。

（4）"标杆"效应。国家专项资金将建立公开的价值标准、严格的申请程序、专业的评审机制和规范的公示制度，通过专项资金的实际运行和资助过程，将为获得资助的项目带来较高的声誉和投资信心，为这些项目的未来发展以及取得良好的社会效益和经济效益，创造有利条件。

6.1.4.4　专项资金的风险与设置原则

流域型水污染防治专项资金作为解决环境问题的一种政府行为，在其设置和实施过程中无可避免地面临着一些风险，如何正确认知和解决这些风险，直接关系到专项资金能否有效发挥作用。就流域型水污染防治专项资金而言，存在着 3 大风险：① 专项资金的设立能不能切实解决所要解决的问题；② 专项资金的投入非但不能解决应该解决的问题，反而会影响或延缓流域水污染防治工作，造成流域水污染防治过分依赖专项资金，甚至可能引发不正当竞争；③ 专项资金可能存在着违规操作和使用效率低下等问题，例如项目经费与经常性经费混合使用，挤占、挪用专项资金等。

设立专项资金可能存在的第 1 个风险，是 3 个风险中最为基础性的风险，它关系到专项资金是否应该设立的问题。如果专项资金不能实现其设立的预期效果，那么就没有必要设立。流域水污染防治是高投入的领域，相对于巨大的资金需求，专项资金毕竟数量有限，不可能完全依靠专项资金来弥补资金的需求。但是，需要指出的是，专项资金并不是直接投资，而是引导性资金，如果设计得当，专项资金的投入不仅会刺激或带动大量非国家资金进入流域水污染防治领域，而且最终会形成投资主体多元化和适合流域水污染发展需求的投资体制。因此，这要专项资金设计合理，并要求其他资金进入（如配套资金等），充分发挥专项资金的"广告"和"杠杆"效应，这一项风险是可以被降低和回避的。

可能存在的第 2 个风险，是一个关键性风险，即使专项资金的设立切实实现了其预期效果。破解这一风险的关键在于科学选择资助方向、资助领域和资助环节，对于那些能够由市场自行完成的投资，专项资金应不予资助，资助项目的选择要以具有较强的正外部性为基本原则；同时不要对资助对象设置歧视性规定，只要符合资助条件，不论其所有制性质，都应一视同仁。这样就能极大降低第 2 个风险。

可能存在的第 3 个风险，来源于具体的操作层面和观念层面。降低这一风险，可以效仿其他专项资金的做法：① 确保各种制度是完全透明和公开的；② 建立科学的专项资金评估体系，对于专项资金的使用进行合理评估，找出制约影响效率的关键领域，重点解决；③ 设立专项资金资助项目库，实施"先入库、后资助"的制度，以提高专项资金资助的系统性和效率，保证专项资金总体目标的实现，防止资助的随意性和盲目性。

基于以上考虑，明确流域型水污染防治专项资金设立的原则就显得尤为重要，借鉴已有专项资金的经验并结合流域水污染防治的特点，本研究提出了以下几个流域水污染防治专项资金的设立原则。

（1）政策导向原则。通过专项资金引导，实现政府的主张与意志。流域水污染防治专项资金的设立应充分体现政府在流域水污染防治方面的考量和方向导引，明确向市场和公众释放国家重点的领域和方向。

（2）公益性原则。专项资金作为国家职能，应充分体现其公共服务的特性，也就是公益性的特点，应明确区分政府与市场之间的区别，依照外部性和公共物品的属性，对于那些正外部性大、公共物品属性强的项目，应考虑运用专项资金予以支持，从而充分体现政府公共服务提供者的首要职能。

（3）公开公正负责任原则。在专项资金管理使用的制度设计上，对专项资金的资助对象、资助范围、资助条件、资助标准、申请与审批程序以及与专项资金管理使用有关的单位和个人职责，应做出明确、具体的规定，使项目申请、实施方准确清楚；同时将《管理办法》公布于众，基本可以堵塞个人或部门的自由裁量权，也有利于社会监督。

（4）事后资助原则。摒弃传统的事前资助方式，采取事后资助方式。① 有利于保证审核机关对项目的真实性和客观性的把握与判断，减少主观性和不确定性；② 有利于相关方面把主要精力放在项目的实施建设上，只有认真完成项目，才能获得政府资金的资助，而不必花心思"编项目，拉关系"；③ 真正把投资决策权归属相关申请方，不必为获得政府资金的资助，把项目报给政府部门左批右审。

（5）促进良性循环原则。专项资金不可能无限增长，要使有限的专项资金发挥最大的效益，必须以促进良性循环为原则。这里所说的良性循环有 3 层意思：① 应能够提高资金承担主体的自我发展能力；② 应能够持续提高流域水污染防治工作的力度；③ 专项资金本身应能够在资助的过程中始终保持适当的规模。

6.1.5 "公共委托-代理"理论

"公共委托-代理"是"委托-代理"在公共管理上的应用。这一理论认为，政府作为纳税人的代言人，是公共部门的受托人，税收是委托费用，政府必须对委托人——公众负责，将其筹集的财政资金用于公共事业并提供公共服务。而类似财政部这样的局部委属于政府的专门机构，其职能来源于政府委托，预算资金就是委托费用，部门就要对政府负责，办好公共事务。对于水污染防治这类具有明显正外部性和公共属性的事务，政府拨付专项资金进行专门的管理也显示了这种公共"委托-代理"理论。

此外，政府也有责任对财政资金进行绩效监督，以确保财政资金在安全、规范使用的基础上提高使用效益，强化使用效果。作为委托人，评价财政支出资金使用绩效，目的是评价受托人是否忠实履行责任，滥用授权。当然，由于部门和政府并非是平等主体关系，因而公共委托代理是不完整的。也就是说，对部门拨款并不是等于"承包制"，其资金应纳入政府采购、国库集中支付、工程招投标、决算和验收等制度管理，并接受财政、审计监督。部门接受委托后也可将具体事务委托给单位或个人，形成多重委托关系。

财政支出绩效监督根本目的在于提高委托人资金使用效率，规范中央、地方财政支出重大项目资金的使用。作为政府代理人，要用好"受托人"的资金，就必须由财政部门及相关部门实施绩效监督。绩效是业绩和效益，效率和有效性的统称，作为"代理人"的政府部门实际上就是对资金使用过程中的行为过程和行为结果两个方面进行监督。就行为过程来说，包括投入是否满足经济性要求，过程是否合规和合理；就行为结果而言，又包括产出与投入相比是否有效率，行为的结果是否达到预期的目标或影响，这里的影响既包括经济的影响，又包括社会的影响。在这两个监督过程中，政府作为"代理人"必须对"委托人"负责。

6.2　我国流域型水污染防治专项资金制度

6.2.1　我国流域水污染问题概述

目前我国大部分流域普遍受到污染，《2009 年我国环境状况公报》数据显示，我国长江、黄河、珠江、松花江、淮河、海河和辽河 7 大水系 408 个断面中，Ⅰ～Ⅲ类、Ⅳ～Ⅴ类和劣Ⅴ类水质的断面比例分别为 57.3%、24.3% 和 18.4%。主要污染指标为高锰酸盐指数、五日生化需氧量和氨氮，见图 6-5。

国家重点开展流域污染治理的海河、辽河、淮河以及松花江流域的基本水环境情况如下：

（1）松花江水系。总体为轻度污染，42 个国控监测断面中，Ⅰ～Ⅲ类、Ⅳ类、Ⅴ类和劣Ⅴ类水质的断面比例分别为 40.5%、47.6%、2.4% 和 9.5%，主要污染指标为高锰酸盐指数、石油类和氨氮。松花江干流总体为轻度污染，主要污染指标为高锰酸盐指数和氨氮，与上年相比，水质明显好转。松花江支流总体为中度污染，主要污染指标为五日生化需氧量、氨氮和高锰酸盐指数，与上年相比，水质无明显变化。5个省界断面中，Ⅱ类水质断面1个、Ⅲ类水质断面2个、Ⅳ类水质断面2个。

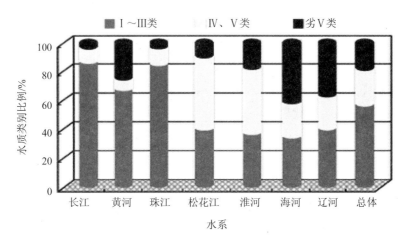

图6-5　我国7大水系水质类别比例

（2）淮河水系。总体为轻度污染，86个国控监测断面中，Ⅰ～Ⅲ类、Ⅳ类、Ⅴ类和劣Ⅴ类水质的断面比例分别为37.3%、33.7%、11.6%和17.4%，主要污染指标为高锰酸盐指数、五日生化需氧量和石油类。淮河干流水质总体良好，与上年相比，水质有所好转。淮河支流总体为中度污染，主要污染指标为高锰酸盐指数、五日生化需氧量和氨氮，与上年相比，水质无明显变化。主要一级支流中，史灌河和潢河水质为优，泇河水质良好，洪河、洪河分洪道、西淝河、沱河和浍河为轻度污染，涡河和颍河为重度污染。省界河段为中度污染，33个断面中，Ⅰ～Ⅲ类、Ⅳ类、Ⅴ类和劣Ⅴ类水质的断面比例分别为18.2%、45.4%、15.2%和21.2%，主要污染指标为高锰酸盐指数、五日生化需氧量和石油类，与上年相比，水质无明显变化。

（3）海河水系。总体为重度污染，64个国控监测断面中，Ⅰ～Ⅲ类、Ⅳ类、Ⅴ类和劣Ⅴ类水质的断面比例分别为34.4%、10.9%、12.5%和42.2%，主要污染指标为高锰酸盐指数、五日生化需氧量和氨氮。海河干流总体为重度污染，主要污染指标为氨氮。与上年相比，水质无明显变化。海河水系其他主要河流总体为重度污染，主要污染指标为五日生化需氧量、高锰酸盐指数和氨氮，与上年相比，水质略有好转。主要河流中，淋河和永定河水质为优，滦河水质良好，漳卫新河为中度污染，大沙河、子牙新河、徒骇河、北运河和马颊河为重度污染。省界河段为重度污染，17个断面中，Ⅰ～Ⅲ类、Ⅴ类和劣Ⅴ类水质断面比例分别为47.1%、11.7%和41.2%，主要污染指标为氨氮、五日生化需氧量和高锰酸盐指数，与上年相比，水质有所好转。

（4）辽河水系。总体为中度污染。36 个国控监测断面中，Ⅰ～Ⅲ类、Ⅳ类、Ⅴ类和劣Ⅴ类水质的断面比例分别为 41.7%、13.9%、8.3% 和 36.1%。主要污染指标为五日生化需氧量、氨氮和石油类。辽河干流总体为中度污染。主要污染指标为五日生化需氧量、高锰酸盐指数和氨氮。老哈河水质为优，东辽河和西辽河为轻度污染，辽河为重度污染，与上年相比，老哈河和西辽河水质有所好转，东辽河水质有所下降，辽河水质无明显变化。辽河支流总体为重度污染，与上年相比，水质无明显变化。西拉沐沦河为轻度污染，条子河和招苏台河为重度污染，主要污染指标为高锰酸盐指数、五日生化需氧量和氨氮。大辽河及其支流总体为重度污染，浑河沈阳段、太子河本溪段和鞍山段以及大辽河营口段污染严重，主要污染指标为石油类、氨氮和五日生化需氧量，与上年相比，水质无明显变化。大凌河总体为中度污染，主要污染指标为石油类、氨氮和高锰酸盐指数，与上年相比，水质有所好转。3 个省界断面中，Ⅱ类水质、Ⅴ类水质、劣Ⅴ类水质断面各 1 个，与上年相比，水质有所下降。

2009 年 28 个国控重点湖（库）中，满足Ⅱ类水质的 4 个，占 14.3%；Ⅲ类的 2 个，占 7.1%；Ⅳ类的 6 个，占 21.4%；Ⅴ类的 5 个，占 17.9%；劣Ⅴ的 11 个，占 39.3%，主要污染指标为总氮和总磷。在监测的 26 个湖（库）中，重度富营养的 1 个，占 3.8%；中度富营养的 5 个，占 19.2%；轻度富营养的 6 个，占 23.0%，见图 6-6。

太湖、滇池总体水质为劣Ⅴ类，巢湖为Ⅴ类；其他 10 个重点国控大型淡水湖泊中，洱海和兴凯湖为Ⅱ类水质，博斯腾湖为Ⅲ类，南四湖、镜泊湖和鄱阳湖为Ⅳ类，洞庭湖为Ⅴ类，达赉湖、洪泽湖和白洋淀为劣Ⅴ类。江河湖泊是我国重要的生产生活需水的来源，众多流域水环境受到严重的污染，不仅威胁着区域的经济社会可持续发展，同时也对流域居民带来巨大的环境健康风险。

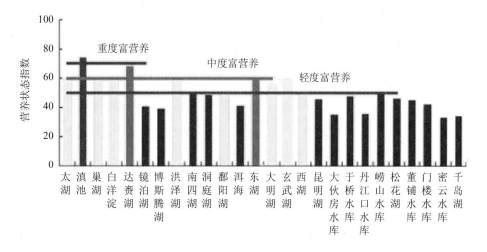

图 6-6　2009 年我国重点湖库水质

☞ 太湖：水质总体为劣Ⅴ类，主要污染指标为总氮和总磷。湖体处于轻度富营养状态，与上年相比，水质无明显变化。太湖环湖河流总体为轻度污染，88个国控监测断面中，Ⅰ～Ⅲ类、Ⅳ类、Ⅴ类和劣Ⅴ类水质的断面比例分别为36.3%、33.0%、11.4%和19.3%，主要污染指标为氨氮、五日生化需氧量和石油类，与上年相比，水质有所好转。

☞ 滇池：水质总体为劣Ⅴ类，主要污染指标为总磷和总氮，与上年相比，水质无明显变化。草海处于重度富营养状态，外海处于中度富营养状态。滇池环湖河流总体为重度污染，8个国控监测断面中，Ⅱ类、Ⅳ类和劣Ⅴ类水质的断面比例分别为25.0%、12.5%和62.5%，主要污染指标为氨氮、五日生化需氧量和石油类。与上年相比，水质有所下降。

☞ 巢湖：水质总体为Ⅴ类，主要污染指标为总磷、总氮和石油类，与上年相比，水质无明显变化。西半湖处于中度富营养状态，东半湖处于轻度富营养状态。巢湖环湖河流总体为重度污染，12个国控监测断面中，Ⅲ类、Ⅳ类、Ⅴ类和劣Ⅴ类水质的断面比例分别为16.7%、33.3%、8.3%和41.7%，主要污染指标为石油类、氨氮和高锰酸盐指数，见图6-7。

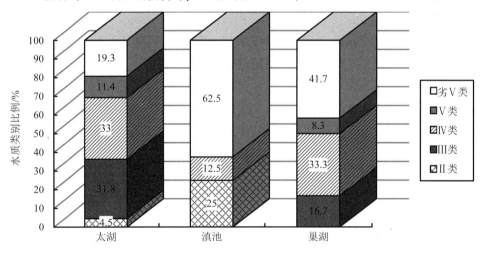

图 6-7　2009 年太湖、滇池和巢湖环湖河流水质类别比例

6.2.2　我国流域水污染防治行动回顾与管理体制分析

6.2.2.1　流域水污染防治行动回顾

从 2001 年起，国务院陆续批复了"三河三湖"流域水污染防治"十五"计划。从 2003 年起，国家环保总局向社会公布全国重点流域、海域水污染防治工作年度进

展情况。重点流域、海域的范围包括淮河、海河、辽河、太湖、巢湖、滇池流域，三峡库区及其上游，南水北调东线，以及环渤海地区。涉及河南、河北、安徽、山东、山西、江苏、浙江、辽宁、吉林、内蒙古、四川、云南、贵州、湖北、上海、北京、天津、重庆共 18 个省、自治区、直辖市。公示的内容主要是重点流域、海域水污染防治工作总体情况；"三河三湖"流域干流、主要支流及渤海的达标和水质改善情况；18 省流域水（海）污染物排放总量控制目标完成情况；污染防治项目完成情况。2003 年，国家环保总局向外界发布了"关于'三河三湖'流域'十五'水污染防治工作进展情况的通报"。通报显示，流域内各级地方人民政府和国务院有关部门进一步加大了工作力度。通过产业结构调整、工业污染治理、推行清洁生产、建设城市污水处理厂、减少化肥和农药使用、加强畜禽养殖综合利用、实施生态清淤和建设防护林带等综合措施，各流域水质基本保持稳定，水质恶化趋势基本得到遏制。

多年来，针对重点流域的治理工作一直没有停歇，处于不断的污染防控和制定阶段性的规划过程中。2005 年的松花江特大污染事件，再次将流域污染治理问题渗透到更多人的视野中。2006 年，周生贤局长说，松花江将和"三河三湖"一样，列为流域水污染治理的重点。这标志着松花江总体治理工作进入了全面推进、重点突破的崭新阶段。国务院批复的《松花江流域水污染防治规划（2006—2010 年）》要求到 2010 年，要使松花江流域大中城市集中式饮用水水源地得到治理和保护，完成重点城市污水处理和重点工业污染源的治理任务，使重点污染隐患得到有效治理和监控，主要污染物排放总量得到有效控制，大中城市污染严重水域水质有所改善，流域水环境监管及水污染预警和应急处置能力显著增强。

2007 年 7 月 3 日，国家环保总局针对中国目前严峻的水污染形势，对长江、黄河、淮河、海河 4 大流域部分水污染严重、环境违法问题突出的 6 市 2 县 5 个工业园区实行"流域限批"；对流域内 32 家重污染企业及 6 家污水处理厂实行"挂牌督办"，并为坚决完成减排目标，要求尽快建立跨流域、跨部门的流域污染防治机制和新环境经济政策体系。

2008 年，国务院印发了《淮河、海河、辽河、巢湖、滇池、黄河中上游等重点流域水污染防治规划（2006—2010 年）》，明确提出，到 2010 年，要使淮河、海河、辽河、巢湖、滇池、黄河中上游 6 个重点流域集中式饮用水水源地得到治理和保护，跨省界断面水环境质量明显改善，重点工业企业实现全面稳定达标排放，城镇污水处理水平显著提高，水污染物排放总量得到有效控制，流域水环境监管及水污染预警和应急处置能力显著增强。

6.2.2.2　流域水污染防治管理体制分析

目前的流域性水污染防治和监管力量十分薄弱，主要是实行区域管理，为"一龙主管，多龙参与"的管理体制。横向实行环保部门统一监督管理与有关部门分工负责管理，纵向实行各级地方政府对环境质量分级负责管理，而地方环保部门的领导体制则实行双重领导，以地方为主。

就水污染防治管理机构而言，在中央政府层面上，环保部行使国务院环境保护统一监督管理部门的职责，负责组织实施水污染防治，并协调水利部、建设部、农业部等其他部门不同程度地参与水环境管理；省（区）、地（市）、县（市、区）水污染防治管理机构设置与中央基本一致，是一个环境保护部门主管、多个部门参与的体制。在这个体制中，协调机构是一个正在变革的机构，具体的机构有：流域水污染防治联席会议、领导小组以及政府专门成立的办公室（或领导小组）等。在中央政府部门水污染防治协调机制方面，主要有流域水资源保护领导小组、流域水污染防治领导小组联席会议、流域水污染防治领导小组3种形式。但目前依然有效运作的主要是后两种形式。在地方政府部门水污染防治协调机制方面，主要有流域水资源保护领导小组、流域水污染防治领导小组、流域保护委员会、环境保护委员会等多种形式。

我国现阶段流域水资源保护局隶属于水利部和环保部，行政管理直属于水利部。流域水资源保护局与地方政府的关系有两种类型：一种是黄河流域水资源保护局的管理形式，该局直管黄河干流的水资源保护，支流由水资源保护局统一规划，地方政府直管。另一种是其他六大流域水资源保护局的管理形式，这些局对流域水资源保护进行统一规划，管理采用分级方式，绝大多数江河湖库由地方政府直管，流域水资源保护局仅起审批和协调作用。近年来，随着水环境矛盾的日益突出和水污染事故的频繁发生，国务院对淮河、太湖、黄河、海河等流域编制的水污染防治规划进行了专门审批，要求流域机构和各级地方政府按照规划要求，切实加强水资源保护工作，实现水资源永续利用，促进社会经济可持续发展。目前，正在进行的"全国水功能区划"和"全国水资源保护规划"工作，进一步强化了流域水资源保护局对水资源保护管理工作的作用。

为了解决跨流域、跨行政区的环境问题，加强执法监督，环保部在我国华东、华南、西北、西南、东北5个地区相继设立了5个环境保护督查中心，作为派出的执法监督机构。这5个环境保护督查中心是环保部下属具有行政职能的事业单位，在人、财、物等方面与地方政府相分离，它们通过与地方环保部门沟通和协调，与地方环保部门形成执法合力，进而为我国环保工作的顺利开展提供保障。

6.2.3 我国流域水污染防治资金现状分析

6.2.3.1 环保投资概况

（1）投资渠道分析。"十五"期间，污染源治理项目投资 1 350.94 亿元，其中国

家预算内资金 118.55 亿元，环保专项资金 59.22 亿元，企业自筹资金 746.51 亿元，国
内银行贷款和利用外资 236.71 亿元。其中，政府投资占 13.16%，企业自筹占 71.76%，
银行贷款占 15.08%。

表 6-3　"十五"期间工业污染源治理投资情况　　　　　　　　单位：亿元

年份	合计	国家预算内资金	环保专项资金	其他资金	企业自筹	国内贷款	利用外资	政府合计	政府比例/%	国内贷款比例/%
2001	174.48	36.35	8.32	129.81	7.49	67.11	7.23	44.67	25.60	38.46
2002	188.37	41.96	6.79	139.62	8.00	43.55	7.25	48.75	25.88	23.12
2003	221.79	18.75	12.38	190.66	141.94	25.10	6.78	31.13	14.04	11.32
2004	308.10	13.71	11.13	283.26	227.43	29.02	4.59	24.84	8.06	9.42
2005	458.19	7.78	20.60	429.81	361.64	38.99	7.09	28.38	6.19	8.51
"十五"期间	1 350.94	118.55	59.22	1 173.16	746.51	203.77	32.94	177.77	13.16	15.08

（2）投资流向分析。就投资方向来说，针对工业污染源的投资，主要集中于废气
和废水两个领域，分别占到"十五"投资总额的 43.2% 和 35.9%。

表 6-4　近年工业污染源治理投资方向　　　　　　　　单位：亿元

年份	工业污染治理投资	其　中				
		治理废水	治理废气	治理固废	治理噪声	治理其他
2001	174.5	72.9	65.8	18.7	0.6	16.5
2002	188.4	71.5	69.8	16.1	1.1	29.9
2003	221.8	87.4	92.1	16.2	1.0	25.1
2004	308.1	105.6	142.8	22.6	1.3	35.7
2005	458.2	133.7	213.0	27.4	3.1	81.0
"十五"合计	1 351.0	471.1	583.5	101.1	7.1	188.3
2006	483.9	151.1	233.3	18.3	3.0	78.3
2007	552.4	196.1	275.2	18.3	1.8	60.7
2008	542.6	194.6	265.7	19.7	2.8	59.8
2009	442.6	149.5	232.5	21.9	1.4	37.4

6.2.3.2　中央财政环境保护专项资金类别划分与概况

中央环境保护专项资金是指中央财政预算安排的、专项应用于环境保护的财政性
资金。由于专项资金主要由财政牵头管理，因此本研究着重探讨由财政部设立的各

类中央财政环境保护专项资金。从中央财政环境保护专项资金支持的重点领域与范围来看，大体可以划分为以下 3 种类型：① 综合性专项资金。是指支持多个区域、多个领域、包含多种要素的环境保护专项资金，如中央环保专项资金等。② 特定区域性专项资金。是指支持范围为某个或某几个特定区域的中央环境保护专项资金，如"三河三湖"及松花江流域水污染防治专项资金。③ 特定领域与要素类专项资金。是指支持范围为特定领域或环境要素的专项资金，如城镇污水处理设施配套管网以奖代补资金、自然保护区专项资金、中央农村环境保护专项资金等。

（1）中央环保专项资金。2004 年财政部设立中央环境保护专项资金。"十一五"期间，中央环境保护专项资金重点支持环境监管能力建设项目、集中式饮用水水源地保护项目、区域环境安全保障项目、建设社会主义新农村小康环保行动项目、污染防治新技术新工艺推广应用项目等。专项资金采取拨款补助和贷款贴息两种支持方式：拨款补助主要支持环境监管能力建设项目、城乡集中式饮用水水源地污染防治项目、建设社会主义新农村小康环保行动项目、目前无责任主体的区域环境安全保障项目；燃煤电厂脱硫脱硝技术改造项目采用贷款贴息方式，其他项目根据项目实际情况可选择贷款贴息或拨款补助支持方式，优先支持贷款贴息项目。2004—2009 年，中央环境保护专项资金共支持上述污染防治项目近 80 亿元，对改善区域环境质量起到了重要作用。

表 6-5　中央环保专项资金重点支持领域

重点领域	具体内容
环境监管能力项目	• 地、县级环境监测能力建设项目 • 地级环境监察执法能力建设项目 • 环境保护重点城市环境应急监测能力建设项目 • 重点污染源自动检测项目
集中式饮用水水源地污染防治项目	• 专项资金优先支持纺织印染、食品及饮料制造业、医药、化工等行业排放致毒、致畸、致突变物质，直接影响饮用水水源地水质安全的污染防治项目
区域环境安全保障项目	• 燃煤电厂脱硫脱硝技术改造项目 • 区域性环境污染综合治理项目 • 排放重金属及有毒有害污染物的冶金、电镀、焦化、印染、石化等行业或企业的污染防治项目 • 严重威胁居民健康的区域性大气污染治理项目 • 重大辐射安全隐患处置项目
建设社会主义新农村小康环保行动项目	• 土壤污染防治示范项目 • 规模化畜禽养殖废弃物综合利用及污染防治示范项目
污染防治新技术、新工艺推广应用项目	• 支持符合《国家鼓励发展的环境保护技术目录》和《国家先进污染治理技术推广示范项目名录》中的污染防治新技术、新工艺推广应用项目

（2）主要污染物减排专项资金。2007 年中央财政设立了主要污染物减排专项资金，制定了《中央财政主要污染物减排专项资金管理暂行办法》，主要用于支持主要污染物减排的监测、指标和考核体系建设。具体而言，减排资金将主要用于支持国家、省、市国控重点污染源自动监控中心能力建设；补助污染源监督性监测能力建设和环境监察执法能力建设；补助国控重点污染源监督性监测运行费用；补助提高环境统计基础能力和信息传输能力项目；围绕主要污染物减排开展的排污权交易平台建设及交易等；主要污染物减排工作取得突出成绩的企业和地区的奖励等。试点工作在 2007 年分两批下达预算 13.3 亿元，2008 年、2009 年下达的主要污染物减排专项资金分别为 25 亿元、15 亿元，对提高环境监管能力起到了积极的作用。

（3）城镇污水处理设施配套管网以奖代补资金。2007 年环保专项资金支持方式改革的亮点是，在原来的拨款补助、贷款贴息两种方式的基础上增加了以奖代补方式，鼓励并优先支持贷款贴息和以奖代补申请方式的项目。中央财政为支持中西部地区城镇污水处理配套管网建设，设立专项资金，通过以奖代补的方式鼓励中西部地区提高城镇污水处理能力，并颁布了《城镇污水处理设施配套管网以奖代补资金管理暂行办法》。该办法规定中央财政通过转移支付方式下拨专项资金，全部用于规划内污水处理设施配套管网建设，专款专用。2009 年共下达专项资金 100 亿元。

（4）中央农村环境保护专项资金。2008 年中央设立农村环境保护专项资金，以"以奖促治"和"以奖代补"的方式支持农村环境保护综合整治与示范村建设。在 2008 年安排 5 亿元专项资金用于 700 个村镇"以奖促治、以奖代补"项目的基础上，2009 年中央安排 10 亿元农村环保专项资金，重点支持饮用水水源地环境保护、生活污水和垃圾处理、畜禽养殖污染治理、历史遗留的农村工矿污染治理、生态示范建设等 1 400 多个村庄，进一步加大了农村环境综合整治的力度，着力解决群众反映强烈、危害群众健康、影响可持续发展的突出环境问题。

（5）"三河三湖"及松花江流域水污染防治专项资金。为确保"十一五"减排目标的实现，财政部于 2007 年 12 月发布了《"三河三湖"及松花江流域水污染防治专项资金管理暂行办法》。下一节将对此内容进行进一步分析。

除此之外，中央财政还设立了自然保护区专项资金、集约化畜禽养殖污染防治专项资金、重金属污染防治专项资金等环境保护专项资金，以及节能技术改造财政奖励资金、淘汰落后产能中央财政奖励资金、高效节能产品推广财政补助资金等与环境保护关系较为紧密的专项资金。应当说，各类专项资金的设立对于发挥政府职能、促进环境保护工作、引导环境保护投资起到了积极的作用。

专栏 6-1　中央农村环境保护专项资金支持范围

中央农村环境保护专项资金（以下简称专项资金）是指中央财政为支持农村环境保护，鼓励各地有效解决危害群众身体健康的突出问题，促进农村生态示范建设而设立的专项补助资金。专项资金对开展农村环境综合整治的村庄，实行"以奖促治"；对通过生态环境建设达到生态示范建设标准的村镇，实行"以奖代补"。

实行"以奖促治"方式的专项资金重点支持以下内容：

（1）农村饮用水水源地保护；

（2）农村生活污水和垃圾处理；

（3）畜禽养殖污染治理；

（4）历史遗留的农村工矿污染治理；

（5）农业面源污染和土壤污染防治；

（6）其他与村庄环境质量改善密切相关的环境综合整治措施。

"以奖促治"资金主要用于符合以上内容的农村环境污染防治设施或工程支出。

资料来源：财政部、环境保护部关于印发《中央农村环境保护专项资金管理暂行办法》的通知（财建[2009]165 号），http://gcs.mep.gov.cn/zybz/nchbzx/200905/t20090507_151251.htm。

6.2.4　我国流域型水污染防治专项资金演进

环境问题，特别是水环境问题日益凸显，已成为制约我国经济、社会、环境可持续发展的一个重要瓶颈，国家对此高度重视，针对我国河流众多、流域面积广阔、流域水污染严重的问题，除了在管理体制、行政法规等领域强化对流域水污染的防控外，从资金领域也加大了投入，以保障大规模的流域水污染防治系统工程的开展，且资金主要集中于"三河三湖"流域水污染防治。"三河三湖"是指流经我国人口稠密聚集地的淮河、海河、辽河和太湖、巢湖、滇池，这些重点流域的水污染治理事关我国接近半数的省市社会经济发展，以及人民群众生活，是我国水污染防治工作的重中之重。

2006 年以前，我国的流域水污染防治投入主要来自国债资金。1999 年，国家在国债投资中，专门设立了"三河三湖"水污染治理国债专项，主要用于城市污水处理厂及污水主干管建设，辅以部分河湖清淤等综合整治项目。到 2000 年，建成"三河三湖"流域水污染防治项目 44 个，形成日污水处理能力 330 万 t。到 2001 年年底，已累计安排国债资金 68 亿元，用于流域治理规划中的 144 个重点项目建设，项目总投资 250 亿元，污水处理能力 1 085 万 t/d。

2001—2007 年，中央和地方各级政府投入 910 亿元财政性资金及国内银行贷款，用于"三河三湖"流域城镇环保基础设施、生态建设及综合整治等 7 大类共 8 201 个水污染防治项目建设。截至 2008 年年底，重点流域完成污染治理投资 714.9 亿元，占总投资的 44.7%；建成项目 1 270 个，占总项目数 46.8%；达标断面 111 个，达标率为 72.5%。

为确保"十一五"减排目标的实现。根据《国务院关于印发节能减排综合性工作方案的通知》（国发[2007]15 号）及国务院关于"加大'三河三湖'及松花江流域水污染防治力度"的要求，中央财政决定设立"三河三湖"及松花江流域水污染防治专项补助资金。为此，财政部专门印发了《"三河三湖"及松花江流域水污染防治财政专项补助资金管理暂行办法》（以下简称《管理办法》）。中央财政自 2007 年起，设立专项资金用于"三河三湖"及松花江流域的水污染防治。专项资金明确规定了其补助范围：专项资金补助范围是"三河三湖"及松花江流域水污染防治规划（以下简称规划）确定的项目和建设内容。其中已享受中央财政其他专项补助资金的项目，原则上不再安排。具体项目包括：污水、垃圾处理设施以及配套管网建设项目；工业污水深度处理设施、清洁生产项目；区域污染防治项目：饮用水水源地污染防治，规模化畜禽养殖污染控制，城市水体综合治理等；规划范围内其他水污染防治项目。

表 6-6　环境保护相关专项资金一览

序号	名称	支持范围与重点	管理文件	实施时间	管理部门
1	自然保护区专项资金	中西部地区具有典型生态特征和重要科研价值的国家级自然保护区；基础条件好、管理机制顺，具有示范意义的国家级自然保护区；具有重要保护价值、管护设施相对薄弱的国家自然保护区	自然保护区专项资金使用管理办法	2001	财政部、原国家环境保护总局
2	集约化畜禽养殖污染防治专项资金	中西部地区畜禽养殖大省集约化畜禽养殖企业污染防治与综合利用示范及技术推广项目；养殖总量多、规模化程度高、污染负荷重的地区；中央集约化畜禽养殖污染防治专项资金补助相对不足的地区；农村环保工作积极性较高、力度较大的地区	集约化畜禽养殖污染防治专项资金使用管理办法	2003	财政部、原国家环境保护总局
3	中央环保专项资金	环境监管能力建设项目、集中式饮用水水源地保护项目、区域环境安全保障项目、建设社会主义新农村小康环保行动项目、污染防治新技术新工艺推广应用项目以及财政部、环保总局根据党中央、国务院有关方针政策确定的其他污染防治项目	中央财政主要污染物减排专项资金项目管理暂行办法	2004	财政部、原国家环境保护总局
4	可再生能源发展专项资金	重点扶持潜力大、前景好的石油替代、建筑物供热、采暖和制冷，以及发电等可再生能源的开发利用；生物乙醇燃料是指用甘蔗、木薯、甜高粱等制取的燃	可再生能源发展专项资金管理暂行办法	2006	财政部

序号	名称	支持范围与重点	管理文件	实施时间	管理部门
4	可再生能源发展专项资金	料乙醇；生物柴油是指用油料作物、油料林木果实、油料水生植物等为原料制取的液体燃料；可再生能源发电重点扶持风能、太阳能、海洋能等发电的推广应用；国务院财政部门根据全国可再生能源开发利用规划制定的其他扶持重点			
5	中央财政主要污染物减排专项资金	重点用于支持中央环境保护部门履行政府职能而推进的主要污染物减排指标、监测和核体系建设，以及用于对主要污染物减排取得突出成绩的企业和地区的奖励	中央财政主要污染物减排专项资金	2007	财政部、原国家环境保护总局
6	"三河三湖"及松花江流域水污染防治财政专项资金	污水、垃圾处理设施以及配套管网建设项目；工业污水深度处理设施和清洁生产项目；区域污染防治项目，主要为饮用水水源地污染防治，规模化畜禽养殖污染控制，城市水体综合治理等；规划范围内其他水污染防治项目	"三河三湖"及松花江流域水污染防治财政专项补助资金管理暂行办法	2007	财政部、原国家环境保护总局
7	城镇污水处理设施配套管网以奖代补资金	优先考虑重点流域区域内污水处理能力大的设施配套管网建设；重点考虑水源地污水处理设施配套管网建设；兼顾废水排放量大的人口集聚地城镇的污水处理设施配套管网建设；规划内其他污水处理设施配套管网建设	城镇污水处理设施配套管网以奖代补资金管理暂行办法	2007	财政部、建设部
8	节能技术改造财政奖励资金	《"十一五"十大重点节能工程实施意见》中确定的燃煤工业锅炉（窑炉）改造、余热余压利用、节约和替代石油、电机系统节能和能量系统优化等项目。财政奖励资金主要是对企业节能技术改造项目给予支持，奖励金额按项目实际节能量与规定的奖励标准确定	节能技术改造财政奖励资金管理暂行办法（体现了东西部差距，东部地区节能技术改造项目根据节能量按200元/t标准煤奖励，中西部地区按250元/t标准煤奖励）	2007	财政部、国家发改委
9	淘汰落后产能中央财政奖励资金	《国务院关于印发节能减排综合性工作方案的通知》规定的电力、炼铁、炼钢、电解铝铁合金、电石、焦炭、水泥、玻璃、造纸、酒精、味精、柠檬酸等13个行业。奖励资金必须专项用于淘汰落后产能的相关支出，不得用于平衡地方财力	淘汰落后产能中央财政奖励资金管理暂行办法	2007	财政部

序号	名称	支持范围与重点	管理文件	实施时间	管理部门
10	再生节能建筑材料生产利用财政补助资金	再生节能建筑材料企业扩大产能贷款贴息；再生节能建筑材料推广利用奖励；相关技术标准、规范研究与制定；财政部批准的与再生节能建筑材料生产利用相关的支出	再生节能建筑材料生产利用财政补助资金管理暂行办法	2008	财政部
11	中央农村环境保护专项资金	农村饮用水水源地保护；农村生活污水和垃圾处理；畜禽养殖污染治理；历史遗留的农村工矿污染治理；农业面源污染和土壤污染防治；其他与村庄环境质量改善密切相关的环境综合整治措施	中央农村环境保护专项资金管理暂行办法	2008	财政部、环保部
12	重金属污染防治专项资金	重点支持污染源综合整治、重金属历史遗留问题的解决、污染修复示范和重金属监管能力建设类项目		2009	财政部、环保部
13	高效节能产品推广财政补助资金	补助资金主要用于高效节能产品推广补助和监督检查、标准标识、信息管理、宣传培训等推广工作经费	高效节能产品推广财政补助资金管理暂行办法	2009	财政部

专项资金实行由中央对省级政府专项转移支付，采用因素法进行分配：

某地区应分配的专项资金额＝[（该地区规划项目中央投资需求额÷全国重点流域规划项目中央投资需求总规模×50%）＋（该地区 COD 削减任务量÷全国重点流域地区 COD 削减任务总量×50%）]×中央财政专项补助资金年度规模

其中：

中央投资需求额＝城镇污水垃圾项目总投资×中央财政补助比例 40%＋区域污染防治项目总投资×中央财政补助比例 30%＋工业污染治理项目总技资×中央财政补助比例 20%

考虑太湖、松花江流域是水污染治理的重点，太湖、松花江流域规划项目中央财政补助额在按上述公式计算的基础上，再提高 20%。

《"三河三湖"及松花江流域水污染防治财政专项补助资金管理暂行办法》还明确规定了专项资金的拨付和使用原则及程序，对于具体项目的投资方式，提出可以采用"先建后补"、"以奖代补"等方式。图 6-8 展示的是省级层面"三河三湖"及松花江流域水污染防治专项补助资金管理流程。

"三河三湖"及松花江流域水污染防治专项补助资金不同于以往有关环保的专项资金，其在资金拨付上采用了基于相关地区所需中央资金以及 COD 减排量通过因素法进行分配，直接拨付到省级财政部门，在一定程度上减少了审批拨付的手续，提高了资金使用的效率。同时为了保障专项资金能够尽快落实到具体项目，《管理办法》明确规定：省级财政部门在收到专项资金后，会同有关部门在两个月内将资金落实到具体项目，并将具体项目清单报财政部、环保部等备案。从而进一步提高了资金的拨付效率。

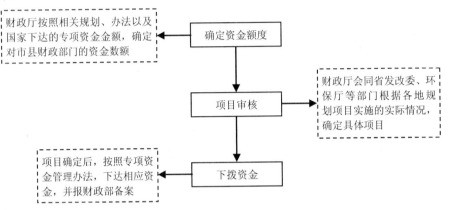

图 6-8 "三河三湖"及松花江流域水污染防治专项补助资金管理流程

2008 年年底，依照党中央、国务院关于当前进一步扩大内需、促进经济增长的总体部署，加快"三河三湖"和三峡库区等重点流域水污染防治，国家发展和改革委员会紧急下达了重点流域水污染治理项目 2009 年新增中央预算内投资计划。截至 2009 年 4 月，中央下达的 2 300 亿元投资中，有 230 亿元用于污水、垃圾处理等环保项目。

除中央财政设立了专门的流域水污染防治专项资金外，许多省市均设立了相应的专项资金。例如广东省早在 2004 年就设立了"广东省珠江流域水质保护专项资金"；福建省设立了"闽江、九龙江流域环保专项资金"；青海省设立了"青海湖流域生态环境保护与综合治理工程专项资金"等。

专栏 6-2 福建省闽江、九龙江流域水环境保护专项资金来源和使用范围

闽江专项资金（2007—2010 年）每年 5 000 万元，资金来源为：

1. 福州市政府每年安排 1 000 万元；
2. 三明市政府每年安排 500 万元；
3. 南平市政府每年安排 500 万元；
4. 省环保局每年安排 1 500 万元；
5. 省发改委每年安排 1 500 万元。

九龙江专项资金（2007—2010 年）每年 2 800 万元，资金来源：

1. 厦门市政府每年安排 1 000 万元；

2. 龙岩市政府每年安排 500 万元;

3. 漳州市政府每年安排 500 万元;

4. 省环保局每年安排 800 万元。

福州、厦门、三明、南平、漳州、龙岩 6 市政府每年共出资安排的 4 000 万元资金,通过上下级财政结算上缴省财政。

专项资金使用要符合《福建省"十一五"环境保护与生态建设专项规划》、生态省建设规划纲要,以及闽江、九龙江流域水环境保护规划;重点支持列入"十一五"市长目标责任书内容和"两江"流域年度整治计划的项目;实施闽江、九龙江流域上下游生态补偿。

根据"两江"流域污染源状况,专项资金使用范围为:

1. 工业污染整治及防治;

2. 规模化畜禽养殖污染整治;

3. 饮用水水源保护规划及整治;

4. 其他污染整治项目。

6.3　我国流域水污染专项资金效果评估

专项资金效益评价是国家财政支出绩效评价体系的一部分,也是近 20 年来西方国家公共支出管理的一项重要制度。其核心是按照公共财政管理要求,运用一定的指标体系和评价表等形式,采取科学、规范的考评方法,综合判断环保专项资金投入的方向、程度、运营状况和资金使用效益,对环境保护资金支出效益情况进行科学、客观、公正的评价,为合理分配资金、优化支出提供依据。它强调环保专项资金支出管理中的目标与结果及其结果有效性的关系,是一种新的、面向结果的管理理念和管理方式。

而流域水污染防治专项资金评估,其成本是投入的专项资金,所产生的效益体现在环境资源提供的所有服务价值的增值上,即环境资源的经济价值增值。因此本节的任务就是阐述清楚如何将环境资源的经济价值货币化。而环境资源的经济价值可以定义为其提供的所有服务的价值的贴现。

6.3.1　废水污染治理投资和排放达标量关系分析

污染治理投资对于污水处理是否有明确的效果,本小节通过构建相关宏观模型,验证水污染治理投资与污水处理效果之间的关系如何,同时考察时间因素对于投资与效果的影响,从而为实际绩效评价时机把握提供参考依据。由于我国流域专项资金仅实施近 3 年,数据相对缺乏,因此本研究主要采用了污水治理投资这一指标来考察资金的效应，相应地也能反映出一定的情况。

6.3.1.1 数据描述和变量关联分析

基于 1991—2008 年的《中国统计年鉴》统计数据，采用中国工业废水污染治理项目投资完成额作为工业废水污染治理投资的指示指标，采用工业污染治理排放达标量指示工业废水达标排放水平。

工业废水排放治理资金主要来自用于污染治理的资金的国内贷款、利用外资、企业自筹资金及其他来源资金。中国大规模整治工业废水污染始于"九五"（1995—2000年）计划期间。"九五"重点流域水污染防治规划的实施，推动了重点流域的工业污染治理投资。自"九五"重点流域水污染防治规划实施以来，国务院将"三河三湖"（淮河、海河、辽河、太湖、巢湖和滇池）作为国家治理的重点流域，在"十五"又进一步扩展到松花江流域，到"十一五"，重点流域水污染防治规划已经覆盖国土面积 30%以上。2000 年工业废水污染治理项目完成投资较前两年出现了异常增长，高达 109 亿元。其可能的主要原因是"九五"规划污染治理工程在规划末期陆续完工，从而至 2000 年，工业污染治理完成投资出现了较大幅度的增长。但是，工业废水污染治理完成额占当年污染治理总完成投资的比例从 1997 年开始快速下降，直到 2005年才有所回升。

自重点流域水污染治理实施以来，国家不断加大对污染治理的投入，但是，一直以来，国家对工业污染治理项目建设和运行的监督管理薄弱，这造成了大量投资没有实现应发挥的治理污染作用。我国工业废水排放量在 1997 年前总体呈现下降趋势，到 1997 年达到了近 10 年的最低量，为 188 亿 t。自 20 世纪 90 年代初开始，由于城市化进程的不断加快，生活污水排放总量持续增长，1998 年生活污水排放量超过工业废水。这也使得废水污染治理投资开始向生活污水治理倾斜。直到 2005 年，中国石油吉林石化公司发生爆炸事故，爆炸导致大量苯流入松花江流域，引发了重大的跨界水污染事件。该事件引起了国家高层对工业水污染治理的重新重视，开始加强企业安全生产和工业污染治理的监督管理。在随后的几年，政府和各地对工业废水污染治理投资逐步回升。

工业废水排放达标量大致呈现不断增长趋势，废水污染治理项目本年完成投资总体上也呈现提高趋势。自 1998 年始，国家在几个重点流域（如太湖、淮河等）实施了"零点行动"计划，督促重点工业污染源开展限期治理。工业废水排放达标量自1998 年开始逐步增长。重点流域水污染防治规划历经"十五"、"十一五"规划后，工业废水污染得到了一定程度的控制。这不仅体现在投资完成的增长速度上——近10 年投资增长速度提高，曲线较 20 世纪 90 年代的斜度更大，而且，排放达标量在近 10 年也出现了较 90 年代更快增长的趋势。

理论上而言，在经济稳定增长的情况下，污染治理投资的增加，有助于废水排放达标量的增加。工业污染治理投资完成额和排放达标量的关联分析结果表明，二者的相关系数为 0.862，即高度正线性相关，且关联分析卡方参数检验高度显著。但是，增加工业污染治理投资并不必然促进废水排放达标量的提高，环境监管、工业技术以及工业经济发展等多种因素都可能对污染排放，继而对达标排放水平产生直接或间接影响。总体上，环境保护投资对污染控制的作用：① 在于投资当期进行污染治理，使污染物排放减少；② 形成治理能力之后逐渐发挥作用。两方面作用都存在一定的时间差，前者表现为资金到位需要时间，后者表现为治理能力的形成从而充分发挥作用需要时间。工业污染治理投资对污染物达标排放的时滞效应的存在，同样为我们进行资金绩效评价提出了一个问题：由于水污染防治资金投入的完全效果不完全是在投入当期就充分显现的，因而还应跟踪相当一段时间，从而可以观察其效果的完全显现。下文将从实证角度进一步构建模型来论证和分析这种时滞效应在模型层面到底是多长。

6.3.1.2 模型构建

拟建模型以中国工业废水治理排放达标量 Y 作为因变量，以中国工业废水污染治理投资完成额 X 作为自变量。

（1）污染治理投资对排放达标量的一元线性回归模型。

1）以当期污染治理投资作为自变量模型，即 $Y_t = a_0 + b_1 X_t + \mu_t$

由上文分析知，μ_t 中含有各种影响废水达标排放的因素，因此从定性分析角度容易推断 μ_t 一定存在自相关。利用 1990—2007 年的排放达标量和投资完成额测算模型中的系数 a_0 和 b_1，得：

$$Y_t = 97.499 + 0.745 X_t \tag{6.1}$$

其中，$R^2 = 0.743$，$F = 46.348$，SE = 21.461，DW = 0.653，回归系数的 t 值为 6.808。

以模型 DW 作为指示变量自相关的指标，其值仅为 0.653，从定量分析角度说明随即干扰项 μ_t 存在自相关。采用 Cochrane-Orcutt 迭代法对模型加以修正，得：

$$Y_t = 5\,548.209 - 0.027 X_t \tag{6.2}$$

其中，$R^2 = 0.953$，$F = 143.318$，SE = 9.610，DW = 1.246，回归系数的 t 值为 -0.198。

以上参数显示，尽管自相关得到了一定程度的克服，修正模型本身显著，但是投资自变量并不显著，b_1 出现负值与前文排放达标量和投资的正相关性矛盾，进一步考虑改用滞后项做模型补救。

2）以工业废水治理投资滞后一期、二期、三期、四期、五期和六期作为自变量，与排放达标量为因变量测算相应的一元回归模型。比较各模型后得：

$$Y_t = 86.848 + 1.482\, X_{t-5} \qquad (6.3)$$

其中，$R^2 = 0.839$，$F = 57.385$，$SE = 17.530$，$DW = 1.772$，回归系数的 t 值为 7.575。

该模型拟合结果非常显著，F、t 和 Durbin-Watson 检验指标明显优于模型（6.1）和模型（6.2）。以投资滞后一期、二期、三期、四期和六期作为自变量，排放达标量作为因变量的一元回归模型均有检验没有通过。这从实证分析角度说明我国工业废水治理投资对达标排放存在滞后影响，且滞后影响期约为 5 年。

（2）污染治理投资对排放达标量的二元线性回归模型。为了进一步验证滞后影响期，以污染治理投资滞后五期与当期、一期、二期、三期、四期和六期为自变量，以排放达标量为因变量，分别建立二元线性回归模型，即 $Y_t = a_0 + b_1 X_t + b_2 X_{t-k} + \mu_t$（$k=1$，2，3，4，5，6）。测算结果表明，模型（6.4）最优且通过了各项检验。模型结果如下：

$$Y_t = 74.671 + 0.352\, X_t + 1.091\, X_{t-5} \qquad (6.4)$$

其中，$R^2 = 0.914$，$F = 53.158$，$SE = 13.442$，$DW = 2.256$，回归系数的 b_1 的 t 值为 2.951，b_2 的 t 值为 5.452。

由模型（6.4）可以看出，工业废水治理投资滞后五期 X_{t-5} 回归系数值是 1.091，当期投资 X_t 回归系数为 0.352，表明滞后五期的治理投资对达标排放的促进作用大于当期完成的投资对达标排放的贡献。综上分析，1990—2007 年，我国工业废水污染治理投资对工业废水达标排放起到了一定的促进作用，但是存在滞后效应，滞后期约为 5 年。

6.3.2　投资绩效评估方法概述

流域水污染防治专项资金作为财政资金支出，对其绩效评估必然参照财政资金支出绩效评价的方法。然而作为流域水污染防治这一具有典型正外部性的事物，在借鉴传统财政资金绩效评估的基础上，必然要根据环境的特性，选择环境经济影响评价领域的相关方法。

6.3.2.1　传统财政资金绩效评估方法

（1）成本-效益分析法。成本-效益分析法是在 1844 年由杜波伊特（Jules Dupuit）最初提出的，他认为公共工程的效益并不等同于公共工程本身所产生的直接收入，但直到 20 世纪初期美国联邦水利部门为了评价水资源投资，该方法才在实践中得以应用，并逐步运用于评价各种项目方案、发展计划、各种政策以及环境方面的效益和成本。成本-收益分析是将一定时期内项目的总成本与总效益进行对比分析的一种方法，通过多个预选方案的分析比较，选择最优的支出方案。成本-效益分析已经发展成为西方绩效评价的主流方法，越来越多的国家将其用于政策评估方面。其中，对项目进行费用效益分析，可以分解为下述 3 个步骤：① 识别项目的费用和效益；② 把发生在未来的费用与效益贴现为现值；③ 对经过贴现的费用和效益进行对比。该方法适用于成本和收益都能准确计量的项目评价，如公共工程项目等。但缺点也显而易见，对于成本和收益都无法用货币计量的项目则无能为力，一般情况下，以社会效益为主的支出项目不宜采用此方法。

英国是将成本-收益方法用于财政支出绩效评估的典型国家。20 世纪 80 年代，英国效率小组在财务管理新方案的改革中设立了经济性、效率性、有效性的"3E"评估方案。经济性评估包括成本与投入的比率、行政开发与业务开支的比率、事业经费开支评估、资源浪费评估 4 个方面；效率性评估中引入了回归分析、数据包分析、参照系与非参照系比较技术等方法；有效性评估涉及质的量化指标、用民意测验测定效益和服务质量、质量保证体系等方面。在评估方案的执行方法中特别提到用成本-效益分析法来评估业务费、事业费以及其他财政开支的绩效。

（2）因素分析法。因素分析法是将影响投入（财政支出）和产出（效益）的各项因素罗列出来进行分析，计算投入产出比进行评价的一种方法。不少学者通过分析影响财政资金绩效的影响因素，构建了评价支出绩效的指标体系，主要分为如下 4 个因素指标：① 经济效益指标，包括直接经济效益指标和间接经济效益指标两个方面；② 社会效益指标，主要反映项目实施后对实现国家社会发展目标的影响及所作的贡献；③ 环境影响指标包括对资源的影响和对环境系统的影响两个方面；④ 分配效益指标主要有国家收益比重、地方收益比重、个人收益比重等。根据财政资金支出的总体目标，在对其使用过程进行合规性、合法性审计的基础上，分别赋予经济效益、社会效益和环境效益一定权重加总计算不同项目的综合指标，借以衡量财政资金的综合利用效果。优点是能比较直观地了解各项因素的情况，但某些因素的量化难度较大是其主要缺陷。

张芳丽、李奎将该方法用于环境财政资金支出效率评估中，综合评价的模型如下所示：

$$S = \sum_{i=1}^{n} S_i \cdot W_i \quad (n = 3)$$

式中：S —— 环保财政资金综合利用效果指数，是将经济效益、社会效益和环境效益
　　　　分别赋予一定权重加总计算的综合指数，用%表示；

　　　S_1 —— 财政支出经济效益指数，是将设置的不同指标分别赋予不同权重加总计
　　　　算而得的一个综合指数，用%表示；

　　　S_2 —— 财政支出社会效益指数，用%表示；

S_3——财政支出环境效益指数，根据不同类别环保项目，分别设置不同评价指标加总计算而得，用%表示；

W_1、W_2、W_3——分别为经济效益指数权重、社会效益指数权重、环境效益指数权重。

根据以上计算公式，可以计算出某一环保项目财政支出使用效益的综合指数，借以对其利用效果作出综合评价。然而该法进行了定量评价环境财政资金支出的有效尝试，在进行水污染防治专项资金绩效评估时可以参照该法，并进行相应变更，使其更容易操作和衡量。

（3）QQTP方法。QQTP方法即为数量（quantity）、质量（quality）、期限（timeliness）、价格/成本（price/cost）的简称。该法是全球较早推行绩效预算和绩效审计改革的澳大利亚衡量项目绩效的典型方法。后来被其他国家借鉴，下面以该法在北京和澳大利亚财政资金绩效评估中的应用来说明其含义。

☞ 定量指标的最大优点是直观、便于考核：例如，北京市财政对城区绿化防沙治尘技术示范和研究项目进行绩效考评时，设定了以下定量指标：推广应用植物不少于20种、300万株。其中，推出耐荫灌木地被植物不少于10种、50万株；建立具有合理植物结构、良好防沙治尘效益和景观效益的防护林示范区160 hm²，小区及裸露地面绿化示范区3~4个，约40 hm²。定量指标一般应用于管理和服务类项目。

☞ 定性指标主要用来刻画被考评项目所提供服务的特定的、直接的特征：例如，项目所提供服务的范围、所涉及的利益相关者、项目与绩效衡量标准的一致程度、顾客满意度、同行评价、公众评价等。例如，北京市对"北京历代帝王庙文物修缮工程"进行考评时，设定了以下定性指标："复原景德崇圣殿殿内陈设，包括：神完、匾额及柱楹联"，这一指标明确了项目所提供服务的范围；"工程质量应符合文物建筑工程检验评定标准"，这一指标明确了项目与衡量标准的一致性。

☞ 期限指标一般是衡量项目所提供服务的频率或项目完成的时限：例如，澳大利亚2004年度小学教育绩效衡量指标之一是"在4月底向部长提交小学教育质量报告"，这表明了项目完成的时限。北京市财政对社区环境卫生绩效进行衡量的指标之一是"每天街道巡逻不少于5次"，这表明了提供服务的频率。

☞ 价格/成本指标一般是衡量项目所提供产品或服务的市场价值：这一指标受生产成本、分配和供给量的影响，同时还受需求量、市场替代品价格、政府愿意支付价格的影响。成本指标衡量的是项目所提供服务的总成本或者单位成本。例如，北京市财政对图书节项目进行绩效衡量的指标之一是"图书节期间销售收入不低于2 500万元"，这表明了图书销售预期总价格。

除上述方法外，最低成本法、方案比较法和目标评价法也是经常出现的方法。其中，最低成本法也称最低费用选择法，该方法只计算项目的有形成本，在效益既定的条件下分析其成本费用的高低，以成本最低为原则来确定最终的支出项目，简化了效益量化的计算。适用于那些成本易于计算而效益不易计量的支出项目，如社会保障支出项目。然而，此法作为支出项目的事前评价较为有效，作为支出后评价的方法则有所偏颇，不一定很全面，因为忽略了效益问题。正是基于此，该方法目前还仅限于理论探讨阶段，尚未真正用于实践。方案比较法，首先评价各方案有无经济效益、社会效益，然后，对各方案的经济效益、社会效益进行事前估算，并根据估算结果进行方案选择，有时也用于财政项目资金管理。目标评价法即将当期经济效益或社会效益水平与其预先目标标准进行对比分析的方法，此方法可用于对部门和单位的评价，也可用于周期性较长项目的评价，还可用于规模及结构效益方面的评价。

6.3.2.2　资源环境价值评估方法

（1）直接市场价值评价法。直接市场评价法是将环境质量视为一个生产要素，其变化会引起生产率和生产成本的变化，从而导致产品价格和产出水平的变化，通过对这种变化的观察和量度并用货币价格测算可评估环境变化的影响。主要包括生产效应法、人力资本法、机会成本法、疾病成本法、重置成本法和影子工程法。环境资源是经济发展的基础，它与劳动、土地、资本等资源一样都属于生产要素。环境质量的变化会导致生产率和生产成本的变化，进而导致产品价格和产出水平的变化，而价格和产出的变化是可以观察到并且是可度量的，而且是可以用货币价格（市场价格或者影子价格）进行计算的。

采用直接市场价值评价法所需的基本条件为：① 环境影响的物理效果明显，而且可以观察出来或者能够用实证方法获得；② 当确定某一环境因子变化对受体的影响时，我们能够将其从其他影响因子中分离出来；③ 环境质量变化直接增加或减少商品或劳务的产出，这种商品或服务是市场化的，或是潜在的、可交易的，甚至他们有市场化的替代物；④ 市场是成熟、有效的，市场运行良好，市场价格是一个产品或服务的经济价值的良好指标。

（2）揭示偏好价值评估法（替代市场法）。揭示偏好法通过对人们表现出来的环境偏好（人们在与环境联系紧密的市场中所支付的价格或所获利益）估算环境质量变化的经济价值。该方法主要有内涵资产定价法、防护支出法、旅行费用法、工资差额法等。一般来说，使用替代市场评价法的关键在于确定哪些可交易的市场物品是环境物品可以接受的替代物。对于有些环境物品而言，这可能不是问题。但是，对于某些环境物品和服务而言，可交易的市场物品往往只能提供天然的环境资源所能提供的全部价值中的一部分（有时甚至是非常小的一部分）。

对于流域水污染防治专项资金，本研究试图通过直接市场价值评估结合揭示偏好价值评估法，对其进行效果评估。

6.3.3 流域水污染防治专项资金绩效评价的准则

专项资金绩效评价总体范畴属于公共财政资金绩效评价，而对于公共财政资金绩效评价则主要是围绕"3E"准则展开的，即围绕经济性、效率性和有效性这3个要素来开展对公共支出绩效的评价。

（1）所谓经济性是指在达到一定支出目标的情况下，如何实现支出最小。经济性设计成本与投入之间的关系，表现为获得特定水平的投入时，使成本降低到最低水平；或者说充分使用已有的资金获得最大量和最佳比例的投入。

（2）所谓效率性是指专项资金的产出同所消耗的人力、物力、财力等投入要素之间的比率，简单地说就是资金支出是否讲求效率。专项资金支出的高效率，意味着用最小的投入达到既定的目标，或者投入既定而产出最大化。效率性原则是政府和社会各界对专项资金在审批机制，资助项目实施进度比较，项目经济、社会和生态环境效益等方面要求的具体体现。

（3）所谓有效性是专项资金支出的结果在多大程度上达到社会、经济、环境等方面的预期目标。有效性涉及产出与效果之间的关系，具体包括产出的质量、产出是否导致了所预期的经济、社会与生态环境效果，简单地说就是是否达到了既定目标。

通常情况下，经济性、效率性和有效性三者是一致的。专项资金的经济性是专项资金活动的先导和基础，效率性是专项资金有效机制的外在表现，有效性则是专项资金活动最终效果的反映。

6.3.4 我国流域型水污染防治专项资金绩效评价的特点

6.3.4.1 水污染防治专项资金绩效评价与传统财政资金投入业绩评价显著不同

（1）对效益问题的重视程度不同。很长一段时间，我国经济的发展在很大程度上依赖于以高投入、高耗能、高排放、低效率为特征的粗放型增长轨迹，我国环境质量严重恶化、生态受到极大破坏，特别是关系国家、社会、人民发展生活的几条大河、大湖受到严重污染，流域水污染问题已成为制约我国经济、社会、环境协调发展的主要瓶颈之一，为此国家高度重视，通过采取设立专项资金等一系列措施，决心解决好流域水污染问题，由此，对于流域型水污染防治专项资金绩效的评价也日益受到重视。

（2）评价的侧重点不同。以往的财政资金绩效评价更多地关注资金的分配是否合理、有效；各有关部门是否遵守资金拨付的法律法规，是否按时、充分、准确地使用资金，强调的是遵循。而以流域型水污染防治专项资金为代表的环保财政资金的绩效评价则更加侧重资金支出的有效性，追求的是资金的环境效益和社会效益的最大化。它不仅包括支出的合理性、合规性评价，而且更加重视资金支出执行的效果、效益和影响，并以此作为考评的依据而不仅仅是关注过程的遵循情况。

6.3.4.2　水污染防治专项资金绩效评价与企业绩效评价显著不同

（1）计算投入与产出的范围不同。企业在分析其生产经营支出的效益时，只计算其自身直接投入的各项费用和自身实际获得的产出，运用投入与产出的相关指标进行综合分析，则可得其生产经营活动的效益状况。而在评价流域水污染防治专项资金的绩效时，计算投入与产出的范围比企业宽得多，不仅要计算直接的、有形的、现实的投入与产出，而且还要计算间接的、无形的、预期的投入与产出。

（2）采用的标准不同。企业在进行效益分析时，其标准基本就是经济效益标准，标准十分明确，且易于把握；而对于水污染防治专项资金，既有可以用货币单位来表示的经济效益，还有大量的无法用货币度量的环境绩效和社会绩效。讲求环境绩效和社会绩效是环保财政专项资金与企业活动的根本区别。专项资金的评价不仅仅停留在经济绩效这一层面，还注重社会绩效和环境绩效的提高。环境绩效表现在经济持续发展上，不仅仅在经济总量上扩张，而且包括经济结构和自然环境的提高；社会绩效是经济发展基础上的社会进步，包括了居民满意度的提高和生活质量的改善，以及社会公共产品供应质量与水平的提高。而且，对于环境绩效和社会绩效实施评价的标准比对经济效益实施评价的标准要复杂得多。

（3）择优的标准不同。对水污染防治专项资金进行绩效评价的目的，是通过投入与产出的分析比较出最优的支出方案。企业与水污染防治专项资金的择优标准有所不同。企业的择优标准是自身直接花费最小、所得最多的支出方案为最优方案。而专项资金则不然，对于流域型水污染防治专项资金的绩效评价在很大程度上追求环境效益的最大化。

6.3.5　我国流域型水污染防治专项资金绩效评估指标体系的构建原则

6.3.5.1　客观公正的原则

客观是指评估指标要反映出项目的实际绩效，不能以偏概全，更不能具有主观随意性。同时，设计指标时，立场必须公正。而且还要保证指标在计算与赋值时，不受主观因素的干扰。

6.3.5.2　全面系统性原则

全面性的原则主要体现在选取指标的过程中，选取的指标要能够全面反映目标层的各个方面，避免遗漏。也就是说评价指标体系应涉及专项资金流转的全过程，将对资金运行过程的评价和对资金运行结果的评价有机结合起来。在对资金效果进行评价时，不仅要关注项目所获得的经济收益，而且要更加关注作为流域型水污染防治专项资金所特有的环境收益与社会收益。按照系统论的观点，将评价体系划分成若干评价层次，同时，确定评价层次时，各层间因素应为递进关系，同层间因素应保持独立，避免重复。

6.3.5.3 定性评价与定量评价相结合

流域型水污染防治专项资金的绩效具有社会性、多样性和复杂性的特点。很多情况下是无法通过客观的、可计算的数量或者比率予以反映的，因此，以定量指标为主，在其基础上将定性指标结合进去无疑是一种理想的选择。定性指标（例如社会效益等）主要可以应用于资金运行的效果和影响评价，可以在绩效评价的过程中充分听取有关专家、社会公众的意见，了解社会公众的满意度。

6.3.5.4 评价指标的统一性与灵活性兼顾原则

正如前文所介绍的，专项资金的适用范围比较广泛，既涉及集中污水处置，又包括流域综合整治，涉及项目的类别、规模、管理方式、运行方式等也各不相同；因此，在指标设计过程中，很难做到面面俱到。这就需要在设计指标时，充分考虑流域型专项资金的本质特性，选取能够代表专项资金特性的指标，在此基础上，适当选取一些特定类别项目的指标加以补充；必要时，可以对某些代表性的项目专门设立评价指标体系。

6.3.5.5 数据的可得性原则

指标要具有可操作性，中央环境保护专项资金项目绩效评价指标的价值在于它的有效性，能应用于评估实践，这就要求评价指标必须紧扣实际，容易确定，并且要尽量减小可人为操作的空间。评价指标只有具体、明确、可衡量，才能被执行者所执行，为被评估单位、管理机构、媒体和社会公众所认可。RIETVELD 等认为，数据的可得性原则是设计指标最重要的原则。评估使用的数据应该具有周期性和连续性，也就是指标监测要间隔相同的时间。

6.3.5.6 可行性与可操作性原则

由于影响因素的复杂性，一些指标往往是难以操作的定性指标，建立层次复杂、数量众多的指标体系，会使准确计算非常困难，并可能影响结果的正确性。因此在建立评价体系时，要在尽可能简单的前提下，选取一些易于计算、容易衡量的指标，并能具有很好的代表性。

6.3.6　我国流域型水污染防治专项资金绩效评估指标体系构建

通过参考国内外已有研究成果，结合征询有关专家的意见，本研究初步形成了以下的专项资金效果评估指标体系，见表 6-7。

表 6-7　流域型水污染防治专项资金效果评估指标体系

一级指标	二级指标	三级指标
项目组织管理绩效	项目建设完成状况	项目完成任务量
		项目建设过程合规性
		工程质量优良率
	资金保障管理状况	专项资金到位率
		专项资金到位及时性
		环保专项资金配套率
		专项资金使用与预算相符程度
经济社会绩效	经济绩效	环境改善直接经济收益
		项目实施所带动相关行业发展经济收益
	社会收益	项目拉动就业规模
		公众满意度
		环境纠纷减少率
环境效益	污染控制与减排	COD 减排量
		城镇污水达标处理率
	生态环境修复改善	断面水质达标率
		河流生物丰度指数

6.3.6.1　项目组织管理绩效

项目能否得到有效的组织管理，直接关系到项目能够完成并充分发挥既定作用，因此，其在整个项目绩效评价体系中具有举足轻重的作用。项目的组织管理涉及的领域很广，既包括项目的建设情况，又强调专项资金的使用情况。因此，在这一级指标下，本研究选择了"项目建设完成状况"和"资金保障管理状况"两个领域作为二级指标，涵盖了项目完成任务量、项目建设过程合规性、工程质量优良率、专项资金到位率、专项资金到位及时性、环保专项资金配套率和专项资金使用与预算相符程度等指标来表征专项资金支持项目的建设管理和资金运转情况。

6.3.6.2　经济社会绩效

专项资金所支持的项目工程，毫无疑问也存在着一个经济效益大小的问题，在满足一定条件下追求经济利益最大化也应是专项资金绩效评价的一个重要内容。项目具有良好的经济效益对项目日后的运行和减轻地方政府与企业的负担具有重大作用。对于专项资金支持的项目而言，其经济收益可能来自于通过深化处理所带来的中水回用效益、清洁生产所带来的经济收益等。同时，通过专项资金实施所带来的生态环境改善，必然会有助于其他产业（例如水产养殖、房地产等）的发展，从而带来经济效益。

流域水环境具有典型的公共物品属性，因此，设立专项资金支持改善水环境项目的建设必然会产生很大的社会收益，所以，本研究将社会收益作为重要的评价领域。专项资金比较直观的社会效益是伴随着一批项目的建设运行，必将会创造相当数量的就业机会。同时，专项资金项目根本目标在于改善居民的生活环境，因此公众满意度将是评判专项资金绩效的一个重要指标。同时借助环境纠纷这一指标反映项目的社会收益也是国际上很多国家所通用的。

6.3.6.3　环境效益

专项资金的最终目标在于减少污染物排放，改善流域水环境生态条件。因此，本指标体系在环境效益这一指标下，设立了"污染控制与减排"和"生态环境修复改善"这两个二级指标。结合国家减排目标，选择了 COD 减排量这一指标，同时采用了城镇污水达标处理率、断面水质达标率和河流生物丰度指数等指标来表征环境效益。

诚如全书所分析的，专项资金涉及的领域较广，任何一个绩效评估指标体系都无法完整、充分地涵盖所有项目的本质特征。因此，需要根据专项资金所支持项目的特点、建设、管理和经济、社会与环境收益，适当调整增补相关指标，以期更加准确地评价专项资金的绩效。

6.4　国际经验与借鉴——美国超级基金

尽管欧美等发达国家在其环境保护投资体系中并无"专项资金"这一专门的投资类别，但由政府主导、针对特定问题、利用财政资金进行有效处置的做法仍有可借鉴之处。这其中美国超级基金制度就是一个典型的案例。

6.4.1　历史渊源

20 世纪后半叶，美国经济发生了深刻的变革，经济和工作重心经历了从城市到郊区、由北向南、由东向西的转移，许多企业在搬迁后留下了大量的"棕色地块"（Brownfield site），具体包括工业用地、汽车加油站、废弃的库房、废弃的可能含有铅或石棉的居住建筑物等，这些遗址在不同程度上被工业废物所污染，这些污染地点的土壤和水体的有害物质含量较高，对人体健康和生态环境造成了严重威胁。

为了应对危险废物泄漏造成的严重后果,美国国会于 1980 年 12 月通过了《综合环境反应、补偿和责任法》(Comprehensive Environmental Response, Compensation, and Liability Act),又称《超级基金法》(The Super fund)。该法案为政府处理环境污染紧急状况和治理重点危险废物设施提供了财政支持,对危险物质泄漏的紧急反应以及治理危险废物处置设施的行动、责任和补偿问题作出了规定。

超级基金制度还为可能对人体健康和环境造成重大损害的场地建立了"国家优先名录"(National Priority List, NPL),该名录定期更新,每年至少更新 1 次,现在每年更新两次。为保障超级基金制度的实施,又补充制定了一系列配套行动计划以强化和促进该制度的实施,其中最重要的是 1986 年的《超级基金法的补充与再授权》(Superfund Amendments and Reauthorization Act of 1986)。

6.4.2　资金来源

超级基金建立了两个有关的基金,用于立即清除从船舶或者任何岸上或者近海岸的设施排入环境的有害物质,这两个基金就是有害物质反应基金和宣告关闭责任基金,是政府用于有害物质的排放造成的财产和自然环境的损害所需要的清除费用和赔偿要求的支付。超级基金的初始基金为 16 亿美元,来源有两个:13.8 亿美元来自对生产石油和某些无机化学制品行业征收的专门税;2.2 亿美元来自联邦财政。1996 年国会修改超级基金法时,将基金总数扩大到 85 亿美元。其中 25 亿美元来自年收入在 200 万美元以上企业的附加税;27.5 亿美元来自联邦普通税;3 亿美元来自基金利息;3 亿美元来自费用承担者追回的款项等。超级基金的资金来源主要有:① 从 1980 年起对石油和 42 种化工原料征收的原料税;② 从 1986 年起对公司收入征收的环境税;③ 一般财政中的拨款;④ 对与危险废物处置相关的环境损害负有责任的公司及个人追回的费用;⑤ 其他,如基金利息以及对不愿承担相关环境责任的公司及个人的罚款。由此可以看出,美国污染场地治理的资金主要来自于联邦政府的财政收入(税收),而且仅限于污染场地的修复,因此具有"专项资金"的典型特征。

6.4.3　资金使用

《超级基金法》中对危险物质超级基金的使用范围进行了详细的规定,大体上可以分为如下几类:① 政府采取应对危险物质行动所需要的费用;② 任何其他个人为实施国家应急计划所支付的必要费用;③ 对申请人无法通过其他行政和诉讼方式从责任方处得到救济的、危险物质排放所造成的自然资源损害进行补偿;④ 对危险物质造成损害进行评估,开展相应调查研究项目,公众申请调查泄漏,对地方政府进行补偿以及进行奖励等一系列活动所需要的费用;⑤ 对公众参与技术性支持的资助;⑥ 对 1～3 个不同的大都市地区中污染最为严重的土壤进行试验性地恢复或清除行动所需要的费用。超级基金对于资金的使用范围和领域也做了明确的界定，具有资金专用的"专项资金"特征。

6.4.4 基金项目管理

超级基金所致力的污染场地首要条件是其必须被列入"国家优先名录"，因此超级基金项目的管理就涉及从污染场地被列入"国家优先名录"，到完成修复进而从"国家优先名录"中删除的过程。图6-9描绘了基金项目管理的基本流程。

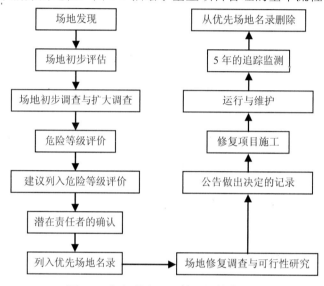

图6-9 超级基金项目管理的基本流程

下面就超级基金项目管理流程的重要环节作一简述。

6.4.4.1 场地发现

污染场地发现有3条途径：① 所在地环境管理部门的定期或不定期监测；② 通过公众检举土壤污染事件，土地所有者或使用者均有通报土地污染的义务；③ 一些特定行业在开业、停业或进行土地使用转让时，要求企业出具土壤污染的检测资料。

6.4.4.2 场地的初步调查与扩大调查

场地的初步调查和扩大调查可进行多次，因为仅进行1次初步调查可能无法发现重大问题，通常是在后期调查中才发现更严重的问题，因此有必要进行场地扩大调查。

6.4.4.3 危险等级评价

危险等级系统（HRS）是将污染场地列入优先名录的主要机制，即利用场地调查信息，通过数值方式评价场地对人体健康和环境的潜在威胁。危险等级系统利用结构分析方法对场地进行赋分，该方法对与风险相关的因素，如场地释放危险物质的可能性、废弃物特征、人群或敏感靶标等赋分，再对地下水迁移、地表水迁移、土壤暴露和空气传输 4 种途径计算分值，然后将这些分值通过均方根方程进行组合，产生场地总得分。当危险等级分值超过 28.5 分时，即符合列入优先场地的条件。

6.4.4.4　列入国家优先名录

有 3 种机制可将场地列入优先名录：① 最常见的是危险等级打分机制，当场地的危险等级分值超过 28.5 分后，还必须进行为期 60 天的公示，若美国环保局对公众的评价作出响应后仍然认为该场地符合列入优先名录的要求，则该场地列入优先名录；② 每个州或地区可提出优先列入的场地；③ 美国公共卫生服务部的毒物与疾病登记署已发出让人群离开相关场地的决定，并且该场地已被美国环保局确认为严重威胁公众健康，而且采取修复行动比紧急搬迁行动更经济，则该场地列入优先名录。

6.4.4.5　场地修复

首先进行场地修复调查，以获得污染程度、修复标准、可能的修复技术筛选和修复费用预算等数据，再编制可行性研究报告；此后，进行修复工程的设计实施与运行维护；当修复场地达到修复标准后，一般还需进行 5 年的跟踪监测，确定稳定达标时，可将其从优先名录中删除。在整个修复期间，可将场地已稳定达标的部分区域或污染物提前从优先名录中删除。

6.4.4.6　实施效果

超级基金项目取得了很大的成绩，永久性治理了近 900 个列于优先场地名录上的危险废物设施，处理了 7 000 多起紧急事件。该项目保证了人类的健康，降低了环境风险，并为受污染土地的重新使用提供了可能。超级基金项目自身也一直在发展，如近年来将"棕色地带"复兴计划纳入超级基金项目，对不包含在"清除"或"救助"治理行动考虑对象范围内的，污染较轻的不动产的治理进行资助，从而提高资金的利用效率、充分实现土地的再利用。

6.4.5　借鉴意义

尽管众多学者指出美国的超级基金存在着经费缺乏、修复行动缓慢以及效果评估指标有欠合理性等问题。但超级基金作为一项针对污染场地修复的专门投资，在其 30 年的运行过程中，积累了很多值得我国流域水污染防治专项资金借鉴的经验和做法。首先，持续的资金支持确保了污染场地修复这一花费高、耗时长的工程得以连续进行下来，并因此取得显著的成绩。这提示我们，在实施流域水污染防治时，对于专项资金应本着持久进行的理念，方能显现资金的效果。其次，优先控制名录的动态调整，确保了新污染场地或问题能够及时得到重视和获得资金支持得以修复，在很大程度上提升了资金的使用效率和影响力。对于流域水污染防治专项资金而言，目前仅是根据相关流域规划的项目来确定投资项目，而这些项目往往是在对未来5年判断和把握的基础上做出的，难免有所偏差，同时对于5年期间所涌现的新问题、突发问题，难以涵盖，因此可以效法美国超级基金的做法，建立动态的项目库予以支持。再就是较为完善的相关管理程序，特别是项目完工后的追踪监测制度，确保了场地修复的效果能得以保持下去。此外，美国超级基金强调了公众参与的作用，对于"污染场地的发现"可以依据公众投诉进行，从而调动了公众的参与热情，同时也确保了项目实施后能够得到公众的接受和信任。

6.5　案例分析

6.5.1　江苏省（无锡市）太湖流域水污染防治专项资金

太湖流域地跨苏、浙、皖、沪三省一市，是长江三角洲的核心区域，历来是我国人口密度最大、工农业生产发达、国民经济产值和人均收入增长幅度最快的地区之一。流域人口约占全国的3%，GDP占全国的12%，人均GDP为全国的3.5倍。太湖流域总面积36 895 km²，其中江苏19 399 km²，占52.6%，各省市面积所占比重见图6-10。由于所占比重较大，因此，江苏省一直以来就是太湖流域水污染防治的重点省份。而在江苏省内，太湖水域面积占太湖总面积的30%左右，在太湖流域的所有城市中对太湖的依赖最大，受影响程度最大，治理任务最重。

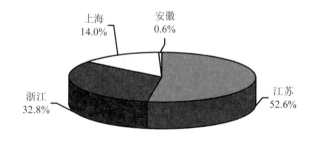

图6-10　太湖流域各省市面积所占比重

6.5.1.1　无锡市概况

无锡市位于长江三角洲江湖间的走廊部分，江苏省东南部。东邻苏州、南濒太湖、西接常州、北临长江，全市总面积为 4 787.61 km² (市区 1 659 km²，其中建成区面积 188.14 km²)。无锡是江南经济重镇，全国 15 个经济中心城市和 10 个重点旅游城市之一。2009 年，无锡实现地区生产总值 (GDP) 4 992 亿元，增长 11.6%，按常住人口计算人均生产总值 81 151 元，按现行汇率折算达 11 885 美元。财政一般预算收入 415.91 亿元，对外贸易进出口总额 439.45 亿美元；城镇居民人均可支配收入 25 027 元；农民人均纯收入 12 403 元。

6.5.1.2　无锡市治理太湖流域资金投入分析

太湖流域作为国家确定的"三河三湖"水污染防治重点，历来是江苏水污染防治的重中之重。多年来，各级政府对太湖水环境的治理投入了大量资金。特别是太湖水危机以来，无锡市按照"环保优先"和"铁腕治污、科学治太"的方针，积极争取国家、江苏省的资金支持，同时利用市财政资金保障的太湖水治理重点项目的建设，强势推进太湖水污染防治工作。

无锡市早在 1998 年就启动了水环境治理工作，2007 年水危机爆发后，中央、省都设立了太湖水治理专项资金，支持太湖水的治理工作。无锡市也主动加大了太湖水治理的投入力度，在原有环保资金的基础上，从新增财力中划出 10%～20% 专项用于太湖水污染治理 (20 亿元左右)，与此同时，还积极拓宽筹资渠道，通过政府融资和鼓励国有资本投入，千方百计落实太湖水治理资金。据统计，1998—2009 年上半年，无锡市用于太湖流域水污染治理的投入高达 317.04 亿元，这其中中央、江苏省以及无锡市专项资金等占到了相当比例。

(1) 中央财政专项资金。太湖流域作为我国重要的经济发展区域同时也是长三角相当数量城市饮用水水源地，随着长三角地区加速发展，其生态环境受到严重的破坏，严重制约了当地经济社会的可持续发展，并对当地居民生活带来了严重的影响。国家高度重视太湖流域的水污染治理问题，自 20 世纪 90 年代中后期就通过国债等形式支持太湖流域的水污染治理项目。

无锡作为太湖流域水污染治理的一个重点城市，据统计，1998—2009 年中央财政以国债转贷或专项补助资金的形式下达补助的"治太"专项资金达 15.29 亿元，其中补助 12.59 亿元，转贷资金 2.7 亿元；特别是 2007 年中央设立"'三河三湖'及松花江流域水污染防治财政专项补助资金"以来，中央给予无锡市用于太湖治理的资金支持大幅增加，仅 2008 年无锡市就获得"'三河三湖'及松花江流域水污染防治财政专项补助资金"4.9 亿元，占到近 12 年中央财政支持金额的 32.1%；这笔资金主要应用于锡澄供水工程、南泉水源厂取水头部延伸改造工程、桃花山垃圾填埋场工程、太湖清淤、河道清淤以及城镇污水处理厂及管网建设等项目。中央专项资金支持的项目目前建设运转情况良好。

中央太湖水污染防治专项资金的投入,对无锡市污水处理厂和管网建设、饮用水水源地建设、城市重点水域的综合治理起到了较为积极的引导和推动作用。

(2)省级财政补助。1998 年以来,江苏省政府对无锡市太湖水环境治理在资金方面给予了很大的支持,通过每年的环保补助经费、污染防治基金和环保专项资金、太湖水污染治理专项资金对环保治太项目进行了补助。据统计,无锡市 1998—2009 年共获得省级资金支持 8.34 亿元。特别是 2007 年江苏省设立"太湖水污染治理专项资金"决定自 2007 年起每年从新增财力中安排 20 亿元的太湖污染治理专项资金;同时要求自 2008 年起,太湖地区各市、县(市)从新增财力中划出 10%~20%,专项用于水污染治理,并随之出台了《江苏省太湖水污染治理专项资金使用管理办法(试行)》,进一步强化了对太湖治理的资金支持和管理力度。据无锡市财政局介绍,仅 2008 年第一期江苏省省级太湖水污染治理专项资金(总额为 10.96 亿元),无锡市就获得了 4.42 亿元,而这笔资金主要应用于无锡市饮用水安全、城镇污水处理及垃圾处置项目以及主要污染行业污水深度处理和清洁生产等领域,对于无锡市太湖综合治理工程起到了较大的推动作用。

专栏6-3 江苏省太湖水污染治理专项资金

江苏省决定自 2007 年起每年从新增财力中安排 20 亿元的太湖污染治理专项资金。依照《江苏省太湖水污染治理专项资金使用管理办法(试行)》,这笔资金主要应用于以下几个领域:饮用水安全项目、点源污染治理项目、城镇污水处理及垃圾处置项目、农业面源污染防治项目、提高太湖水环境容量的引排建设工程、生态修复工程、太湖流域水环境监管体系建设、适当安排省级太湖水污染治理规划编制、太湖流域主要水污染物排放指标有偿使用及交易试点方案制定、项目库建设、项目评审及中介机构审计费用等。

同时管理办法明确了资金的支持方式:对省级项目,主要由省级专项资金投入,需地方安排配套资金的,应按省有关要求落实地方配套资金;对地方项目,主要由地方负责投入,省级专项资金按规定给予支持。对省级项目,主要采取相关投资或补助的方式。而对于地方项目,则依据项目性质类别,分别采取年初预拨年终考核后清算补助(适用于基本建设性质类项目,如城镇污水处理及垃圾处置项目等)、"以奖代补"(适用于工程周期短(一年以内)、投资量较小的项目)、"计量奖励"(适用于点源污染治理项目)、"按比例一次性补助"(适用于经省政府批准的应急性项目任务,如围网拆除、蓝藻应急处置等)等方式。

资料来源:《江苏省太湖水污染治理专项资金使用管理办法(试行)》,http://www.jscz.gov.cn/pub/jscz/zcfg/czgfxwj/jjjs/200910/t20091010_10 384.html。

（3）无锡市政府投入。

☞ 市本级政府投入：1998 年以来，无锡市市本级政府对太湖水环境治理累计投入了 83.95 亿元资金。在全市范围内全面实施控源截污、污水接管、生态清淤、面源治理、动力换水、生态修复、湖岸整治和环湖林带建设等重点治太工程。

☞ 市（县）、区级政府投入：1998 年以来，无锡市江阴市、宜兴市、惠山区、锡山区、滨湖和新区的投入总额为 103.49 亿元，重点投向了污水处理工程、引水治水工程、清淤整治工程、截污工程和环境保护项目。

☞ 政府融资投入及其他投入：无锡市太湖水治理项目投资规模大、在充分争取国家和江苏省治太专项资金，以及依靠无锡市财政资金投入的基础上，无锡市还争取国内银行和世行的支持、鼓励国有资本的投入。据统计，通过政府融资解决太湖水治理资金 71.29 万元，鼓励国有资本的投入 34.68 亿元，推动了太湖水污染治理项目的实施。

（4）治理效果评估。在国家、省和无锡市专项资金等投资的带动下，无锡市通过实施控源截污、蓝藻打捞、调水引流、底泥清淤、生态修复等各项措施，使得无锡太湖流域水污染综合治理取得了相当的成效。2009 年太湖无锡水域高锰酸盐指数、总氮、总磷和富营养化指数比 2008 年分别下降 7.6%、8.3%、21.0% 和 4.3%，藻类聚集的时间延后、频次和面积大幅减少，12 个国家考核断面水质达标率 91.7%，主要饮用水水源地水质全部达标；城镇污水处理设施加快实施，完成芦村、城北、太湖新城 3 大城区污水处理厂扩建工程，新增污水处理能力 25 万 t/d。目前无锡市已建成覆盖所有城镇的 68 座污水处理厂，全部达到一级 A 排放标准，日处理能力达到 190 万 t。新建污水管网 710 km，污水主管网总长度已达 6 888 km，基本实现城乡全覆盖，城镇污水集中处理率达到 85%。

6.5.1.3　政策启示

由于太湖所处的长三角是我国经济最为活跃的地区之一，人口密集、工业集中、经济较为发达，这无疑是太湖流域的水污染治理更增加了难度。太湖流域水污染时间长、问题多，因此综合治理太湖流域水污染必然是一项长期的系统工程，需要大量资金的投入。结合本课题组赴无锡的调研，归纳财政局、建委、环保局、发改委等相关部门的建议主张，基于无锡的实际情况，形成以下几点政策建议：

（1）增加专项资金支持力度。尽管国家和江苏省以专项资金等形式大力支持无锡市的太湖流域水污染防治工作，但诚如上文所述，其投资比重仅占无锡市总投资的 7.5%。而且虽然无锡市政府最近两年拿出新增财力中的近 20% 用于资助无锡太湖流域的水污染治理工程，但相比于流域水污染防治的需求还相差甚远，因此，增加中央专项资金的支持力度将极大缓解太湖治理资金短缺的问题，同时可以进一步带动地方配套资金的注入，更加充分地发挥专项资金的杠杆作用。

（2）建立长效稳定的太湖水环境治理投入机制。太湖水污染治理是一项长期而复杂的工作，各中央、省级财政资金的长期支持，更能起到"四两拨千斤"的作用。目前，中央、省级专项资金的支持都是通过地方申报项目，经过一定的程序审核后，给予专项补助或"以奖代补"。项目申报的周期相对比较长，一定程度上影响了资金的使用效率，因此，建议将中央、省级补助的资金直接纳入财政体制结算。

（3）完善太湖水环境综合治理方案的项目库管理。2008 年 4 月国务院批准了《太湖流域水环境综合治理总体方案》中的近期（2007—2010 年）防治规划，确定了近几年的太湖水治理具体项目范围。地方对确定范围内的项目可申请中央资金的支持。但随着太湖水治理工作的深入开展，各地在进行太湖水污染治理工程中发现了新问题，同时也涌现出了一些更为有效的治污工程和方法，因此根据治理工作的实际调整或增加治理项目，将对太湖流域水环境综合治理起到更大的促进作用。因此，建议中央要定期对太湖水治理方案中的项目进行调整和补充。

6.5.2 合肥市"三河三湖"专项资金

6.5.2.1 合肥市概况

合肥市是安徽省省会，位于安徽省中部，长江淮河之间、巢湖之滨。合肥市行政辖区总面积为 7 029.48 km²，其中巢湖水面面积 233.4 km²。合肥市作为中部重要的经济中心城市，是全国科研教育基地、全国性交通枢纽；2009 年合肥全市地区生产总值实现 2 102.12 亿元，实际利用外资 13 亿美元，地方财政一般预算收入完成 341.9 亿元，城镇居民人均可支配收入为 17 158 元、农民人均纯收入突破 6 000 元，高于全国平均水平 912 元。

6.5.2.2 合肥市水污染防治专项资金概述

2006—2009 年，合肥市水环境治理投入分别为 5.6 亿元、5.7 亿元、18.8 亿元和 18.02 亿元。"十一五"期间完成水环境治理投资 48.21 亿元，较"十五"后 4 年 16.71 亿元增长近 3 倍。同期，合肥市安排环境监测、监察、监控等环境管理能力建设投入分别为 543 万元、305 万元、317 万元、304 万元，有力地支持了环境管理能力的提高。

对于"'三河三湖'及松花江流域水污染防治财政专项补助资金"，2007 年合肥市申请国家"三河三湖"水污染防治专项资金项目总投资 574 107 万元，申请补助 119 093 万元，获批 2 906 万元；2008 年申请国家"三河三湖"水污染防治专项资金项目总投资 121 994 万元，申请补助 35 266 万元，获批 9 642 万元；2009 年申请国家"三河三湖"水污染防治专项资金项目总投资 220 911 万元，申请补助 70 500 万元，获批 11 318 万元（表 6-8）。

表 6-8　合肥市申请"三河三湖"专项资金基本情况

年份	项目总投资/万元	申请专项资金/万元	获批专项资金/万元
2007	574 107	119 093	2 906
2008	121 994	35 266	9 642
2009	220 911	70 500	11 318
总计	917 012	224 859	23 866

6.5.2.3　合肥市专项资金利用分析

（1）专项资金支持项目实施运行情况。自 2007 年以来，合肥市共获得"三河三湖"专项资金支持项目 19 个，其中：2007 年获批 4 个项目，已建成 3 个，调试 1 个；2008 年获批 8 个项目，已建成 6 个，调试 1 个，在建 1 个；2009 年获批 7 个项目，已建成 1 个，在建 6 个。建成的项目均正常运行，详见表 6-9。

表 6-9　合肥市所获"三河三湖"专项资金项目一览

序号	建设单位	项目名称	补助/万元
	2007 年		2 906
1	肥东县污水处理厂	污水处理厂建设	1 018
2	合肥市化工五区污水处理厂	污水处理厂建设	779
3	长丰县污水处理工程	污水处理厂建设	328
4	合肥市清溪路原垃圾填埋场综合治理工程	环境综合整治	781
	2008 年		9 642
1	经开区污水处理厂一期（10 万 t/d）	厂区及配套管网建设	2 000
2	望塘污水处理厂二期（10 万 t/d）	厂区及配套管网建设	2 900
3	十五里河污水处理厂（5 万 t/d）	厂区及配套管网建设	1 500
4	肥西县三河镇污水处理厂（1 万 t/d）		300
5	龙泉山生活垃圾焚烧场（1 000 t/d）	垃圾焚烧处理场建设	2 000
6	合肥锦邦化工公司	污水深度处理	182
7	合肥金钟纸业公司	污水深度处理	468
8	肥西老母鸡生态园	畜禽养殖污染治理	292
	2009 年		11 318
1	小仓房污水处理厂		3 000
2	板桥河综合治理工程		3 850
3	巢湖饮用水水源区水质改善与生态修复工程示范		825
4	合肥化工采用清洁生产搬迁（红四方）		1 313
5	南淝河下游肥东撮镇建华段综合治理		792
6	撮镇镇污水处理厂		900
7	杭埠河沿岸综合整治工程		638

目前中央资金支持合肥市已完成的项目有：合肥经济技术开发区污水处理厂一期项目、肥东县县城污水处理厂一期项目、肥西县三河镇污水处理厂（1 万 t/d）厂区及配套管网建设项目、合肥市蔡田铺污水处理工程、长丰县污水处理厂工程、合肥市清溪路原垃圾填埋场综合整治工程、十五里河污水处理厂及其配套管网工程，望塘污水处理厂二期工程、板桥河综合整治、合肥锦邦化工公司污水处理项目、肥西老母鸡生态园等 14 个项目。正在按计划建设的项目有：肥西三河镇杭、丰两河沿岸综合治理（肥西段）工程项目，拆迁正在进行，进场道路等已完成，整体正在招标中；合肥循环经济示范园污水处理厂预计 2010 年 4 月完成，肥东县撮镇镇污水处理厂项目预计 2010 年年底前完成、南淝河下游综合治理工程（建设段综合治理子项目）正在建设等。合肥市生活垃圾焚烧处理厂项目已完成选址、环评、土地报批等前期工作，预计 2010 年年底前完成；小仓房污水处理厂建设项目预计 2010 年上半年完成。

中央专项资金促进了合肥市节能减排工作的推进。如：合肥市肥西三河污水处理厂建设项目，该项目计划在"十五"期间建成，但当时资金不足，在编制"十一五"巢湖流域水污染防治规划时，三河镇污水处理工程被列入规划。2008 年中央投入专项资金 638 万元，项目为安徽省第一家小城镇污水处理设施，在当年年底主体厂房竣工，次年初运行。该项目建成后，对肥西小南河水质改善起到了重要作用。

（2）专项资金对地方污染治理项目资金筹措及配套落实的促进作用。中央专项资金的补助，促进了合肥市污染治理项目的资金筹措。据统计，"十一五"期间合肥市对中央流域资金补助 19 个项目实际到位投资 12.051 亿元，其中中央流域资金补助 2.39 亿元，中央预算内资金 1.06 亿元，带动地方政府配套 2.19 亿元、项目单位自筹 2.39 亿元、银行贷款 2.82 亿元以及其他 1.2 亿元。中央流域资金有效地带动了其余项目资金的筹集，不仅促进了项目的建设，而且通过对资金的监管，项目实施的规范性也得到了加强。

专栏 6-4　合肥市市级环境保护专项资金机制与管理模式

依照合肥市所制定的《合肥市市级环境保护专项资金管理办法》，合肥市环境保护专项资金主要由市财政从市级排污费收入安排。同时明确规定了相关管理部门的职责：市环保局负责本市市区范围内（含经济技术开发区、高新技术开发区、新站综合试验区）排污费征收管理工作，组织筛选项目，会同市财政局审核申报项目并下达专项资金使用计划，对项目实施情况进行检查，组织完工项目验收工作，根据项目进度提出拨付资金申请。市财政局负责专项资金收支预算管理，会同市环保局审核申报项目并下达专项资金使用计划，根据市环保局申请办理资金拨付，对专项资金使用情况进行监督检查。

同时《办法》明确了专项资金的适用范围：

（1）重点污染源防治项目。实施清洁生产、建设环境友好企业中的污染防治内容等的重点行业、重点污染源污染防治项目。

（2）区域性污染防治项目。饮用水水源地污染整治项目、循环经济示范项目、绿色创建项目、生态示范建设项目、农村小康环保行动计划项目、目前无主体的区域环境安全保障项目等。

（3）污染防治新技术、新工艺的推广应用及示范项目。主要用于污染防治新技术、新工艺的研究开发以及资源综合利用率高、污染物产生量少的清洁生产技术、工艺的推广应用及清洁生产审核补助。

（4）环境监管能力建设项目。指《中央环境保护专项资金项目申报指南（2006—2010 年）》中涉及的环境监测能力建设项目、环境监察执法能力建设项目、环境应急监测能力建设项目和重点污染源自动监测项目 4 个方面。

（5）国务院和省、市规定的其他污染防治项目。

资料来源：合肥市市级环境保护专项资金管理办法. http：//sczj.hefei.gov.cn/n1105/n32739/n281325/n283391/1300620.html。

（3）"三河三湖"专项资金对地方环境管理的作用。"三河三湖"专项资金对地方治污规划编制、部门协调配合，以及对地方财政部门参与政府投资管理的主动权、发言权具有推动作用。

"十一五"专项补助项目为合肥市治污规划编制指明了方向。2007 年，合肥市根据《合肥市城市总体规划》和"141"城市发展战略，及中央专项资金项目建设的实际需要，编制完成了《合肥市污水专项规划（2007—2020 年）》，规划统筹城乡，兼顾新区与老城，对污水系统实行科学划分。污水处理以中心城区为重点，辐射四个组团，覆盖"141"战略发展范围，并按河流水系将全市分派河、南淝河、十五里河、二十埠河、板桥河、店埠河、新桥机场七大污水系统，超过国家发改委、财政部、建设部联合印发的《"十一五"全国城镇污水处理及再生利用设施建设规划》原有覆盖范围。预计到 2010 年，全市污水处理能力将达到 107 万 t/d，其中，主城区污水处理能力将达到 95.2 万 t/d，污水处理率将达到 95%以上。

"十一五"补助项目为合肥市各部门的交流提供了一个平台。加强了财政、发改和环保部门协调项目的能力，提高了财政、发改、环保部门参与政府投资管理的主动权、发言权，提高了各有关部门的行政效力。项目单位开始主动向财政、发改和环保部门汇报项目的建设情况、存在问题，有力地推动了政府对项目的管理。

（4）代表性项目运行情况分析。合肥市清溪路原垃圾填埋场综合治理工程 2008 年 5 月竣工，目前，日均可收集渗滤液约 25 t，年削减 COD 18 t，氨氮 9 t。

十五里河污水处理厂及其配套管网工程设计规模是 5 万 t/d，已于 2009 年 9 月竣工,2009 年 10 月运行。目前,实际污水处理量已达 3.7 万 t/d,已实现污染物削减量:BOD 71 t,COD 321 t,SS 155 t,氨氮 43 t,TP 2 t。预计 2010 年,将满负荷运行。

南淝河综合治理工程项目包括肥东县县城污水处理厂一期项目、合肥循环经济示范园污水处理厂、南淝河下游综合治理工程(肥东县撮镇镇污水处理厂项目)、南淝河下游综合治理工程(建华段综合治理子项目)。这 4 个项目按设计方案实施后可削减 COD 约 11 843 t/a;氨氮约 488 t/a,预计建成投入使用后可日处理废水约 8.5 万 t。目前,肥东县县城污水处理厂一期项目已竣工并投入使用,其实际的环境效益能达到设计方案所设计的效果。该项目处理后的废水排放执行《城镇污水处理厂污染物排放标准》(GB 18918—2002)中一级 A 标准,处理后排放废水中 COD 质量浓度可达到 50 mg/L;氨氮质量浓度可达到 8 mg/L,日处理废水约 2.5 万 t。

肥西三河镇污水处理项目计划建设日处理 1 万 t 的污水处理设施,后因三河镇日产生污水没有达到原先设计标准,决定先建设日处理 5 000 t 的污水处理设施,原管网铺设标准不变。目前,该项目实际建设能力为日处理 5 000 t 污水,而该镇目前日产生污水在 4 500 t 左右,因此污水处理厂处理污水能力完全满足日常要求。

三河镇杭、丰两河沿岸综合治理(肥西段)工程项目正在实施,实施后,对沿线污水进行有效收集,每天处理 300 t 污水。

合肥经济技术开发区污水处理厂项目一期建设规模为日处理污水 10 万 t,配套污水管网 100 km。目前,污水处理厂运营状况良好,日平均处理水量达 12 万 t,年削减 COD 7 621.2 t,氨氮 158.8 t。

红四方双甘膦废水项目(即合肥锦邦化工污水处理项目)蒸汽冷凝水回收装置目前每天可回收冷凝水 200 t,全年可节约用水 6.6 万 t;双甘膦酸性废水经一、二级沉降、浓缩后,再经压滤可得到双甘膦滤饼约 100 t/a;废氢气回收装置项目每天可利用废氢气(标态)约 $3.5 \times 10^6 \text{ m}^3$。

长丰县污水处理项目设计能力为日处理污水 2 万 t,由于该县城管网建设还没有完成,部分区域的管网收、排水功能不全,当前实际收水为 1.2 万 t。该项目实施后,长丰县城周边地区地表主体河流水质将由劣III类转变为III类。

(5)项目实施对减排效果影响分析。通过专项资金所支持的项目建设与运行和带动作用,合肥市水环境质量有了较为明显的改善,合肥市"十一五"规划考核的 10 个地表水断面中,派河入湖区、新河入湖区、巢湖西半湖湖心 3 个断面由原来的劣 V 类水体转变为基本达到 V 类水体,南淝河入湖区、十五里河入湖区、巢湖塘西 3 个断面水质有所好转。长丰县城周边地区主要地表河流——窑河及其支流水质原为 V 类水质,高塘湖水质为IV类水质。长丰县污水处理厂建成后,长丰县城周边地区地表主体河流水质达到III类标准。另外,合肥市饮用水水源地水质 100%达标。

据统计,到目前为止,中央流域资金补助项目已实现 COD 削减 21 132 t/a,氨氮削减 1 144 t/a（有的项目刚建成，环境效益到明年才能发挥）。预计项目全部建成后，可削减 COD 62 306 t/a，削减氨氮 4 093 t/a。

6.5.2.4　政策启示

合肥位于巢湖、淮河之间，可想而知，合肥市面临着治理流域污染的艰巨任务。但同时，由于地处中部地区，合肥市又无法避免面临着承接长三角产业转移的趋势，这大大地增加了合肥市治理淮河、巢湖流域水污染的难度；同时由于原有的经济基础和环境保护基本设施及管理能力比较薄弱，尽管在中部崛起和节能减排大背景下，合肥市依靠自身财力投入了大量资金用于治理污染，但在资金方面仍面临着不少的困难和问题，本书结合本课题组赴安徽省及合肥市的调研，归纳省市两级财政局、建委、环保局、发改委等相关部门的建议主张，基于合肥市的实际情况，形成了以下几点政策启示。

（1）加大流域污染治理专项资金的投入力度。专项资金在合肥市具有显著的资金带动效益，因此，进一步加大资金投入，可以带动更多的资金进入巢湖、淮河的流域水污染治理领域。同时，作为中部地区城市，尽管合肥近些年来经济得到较快发展，但相对于东部城市，其经济实力特别是财政资金差距仍然很大，加之历史欠账太多，为改善当前污染现状，需要的水污染防治投资巨大（据测算，如完全或逐步改善巢湖水质需年投入近 50 亿元），而合肥市为此已从财政资金中投入了近 20 亿元用于治污，但资金缺口依然很大。因此，建议在中央专项资金中适当考虑区域经济、社会发展和环境治理的差异，结合所在地区生态环境治理紧迫性等特点，适当向合肥市这样经济相对较弱、环境治理压力较大的地区、城市倾斜。

（2）建立动态的专项资金支持项目库。由于流域《规划》编制上报期与"十一五"的最后一年相距 5 年以上，以及考虑不全或者是因为担忧配套资金跟不上，没有或不敢把所有项目都报入规划。而未列入规划的项目，却是实实在在地在实施，因此建议除了对《规划》项目给予补助外，对规划以外的项目，尤其是污水处理厂、河道整治及水污染治理的新技术、新工艺推广项目给予补助。

（3）在专项资金中增加对新型适用技术推广的支持。国家目前正在开展的"水体污染控制与治理重大科技专项"研究中，许多科研机构针对巢湖水华预警和治理研发了适用的技术，但目前的问题是好的技术缺乏相应的资金推广支持，因此，建议在流域水污染防治专项资金中予以考虑。

6.6　建立健全流域型水污染防治专项资金管理体制

尽管以"'三河三湖'及松花江流域水污染防治财政专项补助资金"为代表的流

域型水污染防治专项资金设立的时间并不长,但通过案例分析可以发现,专项资金的设置对于引导流域水污染防治工作的导向,带动相关资金投入,加快环境基础设施建设,增加区域间、部门间联动等方面起到了积极的作用。当然通过案例分析发现仍存在一些缺陷和不足,需要进一步优化健全。

6.6.1 坚持专项资金的投资形式

专项资金的设立不仅仅是为解决我国所面临的严峻流域水污染形势提供一定的资金支持。更为重要的是,通过设立流域水污染防治专项资金,表明中央政府对环境保护和流域水污染防治的重视,向全社会传达着政府推进污染治理的坚决态度和立场。这必将引起社会各界对环境保护/流域水污染防治的极大关注,并激发企业、社会和个人投资其中的热情和动机。同时,流域水污染防治具有典型的公共物品属性,存在着市场失灵的问题。设立专项资金,专款专用解决流域水污染问题,相信能够较为有效地解决市场失灵问题,从而为我国的流域水污染防治工作奠定坚实的基础、提供有力的保障。因此,对于流域水污染防治而言,设立专项资金是非常有必要的,且是基础性工作,需要进一步加强。

6.6.2 整合相关专项资金,形成流域型水污染防治的合力

诚如上文所介绍的,目前涉及流域型水污染防治的专项资金种类较多:"三河三湖"及松花江流域水污染防治财政专项补助资金、中央环境保护专项资金、主要污染物减排专项资金、农村环境保护专项资金等一系列专项资金。就流域型水污染防治这一领域而言,这些资金尽管侧重点不同、但各专项资金之间均存在着一定的交叉。这一现象导致了专项资金较为分散、项目数量较多、但每个项目资金总量相对偏少,项目之间缺乏联系,难以形成合力。因此,为保证专项资金能够更为集中有效地应用于流域型水污染防治,建议设立"流域型水污染防治专项资金",作为中央层面应用于流域型水污染防治的资金来源,沿用现有"'三河三湖'及松花江流域水污染防治财政专项补助资金"的管理模式,集合各资金的优势、特点,基于流域水污染情况的轻重缓急、项目的关系意义,通盘考虑资金的筹措、划分、下拨、使用、监督,发挥资金的规模优势、形成合力,从而提高资金的效率和功效。

6.6.3 增大专项资金额度,提高资金的"杠杆"效应

自改革开放以来,·我国经济经历 30 年的高速增长,在经济、社会发展方面取得了世人瞩目的成绩,但同时我们也看到,这一高速发展的背后,是资源环境压力的日益增大,特别是流域水污染问题已成为制约实现可持续发展的主要瓶颈,并威胁着人们的健康。中国现在所面临的流域污染问题非一日形成,乃是长期问题积累而得,而

且中国仍面临着加快发展的诉求，这就使得目前的流域水污染问题在我国集中出现，呈现结构型、复合型、压缩型特点。如此复杂的流域水污染问题，无疑需要大量的资金投入。专项资金作为国家专门应用于流域水污染防治的资金投入，相比于所面临的严峻环境问题显得尤为缺乏，这一点在本研究所调研的 3 个流域典型城市已得到印证，特别是我国还有相当一部分地区经济相对薄弱，难以提供充足的资金用于流域水污染防治，并且鉴于当前社会资金注入流域水污染领域的并不多，因此，加大依靠中央的资金注入、扩大专项资金额度已迫在眉睫。此外，专项资金具有显著的"杠杆"效应，能够撬动企业、社会和个人资金，并切实将其引入流域水污染防治领域；这一点已在其他专项资金领域得到很好地印证，例如，据测算，国家电子发展基金每 1 元可以带动近 500 元的社会资金等的注入。因此，增加流域水污染防治专项资金对于流域治理具有举足轻重的意义。

6.6.4　体现差异性与公共性，进一步强化专项资金分配机制

我国幅员辽阔，各地方资源环境禀赋、经济社会发展、管理制度水平差异巨大。仅以我国东中西部为例，就经济发展而言，2009 年东部地区所占全国 GDP 比重高达 59.7%、财政收入占全国的 63.7%；而西部地区上述两组数字仅分别为 17.1%、16.7%；但就污染物而言，COD 西部省份所排放的数量占到全国的 35.3%，而东部则为 34.6%。就人均 GDP 而言，西部地区仅为东部地区的 45% 左右。巨大的发展差异性无可避免地导致了各地方在流域水污染的管理和投入上存在差异。诚如本研究所调研的结果，中部和东北地区由于经济发展相对东部差距明显，直接导致了流域水污染防治资金的投入不足。而正如我们所知道的，我国的主要河流是自西向东流的，加之中西部地区正在努力实现快速发展（承接东部产业转移，一些高污染、高耗能的行业搬迁至中西部地区），因而，西部、中部地区的流域水污染防治任务更为艰巨，更需要资金的大量投入。充分考虑区域经济社会的差异性和流域水污染防治工作的重要性，向经济欠发达地区和生态环境敏感地区注入更多资金是更为有效发挥专项资金作用的一个关键措施。建议对于我国中西部地区涉及流域水污染防治的重点、大型工程项目，由专项资金全额资助。而对于东部发达地区水污染防治工作则可适当减少资助比重。

同时，诚如前文所分析的，专项资金具有显著的"基础"效应，具有典型的公共物品特性，应强化对影响流域水污染治理的基础性或战略性的领域进行投资。实际调研中发现，目前专项资金主要投资于污水处理设施、工业污染治理，而对于涉及面广、影响大、更加难以引入社会资金的农村面源污染控制投资相对不足。农村污染已成为我国污染的一大新特征，农业源污染物排放对水环境的影响较大，其 COD 排放量为 1 324.09 万 t，占 COD 排放总量的 43.7%；农业源也是总氮、总磷排放的主要来源，其排放量分别为 270.46 万 t 和 28.47 万 t，分别占排放总量的 57.2% 和 67.4%；因此，

农业面源污染控制的投入，应当作为流域型水污染防治专项资金的一个重要领域，以充分体现出专项资金公共性的特征。建议在流域水污染防治专项资金中设立一个比重（如40%），特定用于农村面源污染控制。此外，作为公共性的体现，专项资金应对一些具有巨大典型示范意义（如针对典型高污染行业中的重点企业进行清洁生产等）或具有广阔应用前景的新型适用技术推广予以资助，从而显著提高专项资金的公共示范效益。

6.6.5 扩大专项资金支持的领域范围

环境问题的长期性和潜隐性、人们对环境质量特别是水环境质量要求的日益提高，以及对环境问题认识的不断深入，使得流域水污染防治所涉及的范围不断增大，污水处理厂节能改造、污水处理厂污泥安全处置等成为亟待解决的重要领域，而这些领域具有典型的公共物品属性和正外部性，难以完全依靠市场或社会资金加以解决，因此，这就需要专项资金在原有支持的领域基础上，不断增加资助领域，以使其能够更为全面地涵盖流域水污染治理的关键环节。同时，由于我国江河流域众多，应在已有的重点支持"'三河三湖'及松花江流域"的基础上，进一步拓宽专项资金支持的流域。

6.6.6 建立动态的专项资金支持项目库

诚如《"三河三湖"及松花江流域水污染防治财政专项补助资金管理办法》所指出的，所支持的项目需纳入相应的流域规划。但由于流域规划编制上报期与"十一五"的最后一年相距5年以上，有些考虑不全或者是因为担忧配套资金跟不上，导致有些项目没有报入规划。而且，往往随着治理工作的推进，常常会涌现新问题，同时也涌现出一些更为有效的治污工程和方法，而针对新问题、新方法，由于其并未列入流域规划中，因此难以获得专项资金的支持，这无疑极大地影响了专项资金的效力，同时也影响了流域水污染防治工作的顺利高效开展。因此，建议采用美国超级基金的做法（原本每年更新一次，现改为每年更新两次），定期对专项资金项目库进行调整和补充，这将更有助于流域水污染防治专项资金效力的发挥，使得所支持的项目针对性和实用性更强，更有利于水污染防治工作。

6.6.7 优化专项资金拨付程序

本课题在实地调研中发现，由于目前专项资金按照因素法分接到省、然后再由省进行划拨。这种拨付程序在一些地方存在着资金落实时间较长的问题，在一定程度上影响了项目的进度和申请的主动性。考虑到专项资金在一些地方（特别是水环境敏感性较强、经济实力较为薄弱的地方）是治理水污染的重要资金来源，因此，建议专项资金在拨付过程中充分考虑地方实际情况与环境的重要性，采取"国家—省—市"和

"国家—市"相结合的拨付形式，进一步提高专项资金的使用效率。

6.6.8 完善专项资金绩效评价体系、强化资金监管

在充分考虑专项资金特点、同时适当考虑专项资金资助项目独有特点的基础上，建立体现经济性、效率性和效果性的指标评价体系。建立国家财政资金跟踪问效机制，对由财政拨付的项目资金使用实行财政部门及用款单位主管部门共同负责的双重跟踪问效机制，财政部门主要负责跟踪资金的落实、到位、专款专用和工程款审核等情况，主管部门主要跟踪项目的组织、立项、招投标、工程进度、合同履行等情况。正如本研究所指出的，水污染治理资金投入效果显现往往有一定的时滞效应（本研究认为是 4~5 年），同时借鉴美国超级基金的做法（当修复场地达到修复标准后，一般还需进行 5 年的跟踪监测），建立专项资金项目完成后长期跟踪监督检查机制，确保项目正常运转。同时应充分加强绩效监督人员的培训，增强其绩效预案、分析、评估的能力，并且适当增加绩效评估人员流域水污染防治相关知识的培训。

6.7 试点示范研究—辽河流域（辽宁段）水污染防治专项资金

辽河是中国东北地区南部的最大河流，是中国七大河流之一。发源于河北，流经河北、内蒙古、吉林和辽宁 4 个省区，在辽宁盘山县注入渤海。全长 1 430 km，流域面积 22.9 万 km²，人口 3 414 万，是我国东北经济最发达、人口最集中的地区，既是老工业基地、商品粮基地，又是我国水资源短缺和水污染严重的地区之一，结构性污

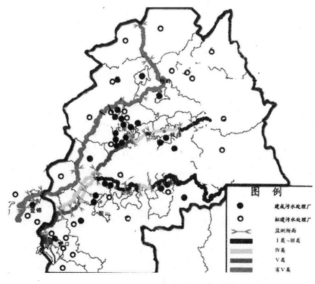

图 6-11　辽河辽宁省境内水质情况

染突出,面源污染严重。辽河是辽宁省最大的河流,辽河在辽宁境内长 523 km;在辽宁境内流域面积约 6.92 万 km²,包含大辽河、浑河、太子河,流经包括沈阳、鞍山、抚顺、本溪、营口、辽阳、铁岭等在内的 7 座地级市。辽河作为辽宁人民的"母亲河",在辽宁省经济社会发展中起到了重要的作用,同时辽宁省处于整个辽河流域的下游,在治理辽河流域污染方面也承担了更为重要的责任。

6.7.1 辽宁省辽河流域污染治理资金投入分析

6.7.1.1 水污染治理资金投入概况

(1)"九五"、"十五"期间。1996 年,国务院把包括辽河在内的"三河三湖"作为国家治理的重点。先后批复实施了《辽河流域水污染防治"九五"计划及 2010 年规划》和《辽河流域水污染防治"十五"计划》,辽河进入了全面治理阶段。

按照"九五"计划,规划应投资 111.64 亿元,实施 161 个重点治理项目,预期使 COD 排放总量由 1995 年的 56.15 万 t 下降到 2000 年的 20.73 万 t。实际完成情况是:实际完成投资 31.99 亿元,占计划的 28.7%;完成项目 10 个,占计划的 68.3%;实际 COD 排放量为 47.98 万 t,比 1995 年下降 14.68%。

根据"十五"计划,计划投资 188.4 亿元,安排 221 个项目,规划 COD 排放量为 33.5 万 t。截至 2005 年年底的完成情况为:累计完成治理投资 64.0 亿元,占计划投资的 33.9%;已完成计划项目 95 个,占项目总数的 43.0%;在建项目 64 个,占 29.0%;剩余的 62 个为未动工项目;实际 COD 排放量为 58.6 万 t,并未完成"十五"计划的 COD 总量控制目标。

与"九五"期间相比,辽河流域"十五"期间的投资力度显著提高,规划项目数和投资额分别增加了 37.2%和 68.8%,实际投资额增加了一倍以上。然而 COD 排放总量非但没有下降反而增加了 22.1%。从辽河流域流经的 3 个省份来看,辽宁省的水污染防治投资最大,"十五"期间实际完成的项目数和投资额占辽河流域的 67.4%和 62%。需要注意的是,辽宁省的 COD 排放量在辽河流域占有绝对优势,所占的比重高达 86.5%(表 6-10)。全流域的 15 个地市中,年废水排放量超过 1.0 亿 t 的沈阳、本溪、抚顺、鞍山、辽阳和朝阳 6 个城市 COD 排放量约占流域排污总量的 52%。上述 6 个城市均位于辽宁省,由此可见,辽宁省对于辽河流域水污染防治的意义举足轻重。

"九五"及"十五"时期,辽河流域水污染防治投资主要用于城市污水处理厂建设、工业污染源治理、生态建设、科研与监测能力建设等,不同用途的资金来源也不尽相同。以辽宁省为例,根据《辽河流域水污染防治"九五"计划及 2010 年规划》的规定,到 2000 年辽宁辽河流域水污染防治总投资为 112.5 亿元,其中污水处理厂建设为 64.4 亿元,污染源治理为 35.3 亿元,其他为 12.8 亿元。本着"谁污染,谁治理"的原则，污染源治理资金以企业自筹和借贷为主解决；城市污水处理厂建设资金以各市统筹为主解决；生态建设和能力建设资金以部门投入为主解决。因此，该阶段水污染防治投资主要以市本级及企业自筹为主，尚未设立专项资金支持水污染防治。

表 6-10　辽河流域"十五"水污染防治计划完成情况

省份	项目/个		投资/亿元		COD 排放量/万 t	
	计划	完成	计划	完成	计划	完成
内蒙古	80	14	37.7	11.5	2.6	3.4
吉林	55	24	57.3	12.7	4.1	4.5
辽宁	86	57	93.4	39.7	26.8	50.7

（2）"十一五"期间。按照国家批复的《辽河流域水污染防治规划（2006—2010年)》，"十一五"期间辽河流域水污染防治规划项目高达 201 个，投资额为 154.14 亿元。其中辽宁省的 134 个规划项目，总投资 111.07 亿元，占辽河流域投资总额的 72.1%。已完成投资 69.82 亿元，占辽宁省规划投资额的 63%。投资主要用于三大类项目：① 工业治理项目 54 个，总投资 36.79 亿元，已完成投资 26.07 亿元；② 城镇污水处理设施项目 65 个，新增处理能力 359 万 t/d，总投资 61.45 亿元，已完成投资 34.68 亿元；③ 重点区域污染防治项目 15 个，总投资 12.83 亿元，已完成投资 9.06 亿元（表 6-11）。以上项目投资中，省财政承担 15.54 亿元集中安排 91 个辽河规划内项目，地方财政13.66 亿元，贷款、企业自筹等社会资金 40.62 亿元。

表 6-11　"十一五"期间辽河流域水污染防治项目投资汇总

科目		内蒙古	吉林	辽宁	总计
工业治理项目	个数	26	14	54	94
	投资/亿元	8.08	2.79	36.79	47.66
城镇污水处理设施项目	个数	13	4	65	82
	投资/亿元	11.25	2.63	61.45	75.33
重点区域污染治理项目	个数	2	8	15	25
	投资/亿元	1.67	1.29	12.83	15.79
总计	个数	41	26	134	201
	投资/亿元	21	6.71	111.07	154.14

从实际情况来看，该阶段辽河治理水污染防治投入的资金来源大致可以分为 4 个方面：① 中央和地方政府投入，中央已专项资金为主、地方政府投入以排污费为主；

② 银行贷款；③ 企业自有资金；④ 采取 BOT 等方式融资建设资金。与"九五"、"十五"时期不同的是，"十一五"时期随着专项资金的设立，政府投入起到越来越重要的作用，在一定程度上体现了水污染防治的公共物品性质。如"十一五"以来，辽宁省财政对辽河流域水污染防治累计筹措资金 39.91 亿元，其中中央补助 18.26 亿元，省本级财政安排 5.85 亿元，市县财政安排 15.8 亿元。

6.7.1.2　水污染防治专项资金概况

辽河流域涉及的相关水污染防治专项资金主要包括：中央"三河三湖"专项资金、中央和省农村环保专项资金、省级辽河流域水污染防治专项资金等。下面将依次对这些专项资金进行简要介绍：

（1）中央"三河三湖"专项资金。2007 年以来，累计安排 16.04 亿元，按照国家规定，辽宁省主要安排了城镇污水处理设施、配套管网项目及重点区域综合治理项目。同时为了保障专项资金能够落到实处，进一步加强专项资金的管理，辽宁省财政厅专门出台了《关于加强中央财政补助辽河流域水污染防治专项资金管理有关事宜的通知》，从资金的拨付、使用到管理都制定了相应的原则要求。

专栏 6-5　辽宁省加强中央财政补助辽河流域水污染防治专项资金管理的举措

根据财政部《"三河三湖"及松花江流域水污染防治专项补助资金管理暂行办法》（财建[2007]739 号）和《中央预算内固定资产投资补助资金财政财务管理暂行办法》（财建[2005]355 号），辽宁省结合自身特点，制定了一系列要求举措：

1. 中央财政补助必须全部专项用于"十一五"国家批复我省辽河流域水污染防治规划确定的城镇污水处理工程，包括污水处理厂主体和管网建设。

2. 中央财政补助支持的城镇污水处理工程资金拨付前必须完成项目前期准备。对前期准备未完成或正在重新调规的城镇污水处理工程，省环保局和各相关县（市）政府应积极敦促项目单位做好项目可研、初设等项工作，抓紧按程序报省发改委等部门审批。

3. 中央财政补助根据国家调控宏观经济的需要和国家确定的重点进行安排。对城镇污水处理工程的中央财政补助，补助规模原则上不得超过项目总投资的 50%。

4. 中央财政补助的城镇污水处理工程，中央财政补助必须按照项目可研批复和下达资金预算所确定的内容使用，必须专款专用，不得以任何理由擅自在项目间挪、串资金。

5. 中央财政补助资金管理需严格执行基本建设财务管理规定，按照基本建设程序、工程进度、配套资金到位情况等划拨资金，提高资金使用效益。

---

6. 中央财政补助的城镇污水处理工程，省财政厅自行或委托辽宁省投资审核中心、各相关市财政局对其资金使用情况进行日常监督检查，确保专款专用、资金发挥实效。

7. 省财政厅委托社会中介机构定期（一年两次）开展中央财政补助城镇污水处理工程资金使用情况专项检查，防止资金发生挪、串现象，保证资金安全运行。

8. 项目单位要严格按照国家制度、规定管理和使用中央财政补助，并自觉接受国家的监督检查。

9. 凡违反规定，弄虚作假，骗取、截留、挪用、串用中央财政补助或项目未按规定内容实施的，除将已划拨资金全部收缴国库外，将对有关责任人员根据《财政违法行为处罚处分条例》（国务院令第 427 号）及国家有关规定追究责任，触犯法律的要追究法律责任。

资料来源：辽宁省财政厅. 关于加强中央财政补助辽河流域水污染防治专项资金管理有关事宜的通知. 2008-06-20。http://www.fd.ln.gov.cn/web/detail.jsp? id=2c90e52220c1245c0120c17241650046。

（2）农村环保专项资金（中央和省）。2006 年，辽宁省政府印发了《辽宁省人民政府办公厅关于转发省环保局辽宁省农村小康环保行动计划实施方案的通知》（辽政办发[2006]74 号），辽宁省从 2006 年起，设立了省级农村环保专项资金，规模最初为 1 500 万元/a，2009 年已经增至 4 000 万元。中央财政从 2008 年起设立中央农村环保专项资金，由各省申报项目。2006—2009 年，辽宁省共安排农村环保专项资金 1.67 亿元，专项资金重点用于支持饮用水水源地保护、农村生活污水和垃圾治理、畜禽养殖污染治理、农村环境基础设施等方面。现在，农村专项资金支持范围、原则更加清晰，一是统筹重要水源地保护和重要流域污染防治，二是统筹城乡发展；集中有限资金，支持连片村庄环境综合治理。

（3）辽河水污染防治专项资金。2006 年 9 月，辽宁省政府在《落实科学发展观加强环境保护决定》（辽政发[2006]34 号）中明确提出要"建立省辽河流域水污染防治专项资金"，支持辽河流域水污染防治。资金规模每年 1 亿元，其中：辽宁省本级安排 6 000 万元，各市配套安排 4 000 万元，主要用于辽河流域水污染防治，重点用于解决流域内重点污染企业历史遗留环境问题、公共环境危害、生态保护和跨区域、跨流域污染综合治理、饮用水水源保护等方面项目的资金补助。截至目前，辽宁省已经累计安排 4 亿元。

辽宁省辽河流域污染防治专项资金主要支持了污水处理厂及配套管网建设项目，重点区域环境综合整治项目，农村环境综合治理项目、工业污染治理项目、垃圾处理场建设项目。

专栏6-6　辽宁省辽河流域水污染防治专项资金支持范围与条件

根据辽宁省财政厅、辽宁省辽河流域水污染防治工作领导小组办公室、辽宁省环境保护局2007年联合签发的《辽宁省辽河流域水污染防治专项资金管理暂行办法》的规定，专项资金支持的范围为：

1. 流域内严重影响群众生活的集中式饮用水水源地污染防治和重点水污染防治项目。
2. 流域内区域性环境监测和执法能力建设项目。
3. 流域内水污染防治及饮用水水源地保护等方面的规划、科研项目。
4. 省政府确定的流域内其他重点水污染防治项目。

专项资金支持的条件：

1. 已纳入流域内市以上政府批复的水污染防治及饮用水水源保护规划项目。
2. 流域内由当地政府组织实施的能明显改善本流域内河流水质的重点综合治理项目。
3. 采用先进成熟的技术工艺、能够实现节能降耗和减少流域水污染物排放总量。项目前期工作已完成、已开工或已具备开工条件的项目。

资料来源：辽宁省财政厅，辽宁省辽河流域水污染防治工作领导小组办公室，辽宁省环境保护局.《辽宁省辽河流域水污染防治专项资金管理暂行办法》. 2007-07-20。

此外，辽宁省还将收取的排污费用于支持辽河流域水污染防治。2006—2009年，辽宁省排污费累计投入17.2亿元，其中，中央1.5亿元，省本级2.5亿元，市县13.2亿元。辽宁省将这些排污费重点安排用于工业污染源治理项目及区域环境综合整治项目等。

综上所述，2006—2009年辽宁省统筹安排的辽河流域各类水污染防治专项资金约21.58亿元。虽然表面看来水污染防治专项资金从无到有，增长迅速，但是从数量上来看，与面临水污染防治的艰巨任务及实际需求相比，专项资金的数额缺口仍然较大；从结构上来看，目前专项资金主要为省本级以及市本级，中央专项资金所占比重相对较低。特别是随着经济社会的发展，人民群众对环境质量要求的提高，以及水污染治理标准的不断提高，"十二五"期间对水污染防治专项资金的需求将大幅度增加。如果按现有增速发展，可想而知该缺口将会不断加大。

6.7.1.3　治理效果评估

为提高专项资金使用效益，辽宁省采取一系列措施资金整合力度，统筹安排，集中支持重点水污染防治项目建设。如2007—2009年，辽宁省统筹安排中央"三河三湖"和省辽河专项，安排14.05亿元支持了53座污水处理厂建设，新增处理能力150.9万t/d，基本上的安排都是县级及以下污水处理厂，地方财政相对比较困难；安排8 186万元，支持了25个配套管网项目，新增管网长度580 km。通过财政资金集中投入，全省新建成 99 座城镇污水处理厂，实现了县县都有污水处理厂的目标。

　　在水污染防治专项资金的支持下，辽河流域辽宁段的水质得到明显改善，COD 排放量显著下降。据《辽宁省环境质量通报 2009》数据，干流各个断面 COD 年均质量浓度为 20 mg/L，比 2005 年下降了 47.4%，自 2005 年以来总体呈下降趋势。辽河、浑河、太子河 COD 年均质量浓度为 16～24 mg/L，为 2001 年以来最低，其中辽河同比下降 59.3%。辽河流域干流断面 COD 年均质量浓度在 2009 年首次全部达到 V 类水质标准，38.5%的断面浓度比 2008 年下降 17.0%以上；支流超标断面比例同比下降 14.6%，58.5%的支流入河口断面浓度下降 17.3%～84.5%。

6.7.2　沈阳市辽河流域污染治理资金投入分析

6.7.2.1　沈阳市概况

　　沈阳市地处辽河流域，辽河属过境河流，在沈阳市境内河长约 270 km。沈阳市市区面积 3 945 km^2，建成区面积 793 km^2。作为辽宁省省会，沈阳市是东北地区第一大中心城市，是中国重要的装备制造业基地。2009 年沈阳全市地区生产总值实现 4 359.2 亿元（中国省会城市第 5 名，中国副省级城市第 8 名，中国城市第 15 名）；实际利用外商直接投资 54.1 亿美元；地方财政一般预算收入完成 320.2 亿元。城市居民人均可支配收入 18 560 元，农民人均收入 9 129 元。

6.7.2.2　沈阳市治理辽河流域资金投入分析

　　自 2002 年以来，沈阳市共为辽河流域水污染治理投入资金 57 亿元，其中资金来源主要包括中央专项资金、省级专项资金等、地方财政性投资和社会投资等。其中，中央专项资金为 4.80 亿元、省级专项资金等资金投入 3.02 亿元、地方政府投资 41.58 亿元，而社会性投资为 5.26 亿元。这其中专项资金主要建设了 33 座污水处理厂、处理能力达到 182 万 t；社会化资金建设了 9 座污水处理厂，处理能力为 26.5 万 t。

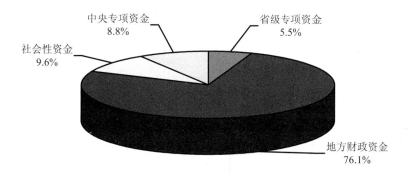

图 6-12　沈阳市辽河流域水污染治理资金来源分布

6.7.2.3 治理效果评估

在国家、省专项资金和沈阳市财政资金大量投入的带动下,沈阳市通过水系环境综合整治、城镇及流域污水处理厂建设、重点污染企业整治和清洁生产推进等一系列措施,使得沈阳辽河流域水污染综合治理取得了较为明显的成效。2009 年,沈阳市辽河、浑河除氨氮和总磷两项超Ⅴ类水质外,主要考核指标均达到了Ⅳ类水质标准。而且各条河流 COD 浓度显著下降,辽河、浑河 COD 达到历史最好水平,辽河 COD 年均值达到 16mg/L,历史上首次达到Ⅲ类水质,比 2008 年降低了 75.0%。沈阳市 13 条支流中,61.5%的河流水质较 2008 年有所改善。

6.7.3 辽河流域水污染防治专项资金存在的问题

6.7.3.1 专项资金投入规模,与实际需求差距较大

近年来,中央和省都加大了辽河流域水污染防治投入,取得了阶段性成果。但是,辽河流域的情况是几十年来污染累积的结果,治理成果还处于较低阶段;而且,随着经济社会的发展,人民群众对环境质量要求明显提高,水污染治理的标准需相应提高。同时,辽宁省作为老工业基地,面临着产业结构升级改造、加快提升居民生活水平等重任,而与此相对比的是财政收入的有限;因此,下一步的治理难度更大,任务更加艰巨,资金需求更大,各级财政资金投入和引导作用至关重要。

6.7.3.2 专项资金来源单一

辽河流域水污染防治专项资金主要来源于各级地方政府,中央政府投入力度相对较小。如沈阳市辽河流域水污染治理资金的构成中,中央专项资金为 4.80 亿元,仅相当于地方政府投资 41.58 亿元的 1/9。在一定程度上存在财权与事权的倒挂,特别是分税制以来,中央政府的财力日益雄厚,理应更多地承担流域水污染防治这类跨省公共物品的责任。

6.7.3.3 专项资金使用结构不合理

从使用结构来看,专项资金主要工业污染治理项目及城镇污水处理设施项目的建设,大量资金用于污水处理厂、垃圾处理场等项目的建设,对运营却并不关注,存在明显的"重建设,轻运行"的问题。诸多污水处理厂、垃圾处理场等项目建成后,往往由于缺少资金或配套设施使得运营困难,进而难以保障其发挥如期治污能力,实际上造成大量资金打了水漂。这一方面是由于现在还没有完全建立起一种有效的运行机制,已有的中央和省专项资金等对此缺乏充分的支持,导致运行经费来源不稳定;另

一方面是地方政府，尤其是辽河流域上游地区政府，从地区经济水平、环境受益程度等方面出发，对保证污水处理设施的运行积极性不高。

6.7.3.4　流域污染补偿制度不健全

2008 年，辽宁省建立了全省流域污染补偿制度，但是由于全国跨省流域污染补偿制度还处于空白状态，一方面是流域上游地区缺乏污染减排的责任心和积极性，不愿意增加污染治理投入；另一方面，下游地区无辜受到污染，必须加大治理投入，却得不到任何补偿，违反了"谁污染、谁治理"的基本原则。如铁岭市昌图县地区条予河、招台河沿岸农村饮水污染问题，就是典型的跨省污染事件。

6.7.4　政策建议

辽河主要流经我国的东北地区，作为老工业基地的东北，由于历史原因，重工业所造成的污染欠账较多，加之东北地区正在大力推进"东北振兴"计划，人民群众对环境质量要求的明显提高，以及水污染治理标准的提高都为"十二五"期间辽河流域水污染防治工作增添了难度。结合本课题组赴辽宁省及沈阳市的调研，归纳省市两级财政局、建委、环保局、发改委等相关部门的建议，基于辽宁省的实际情况，本书对"十二五"期间辽河流域水污染防治专项资金提出了以下几点政策建议。

6.7.4.1　加大辽河等重点流域污染治理专项资金投入力度

辽河主要流经我国的东北地区，其经济相较于长三角、珠三角、京津冀等地区有较大差距，加之东北地区正在经历产业升级改造等重要的历史转折，能应用于辽河水污染防治的省市财政资金比较有限，同时由于地理位置、产业特征等因素，其吸纳污染治理社会资金的能力也比较有限，难以像长三角地区那样可吸引大量社会资金注入流域水污染防治工程中。因此，中央专项资金应当考虑区域经济、社会发展和环境治理的差异，实施差别化投资机制，向辽河这样地处经济欠发达地区、又具有重要生态环境意义的流域多增加投资，从而确保流域治理得以顺利展开。

6.7.4.2　在专项资金中设立污染处理设施运行奖励资金

如前面所述，专项资金存在污水处理厂、垃圾处理场等项目建成后运行困难，难以保障其发挥如期治污能力，即"重建设、轻运行"的窘境。以沈阳市为例，在其"十一五"期间已建成的 22 座污水处理厂中，只有 2 座全面运行。究其原因发现，各级区县政府财政资金十分紧张，且征收的排污费无法满足其运行的成本。因此，中央专项资金可以对一些基础条件较差、财力相对薄弱的地方，在专项资金中增设污染处理设施运行奖励资金，协助污染治理设施正常运转，从而保障治污效果。

6.7.4.3 专项资金资助范围建议涵盖污水处理厂污泥无害化处置

污泥处置已成为当前污水处理厂运行的一大难题,产生的大量污泥一方面占用了大量土地,另一方面造成了严重的二次污染,对于这一新涌现的问题,中央专项资金这一具有导向性意义的资金,应当将污泥的无害化处理纳入其支持范围,从而发挥专项资金的导向性作用,引导社会对污泥问题的重视。

6.7.4.4 专项资金应按照各市实际情况直接下达

目前专项资金分配时按照因素法分接到省、然后再由省进行划拨。这种砍块到省再进行二次分配的做法使得项目从申报到获得资金时间跨度比较长,效率相对不高。建议专项资金直接由中央划拨到市,这样一方面大大增加了专项资金的效率,另一方面也能确保项目更能反映实际情况,起到更大的作用。

6.7.4.5 建立健全专项资金监管机制

监管机制是环境保护专项资金长效完善发展及构建财政体系的重要组成部分。长期以来,由于监管制度和机制不够健全,导致环保专项资金使用效率较低,也加剧了资金的短缺局面。可以在以下环节建立健全专项资金的监管:① 建立专项资金信息公开披露制度。② 专项资金的申请以项目形式申报。项目组织实施单位或承担单位通过其所在地的环保、财政部门联合向上级环保、财政部门提出申请。③ 项目审核及资金计划的下达要有专人受理和审批,并进行公示,接受社会监督。④ 专项资金实行分批分期制拨付,先拨付计划额度的50%;工程竣工、经验收合格后,拨付剩余部分。贷款贴息资金实行项目竣工验收后一次性全部拨付的方式。⑤ 专项资金使用的监督管理。实行单项核算、专款专用,不得用于金融性融资、股票、期货及捐赠等与环保事业无关的支出。对擅自挪用专项资金的项目单位,要追回已拨付的专项资金,并 10 年(或更长时间)内不再安排环保资金。凡未通过验收的项目,不再拨付剩余环保资金。

第 *7* 章

城市水污染防治市政公债政策及示范研究

我国水污染现象日益严重，已经造成生态环境的严重破坏，建立系统化的水污染防治市政公债制度迫在眉睫。本章系统梳理了国债及市政公债理论基础、政策体系及实践效果，对美国和日本两个典型的市场化的市政债券进行了分析和评价，在借鉴美国和日本的市政债券制度的基础上，对我国水污染防治市政公债政策进行了设计，从发行机制、运营机制和偿还机制3个方面分别提出了相关指标和政策建议。并以沈阳市水污染防治市政公债示范方案，对水污染防治市政公债的发行机制、运营机制和偿还机制以及监管进行了方案设计，具有实践指导意义。

7.1 我国国债及市政公债理论基础、政策体系及实践效果

7.1.1 国债及市政公债的概述

7.1.1.1 国债概述

（1）国债的含义。国债有狭义和广义之分。在广义上，国债可以分为中央政府的预算外负债和预算内负债。预算外负债主要包括隐性债务（intangible obligations）和或有债务（contingent liabilities）。而狭义上的国债主要指国家为了保持财政支出而预借的债务，以预算内负债为主。因此，在狭义上，国债又被称为国家公债，是国家以其信用为基础，按照债务的一般原则，通过向社会筹集资金所形成的债权债务关系。从本质上看，就是政府以债务人的身份，依据有借有还的原则，同有关各方发生的特定的债权债务关系。

首先，国债是一个特殊的财政范畴，它是国家财政收入的重要组成部分。与财政收入另一重要来源税收不同的是，国债的发行必须遵循信用原则：有借有还、到期还本付息，而税收具有无偿性；国债还具有认购上的自愿性，除极少数强制国债外，人

们是否认购，认购多少，完全由自己决定，这也和强制课征的税收是不同的。

其次，国债是一个特殊的债务范畴，由于国债的发行主体是国家，是以国家的信用为担保发行的债券，所以它具有最高的信用度，被公认为是最安全的投资工具。因此，也通常被称为"金边债券"。

（2）国债在国民经济中的作用。国债在国民经济中的作用既有消极的一面，也有积极的一面。

一般来说，国债的消极作用主要有以下几个方面：① 大量国债的发行将导致利息率的上升，对私人投资产生"挤出效应"，冲击市场资源配置的基础性和主导性功能。② 较高的财政赤字导致的较高的国债发行意味着较高的利息支付额，在财政收入一定的情况下，财政的传统功能将无法执行，财政政策将失去必要的灵活性。③ 也有人认为国债实质上是一种"未来税负的远期合约"，将国债负担转嫁到下一代身上，这显然不符合可持续发展的原则。④ 随着国债规模的扩大会加重政府的负担，将会使政府的财政收支状况恶化，弱化政府的能力；有可能会降低资源配置的优化作用，在缺乏必要改革的条件下，投资效率将会下降，并使长期经济增长的潜力下降。

国债也具有相应的积极作用，具备调节经济、金融功能、加强基础建设等功能。

☞ 国债是一个财政范畴，可以帮助弥补财政赤字，平衡财政收支。当财政资金收不抵支时，就会出现财政赤字。理论上弥补财政赤字的方法有财政历年结余、增加税收、增发货币、向中央银行借款或透支、发行国债。在现实情况中，财政结余往往是微不足道的；增加税收会影响企业和居民的利益，影响经济的正常运行和发展，还可能会受到法律程序的限制；增发货币和向央行借款或透支会引起通货膨胀和宏观失控；而通过发行国债弥补财政赤字是较好的办法，这是因为发行国债只是部分社会资金的使用权的暂时转移，使分散的购买力在一定期限内集中到国家手中，流通中的货币总量一般不会改变，一般不会导致通货膨胀。

☞ 国债具有筹集建设资金的作用。西方经济学的观点认为西方国家政府活动的范围，应仅限于私人部门不可能做的范围之内，这些活动包括提供公共物品、消除自然垄断等。政府有义务对外部性较强的公共产品进行投资，但因投资费用发生在前，而这些公共产品所提供的服务往往只能供后人享受，若以税收来支付这些建设费用，不符合公平负担的税收原则。同时，通过发行国债可将一部分消费基金转化为累积基金，增加政府公共投资，有利于调节储蓄结构与投资结构的不对称，促进储蓄向投资转化，有利于资金和资源的优化配置，提高社会资金的使用效益。

☞ 国债是一个金融范畴，具有明显的金融作用。随着国债规模的不断扩大，国债逐渐成为金融市场上一个重要金融工具，国债市场也成为金融市场的重要组成部分。在金融市场上，国债是一种收入稳定、无风险或低风险的投资工具，其数量大，流动性强，成为各种基金、银行、证券机构乃至企业和个人的投资对象。甚至有些"政府债券尤其是短期政府债券已发展成为一种标准的流动资产，并具有类似准货币的性质"①。

☞　国债是一个经济范畴，通过调节货币流通实现宏观调控经济的作用。在国债规模扩大、金融操作公开化的基础上，其在各国的宏观经济运行中得到越来越充分的应用。中央银行通过货币政策、与财政政策相结合的国债政策等实现对供求总量的调节，当社会总需求大于总供给时，可以通过增发国债、提高国债利率以及央行在公开市场上卖出债券等方法，减少货币流通量，从而压缩社会总需求。反之，当社会总需求小于社会总供给时，采取相反的操作方法，就可以起到增加货币流通量、扩大社会总需求的作用。

7.1.1.2　市政公债概述

（1）市政公债的含义。市政公债（Municipal Bond），也被称为地方政府债券（State & Local Government Bonds），是指地方政府及其授权代理机构发行的有价证券，主要用于当地城市基础设施、公共安全和自然保护等公益性项目的建设，是地方政府筹措地方建设资金的一种手段。市政公债是公债体系的一部分，它是中央政府和地方政府划分事权与财权的必然产物。市政公债主要有两种：一种是一般责任债券，是指由州、县、特区、市、镇和学区发行的债务工具，并且由其发行者无限制的征税权利作为担保；另一种是收入债券，是指由医院、大学、机场、收费公路、公用事业等机构发行，以这些单位或他们推动的特定项目所创造的营业收入来偿还本息。

（2）市政公债的特点。市政公债具有如下几个基本特点：①信用较好。市政公债以地方政府的税收收入或项目的收益作为担保，信用仅次于国债，被誉为"银边债券"。其运作规范，违约率很低。②融资成本低。由于地方公债借助了地方政府的信用，而且运作规范，通过担保、保险、评级等手段提高安全性，所以融资利率较低。另外，市政公债的利息收入一般可免交联邦和发行债券所在州的所得税。投资者投资愈多，相对其他金融品种的利息收入所获实惠就愈大。有利于地方政府以较低的成本满足发展地方经济、进行地方建设的资金需要。③限定使用范围。各国地方政府公债筹集资金一般用于社会公益性项目和基础设施的建设，债券的用途在有关的地方政府法、地方财政法或专门的市政公债管理条例中有明确的规定。地方公债的这种偏重资本性项目的特点，是为了达到为地方经济发展提供软件和硬件支持、促进社会再生产的目的。④期限较长。由公债资金的用途所决定，项目建设和使用周期很长，所

---

① 雷蒙德·W·德斯密斯. 金融结构与金融发展. 上海人民出版社，1994.

以市政公债多为较长期的债券，最长可达三四十年。

除上述之外，在国际范围内看，市政公债还具有良好的流动性。在市政公债制度比较完善的国家，大多有高度发达的地方债券市场。而且由于市政公债安全性好，债券的信用等级比较高，投资者愿意接受，所以二级市场活跃，在转让过程中随时都可以被吸纳和接受，并可用作贷款抵押。

（3）市政公债与国债的联系与区别。作为公债体系的组成部分，市政公债也跟国债一样，具有安全可靠和固定收益等特点。

但同时，市政公债与国债也有区别。① 国债是以中央政府的信用为担保所发行的公债，信誉度极高。市政公债是地方政府发行的公债，以地方政府的信用作为担保，信誉度略低于国债，而且市政公债的发行需要中央政府的批准。② 国债的发行和使用着眼于整个国民经济，而市政公债则是地方政府从本地区的角度出发，为发展本地区的经济而发行的，它对整个国民经济的影响是局部的。同时，市政公债通常禁止用于弥补地方财政预算赤字，而只能用于下列用途：第一，解决由税收与支出周期错位或其他原因引起的临时性财政资金周转问题；第二，为各项公共资本计划提供资金支持，如城市建设维护、学校建设、供排水系统等；第三，支持并补贴各类促进地区发展和增进居民福利的私人活动。③ 与国债不同，市政公债具有管理上的选择性和限定性，即发债主体、债务使用范围、发债规模、发行品种、期限、发债方式等方面，都具有一定的限定性，要经过严格的选择。④ 市政公债在流动性和收益率等方面具有一定优势，同时其具有筹措快速及时、运用灵活、针对性和稳定性强的特点。特别是由于其建设项目一般与地方居民的生活、工作环境密切相关，因此更能得到本地居民和企业的关注和认可。

（4）市政公债的作用。

☞ 促进地方基础设施建设：地方基础设施建设资金依靠发行市政公债筹得，既不会造成税收在特定年份的突然增加，又为基础设施建设提供了资金来源。由于地方政府的举债收入大多是用于能带来收益的基础设施建设工程，收益本身就可以偿还一部分债务，特别是占地方政府公债主要组成部分的收入债券，是以基础设施建设工程的收益作为担保的，工程收益和债务还本付息直接挂钩，因而在相当程度上可以实现公债资金本身的良性循环。

☞ 市政公债能有效弥补地方政府财政缺口和财政赤字。地方财政作为一级相对独立的预算，担负着为地方服务、合理有效地分配、使用财政资金、促进地方经济社会协调发展的重任。但是，地方财政在预算执行过程中也会不可避免地遇到支出大于收入的问题；或由于地方基础设施已经成为地方发展的制约因素，一些建设项目急于"上马"，而政府财政收入又一时难以大幅度增长以满足其需要。发行市政公债可以较快地弥补地方财政赤字，并且还可以通过这些基础设施建设为社会提供各种公共产品，进一步吸引其他资金、技术、人才等生产因素，进而提高地方的税收来源与规模。

- ☞ 市政公债是地方政府实施经济调控的有效工具。与国债相类似，市政公债也可以影响区域供求关系，进而影响总供求关系。发行公债的一个客观结果就是把居民个人和企业的限制资金暂时有偿地转移到地方政府手中，使经济运行过程中过多的货币量流入地方政府，在一定程度上缓解地方需求大于供给等供求失衡状况。

- ☞ 在一些债券市场规范的国家，市政公债还可以作为金融工具，在债券市场中作为投资者投资需要。市政公债有着风险小、收益安全可靠等特点，在债券市场中，也比较适合居民个人、企业、部门、金融机构、社会团体等多种投资者。

7.1.2　我国国债及市政公债的政策体系

7.1.2.1　国债政策体系

国债政策是国家宏观经济政策的一个重要子系统，是财政政策的有机组成部分，是调节资源配置、经济利益及其整个经济运行的重要杠杆之一。因此，本课题认为，国债政策是国家宏观决策管理部门为履行其职能的需要，从一定时期的国情出发，依据信用原则，取得公共收入，用于弥补财政赤字以及其他资本性支出的公共政策体系。从国债的发行到偿还是一个循环往复的动态过程，国债政策体系包括国债的发行政策、流通政策、运营政策和偿还政策。

（1）发行政策：国债的发行政策是指国家在国债发行过程中对发行方式、发行对象、发行途径、发行品种及期限结构、发行价格以及交易方式的确定方式等制定的各种政策总和。

目前国际上普遍采用的国债的发行方式包括：

- ☞ 直接发行：这种发行方式指的是财政部面向全国，直接销售国债。这种发行方式，共包含 3 种情况：① 各级财政部门或代理机构销售国债，单位和个人自行认购；② 20 世纪 80 年代的摊派方式，属带有强制性的认购；③ 所谓的"私募定向方式"，财政部直接对特定投资者发行国债。

- ☞ 代销发行：这种发行方式是指财政部委托代销者负责国债的销售。我国曾经在 20 世纪 80 年代后期和 90 年代初期运用过这种方式。

- ☞ 承购包销方式：这种发行方式由发行人和承销商签订承购包销合同，合同中的有关条款是通过双方协商确定的。目前主要运用于不可上市流通的凭证式国债的发行。

☞ 公募招标方式：这种发行方式通过投标人的直接竞价来确定发行价格（或利率）水平，发行人将投标人的标价，自高价向低价排列，或自低利率排到高利率，发行人从高价（或低利率）选起，直到达到需要发行的数额为止。

我国国债发行方式经历了 20 世纪 80 年代的行政摊派，90 年代初的承购包销，目前主要是定向发售、承购包销和招标发行并存。现在我国的国债总的变化趋势是不断趋向低成本、高效率的发行方式，逐步走向规范化与市场化。

（2）流通政策。流通政策是指国债发行后的再转让、买卖和二级市场的政策总和。国债的流通可以提高国债的吸引力，满足投资者对流动性、安全性和营利性的要求，同时也可以满足中央银行公开市场操作的要求，起到宏观调控经济的作用。对于可以在资本市场上任意交换的国债，要制定国债的二级市场，便于投资者进行交换。而且，国债发行政策与流通政策应保持协调，做到发行种类、期限多样化，满足不同投资者的需要，促进国债流通市场的形成和发展。

（3）运营政策。运营政策是指政府在国债资金运用过程中制定的提高国债资金利用效率和资金收益率的政策。运营政策包括两个方面的内容：① 发行国债用于哪一个方面；② 怎么用，是有偿使用还是无偿使用。

（4）偿还政策。政府为了保持信用而在国债到期时对债权人偿还本息的政策，包括偿还方式、偿还的资金来源安排等。

☞ 国债的偿还方式包括：① 分期逐步偿还法，即对一种国债规定几个还本期，直到国债到期时，本金全部偿清；② 抽签轮次偿还法，通过定期按国债号码抽签对号以确定偿还一定比例国债，直到偿还期结束，全部国债皆中签偿清时为止；③ 到期一次偿还法。即实行在国债到期日按票面额一次全部偿清；④ 市场购销偿还法，即从证券市场上买回国债，以至期满时，该种国债已全部被政府所持有；⑤ 以新代旧偿还法，即通过发行新国债来兑换到期的旧国债。

☞ 偿还国债本息的资金来源包括：① 通过预算列支，政府将每年的国债偿还数额作为财政支出的一个项目列入当年支出预算，由正常的财政收入保证国债的偿还；② 动用财政盈余，在预算执行结果有盈余时，动用这种盈余来偿付当年到期国债的本息；③ 设立偿债基金，政府预算设置专项基金用于偿还国债，每年从财政收入中拨付专款设立基金，专门用于偿还国债；④ 借新债还旧债，政府通过发行新债券，作为还旧债的资金来源，实质是债务期限的延长。

7.1.2.2 市政公债政策体系

由于受到法律的限制，地方政府目前尚不能发行市政公债。现行《中华人民共和国预算法》（1995 年 1 月 1 日施行）第二十八条规定："地方各级预算按照量入为出、收支平衡的原则编制，不列赤字"。这就从预算编制原则上制止了各级财政发生赤字，从而杜绝了为弥补地方财政赤字而发行地方债券的可能性。该法还规定："除法律和国务院另有规定外，地方政府不得发行地方政府债券"。这也表明地方政府无权自行发行地方债券。

因此，我国至今仍没有确定的市政公债政策体系，只是散布在其他政策当中，所以其发行、流通、运营和偿还政策均是采用国债、信托产品等的法律法规。

7.1.3 我国国债及市政公债的实践结果

7.1.3.1 国债的实践结果

我国的国债思想基本上也是来源于国债的实践。最早的国债可以追溯到 1898 年清朝政府为筹借《马关条约》的赔款，发行了"昭阳股票"。随后，在战争混乱的北洋军阀统治时代，以及民国政府等，都先后发行过国债。到新中国成立以后，我国国债的发展进入了一个新的历史时期。随着经济的不断发展，国债的实践大体可以分为这样几个时期。

（1）第一个时期（新中国成立之初）：初步发展阶段。20 世纪 50 年代我国发行过两种国债，第一种是 1950 年发行的人民胜利折实公债，第二种是 1954—1958 年连续发行的国家经济建设公债。在新中国成立之初，政府面对的是已经处于崩溃状态的国民经济，财政收入很少，而相对应的财政支出压力很大；并且国家安全也同时受到了国内外各种势力的威胁。这两次国债发行的主要目的就是为了实现财政收支平衡，尽快恢复经济生产和建设。

（2）第二个时期（1981—1987 年），恢复国债发行阶段。1979 年，我国结束了长达 10 年的"文化大革命"，开始恢复生产。1981 年发行国库券 48.7 亿元。这标志着中国"既无内债，又无外债"的历史结束。1981—1987 年，我国集中恢复了国债的发行。其特点是，发行量不是很大，主要运用国债的筹集建设资金和不完全弥补赤字职能。中国国债年发行额为 40 亿～60 亿元，年均发行规模为 59.5 亿元；发行日基本集中在每年的 1 月 1 日。其发行主要采用行政摊派的形式，并没有一级市场和二级市场。发行对象主要面向国营单位和个人，且存在利率差别，个人认购国债年利率一般高于单位认购。发行的券种单一，期限、利率结构不够合理。

（3）第三个时期（1988—1990 年）：初步构建国债二级市场。20 世纪 90 年代初，国债市场得到了较快的发展，年均发行规模扩大到 284 亿元，并增设了国家建设债券、财政债券、特种债券、保值公债等新品种。1988 年，国家分两批允许在 61 个城市进行国债流通转让的试点，促使了国债二级市场的初步形成。1990 年年底，随着上交所、深交所的相继成立，国债也开始在交易所交易，国债的场内交易市场由此产生。

（4）第四个时期（1991—1993 年）：引入市场机制，完善国债发行市场。1991 年，我国进行了国债发行的承包包销试点，将当年 1/4 的国债由 70 家证券中介机构承销，这标志着国债发行市场的初步建立。1992 年，国债发行额 460 亿元。

（5）第五个时期（1994—1997 年）：规范交易行为，培育市场主体。1994 年，财政部首次发行了半年和一年的短期国债，并增设了面向个人的储蓄债券等品种。在二级市场方面，国债期货交易开始走向活跃，回购品种不断增加，并促进了国债现货市场的发展。1995 年 8 月，财政部首次从 100 亿元的记账式国债发行额中划出 30 亿元进行了以"借款到账"为标的的国债发行拍卖试点，由此在国债市场化方面实现了重大突破。1996 年，我国国债发行中各项新举措、新品种接连出台，使国债一级市场出现热销乃至惜售的现象，随着宏观经济形势的日渐好转，特别是两次降息等好消息的传出，在二级市场上国债深受追捧而屡创价格、交易量上的新高。并出现了新的变化：发行方式由以往的集中发行改为按月滚动发行；发行品种走向多样化；并对可上市的 8 期国债均采取了以收益率或划款期为标的的招标发行方式；形式也由记账式国库券逐步走向无纸化，并通过利用证券交易网络等现代化手段，大大提高了国债发行效率，降低了成本；也是在这一年，中央银行首次向 14 家商业银行总行买进 2.9 亿元面值的国债，使公开市场业务正式启动，也使国债市场的宏观调控功能进一步强化。紧接下来的 1997 年，国债的发行面向个人投资者成为主基调。国债市场出现了托管走向集中和银行间债券市场与非银行间证券市场相分离的变化。至此，国债市场呈"三足鼎立"之势，即全国银行间债券市场、沪深证券交易所国债市场和场外国债市场。

（6）第六个时期（1998—2005 年）：国债市场继续发展成熟。自 1997 年年底开始，我国宏观经济运行中的一个突出问题就是通货紧缩。为了扩大有效需求，治理通货紧缩，1998 年我国政府实施了以增发国债为主要内容的积极的财政政策，当年共发行 2 700 亿元特别债和 1 000 亿元 10 年期长期建设国债。但国债市场仍在继续走向成熟。1997 年 6 月以后，商业银行退出了交易所证券市场，银行间证券市场就此启动。1999 年和 2000 年，财政部和国家开发银行等政策性银行先后在银行间证券市场发行国债和政策性金融债券，场外债券市场已经渐渐演变为中国证券市场的主导力量。2001 年以后，中国人民银行、中国证监会和财政部等主管部门加速了交易所证券市场和银行间债券市场的统一、互联工作。首先是两个市场的参与机构的统一，其次是财政部开始尝试发行跨市场国债。2004 年，中国退出了开放式国债回购，使国债卖空成为可能。2005 年国债远期这一金融衍生工具的推出加速了国债市场利率市场化的进程。至此，中国国债市场已经从一个不成熟的市场初步发展成为一个较为成熟完善的市场。

综上所述，我国国债的实践在短短几十年间经历了从行政命令到市场发行、从不成熟到较为成熟的发展，主要有以下几个特点：① 国债的品种从单一到多元化，还包括国债远期等金融衍生工具的发行；② 国债市场也从单一化走向多元化，从最先开始的无市场化行政摊派到现在的银行间国债市场、一级市场、二级市场、场外证券市场、场内证券市场、上交所与深交所证券市场等；③ 发行者的身份也出现了多种变化；④ 国债发行的主要目的也带有了明显的市场导向，从单纯的以经济建设为主要目的开始走向多元化目的；⑤ 国债对国民经济的作用也在原来的弥补财政支出的基础上有所增加。

7.1.3.2　市政公债的实践结果

虽然受到法律的限制，不能发行地方市政公债，但长久以来，地方政府发行市政公债也有了不少有益的尝试。

（1）新中国成立前的市政公债实践。在我国，地方政府借助发行债券筹集资金的历史要追溯到 20 世纪初，1905 年庚子赔款后，清政府允许各地公开发行公债，以弥补地方财政的不足，直隶（今河北省一带）率先发行了 480 万两地方公债，开辟了我国地方政府公开发债的先河，如表 7-1 所示。

表 7-1　我国早期的地方公债

1905 年	直隶发行 480 万两公债弥补地方财政资金的不足
1911—1912 年	上海军政府举借外债 176 万元；湖北军政府先后在国外和国内募集军事公债 2 000 万元、400 万元
1929—1932 年	广东发行了巨虚公债等 6 种公债 5 950 万元
1934 年	湖南发行建设公债 1 000 万元
1931 年	湘鄂两省苏维埃政府以来年的土地税为担保发行水利债券
1941 年	晋冀鲁豫边区发行了晋冀鲁豫边区生产建设公债

马建春《市政债券市场发展与基础设置融资体系建设》等资料整理。

（2）新中国成立初的市政公债的实践。新中国成立后，我国实行的是以中央集权为主要特征的计划财政体制，地方政府举借外债受到严格限制。20 世纪 50 年代，为了筹措资金，恢复和发展地方经济，中央政府曾经先后批准"东北生产建设折实公债"和"地方经济建设公债"的发行，这些债券对促进地方经济的发展都起到了积极作用。

（3）改革开放以后我国"准市政公债"的实践。改革开放以后，尤其是 1994 年实行分税制改革以来，我国确立了"一级政府，一级事权"的分权制财政体系，明确了中央和地方政府各自在财政收入方面的范围和比例。分税制的结果实际上形成了"财权上收，事权下放"的格局。为了地方经济和地方基础设施建设，地方政府发行的"准市政公债"应运而生，"准市政公债"实际上是现有法律框架下的一种变通的基础设施融资方式，它具体是指代理地方政府行使职能的专业投资公司所发行的企业债券，筹集资金用于城市基础设施建设。"准市政公债"是我国特有的现象。如表7-2所示。

表 7-2 改革开放后的"准市政公债"

1996 年	上海城建投资开发总公司发行上海浦东建设债券
1997 年	广州地铁建设总公司发行广州地铁建设债券
1998 年	济南市自来水总公司发行 1.5 亿元供水建设债券
1999 年 2 月	上海城市建设投资开发总公司发债 5 亿元用于上海地铁二号线的建设
1999 年 7—9 月	长沙环线建设开发有限公司发债 1.8 亿元，用于长沙市二环线工程建设
1999 年 11—12 月	上海久事公司、上海城市建设投资开发公司分别发债 6 亿元和 8 亿元，用于市政基础设施建设
2002 年	重庆城市建设投资公司发债 15 亿元，用于轻轨工程项目、北部新区建设设施等项目建设
2002 年 7 月	上海爱建信托投资有限公司发债 5.5 亿元，用于上海外环隧道项目资金信托计划
2003 年 3 月	北京市国有资产经营有限责任公司发行首期 20 亿元奥运工程企业债券
2008 年	2008 年连续发债 10 亿元，用于围海造地

马建春《市政债券市场发展与基础设置融资体系建设》等资料整理。

值得一提的是，上述"准市政公债"的表现形式是多种多样的。有国债转贷、财政补贴、信托、企业债等。

☞ 国债转贷：近年来中央每年增发 1 500 亿左右国债，重点用于基础设施建设，而地方政府的预算内资金仅能满足行政性支出。为弥补地方建设资金的不足，各地方政府积极争取这批国债资金。这种中央财政发行国债再转贷给地方的做法其实是中央政府替地方政府发行债券，也具有准市政公债性质。

☞ 国有企业发行的企业债券：一些由政府部门转型而来的国有企业(比如供电、供暖、供气、交通等)发行的债券以企业债券的名义，而实质上是属于"市政公债"。例如 20 世纪 90 年代上海的煤气建设债券、浦东建设债券和城市建设债券等，这些债券加快了上海的城市化建设进程。1999 年 4—5 月，济南市自来水公司发行的 1.5 亿元供水建设债券，为城市供水调蓄水库工程投

资。最近的 2009 年湖南省益阳市城市建设投资开发有限责任公司发行的企业
债券、2009 年兖州市惠民城建投资有限公司发行的债券等都属于这种类型。

☞ 政府补贴：上海市政府为了鼓励对取消收费的一些基础设施项目的投资，出
台补贴政策，从项目开始建设起，将按照总投资额的一定比例对投资商进行
补贴。如上海外环隧道项目，政府补贴的比例是总投资额的 9.8%，补贴年
限是 25 年，之后项目将移交给政府，实际上这也是一种变相的市政公债。

☞ 资金信托产品：例如，2002 年上海爱建信托投资有限责任公司推出的"上
海外环隧道项目资金信托计划"，得到了市民的热捧。还有绍兴通过浙江省
国际信托投资有限责任公司推出的资金信托产品——鲁迅故里综合开发项
目，项目规模 5 000 万元，预期年收益率在 4%以上，销售火爆。这些市政
公债性质的产品都得到了公众的认可和欢迎。

综上所述，我国的市政公债由于受到法律的限制，至今仍没有确定的政策体系，
只是散布在其他政策当中，所以其发行、流通、运营和偿还政策均是采用国债、信托
产品等的法律法规。

随着社会经济发展，许多与城市居民直接相关的公益、公用事业不断扩展，城市
政府支出规模随之扩大，并往往面临一些临时性的巨额支出，这些支出规模可能超过
该年度正常的财政收入规模。在这种情况下，举债就成为城市政府筹措建设资金以缓
解财政资金供需矛盾的一种有效方式。随着地方政府发债需求的增强，又由于政策不
允许其发行市政公债，因此他们必然要通过非正常渠道进行，长此以往，融资风险和
代价会更大。首先，中央替地方发行国债，加重了国债资金运用的行政性分配色彩，
不利于强化地方政府的偿债意识和偿付责任。其次，一些地方城投公司、市政公司以
企业债形式筹资，对一些亟须融资的生产性企业产生了"挤出效应"。随着我国金融、
财税体制改革的深入，引入市政公债等金融工具，发展和培育独立的市政公债市场已
具有现实的必然性和可行性。

7.2　我国水污染防治市政公债发展趋势及国际经验借鉴

7.2.1　我国水污染防治市政公债的现状和发展趋势

7.2.1.1　我国水污染防治市政公债的现状

对于地方政府而言，水污染防治是市政公用事业的重要组成部分，因此，无论公
用行业如何改革，地方政府仍必须以某种适当的方式参与水污染防治项目的投融资过

程。目前而言，地方政府难以单纯依靠财政来满足水污染防治项目的投资需求，因为，一方面，众多的公众服务都要求地方政府的财政支持；另一方面，水污染防治项目的投资需求巨大，往往超出地方财力的支付水平。在美国的水务公共事业领域（含供水、污水管网与处理设施建设以及河道疏浚等流域治理等），每年的建设性投资需求约2 300 亿美元，其中 85% 来自市政公债投资，政府财政投资仅占 15%[①]。与美国相比，我国水污染防治的投融资体系非常不合理，同时，在水污染防治投资需求日益增长的今天，越来越多的投资项目计划和融资责任从中央政府转至地方政府，地方政府不得不更多地动员地方资源，改善资源的利用效率，增加私人部门参与水污染治理的程度以及利用水污染防治市政公债市场进行融资，促进环境保护。因此，在水污染防治领域以发行市政公债的方式筹集资金是地方政府完善其公共服务水平的重要途径。

随着粗放经济发展方式给人类带来灾难的增加，水污染防治成为一项重要议题，我国也在实践中不断地探索。2005 年 4 月发行"05 渝水务债"企业债券融资。这既是重庆水务控股集团成立以来第一次通过债券市场融资，也是我国水务行业首次发行的企业债券。这次债券融资 17 亿元资金，债券存续期 10 年、采取固定利率形式，票面年利率 5.05%。该资金用于三峡库区范围内的污水处理工程和重庆主城区的净水工程项目：具体到主城区净水工程、丰收坝水厂工程、北部新区污水截流干管工程和北部新区及渝北区供水工程、主城区排水工程、三峡库区影响区污水处理项目和三峡库区污水处理三级管网工程建设。2007 年 11 月 20 日，南京城市建设投资控股有限公司下属的南京公用控股有限公司，通过国务院审批，发行了 10 年期的"水环境整治专项债券"，票面年利率 5.7%，获得 18.5 亿元的资金募集。

2008 年我国首个污水债券在山东诸城诞生，之后以其为模板的污水债试点也在其他城市陆续展开。这个债券主要用于该城市一系列污水基础设施项目建设和河水污染治理。诸城污水债券是由其市财政局所有的国有企业发行的，偿付保证主要来源于政府的财政拨款，项目建成后运营所产生的收益，如污水处理费、垃圾处理费和中水回收收入等作为无转向偿债的补充，同时还将政府出让或划拨的三宗土地的使用权进行抵押担保。由该债券的发行方式和偿债担保可以看出，这种债券都是在现有法律体系下探索新的满足地方发展需求的"准市政公债"，本质上就是诸城政府发行的水污染防治市政公债，是地方政府拓宽水污染防治资金来源渠道的尝试。

7.2.1.2 我国水污染防治市政公债的发展趋势

水资源是人类赖以生存的环境，国家有保障水资源安全的责任。但是水资源是流动的资源，它的安全需要从源头到运输再到污水回收各方面的保障，水污染防治更是

---

① 熊志红. 开创我国环保大业必须建立有效的投融资机制. 中国环境报，2004-03-30.

一项浩大的综合工程，需要大量人力物力的支持。因此仅仅依靠中央的监管和中央财政对各地的水污染进行防治是不现实的，这就需要将水污染防治工作分派到各个地方政府，各司其职，全面实现水资源的安全。2008 年，水利部门对约 15 万 km 的河流水质进行了监测评价，I 类水河长占评价河长的 3.5%，II 类水河长占 31.8%，III 类水河长占 25.9%，IV 类水河长占 11.4%，V 类水河长占 6.8%，劣 V 类水河长占 20.6%。44 个湖泊的水质符合和优于 III 类水的面积占 44.2%，IV 类和 V 类水的面积共占 32.5%，劣 V 类水的面积占 23.3%。全国 298 个省界断面的水质符合和优于地表水 III 类标准的断面数占总评价断面数的 44.6%，水污染严重的劣 V 类占 27.5%。2008 年，对北京、辽宁、吉林、上海、江苏、海南、宁夏、广东 8 个省（自治区、直辖市）641 眼监测井检测分析，适合生活饮用水水源及工农业用水的监测井仅占 26.2%[①]。以上数据显示，我国各地水污染状况非常严重，各地政府必须采取有力的措施和手段才能够保证人们的用水安全。

然而，长期以来，水污染防治和环境保护责任与义务都主要是政府承担，从而使水污染防治实行市场化运作没有真正形成气候。近几年来，地方财政在水污染防治中投入了大量的资金，但仍面临着资金匮乏的瓶颈，政府一家已无力担当这一重任，大量的建设资金应依靠社会化、市场化的渠道筹集融通，如此才能步入良性循环的轨道。为了解决上述水污染防治过程中的资金问题，当符合债券投资基本属性的水污染防治面对巨大的资金需求时，发行地方市政公债体系就成为一种行之有效的方法，成为满足这一"巨大需求"的有效途径。

7.2.1.3　我国发行水污染防治市政公债的可行性

准市政公债快速发展的同时，我国当前的实际情况也具备了发行地方政府债券的有利时机和基本条件，发行市政公债具有较大的可行性。

（1）我国发行市政公债的条件已经具备。

☞　我国现在具备稳定的宏观经济环境和政府改革的稳步推进，是发行市政公债的大好时机：我国经济增长速度连续几年保持在 7%～9% 的水平，呈现出举世瞩目的快速、稳定增长的格局，各级城市政府特别是东部经济发达地区的城市政府的财政状况正在逐步改善，政府财政预决算的监管机制正在逐步完善，政府税收增加，行政管理能力增强，为发展中国市政公债奠定了坚实的基础。从我国政府改革来看，财政体制改革相继推出重大举措，特别是在预算体制方面，推出了部门预算、国库集中收付和政府采购制度的系列改革，这些改革使预算外资金管理松弛现状得到改善，对规范和约束政府收支行为

---

① 中华人民共和国水利部，2008 年中国水资源公报。

起到了积极有效的作用。

☞ 我国金融市场发展迅速，金融政策趋于成熟。市场中介机构参与企业债券市场的意向越来越高，利率市场化改革有条不紊地推进，基准利率形成机制正在改革和形成之中，为债券市场的发展奠定了比较好的市场基础。同时在我国国债发行规模扩充空间不大的情况下，发展市政公债将使国民应债能力得到充分释放。所以开辟市政公债市场无疑将是今后资本市场发展的重要方向，也是资本市场功能开发的实质内容。

☞ 社会信用环境有了实质性改善，法律法规逐步建立和健全，信用秩序环境逐步形成，诚实守信观念深入人心，社会信用评价体系、企业和个人的信用登记和征信系统正在建立之中，企业信用担保体系的基本框架初步形成。促进和规范企业发展的各项法律法规逐步建立，为城市政府建立良好的资信状况创造了条件。

☞ 诸如广州、上海等部分地方政府宏观经济环境良好，具备长期归还债务的能力。以广州市为例，1998 年至今，广州地区 GDP 增长率保持在 11%以上，2009 年是 21 世纪以来广州经济发展最为困难的一年，但广州市 GDP 突破了 9 000 亿元大关，达到 9 112.76 亿元，同比增长 11.5%；全市实现一般预算财政收入 702.58 亿元，同比增长 13.0%；城市居民人均可支配收入 27 610元，同比增长 9.1%，其中工资性收入增长 8.7%；农村居民人均纯收入 11 067元，同比增长 12.6%，经济实力可见一斑，为政府的财政收入带来了可靠的保证，说明了其有长期归还债务的能力。

（2）地方政府发债动机强烈，地方债的市场需求巨大。2009 年，我国债券发行量为 86 474.71 亿元，其中地方政府债所占比例极小（仅为财政部代发的 2 000 亿元地方债券），原因在于法律不允许[①]。但地方政府总有募集建设资金的需求，加之 1994年分税制改革后，造成中央和地方政府财权和事权的不对称，中央层层上收财权，事权层层下放地方，地方政府财政入不敷出，地方政府财政赤字占 GDP 比重逐步上升，而地方融资平台 80%负债来自银行，2009 年年末，地方政府融资平台贷款余额达到7.38 万亿元[②]。同时，根据审计署 2009 年 12 月 29 日发布的审计结果公告，截至 2009年 10 月，依旧有 45%扩内需的地方配套资金没有落实，因此地方政府大多存在自发寻求融资渠道和变相发债的现象，存在大量的隐性负债也不足为奇，有些地方甚至还很高。因此，地方政府债券作为国家分级分税财政体制下政府公债体系的重要组成部分，通过发行市政公债来解决和缓解这些地方债务压力不失为一种现实明智的选择。

---

① 李建栋，李春涛. 中国市政债券政策初探. 中国金融，2010（8）.

② 中国银监会主席刘明康在 2010 年 4 月 20 日银监会召开的 2010 年第二次经济金融形势分析通报会议上的讲话。

同时我国已初步建立起划分事权、财权、税收权的分级财政体制,举债权是分税体制下各级政府应有的财权,直接由城市政府发行市政公债,可以使得债务相关的权利和义务都归地方政府,更能集中体现城市政府的作用,将城市政府的职责与资信直接相结合,是事权和财权的统一。从我国的实际来看,目前中国每年新增存款超过 10 000 亿元,年平均增长 18.8%,这一方面是由于我国经济的高速增长、居民收入增加较快;另一方面却是因为我国居民可投资金融资产极为单一,市政公债的推出必将受到欢迎。国内金融机构(尤其是商业银行)资金充沛,证券投资需求稳步上升,在我国当前投资工具匮乏的市场状况下,市政公债的产生无疑为高额储蓄找到了出路。而且投资者越来越回归理性并趋于成熟,开始关注并重视稳定收益的债券投资,市场供求方面的这些变化为市政公债市场的加快发展提供了极其有利的条件,如果能将市政收益债券作为一种免税的金融品种推出,由于其收益高于银行存款,其风险低于一般的企业债券、股票,必将备受欢迎,成为一种新的重要投资品种。

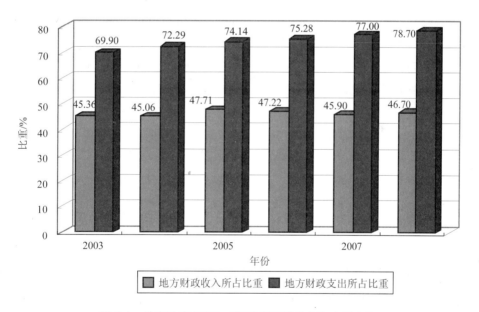

图 7-1 地方政府 2003—2008 年财政收入和支出占比

(3)外部环境和市政公债自身优势促进市政公债的发行。2009 年政府工作报告中指出国务院同意地方发行 2 000 亿元债券,由财政部代理发行,列入省级预算,虽然不是由地方政府直接发债,但蕴含着中央政府对市政公债"有限的开禁",放松了地方举债权的限制。同时,2010 年政府报告指出从财政收入看,上年一次性特殊增收措施没有或减少了,还要继续实施结构性减税政策,财政收入增长不会太快;从财政支出看,继续实施应对国际金融危机的一揽子计划,完成在建项目、加强薄弱环节、推进改革、改善民生、维护稳定等都需要增加投入，因此寻求市政公债作为合理的融资渠道适应了时代的需要。此外 2010 年政府报告中还指出，要完善多层次资本市场体系，扩大股权和债券融资规模，更好地满足多样化投融资需求。由此可见，现在正是推出市政公债的大好时机，既能满足城市基础设施建设的投资需求，又能促进经济的快速协调发展。

市政公债融资成本低，免税特征使其比国债之外的其他债券更具吸引力；期限可长达 30～40 年，可以更好地同基础设施项目相匹配；流动性高，转让过程中随时都可以被吸纳和接受；收益稳定风险低，市政公债的利率比银行存款利率高，由城市政府发行或担保发行，收益以项目建成后取得的收入和城市政府稳定的税收收入作为保证，再加上融资成本低廉，大大降低了市政公债的风险，既对投资者有吸引力，也对融资者有吸引力。

（4）债券管理和发行具备了丰富的经验，可在试点城市率先发行。我国已存在的相对规范的资本市场为地方债券市场的开放和发展提供了较好的外部环境。我国已有多年的国债发行经验，地方政府有资本市场融资和"准市政公债"的实践和经验，这为地方债券的发行提供了技术上的支持和保证。总之，我国发行市政收益债券的条件已经基本具备，可以首先选择辽河、太湖、淮河、松花江流域作为重点区域进行试点，试点之后再推广，这样可以降低风险，避免大的金融动荡。当然，市政收益债券的发行也是一个复杂的系统工程，还有许多问题需要研究解决，比如所面临的一些制度和法律上的障碍、一些实际操作中的困难等。尤其是发行市政收益债券引致的公共风险和财政风险，需要事前加以研究和防范。

7.2.2 国际经验借鉴

虽然在理论上已经论证地方政府发行市政公债成为可能而且有效，但限于我国当前法律的限制，仅限于某些"准市政公债"，真正的水污染防治市政公债体系并没有建立，而且也没有实践经验。与之相反的是，市政公债在美国、英国、法国、日本等西方发达国家普遍存在，其中以美国为首，美国市政公债的发展规模最大、运作最为规范。

7.2.2.1 美国市政公债

美国是一个联邦制国家，实行三级预算管理制度，即联邦预算、州预算和地方政府预算。各级预算独立编制，上级预算不包括下级预算，因而美国地方债券不仅包括州、市、镇等各级地方政府发行的债券，而且也包括州政府所属的机关或管理局发行的债券。美国市政公债市场是在 19 世纪 20 年代作为基础设施建设的融资中介发展起来的。地方政府通过市政公债的融资形式介入基础设施建设领域。经过 100 多年的发展，市政公债已经成为美国地方政府及其代理机构的重要融资手段，其债券被运用到路桥、港口、机场、供水、公共设施、用水、用电、开发和环保等各个方面，而且每一项债券都有专项用途，不得挪作他用。

美国市政公债的发行制度

（1）发行主体。美国市政公债的发行主体包括政府、政府机构（含代理或授权机构）和以债券使用机构出现的直接发行体，其中州、县、市政府占 50%，政府机构约占 47%，债券使用机构约占 3%。

大多数的地方政府及其代理机构都通过市政公债进行融资，在全美 8 万多个地方政府中，约有 55 000 个是市政公债的发行者。除了少数属大规模发行者外，大部分地方政府机构属于小规模的发行体。

发行的市政公债既有短期融资债券（short-term notes），也有长期债券（long-term bonds）。其中 80%以上的市政公债为期限长于 13 个月的长期债券，涵盖了教育、交通、公用事业、福利事业、产业补贴以及其他项目。具体来说，包括修桥、筑路、修建港口和水坝、开凿隧道、飞机场建设、建立水厂和电厂、治理环境等基础设施的资金，以及医院、会议中心、废品和污染控制、自然资源恢复、学校、租金住宅等领域。

（2）发行方式。美国市政公债的发行有两种方式：公开向投资公众发行和私下分配给一小部分投资者销售其新债券。公开发行又有两种方式：竞争承销和协议承销。

☞ 竞争承销：美国大多数州都规定，一般债券都要以竞价投标的方式销售。州和地方政府一般要求竞价销售要在公开的刊物上刊登公告。公告的内容要包括发行规模，到期安排，发行时间、地点和日期，保证金额数及择标方式等。参加承销的承销商看到公告后组成承销的辛迪加组织，包括市政公债自营商和自营银行，其下的管理人和成员共同协商确定息票利率、在销售收益和价格、承销价差及认购时间。

☞ 协议承销：在协议承销中，发行人向几家潜在的承销商发出邀请，然后这些承销商向发行人递交说明他们的承销和销售能力的报告。发行人在其中选出承销辛迪加的牵头管理人和成员，成立承销的辛迪加组织。然后设立一个账户，并签订承销商间的协议。其中由发行人和牵头管理人及联合管理人共同设计债券，确定发行的时机、价格、对象和价差。承销商在销售债券后，承销商和发行人达成称做"君子协定"的非正式协定，内容包括发行同意按预先定好的条件出售债券给辛迪加账户，并将债券正式授予承销商，但是这个协定不具有约束力。

（3）发行规模。美国市政公债市场到目前为止体制已趋于完善和成熟，其规模也相当巨大。表 7-3 显示了美国市政公债 1975—2002 年的发行情况。

表 7-3 美国的长期（20～40 年）和短期（5～10 年）市政公债统计

单位：10^6 美元

年份	长期	短期	总计
1975	25.3	0.6	32.6
1980	46.3	9.0	55.4
1985	206.9	22.4	229.3
1990	128.0	35.3	163.3
1991	172.8	44.7	217.5
1992	234.7	43.4	278.1
1993	292.5	47.8	340.3
1994	165.1	40.6	205.7
1995	160.0	38.5	198.5
1996	185.0	42.2	227.2
1997	220.6	46.3	266.9
1998	286.2	34.8	321.0
1999	226.8	37.1	263.8
2001	—	—	342.9
2002	358.0	72.0	430.2

数据来源：Thomson Finacial Securities Data。
"—"代表无数据。

表 7-4 美国长期市政债发行额与当年 GDP 的比较

单位：10 亿美元

年份	1995	1996	1997	1998
发行余额	160.0	185.0	220.6	286.2
GDP	7 269.6	7 661.6	8 110.9	8 511
发行余额占 GDP 比重/%	2.20	2.41	2.72	3.36

罗雯，韩立岩，美国市政债券市场概况及其对我国的借鉴，经济管理与研究，2002 年第 2 期，第 46 页。

从表 7-3 可以看出，美国市政公债发行的规模在不断增加。而且长期债券的规模比短期债券的规模要大得多。此外，根据表 7-4 也可以发现，当年发行市政公债的余额占 GDP 的比重在 3%左右，且逐年提高，美国的实践显示，1996 年州与地方政府债务余额为 11 700 亿美元，当年发行长期市政公债占 GDP 的比重保持在 15%左右，这样的市政公债规模是适当的，也是比较安全的。

美国市政公债的投资者

在美国，市政公债市场的主要投资者包括家庭、货币市场基金、共同基金、保险公司、商业银行及财产和灾害保险公司等。个人投资者可以直接或通过共同基金及单位信托购买市政公债。如今个人投资者已成为最大的市政公债持有者。其中一个重要的原因就是美国税收政策的调整。

（1）对于家庭和民众投资者，《1990年税收法案》将最高边际税率增高到33%，这显著增加了市政公债的吸引力。1992年该税率又增至39.6%，使得市政公债更具有投资价值。而联邦政府规定对个人投资者的市政公债利息免征所得税，这样更进一步增加了投资的实际收益水平。对个人家庭和民众投资者来说具有较大的吸引力。

（2）对于商业银行持有者而言，其持有的目的主要是作为在银行的公众存款的担保品，或是在商业银行向联储的贴现窗口拆借时用作担保品。此外，银行常担任市政公债的承销人或造市商，这要求其保持这些债券的库存量。但是，自1986年以后规定银行不再享有被准许扣除购买市政公债资金利息成本的80%这一特殊豁免权，其持有的需求量就开始大幅下跌。

（3）对财产和灾害保险公司持有者而言，由于财产和灾害保险公司的盈利是周期性的，通常在高利润年度，财产和灾害保险公司为使其收入少缴或免缴收入税，一般会增大其对市政公债的购买。反之，则会削减其对市政公债的投资。

表7-5　美国市政公债的投资者构成[1]

市政公债投资者比例分布/%	1980年	1989年	1999年
家庭	26.2	48.2	35.0
共同基金	16.0	15.9	33.7
银行个人信托基金	6.5	6.4	5.8
商业银行	37.3	11.8	7.2
财产保险和灾害保险公司	20.2	11.9	13.7
其他[2]	8.3	5.8	4.6

[1] Federal Reserve System。
[2] 包含共同基金、货币基金和封闭式基金。

美国市政公债的监管机制

市政公债的监管工作比较分散，其发行管理主要由州和地方政府负责，美国证监会极少直接干预市政公债市场。市政公债公开发行前不需要向联邦证券与交易委员会注册登记，所以市政公债的发行可以不受《1933年证券法》注册要求和《1934年证券交易法》定期报告要求的约束，但是在发售和交易时必须遵守反欺诈条款。市政公债交易活动由美国全国证券交易商协会有关部门，按照市政公债条例制定委员会制定的MSRB规则进行监管。

MSRB采用的法规必须经证券交易委员会批准，MSRB本身并没有实施或审查权，这项权利由证券交易委员会、全国证券自营商协会及特定的银行监管机构，如联邦储备银行等持有。直到1989年证券交易委员会才正式批准了市政公债披露法规，于1990年1月1日起生效。该法规适用于100万美元或以上的新发行的市政公债。

在制度上美国证券监管制度主要有上市制度、发行者内部状况公开制度、禁止不正当交易的规则和证券事故的处理方式等。

美国市政公债的用途

正如前文所述，美国市政公债的绝大部分都是长期债券，主要有一般债券和收益债券，具有各自不同的用途。一般责任债券的发行主要是为公共事业筹资，这些公共事业的特点是能给本地公众带来重大受益，如治安司法、火灾消防、医院、学校等。由于一般责任债券通过税收保证按期还本付息，从而其利率在所有市政公债中是最低的，其筹得的款项的用途不受具体项目的限制。这类债券在早期具有重要地位。随着收益债券的大量发行，其比重也逐渐下降。

收益债券是一种仅以某种来源的收入作为对投资者还本付息担保的公债，专款专用，不得挪用其他项目。它的利率相对较高，风险也比较大。收益债券的大部分是州地政府为了补贴或支持个人或私人投资与公共基础设施建设而发行的，而事实上这些都基本属于准公共产品。具体分布如表 7-6 所示。

表 7-6　美国市政公债筹集资金用途对比　　　　　　　　　单位：%

资金用途	1979 年	1999 年
一般公共工程改善	19	26
教育	12	21
公共能源	8	10
健康	8	2
自来水、下水道、天然气	8	7
污染治理	6	4
其他	38	29
合计	100	100

Thomson Finacial Securities Data。

由上表可以看出，美国的市政公债用途中，各项分布都比较均衡，尤其是污染治理方面，并没有占有很大的比重。这是因为在 20 世纪经过先污染后治理的实践之后，美国已经将污染治理作为市政公债发行用途中的一个经常性用途来对待。对于这一点，我国仍有很长的一段路要走。

美国市政公债的风险防范机制

美国市政公债的风险防范做得非常成功，主要表现在以下几个方面：

（1）严格限制举债权和举债规模。① 举债权的限制。州和地方政府发行债券（特别是普通义务债券）要通过公众投票决定；机构举债要在法律规定或特许范围之内，以确保债券合法发行。② 举债规模的限制。为了遏制美国市政公债历史上的"地方政府无节制"现象，美国许多州的宪法都对市政公债规模加以限制。③ 联邦法律的限制。尽管在《1934 年证券交易法》中没有涉及市政公债，但其中的反欺诈条款对市政公债发行人做了强制性的约束，规定市政公债交易的经纪人及经销商要由证券交易委员会（证交会）管理。

（2）设置专门的监管机构。在美国注册制的管理体系中，市政公债属于豁免注册的证券品种，因此美国证监会极少直接干预市政公债市场。1975 年纽约市政票据违约后，国会根据《1975 年证券补充法》组建了市政公债规则制定委员会。委员会由 5 个证券公司代表、5 个银行代表、5 个公众代表组成，负责提出监管方案，全面监管市政公债市场。监管提案的最终批准权在证券交易委员会。

（3）广泛发挥社会的监督力量。公开发行的市政公债一般都要通过正式的官方声明来公布地方政府的责任和义务。市政公债上市前后要经有资格的审计机构对发行人的财务状况、债务负担、偿债能力等出具意见。对普通义务债券，需要考察地方财政以税还债能力和总体负债情况，包括人均税收、人均债务、人均偿债现金成本等；对收益债券，需要对使用债券企业的盈利能力进行考察，预测现金流和偿债能力。同时，所有公开发行的市政公债都要聘请一名国家认可的"债券律师"或"独立律师"，由其对发行的合法性、免税待遇等出具法律意见，以保证市政公债有关合同的可执行性。

（4）建立清晰明确的责任体系。在美国市政公债市场上，许多政府（授权）机构是名义上和法律意义上的债券发行人。同一政府机构可以为不同项目发行不同种类的债券，每种债券可因担保公司的不同而具备不同的资信。但只要最终用款者是企业，就一定要由企业负责还款。政府机构要保证筹集的各种债券资金专款专用，各用款单位要负责偿付自己的债券。

（5）建立市政公债信用评级制度。现在信用评级机构对所有公开发行的债券进行实实在在的评级。信用评级已经能够有效地识别风险。

（6）建立信息披露制度。城市财政信息的公开披露大大改善了市政公债信用风险判断所依据的信息状况。20 世纪 70 年代纽约财政危机发生之后，城市财政局长协会和公共证券协会共同制定和实施了自愿信息披露准则。这些准则不仅规定了市政公债公开发行前应该让公众知晓的城市财政信息的类型，而且推荐了信息发布的标准格式。后来，信息披露准则成为政府管理的强制性准则。现在，在市政公债存续期内，对于城市财政或法律状况发生的任何重要变化，市政当局都必须及时披露相关信息。

（7）建立债券保险制度。债券保险在美国债券市场发展中发挥了重要作用，2006 年，美国债券保险商为 48.2%的新发行市政公债提供信用增级。债券保险是指债券发行或交易时，投保人（债券发行人或投资人）向债券保险商（专业债券保险公司或其他金融机构）投保，被保险债券往往获得与债券保险商相同的信用等级；如果债券发行人不能及时还本付息，债券保险商将保证无条件、全额支付各种类型的风险造成的损失。债券保险进一步降低了市政公债购买者的风险。现在，几乎一半的市政公债都为其按时还本付息向保险公司申请保险。与免费政府担保不同，债券保险不会产生负面的效率激励效应。当然，债券保险能够在美国迅速发展有其深刻的原因：① 债券保险商能够通过上市等渠道筹集资金，盈利状况良好，一般都获得最高的信用评级；② 市场中存在着标普等较强公信力评级机构；③ 债券市场信用层次丰富清晰，相应溢价合理，为债券保险商合理确定保险费率奠定了基础。此外，美国在大力发行市政公债的同时，也大力发展其他结构化金融产品，为降低发行成本，相关发行人对信用增级的市场需求快速大量增加[①]，这些对于我国引入债券保险促进我国市政公债的健康发展都有着重要的借鉴意义。

美国市政公债的偿还机制

地方政府的征税能力不仅受到法律的限制，而且还受到经济的限制，发行人根据其税收能力和收入能力约束自身的发债行为。在美国，各州都通过宪法明文规定自身约束条文，以约束债务的创造能力。一般包括：州信用不能用于私人利益；债务首先用于改进长期项目；大宗发行证券需要投票表决。

美国地方政府市政公债的偿还资金有两种来源：发债资金投入项目的收益和税收收入。具有一定收益的项目可以依靠项目收益来偿还，"收益债券"就是以此为依据而设计的制度安排。而投资于非营利项目的债务，即一般责任债券的偿还则主要依靠政府的税收收入。一般责任债券的投向基本上是公路、垃圾处理等非营利性项目，虽然一般不能直接产生收益，但实际上通过增加城市的土地价值的正外部性而形成社会收益、并产生政府的间接收入。因此政府作为公共产品的提供者理应享有投资收益和剩余索取权，通过开征财产税，政府分享由于公共设施投资带来的城市土地等财产升值的部分收益，为市政公债偿还形成基本对应的可持续的税收来源。

由此可见，完善的市场对市政公债的发行形成了强有力的约束力，美国通过市政公债的信用评级和相应的法律程序保证其合法性及偿还能力。

美国市政公债的债务危机处理机制

在美国，当政府的运营资金收入与支出不平衡；当前支出连续几年少量超出收入；政府资产不足以承担其义务或只能以增加负债来代替短期运营资金；财产税拖欠率高并且不断增长；养老金义务没有资金或资金不足等情况发生时，就可以认为该政府发生了债务危机。一种常见的预警信号是债务利息达到总预算的 20%～25%。

由于一般性契约公债意味着其发行政府要以各种资金来源来偿还债务，所以，在收入来源不足以偿付的情况下，地方政府可以提高税率或收费比率。但对暂时性或技术性财务危机，只要安排与债权人直接协商就足够了。如果自我补救没有效果，有些州就会通过设立的专门管理结构来帮助这些地方政府。如果还不奏效，就依照联邦破

---

① 陈晓红，刘彦等，美国债券保险的发展及对我国的启示，中国货币市场，2009 年第 6 期。

产法,由发债政府同时设计和解协议并提出自愿破产请求。和解计划必须由持有相关债权 51% 的投资者接受。计划提出后,如果法院同意,债务人的资源就处于法院的审判范围,并确定时间和地方召开听证会。债权人得到通知后进行回复。举行听证会后,法院可以进一步确定和解计划。该计划必须得到持有所涉金额的 2/3 的债权人认可。

但对于收益性债券的持有人来说,他们的债权只是以某种收入来源作为抵押,其风险要比一般债券大。所以,当债务偿付发生困难时,损失将由投资人来承担。

7.2.2.2　日本市政公债

日本证券由中央政府、都道府政府和市町村政府三部分组成。日本是一个单一制国家,市政公债在日本地方财政中始终占有一席之地。在日本,债券也被称做公社债,是对所有发行者发行的各类债券的总称,包括由公共部门即国家、地方公共团体或政府机构发行的"公债"和由民间的股份公司发行的社债(即公司债券)。

"二战"之后日本政府修改《宪法》,增加了允许地方自治的内容,从原来地方政府没有发行地方债券融资的权利到允许地方政府拥有债券融资的权利。日本《地方公债法》明确限定和规定了地方公债的用途,该法在规定"地方政府的财政支出必须以地方公债以外的收入作为财源"的基础上,规定"某些支出可以以地方公债作为财源"。于是在出现了 1974 年日本政府战后首次经济负增长后,1975 年日本政府发行市政公债 32 598 亿日元,1980 年增加为 48 383 亿日元,1990 年为 64 162 亿日元,1995 年达到 171 175 亿日元。地方债余额在 1985 年为 426 884 亿日元,1988 年为 489 008 亿日元,1990 年达到 521 895 亿日元[①]。日本地方财政规模因此逐年增大,加快了地方经济和公益事业发展,在提高公共服务水平、满足人民生活需求方面发挥了重要作用。

(1)日本市政公债的发行制度。日本市政公债的发行主要有两种:证书借款和发行债券。

☞ 证书借款。证书借款是指地方政府以借款收据的形式筹借资金,在 1990 年的日本地方政府债务余额中,证书借款占到了 72.5%,尤其是在借入中央政府资金和公营企业金融公库资金时,一般都采用这种方式。

☞ 发行债券。发行债券的方式又包括三种:招募、销售和交付公债。① 招募。这种发行方式又可分为公募和私募两种。公募债是通过债券市场以发行地方政府债券的方式而募集的债务资金。一般来说,只有实力较强的地方政府才有能力以这种方式募集债务资金。以公募方式筹集债务资金的地方政府有自己的银团,1983 年以后开始在金融机构的窗口销售。公募债的发行随行就市,以 10 年期债券为主。私募债是地方政府直接向有关机构发行地方政府

---

① 王亚彬,我国发行地方公债研究,新疆财经大学,2008。

债券而募集的债务资金。这些机构一般在地方政府的辖区内营业，且与地方政府有一定的业务关系，主要有地方公务员等共济协会、银行、农协等金融机构，保险公司等。② 销售。这种方式由地方政府公告其销售地方公债的条件、规模等，接受各承购商的购入申请，然后再对规定期间内提出申请者销售地方公债的方法。实际上这一方法在日本还没有使用过。③ 交付公债。交付公债是指地方政府在应以现金方式偿还债务时，不直接支付现金，而是支付地方债券。在地方公债发行方式中，交付公债的规模不大，却是比较常用的方式之一。

（2）日本市政公债的资金来源。在日本，市政公债的资金主要来源于政府资金、公营企业金融公库资金、银行资金和其他资金。其中政府资金和公共性质的公库资金比重高是日本地方政府市政公债认购资金的一大特点。大约70%以上的市政公债是政府资金、公营企业金融公库由政府机构、地方公共团体的互助机构以及一部分银行等直接认购，但近年来政府资本比例逐渐趋于下降，特别是在东京、大阪等金融市场发达的金融中心，民间资金比例较高，东京市政公债民间资金比例高达90%，政府资金仅有10%。

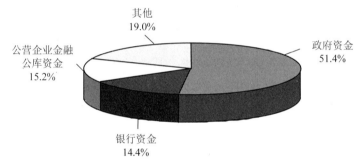

资料来源：郭琳，中国地方政府债务风险问题探索，厦门大学，2001。

图 7-2　1990 年日本地方债认购资金情况

如图 7-2 所示，1990 年，地方债中政府资金占 51.4%，银行资金占 14.4%，公营企业金融公库资金占 15.2%，其他资金占 19%。一般来说，政府资金仍然大约占 50%，公库资金大约占 10%，市场资金大约占 40%。其中都道府县从市场融资的比例比较大，而市町村从政府取得资金的比例比较大。都道府县一级平均来看，政府资金占 40%，民间资金占 60%。

（3）日本市政公债的用途。日本《地方公债法》明确规定了地方公债的用途，该法在规定"地方政府的财政支出必须以地方公债以外的收入作为财源"的平衡预算的原则基础上，规定"某些支出可以以抵发公债作为财源"。"某些支出"原则上是指建设性支出，即只要该支出的行政效果涉及将来，而且居民在以后年度中能够受益，就可以通过借款筹资。

从日本的实践情况来看，地方公债资金一般用于以下各项事业：交通、煤气和水道等公营企业所需经费；对地方公营企业提供的资本金和贷款；灾害紧急事业费、灾害后的生产恢复事业费和灾害救济事业费；已发债的调期；所有地方普通税的税率都高于标准税率的地方政府从事的文教、卫生、消防及其他公共设施的建设。此外，在特殊情况下，以特别立法的形式可发行上述目的以外的地方公债。1990 年年末地方政府公债余额中，有 28.4%属于地区综合开发事业债，9.9%属于义务教育设施建设事业债，6.8%属于公营住宅建设事业债，一般公共事业债和购买公共用地事业债分别占6.2%和 3.4%。

（4）日本市政公债的管理机制。日本市政公债除建设公债的原则要求外，中央政府还对市政公债的发行进行严格的管理。主要体现在 3 个方面：

☞　市政公债发行实行计划管理：第二次世界大战以后日本中央政府（主要是大藏省和自治省）每年都编制市政公债计划，其主要内容包括市政公债发行总额、各种用途、各种发行方式的发债额。

☞　对各地方政府发行市政公债实行协议审批制度：各地方政府要发行公债必须向自治省上报计划，经自治大臣批准后方可发债。自治大臣批准时，要与大藏大臣协议，听取大藏大臣的意见，所以称为协议审批制度。自治大臣与大藏大臣审批地方政府借债的重点是当年不批准发债的地方政府或限制发债的地方政府的名单，确定的依据一般有：一是对于不按时偿还地方债本金或发现以前通过明显不符合事实的申请获准发展的地方政府，不批准发债；二是公债费比重在 20%以上的地方政府不批准发行福利设施建设事业地方债，比重在 30%以上的地方政府不批准一般事业债；三是对当年地方税的征税率不足 90%或赛马收入较多的地方政府发债也进行限制；四是严格限制财政赤字的地方政府和赤字公营企业发债等。

☞　对地方债实行审批制的目的在于：防治地方债的膨胀，确保各地方财政的健全运营；防治资金过分向富裕地方政府倾斜，确保合理的资金分配；统一协调中央、地方政府及民间资金的供求关系等。

综上所述，市政公债计划与协议审批制度相互配合，构成了日本严密的市政公债管理制度。① 通过市政公债计划，对每一年度市政公债的总规模及各种债券的发行额度进行管理，既可以防止市政公债的膨胀又可以指导市政公债资金的用途，对于协调地方政府与中央政府的步调，实施经济社会政策有着重要意义。② 通过协议审批制度，具体落实各个地方政府的发行额，不仅可以防止市政公债发行突破中央计划，而且通过协议审批过程，强化了中央与地方财政的联系和中央对地方财政的指导。但在实际操作过程中，日本地方政府发行市政公债来筹集资金进行公共事业建设，在还本付息时可得到中央财政的转移支付，使得地方在公共工程的决策上放松了对工程的实际需要程度和费用效益分析的把握，造成资金的浪费。因此，就实质来看，日本的市政公债具有特殊性，并非真正意义上的市场性、金融性融资，带有中央和地方相互协调性质的财政性融资，就大部分的债券融资而言，并没有形成真正意义的市场。

③ 风险预警与财政重组制度规定地方政府必须披露实际赤字率、综合赤字率、实际偿债率和未来债务负担率 4 项财政指标，如果其中一项突破限额，就需要在中央政府的严格监管下制定财政重组计划，以使指标符合规定，该计划必须由外部审计人员每年进行审计，由地方议会批准向中央政府报告，由中央政府向地方政府提出改进建议。

7.2.2.3 美日两国市政公债制度的评价分析

（1）地方公债制度的基本构成要素评价。

☞ 发行主体：从发行主体来看，日本地方公债和美国市政公债的发行者都是地方公共部门或其代理机构。它们的区别在于：日本的地方公债是从债券资金的使用性质方面来界定的，从而给出了偿还责任的认定；而美国的市政公债是从偿还责任的角度来定义的，市政公债并非完全的政府债券，所以才称为市政公债。

☞ 债券类型：从债券的类型看，日本的地方债券划分为地方公债与地方公营企业债两种基本类型，美国的市政公债主要分为一般责任债券和收益债券两种基本类型。地方公债和一般责任债券是真正的政府债务，表现为地方政府的直接债务；而地方公营企业债券和收益债券既具有部分政府债券的性质，也具有部分企业债券的性质，并不直接构成政府的债务，属于政府的或有债务。从一般的数量比例来看，日本地方公债和地方公营企业债的比例大致为 5∶1，美国的一般责任债券与收益债券的比例结构大致是 36∶64。从数据可以看出，日本的地方公共团体承担的直接债务比例比较高，因政府担保形成的或有债务比例相对较低；而美国地方市政机构承担的直接债务比例比较低，因政府担保形成的或有债务比例较高。

☞ 债券的募集与交易：从债券的募集与交易方式来看，无论是日本的地方债券还是美国的市政公债基本上都是以私募方式募集的，以公募方式募集的比较少，其交易基本上在柜台市场进行，在交易市场交易的较少。从交易的性质来看，日本地方债券的发行带有一定的财政转移支付及互助性质，不完全是真正意义上的市场活动，只有占地方债券 30% ～ 40% 以公募方式发行的大都市债券和以非公募方式发行、但通过证券公司买卖的地方债券的发行交易才属于真正意义上的市场行为，而美国市政公债发行和交易则属于真正的市场行为。

（2）地方债券的发行审核制度评价。从两个国家地方公共团体或其代理机构债券的发行程序来看，一般都需要经过立法或有关政府机构的审批。在日本这样的中央集权制国家，由于上下级政府之间存在暗含的道义或传统的关系，下级的债务不可避免地成为上级的或有债务，上级往往成为下级债务的最后承担者，道德风险的存在使得地方政府倾向于多负债，甚至故意负债。因此，日本地方政府及其代理机构发行债券，不仅要本级同意，还需要经过上级政府的批准或审核。

在美国这样的分权制国家，地方政府只对本级立法机构负责，不对上级行政机构负责，是独立的财政主体独立承担财务责任，上级不可能成为地方政府债务的最后责任人。因此，地方政府或其代理机构发行债券一般只需要经过议会的审批或公众的投票同意。

（3）地方债券的偿还机制评价。发达国家市政公债发行的实践证明，地方市政机构发行债券能否成功的关键不在于融资方式的选择和资金的使用，而在于设计出比较合理、切实可行的偿还机制，并创造一个借款人与贷款人权责明确、补救措施有法律保障的制度环境。

地方政府发行债券的偿还资金有两种来源：发债资金投入项目的收益和税收收入。具有一定收益的项目可以依靠项目收益来偿还，美国的"收益债券"就是以此为依据而设计的制度安排。而投资于非营利项目的债务偿还主要依靠政府的税收收入，要求发行市政公债的地方政府必须有比较健全的财政状况和稳定、充足的税收来源。

与美国不同的是，日本作为中央集权制国家，上级事权往往成为下级事权，下级的债务也不可避免地成为上级的或有债务，上级会成为下级债务的最后承担者，因此在日本存在着双重保证的偿还机制。地方政府作为债券发行者是第一偿还人，中央政府则成为第二偿还人。日本地方债券市场的这种安排，实际上形成了财政风险的集中机制，正因为如此，日本财政的赤字率持续居高不下。

（4）地方公债的管理制度评价。美国主要通过市场机制和法律框架来约束州地政府的借债行为。地方政府和部门的征税能力是地方政府举债的基础，但其不但受到法律的限制，而且还受到市场经济政策的限制。美国很多州地政府发行一般债券必须要经过公众投票表决同意。不少州还要求收益类债券中每一种债券的期限不得超过项目估计的寿命周期，债券的收益都必须计入专项基金，并不得与政府其他基金混在一起。

而日本政府对地方政府的市政公债的管理更多地表现为上级对下级的审核管理，地方政府虽被赋予发债权力，但是发债规模、使用方向都由上级政府审批。相对于美国而言，日本对地方市政公债的管理更加体现了上级部门的作用和权威性，地方政府虽为发债主体，但自主性较小。例如前文所提到的地方政府要向自治省上报发债计划，自治省将各地的发债计划进行汇总，并同大藏省协商，而后由自治省统一下达各地区的发债额度。二者不仅要共同制定政府发债计划，还要确定发债方针。

7.2.2.4 其他国家市政公债实践经验

（1）英国发行市政公债的概述。英国由于原始资本积累较多，大企业资本雄厚，并且政府可以从国际市场上获得大量资金，所以其市政公债发展较慢。英国的市政公债市场有两大特点：发行对象自由化，任何地方当局都需要筹措长期资金，均可向伦敦交易所申请准许其利用发行市场向投资者发行新债券；发行额度控制，地方当局发行债券的额度由英格兰银行负责控制。

（2）德国发行市政公债的概述。德国的金融体系管制较为严格，因而其市政公债发行较为严格。在德国，发行市政公债的主要是抵押银行和政府信贷机构，市政公债必须满足严格的保险规定，即未清偿债券额必须用至少是等值的，且至少产生等效益的公共债务贷款保险，立法机构对于用作保险的抵押贷款的长期价值也有严格规定，这些严格的法律规定使得市政公债成为很安全的投资工具。

7.2.3 国际经验对我国发行水污染防治市政公债体系的启示

我国经济一直保持快速健康稳定的发展，城市化水平也逐步提升，全国的城市建设如火如荼，新一轮城市开发已经紧锣密鼓地展开。但是相对于迅速加快的城市化进程及经济、社会发展的总体需求，中国城市供排水设施、污水处理能力、市内道路、热力管网、垃圾处理等基础设施远远不能满足需要。地方政府需要筹集足够的资金来支持城市化进程。

7.2.3.1 允许地方政府在一定范围内发行市政公债

随着社会经济的发展，许多与地方居民直接相关的社会公益事业也在不断地扩展，地方财政支出的规模也不断扩大。在这种情况下，举债就成为了地方政府缓解地方资金供需矛盾的一种有效方式。同时，为促使地方政府增强责任感和公平程度的考虑，中央政府应下放部分财权。因此，目前世界大多数发达国家的中央政府都允许地方政府在规定的范围内发行地方债券。我国地方财政已经具备一定的独立性并建立了独立的地方财政预算，与此相适应，也应享有独立的税收立法权和公债发行权。污水处理项目作为城市基础设施的一个重要组成部分，对于改善城市环境、提高居民生活质量有着重要意义，而污水项目初始投资大、项目回收期长、价格受政策管制、内部收益率较低等，使其往往成为融资的难点，地方政府债券作为国家分级分税财政体制下政府公债体系的重要组成部分，通过发行市政公债来解决和缓解这些融资问题不失为一种现实明智的选择，对于污水项目由单一的政府财政投入逐渐转变为"政府主导、社会参与、市场化运作"的多元化格局有着重要意义。

7.2.3.2 市政公债的种类

鉴于我国地方政府目前的偿还能力和约束机制，现阶段我国发行地方债券的种类应以收益债券为主，用项目收益和地方税收偿还本息，这样能够最大限度地降低地方债券的偿还风险，在将来我国地方政府具备了发行一般责任债券的能力后，再发行一般责任债券，用于纯公共产品的建设。因此，水污染防治的市政公债应该以收益债券为主，这就需要对项目的盈利能力进行考察，当然，面对纯公益性治理项目，如流域治理、富营养化治理、流域公路等基础设施等，条件具备时，也可以考虑责任债券，因此对当地政府的税收能力、还款信用等作出详细的分析也是必要的。

7.2.3.3 市政公债的投资者

市政公债的投资者主要有银行、保险公司、基金和个人投资者，重点为机构投资者。美国作为市政公债最完善的国家，目前它的市政公债主要持有者为家庭和各类基金，两者共占 75% 左右。

一个成熟的资本市场应当有大量机构投资者参与，而且由于市政公债的优良资质，也应当允许银行、保险、基金等机构购买，并让其成为市政公债市场的主要投资者之一，同时允许市政公债对其进行定向发行。当然，广大的居民特别是当地居民也应是市政公债的主要投资者，从而利于市政公债发挥利用民间投资为公用事业建设服务的功能。

与个人投资者相比，机构投资者的资金实力更为雄厚，并具有专业的知识和人才，因此对风险的抵御能力较强，交易也较为活跃。从美国的市政公债发展过程可以看到，机构投资者占据非常重要的地位。中国目前的机构投资者投资债券市场受到法律法规的很多限制，养老金、保险基金和商业银行对债券市场的参与较少，因此在建立中国市政公债市场时，应该积极培育机构投资者，完善市场投资者结构，促进市政公债市场的健康发展。

由于我国的市政公债还处于起步时期，而且水污染防治的市政公债的适用范围有限，而且资金需求量也非常大，因此我国可以主要以机构投资者为主，以地方的个人投资者为辅，共同完成筹资的目的。以后再逐渐发展我国的债券市场。

7.2.3.4 制定、调整和修改一系列法律

美国市政公债市场建立之初，国会特别批准市政公债免受《1933 年证券法》注册要求及《1934 年证券交易法》定期报告要求的管制，使得市政公债相对游离于联邦监管之外，导致市政公债风险的频频发生，之后美国拓宽了对市政公债市场的联邦监管范畴，并且专门成立了市政公债法规制定委员会，制定规则来监管从事市政公债

业务活动的机构，使得美国市政公债市场得以快速发展。因此，法律制度框架是市政公债健康发展的前提，这些法律制度框架主要包括赋予地方政府发债融资权、规定资金用途、限制发债规模、信息披露和信用评级要求，以及税制安排等五个方面的内容。

7.2.3.5 信用评级制度

按照规范的证券市场运作方式，发行市政公债必须进行信用评级，以评估债券的投资风险和信用水平。由于水污染防治市政公债使用方向的特殊性，发行机构往往不是营利性机构，而是公共或半公共机构，因此评价市政公债时，要结合当地人均债务、债务收入占地方财政预算的比例等指标，分析市政部门当期财务状况和税收增加能力。同时，还要考虑担保对债券级别的影响。地方政府发行市政公债，要聘用权威性资信评估机构，争取获得较高级别的信用等级。

债券市场的有序发展依赖于权威性商业评级机构的资信评级，更为重要的是，资信评级是一种"信号甄别"与"信号传递"机制，投资者的信息不对称，可以借助债券评级大大改善，从而根据风险与收益比较进行投资决策。而我国大部分评级机构是以银行为主体，或以银行为依托建立起来的，这样，容易造成资信评级的信息扭曲，影响投资者与交易者的决策行为，造成债券市场价值与真实价值的偏离，将削弱债券市场有效性。因此，市政公债市场建立之初，可以考虑引入国外评级中介，以适应中国债券市场国际化问题。

在引进国外评级中介的同时，我国应逐步建立债券动态评级跟踪机制。我国债券发行常常是一评定终身，没有重视资信评级的"持续信号传递与显示"机制。以澳大利亚债券评级制度为例的研究表明，债券动态评级具有信息增加的作用。特别是在我国债券市场发展初期，债券资信动态评级制度是市政公债等非国债市场规范发展的重要前提之一。主要体现 3 个方面：① 债券动态评级可以为政府监管债券市场提供监管中介指标，通过调控债券资信等级结构的调整，有利于债券市场的基准利率形成；② 债券动态评级可以减少企业债券发行难度，对承销商也有利；③ 债券动态评级为投资者提供一种"信号显示"机制，减少信息不对称情况。国外机构投资者进行投资决策时都以评级机构的评级结果作为参考依据。

根据美国的成功经验，市政公债市场的有序发展依赖于权威性商业评级机构的资信评级。针对我国现阶段的情况，为了完成水污染治理市政公债的顺利进行，我们应该主要是引进国外的资信评级机构，借用他山之石，使债券评级成为投资者可信的参考，为投资者提供便捷的服务。

7.2.3.6 信息披露制度

市政公债的发行不仅关系到投资者的利益，而且关系到当地纳税人的利益。除此之外，对于专业投资者来说，最关心的是持续的披露信息和连续的分析报告，信息机构在市政公债方面信息收集和整合的落后制约了投资者对这一市场的深入分析。因此，加强市政公债运用的透明度和规范性，应成为我国防范市政公债信用风险的基本原则。在市政公债发行过程中和发行后，对于要披露什么信息、披露的时机等，我国监管部门应有合理的规定，如果地方政府不遵守信息披露规定，监管部门应有足够的权力和手段去纠正地方政府的行为。

对于信息披露的内容，美国市政公债监管机构具有非常详细和严格的规定。公开发行的市政公债一般要通过正式的官方声明来公布地方政府的责任和义务。市政公债上市前后要经有资格的审计机构对发行人的财务状况、债务负担、偿债能力等出具意见。对于收益债券，需要对项目的盈利能力进行考察，预测现金流和偿债能力。同时，所有公开发行的市政公债都要聘请一名国家认可的"债券律师"或"独立律师"，由其对发行的合法性、免税待遇等出具法律意见，以保证市政公债有关合同的可执行性。

水污染防治的市政公债应该以收益债券为主，因为我国地方政府还不具备发行一般责任债券的能力。对于收益债券，需要对项目的盈利能力进行考察，预测现金流和偿债能力，同时也要对当地政府的税收能力、还款信用等做出详细的分析，当然，对于纯公益性治理项目，比如流域治理、富营养化治理、流域公路等基础设施等，在条件具备时，可以考虑发行责任债券。

7.2.3.7　债券保险制度

在发行水污染治理的市政公债时，可以考虑优先发展双重保证债券方式（即首先由项目的收益作为偿债资金的来源，在项目的收益不足的情况下再由地方政府及其相关机构补足），以塑造市政公债的良好形象。虽然双重担保提高了市政公债的信用，但是对地方政府来说，风险比较大，而且对一些地方财政收入不充足的省市来说，无疑加重了他们的负担。

如果进一步引进债券保险，那么该举措就大大降低了市政公债购买者的风险，而且债券保险不会产生负面的效率激励效应。在引入债券保险时，市政当局必须为保险付费，保险公司有专门人才去判断地方政府债券所对应的项目中的风险状况，风险越大，市政当局为获得保险所支付的费用越高。经常地，保险公司会告诉市政当局如何进行项目重组以减少经济风险。

在美国，其债券投保有 3 种方式：

（1）最主要的一种方式就是在债券承销时投保。承销伊始债券即获保险，并作为已投保债券出售。债券保险合同印在债券证书上，正式说明书上将声明债券已获保险，统一证券识别程序委员会（CUSIP）也表明债券已获保险。大多数投保债券按这种方式投保。

（2）在债券发行后投保，这被称做二级市场保险。它按如下程序运作：市政公债交易商买进大宗未投保债券，之后交易商向一家债券保险公司购买这些债券的保险。于是，债券成为投保债券，并获得新的 CUSIP 代码以及作为投保债券的新等级和新说明。交易商可以以更高的价格将其出售，这也是交易商购买保险的首要原因。大多数债券保险公司都提供二级市场保险，但该业务所占比重较小，占总业务的 5%～20%。

（3）为基金购买保险。这种方式要求债券成为市政公债投资信托或市政公债共同基金债券投资组合的一部分。此种保险在债券仍由基金持有时为债券投保，基金逐月向保险公司支付保费。当债券售出、早赎或到期时，其保费不再支付，债券保险也就此终止。债券只有存在于基金组合时才获得保险。在出售债券前，基金常为债券购买永久保险。在所有债券保险业务中，此种业务所占比重也较小。

根据我国资本市场规范化和市场化的发展趋势，我国可以单独建立国有、合资的债券保险公司，也可以在现有的财产保险公司下开展债券保险业务。在现有的财产保险公司下开展债券保险业务一方面可以在短时间内建立起债券保险框架，另一方面，由于市政公债的安全度较高，出险的可能性较小，还可以为我国并不景气的财产保险公司增加一些盈利的机会。在承保方式上，由于我国保险业发展较晚，运作经验还不够充分，所以可以首先开展市政公债一级市场的承保，也就是市政公债发行之前对市政公债进行承保。通过这些保险公司的介入，进一步降低市政公债的风险，也为地方政府减少一定的负担，因此，债券保险的引入，是一个多赢的策略。

7.2.3.8 计划管理和风险预警制度

根据日本的经验，每年地方政府的财政部门都要按时编制地方债务预算，对当年公债发行总额、用途、期限、利率、推销方式等做出详细的说明，经本级人代会批准后，报中央政府，接受监督管理。同时要建立风险预警机制，制定风险控制指标，一旦超出安全范围，立即采取有效措施排除或降低风险，当然要使得各种风险控制指标具有可信度，前提是必须保证财政预算管理制度的透明度。另外，要协调好市政公债与国债的关系，实行中央政府发债优先制：① 发行时间优先（每年在大批量的国债发行之后，发行市政公债）；② 发行条件优先（市政公债利率只是略高于国债利率），以保证国债的顺利发行，不影响国家宏观政策目标的实现；③ 为防止滥用市政公债的行为，市政公债收入应纳入地方预算体系进行管理。

7.3　水污染防治市政公债的发行机制研究

发达国家通过发行市政公债筹集资金进行公共设施建设资金的做法，已经有数十年的历史。在美国的水务公共事业领域，每年的建设性投资需求约 2 300 亿美元，其中 85% 来自市政公债投资，政府财政投资仅占 15%。在日本，市政公债被称为地方债券，其在城市生活污水处理设施建设方面的投资占相关设施建设总投资的 20%～40%[①]。根据以上分析和研究，我国发行市政债券的资金条件和金融环境已经初步具备，根据《国家环境保护"十二五"规划》，在"十二五"期间，我国环保投资将达到 3.1 万亿元，较"十一五"期间的 1.54 万亿投资额上升 12%。其中环境污染治理设施运行费用在 1 万亿元左右，到 2015 年将达到 GDP 的 7%～8%[②]。

作为"十二五"规划的投资重点项目，这一项目无论是在资金力度、项目周期、运作难度上都具有公共性、长期性和连续性等特点。其投资资金的来源也成为一个重中之重，市政公债作为长期、稳定的融资工具，必将成为我国水污染防治项目稳定和主要的融资渠道。然而，发行市政公债又有其特殊性，因此，需要根据我国的具体国情，对其发行、运营和偿还在水污染防治中的应用进行探讨和研究。

7.3.1　发行原则设计

7.3.1.1　控制风险原则

地方政府发行债券后取得资金使用权的同时也就承担了到期还本付息的义务，因此必须对地方政府发债筹资的规模和风险加以控制，确保地方政府具有偿债能力，严格控制债务风险。这就要求上级机关必须对地方政府的收入状况、还债能力等进行科学地分析和预测，慎重权衡发债规模，把债务风险控制在最低范围。地方政府发行债券应经同级立法机构即各级人代会的审议批准并报中央政府审批。

7.3.1.2　谨慎原则和效率原则

谨慎原则是指鉴于我国地方政府的实际情况，为防范风险，现阶段市政债券的用途应以收益性项目或公共用品的提供为主，而不能用于弥补经常性收支赤字，经常性收支的缺口只能由地方政府通过其他增收节支的办法来解决。效率原则是指地方政府在发债筹资时要充分考虑资金的使用效益和效率，包括降低发行成本、提高资金使用效率、把资金运用到最稀缺的公共用品的建设中去等。

[①] 张小永，环保投资与效益的国际比较研究，陕西师范大学，2009。
[②] 国家环保总局环境规划院，国家信息中心，2008—2020 年中国环境经济形势分析与预测。

7.3.1.3 中央统一领导原则

由于我国地方各级人大对同级地方政府约束作用较小，为了控制地方政府发债的规模，减少地方政府债券发行的风险，现阶段应坚持中央统一领导原则，充分发挥中央政府管理的权威作用。中央政府应从宏观上控制举债总量和发债的用途，并对地方政府发债进行审批、检查和监督。

7.3.1.4 健全法制原则

目前我国地方政府发行债券方面的法律、法规不健全，需要制定专门的法律法规，并尽快建立起债券评级制度、信息披露制度和发债过失责任追究制度，营造良好的法律环境和制度环境，使地方政府债券的发行、流通和使用做到有法可依。

7.3.1.5 循序渐进原则和突出重点原则

市政公债的发行应在经济较为发达、财力有保证的地区先行试点，待相关制度、原则完全确定后再向其他地区铺开。此外，中央政府在允许地方发行债券的前提下，应重点考虑经济欠发达地区债券的发行，因为欠发达地区的融资需求最大而融资优势最小，发达地区地方政府债券的发行会吸引大部分资金的流入（包括欠发达地区的资金），导致欠发达地区的资金更加紧张、地区间差距进一步扩大。为了避免这种情况发生、协调平衡好各地区的财力，应对不同地区地方政府债券的发行实行区别对待、重点突出的政策，如对欠发达地区地方政府债券实行利息补助和更加优惠的税收政策等[①]。

7.3.2 发行风险分析

7.3.2.1 信用风险分析

市政公债和其他金融工具一样具有信用风险，当然信用风险也是市政公债发行过程中的主要风险，我国水污染防治市政收益债券，是以项目的实际收益进行债券还本付息的偿还，并且以地方的财政收入作为担保的，但不管是地方财政收入还是投资项目的收益水平，都存在着各种不确定因素，导致发债主体不能履行其责任和义务，构成信用风险。更有学者经过研究证明，市政公债的实际收益率要大大高于市政公债的理论收益率，Trzcinka（1982）通过对美国 1970—1979 年市政债券进行研究得出，长期市政公债的收益率在理论上应该为公司债券收益率的 52%，而事实上市政公债的长

---

① 周鹏，关于我国地方政府发行债券相关问题的探讨，中央财经大学，2008。

期收益率却是公司债券收益率的 60%～70%。因此经济学界逐渐形成了以下观点：在相同信用等级下，市政公债的信用风险可能高于公司债券，因为市政设施在违约的条件下也不可能被破产清算；较公司而言，地方财政收支状况更加不透明；在追求利润最大化动机下，企业股东会限制企业的负债规模，而地方政府的举债规模却没有相应的制约因素[①]。由此，市政公债是一项高信用风险的融资资产。

对于我国而言，正式推出水污染防治的市政债券之初，发行量会相对较小，然而，在未来成规模发行且地方政府不再提供无限担保的情况下，这些债券的信用情况就不容乐观了，市政公债必然与目前的准市政公债一样会面临收益不足以偿还债券本息的问题。这种情况的出现主要缘于以下几个因素：

（1）发行主体资格审查困难，地方政府借债能力与债务规模不匹配。由于目前的地方政府官员绩效考核体制，很多地方的国民经济、社会发展的重要指标和统计数据被有意地遮盖、拔高，丧失了其数据的真实性。而这些核心数据的失真隐瞒直接影响了地方政府的评级工作，阻碍了市政债券发行主体的资格审查。同时，地方政府通过资格审查后，往往具有忽略其有限的财力而急功近利、盲目筹资的冲动，甚至不惜采取高利率政策，这样必然会增加日后偿债的利息负担，从而导致地方政府的债务风险。

（2）水污染防治市政债券资金去向和项目运行效率难以保证。过去的经验告诉我们，地方政府职能过多，财政负担重，很难确保地方政府会把市政公债的融资所得全额投入运行或是不被挪用，即使投入以后，很多地方政府官员关心的是自己的"政绩"，并非真正关心项目的运行效率，加之现在很多地方政府政务不公开，决策不民主，投资建设非市场化现象严重，很容易导致市政建设中的腐败现象，使得项目的收益难以保障。

7.3.2.2　宏观调控风险分析

（1）中央宏观调控效果降低甚至失败。在市场经济体制下，政府实行宏观调控的基本手段是财政政策和货币政策。在我国目前的财政分权体制下，地方政府发行市政债券很有可能会抵消中央的财政政策实施效果。同时，中央银行货币政策也会缺乏自主性，因为地方市政公债发行行为可以影响货币存量，金融机构购买地方政府市政债券，可能反过来使得基础货币增加，而且如果外资也可以进来购买，那么势必会直接扩大基础货币投放量，这样也会影响中央银行的货币政策实施效果。

（2）冲击金融次序，影响宏观经济稳定性。允许地方政府发行市政债券可能对整个证券市场造成冲击，发行地方政府市政债券，长期来说对于丰富债券品种、改善债

[①] 孟宪烨，我国发行市政债券面临的流动性与信用风险问题研究，华东师范大学，2008。

券市场结构、拓宽投融资渠道无疑会产生积极的作用，但是市政债券与其他债券品种以及股票具有替代关系，如果审批、监管能力跟不上，特别是在短期内，无论是发债时间、发债数量、发债期限、发债范围等任何一个环节出了问题，都很可能会给证券市场带来冲击①。同时，如前所述，地方政府往往具有忽略其有限的财力而急功近利、盲目筹资的冲动，很容易产生个人理性与集体非理性共存的急功近利的结果，加上当前快速城市化的推动，很可能导致通货膨胀甚至引发经济危机。

7.3.2.3 其他风险分析

（1）地区间差距可能进一步扩大。改革开放以来，随着东部地区经济的快速发展，在市场机制的作用下，各要素大量地涌向东部地区，但产业由东部地区向中西部地区的梯度转移并没有实现，经济发展绝对差距在不断扩大。如果按照市政公债发行的基本条件和地方政府的偿还能力来分配市政公债额度可能会导致不公平的结果，符合发行条件的大多数是部分经济实力较强、财政收入稳定增长的东部沿海开放城市，即不缺钱的东部获得的额度远远高于资金匮乏的西部，这种资金错配的"马太效应"将进一步拉大地区之间收入的差距。即使是东、中、西部地区都可以发行市政公债，如果发达地区的市政公债收益率达到一定水平，也必然会引起落后地区的资金向其流动，进而导致地区间的差距进一步扩大，甚至威胁到社会的和谐与稳定。

（2）税收风险。税收风险是投资者不能控制的，税收政策的调整和改变，都会对免税的市政公债产生影响。例如，美国总统布什上台后实行减税政策，对市政公债的冲击就是十分明显的。政府的税收政策的改变，是在对经济形势的认真考察之后做出的，是政府财政政策的重要工具。在经济发展过快、通货膨胀加速的情况下，政府会提高税率，抑制消费和投资以控制总需求的增长，维持国民经济的健康发展。反之，在经济发展停滞、通货紧缩的情况下，政府就会降低税率，甚至进行税收补贴，以刺激消费和投资，扩大总需求，提高经济发展速度。

7.3.3 我国水污染防治市政公债的发行方案设计

根据前文分析，水污染防治市政公债的发行是地方公债解禁的一次大胆尝试，也是地方经济可持续、科学发展的一种资金来源。它的发行成功与否不仅与我国的国计民生有着重要关系，还与国家宏观调控的成功与否有关，与生态环境和气候变化有关，因此，为了最大程度地实现该公债的成功，发行就成为重中之重。

本书从水污染防治市政公债的特点和功能出发，借鉴发达国家的成功发债经验和数据，以未来水污染防治市政公债的发行流程为序，制定如图 7-3 所示的发行方

---

① 胡清芬，我国市政债券发行的风险问题研究，暨南大学，2008。

案流程。

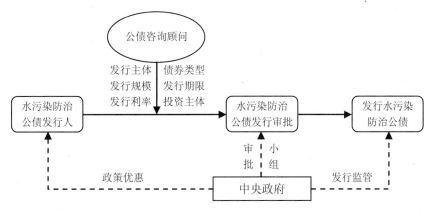

图 7-3 水污染防治公债发行方案流程

7.3.3.1 发行主体资格方案设计

由于我国各地方政府间的经济发展不均衡,所以应该在水污染防治公债发行主体的资质上慎重行事,应优先考虑经济发展较好、政府财政实力较强、宏观调控能力较强以及项目管理能力较强的地方政府,总体来说,发行主体应具备以下条件:

(1)该主体范围内,其经济发展水平较高,人均国民收入达到一定标准,拥有较为广泛的债券投资群体;政府机关本身具备一定的财政实力和财政投资管理能力,具有较强的债券风险控制能力和偿还能力。

(2)该主体范围内,前期已经对水污染防治进行投入,并有部分治理效果;在前期防治过程中,保证专款专用,尚未出现治理资金挪作他用或贪污私用等现象;治理确实因为资金短缺而影响。

(3)该主体范围内,地方政府尚无现行债务,或现行债务较小,并不影响未来水污染市政公债的有效偿还。

(4)该主体范围内,政府与该地区社会综合环境的关系良好,未来可持续发展能力强。

需要指出的是,上述条件仍为定性指标,如果要对发行主体进行严格控制和把关,仍需要将上述定性指标转化为定量指标。本课题采用指标法和主成分分析法对上述因素进行筛选和分析,认为影响水污染防治市政公债发行主体的因素有:① 政府经济指标。这是对地方政府作为发行主体本身进行的评价,具体包括地方政府 GDP 和人均 GDP(包含外来务工人员)、证券市场交易总量及人均交易量、地方政府投资管理水平等几个二级指标。② 诚信水平指标,这是对地方政府中已经存在的水污染治理的诚信测试和效果分析,具体包括前期治理成本收益率、前期投入资金使用率、项目资金未来短缺率、融资水平。如果地方政府尚未对已经污染较为严重的水域进行投入，则该指标可以根据具体情况而设定，一般可设定为0。③偿债能力水平，这是对地方政府偿还债务能力的评价。具体包括地方政府直接债务依存度、地方政府直接偿债率、地方政府直接债务负担率等指标。④综合环境，这是对地方政府未来可持续发展能力的评价。具体包括城镇登记失业率、人口自然增长率、工业废水和废气排放达标率、生活垃圾无害化处理率等指标。

表 7-7　发行主体资格指标

一级指标	二级指标
政府经济指标	地方政府 GDP
	地方政府人均 GDP（含外来务工人员）
	居民人均可支配收入水平
	证券市场交易总量
	证券市场人均交易量
	地方政府投资管理水平
诚信水平指标	前期治理成本收益率
	前期投入资金使用率
	项目资金未来短缺率
	融资水平
偿债能力水平	地方政府直接债务依存度
	地方政府直接偿债率
	地方政府直接债务负担率
	地方财政收入占 GDP 比重
	地方财政支出占 GDP 比重
综合环境	城镇登记失业率
	人口自然增长率
	工业废水排放达标率
	工业废气排放达标率
	生活垃圾无害化处理率

7.3.3.2　债券类型

如果把发行者、税收支持程度以及其他偿付手段等组合在一起考虑，市政公债主要可以分为一般责任债券（General Obligation Bond）和收益债券（Revenue Bond）两类。一般责任债券的信用基础是地方政府当局的征税权利，在这一点上，一般责任债券同国债具有某些相同之处；收入债券的信用基础是从债务融资的市政项目中的收费或征税，债券的发行人以经营所融资的项目而取得的收入作为债券持有人的抵押，只要发债收入所投资的项目能够产生预期的经济效益，那么收入债券的偿付将是有保障的。

我们认为，发行水污染治理的市政公债可以根据治理项目的公共性分为两种类型。第一种是公共治理债券，这种类型的债券发行主要用于水污染的前期建设，发行主体是地方政府，发行方式采用募集式，偿还资金来自地方政府的税收和行政事业性收费。这种债券因为以地方政府的信用作为担保，地方政府承担了较大的偿债压力，因此，发行规模不宜过大，其主要作用是以地方政府介入建立治理投资机制，发行审批和初始投资的风险可以由国家来控制，可谓是"抛砖引玉"。第二种是收益治理债券，这种类型的债券发行主要用于水污染的中后期防治，发行主体是公共行政机构或是水污染防治专项组，发行方式主要采用公开发行，偿还资金来自防治所取得的收益。该类型的债券因为有了地方政府的前期投入和防治收益的双重担保，加大了投资信心，扩大了投资群体的投资热情，因此发行规模较大。

需要指出的是，上述两种类型的水污染防治市政公债到底应该如何分配，债券规模的比例应该如何控制，本书并没有深入研究。

7.3.3.3　发债规模

从理论上分析，地方公债的发行规模应根据财政收入、经济规模和经济发展水平的一定比例来确定。然而，为了防止市政公债发行失控，造成偿债危机，我们认为，首先应对提出发行公债的地方政府现有债务规模进行彻底审查。根据财政部财科所相关课题组最近的调研结果显示，当前地方债务规模应在 4 万亿元以上，并且大多数都属于隐性债务[①]。这一数字意味着政府在未发行水污染防治市政公债之前，就已经存在大量的隐性债务，这不仅会增加水污染防治市政公债的偿还风险，还会减低投资者的投资信心。

在考虑地方政府隐性债务、或有债务等债务风险之后，发债规模的确认和控制仍然很难量化，也很难控制。从理论上看，发债规模一般与地方政府的财政收入、财政支出、地方政府 GDP 以及地方政府的债务承担情况有紧密关系，在此基础上，我们认为还应再设定两个关系指标，即新增债务增加速度和人均可支配收入分配比率。因为在当前地方政府的经济发展过程中，债务不仅有隐性和难以透明控制的特点，更重要的是地方政府的借债已经到了一个快速发展的状况，而设定新增债务增加速度这一指标可以帮助控制地方公债发行时的风险，佐证地方政府的偿债风险；另外，地方公债的投资群体应仍以社会公众为主，所以人均可支配收入分配比率可对发债规模的设定有一定的帮助作用。根据上述六项指标，设定发债规模模型：

---

① 李建栋，李春涛，中国市政债券政策初探，中国金融，2010 年第 8 期。

$$FZGM=\sum_{i\leqslant 6}\omega_i x_i$$

其中，X_1 —— 地方政府财政收入；

X_2 —— 地方政府财政支出；

X_3 —— 地方政府 GDP；

X_4 —— 地方政府的债务负担率；

X_5 —— 新增债务增加速度；

X_6 —— 人均可支配收入分配比率。

根据上述模型，通过回归分析软件，就可以设定相应的权重（ω），由此可以进一步推定相应的发行规模。但需要指出的是，上述模型尚未考虑剩余权重，因此在实际操作过程中可以作为确定发债规模的一个参照数据。

7.3.3.4　发行期限和发行利率

当前，我国重点流域 40%以上的断面水质没有达到治理规划的要求，全国有 3 亿多农村人口存在饮用水不安全问题，全国 113 个环保重点城市的 222 个地表饮用水水源地，平均水质达标率只有 72%，由此，我国的水污染防治是一个长期且艰巨的过程，水污染防治市政公债的发行期限应以中长期债券为主，同时考虑通货膨胀因素和投资者的可接受程度，我们认为水污染防治市政公债的期限为 10～15 年。

发行利率方面，根据国际通行惯例信用级别越低、债券利率越高的做法，考虑到市政债券的风险高于国债、低于企业债券，市政收益债券利率应介于国债利率和企业债利率之间。另外，根据经济学理论，利率一般与定价有着非常紧密的关系，参考企业债券的定价原则，我们所研究的水污染防治市政公债的利率也可以通过公债的定价原则来确定。同时，水污染防治也是关系民生的市场化投资行为，因此，水污染防治市政公债的利率水平还应考虑当地政府的经济和市场环境，银行同期存款利率、国债利率等。

7.3.3.5　投资主体

理论上，市政债券对投资者的吸引力主要与 4 个方面的因素有关：① 投资者对债券的熟悉程度和信心；② 交易市政公债的能力；③ 市政公债的信用等级；④ 与风险相关的信息披露。一个成熟的资本市场应当有大量机构投资者参与，同时由于市政公债具有优良资质，也应当允许银行、保险、基金等机构购买，并让其成为市政债券市场的主要投资者之一，并允许市政公债对其进行定向发行。当然，广大的居民特别是当地居民也应是市政债券的主要投资者，从而使市政债券发挥利用民间投资为公用事业建设服务的功能。由此可以看出，通常发行债券的投资主体有机构投资者、银行、保险公司、基金、个人投资者及其他等。

根据上述分析，我们认为水污染防治市政公债的发行也应从上述几点考虑。① 投资主体的分配比重方面，水污染防治的资金需要量非常大，不适合以个人或小规模投资者为主体，我们建议上述六类投资者应以机构投资者为主，其比例为 30%～40%；② 银行、保险公司和基金，其比例为 30%～40%；③ 个人，其比例为 15%～25%；④ 其他，其比例为 5%～15%。

需要特别指出的是，在当前国内热钱涌入的情况下，外资也可以成为投资者的一部分，但这一部分应谨慎小心，更不能使之成为投资的主体。

7.3.3.6　发行审批的步骤及方案设计

水污染防治是"十二五"规划的重点投资项目。根据"十二五"规划的预测，大约到 2020 年，环境保护将成为国民经济的支柱产业，未来 15～20 年行业复合增长率将达到 15%～20%。这不仅意味着水污染防治在未来是一项关乎国计民生的产业，也意味着其将是各级政府未来发展经济过程中不容忽视的硬指标，而在现阶段，水污染的防治已经成为一个中央和地方政府必须要着重对待的投资项目，其投资的成功与否显得十分重要。因此，对水污染防治的市政公债的发行审批也就非常重要。我们认为，发行审批应由国家发展和改革委员会、财政部、中国证监会和环境保护部共同负责，国家发改委主要负责公债融资资金的使用方向，财政部门主要负责公债发行的总体规模和发行额度，中国证监会主要负责公债的发行和运作等工作，环境保护部主要负责公债环境控制。具体由 4 个部门共同成立审批小组，小组成员由其各派驻 5 人，共由 20 人组成。为防止公债发行过程中腐败行为的发生，该小组应采用轮流轮岗制和集中分散制，即在每年年初由每个部门抽调人员组成审批小组，并在年初的 4 个月内集中审批，审批结束后审批小组遣散；且每年派驻人员采用轮流制。

在审批的内容上应采取谨慎而全面的原则，具体包括：① 发行主体审批。此为审批的第一步，审批小组通过指标和模型对提出发行公债的地方政府进行资格考评，并在定量评价的基础上进行打分，进入合格范围的给予通过。② 发行规模审批。此为审批的第二步，审批小组通过指标和模型对提出的申请进行评审。③ 发行期限和发行利率的审批。此为审批的第三步，审批小组根据提交申请的政府的实际情况和特殊情况，并结合当地银行和投资情况，综合给予评审。④ 投资主体的审批。此为审批的第四步，在当前阶段，投资主体仍不应过分放开，只有这样才能控制水污染防治公债的风险，因此审批小组也应谨慎给予考评。⑤ 地方政府债务信用审批。此为审批的第五步，审批小组需单独将提交申请的地方政府的债务信用评级进行评审，通过函证等方式向中介机构取得信用评级，对其作出审查。

7.3.3.7 发行监管

根据水污染防治市政公债发行的设计思想和原则，水污染防治项目一旦启动，就意味着民生福祉的改善，但同样也意味着风险和监管，如果这一项目出现了纰漏或是无法达到预期效果的话，就意味着不仅会严重影响地方政府的形象、降低投资者的信心，还会影响该地区的环境情况，更会影响未来的生态发展。所以，我们认为水污染防治市政公债的发行不仅需要严格的审批制度，也需要有严密的发行监管机制。

（1）信用评级监管。在理论上，信用评级通过"信号甄别"与"信号传递"机制，使投资者的信息不对称得到一定程度的改善，从而得以根据风险与收益的比较进行投资决策。但水污染防治的特殊性也决定了水污染防治市政公债的信用评级必须由独立的专业信用评级机构通过对市政债券发行人进行全面了解、考察调研和分析，就其信用能力（主要是清偿债务的能力及其可偿债程度）以专用符号或简单的文字形式表达出来，并作出最终评价结果。

（2）发行过程中的实时监管。在水污染防治市政公债的发行过程中，会涉及各种细节问题，这就需要对该过程提供一个实时监管，才能有效保证和控制风险。实时监管包括：发行时间设定的监管、交易费用的偿付监管、交易资金的划转情况监管、场内外交易方式的监管、交易流程异常的监管等。

7.3.3.8 聘请公债咨询顾问

公债咨询顾问[①]的地位十分重要。首先他们培养了投资者的投资意识和风险意识，提出了理智的投资建议，设立了切实可行的投资目标，回避了风险，获得了高于市场平均的回报。由公债咨询顾问控制的资金，流动比较规律，比较多样性，对金融市场的冲击较小，从而稳定金融市场。当然，金融顾问受过良好的专业训练，了解金融市场和客户，对新型投资工具和产品最敏感。另外，水污染治理项目市政公债融资决策过程中，潜在发行人也可以求助于公债咨询顾问，向其进行债券发行程序方面的咨询。

为了协助地方政府水污染防治项目的投资与财务管理，以及市政债券的发行，我们建议建立健全市政公债咨询顾问专业机构。① 采取牌照控制的办法，指定当地建设银行和城市商业银行作为试点，承担市政建设公债咨询顾问的任务。负责对市政建设的融资活动、财务运作提供长期、全面的专业策划和建议，并会同市水污染防治建设项目管理有关部门根据具体项目的投资计划，制定相应的筹融资方案，同时负责政府财政投资的市政建设项目有关金融业务的办理，以及商业银行贷款支持项目的资金管理。② 健全相关监管条例，放宽市政债券专业公债咨询顾问机构的进入门槛。证

---

① 周平，城市建设中的市政债券融资研究，华东师范大学，2002。

券公司、投资公司也可提供相关业务。③ 参照注册会计师（CPA）制度，逐步推行市政债券专业公债咨询顾问的资格认证。鼓励市政债券专业公债咨询顾问机构的建立。

7.4　水污染防治市政公债的运营机制研究

市场化行为下，企业运营就是指对企业经营过程的计划、组织、实施和控制等行为，是与产品生产和服务创造密切相关的各项管理工作的总称。与之类似，一旦水污染防治市政公债被看作市场化行为，其运营机制即指在水污染防治市政公债发行后至完成偿还义务前，为保证水污染防治市政公债的收益性、安全性和流动性，对水污染防治项目运作过程中的计划、组织、实施和监管等管理体系。不同的是，企业运营的目标在理论上一般认定为经济收益的最大化，而水污染防治市政公债项目运营的目标是收益性、安全性、公共性和流动性，其兼顾经济效益和公共安全的双重特性。这也就需要对水污染防治市政公债的运营机制进行深入研究和讨论。

7.4.1　水污染防治市政公债运营机制的目标

水污染防治市政公债和其他债券一样，是债务人为筹集资金而向债权人承诺按期交付利息和偿还本金的有价证券。它的本质是一种债权债务证书，具有收益性的特征。收益性是水污染防治市政公债存在的基础特征，在这个特征的基础上又引申出安全性和流动性的特征。在市场经济下，安全性和流动性是市政公债与其他有价证券竞争投资者的利器。

7.4.1.1　水污染防治市政公债的收益性

收益性是指水污染防治市政公债获取债券利息的能力。这是水污染防治项目兼顾经济效益的体现，发行水污染防治市政公债的目的是筹集水污染防治公共事业的建设资金，此公债之所以能够成功发行，是因为投资者看到了该公共事业的收益性。同时，这也是地方政府平衡地方财政稳定和公平，有效偿还债务的有力保障。因此，保证水污染防治市政公债的收益性就成为发行政府和投资者同时关注的目标之一。

7.4.1.2　水污染防治市政公债的安全性

水污染防治市政公债的风险包括两个方面：① 偿还风险，是指水污染防治市政公债的发行人不能充分和按时支付利息或偿付本金的风险，这种风险主要决定于发行者的资信程度；② 市场风险，即水污染防治市政公债的市场价格随资本市场的利率上涨而下跌，因为水污染防治市政公债的价格是与市场利率呈反方向变动的。当利率下跌时，水污染防治市政公债的市场价格便上涨；而当利率上升时，水污染防治市政公债的市场价格就下跌。而距离到期日越远，水污染防治市政公债价格受利率变动的影响越大。为了更好地筹集水污染防治事业的资金，地方政府有义务保证水污染防治市政公债的安全性。

7.4.1.3 水污染防治市政公债的流动性

水污染防治市政公债的流动性是指水污染防治市政公债能迅速和方便地变现为货币的能力。在金融工具发达的今天，水污染防治市政公债只是其中的一种投资产品，它需要跟其他产品竞争投资者，以此获取水污染防治公共事业建设需要的资金。因此市政公债的流动性也成为其是否成功的关键因素。

7.4.1.4 水污染防治市政公债的公共性

水污染防治市政公债的发行，归根结底，是为了使政府有能力、有实力改善当地水源环境、防治水体污染、进一步维持生态平衡，这是政府介入市场的终极目的。因此除了上述收益性、流动性、安全性等目标以外，还必须兼顾水环境这一公共产品的公共性。这也是水污染防治市政公债区别于其他收益性债券的地方。

7.4.2 水污染防治市政公债的运营方案设计

地方政府在发行水污染防治市政公债之后，就需要依靠运营机制来保证市政公债的有效运行。水污染防治市政公债的发行、运营和偿还是一个循环系统，水污染防治市政公债的运营在整个系统中起着桥梁的作用，也是水污染市政公债得以圆满成功的坚实后盾。为了确保实现水污染防治市政公债的运营目标，我们认为运营方案的设计思路应如图 7-4 所示：

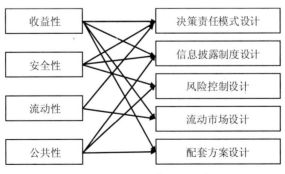

图 7-4　运营方案设计思路

7.4.2.1 决策责任模式设计

水污染防治市政公债的债券类型以收益性债券为主，所筹得资金的去向和责任值得高度关注。这就需要建立严格规范的决策责任制度，以规范的形式明确项目负责人的决策、管理和偿债责任。通过建立贯穿债务发行全过程的责任制，形成有效的激励和约束机制，不仅有利于防范决策失误导致的地方债务风险，也有利于提高债务资金使用效率。

在理论上，水污染防治项目的决策责任人可以有两种选择：① 地方政府，因为水污染防治产品的公共性使得地方政府独立运营人可以保证国有资产的安全；② 多元化责任人，因为水污染防治耗资巨大，需要投入大量的人力、物力，这是地方政府无法独立承担的。我们认为，后者在严把引入企业关的基础上，不失为一个不错的选择。

多元化责任人运营模式，常见的有 BOT 模式、TOT 模式和 PPP 模式。

（1）BOT 模式。指将水污染防治的运营过程分解为"建设—经营—转让"。这种模式的优越性主要有：① 减少项目对政府财政预算的影响，使政府能在自有资金不足的情况下，仍能上马一些基建项目。② 把私营企业中的效率引入公用项目，可以极大地提高项目建设质量并加快项目建设进度。同时，政府也将全部项目风险转移给了私营发起人。③ 吸引外国投资并引进国外的先进技术和管理方法，对地方的经济发展会产生积极的影响。BOT 模式可以减少水污染防治项目的资金使用量，因此地方政府发行水污染防治公债的规模会相应减小，或者筹集的资金可以用于更多的项目。

（2）TOT 模式。指将水污染防治的运营过程分解为"移交—经营—移交"，即政府与投资者签订特许经营协议后，把已经投产运行的可收益公共设施项目移交给民间投资者经营，凭借该设施在未来若干年内的收益，一次性地从投资者手中融得一笔资金，用于建设新的基础设施项目；特许经营期满后，投资者再把该设施无偿移交给政府管理。

（3）PPP 模式。指将水污染防治的运营过程融入私人企业的一种合作模式。在该模式下，从公共事业的需求出发，利用私营资源的产业化优势，通过政府与民营企业双方合作，共同开发、投资建设，并维护运营公共事业的合作模式。

这些模式都是水污染防治工程建设中可以选择的方式，不同的方式决定了不同的资金使用量，甚至会决定不同的水污染防治市政公债的规模。

7.4.2.2 信息披露制度设计

水污染防治市政公债不仅关系到投资者的利益，而且关系到当地纳税人的利益。

因此，各方都非常关心持续的披露信息和连续的分析报告，然而一直以来信息机构在市政公债信息收集和整合方面一直都比较落后。在水污染防治市政公债发行过程中和发行后，对于披露的信息，披露的时机等，我国监管部门应有合理的规定，如果地方政府不遵守信息披露规定，监管部门应有足够的权力和手段去纠正地方政府的行为。水污染防治市政公债在市场化下，也应在运营过程中保持上述责任和义务，具体内容包括：披露发行主体的财务状况、审计结果，披露与偿债能力和盈利能力有关的相关财务分析状况等。

（1）披露财务状况。在水污染防治市政公债发行以后，地方政府投入建设后，防治项目就正式进入运营期。作为市场化的市政公债，需要以一定的运营周期为节点，对该运营周期内的经营成果、财务状况及相关的现金流情况进行及时披露，称为财务状况说明报告，包括盈利说明书、财务状况说明书和现金流说明书。这与证券市场上的财务报告有类似之处，但与之不同的是，财务状况说明报告分项目组进行披露，比如：共有××污水处理厂，此为一个项目组，在该项目组下，披露发行人的财产状况、盈利及现金流情况。

（2）披露审计结果。作为"十二五"规划的重点投资对象，国家对这样一个重点项目的审计是难免的，同时该项目的发行主体是地方政府，以往国家此类项目的审计结果一般不对外披露。但市场化后的水污染防治市政公债，不仅关系到投资者的利益，也关系到当地民生的方方面面，这就需要同时考虑盈利性和公共性，因此，我们建议将审计结果进行披露。考虑到该项目的特殊性，我们认为，审计可以分为两个方面：① 继续坚持我国政府业绩的一贯考评方法——政府审计，作为拥有债务负担的地方政府，其在财政收入和财政支出的运作上更容易出现各种问题，此时的审计不再单纯考评政府官员的业绩，而更应作为考评债务主体的一种方法；② 对水污染防治项目的经营状况、财务状况等进行审计，并出具相应的审计意见。上述两方面同时公开并公示，为投资者提供正确的风险评估，进而帮助其作出投资决策。

（3）披露财务分析状况。债券的投资者最关心的仍然是收益和还本两个问题。这两个问题最终归结起来，就是收益能力和偿债能力。这是对发行方的财务分析能力的披露。① 收益能力披露。包括水污染防治项目在营业周期内的毛收入盈利率、净收入盈利率等；② 偿债能力披露。包括水污染防治项目在营业周期内的固定资产负债率、无形资产负债率、利息保障倍数等；③ 成本效益能力披露，主要包括发行后的成本效益比。

其中，

$$毛收入盈利率=\frac{运营收入-运营成本}{运营收入}$$

$$净收入盈利率 = \frac{运营收入 - 运营成本 - 运营费用}{运营收入}$$

$$固定资产负债率 = \frac{固定资产}{市政公债平均余额}$$（市政公债平均余额是指水污染防治公债在

营业周期内的年平均余额）

$$研发支出负债率 = \frac{研发支出}{市政公债平均余额}$$（研发支出是指进入开发阶段以后的支出

总额）

$$利息保障倍数 = \frac{运营收入 - 运营成本 - 运营费用}{利息费用}$$（利息费用是指本期应支付的利

息费用总额）

成本效益比 =

$$\frac{发债耗费 + 利息支出 + 保险费用支出 + 死亡债券数量}{（发债周期内财政收入总额 - 上一发债周期内财政收入总额）\times 1 - 发债周期平均经济增长率}$$

7.4.2.3　风险控制设计

风险，是指不确定性事件发生的客观存在。水污染防治市政公债的不确定性因素就是偿债风险和信用风险。信用风险指市政公债发行人到期不能如期偿还市政公债的本息，致使债权人遭受损失的可能性。偿债风险是指由于发行人信用水平的变动和履约能力的变化导致其债务市场价值下降或者使发行人无力偿还债务而给债权人造成损失的可能性。因此，在水污染防治公债发行且进入运营阶段以后，就需要建立风险控制模式。

（1）风险预警。风险预警是以地方政府对所发行的水污染市政公债的信息为基础，以债券风险指标体系为载体，对水污染防治项目运营过程中的潜在风险进行全面实时监控，及时评估债券风险状况的总和的分析系统。由此，债券风险指标体系的建立就成为该预警系统的核心。

我们认为，水污染防治市政公债的风险指标体系应包含环境风险层次、债务特征风险层次及偿债能力风险层次 3 个层次（图 7-5）。①环境风险层次，是对水污染防治公债所处的政治、经济及政策等环境引起的潜在风险进行分析，主要包括地方政府发债营业周期内的 GDP 环比增长率、财政收支变动率、CPI、人口自然增长率、地方市场供求关系等几个指标；②债务特征风险层次，是对水污染防治市政公债本身的风险分析，主要包括债务负担率、债务依存度、债务增长率、债务逾期率、预期债务余额预算收入比例等几个指标；③偿债能力风险层次，是对水污染防治市政公债的偿还能力是否充足的风险分析。主要包括负债资产比例、借新还旧比例、偿债率等几个指标。

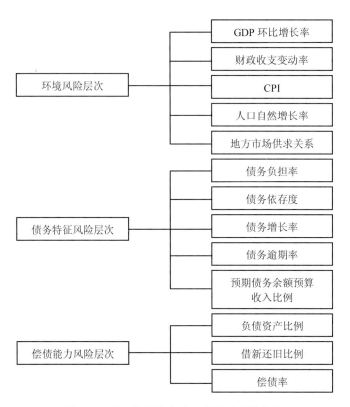

环境风险层次
- GDP 环比增长率
- 财政收支变动率
- CPI
- 人口自然增长率
- 地方市场供求关系

债务特征风险层次
- 债务负担率
- 债务依存度
- 债务增长率
- 债务逾期率
- 预期债务余额预算收入比例

偿债能力风险层次
- 负债资产比例
- 借新还旧比例
- 偿债率

图 7-5 水污染防治市政公债风险预警指标

（2）信用评级。一般地，公债都需要权威性商业评级机构对债券给予评价，并通过综合指标作出结果。水污染防治市政公债作为公债的一种，也应有信用评级，以有效控制水污染防治项目的信用风险。

在国际上，各发达国家都对地方债券进行信用评级，并拥有相应的评级体系。以美国为例，美国拥有非常完善的市政债券评级体系，评级工作主要由穆迪、标准普尔和惠誉三大评级机构进行。与之相比，我国现有的大部分评级机构是以银行为主体，或以银行为依托建立起来的，这样很容易造成评级信息的扭曲，影响投资者与交易者的决策行为，进而削弱债券市场的有效性，反而增加了信用风险。因此，我们建议建立一整套水污染治理市政公债信用评级系统。该系统的建立可以参考穆迪评级机构或标准普尔评级机构或惠誉评级机构的信用评级结构。

（3）债务投保。为了进一步保证水污染防治市政公债的风险能够得到有效控制，并在出现信用下降或是危机时，可以尽快恢复，对水污染防治市政公债建立债务投保制度就显得非常有必要了。事实上，我国的市政公债市场几乎处于空白状态，因此对水污染防治市政公债的债务投保就显得意义更为重大。

国际上常用的债券投保方式有 3 种，一种是在债券发行时投保；一种是在债券发行后投保，称作二级市场保险；一种是基金购买保险。我们认为第一种投保方式比较适合水污染防治市政公债，这是因为这项公债的规模较其他地方债券都比较大，如果在发行时投保，可以进一步增加投资者的投资信心。

具体来说，在发行水污染防治市政公债时，建议优先发展双重保证债券方式，即首先以水污染防治项目的收益作为偿债资金的来源，在项目收益不足的情况下再由地方政府及其相关机构补足。

7.4.2.4　流动市场设计

水污染防治市政公债发行完成后，债券就像商品一样进入流通环节，流通性好，说明债券的交易良好，发展态势优，能进一步增加投资价值，因此不能忽视水污染防治市政公债的流动市场设计。

水污染防治市政公债的流动市场，也就是二级交易市场。通常，债券二级交易市场包括柜台交易和交易所交易两种方式。柜台交易可以通过做市商制度加强市政债券市场的流通性。一般由承销商、自营商为做市商，组成柜台交易市场；交易所交易是指市政公债在证券交易市场进行挂牌交易，交易所交易扩大了市政公债的流动范围，流动性增强。

其中，做市商制度已经在我国进行试点。目前，做市商制度已运用于银行间债券市场国债及政策性金融债券的部分券种。因此，我们建议水污染防治市政公债也应引进这种制度，以提高效率，增加市场流动性。如果某项水污染防治债券发行规模较大、收益比较稳定、风险较小，在经过证券监管机构根据一定条件审核同意后，在明确信息披露责任的基础上，可以安排到证券交易所进行挂牌交易。

同时，还要利用当前的高科技，创新水污染防治市政公债的二级市场，比如利用当前网络发展的大好时机，鼓励水污染防治市政公债交易商开展网上交易、逐步创建全国统一的市政债券交易网络，形成一个类似于 NASDAQ 的柜台交易市场。这样可以形成一个比较完整的、符合市场经济规律的并且与国际惯例接轨的水污染防治市政公债二级交易市场。

7.4.2.5　配套方案设计

在水污染防治市政公债的运营过程中，除了责任人模式、信息披露、风险控制和流动市场的设计以外，还需要对其运营过程中的相关配套方案进行设计。

（1）运营监管方案。债券的监管是否有效，主要是看监管人的监管是否有效而全面。因此，根据监管人的不同设计水污染防治公债的运营监管方案应该是比较全面而有效的。主要包括法律监管、机构监督、社会监督和内部监管等。

☞ 法律监管：我国市政债券的法律、法规还是一项空白，就更不用说对市政公债的法律监管了，而且现行法律禁止地方政府负债。因而形成有效的法律监管必须要经过以下几个过程：首先应修改预算法，允许地方政府发行债券；其次应制定专门的法律法规进行监督和管理，建议制定《市政债券管理法》《地方政府融资法》《水污染防治市政公债管理暂行条例》等法律法规。

☞ 机构监管：建议在水污染防治市政公债运营过程中，国家派驻专门的监管机构进行监管。监管机构应由中央政府和地方政府共同组成，中央政府包括发改委、证监会；地方政府包括地方人大和地方审计部门。监管包含了交易、购销和支付利息等过程，以及水污染市政公债的用途及效益分析等。

☞ 社会监督：因为水污染防治不仅仅是政府与企业的市场化行为，也关乎当地百姓的生存，并且水污染防治市政公债的发行主体就是地方政府，其发行目的仍是为了保证民生民祉，所以应在其运营到偿还的过程中引入社会监督。具体方式有定期召开新闻发布会公布项目实施结果、设立社会监督信箱或邮箱、建立水污染防治专门网站等以便社会公众可以及时了解并给予监督和评价。

（2）水污染防治市政公债运营税收优惠。在水污染防治市政公债运营过程中，也会涉及相应的税收优惠。一般地，市政公债收益实现的途径有两条：① 持有到期获取债券的利息；② 在持有期间将债券转让获取收益。对于前者，我们建议继续给予免税政策，允许个人投资者取得的债券利息在个人所得税时免税；允许机构投资者在计算应税收入时扣除市政公债利息所得。对于后者，我们建议增加相应的税收减免政策，比如在转让水污染防治市政公债时，免印花税；允许部分投资成本税前扣除等。

7.5 水污染防治市政公债的偿还机制研究

偿还是水污染防治市政公债的最后一个环节，也决定着水污染防治市政公债的最终结果。它的成功与否不仅影响着地方政府的信用，也影响着地方经济发展的未来投资趋势，关系着当地的生态环境和民生环境。

众所周知，债券的偿还必须考虑的是还本和付息两个部分，这两个部分是结果，那么保证该结果能够如期实现的必要因素就是：偿还人、偿还方式、偿还过程。如果能将 3 个因素严格把控，那么就应该能够实现水污染防治市政公债的顺利偿还。它们之间的关系如图 7-6 所示。

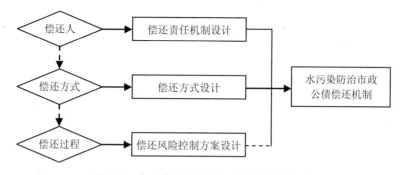

图 7-6 水污染防治市政公债偿还机制设计

7.5.1 偿还责任机制设计

水污染防治项目初始投资大、项目回收期长、价格受政策管制、内部收益率较低。该特点使得政府在市政公债发行、运营之后的偿还方面，缺乏有效的资金保障，也存在项目责任划分不明确、各项责任机制尚未建立的问题或是虽然已经建立了隐形的责任机制但尚未起到实质作用。

在调研中我们发现，在当前已经立项的水污染治理项目中，有的没有偿还责任机制，有的建立的效果尚不明显，具体表现在：

（1）各级政府的财政体制不健全，偿还责任不明确。以太湖流域为例，国家财政"三河三湖"专项资金 11 亿元支持江苏省（太湖为 7 亿元）；并且江苏省级政府每年约投入 20 亿元，至 2009 年已共投入 90 亿元左右。但是从项目本身的复杂性、长期性、防治结合难等特征看，这些投入远远不够。

（2）政府、企业与社会公众在投融资体系中的责任划分和职能分工不清晰。以排污费为例，企业向政府交纳的排污费理应大于其治理设备的购置和运转费，但因其交纳的排污费成本远远比购置和运转费用低，已经变相成为企业向政府购买排污权，很多关停的污染严重的厂并没有实现实质上的关停。这些都进一步导致政府仍然是水污染防治的最大主体，不仅是发行和运营主体，更是偿付主体。

（3）水污染防治项目在各政府部门之间，往往是"各自为政"，职能分工不明确。水污染治理不仅存在治理复杂的困难，而且也涉及经济和社会的整体运行系统，其涉及的部门不仅有发改委、水利、农业、财政和环保部门，还涉及建工、税务等各个部门。当前我国治理太湖流域的资金主要依靠发改委发行国债来支持，但同样也需要其他相关部门的支持和辅助防治。但在资金的运行和偿还主体不明确的情况下，往往容易使各部门之间在收到财政划拨的支持资金以后，常常"各自为政"，就更不用说偿付时责任的划分了。

根据上述在调研中发现的各种问题，我们建议应针对水污染防治市政公债的偿还建立专门的偿还责任机制，具体如下：

7.5.1.1 以地方政府牵头，建立和监督专门的偿债基金

偿债基金的设立是为了提高市政公债的偿还能力。为了保证偿还能力真实有效，地方政府一方面应该设立专门的偿债基金，保证地方政府水污染项目交付使用后产生的效益直接拨入该基金，保证新发债务收入不能用于偿还旧债和其他项目，并委托专门的基金运营公司运作和管理这个专项基金账户，设立专门财政部地方公债部门对各地财政偿债基金的安排和使用进行监督检查，并将检查结果作为评价各地债券信誉的重要条件。

7.5.1.2 地方政府应为市政公债的偿还提供有限担保

虽然水污染治理项目在一定时期内不能带来很高的投资收益，但是一旦项目开始实施，就可能带来市政基础设施整体质量的提高，可以提升地方相关地区的投资环境和地价的增长，所以作为项目的投入方，地方政府可以享受到水污染治理项目带来的正的外部性，从而增加财政收入。那么，地方政府应该为债券的偿还负有担保责任。一方面，地方政府应该以与项目相关的实体资产提供偿债担保。另一方面，地方政府应以一定比例的财政预算为市政公债的偿还提供担保。

担保的有限程度的设定应该参考当地水污染程度和治理难度。其原因在于污染程度越高，治理项目所带来的外部性越高，同时治理项目的风险也较大，市政公债购买者所面临的偿还风险也越高。所以地方政府应该参考污染程度和治理难度，在项目建设和债券偿还期间，将固定比例的财政预算投入偿债基金中，从而保证偿债资金的稳定性。

7.5.1.3 地方政府应加强对信息披露责任的划分

基于前两点，偿债基金和地方政府有限的担保仍不能完全避免债券违约。而作为市场化的产物，债券投资者也应承担一定的债券的偿债风险。在这样的逻辑下，投资者的风险承担应该有合理的依据，所以地方政府负有信息披露的责任，保证投资者能够及时准确地了解项目运行的真实情况。如果债券违约且是由于地方政府没有及时披露信息导致了债券持有者的损失，地方政府就负有偿还损失的责任。

7.5.2 偿还方式设计

水污染防治市政公债以水污染治理项目为主要项目，以地方政府为发行主体，面向投资机构和个人发行专项债券。这是公共产品与私人产品之间配置关系的动态优化。发行时，由私人产品向公共产品集中，配置平衡发生公共性偏向，实现社会价值

的总体增值，而在偿还时，公共收益要向私人产品偏向，从而再次达到优化配置关系后的平衡。

各发达国家在偿还地方债券时，并不会单独使用某一种偿还方式。第一，大多数国家都将还本和付息合并考虑，只有少数国家分开考虑。第二，地方债券的偿还仍以强制性政策为主。第三，偿还方式主要有隐性、直接和转增三类。隐性类主要有市场购销法、减债基金偿还法等；直接类有直接偿还法、现金偿还法等；转增类有转账偿还法、到期再投资法、国债调换法等。这些方式都是以国家的财政收入为隐性担保的。

根据上述分析和论证，我们提出如下建议：

7.5.2.1　建立多元化偿债资金来源渠道

债券偿付的资金来源主要有经常性预算收入、债务收入、财政结余和偿债基金及其他来源。其中经常性预算收入的主要来源是税收，债务收入的主要来源是借债，财政结余的主要来源是政府财政预算的盈余，偿债基金的主要来源是政府财政收入按比例提取建立的专项基金。对于不同的债券，其偿付资金的来源渠道可以有所不同，对于那些债券规模小且收益性较好的债券而言，就可以直接采用经常性预算收入，对于那些债券规模大但收益性较好的债券而言，也可以考虑采用债务收入。但这都不符合水污染防治市政公债的特点，根据前文所述，水污染防治市政公债具有资金耗费大、公共特性明显、投资回收期长等特点，针对这些特点，我们建议建立多元化偿债资金来源渠道：

（1）在水污染防治项目开始产生正收益时，可以完全通过收益偿付水污染防治市政公债的本金和利息。这是最为理想的情况。

（2）如果到偿付期，但水污染防治项目产生的总体收益仍无法偿还水污染防治市政公债的本金和利息时，建议除项目总体收益（应扣除项目次年正常运营的必要耗费）之外，依靠地方政府的税收收入担保支付。税收具有相对稳定性，在我国当前的税收体制中地方政府也拥有营业税、城镇土地使用税、城市维护建设税、房产税、车船使用税、契税、土地增值税及房产税等税种的固定税收收入，另外还可以共享 4%的印花税、40%的企业所得税和个人所得税及资源税等。并且在今后一段时间内还会继续对地方税收体系进行完善和优化，这对地方政府而言，无疑会增加地方政府的稳定的税收收入来源，这些为水污染防治市政公债的偿付提供了利好的资金来源。

（3）如果前两项仍无法偿付本金和利息，则应对所差金额进行差额比较。① 如果所差金额不超过利息，建议用偿债基金补付差额；② 如果所差金额远远超过利息，建议采用债务收入。这种方法通常不建议采用，因为"借新还旧"会降低地方政府的信用，从而使水污染防治项目受损。

7.5.2.2　实行分类偿还

水污染防治市政公债在提出发行申请之前，经过审批小组仔细论证和审查后的水污染防治项目应按照收益标准进行划分，并以其收益性的多寡作为将来债券偿付的方式选择，也可以选择将其作为进一步审核专项债券可行性的依据之一。在此基础上，可以对市政公债采取分类偿付。

（1）对于收益性很差或是基本不存在收益的项目，可以将其列为纯公益性公债。这类债券可以地方政府的财政收入作为担保，到期直接还本付息。这类纯公益性治理项目，如流域治理、富营养化治理、流域公路基础设施等，虽然不能产生直接收益，但实际上通过有效治理，增加城市的土地价值的正外部性而形成了具体的社会收益，并产生政府的间接收入，作为偿付的有利保证之一。另外，作为担保的市级政府的财政收入主要包括财政预算收入和预算外收入。财政预算收入主要是地方所属企业收入和各项税收收入。此外，中央财政的调剂收入和补贴拨款收入及其他收入也是市级政府的预算收入来源之一。而财政预算外收入的内容主要有各项税收附加，城市公用事业收入，文化、体育、卫生及农、林、牧、水等事业单位的事业收入，市场管理收入及物资变价收入等。

（2）对于经济效益和社会效益较好的水污染防治项目，可以列为收益性防治公债。这类债券一般不以特定的财政收入而是以项目自身收益进行偿还，而且项目本身不同于公共产品，而是提供有偿使用的公用事业，属于准公共产品，也就是既有公共性，又有排他性。在水污染专项防治的系统项目中，这类项目占有的比例也很大。比如，排污、垃圾清理、公路及配套设施建设、退田还湖等。在这类防治项目中，可以以防治的专项收入作为偿付来源。同时，政府也可以按受益程度不同对受益企业或个人收取费用，为市级政府所提供的投资收益和剩余索取权进行成本分担，形成良性循环。这种方式适用于影响力大、信誉较好的地方政府，而且要求政府对外部性大小作出合理评估。

（3）以水污染治理的专项收入作为担保，即偿债基金方式。此方式适合综合、源头性水污染治理的市级政府发行市政公债。中央政府根据评级机构的评级、各类污染及治理项目的建设及收益周期等指标，为每只地方债券设立不同的债券基金额度要求，形成巩固、稳定的偿债资金来源。既要高效利用已经筹集到的地方政府债券资金，又要使偿债基金保值增值，以形成地方政府债券偿还的良性循环。可以每年从项目收入中提取一部分资金建立偿债基金，存入银行，或购买国债或以其他稳妥、可靠的方式投资，确保偿债基金的安全性和适当的收益性，从而保证市政收益债券按期还本付息，维持地方政府的信誉。

（4）对于既不能单纯划分为纯公益性的治理项目，又不能单纯划分为收益性较高的防治项目，其发行的债券可以单独划分为一类。通过调研，我们发现，水污染防治及水环境保护治理的专项中，还有一些饮用水水源地建设与保护、生态清淤、动力换水、生态修复、湖岸整治和环湖林带建设等重要的项目中，其通过项目本身创造的收益远远不能有效偿付市政公债。建议采用综合方式，以项目的专项收入作为主要担保，在其取得的收入不足时使用一部分市级财政收入作为偿还公债的补充。这种方式不仅保证了公债偿还的可能性，也充分体现了水污染防治市政公债偿还的灵活性和强制性相结合的特点。

7.5.2.3　建立水污染防治公债专项偿债基金

偿债基金又称为减债基金，它是根据不同偿还方式下对尚未到期的债券提供资金支持和保障的有利途径。在水污染防治市政公债发行以后，为保证地方政府能顺利完成债券的偿付，有必要建立专项偿债基金。

如前文所述，不同的偿还方式建立偿债基金的途径和方法也有所差别，但基本一致。我们建议将水污染防治市政公债的偿债基金建立在中央政府一级或是中央直属的地方形成机构，建议考虑证监会地方局或是发改委地方局，即当某一只水污染防治市政公债发行以后，自发行之日起按照水污染防治项目一定周期内的运营收益的一定比例提取专项偿债基金，并设置"水污染防治专项偿债基金户"。但为了防止该账户的资金被挪作他用或根本无法建立起来，该账户的设置可以由证监会地方局或是发改委地方局与该项目组共同建立。水污染防治项目组拥有存款权，但没有取款权，另一方拥有取款权和监督权。这实际上是国家帮助地方政府建立地方债券信用。通常情况下，该账户不启动。但如果水污染防治市政公债到期后，偿债发生短期困难，可以向偿债基金借款。借款时由借款方提出申请，另一方在收到申请并同意借款后，建立账户的双方均在场并取款。

另外，需要特别指出的是：第一，提取时间。考虑到水污染防治项目的长期性和公益性，应该在水污染防治试运行的当年起开始提取。第二，提取比例。经过调研，建议提取比例不低于水污染防治运营周期内运营收益的10%。

7.5.3　偿还风险控制方案设计

偿还风险，是水污染防治市政公债的投资者比较担心的风险之一。对于普通的市政公债而言，由于市政公债投资项目效益低下，投资的收益难以偿还债券的本息，很易形成"借新债还旧债"的局面。而对于水污染防治项目而言，其包含的内容不仅有基础设施，也有公共事业建设。其投资的收益可能更容易出现难以偿付本息的情况，特别是这样一项耗资巨大的工程，政府不可能也没有能力"包办"，作为吸纳社会投资的投融资模式，市政公债最大的风险就是偿还风险。调研显示，有部分发行的准地方债券，在挂牌交易以后，投资者较少。各级地方政府虽然多数以各级财政收入作为担保进行投融资，然而，即使是江苏省这样的经济发达省，财政收入每年都需要上交55%左右，自留较少，除去各项专项财政支出以外，剩余的收入能留下来专用作偿还债券的可能性几乎没有。那么，政府如何担保并在专项收入偿付不足时来补充偿还本金和利息呢？这是很多社会资金在进入该项目时最先考虑的问题之一；另外，地方政府的支付能力远远不及中央政府，很多社会资金往往会优先考虑中央政府发行的国债。

因此，为进一步降低偿付风险，并增加投资者对该项目的投资评估信心，我们给出了如下建议：

7.5.3.1 完善相关法律制度

在试点阶段，可以先由国务院制定《地方公债发行管理法规》，对发行主体、公债类型、发行规模及用途加以规定。等到时机成熟再提请全国人民代表大会常委会修改《预算法》，明确授予地方政府发行债券的权限。有必要在全国范围内实行地方政府公债制度时，再制定《地方政府公债法》。

7.5.3.2 明确监管机构及其职责

可设立地方政府公债管理委员会，对公债实施全面监管；地方同级审计部门对公债的发行、购销、偿还过程，以及公债的用途及其效益等进行全面审计监督；地方权力机构对公债的发行规模、使用方向、还本付息等享有审查批准权和监督权。

7.5.3.3 建立健全专项债券评级机构

在目前的债权评级机构中并没有针对水污染防治专项的评级机构，建议在地方建立这样一种评级机构，并使其等同于一个中介机构。该中介机构的作用就是评估该项目的发行与偿还风险。

7.5.3.4 建立信息公开披露制度

为了保护投资者和纳税人的利益，必须保证地方公债信息充分披露。这就要求地方财政建立健全透明的财务报告制度，在发行债券时，从程序上保证信息能够真实、有效地公开。同时，要求地方审计部门对信息的真实性予以监督。

7.5.3.5 注重责任追究

建议授权地方政府公债管理委员会对违反发行程序、信息披露要求的发行人进行行政处罚，按照法律规定，造成投资者损害的应承担民事赔偿责任，触犯刑法的应交由司法机关追究刑事责任。

7.5.3.6　完善证券市场机制

在证券市场完善的条件下，市场机制本身就是完善对水污染防治市政公债最好的约束和规避风险的有力保障。以美国为例，美国主要通过市政公债的信用评级和相应的法律程序保证其合法性及偿还能力。在良好的风险防范机制下，美国市政公债的违约率特别低，据统计，1940—1944 年发行的 403 125 份市政公债券中，只有不到 0.5% 的违约率，而同时期的公司债券违约率超过 2%①。这对我国水污染防治专项的市政公债而言，是一个很值得借鉴的经验。

7.5.3.7　引进私人债券保险

在引进私人债券保险时，各地方政府必须为该保险付费，保险公司有专门人才去判断地方政府债券所对应的项目中的风险状况，风险越大，政府为获得保险所支付的费用越高。经常地，保险公司会告诉地方政府如何进行项目重组以减少经济风险。

7.6　水污染防治市政公债沈阳示范点方案设计

7.6.1　水污染防治市政公债沈阳示范点工作概述

7.6.1.1　沈阳市基本情况概述

沈阳是辽宁省省会，中国七大区域中心城市之一，东北地区政治、金融、文化、交通、信息和旅游中心。同时也是我国最重要的重工业基地，素有"东方鲁尔"的美誉。

（1）人口。根据 2009 年沈阳国民经济与社会发展统计公报显示，沈阳市市区面积 3 945 km²，建成区面积 793 km²，人口 1 002.6 万（包括外地来沈人员以及各个县市），全市户籍人口 786 万，市辖区户籍人口 513.5 万。根据辽宁省及沈阳市规划，到 2020 年，沈阳市常住人口将达到 1 000 万，城镇化水平将达到 87%；到 2030 年，常住人口将达到 1 200 万，城镇化水平将达到 90%。

（2）区位。沈阳位于中国东北地区南部。全市下设九区、一市、三县。在以沈阳为中心 100～200 km 的范围内，聚集着钢铁之城鞍山、煤炭之城抚顺、化纤之城辽阳、煤铁之城本溪、粮煤之城铁岭，形成了资源丰富、优势互补、极具发展潜力的城市群，称为"一小时经济圈"。从全国看，沈阳地处东北经济区与包括由辽宁、河北、山东、山西、内蒙古五省区和北京、天津两市构成的环渤海经济区的结合部、东北亚经济圈

---

① 肖治合，美国市政债券及其对中国的启示，首都师范大学学报：社会科学版，2009 年第 5 期。

的中心位置，战略地位十分重要。沈阳这种优越的地缘区位，使之成为辽宁乃至东北地区进关出海、走向世界的桥梁和枢纽，沈阳拥有东北地区最大的民用航空港，目前有国际航线 19 条和全国最大的铁路编组站及全国最高等级的高速公路网，这些都决定了它举足轻重的地位。

（3）历史沿革。沈阳是闻名遐迩的历史文化名城，素有"一朝发祥地，两代帝王都"之称。1625 年，清太祖努尔哈赤建立的后金迁都于此，更名盛京。1636 年，皇太极在此改国号为"清"，建立清朝。1644 年，清军入关定都北京后，以盛京为陪都。日本人在占领东北的 14 年中，依靠在沈阳及东北的强大工业侵占了大半个中国和东南亚地区，其强大的工业和科技基础令当时的苏联甚为恐惧。东北解放后国家积极恢复建设，沈阳成为新中国建设的摇篮。在经济全球化迅猛发展的今天，沈阳因其优越的地理位置、雄厚的工业基础及科技实力、完善的市场体系和发达的交通网络，必将成为中国最具吸引力的投资地区之一。

（4）经济发展状况。沈阳是新中国成立初期国家重点建设起来的以装备制造业为主的全国最重要的重工业基地之一。近年来，沈阳经济建设和社会环境得到长足发展，人民生活水平迅速提升，沈阳经济和社会步入了快速发展的崭新时期。2009 年，面对严峻复杂的国际国内经济形势，初步核算，全市实现地区生产总值（GDP）4 359.2 亿元，比上年增长 14.1%。其中，第一产业增加值 197 亿元，增长 7.3%；第二产业增加值 2 214.7 亿元，增长 16.1%；第三产业增加值 1 947.6 亿元，增长 12.6%。按常住人口计算，人均 GDP 为 55 816 元，增长 12.3%。[1]在全国副省级城市中位居前列。2009 年沈阳市全力以赴保增长、保民生、保稳定，全年全社会固定资产投资完成 3 676 亿元，增长 22.2%；社会消费品零售总额实现 1 778.6 亿元，增长 18.1%；实际利用外商直接投资 54.1 亿美元，增长 2.3%；地方财政一般预算收入完成 320.2 亿元，增长 10%；规模以上工业增加值实现 2 017.5 亿元，增长 19.1%，主要经济指标在全国副省级城市中继续位居前列。沈阳总体经济实力较强，并在构建沈阳经济区的推动下，进一步增强经济区域化水平，为经济实现飞跃发展提供强大动力。

（5）产业结构。沈阳是国家"一五"期间重点投资建设的工业基地，经过几十年的发展，全方位对外开放格局基本形成，社会主义市场经济体制初步建立。所有制结构渐趋改善，多元化的经济结构已经形成，三产比重已经由改革开放初期的 7.5∶68.5∶24，调整到现在的 4.5∶50.8∶44.7。[2]第三产业逐渐成为经济发展的主要力量，"三二一"产业结构正在得到巩固。

（6）生态环境状况。沈阳市森林面积为 147 013 hm²，森林覆盖率为 23.9%，草场

---

① 中国沈阳政府门户网，2010-04-06。

② 中国沈阳政府门户网，2010-04-06。

面积为 8.24 万 hm^2。2009 年沈阳市被联合国环境规划署列为全国唯一的生态城示范项目。2009 年，辽宁省全省新建 99 个污水处理厂，达到了各城区全覆盖；关停 417 家造纸厂，彻底关闭 269 家。单位地区生产总值能耗下降 4.5%；二氧化硫排放总量减少 4.5%，COD 排放总量减少 3.2%，机动车尾气达标率 90.3%，水源地水质达标率继续保持 100%，危险废物处置利用率 100%，医疗废物无害化处置率 100%。[①]根据实地调研，截至 2010 年 3 月底，沈阳市已建成 22 座污水处理厂，城区、所有独立工业园区、郊区县政府所在地的污水处理率即将达到 100%。全市建设了 70 余座乡镇污水处理设施，保证 80% 的乡镇污水得到处理。

（7）沈阳市水环境概况。

☠　市域范围内水系：大型河流有辽河、浑河、绕阳河、柳河等 4 条；中型河流有蒲河、秀水河、养息牧河、北沙河 4 条；小型河流有满堂河、白塔堡河等 18 条，市域范围内大小河流总计 26 条。大型湖库有卧龙湖、团结湖、三台子水库、花古水库、抱子沿水库、尚屯水库、棋盘山水库、石佛寺水库等，市域范围内现状水域面积率为 11.88%。

☠　中心城区内水系：沈阳市中心城区内主要河道、明渠共计 23 条，分别为浑河、新开河、南运河、卫工明渠、现状细河、满堂河、辉山明渠、张官河、杨官河、古城子河、白塔堡河、老背河、蒲河、南小河、浑蒲灌渠、浑南灌渠、八一灌渠、苏抚灌渠、六○灌渠、南分干、北分干、胜利明渠、七二四明渠等。除蒲河、南小河、苏抚灌渠、浑蒲灌渠、八一灌渠位于三环公路以外外，其余 18 条河、渠均流经三环公路以内，如图 7-7 所示。

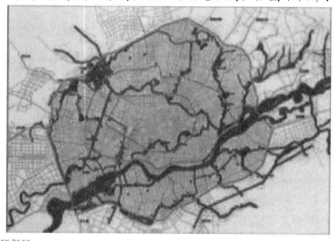

图片来源：沈阳市环保局。

图 7-7　沈阳市中心城区内水系

[①] 辽宁省政府网，2010 年辽宁省政府工作报告，2010-01-28。

☞ 水资源概况: 沈阳市是一座严重缺水的城市，随着经济的发展、人口的增加、社会的进步，人们对环境、水质、供水保证等的要求也越来越高，水资源节约和保护的任务更加艰巨。以下根据 2008 年沈阳市水资源公报可知:

☞ 降水量: 2008 年沈阳市平均降水量为 587.5 mm，折合水量 76.26 亿 m³，与上年比较，增加 22.9%; 与多年平均值相比，减少 1.7%，接近平水年。

☞ 地表水资源量: 2008 年沈阳市地表水资源量 9.88 亿 m³，折合年径流深为 76.1 mm，比多年平均值减少 10.3%，比上年增加 51.1%。

☞ 水库蓄水量: 2008 年沈阳市 11 座中型水库 12 月末蓄水总量 1.55 亿 m³，比上年同期多蓄水量 0.27 亿 m³，蓄水量占总库容的 31.2%。

☞ 地下水资源量:2008 年沈阳市多年平均地下水资源量为 22.53 亿 m³。由于 2008 年产水系数与多年平均产水系数相近，全市地下水资源量为 22.94 亿 m³，地下水资源量比多年平均增加 1.8%，比上年增加 36.1%。

综合水资源总量: 2008 年沈阳市综合水资源总量为 28.68 亿 m³，区域内水资源总量比多年平均减少 5.9%，比上年增加 46.0%。

中国人均水资源占有量为世界平均水平的 1/4，而沈阳市又是中国最典型的北方严重干旱缺水城市，2004 年全市水资源总量为 24.96 亿 m³，人均水资源占有量为 486 m³，约是全省人均占有量的 1/2，全国人均占有量的 1/5，不足联合国确认的人均水资源警戒线的 50%，为人均水资源占有量少于 700 m³ 的严重缺水城市，并且沈阳市人均水资源量远远低于这一标准。这些都为沈阳市水源枯竭敲响了警钟，水环境的保护和防治成为至关重要的一环。

7.6.1.2 水污染防治市政公债沈阳示范点重要性分析

（1）沈阳市水系水污染及防治现状分析。沈阳市每年向地表水体排放的生活污水和工业废水约 5.8 亿 m³，中心城区除大部分污水进入污水处理厂外，约 30 万 m³ 污水直接排入浑河；郊区县（市）排放的污水直接进入各支流，然后进入干流[①]。其中许多县（市）的污水通过辽河各支流直排辽河，使全市地表水受到不同程度的污染，基本达不到水体功能保护标准，地下水也受到不同程度的污染。根据全市用排水量的预测，全市废水排放量逐年增加，会对环境产生极大的压力和影响。

近年来，沈阳市水污染治理成效显著，各条河流 COD 浓度普遍显著下降。"十一五"期间，沈阳市列入《辽河流域水污染防治规划》中的污染治理项目共 27 项，到 2010 年 3 月底，已有 25 项建成投运，总投资达 22.9 亿元。2009 年，沈阳市辽河、浑河除氨氮和总磷两项超 V 类水标准外，主要考核指标均达到了 IV 类标准，各条河

[①] 陈吉文，孙集平，等. 沈阳市水资源开发和保护的问题和建议，环境保护与循环经济，2009 年第 6 期。

流 COD 浓度显著下降，水质逐步改善，浑河、辽河沈阳段 COD 已达到历史最好水平。如图 7-8、图 7-9 所示。[①]

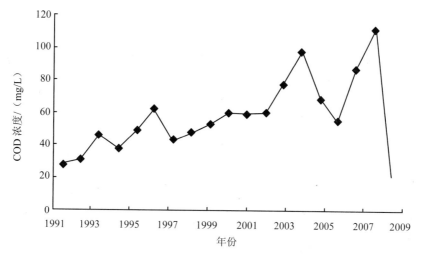

图 7-8 辽河沈阳段 COD 浓度历年变化

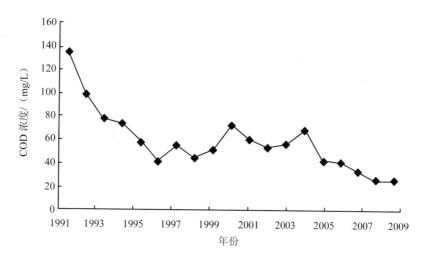

图 7-9 浑河沈阳段 COD 浓度历年变化

然而，据调研得知，辽河流域沈阳地区的 15 条地表河流中，只有王河、柳河、长河、拉马河达到国家地表水Ⅳ类水质要求，其余辽河沈阳段、浑河沈阳段等 11 条河流均为劣Ⅴ类水质。蒲河、细河、秀水河、养息牧河等支流河水资源稀少，污染物严重超标。

---

① 张嘉治，王雪威，等. 沈阳市地表水环境主要问题与污染控制建议，水环境保护与循环经济，2010 年第 3 期。

（2）投融资问题是沈阳市水污染防治的瓶颈。水污染治理和水环境保护本身是一项综合性极强的工作，沈阳市的水污染防治，属于典型的跨地区水域污染治理，面临的问题较为复杂，资金投入的需求量也非常大。总体来看，世界银行研究报告（1997）显示，当治理环境污染的投资占 GDP 的比例达到 1%～1.5%时，可以控制环境污染恶化的趋势；当该比例达到 2%～3%时，环境质量可有所改善。为了控制环境污染和生态破坏、改善环境质量，必须有充足的资金投入。以辽河为例，近年来，国家和辽宁省都非常重视辽河水污染防治工作，辽宁省在辽河流域水环境保护方面的投入，以政府投入为主，归财政厅农业处管。根据本课题对辽宁省和沈阳市的调研，我们了解到，辽宁省水污染防治的资金来源大致分为中央和地方政府投入、银行贷款、企业自有资金、采用 BOT 等方式融资等，其中，地方投入以排污费为主，具体主要包括中央"三河三湖"专项资金、中央和省农村环保专项、省级辽河流域水污染防治专项、排污费资金等。然而，辽宁作为老工业基地，历史欠账较多，流域水环境质量要达标，水环境保护和水污染治理方面的投资缺口较大。辽宁省在辽河流域水环境保护方面的投入，每年大致安排 10 亿元左右，主要用于支持东部生态重点区域财政补偿政策、造林绿化、小流域综合治理和东部山区控制水土流失等。根据《辽河流域水污染防治规划（2006—2010 年）》，辽宁省的 134 个规划项目总投资 111.07 亿元，已完成投资 69.82 亿元，占 63%，其中沈阳市列入《辽河流域水污染防治规划（2006—2010 年）》中的污染治理项目共 27 项，截至 2010 年 3 月底，已有 25 项建成投运，总投资达 22.9 亿元。主要用于工业治理、城镇污水处理设施及重点区域污染防治等项目。辽宁省投资中，省财政集中安排 91 个辽河规划内项目，投入 15.54 亿元，地方财政安排 13.66 亿元，贷款、企业自筹等社会资金 40.62 亿元。"十一五"以来，财政对辽河流域水污染防治累计投入 39.91 亿元，其中，中央补助 18.26 亿元，省本级财政安排 5.85 亿元，市县财政安排 15.8 亿元。根据沈阳市 2010 年政府工作报告，自 2002 年以来，沈阳市共投入 57 亿元用于辽河流域水污染治理，主要用于污水处理厂建设、污水管网建设、河道清淤疏浚、污染源治理、污水处理厂运行等方面。其中，中央投资 4.8 亿元，省级投资 3 亿元，地方政府投资 41.58 亿元，社会资金 5.26 亿元。政府调整污水处理费至 0.8 元/t，推行污水处理厂的企业化运作，2009 年，沈阳市关停各类污染企业 20 家，建成 22 座污水处理厂、30 个村镇污水处理设施，城市污水处理率提高到 85%。

然而，资金总量不足、融资效率不高与治污工程运行机制的不完善是沈阳市水污染治理融资面临的关键问题和"瓶颈"，包括污染治理设施建设滞后，资金投入规模与实际需求还有较大差距，污水处理厂、垃圾处理场等项目运行经费来源不稳定，部分污水处理厂尚未建成投入运行，部分郊区县还没有建立污水处理厂运行资金保障机制等。此外，由于管网建设不配套，污染治理设施运营管理体制滞后，沈阳市许多污染治理设施建成后长期不能正常运行，严重影响了环境效益的发挥，大量资金用于与水污染治理关系不紧密的方向。如何解决治污资金的总量不足和如何提升治污资金的投资效率，建立并完善污水治理融资机制就成为沈阳市水污染治理的关键。

究其原因，主要有以下几点：① 融资渠道狭窄，受"环保靠政府"的传统观念的影响，水污染防治融资渠道单一，还是政府唱主角，市场难以发挥作用，社会资本游离于市场之外，资金来源主要依靠地方财政和排污收费，而地方财政受各种因素制约，投入不足。以上数据也显示辽宁省和沈阳市污水处理设施建设和运行方面的融资严重依赖于公共预算，因此受政府财政的资金安排影响相当大，这种非可持续发展的资金流动结构非常不稳固，污水处理是一个环环相扣的过程，任何一个环节的资金投入得不到保障都可能严重影响整个系统的处理能力，甚至导致系统的瘫痪。② 融资机制落后，流域污染治理的投融资机制应该与经济体制相协调，这是世界各国的共识，政府预算资金和预算外资金仍然是其融资的主渠道，环境保护市场化程度明显落后于整个国民经济的市场化程度。③ 融资权责不分，现行的流域治污投资体制没有明晰政府、企业和个人之间的环境责权和环境事权，没有建立投入产出与成本效益核算机制，没有体现"污染者付费"和"使用者"付费原则，污染治理责任过多地由政府承担，企业和个人没有或过少地承担相应的责任、成本和风险。

（3）市政公债是解决沈阳水污染防治融资难问题的重要途径。理论和发达国家的实践都证明，市政公债市场的存在和发展能够有效地动员社会资金，满足基础设施建设的庞大资金需求，继而促进地方社会和国民经济的不断发展。融资是沈阳市水污染治理的瓶颈，水污染治理融资渠道单一，资金以政府投入为主。同时，在水污染防治投资需求日益增长的今天，越来越多的投资项目计划和融资责任从中央政府转至地方政府，特别是紧缩预算，当常规性的财政预算资金和其他专项资金不足以满足水污染防治的需求时，地方政府更是承担了对其资本支出筹资的责任，因此地方政府不得不更多地动员地方资源，改善资源的利用效率，增加私人部门参与水污染治理的程度以及利用水污染防治市政公债市场进行融资，促进环境保护。如此一来，就可以理顺中央和地方政府融资领域的责权关系，利用水污染防治市政公债作为突破口，建立中央和地方对等的正规融资体系。同时，通过水污染防治设施带动环境产业的发展，进而促进经济快速发展。

7.6.1.3 水污染防治市政公债沈阳示范点可行性分析

投资项目的可行性研究主要是判断其在经济、财务和技术上的可行性，与之类似，水污染防治市政公债市场在沈阳市场的发展将集中在经济和技术两个方面。经济方面主要判断水污染防治市政公债市场发展的意义和目的，前已分析，不再赘述，技术方面是判断现有制度和市场条件是否能够提供市政公债市场发展的初始条件。

（1）财政和法律的日趋完善能够逐步突破发行的法律难点。

☞ 财政分权是市政公债得以发行的制度前提，财政分权具体是指明确中央与地方政府的税收权利和责任范围，允许地方政府自主决定预算支出规模和结构，地方政府可自由选择所需的政策类型，财政分权有利于地方政府积极参与本地区的社会管理。很多发达国家都实行财政分权制，众多发展中国家也在致力于向地方政府下放权力。1994 年我国进行了分税制改革，建立起了以分税制为基础的分级财政制度，实现了由单一管理财政向管理经营型财政的转变。分税制改革为新的基础设施投融资体系的拓展创造了宽松的制度环境。

☞ 2006 年国务院明确要求财政部着手制订《地方政府债务管理办法》，意图加强对地方政府债务的监管，建立债务统计和分析体系、债务预警机制和偿还机制。沈阳市已经出台了《沈阳市政府债务管理办法》，该办法已于 2010 年 11 月 15 日起实施，明确了沈阳市各级政府债务的举措、使用、偿还或者提供担保以及对政府债务的监督管理等各项规定，进一步健全了政府债务管理机制，有效地强化了政府有关部门对全市政府债务的管理，对提高政府债务资金使用效益、合理控制政府债务规模、防范和化解政府债务风险具有规范和约束作用，更为沈阳市作为水污染防治市政公债示范点提供了有利条件。

☞ 2009 年，面对外部经济环境的不景气和国内经济下滑的风险，为满足 4 万亿元经济刺激计划的资金需要，解决新增中央投资地方配套的公益性投资项目地方政府配套资金困难的问题，支持地方经济和社会发展，国务院发布了关于安排发行 2009 年地方政府债券的报告，报告决定财政部代理发行 2 000 亿元地方政府债券。受我国目前法律的约束，在操作层面上，地方政府债券被冠以"财政部代发××年××省政府债券（××期）"的称谓，通过发行国债的方式向社会发售；而在偿还环节，则由地方财政将到期本息按期缴送至财政部的专户，然后由财政部代为偿还，这一举措将是适时推进开放地方政府举债权的初步尝试。

从长期来看，要消除法律法规上的限制。① 应对现行的《预算法》和其他财政法规进行相应修订。在以国家法律形式确定地方政府举债权的同时，对地方政府债券的发债主体资格、发债申请、审查和批准、发债方式、适用范围、举债规模、偿债机制以及责任追究等做出严格规定，待条件成熟时可以出台《地方政府信用破产法》，允许地方政府信用破产。② 为了市政公债市场的长久稳定发展，从一开始就应营造良好的法制环境，建立起一个好的市政债券发行和监管法规体系。这一方面可汲取国外的成功经验，也可以借鉴我国股市监管已有的相关经验。

显然，选择沈阳市作为水污染防治市政债券的示范点，是先行的市场测试，更是为了在我国的宏观经济环境、法律和市场机制不完善、不成熟的情况下保证市政债券市场的平稳发展，降低改革的成本，避免大的金融振荡。然而，修改或制定新的法律容易，获取背后的推动力量却非常困难，这涉及深层的政治体制问题，就短期而言，需要找到一条简单、快速、易行的道路来克服试点地区的法律难题。《预算法》规定"除法律和国务院另有规定外，地方政府不得发行地方政府债券"，因此，在如今法律尚未修订或制定的情况下，试点地区的市政债券的发行就需要国务院的"另外规定"。

（2）沈阳市经济增长和充裕的资金供给提供良好的外部环境。东北老工业基地基础设施建设一直受到国家的高度重视和大力支持。沈阳市是新中国成立初期国家重点建设起来的以装备制造业为主的全国最重要的重工业基地之一，经过几十年的发展，沈阳的工业门类已达到 14 200 个，现在规模以上工业企业 33 533 家。2010 年，沈阳经济区成为继上海浦东、天津滨海新区、成都、重庆、武汉城市圈、长株潭城市群和深圳 7 个地区后，国务院批准设立的第 8 个国家综合配套改革试验区，是我国唯一一个以新型工业化为主要内容的试验区。如今，沈阳这座城市的经济能量，正在气势磅礴地多元化爆发，根据沈阳市统计部门的数据，2010 年第一季度，沈阳市财政收入完成 66.7 亿元，同比增长 52.5%；第三产业利用外资 4.7 亿美元，同比增长 330%。在经济全球化、区域经济一体化的背景下，以沈阳为中心的辽宁中部城市群与以大连为中心的辽宁南部沿海城市群集聚构成全国大城市最为密集的辽中南大都市带，更有望成为 21 世纪乃至东北亚区域经济发展的核心之一，沈阳市经济的稳步增长，为发行水污染防治市政公债提供了良好的外部环境。

从资金的供给上来看，中国是世界上储蓄率较高的国家之一，平均储蓄率达到 40%，目前我国每年新增存款超过 10 000 亿元，巨额的存款一方面反映了我国经济的发展和居民收入的提高，另一方面也是我国证券市场不发达的表现。2009 年沈阳国民经济和社会发展统计公报显示，2009 年年末，全市金融机构本外币存款余额 6 809.8 亿元，比年初增长 22.4%，其中城乡居民储蓄存款余额 3 011.3 亿元，增长 19.0%，直到 2010 年 7 月，居民储蓄负利率格局持续数月，却难以阻挡居民储蓄存款余额的增长，存款增速快过贷款，2010 年前 5 个月，沈阳市民在银行的储蓄存款人均多了近 2 300 元。[①]由于我国法规明确规定银行资金不能直接进入股市，债券交易就成为大规模的银行资金追求盈利的最佳去处，也大大增加了市政公债的需求规模。

当然，沈阳市要发行市政债券，在保证经济增长和充裕的资金供给的同时，不能忽视的就是沈阳市地方政府已有的债务规模，准确评估政府的债务风险，加强地方政府债务风险的管理，建立一套全面的债务管理体系，避免政府债台高筑。从全国债务规模来看，根据银监会主席刘明康在 2010 年第二季度经济金融形势分析通报会议上透露的数据，至 2009 年年末，我国地方政府融资平台贷款余额近 7.4 万亿元，占当年 GDP 的 21%，加上其他政府累积债务（大约 6.2 万亿元的国债余额和 3 868 亿美元

---

① http：//finance.qq.com/a/20100707/004388.htm，华晨商报，2010-07-07。

外债余额），合计相当于当年 GDP 的 47%，日本 2010 年 2 月该比例达到 229%，2009 年年末欧元区 16 国平均水平也达到 78.7%，我国 2010 年债务率明显上升，但与国际比较，我国政府债务风险较小。[①] 中国地方政府的债务，总体上处于可以承受的债务水平。[②] 对于沈阳市而言，近几年沈阳市政府具体债务余额我们不得而知，然而，地方债务已经得到了高度重视，在 2010 年沈阳市的专项审计调查中，政府债务资金虽然存在着管理不到位、运作经验不足等不容忽视的问题，但在促进经济结构调整和经济发展、改善民生、维护社会稳定等方面发挥着积极作用。在 2011 年 2 月 23 日举行的辽宁省审计工作会议上，地方政府债务审计工作成为 2011 年全省审计监督的重点。同时，2010 年沈阳市出台了《沈阳市政府债务管理方法》，明确了市各级政府债务举借、使用、偿还的各项规定。这对于科学把握举债规模、降低债务风险、提升资金规范运作能力有着重要意义。

作为市政公债之一的收益性市政公债实际上已经广泛存在。我国客观上已经形成了地方政府融资体系，因为有相当一部分地方政府自觉不自觉地采取了变相发债形式，称为准市政公债。"准市政公债"实际上是现有法律框架下的一种变通的基础设施融资方式，它具体是指代理地方政府行使职能的专业投资公司所发行的企业债券，筹集资金用于城市基础设施建设。例如，2009 年湖南省益阳市城市建设投资开发有限责任公司发行的城投企业债；2009 年兖州市惠民城建投资有限公司的债券都属于这种类型；值得一提的是，2008 年我国首个污水债券在山东诸城诞生，诸城污水债券是由其市财政局所有的国有企业发行的，用于该城市一系列污水基础设施项目建设和河水污染治理，这其实是诸城市政府发行的地方公债在水污染防治领域的应用。尽管这些债券都是以企业债的形式发行的，但是从资金用途上看是完全的市政公债，这无疑为沈阳市水污染防治市政公债的发行提供了技术上的支持和保证。

7.6.2 沈阳市水污染防治市政公债示范工作实施计划

7.6.2.1 沈阳市发行水污染防治市政公债的具体设计

（1）发行主体。从国际上来看，日本地方债券和美国市政公债的发行者都是地方公共部门或其代理机构。水污染防治市政公债的发行机构可以以沈阳市地方政府的名义发行债券，也可以以特定的授权机构发行债券。

（2）债券类型。水污染防治市政公债以收益债券为主，以项目本身产生的收益作为还款来源，这就需要对项目的盈利能力进行考察。但是，对于一些盈利能力低或不

---

① 地方融资平台风险防范之道，21 世纪经济报道，2010-07-31。

② 巴曙松，地方债风险几许，新财经，2010 年 10 月。

盈利的项目，比如流域治理、富营养化治理、流域公路等基础设施等，债务的偿还主要依靠政府本身的税收收入，当然，条件具备时，也可以考虑发行责任债券。

（3）发行规模。美国拥有目前世界上最发达的市政公债市场，其市政公债市场规模大致相当于国债市场的 1/2 和公司债券市场的 1/4。自 1982 年市政公债发行额首次超过 1 000 亿美元以来，市政公债发行额一直保持上升势头，1993 年以来每年基本保持在 2 000 亿～4 500 亿美元[①]。根据美国等发达国家的经验，市政公债的发行占当年GDP 水平的 3%左右；地方政府当年借债额不能突破其财政总收入的 10%，对于新增债务率（新增债务率=当年新增债务额/当年财政收入增量），日本政府不能超过 9%，巴西政府不超过 18%的控制线。从沈阳市的实际情况来看，2000—2009 年，沈阳市GDP 总量如图 7-11 所示，2007 年政府一般预算收入为 230.1 亿元，增长 30.9%；2008年政府一般预算收入为 290.9 亿元，增长 26%；2009 年首次突破了 300 亿元大关，为320.2 亿元，增长 10%。由于沈阳市是第一次发行市政公债，本着谨慎性原则，市政公债的发行不应超过当年 GDP 水平的 3%，且不应超过当年财政总收入的 10%。根据沈阳市最近五年的 GDP 平均增长率为 16.12%，最近三年的政府一般预算收入平均增长率为 22.3%，可以将发行规模确定在 40 亿元。

表 7-8　2000—2009 年沈阳市 GDP 总量及增长率

年份	2000	2001	2002	2003	2004	2005	2006	2007	2008	2009
同比增长/%	10.3	10.1	13.1	14.2	15.5	16.0	16.5	17.7	16.3	14.1
GDP 总量/亿元	1 116.1	1 238	1 400	1 602	1 901	2 240	2 482.5	3 073.9	3 860	4 359

数据来源：根据沈阳市各年政府工作报告整理得出。

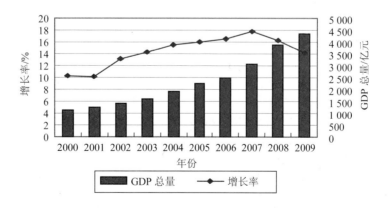

图 7-10　2000—2009 年沈阳市 GDP 总量及增长率

[①] [美]安东尼·桑德斯. 信用风险度量，机械工业出版社，2001。

（4）发行期限及利率。水污染防治和水环境保护本身是一项综合性极强的工作，沈阳市的水污染防治，又属于典型的跨地区水域污染治理，是一个长期和艰巨的过程，资金需求量大，因此水污染防治市政公债应以中长期债券为主，以满足基础设施建设的期限需要，可以考虑发行 10 年期市政公债。

利率上，水污染防治市政公债的信用级别处于国债和企业债券之间，水污染防治市政公债利率也应介于国债利率和企业债券利率之间。可以选择固定利率或是浮动利率，由于我国人民币利率尚未完全市场化，浮动利率的基准利率难以确定，固定利率也有利于发行人控制融资成本，投资者对于能够上市交易的债券更看中其短期收益水平。基于上述考虑，加上目前国债也倾向于长期固定利率，因此建议本期债券采用固定利率。可以参考国债利率再加上风险贴水即信用利差的方法确定其利率水平（弗兰可·J·法博齐等，1992），根据 2010 年 2 月 8 日首只 10 年期国债的发行利率为3.43%，算出市政公债的利率为 3.43%+风险贴水（0.5%）=3.93%，半年付息一次。

（5）发行程序。向主管部门申请发行额度→确定主承销商→确定其他中介机构→主承销商设计发行方案、起草发行文件→上报发行方案→正式路演、发行和建档→上市。

（6）偿付基金专项项目。为了保证偿还能力真实有效，沈阳市政府一方面应该设立专门的偿债基金，保证水污染项目交付使用后产生的效益直接拨入该基金，保证水污染治理市政公债发行收入不能用于偿还旧债和其他项目，并委托专门的基金运营公司运作和管理这个专项基金账户，设立财政部沈阳公债部门对其财政偿债基金的安排和使用进行监督检查，并将检查结果作为评价未来债券信誉的重要条件。

（7）水污染防治市政公债保险制度。发行水污染防治市政公债时，可以考虑优先发展双重保证债券的方式（即首先由项目的收益作为偿债资金的来源，在项目收益不足的情况下再由沈阳市地方政府及其相关机构补足），以塑造市政公债的良好形象。虽然双重担保提高了市政公债的信用，但是对地方政府来说风险比较大，无疑加重了地方政府的负担。根据沈阳市资本市场规范化和市场化的发展趋势，目前单独建立国有或合资的债券保险公司可能性不大，可以在现有的财产保险公司下开展债券保险业务，如此可以在短时间内建立债券保险框架，给我国并不景气的财产保险公司增加一些盈利的机会。在水污染防治市政公债发行之前对市政公债进行承保，通过保险公司的介入，进一步降低水污染防治市政公债的风险，减少沈阳市地方政府的负担。

（8）融资成本的比较。如果该笔资金通过银行贷款解决，按目前人民币贷款利率5.94%，共需支付 23.76 亿元。发行市政公债除票面利率外，尚需支付承销费、中介服务费、上市费等费用，大致为发行额度的 1%，均摊到 10 年，则每年增加成本 0.1%，总的筹资成本大概 4.03%左右。二者相比较，发行市政公债比银行贷款可节省支出 7.64亿元（该数字尚未考虑时间价值和银行贷款利率变动的因素）。

7.6.2.2　水污染防治市政公债使用方向及预算安排

目前，沈阳市水污染防治和环境保护的工作重点是加强环境基础设施建设、控制工业污染、推进重点区域流域污染防治、削减主要污染物排放量和改善环境质量，实现对全市污染水环境监管工作定量化、网格化与规范化的管理。水污染防治市政公债的发债规模初定为 40 亿元，投资资金主要用于两个方面，即建设投资和运营投资（表7-9）。其中建设投资主要包括污水处理厂建设、污水管网建设、河道清淤疏浚、污染源治理等方面。

表 7-9　水污染防治市政公债项目投资汇总

单位：亿元

费用类型	项目序号	项目内容	投资金额
建设投资	1	污水处理厂建设	6[a]
	2	污水管网建设	4[b]
	3	河道清淤疏浚与污染源治理	15[c]
运营投资	4	各项目运行费用	15
合计			40

注：a. 据有关数据显示，2009 年沈阳市全市污水处理率实际为 70%，[①]截至 2010 年 3 月底，沈阳市已建成 22 座污水处理厂，按照沈阳市政府市区污水处理率达到 100%的目标，应增加总设计处理能力为 40 万 t/d，以沈阳市北部污水处理厂为参考，总投资额为 6 亿元。

b. 根据保守估算，原有污水管网完善平均造价取 100 万元/km，新建设施配套管网平均造价取 120 万元/km，[②]沈阳市管网建设不配套，许多污染治理设施建成后长期不能正常运行，无法取得具体数据，暂估原有污水管网配套率为 50%，总投资额为 4 亿元。

c. 对沈阳市水系分布进行分析得知，接纳污水主要来自浑河水系、辽河水系，[③]按照《辽河流域水污染防治规划（2006—2010 年）》纳入沈阳市项目的经验分析，每年可分别大致安排 5 亿元左右对沈阳段（浑河水系、辽河水系）进行治理，其他水系 5 亿元，共 15 亿元。

7.6.2.3　水污染防治市政公债的偿还

（1）还款资金的来源及运用。沈阳市水污染防治市政债券还款来源主要有政府财政收入、污水处理费以及政府向企业和个人收取的其他相关费用。本次发行水污染防治市政债券的原则中包含控制风险原则和谨慎原则，因此，发行水污染防治市政公债时，收益债券是沈阳市市政公债发展初期的首选，以发债资金投资的水污染防治项目本身的资产和产生的现金流作为还款来源，政府以地方财政收入作为担保，一般不增加额外财政负担。即偿还债券资金中，应该以污水处理费以及在水污染防治过程中向

① 蓝白蓝顶级环境门户，沈阳市污水处理厂污泥处理技术。http://www.lanbailan，com。

② 陈青等，我国城市污水设施建设资金缺口分布特征分析，中国给水排水，2007 年 12 月。

③ 张嘉治等，沈阳市地表水环境主要问题与污染控制建议，环境保护与循环经济，2010 年 3 月。

企业和个人收取的其他相关费用为主，政府财政收入为辅。

水作为一种商品，其价格应包括 3 个部分：① 水资源费或水权费，即资源水价；② 生产和产权收益，即工程水价；③ 水污染处理费，排出的污水必须处理，为环境水价。2009 年沈阳市物价局公布的调整后的水价为居民用水费每吨 2.4 元、工业用水每吨 3.4 元、商业用水每吨 4 元。调整后的污水处理费征收标准为：居民用水 0.60 元/t，非居民用水 1.00 元/t。由 2008 年国家城市统计年鉴可知，沈阳经济区年供水总量为200 706 万 t，其中居民生活用水量比重为 15.22%，即 30 547 万 t，即每年的污水处理费为 18.84 亿元，偿还债券资金剩余部分由其他相关费用收入和政府财政收入补足。

（2）债务分类偿还。水污染防治市政债券偿付可分为两大类：① 针对那些收益性项目而言，这些项目一般能直接产生收益，并作为偿付债券的有效来源之一。在水污染专项防治的系统项目中，这类项目占有的比例也很大。比如，排污、垃圾清理、公路及配套设施建设、退田还湖等。这类项目中，政府也可以按受益程度不同对正外部性受益的企业或个人收取不等费用，为偿付债券提供良好保证。在沈阳示范点设计中主要是指污水处理厂建设、污水管网建设、垃圾处理等，如表 7-9 所示共投资约 10亿元，运行费用平摊为 7.5 亿元，主要由收取的污水处理费和其他费用收入来源进行偿还，结余的 1.34 亿元资金作为纯公益性项目资金偿还资金的补充。② 针对那些纯公益性项目而言，这种项目一般并不能直接产生收益，但实际上通过增加城市的土地价值的正外部性而形成社会收益，并可作为政府将来可持续偿付债券的有效来源之一，如流域治理、富营养化治理、流域公路等基础设施等，虽然不能产生直接收益，但实际上通过有效治理、增加城市的土地价值的正外部性形成了具体的社会收益，并产生了政府的间接收入，可作为偿付的有利保证之一。在沈阳示范点设计中主要是指河道清淤疏浚与污染源治理，由政府财政收入和结余的污水处理费收入及其他相关费用收入进行偿还。

7.6.2.4　市政债券与政府其他财政收入资金的配合

政府财政资金包括两类：预算内资金和预算外资金，预算内资金主要是指税收、公共收费、国有资产收益、债务收入和其他收入。预算外资金具体包括行政事业性收费、主管部门集中收入、其他预算外收入 3 种类型。在水污染市政债券的发行、使用和偿还阶段，主要是指与地方政府预算内的税收收入资金和公共基础设施收费资金等进行紧密的配合，这是保证发行的债券取得成功的关键。

（1）发行阶段。根据经济学中的公共品提供原理，政府部门支出的边际效益等于非政府部门支出的边际效益时，政府部门和非政府部门的支出规模可分别实现了最佳数量[①]。然后，在此基础上，结合地方税收和其他地方财政收入，差额即为地方债务的合理数量。在这个过程中，地方政府对于每一时期需要其承担的支出以及每一时期能够得到的地方财政收入进行最精确的估计，从而，制定的地方债发行规模也能够比较合理。

（2）使用阶段。政府机构要保证筹集的各种债券资金专款专用，在水污染防治市政债券资金不足以支付项目金额时，由政府其他财政资金补足。

（3）偿还阶段。地方市政机构发行债券能否成功的关键不在于融资方式的选择和资金的使用，而在于设计出比较合理、切实可行的偿还机制，并创造一个借款人与贷款人权责明确、补救措施有法律保障的制度环境。沈阳市政府发行水污染防治市政债券的偿还资金有两种来源：发债资金投入项目的收益和税收收入。具有一定收益的项目可以依靠项目收益来偿还。而投资于非盈利项目的债务偿还主要依靠政府的税收收入，这就要求发行市政债券的地方政府即沈阳市政府必须有比较健全的财政状况和稳定、充足的税收来源。

7.6.2.5 控制风险的组织实施及保障措施

（1）充分发挥中央政府在发行污染防治市政公债中的积极作用。

☞ 扫清法律障碍和强化监管：① 在现有的法律框架下，发行市政公债存在着法律障碍，应尽快制定《地方政府债券法》，并对现行的《预算法》和其他财政法规进行相应修订。在以国家法律形式确定地方政府举债权的同时，对地方政府债券的发债主体资格、发债申请、审查和批准、发债方式、适用范围、举债规模、偿债机制以及责任追究等做出严格规定，待条件成熟时可以出台《地方政府信用破产法》，允许地方政府信用破产。② 强化机构监管。对地方政府债券的管理，应由国家发改委、财政部和中国证监会共同负责，地方人民代表大会应对地方政府债券的发行规模、使用方向、还本付息等享有审查权和监督权。③ 强化社会监管。在美国，信用评级制度、信息披露制度和债券保险制度构成了地方政府债券市场的三驾马车，有效防范了潜在的债务危机。应借鉴国外的成功经验，逐步完善地方政府信用评级与债务信息披露制度，提高债务管理的透明度，强化市场主体和社会力量的监督。

☞ 理顺中央与地方的关系：① 要约束地方政府发行市政公债，严格防止地方政府通过发行市政公债造成其财政支出的无度和失控，从而转嫁给中央政府；② 调整中央政府与地方政府之间的集权与分权关系，既要充分调动地方政府的积极性，又要"政令畅通、令行禁止"；③ 加快分税制改革，进一

---

① 龚仰树，关于我国地方债制度设计的构想，财经研究，2001年11月。

步明确中央与地方的财权和事权范围，消除目前分税制改革中的不确定因素。

☞ 建立市政公债的二级市场，增强流动性：中央政府应当出台政策大力发展现有交易所的交易网络，建立柜台交易市场，规范并促进交易所的证券交易，提高债券的流动性。为避免发行市政公债导致资金从落后地区向发达地区流动，加剧地区发展失衡，可以出台一些法律和法规，将市政公债的发行范围主要限于本地区，比如更发达地区所发行的市政公债利率不得过高，以降低对外地资金的吸引力；或者给予本地区市政公债持有者利息免税的优惠等。

（2）地方政府应积极准备以适应发行水污染市政公债的要求。

☞ 建立有效的地方市政公债市场约束体系：① 建议成立专门负责债务管理的委员会，领导全地区的债务活动和监督管理工作，特别是要在摸清家底上多做工作；② 强化中介机构约束，要求中介机构增加对各个发债项目的跟踪分析，同时与股票市场的强制性信息披露一样，市政公债市场也需要制定相对完善的信息强制披露要求，严禁资金的挪用和"赤字债"现象的发生，杜绝建设单位与政府的"暗箱操作"，保证市政公债资金用于经过批准的基础设施建设；③ 全方位推进政务公开化和决策民主化，让市民真正享有知情权和发言权。地方政府发行市政公债要充分听取社会各阶层的意见，切实接受社会各方面的监督。

☞ 地方政府应加大自身信用体系的建设力度：金融对水污染防治设施建设的支持，实际上是把政府以后多年要办的事提前来完成，银行资金也好，发债融资也好，在项目中发挥的都是一种"财政资金垫支"的作用。这就要求政府把应该用于水污染防治的资金和项目的现金流作为还贷来源，遵守信用，使金融能够通过严格的信用责权约束机制高效率地优化资源分配，支持水污染防治设施建设。如果地方政府不能成为良好的信用主体，银行就不愿意提供贷款，即使发行债券，投资者也不会踊跃购买。所以，推进工业化和城市化的同时必须推进地方信用体系的建设。

☞ 条件成熟时，开征财产税，增加水污染防治市政公债的偿债资金来源：一般来说，水污染防治市政公债的偿债资金来源有两部分：① 项目本身产生的收益，大多数收益债券的设计就是以此为基础的。但是，对于一些盈利能力低或不盈利的项目，债务的偿还主要依靠政府本身的税收收入。在税收收入一定的情况下，一个可行的措施是逐步开征财产税，并将其作为地方主力税种。对于一些不会直接产生足够的收益的项目，可以通过增加城市的土地价值而间接产生正外部性，形成社会收益。通过开征财产税，政府可以享受由于基础设施投资带来的城市财产升值的好处，也为市政公债的偿还形成了对应的、可持续的税收来源。② 以财产税作为地方主力税种，还能够促使地方政府关心市政公债，削减短期行为，形成正确的发展观。在国际上美国、英国、澳大利亚等国已将财产税作为地方主力税种。

7.6.3　发行水污染防治市政公债的配套措施

7.6.3.1　逐步理顺流域水污染防治行政管理体制

首先加强部门协调协作，特别是要理清各部门在水污染防治方面的职责，包括水质管理与监测、水环境功能区划、水功能区划、流域水资源保护管理机构的关系等。环保部门作为水污染防治的行政主管部门，应进一步加强监督执法职能。以环保部门牵头，其他部门积极参与水污染防治，各部门加强沟通、协调和配合。其次，各部门权力的划分应当清晰，避免职能交叉和重叠。部门的权力和义务应当均衡，制衡机制必须建立起来，对于行政不作为和渎职现象，应有必要的惩罚措施，逐步实现流域管理决策权和执行权的分离。

7.6.3.2　健全以地方政府为主的流域污染治理责任机制

将流域水污染治理作为贯彻落实科学发展观和树立正确政绩观的重要方面，建立健全地方政府官员环保问责制，将环保目标考核纳入地方各级官员的任期绩效考核和干部任用考察。建立科学的环保问责指标体系，具体指标包括：水污染物总量控制指标、节水指标、跨省断面和行政区域内重点水功能区断面水质指标（氨氮、总磷、COD 等）、工业污染物排放稳定达标率、城市污水处理率、城市污水处理厂排放稳定达标率、规模化畜禽养殖和水产养殖规模、农村生活垃圾收集率、城镇生活污水处理率等。①

7.6.3.3　充分发挥市场机制在流域污染治理中的作用

推动城市污水和垃圾处理单位加快转制改企，推进污水、垃圾处理体制改革和产业化发展，提高处理厂（场）运行效率。采用公开招标方式，择优选择投资主体和经营单位，实行特许经营，并强化监管。鼓励排污单位委托专业化公司承担污染治理或设施运营。推进排污权有偿取得制度，积极开展排污权交易试点，在控制区与排污总量核定的基础上，做好对企业的排污计量工作，合理分配排污量，合理制定排污有偿使用价格。在同一水功能区的排污企业之间，试点实施排污权交易政策，让企业自主

---

① 完善流域水污染防治体系机制的几点建议，东北亚水网，2010-01-22。

选择购买排污权还是建治理设施，以降低总的污染治理成本。

7.6.3.4　加强城镇污水处理工程建设与运营监管

污水处理设施设计要合理选择工艺、严格控制规模与投资，污水处理设施建设要政府引导与市场运作相结合，推行特许经营，加快建设进度。城镇污水处理厂进、出水口应全部安装在线监控装置，并与环保、建设等部门联网，实现污水处理厂的动态监督与管理。

7.6.3.5　加强信息披露和公众参与

加大信息沟通和资源共建共享，建立统一的信息检测和发布机制。环保、水利、发改等部门应通力合作，尽快建立统一的水功能检测、水环境监测方法和评价标准体系。建立信息公开和发布制度。搭建信息共享平台，建立工作例会制度、流域水量水质信息共享制度以及水污染事故通报制度。流域管理机构、市水行政主管部门统一发布水文、水功能区水质信息，环境保护主管部门统一发布水环境状况信息。

本方案以沈阳市为示范城市，依据市政公债的基本原理，结合沈阳市的财政经济状况进行设计，对建立沈阳市的水污染防治政府融资机制具有借鉴意义。在设计本方案时，同时考虑了可复制性、可推广性，方案的整体框架以及基本原则都具有普适性，其他城市在借鉴时，在市政公债发行规模、利率以及发行期限等方面可根据城市的财政经济状况、水污染情况等因素，相应地作出调整。

第 8 章

流域水污染防治投资绩效评估方法与试点研究

长期以来，我国建立并逐步完善了有关水污染防治的政策法规，实施了一系列政策和管理措施。然而，由于粗放型的快速经济增长超过了所能采取的各种水污染防治努力，水污染问题已经严重制约了我国经济社会的可持续发展。本章是在前述关于水污染防治投资需求分析、投资规划制定、政府投资政策、水环境保护财权事权划分、流域型水污染防治专项资金设计、水污染防治市政公债、社会化资金投入、流域水污染治理专项试点研究基础上的深化，是约束流域水污染防治投资资金使用和改进投资效率的重要手段。本章主要从理论和实证的层面分析水污染防治投资绩效评估的现状、指标设计原则、方法、思路以及具体的指标体系。水污染防治投资绩效评估研究不仅着眼于构建整体的绩效评估指标体系，而且对不同流域水污染防治设计共性指标和针对该流域水污染防治投资特点的个性指标和修正指标，以期建立较为科学合理的评估指标体系，有效评估流域水污染防治投资绩效。

8.1 流域水污染防治投资绩效评估的理论与现实依据

8.1.1 理论依据

根据《水污染防治法》的解释，水污染是指水体因某种物质的介入，而导致其化学、物理、生物或者放射性等方面特性的改变，从而影响水的有效利用，危害人体健康或者破坏生态环境，造成水质恶化的现象。水污染防治的主要目的是尽量阻止污染物过量进入水体，保护水质，以满足水的资源属性。从公共经济学的视角分析，水污染防治具有公共产品的属性，需要政府采取包括财税手段在内的工具予以干预；水污染防治项目的投资者、举办者和受益者往往相互分离，水污染防治投资的资金来源具有多样化；水污染防治投资的收益不能完全体现为直接经济效益，更多地体现为社会效益和生态效益，因而，水污染防治投资收益可通过治理后避免损失的角度来反映；

绩效评估是约束资金使用和提高资金使用效率的有效手段,对水污染防治投资进行绩效评估,有利于形成有效的激励约束机制。

8.1.1.1 水污染防治具有公共产品的属性

水环境是人类共有的财富。从性质上讲,具有公共产品的部分(或全部)属性。即效用的不可分割性、消费的非竞争性和受益的非排他性。水环境保护是市场机制自身难以进行的,需要政府制定法规强制社会和企业对环境进行保护,利用经济手段诱导经济主体对污染进行治理。从全社会来看,水环境资源又具有稀缺性,不能完全依靠等价交换的市场机制发挥作用。水环境污染具有负外部效应,而环境保护(特别是水污染治理)具有正外部效应。二者都会造成私人收益与社会收益、私人成本与社会成本的不一致。从而使私人最优与社会最优之间发生偏离,资源配置将出现低效率。如果仅仅依靠市场机制的自我调节,那么负外部性的存在很可能造成严重的环境污染或公共资源的破坏,而污染者或破坏者却不承担相应的责任或付出相应的代价,这将影响到环境的可持续性。政府干预能够使外部效应内部化,达到帕累托最优。政府投资、环境税收、污染权交易、排污费等政府干预措施是矫正外部性、治理水污染的重要手段。

8.1.1.2 水污染防治投资的资金来源多样化

环境保护投资项目的兴办者、投资者、受益者往往相互分离。如环境保护投资项目一般由各级政府兴办,由各级政府通过税收等方式筹集资金,真正的资金来源于纳税人,受益者为全国或某地区社会各阶层的居民。水污染治理投资项目的投资主体极其广泛,既可以是政府投资,包括中央政府和地方政府投资,也可以是非政府投资,包括国有企业、私营企业,甚至是个人投资。在水污染治理过程中,除了政府财政资金、环境相关收费外,企业自筹资金、商业融资等手段的作用将不断提升。

8.1.1.3 水污染防治投资收益不能完全体现为直接的经济效益

水污染治理投资项目是一种社会公益事业投资项目,投资的目的是治理水污染,使环境得到保护和改善,投资项目的效益更多地体现为社会效益和生态效益,一般不产出具有直接经济效益的产品,不表现为物质财富的直接增加。比如投资治理水污染,改善了周围的环境质量,提高了居民的健康水平,减少了医疗费用和社会保险费用,提高了劳动生产率,增加了社会收入,产生了很好的社会效益和环境效益,间接产生了经济效益,如土地、房地产增值,农业、旅游业、工业和商业发展等。由于社会效益和环境效益具有滞后性、持续性、间接性和综合性等特点,往往难以用具体的量化指标来确认环保项目的经济效益。因此,水污染治理投资收益不能完全体现为直接的经济效益。

水污染治理投资收益可以从水污染治理后避免损失的角度反映。合理地进行污染损失估算和生态效益评价，首先要估算出环境资源的价值，环境资源价值一般来说可以分为两部分：一部分是实际的、可见的资源部分，如水资源价值、森林资源价值等，也可以叫做资源价值；另一部分为比较虚拟的、代表舒适性的生态价值，它的大小要根据人们的支付愿望和舒适程度来确定，事实上，污染损失就等于遭受损失的环境资源价值。环境资源和环境质量没有直接的市场价格，但是，由于环境资源的稀缺性、生产性和消费性，环境质量的优劣对人们的各项活动会产生不同影响，对一些环境资源和环境质量有可能进行货币化计量，通常采用的是间接定价法。间接定价法一般是指通过需求函数、影子价格、机会成本等间接求得，即自然资源的边际机会成本=边际直接成本+边界外部成本+边际使用者成本。一般来讲，这要求人们根据机会成本对投入产出进行定价，同时利用影子价格对农、林、牧、副、渔以及人体健康等价值进行定价。根据我国《环境污染及生态破坏经济损失计算纲要》，水污染引起的经济损失量化方法见表 8-1，根据计算得出的损失可以倒推出水污染治理的收益。

表 8-1　水污染引起的经济损失量化方法

项目	具体项目	计算方法	主要计算参数
工业的经济损失	水资源短缺	机会成本法	水资源短缺的数量、当地水的影子价格
		影子工程法	新建水源单位投资费用
	增加处理费用	恢复费用法	自来水运转费用增加、工业用水软化设施投资
农业的经济损失	污灌引起农田污染	市场价值法	每亩农田损失的效益
	土壤盐渍化	市场价值法	每亩农田减产的损失或成本增加
渔业的经济损失		市场价值法	污染前后鱼产量的变化，鱼的市场价格
人体健康损失		修正人力资本法	发病率的增加劳动日×人的损失（包括陪住人员误工、死者的平均寿命、人均国民收入、医疗费用、护理费用）
恶臭、景观的损失		调查评价法	对环境的支付意愿

8.1.1.4　绩效评估是约束资金使用和提高资金效率的有效手段

绩效评价最初在企业内部广泛运用。后来，随着新公共管理运动的兴起，政府部门开始把绩效评价作为评价工作的工具。20 世纪 90 年代，绩效评价作为评价和改进政府公共服务绩效的一种重要的治理工具，引起了世界各国政府的普遍关注和重视。美国、英国、加拿大等西方国家基本上都建立了较为完善的绩效评价制度和体系。1993

年美国国会颁布了《政府绩效与结果法案》，通过设定政府财政支出的绩效目标、比较绩效目标和实施成果，进行年度绩效评价，提高了联邦政府的工作效率和责任心。英国政府也于1997年颁布了《支出综合审查》，要求政府部门每年与财政部签订《公共服务协议》，确定绩效目标，进行年度的绩效评价。绩效预算是50年代伴随着关注公共支出及其结果而出现的一个概念，是指由政府部门在明确需要履行的职能和需要消耗的资源的基础上确定绩效目标、编制绩效预算，并用量化的指标来衡量其在实施过程中取得的业绩和完成工作的情况。其核心是通过制定公共支出的绩效目标，编制绩效预算，建立预算绩效评价体系，逐步实现对财政资金从注重资金投入向注重支出效果转变。绩效预算是把预算资源的分配与政府部门的绩效联系起来，强调结果、责任和效率，提高财政支出的有效性。90年代，西方国家在预算管理方面纷纷转向实施绩效预算，实施绩效预算成为各国政府预算改革的发展趋势。

在公共部门中，绩效评估就是按照公共财政管理要求，运用一定的指标体系和评价标准，采取科学、规范的考评方法，对公共投资资金的效益情况进行科学、客观、公正的评价，综合判断公共投资资金的投入方向、运营状况和资金使用效益，为合理分配资金，优化财政支出提供依据，对提高资金管理效率、使用效益和公共服务水平都具有积极的作用。

管理学家戴明曾说过："无法测量，则无法管理"。管理水污染治理投资也是同样，需要运用有力的绩效评价指标和科学合理的评估方法，对水污染治理投资进行绩效评估，形成有效的激励约束机制。

8.1.2 现实依据

8.1.2.1 研究流域水污染防治投资绩效评估是提高水环境保护，特别是水污染防治投资资金的配置效率和使用效益、加强水污染防治资金管理的要求

近年来，我国用于环境保护方面的资金逐年增加，政府或公共部门用于水环境保护与水污染防治方面的总投资也随之不断增长。随着污水处理趋于产业化、市场化，企业治污投资比重趋于上升，多元化的投融资格局逐步形成。对于一些污染比较严重的河、湖水系，国家投入了一定的资金开展重点治理，包括中央财政从1998年起的"'三河三湖'水污染治理专项资金"以及一些地方政府设立的相关专项资金，如江苏省安排的太湖污染治理专项资金以及太湖地区各市、县（市）从新增财力中安排的水污染治理专项。尽管近年来我国用于水环境保护和水污染防治的投资逐年增加，但是，相对于水环境保护和水污染防治不断增长的巨大资金需求而言，我国目前用于水环境保护和污染防治的投资仍然十分有限。在资金总量尚显不足的情况下，资金使用效率低下问题还是很普遍。研究流域水污染防治投资绩效评估，有利于避免水污染防治投

资低效、无效等问题的产生，提高投资效益和效率，使有限的水污染防治投资充分发挥效用。

8.1.2.2　研究流域水污染防治投资绩效评估，是建立科学合理的水污染防治投资绩效评估方法和体系的要求

从目前我国环保财政资金绩效评价的总体情况来看，普遍存在的问题有：现行的环境保护财政资金的绩效评价并未引起广泛关注和重视，大部分监管部门未作为单独的类型来实施监管，只是在财务合规性审查过程中顺带实施；环保财政资金绩效评价的理论建设滞后；缺乏较为系统的绩效评价指标体系；绩效评价涉及面不够广泛，监管不够深入，不能充分发挥对环保财政资金全面监管的作用。这些问题对当前环保财政资金绩效评价作用的有效发挥产生了较大影响。通过对已有水污染防治专项资金实施效果的评价分析，可以进一步揭示尽快建立科学合理的水污染防治投资绩效评估制度的必要性和迫切性，为水污染防治投资绩效评价方法和体系的研究设计工作奠定基础。

8.1.2.3　研究流域水污染防治投资绩效评估，是完善水污染治理投融资政策体系，建立水环境保护长效机制的需要

有效的水污染防治投资绩效评估体系和方法，是约束水污染防治和水环境治理投资资金使用、提高资金配置效率的可靠保证。如果将绩效评价结果与后续年度的资金安排相结合，并逐步引入绩效预算，则更有利于水污染治理投融资政策体系的完善和水环境保护长效机制的建立。因此，为使有限的水污染防治投资长期持续地充分发挥效用，研究建立科学实用的投资绩效评估体系非常必要。

8.2　我国流域水污染防治专项资金绩效评价的现状分析

近年来，我国用于环境保护方面的资金逐年增加，2001—2009 年环境污染治理投资总额分别为 1 106.6 亿元、1 367.2 亿元、1 627.7 亿元、1 909.8 亿元、2 388.0 亿元、2 566.0 亿元、3 387.3 亿元、4 490.3 亿元和 4 525.3 亿元（图 8-1）。占当年 GDP 的比重逐年上升，从 2001 年的 1.01%增长到了 2009 年的 1.33%。我国政府或公共部门用于水环境保护与水污染防治的总投资也随之不断增长。随着污水处理产业化、市场化，企业治污投资比重趋于上升，多元化的投融资格局逐步形成。

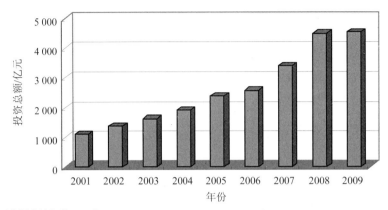

数据来源：《中国统计年鉴 2010》。

图 8-1 我国环境污染治理投资情况

8.2.1 流域水污染防治资金投入情况

对于一些污染比较严重的河、湖水系，国家投入了一定的资金开展重点治理。淮河、海河、辽河和太湖、巢湖、滇池流经我国人口稠密聚集地，这些重点流域的水污染治理事关我国接近半数的省市社会经济发展以及人民群众的生活质量，是我国水污染防治工作的重中之重，因此中央财政从 1998 年起设立了"'三河三湖'水污染治理专项资金"。在资金投入方式上，中央采取因素法通过专项转移支付方式分配到地方，由地方安排到国家规划内的具体项目。1999 年，国家在国债投资中，专门安排了"三河三湖"水污染治理国债专项，主要用于城市污水处理厂及污水主干管建设，辅以部分河湖清淤等综合整治项目。2000 年年底，建成"三河三湖"流域水污染治理项目44 个，形成日污水处理能力 330 万 t。2001—2007 年，中央和地方各级政府投入 910亿元财政性资金及国内银行贷款，用于"三河三湖"流域城镇环保基础设施建设、生态建设及综合整治等 7 大类共 8 201 个水污染防治项目建设[①]。截至 2008 年年底，重点流域完成污染治理投资 714.9 亿元，占总投资的 44.7%；建成项目 1 270 个，占 46.8%；达标断面 111 个，达标率为 72.5%[②]。

为确保"十一五"减排目标的实现，根据《国务院关于印发节能减排综合性工作方案的通知》（国发[2007]15 号）及国务院关于"加大'三河三湖'及松花江流域水污染防治力度"的要求，财政部于 2007 年 12 月发布了《"三河三湖"及松花江流域水污染防治专项资金管理暂行办法》。中央财政从 2007 年开始，设立专项资金用于"三河三湖"及松花江流域的水污染防治，2007 年与 2008 年均为 50 亿元。该专项资金支持的具体项目包括以下 4 个类型：① 污水、垃圾处理设施以及配套管网建设项目；

① 国家审计署，"三河三湖"水污染防治绩效审计调查结果，2009-10-28。

② 张力军，"重点流域水污染防治规划实施情况考核会议"讲话，2010-03-18。

② 工业污水深度处理设施和清洁生产项目；③ 区域污染防治项目，主要为饮用水水源地污染防治、规模化畜禽养殖污染控制、城市水体综合治理等；④ 规划范围内其他水污染防治项目。专项资金实行中央对省级政府专项转移支付，具体项目的实施管理由省级政府负责，采用因素法进行分配。专项资金分配计算公式为：

　　某地区应分配专项资金额=[（该地区规划项目中央投资需求额÷全国重点流域规划项目中央投资需求总规模×50%）＋（该地区 COD 削减任务量÷全国重点流域地区 COD 削减任务总量×50%）]×中央财政专项补助资金年度规模

　　其中，

　　中央投资需求额＝城镇污水垃圾项目总投资×中央财政补助比例 40%＋区域污染防治项目总投资×中央财政补助 30%＋工业污染治理项目总投资×中央财政补助比例 20%

　　为了进一步扩大内需、促进经济增长，加快"三河三湖"和三峡库区等重点流域水污染治理，2009 年，国家发展改革委紧急下达重点流域水污染治理项目 2009 年新增中央预算内投资计划。在中央下达的 2 300 亿元投资中，有 230 亿元用于污水、垃圾处理等环保项目，具体治理建设项目已在第 4 章 4.2.3.1 节中阐述（表 4-5）。

　　2007 年 5 月 29 日，太湖流域无锡地区发生了大面积蓝藻暴发事件，导致无锡出现 20 世纪 80 年代以来最为严重的一次饮用水危机，之后，财政部拨付 1.16 亿元专项补助，用于太湖流域水污染防治，获补项目包括污水处理设施项目、废弃物处理利用工程、生活垃圾焚烧处理设施和水厂水源湿地生态治理工程等。一些地方政府也设立了相关专项资金，如江苏省财政 2007 年从新增财力中安排 20 亿元太湖污染治理专项资金，并且从 2008 年起，太湖地区各市、县（市）从新增财力中划出 10%~20%，专项用于水污染治理。

8.2.2　现行水污染防治专项资金的实施效果

　　近年来，随着水污染治理投资逐年增加，水污染治理取得了一定成效，水环境质量持续好转。2010 年长江、黄河、珠江、松花江、淮河、海河和辽河七大水系国控断面好于Ⅲ类水质的比例由 2005 年的 41%提高到 60%；劣Ⅴ类水质断面比例由 2005 年的 27%降低到 16%，七大水系水质总体上持续好转，为轻度污染。[①]203 条河流 408 个地表水国控监测断面中，Ⅰ~Ⅲ类、Ⅳ~Ⅴ类和劣Ⅴ类水质的断面比例分别为 57.3%、24.3%和 18.4%。主要污染指标为高锰酸盐指数、五日生化需氧量和氨氮。其中，珠江、长江水质良好，松花江、淮河为轻度污染，黄河、辽河为中度污染，海河

---

① "十一五"成就报告：环境保护事业取得积极进展，中国政府网站：http://www.gov.cn/gzdt/2011-03/10/content_1821694.htm。

为重度污染。[①]下文将以"'三河三湖'水污染治理专项资金"与"太湖污染治理专项资金"为例,分析现行水污染治理专项资金的实施效果与绩效。

8.2.2.1 水污染治理取得一定成效

调查显示,"三河三湖"水污染防治取得了一定成效。水质状况得到改善,主要污染物排放得到控制。与此同时,人民的环保意识不断提高。随着各级政府对水污染治理的重视和投资的不断增加,人们对环境问题的认识不断深化,关注面不断扩大,环保事业向纵深推进。环境信息公开、环保公众参与、规划环评、环保听证、区域限批、绿色国民经济核算、干部环保政绩考核、排污权交易等逐步进入综合决策。

以 2007 年 7 月 1 日至 2008 年 6 月 30 日作为最新水质评价年度,用该期间环境保护部对"三河三湖"347 个国控断面水质的监测情况与 2000—2007 年的监测情况进行对比分析表明,"三河三湖"水污染防治取得了一定成效。具体情况是:淮河水系Ⅰ~Ⅲ类水质断面比例由 21.9%上升到 33.7%,劣Ⅴ类水质断面比例由 48.4%下降到 21%;辽河水系Ⅰ~Ⅲ类水质断面比例由 6.2%上升到 43.2%,劣Ⅴ类水质断面比例由 87.6%下降到 32.4%;海河水系Ⅰ~Ⅲ类水质断面比例由 12.5%上升到 24.6%,劣Ⅴ类水质断面比例由 47.5%上升到 49.2%;巢湖水质由劣Ⅴ类变为Ⅴ类,营养状态指数由 57 变为 60.1;太湖水质一直为劣Ⅴ类,营养状态指数由 63 变为 61.5;滇池草海水质一直为劣Ⅴ类,营养状态指数均为 72,滇池外海水质除 2004 年为Ⅴ类外,其他年度均为劣Ⅴ类,营养状态指数由 64 变为 69(表 8-2)。

表 8-2　2000 年和 2007 年"三河三湖"水质变化情况

"三河"水质改善情况	Ⅰ~Ⅲ类水质断面比例/%		劣Ⅴ类水质断面比例/%	
	2000 年	2007 年	2000 年	2007 年
淮河水系	21.9	33.7	48.4	21
辽河水系	6.2	43.2	87.6	32.4
海河水系	12.5	24.6	47.5	49.2
"三湖"水质改善情况	水质类别变化		营养状态指数	
	2000 年	2007 年	2000 年	2007 年
巢湖	劣Ⅴ类	Ⅴ类	57	60.1
太湖	劣Ⅴ类	劣Ⅴ类	63	61.5
滇池	草海劣Ⅴ类	草海劣Ⅴ类	72	72
	外海劣Ⅴ类	外海劣Ⅴ类	64	69

资料来源:审计署,《"三河三湖"2008 年水污染防治绩效审计调查结果》,2009 年 10 月 28 日公告。

---

① 2009 年《中国环境状况公报》。

到 2008 年上半年,江苏省太湖流域 10 个城镇集中式饮用水水源地水质基本达到 Ⅲ类,湖体水质保持在 2005 年水平（表 8-3）,主要水污染物年排放量在 2005 年的基础上削减 3%（COD 排放量控制在 27.4 万 t）。

表 8-3　2008 年太湖流域水质
单位: mg/L

水域	高锰酸钾指数	总磷	总氮
五里湖	7.0	0.15	6.5
梅梁湖	6.5	0.15	5.0
东部沿岸区	4.2	0.05	1.5
湖心区	4.4	0.07	1.5
西部沿岸区	5.5	0.10	3.0

8.2.2.2　水污染治理专项资金使用中存在的问题

伴随着水污染治理专项资金的使用及其所投入项目的运行,"三河三湖"水污染防治工作取得了一定进展,一些河段的水质有所改善。"三河三湖"流域在保持经济快速增长的同时,各级政府有效地遏制了水污染的恶化趋势,但是,"三河三湖"目前整体水质还比较差,主要支流和部分湖区水质污染依然严重。就水污染治理专项资金的使用而言,目前存在的主要问题有:

（1）水污染防治职责不清。跨省界流域的水污染防治,谁是责任主体法律中没有明确规定。水污染防治涉及环保、水利、建设、农业、交通、林业、海洋、发展改革、财政等许多部门,由于职能交叉重叠,实际工作中相互扯皮、各自为政的现象十分严重。存在城乡水资源管理分割;地表水、地下水管理分割;上游、下游管理分割;河流、海洋管理分割;水资源开发利用与水污染防治管理职能严重分离等问题。

（2）专项资金使用合规性差。调查显示,部分水污染防治资金管理和使用不够规范。"三河三湖"13 个省（自治区、直辖市）部分地方的水污染防治资金征收管理不够严格。部分专项资金未完全按规定用途使用。一些部门和单位少征、套取、挪用和截留水污染防治资金,高达 41.68 亿元[①]。审计调查发现,违规使用资金 6.07 亿元,占审计调查资金总额（76.46 亿元）的 7.9%。挪用和虚报多领水污染防治资金 5.15 亿元。其中:7 省市的一些部门和单位挪用水污染防治资金 4.03 亿元;4 省的一些部门和单位虚报项目和虚报投资完成额等多领水污染防治资金 1.12 亿元。由于地方财政对环保部门的经费保障能力不足,污水处理费未按要求纳入财政专户管理,被挪用的资金主要用于补充环保部门经费和污水处理费代收企业的生产经营。调查显示,少征、

---

① 刘家义,国务院关于 2008 年度中央预算执行和其他财政收支的审计工作报告。

挪用和截留污水处理费及排污费 36.53 亿元。其中：9 省（自治区、直辖市）应征未征、单位欠缴污水处理费和排污费 21.43 亿元；13 省（自治区、直辖市）的相关企业、单位和部门挪用、截留污水处理费和排污费 15.10 亿元。

（3）资金使用过于分散，资金使用效益不高。我国污染治理投资的大部分都用于各点源的污染治理方面，用于区域性综合防治的投资很少。审计调查排污费补助的471 个企业污染治理项目中，有 151 个未按期完成。盘锦市将 1 611 万元排污费平均分配到 152 个项目，每个项目 10.6 万元，难以形成治理合力①。

（4）资金投入比重有待提高。在我国水环境保护资金配置中，虽然总量逐年增加，但供求矛盾一直存在并有加剧的趋势。资金使用效率低，加剧了水环境保护资金的供求矛盾。

（5）水污染投资资金效益没有得到充分体现。主要体现在：① 水污染治理工程进度缓慢。在部分资金被挪用和截流的同时，对水污染治理至关重要的很多项目进展迟缓。《淮河流域水污染防治规划 2008 年度实施情况》显示，该流域的部分治污工程项目进展缓慢。截至 2008 年年底，列入《淮河流域水污染防治规划（2006—2010 年）》的 656 个治污工程项目，仅完成 347 个，占 53%；除了正在调试的，尚有 39% 的治污项目未能建成。由于流域水污染防治的资金到位率低，闲置与漏损共存，加上地方配套资金的不足，一些工程项目未能按原设计标准、规模和进度施工，从而影响了工程效益的发挥；水污染控制和治理的资金配置效益并未达到最优化。② 现有水污染控制设施的利用率不高，影响部分水污染控制项目效益的充分发挥。例如，虽然目前县级以上城市已基本建成污水处理厂，但是，重投资、轻运行的现象还普遍存在，由于时间紧、资金少、压力大，一些治理项目仓促上马，治理技术不过关，运行成本高，使得设施无法正常运转。另外，由于城市污水处理厂建设和市政污水管网建设不相配套，没有足够的废水接入，不能使污水处理厂正常运转，影响污水处理厂建设投资效率。但由于流域城镇污水处理厂管网不配套，造成负荷率不高；污泥得不到妥善处置、技术人员少和运行管理不规范等问题仍然存在，城镇污水处理厂削减污染效能也有待提高。数据显示，全国已建成的 709 座污水处理厂，正常运行的只有 1/3，低负荷运行的约有 1/3，还有 1/3 开开停停甚至根本就不运行②。

8.2.3 我国水污染防治专项资金绩效评价的现状

绩效评价是指运用统一指标体系和科学的方法，根据经济性、效率性、有效性原则，对投资项目的资金使用全过程及其产生的经济效益、社会效益进行全面、系统、

① 国家审计署，渤海水污染防治审计调查结果，2009 年 5 月 22 日公告。
② 建设部城市建设司副司长张悦在 2008 年 7 月 18 日新闻发布会上的讲话。

科学的评估、分析和综合判断。随着环境保护资金投入的不断增加，立项实施项目的实际效果越来越成为政府和公众关注的焦点，投入到环境治理上的资金到底发挥了多大的效益，尤其是这种不能只从经济效益考量，还得考虑无形效益的项目的收益，成为政府专项资金绩效评价的重点和难点。

8.2.3.1　我国财政支出绩效评价的进展

绩效评价作为一个专门的学科领域，最早起源于 20 世纪 30 年代的西方发达国家，经过近 80 年的发展，国外项目绩效评价已经形成较为完善的体系。我国投资项目绩效评价，始于 80 年代中后期，1987 年原国家计委颁布了《建设项目经济评价方法与参数》（1993 年颁布了第二版，2006 年 7 月颁布了第三版）。1988 年委托中国国际工程咨询公司，进行了第一批国家重点投资建设项目绩效评价，它标志着项目绩效评价在我国正式开始。

随着公共财政框架的逐步建立，公共投资方向已重点转为基础性项目和公益性项目，其特点是所创造的间接效益比直接效益更为显著，具有公益性和社会福利性。相应的项目与生态环境保护、可持续发展的相互影响更多地为管理者和广大民众所关注。而以项目的费用和效益等经济性指标为主要内容、强调投资者利益的传统项目评价局限性日益突出，研究和发展更为科学有效的评价方法已成为业界关注的热点。

追求预算绩效是市场经济体制的内在要求和公共财政体制的本质特征，实施绩效评价对于完善公共财政支出体系将发挥积极推动作用。2003 年 10 月，十六届三中全会提出"建立预算绩效评价体系"，十七届二中全会也明确指出，要推行政府绩效管理和行政问责制度。近年来，中央和地方财政认真贯彻落实党中央、国务院有关文件精神，积极探索财政支出绩效评价，在理论研究、制度建设、机构设置和评价试点等方面都进行了有益的尝试。

2004 年 12 月，财政部出台了《关于开展政府投资项目预算绩效评价工作的指导意见》（财建[2004]729 号），并发布了项目预算绩效评价的 22 个一般性指标，以加强中央政府投资项目的预算管理，提高投资效益，对项目资金进行全过程监管。2005 年 5 月，财政部出台《中央部门预算支出绩效考评管理办法（试行）》（财预[2005]86 号），以规范和加强中央部门预算绩效考评工作，提高预算资金的使用效率。

由于工作基础不同，全国制度不统一，全国绩效评价工作进展很不平衡。为加强财政支出管理，强化支出责任，建立科学合理的财政支出绩效评价体系，2009 年 6 月，财政部研究出台了《财政支出绩效评价管理暂行办法》（财预[2009]76 号），统一指导全国绩效评价管理工作，将绩效理念融入预算管理，提高财政资金使用效益和政府运行效率。在此基础上，各地也相继出台了适合本地区的财政支出和专项资金的绩效评价管理办法，对绩效评价的内容、方式、方法和指标体系的建立，进行了有益的探索。有的地方还成立了专门的绩效评价机构，专职负责绩效评价工作。

2009 年 10 月，为切实提高绩效评价实效，财政部出台了《关于进一步推进中央部门预算项目支出绩效评价试点工作的通知》（财预[2009]390 号），对中央部门预算项目绩效评价工作提出了一系列指导意见。提出了采取"项目承担单位开展自评、中央主管部门组织实施评价和财政部进行重点评审"相结合的方式，明确了绩效评价各方职责，对绩效评价试点工作的程序进行了规范，确立了绩效评价内容体系，规范了绩效评价报告文本，明确了绩效评价结果公开的方式。

至此，财政部门已经逐步形成了绩效评价工作的政策体系框架：① 成立了机构，初步建立了绩效考评的制度体系；② 推进了试点工作，总结了绩效评价试点的经验；③ 在加强理论研究、扩大宣传、营造氛围方面做了大量工作；④ 建立了由财政部门、预算单位、绩效考评专家和中介机构参与的绩效评价机制。

从近期来看，绩效评价是加强预算管理，包括提高财政资金使用效率、降低公共成本、提高公共服务和质量的一个重要手段。从长远来看，其目标是往绩效预算方向发展，为今后全面实施绩效预算奠定基础。① 以绩效目标为依据，使预算编制更合理。绩效目标是实行绩效评价的依据，在预算编制时制定绩效计划，设立绩效目标，根据所要达到的目标对资金需求进行测算有利于提高预算编制的科学性。② 预算执行以绩效目标为导向并对执行结果进行评价，使财政资金使用更有效益。将部门履行职能的产出结果与既定的绩效目标相对比，评价部门绩效目标的实现程度，找出目标没有实现的原因，得出客观、公正的评价结果，有利于衡量和提高财政资金的使用效果。③ 合理应用绩效评价结果，预算管理更科学，政府运行更有效率。将评价结果作为改进预算管理和编制以后年度预算以及实施绩效问责的重要依据，有利于不断提高政府管理水平。

根据公共财政加强预算管理的总体要求，我国应逐步将绩效评估运用到水污染治理战略规划的改进中，依据水污染治理投资绩效考评结果调整和修正以后年度水污染治理专项资金的安排，激励相关主体提高水污染防治投资绩效，提高水污染防治项目绩效管理水平，逐步建立水污染治理绩效预算。

8.2.3.2 我国水污染防治专项资金绩效评价实施情况

政府水污染治理投资的绩效评价，主要是对投资资金拨付使用情况和效果进行监督，评价各级财政及主管部门是否及时将环保资金拨付给使用单位，有无少拨、不拨或延迟拨付的现象；拨付后使用单位是否按规定用途使用资金；分析资金的使用效率；评价项目的环境效益、经济效益、社会效益。

目前我国已探索开展包括水污染治理在内的环保财政投资项目绩效评估工作。2009 年 4 月 25 日，环境保护部会同发展改革委、监察部、财政部、住房和城乡建设部、水利部等有关部门制定出台了《重点流域水污染防治专项规划实施情况考核暂行办法》，将水质状况、水污染治理项目作为考核的主要内容，强化了重点流域水污染防治工作的考核评估。财政部继 2004 年印发了《财政部关于开展中央政府投资项目预算绩效评价工作的指导意见》后，于 2007 年 12 月印发了《"三河三湖"及松花江流域水污染防治专项资金管理暂行办法》，2009 年又发布了《财政支出绩效评价管理暂行办法》，选择一些省市和中央部门开展包括财政环保支出在内的绩效评价。审计部门不断加大绩效审计范围，对环保项目不仅审计其合法合规性，而且评估其绩效状况。2008 年审计署对"三河三湖"水污染防治绩效进行了审计调查，并针对发现的问题提出了整改意见。为进一步规范和加强财政用于水污染治理的专项资金管理行为，提高专项资金的使用效益和投资决策管理水平，建立实施项目的"问效制"和"问责制"，各地财政部门开始探索实施环保专项资金绩效评价，特别是水污染治理专项资金绩效评价。如河北省早在 2004 年 12 月就颁布了《河北省省级环保专项资金绩效评价实施暂行办法》，在全国率先开展了环保财政资金绩效评价。福建省于 2004 年颁布了《福建省环境污染防治专项资金管理暂行办法》，环保财政资金绩效评价工作成效较为突出。此外，浙江、云南等地制定了财政环保资金绩效评价的相关管理办法，开展了环保支出资金绩效评价实务，尽管如此，我国目前所实施的环境保护财政资金绩效评价无论是在理论上还是实践上都处于起步阶段。水污染防治投资绩效评估工作尚处于探索阶段，实践的力度和效果很不平衡，还缺乏全国统一的做法和标准。

8.2.4　我国水污染防治资金绩效评价尚存在的问题

近年来，我国各级政府的水污染防治力度逐步加大，投资规模不断增加。从水污染防治区域来看，目前重点是"三河"和"三湖"地区。为提高水污染防治投资项目效益，政府及有关部门从制度建设入手探索建立投资项目绩效管理体系，取得了初步进展。如 2007 年 12 月，财政部下发了《"三河三湖"及松花江流域水污染防治专项资金管理暂行办法》，对加强项目资金管理提出了具体要求；2008 年审计署对"三河三湖"水污染防治绩效进行了审计调查，并针对发现的问题提出了整改意见；2009年财政部专门发文要求做好"三河三湖"及松花江流域水污染防治专项资金项目绩效评价工作，量化了有关评价指标。但总体来看，我国水污染投资项目绩效管理体系建设才刚刚起步，还有很多工作要做。包括流域水污染治理在内的水环境保护投资绩效评估工作存在的问题主要有：

8.2.4.1　水污染防治资金绩效评价并未引起广泛关注和重视，绩效评价体系尚未系统建立

目前，环保财政资金绩效评价的理论建设滞后；绩效评估没有一套健全的法规体

系，环保项目绩效评价工作的权威性和约束力受到影响。在实践中，各级政府注重水污染防治项目的立项和相应的财政资金的投入，对水污染防治项目绩效和项目后绩效评价重视不够。一些绩效评价活动仅仅是形式化的项目验收，而绝非针对项目的预期绩效目标和实际绩效结果进行的科学评价。绩效评价涉及面不够广泛，监管不够深入，不能充分发挥对环保财政资金全面监管的作用。

环保财政资金绩效评价处于起步阶段，水污染防治资金绩效评价体系尚未系统建立，难以全面反映项目资金的使用效益。虽然我国个别地方政府在积极探索实施绩效评价的办法，但在环保项目的立项、实施、评价等环节中，评价环节最为薄弱。既缺乏一套科学合理、具有相对实用性、可操作性的环保财政资金绩效评价的指标体系及其评价标准和方法，又缺乏明确的评估主体、完善的责任机制和健全的奖惩制度。财政资金绩效评价很难规范、顺利地进行，很多情况下需要审计评价人员的主观判断，这也在一定程度上影响了评价的客观性和公正性。相比环境保护财政资金而言，水污染防治专项资金的绩效评价体系又稍逊一筹，已有的各种指标实用性和可操作性有待提高，缺乏评估指标的标准值。因此，对于如何确定水污染防治资金的绩效评价指标、建立水污染防治资金的绩效评价体系，还需要更多的研究和努力。

8.2.4.2 水污染防治资金的绩效评估方法不尽全面、合理

在目前的绩效评价中，较多应用间接定价法等单一的方法，缺乏对条件评估法等方法的广泛结合应用。间接定价法包含了传统分析中不予考虑的、与本项目无直接关联的效益和损失，并尽可能地把有效效益和费用都转化成货币单位来表示，假定所有的货币值都有相同的贴现率，也不考虑收入再分配的社会效果，可以用来计算水污染防治的间接经济效益，具有较强的灵活性。但是，由于其中对经济损失的估算成分较多，容易遗漏和忽略部分污染损失，从而造成结果的偏差。依据经济理论上效益的分析，主要的非市场评估法分为所得补偿法与支出函数法两类。条件评估法属前者，后者包括特征人价格法和旅游成本法。条件评估法为直接评估法，既可以做事后的评估，也可以做事前的评估。它是利用问卷调查方式，就环境资源供给量增加部分或质量改善的部分，询问受访者所愿付出的代价。若供给量减少，则为所愿接受之补偿。该方法依据若干假设性总量的安排，以问卷调查或实验的方式，直接询问受访者的付款意愿。因条件评估法是利用假设性的市场进行评估，市场并非实际存在，民众愿付价格也未真的实际付出，因此难免会有偏差产生，对评估环境效益造成影响。但根据学者的研究与实证分析结果，其在估算非市场物品的价值上是可接受的。条件评估法研究的实例在我国并不多，有必要进行条件评估法的实例研究。将多种评估方法结合应用，避免绩效评价结果的偏差。

8.2.4.3 水污染防治资金的绩效评价存在许多不可量化的部分，评估工作的难度和成本高

从技术性角度而言，水污染防治本身有其特殊性，它不像一般的地面环境污染责任追究那样相对容易到位。由于水是流动的，上游的污染会影响到中游、下游以及支流和沿岸各地，其责任追究很难到位，在责任相互推诿之下，很可能最后没有责任承担人。而各种水污染防治资金的效益也就相应地不容易确定，本地的污染加重是由于上游污染的影响还是自身原因，收益是否来自本地污染防治项目的增加，这些问题的确认都还需要探寻更多的方法和指标。

进行其他资金的绩效评估工作，可能只需要就其相关经济收益与投入进行成本一收益分析，但是水污染防治资金的绩效评价工作牵涉到对经济效益、环境效益和社会效益的评价。这些评价除了含有一定的估算成分外，其操作难度与成本也比较高。按照统计学的原理，样本数越大、范围越广，统计结果的精确度越高。例如，选用条件评估法对"三河三湖"专项资金进行环境效益的绩效评价，如果采取较小范围的抽样调查，调查结果存在较大偏差；如果扩大范围，势必提高成本，加上被调查者所给答案很有可能带有自己的主观意愿，只有增加样本数才能缩小样本值与总体的差异。

8.2.4.4 绩效监督管理主体职责不清、分工不明，绩效监督取证较难

从近年来我国"三河三湖"水污染防治投资项目绩效评价实践来看，财政、审计等部门都做了一些工作，但存在监督内容重复、职责交叉等方面的问题。2008 年审计署所做的水污染项目绩效审计调查和 2009 年财政部部署的水污染投资项目绩效评价工作，都对投资项目建设质量、资金使用、水质和主要污染物变化以及项目建设对地方节能减排的促进作用等进行了检查和监督。财政和审计部门是代表政府的不同执法部门，如果都对一个项目进行内容相同的监督检查，不免存在重复执法之嫌，不仅会影响财政资金使用效益，也会降低民众对高效政府建设的信心。如何科学界定财政、审计等部门在水污染投资项目绩效监督管理方面的职责和权限是完善绩效监督管理体系的重要内容。

实施水污染投资项目绩效监督和其他检查工作一样，必须以能证实被监督单位基本状况和主要问题的事实材料为依据，这样才有说服力。这些事实材料既包括财务数据、水污染防治背景、项目目标等，也包括被监督单位完成目标的各种方法、程度以及为有效完成目标而采取的程序和控制措施等。除此之外，监督人员还必须取得有关项目管理中铺张浪费、效率低、效果差的证据。在绩效监督实践中，被监督单位的资料不齐全、会计信息失真、财务管理水平较低、项目支出核算不清等，也会增加证据收集的难度和不确定性，致使绩效问题界定不清、责任难以落实，检查结论被质疑的

可能性增加，检查风险也变大。

8.2.4.5　绩效评价结果运用不到位，评价结果应用方式单一，评价报告权威性欠缺制度保障

目前，结果应用仅仅局限于财政控制手段，方式单一，没有建立起绩效奖惩、绩效工资、绩效任免、绩效公示、绩效追究问责等一系列强有力的配套制度，形成不了制度合力。侧重财政资金使用效益，忽视项目实施单位人与效益的关系，未将结果应用于组织和决策的优化，产出与结果脱节，没有单位和个人对绩效负责，淡化了公共责任理念，公众监督缺位，评价结果应用流于形式。如审计署虽然已将 2008 年水污染防治投资项目的绩效审计结论向社会公布，并针对发现的问题提出了整改意见，但这些大都只是停留在书面上，对发现的问题如何追究责任、对水污染治理较好的地方及单位如何给予表彰和奖励等都没有规范有效的制度规定，没有后续奖优罚劣的具体操作，在很大程度上降低了绩效监督管理的实际效果。总体上说，现行的评价结果应用尚未建立对水污染防治项目实施单位和项目责任人的绩效问责制或绩效奖惩机制，也缺失对绩效评价组织和评价人评判行为的约束制衡措施，对评价结果的权威性或法律效率尚未定位，直接影响对结果的有效应用和管理。

8.2.4.6　绩效管理人员队伍建设有待加强，绩效管理经验不足

水污染防治投资项目绩效评价工作涉及面广、技术性强，有关工作人员既要熟悉财政支出、经济管理、宏观决策等方面的法律法规，有较强的综合分析判断能力，又要掌握一定的水污染及其防治等方面的专业知识。而我国现有的绩效评价人员的知识结构、专业素质、工作能力等方面与专项开展水污染防治投资项目绩效评价的要求还有很大差距。这会直接影响评价的效果和科学性，影响绩效监督质量。加拿大前审计长埃尼斯·M·戴伊·FGA 认为，亚洲监督单位的人力资源管理水平较低，缺乏专业绩效审计员的综合培训。我国公务员特有的分类管理制度，也是绩效监督管理工作专业化程度不高的重要原因，缺乏专业人员的可持续发展规划，有针对性的训练不足。财政监督机构，除了会计师或者向会计师方向发展的人员外，缺少其他专业人员。

在具体实践中，还有一个较为突出的问题就是绩效评价领域的经验明显不足，可以学习借鉴的成果也不多，基本上是一种摸着石头过河的状况。诸多问题，如怎样做绩效评价的查前准备，如何搜集证据，如何多角度有效分析，如何绘制有支撑力的图表、选择说明问题的照片和线条图，如何写简捷、有趣、清晰的绩效评价报告等都缺乏经验。

8.3　水污染防治投资绩效评估的相关国际经验借鉴

发达国家关注水环境保护问题较早,在水环境保护方面的公共投入较多,并在投资管理上形成了较为成熟的做法。如美国建立了专门的河流预算,反映政府用于河流和水域保护治理的资金安排。随着新公共管理运动的推进,很多国家将绩效理念引入公共资金管理。在环境项目绩效评估领域,一些国际组织和发达国家进行了有益的探索和实践,逐步形成了一些行之有效的方法、标准和规范。他们在公共投资项目绩效评价方面的成功做法和经验,特别是有关水资源保护和水污染防治投资绩效评估的实践经验,对完善我国水污染治理投资绩效评估的实践具有重要的借鉴意义。

8.3.1　OECD 环保项目的财政支出绩效评价原则

20 世纪 90 年代以来,经合组织(OECD)开展了大量相关研究,先后发布了 l995 年的《圣彼得堡原则:过渡经济下的环境基金》(The St. Petersburg Guidelines on Environmental Funds in a Transition to a Market Economy)、2003 年的《过渡经济下公共环境支出管理的成功实践》(Good Practices of Public Environmental Expenditure Management in Transition Economies)等。提出从环境效果、财务稳健和管理效率 3 个层面对环保项目的财政支出绩效进行评价。

8.3.1.1　环境效果层面

主要衡量环境财政支出项目作为一种实现环境政策的工具是否达到预期的绩效目标。在对环境效果进行评价的过程中,应着重关注公共环保资金的运行是否遵循了以下原则:

(1)对其他环境政策工具的辅助性和一致性。具体包括:① 公共财政资金不应永久替代疲软的环境政策,它们没有被用于实现那些本应通过其他行政、经济手段或通过取消补贴等方式予以实现的环境目标。② 公共财政资金没有被用于那些可以采用其他融资方式予以实现的环境项目(如具有较高的投资回报率,可以交给私人部门完成的项目)。③ 公共环保支出进一步强化了其他环保政策工具的效果,并与其他政策工具的目标相一致。④ 环境监管机构的日常运行成本通过常规预算程序予以解决。另外,固定资产以及特定的非投资性项目不属于监管机构的日常职责范围,它们通常是由预算外资金或特定支出计划予以资助的。⑤ 外部审计师定期对公共财政支出的环境效益进行审查,并且财政支出一旦完成了其特定的职责,就应当逐步退出。

(2)具有合理、明确的环境规划框架。包括:① 公共财政资金被用于那些经适当部门批准的、公开的、书面的环境支出规划中所确定的支出范围;② 环境支出规划具有特定的、可衡量的、公认的、可实现的目标，指明了合格的受益人、特定的资金需求、合格的项目类型，并规定了一系列用于指导有关人员如何做出恰当的融资决策，从而以最小的成本达成目标的书面规则；③ 环境支出规划是作为涵盖范围更广的环境总体规划或环境政策的组成部分加以制定的，而环境总体规划或环境政策是通过公众参与的政治程序制定的，具有更高的权威性和优先权；④ 环境支出规划支持可持续发展，它在不降低支出的环境效果的同时，将更广泛的经济、社会以及减少贫困等目标包括进来。

（3）对环境效果予以适当的关注。包括：① 采用标准格式的表格收集有关项目环境效果的定性、定量信息，并对信息的准确性和可靠性进行验证；② 采用明晰的环境效果指标，并将其作为评价和选择项目的重要标准；③ 对环境效果进行事中和事后的监控，并将与项目相关的环境数据存放在公开的数据库中，以方便对其进行明确的事后验证和分析；④ 如果项目未能达到其申请表或融资合同中所载明的预期效果，将根据项目的违规程度对受益人实施相应的制裁；⑤ 定期向政府部门和社会公众报告经过适当汇总的、经外部审计师审查过的环境效果信息，并将这些信息作为绩效评价的指标。

（4）寻求既定资金条件下的环境效益最大化。OECD 指出，该原则的理想状态应当是：① 要求项目申请者在所提交的标准申请表中填写有关项目的完全生命周期成本的定量信息。另外，所有关于项目的成本信息都要进行适当的记录，并存放在数据库中，以便对其进行明确的事后验证和分析。② 所确立的项目选择标准应当保证有限的公共财政资金能够取得最大的环境效益。明晰的成本效益指标以及公共财政资金支持率指标应当构成对项目进行定量评价、记分、排序以及选择的核心标准。③ 定期向政府部门以及社会公众报告经外部审计师独立审查过的成本效益信息，并将这些信息作为绩效评价的重要指标。

（5）利用财务杠杆向私人部门以及国外机构筹集环保资金。包括：① 项目所需资金除了来源于公共财政资金以外，还有其他来源，或者有一部分来源于项目受益者留存下来的盈余。② 将利用财务杠杆向私人部门和国外机构融资作为一项常规要求，并列入绩效评价指标体系。③ 公共财政资金的存在并没有扭曲资本市场中的正常竞争，也没有阻碍私营金融机构的发展。环保财政支出项目中利用的金融产品并没有与私营金融机构提供的金融产品形成竞争。④ 要求项目提供全面的财务计划，并对其他资金来源所做财务承诺的可靠性进行验证。在项目所需资金得到全面保障之前不提供任何支付。

8.3.1.2　财务稳健层面

这一层面主要衡量的是环保财政资金在运用过程中是否遵循了相应的规定，要求在对财务稳健性进行评价的过程中着重关注公共环保资金的运行是否遵循了以下原则：

（1）收入的完整性。包括：① 所有收入来源都在相关法规中进行了明确的说明。② 如果项目所管理的收入直接或间接地来自于强制性的财政转移支付，那么这些收入将被视为公共财政资金。即使这些资金属于预算外管理的范围，也同样要受到公共财政部门日常财政纪律的约束。③ 收入在分配到各个环保支出项目之前，在国库账户中予以记录。④ 只接受现金形式的收入。

（2）尽可能降低限定用途对资金运用效率的负面影响。包括：① 被限定用途的收入仅限于特定的时期。通过制定有效的规定，能够防止形成既得利益集团，避免环保项目在其增值期结束后仍然长期存在。② 鉴于在已经限定资金用途的项目内部继续指定款项用途会进一步影响效率的提高，因此，应尽可能避免上述做法。如果确实无法避免（例如，出于政治方面的原因），则应当采取必要的预防措施以防止资源分配出现低效率和误导性。

（3）在财政纪律和财务透明方面遵循高标准。包括：① 环境支出项目的实施没有导致未预期财政赤字的出现。特别是在没有得到财政部门事先明确批准的情况下，不会发生或有负债以及潜在负债（如贷款担保）。另外，所有执行机构的中期财务预测信息（包括或有负债、潜在负债在内）都在财务报表中进行定期反映和披露。② 对于所有预算外基金和政府部门控制下的机构，都要在州一级预算中提供有关其收入和相应支出的估计金额（至少以附录的形式出现）。尤其是那些预算外环保机构，有关其借款以及或有负债的信息都要和环保部门的预算一起报送到财政部门。③ 定期强制实施内部审计以及外部独立财务审计。④ 根据公开的支出分类体系，定期编制项目报告，并定期向社会公众披露。

（4）强调受托责任与信息透明。包括：① 财政支出项目管理涉及的所有个体都应当在其明确的职责范围内对政府、立法机构和社会公众负责，而且，现行法律规定能够有效保证项目管理的透明度和充分的信息披露。② 能够通过核查、平衡政府内部各利益集团之间关系等途径有效地预防公共财政资金的贪污和舞弊现象，消除各方之间潜在的利益冲突。③ 定期编制有关财政支出项目运行绩效及结果的事后报告，并定期向社会公众披露。

（5）获取收入以及公共采购与财政支出管理相互分离。包括：① 承担实施环境财政支出规划职能的特定机构关注的重点是规划和项目循环的管理以及项目融资情况，而不是获取收入或代表政府去直接采购机器设备、建筑服务等，另外这些工作是由常设政府机关来执行的。② 从财政或准财政工具中获取收入的工作通常是由相关财政部门来执行的。③ 国家或国际公共采购规则适用于所有由公共基金提供资金支持的采购活动，即使在采购代理人是私人主体的情况下也不例外。

8.3.1.3 管理效率层面

这一层面主要衡量的是环保财政资源的运用是否有效率，着重关注公共环保资金的运行是否遵循了以下原则：

（1）有效的治理模式。包括：① 根据一套清晰的、书面的、公认的规则而不是根据特定人员的判断对环境支出项目进行管理。② 将有关环境支出项目的融资条款和条件、决策制定及管理程序、评价和选择项目的内部政策及原则等信息都形成书面文件并对外公开。尽管出于不断寻求待改进领域的目的，需要对这些文件进行定期复核，但它们不会经常、随意地发生变动，从而能够保持基本的连贯性和一致性。③ 环境支出项目的监管机构代表主要利益相关者对项目进行核查，并对各利益团体之间的相互关系进行平衡。④ 监管机构负责对环境项目进行规划，确定项目优选次序，建立相应的规则，并实施业绩评价、监督及控制。只有在规划和监督环节，才涉及政治程序，而在特定项目的融资以及受益人选择等方面，政治力量的干预是受到严格限制和监督的。

（2）由专业人员执行管理职责。包括：① 环境支出项目的日常管理及实施职责同监管机构的职责相互分离，并明确地记载于法定操作文件中。② 执行机构根据合同或法律获得书面授权，它是专业的执行管理主体，拥有很大程度的经营自主权，但是在经营绩效方面要受到严格的受托责任约束。它的职责重点在于项目循环管理，特别是需要在项目评价和选择方面做出科学的决策。③ 执行管理人员对经营绩效负责。监管部门所制定的业绩指标明确地记录于书面文件中，并被应用于日常绩效管理。在对执行管理人员进行绩效评价时，通常以国际质量管理体系（如 ISO 9000 系列）作为评价的基准。④ 大型特殊环境支出项目的执行机构拥有专门配备并通过执行管理人员筛选的职员队伍。⑤ 执行人员的技能完全符合既定财政支出项目的技术要求。管理人员以及普通职员的聘用和薪酬都严格以业绩为基础，这种人事制度能够给予那些具备较高胜任能力的人员公正的待遇，从而吸引并留住他们。

（3）有效的项目循环管理。包括：① 项目循环遵循一套可理解的、透明的、一致的、公开的书面程序。该项目循环手册配备到每个职员，直接用于指导实践。② 在监管部门制定的环境支出规划以及对环保部门资金需求趋势的现实分析的基础上，项目鉴定提前启动。③ 只有针对不同项目类型填写了标准申请表以后，所提出的资金需求才能被受理，并得到进一步的指导。④ 评价、选择项目的标准及程序是客观的、透明的、明确的，有明确的书面程序来限制项目评价、选择过程中的随意、主观因素，并且所有的记录都对外公开。⑤ 根据不同项目类型的规模和复杂程度制定不同的项目评价体系和程序。对于大型投资项目，采用两阶段评价程序（第一阶段是根据合格标准进行筛选；第二阶段是对合格项目作进一步排序）。⑥ 项目评价体系相对简单，它以客观规则为基础，允许可比项目之间的相互比较或者以某个标准作为参照进行比较。评价体系还允许对项目选择过程进行事后验证，包括对于重要的判断和决策追究个人责任。评价报告力求清晰、明确，并对外公开。

（4）与外部利益相关者之间保持公平、公正的关系。包括：① 项目以一种透明的、毫无偏见的、近距离的方式处理与外部利益相关者（受益者、中间人、咨询者等）之间的关系。有关沟通方面的政策能够保证所有资金申请者通过相同的渠道了解相关信息，并且有同等的机会使其项目得到公正评价。② 通过引入竞争机制将项目循环管理过程中的部分任务进行外包，避免出现利益冲突（如同一批咨询者不能既承担制定项目计划的工作，又承担对项目进行评价的工作）。

（5）对金融产品及其相关风险进行有效的管理。包括：① 项目执行机构只能利用那些法律允许的并且经过监管机构批准的金融产品。② 经营活动的复杂性以及金融产品的选择与管理当局管理相关风险的能力相匹配。③ 在专项资金的设计和拨付过程中，应充分考虑如何尽最大可能激励项目执行机构按照成本效益原则及时实施单个项目以及整个投资组合，以最大限度地降低资金申请者滥用公共资金的可能性。④ 随着金融风险管理能力的提高，逐步考虑其他风险较高的金融产品，如利息补贴、中介贷款、直接贷款、租赁、权益投资以及贷款担保等。在利用任何一种新的金融产品之前，都要对其风险、市场需求等进行评价，以复核其可行性，并以相应的财务计划作为支持。

从 OECD 对环保项目绩效评价的原则可以看出，环保财政资金的绩效评价直接应用了财政资金绩效评价的一般框架，其包含的 3 个层面与一般财政资金绩效评价的 3 个层面一脉相承。绩效评价框架的设计在服从于一般财政资金绩效评价框架的同时，还充分考虑了项目资金自身的特点。环保财政资金的绩效评价重视考察资金运用的过程及结果，重视环保财政支出项目与其他环境政策工具之间的协调，强调环保财政支出必须服务于环境政策目标。

8.3.2　美国环境公共投资项目绩效评估

美国公共投资项目的绩效评估主要是通过项目等级评估工具（Program Assessment Rating Tool，PART）来进行的，它是由联邦管理和预算办公室（Office of Management and Budget，OMB）开发的一套项目绩效评估工具。这套工具在环境项目评估，尤其是水污染治理项目评估上发挥了很大作用。

8.3.2.1　项目等级评估工具的基本情况

项目等级评估工具实际上是一套问卷系统，共分为 4 个部分：目的和设计、战略规划、管理、结果和责任，各部分权重依次是 20%、10%、20% 和 50%；4 部分由 25

个左右的问题构成，每组问题得分从 0 分到 100 分不等；把每组问题的得分与其权重相乘，就得出项目的综合得分；最后再把项目综合得分转换为相应等级，即"有效"（85～100 分）、"中度有效"（70～84 分）、"勉强有效"（50～69 分）和"无效"（0～49 分）4 个等级，另外评估结果还可能列出"结果无法显示"。"有效"是指项目有挑战性的目标，能达到目的，管理良好，效率高；"中度有效"是指项目有挑战性的目标，管理良好，但在管理和设计中需要提高效率；"勉强有效"是指项目缺乏挑战性的目标，结果一般，责任和管理效力需要加强；"无效"是指项目没有有效利用公共资金，目标不清，管理较差，还有其他弱点。"结果无法显示"是因为项目目前还未实现可接受的目标，或者评估这些项目的关键信息在以后年度才能取得。

为了使等级评估工具所设计的问题与接受评估的项目之间具有更高的相关性，联邦管理和预算办公室把联邦项目分为 7 种类型，即直接联邦项目、竞争性资助项目、分类财政补贴项目、规制项目、固定资产与服务采购项目、信用贷款项目以及研究和发展项目。项目评估者应当根据每一类项目的特征设定一些特殊的问题形式，但七类项目中的大多数问题形式都是相同的。

8.3.2.2 项目等级评估工具在环保项目方面的应用

2008 财年，美国环保局为了适应美国政府对普及项目等级评估工具的要求，制定了针对 PART 的实施计划。该计划发展了环保局的战略和年度计划，并对评估项目提供建议。美国环保局每年《绩效与责任报告》（Performance and Accountability Report）的"绩效结果"（Performance Results）部分中，大部分使用的评估工具都是 PART。

项目的 PART 评估的详细结果公布在联邦管理和预算办公室的"预期更多"网站（Expect More）上。2008 财年美国国家环保局 PART 评估项目的总结见表 8-4。

表 8-4 2008 财年美国环保局 PART 评估的各等级项目数目及金额

等级	项目数目及占比		项目金额及占比	
	数目	占比/%	金额/10⁶美元	占比/%
有效	0	0	0	0
中度有效	16	30	1 022	17
勉强有效	32	60	4 662	79
无效	2	4	187	3
结果无法显示	3	6	68	1
总计	53	100	5 929	100

数据来源：http://www.whitehouse.gov/omb/expectmore/index.html。

下面我们以美国国家环保局的非点源污染控制项目为例，具体说明项目等级评估工具的应用，具体见表 8-5 及表 8-6。

表 8-5　非点源污染控制项目等级评估情况

项目名称	非点源污染控制项目	
部门名称	美国国家环保局	
项目类型	规制项目	
上次评估年份	2004	
评估等级	勉强有效	
各部分评估分数	项目目的和设计	80
	项目战略规划	88
	项目管理	100
	项目结果和责任	40
项目资金水平	2008 财年　19 900 万美元	
	2009 财年　20 100 万美元	

数据来源：http://www.whitehouse.gov/omb/expectmore/index.html。

项目等级评估工具中的问题通常有两种答案即"是"或"否"："是"代表很高的绩效水平，得满分，"否"则得 0 分；但并不是所有项目都有充分证据来支持"是"这一答案，此种情况下，项目评估应更多地依靠专家评估；另外，由于某些长期项目的结果很难在短期有所体现，这时使用"是"或"否"都是不科学的，评估者可以根据实际情况和经验使用变通答案，其分值也必须进行相应调整。一般情况下，假定每组问题的总分值是 100，每组问题中单个问题都被给予同样的分值。但有些时候，为了强调项目中的某个关键要素，使用者也可以改变问题分值。

表 8-6　PART 评估

I 项目目的和设计			
编号	问题	答案	分数
1.1	项目的目的是否清楚？	是	20
1.2	该项目是否针对一个特定、现实存在的问题、利益或需要？	是	20
1.3	该项目设计是否没有与联邦、州、地方或私人的项目相重复？	是	20
1.4	项目设计是否没有限制其有效性或效率的主要缺陷？	否	0
1.5	是否有效地界定了目标以使资源能够到达预期受益人，或指向项目目的？	是	20
项目目的和设计　分数 80			

II 项目战略规划

编号	问题	答案	分数
2.1	是否有一系列长期的绩效标准，它们关注项目结果并有效反映项目目的？	是	12
2.2	是否有针对长期标准的挑战性目标和时间表？	是	12
2.3	是否有一系列年度绩效标准，它们能够清楚地反映长期目标的实现程度？	是	12
2.4	是否有针对年度绩效标准的富有挑战性的底线和目标？	是	12
2.5	是否所有的合作者（包括资金受让人、次受让人、承包人、成本分担者和其他的政府合作者）共同努力实现项目的年度和长期目标？	是	12
2.6	是否对规制项目或扶持项目的进步进行了独立的评估，并评估项目问题、利益或需求的有效性和相关性？	否	0
2.7	项目预算是否清楚地与年度和长期绩效目标的实现联系起来，所需资源是否以完整的、透明的方式写入项目预算中？	是	12
2.8	项目是否采取积极措施来纠正其战略规划的缺陷？	是	12

项目战略规划 分数 84

III 项目管理

编号	问题	答案	分数
3.1	部门是否经常收集及时的、可靠的绩效信息，包括来自主要合作者的绩效信息，并用来管理项目和提高绩效？	是	11
3.2	联邦管理者和项目合作者（包括资金受让人、次受让人、承包人、成本分担者和其他的政府合作者）是否对成本、程序和绩效结果负责？	是	11
3.3	联邦和合作者的资金是否正确保留并用于预期目的？	是	11
3.4	该项目是否有一些程序来保证并评估项目执行的效率和成本有效性？	是	11
3.5	该项目是否与相关项目进行有效的合作或协作？	是	11
3.6	该项目是否推行了健全的财务管理实践？	是	11
3.7	该项目是否采取了有效步骤以克服管理的低效率？	是	11
3.81	该项目是否有监督措施提供资金受让人的充足信息？	是	11
3.82	该项目是否收集资金受让人每年的绩效信息，并以透明、有效的方式告知公众？	是	11

项目管理 分数 100

IV 项目结果和责任

编号	问题	答案	分数
4.1	该项目是否在实现长期绩效目标过程中取得了进步？	很小程度	7
4.2	该项目（包括项目合作者）是否取得了年度绩效目标？	很小程度	7
4.3	在取得项目目标的过程中，该项目是否每年都能促进效率或成本有效性？	很小程度	7
4.4	与其他具有类似目标的项目（包括政府、私人项目等）相比，该项目是否取得了更大的绩效？	是	20
4.5	对服务范围和质量的独立评估是否表明该项目有效和达到目的？	否	0

项目结果和责任 分数 41

数据来源：http://www.whitehouse.gov/omb/expectmore/index.html。

非点源污染控制项目的最后得分就是四组问题得分（80、84、100 和 41）乘以相应权重（20%、10%、20% 和 50%）的结果，即 64.8 分，其绩效等级为"勉强有效"。该项目勉强有效意味着：环保局已为该项目建立合适的长期、年度和效率评估指标；该项目与联邦、州和地方政府的其他非点源计划或项目协调良好。

8.3.2.3　项目绩效评估指标

美国国家环保局《年度绩效计划》（Annual Performance Plan）将项目绩效评估指标分为长期绩效指标、年度绩效指标和效率绩效指标。每一类指标中均包含许多详细的指标。一般在 PART 详细评估之前，国家环保局和管理与预算办公室要用这些指标对项目进行初步的评估。

对于每一个指标，均设定一个目标值，最后将当年的实际完成额与目标值相比较，就可以大概估计出该项目的绩效情况。我们还以非点源污染控制项目为例，该项目的各项绩效指标见表 8-7。

表 8-7　非点源污染控制项目的各项绩效指标

时期	类型	指标	年份	目标	实际评估结果
长期	产出	联邦政府认为（在 2000 年及以后）非点源污染后，全部或部分恢复正常的水体数目	2008	250	97
			2012	700	—
年度	投入	（只有 319 款资金资助的项目）从非点源到水体的磷含量每年的减少量/10^6lb*	2003	4.5	14.7
			2004	4.5	3.1
			2005	4.5	3.2
			2006	4.5	11.8
			2007	4.5	7.5
			2008	4.5	—
			2009	4.5	—
			2010	4.5	—
年度	投入	（只有 319 款资金资助的项目）从非点源到水体的氮含量每年的减少量/10^6lb	2003	8.5	12.5
			2004	8.5	23.4
			2005	8.5	5.9
			2006	8.5	14.5
			2007	8.5	19.1
			2008	8.5	—
			2009	8.5	—
			2010	8.5	—

时期	类型	指标	年份	目标	实际评估结果
年度	投入	（只有 319 款资金资助的项目）从非点源到水体的沉积物每年的减少量/kt	2003	700 000	2.8
			2004	700 000	5.9
			2005	700 000	1.5
			2006	700 000	1.2
			2007	700 000	3.9
			2008	700 000	—
			2009	700 000	—
			2010	700 000	—
长期	效率	（全部或部分 319 款资金的项目）水体恢复正常的花费/10^6 美元	2008	4.7	12

* 1 lb（磅）=0.453 6 kg。

数据来源：http：//www.whitehouse.gov/omb/expectmore/index.html。

从中可以看出，第一个长期指标，该项目在 2008 财年只完成了目标的 1/3 多，完成效果较差，污染水体恢复的难度较大；第二和第三个年度指标，该项目完成了大部分年度的目标，很多年份超额完成任务，完成效果较好，水体中磷和氮含量的减少成效显著；第四个年度指标，该项目完成的效果距目标相差甚远，减少水体中沉积物的难度很大；第五个效率指标，该项目在 2008 财年超额完成任务，资金使用效率很高。

8.3.2.4 项目提升计划

PART 评估是用来评估项目绩效的，但其最终目的在于优化项目，提升效率。在项目进行 PART 评估之前，美国环保局和管理与预算办公室会列出已有的项目提升计划，在评估之后，会根据评估结果再总结出新的提升计划。这样，不仅能对项目绩效进行正确估计，也能为优化项目提供建议。

我们还以非点源污染控制项目为例，该项目进行 PART 评估之前的项目提升计划如表 8-8 所示。

表 8-8　执行中的项目提升计划

开始年份	提高计划	状态
2005	为持续提升该项目，实现长期目标，环保局将致力于把资金用在利润率最高的计划上	已执行，但未完成
2005	环保局考虑聘用独立评估方对项目进行评估，为将来项目发展提供基础	已执行，但未完成

数据来源：http：//www.whitehouse.gov/omb/expectmore/index.html。

该项目进行 PART 评估之后，"预期更好"网站列出了新的提升计划：确保该项目的资金用在利润率最高的计划上；对该项目进行独立审核，找到其他方法以提升绩效、效率和效果。

8.3.3　国际经验对我国的借鉴与启示

目前，我国水污染防治项目绩效评估还处于探索阶段。国外环境项目绩效评价方面的成功做法和经验，为完善我国水污染治理投资绩效评估的实践提供了以下借鉴和启示。

8.3.3.1　完善我国水污染防治项目绩效评估制度

我国需要借鉴世界银行和欧洲委员会在公共项目绩效评估建设方面的成功经验，从以下两个方面完善我国的水污染防治绩效评估制度：① 构建水污染防治项目绩效评估的制度框架。国际组织对于项目绩效评估的流程、方式、标准等内容进行了详细的规定，这为完善我国水污染防治项目绩效评估的制度框架提供了借鉴。② 成立独立的水污染防治项目绩效评估机构。只有保证评估主体的独立性，评估主体才能客观、公正地对项目最终绩效进行科学评价。

8.3.3.2　构建我国水污染防治绩效评估指标体系

目前国内还没有形成完善的水污染防治绩效评估理论和方法体系，水污染防治评估方法在我国国家层面上的应用还没有形成标准，评估人员对项目的评估不知如何开展。因此，制定一套符合我国国情的水污染防治绩效评估标准是一项刻不容缓的任务，其中，构建恰当的绩效评估指标体系更为重要。应借鉴美国等国家和国际组织在绩效评估方面的做法和经验，逐步建立具有中国特色的水污染防治绩效评估指标体系。

8.3.3.3　建立我国的水污染防治绩效评估工具

当前美国联邦政府的项目绩效评估直接与预算挂钩，在 2009 年的总统预算草案中，项目等级评估工具已经对 2/3 以上的环保项目进行了评估，而且评估结果对项目预算产生了直接影响。我国应该借鉴美国项目绩效评估的先进经验，尽快建立符合我国国情的水污染防治绩效评估工具，绩效评估与预算紧密结合，努力提高项目绩效水平。

8.3.3.4　综合评估水污染防治项目绩效

水污染防治财政资金的来源决定了其资金使用必须实行严格的预算管理，遵循相关法规的要求，追求最终效果。构建环保财政资金绩效评价框架时，既要重视对环保财政支出的合规性进行评价，又要重视考察环保财政资金支出的效率和效果。既重视对水污染防治财政支出的过程绩效进行评价，又重视考察水污染防治财政支出是否达到了预期的结果。水污染防治项目的绩效评价，除了财务效率外，还包括经济效益、环境效益和社会效益。应借鉴国外的先进做法，完善我国绩效评估的技术方法，综合评估水污染防治项目绩效。

8.4 流域水污染防治投资绩效评估方法和绩效管理指导规范

近年来，各级政府投入大量资金用于维护流域水环境保护和水污染治理，这些投资在流域水环境保护，特别是水污染治理方面取得了一定的成效，但是其效果并不理想，特别是一边治理、一边污染，一段时间后污染问题仍然没有得到解决，影响了水环境保护目标的实现。造成这种现象的根源既有水资源产权、运营与监管体制方面的问题，也与流域水环境保护和水污染防治投资绩效评估体系尚未建立和实施有关。因此应根据流域水污染防治投资规划，明确绩效评估指标体系构建的战略目标、总体思路和原则。研究建立能够综合反映项目投资效果的绩效评估指标体系、评价标准和指标权重，设计多维度、多层次的流域水污染防治投资绩效评估指标体系框架。

8.4.1 流域水污染防治项目的建管特点和运作规律

流域水污染治理项目具有环保项目的一些特点，又有其独特性。研究不同水污染治理项目的建管特点和运作规律，有助于构建可操作的水污染防治投资绩效评价方法和体系。流域水污染治理投资项目的特点主要有：① 水污染治理是一项涉及多地区、多行业、多层次、多渠道，综合性和政策性很强的系统工程，需要充分尊重自然规律和经济规律。② 投资项目的兴办者、投资者、受益者往往相互分离。如环境保护投资项目一般由各级政府兴办，由各级政府通过税收等方式筹集资金，真正的资金来源于纳税人，受益者为全国或某地区社会各阶层的居民。③ 水污染治理投资项目的投资主体极其广泛，投资资金来源多元化。其投资主体既可以是政府，包括中央政府和地方政府，也可以是企业，包括国有和私有企业，甚至是个人。在水污染防治方面，除了政府财政资金、环境相关收费外，企业自筹资金、商业融资等手段的作用也不断提升。政府投资和社会投融资资金具有不同的运行规律和管理特点。④ 水污染防治的效益具有外溢性，其经济效益小、环境效益和社会效益大，且被全社会或一定区域的人们所共享。例如，污水处理厂能带来一定的经济效益，但主要是带来社会效益和环境效益，即水环境质量得到改善，使环境区域内所有的人受益。⑤ 资金需求量大。例如，兴建污水处理厂，需要大量投资，建成后每年还需要大量的管理、运行和维护费用。⑥ 责任主体不明确。由于水是流动的，上游的污染也会影响到中游、下游以及支流和沿岸各地,其责任追究很难到位,在责任相互推诿之下,很可能最后没有责任承担人。

流域水污染防治问题不仅涉及范围广,而且表现形式多种多样,从而造成流域水污染治理投资绩效评价困难。例如,流域水质的改善、周边居民身体健康状况的改善等,不能以货币衡量而只能采用某种技术的或实物的计量手段去衡量,甚至于有些情况下连任何量化都不易做到。加之,流域水污染治理绩效的内在因果关系特别复杂,很难分析。因此,应运用定量和定性方法,恰当评价流域水污染防治投资绩效。

8.4.2　流域水污染防治投资绩效评估的主要方法

水污染防治投资绩效评价要从质和量两个角度说明专项资金的使用状况,相应地,在评价方法的选择上要采用定性和定量相结合的方法。主要采用成本效益分析法、比较法、因素分析法、最低成本法、公众评判法、模糊数学法等。

8.4.2.1　成本效益分析法

是将一定时期内的支出与效益进行对比分析,以评价绩效目标实现程度。适用于成本、效益都能准确计量的项目绩效评价。该方法的实际应用需要具备两个条件:① 环境变动的正负效应具有可测性,即环境改善或恶化所带来的正负效应是可以度量的;② 诱发环境状态变化的费用也具有可测性,这些数据有的可以从相关的财务或统计报表中直接获取,有的可以通过问卷调查间接获取。

8.4.2.2　比较法

是通过对绩效目标与实施效果、历史与当期情况、不同流域或地区同类支出的比较,综合分析绩效目标实现程度。

8.4.2.3　因素分析法

是指通过综合分析影响绩效目标实现、实施效果的内外因素,评价绩效目标实现程度。

8.4.2.4　最低成本法

是指对效益确定却不易计量的多个同类对象的实施成本进行比较,评价绩效目标实现程度。

8.4.2.5　公众评判法

是指通过专家评估、公众问卷及抽样调查等对投资效果进行评判,评价绩效目标实现程度。适用于无法直接用指标计量其效益的项目。

8.4.2.6 模糊数学法

采用模糊数学建立模型，对项目效益进行综合评价，将模糊的、难以进行比较、判断的经济效益指标之间的模糊关系进行多层次综合评价计算，从而明确各项目综合经济效益的优劣。

在选定了评估所需的指标后，对各个指标进行权重测度和计量，不仅有利于平衡各个重要性不同的指标之间的差异，评价各指标的独立性和敏感性，而且可以使这些零散的指标个体组合为有机统一的系统。建议采用专家评分法（德尔菲法）和层次分析法（AHP）相结合的方法，对水污染治理专项绩效评价的各项指标进行科学的测度。通过向评估专家发放问卷调查表，咨询专家对各个指标的意见，并要求其给出权重值，经过多次咨询后得出各个指标的初始分值。将各个指标的初始分值进行综合以后，再利用层次分析法，合理确定水污染治理专项绩效评价各项指标的权重，科学评价项目绩效。

8.4.3 构建流域水污染防治投资绩效评估指标体系的目标和原则

建立我国水污染治理投资绩效评价指标体系的目标，在于转变我国水环境保护投资管理方式，由重视水环境保护投资数量转变为同时注重水环境保护投资质量，以提高水环保投资的效益。根据"先易后难，先选择部分项目进行评价，条件成熟后再全面推行预算绩效评价"的思路，构建流域水污染防治投资绩效评估指标体系，构建全过程、全方位的流域水污染防治投资绩效评价模式，优化水污染防治投资资源配置，强化项目的公共利益效应和整体福利效果，提高政府投资水污染处理项目的公共利益效应和整体福利效果，提高水污染治理项目的综合绩效。

建立流域水污染防治投资绩效评价指标体系，既要遵循绩效评估的一般原则，又要结合流域水污染防治工作的特点和实际情况，使流域水污染防治投资绩效评估更为科学、准确、可靠、全面，达到绩效评价目标。建立合理的绩效评价指标应遵循以下基本原则：

8.4.3.1 科学性原则

绩效评价指标体系的建立，要有充分的科学依据，符合评价目的和评价内容的要求，并能反映评价对象的本质内涵。所选取的指标应该具有较广泛的代表性，能够从不同侧面反映水污染防治投资效益的实质，指标集从整体上能够涵盖投资绩效评价内容的所有方面。

8.4.3.2　综合与系统性原则

流域水污染防治工程是一个系统，其投资绩效评价体系应是一个具有多属性、多层次、多变化的体系。不仅要反映流域水污染防治工程的建设运行规律，还要反映流域水污染防治与环境、社会、经济系统的整体协调性。绩效评价指标体系作为一个有机整体，应能反映和测度被评价系统的主要特征和状况，以正确全面地评价其绩效。必须对流域水污染防治投资项目的组织申报、筛选立项、实施管理、监督检查等全过程进行考核评价，对项目目标、计划任务的完成情况和资金的运行、专款专用等方面进行重点考核。水污染治理投资绩效评价必须综合考虑环境效益、经济效益和社会效益，进行全面的评价。评价指标要定性、定量地反映环保投资绩效。

8.4.3.3　可操作性原则

在制定指标体系时，既要科学合理、周密确切，又要方便适用、具有可操作性。指标的数据资料应易于获取，最好能利用现有的资料；指标的计算方法应简易明了，选择的统计方法和数学分析方法既要科学，又要可行；指标的内涵要容易理解，在实践中既可用指标体系进行监控，又可用实践成果检验指标体系的适应性和可操作性。

8.4.3.4　可比性原则

评价指标应尽可能采用国内外通用的名称、概念和计算方法，以便于不同流域、区域及不同项目对同一类型绩效评价进行相互比较。在相似的项目之间应设有共同的指标，以便不同项目之间相互比较。

8.4.4　流域水污染防治投资绩效管理的指导规范

绩效一词最早来源于人力资源管理、工商管理和社会经济管理。20 世纪七八十年代开始，西方国家为应对科技进步和国际竞争，同时为解决财政的危机或者公众信任问题，逐步将这一概念引入政府的公共管理之中。单纯从语言学的角度来看，"绩"就是成绩，"效"就是效率、效益。其用在经济管理活动方面，是指社会经济管理活动的结果和成效；用在人力资源管理方面，是指主体行为或者结果中的投入产出比；用在公共部门中来衡量政府活动的效果，则是一个包含多元目标在内的概念。普雷母詹德[①]认为"绩效包含了效率、产品与服务质量及数量、机构所作的贡献与质量，包含了节约、效益和效率"。

绩效管理是指各级管理者为了达到组织目标共同参与的绩效计划制定、绩效辅导

---

① 普雷母詹德，公共支出管理，中国金融出版社，1995：192-193。

沟通、绩效考核评价、绩效结果应用、绩效目标提升的持续循环过程，其目的是持续提升个人、部门和组织的绩效。财政资金的绩效管理则是指财政部门、主管部门和项目单位依据设定的绩效评价的操作规程，运用科学、合理的绩效评价方法，设置、选择合适的评价指标，按照统一的评价标准和原则，对各项财政资金运行过程及其效果进行客观、公正的衡量比较和综合评判的行为。建立一套完整的项目绩效管理指导规范，对于加强项目投资资金的绩效管理、提高资金使用效益无疑具有重要意义。具体到水污染防治投资绩效管理的指导规范，主要是合理确定绩效评价的操作规程和操作办法，具体包括：评价的组织、评价的内容、指标的选取、评价的职责、评价的类型、评价的程序、评价结果的应用。

8.4.4.1 评价的内容

（1）评价的基本内容：① 绩效目标的设定情况；② 为完成绩效目标制订并实施的管理制度、措施等；③ 为完成绩效目标安排的财政性资金使用情况、财务管理状况和资产配置与使用情况；④ 绩效目标的完成情况以及财政资金所取得的社会效益、经济效益和生态环境效益等。

（2）评价指标设置。根据评价内容和设置要求，评价指标可分为基本指标和具体指标，应贯穿水污染防治项目的设定、拨付、使用、效果 4 个环节。基本指标是对绩效评价基本内容的概括性指标，适用于所有被评价对象，分为业务指标和财务指标两类。业务指标主要包括目标设定情况、组织管理水平、目标完成程度、社会效益、经济效益、生态环境效益和可持续性影响等。财务指标主要包括资金落实情况、实际支出情况、会计信息质量、财务管理状况和资产配置与使用情况等。

具体指标是在评价对象确定后，针对评价对象的不同特点，对基本指标内容细化、分设的评价指标。

☞ 项目的设立情况评价指标：① 项目设立依据的充分性。审查水污染防治项目的设立是否有可行性研究报告，且可行性研究报告是否经专家组成的审查小组进行充分的论证；是否有与立项相关的批复依据。② 项目目标的明确度。审查可行性研究报告中，对水污染防治项目设定应达到的总体目标，以及由此产生的经济（或社会）效益目标是否有明确的规定。③ 预算编制的科学性。审查是否编制年初预算，预算编制是否细化，是否能体现合理性、科学性原则。

☞ 资金的拨付情况评价指标：① 专项资金拨付到位率。专项资金拨付到位率=实际拨付专项资金/应拨付专项资金。主要考核财政部门及有资金分配权的主管部门，是否存在截留资金的问题。② 资金拨付的计划性。主要考核财政部门及有资金分配权的主管部门，水污染防治项目资金是否按进度进行拨付，有无存在集中拨付，影响资金使用的情况。

☞ 资金的使用情况评价指标：① 会计核算评价指标。主要考核专项资金会计核算信息的真实性、及时性、完整性。② 内控制度评价指标。主要考核内部管理制度是否建立健全；在实际执行中是否能体现有效性。③ 专项资金使用到位率。专项资金使用到位率=项目实际使用专项资金/实际拨付专项资金，反映具体项目（使用单位）专项资金使用部门在保证资金专款专用的前提下，节约使用专项资金的情况，如是非完工的定期考核，可按项目进度计算该指标。

☞ 资金使用成效情况评价指标：主要是以可行性报告中的预期目标作为参照指标进行对比。① 专项资金目标实现率。专项资金目标实现率=专项资金实际实现目标/专项资金预定实现目标。反映现阶段目标或总体目标的完成情况。专项资金目标实现率指标可以是单一指标，也可以是综合指标，这完全取决于专项资金支出的目标性质。② 经济效益的影响程度。通过水污染防治项目的执行，是否促进了地方财政收入的增加；或者对提高劳动生产率发挥了作用、增强了创收的能力。③ 社会环境绩效的评价指标。专项资金使用对改善居民的居住环境，对推动社会保障及福利制度建立和完善，对提高社会公众受教育程度、健康水平、生活水平等一系列的贡献情况。④ 争取上级资金情况。主要评价各专项资金通过部门的协调工作，获得上级部门的资金支持情况。

8.4.4.2 评价的范围

（1）饮用水安全项目。包括水源地污染防治及环境保护、应急备用水源地建设、跨区域联网应急供水等。

（2）点源污染治理项目。支持流域化工、印染、冶金、造纸、电镀、酿造等主要污染行业开展污水深度处理及清洁生产，提高主要水污染物排放标准。

（3）城镇污水处理及垃圾处置项目。① 城镇污水处理配套管网建设项目。② 新（扩）建乡镇污水处理项目。③ 城镇生活污水处理设施除磷脱氮技术攻关及标准制定。④ 污水处理厂除磷脱氮改造工程项目，包括流域现已建成投入运行和正在建设的污水处理厂开展除磷脱氮深度处理。⑤ 城镇无害化生活垃圾处理设施建设。

（4）农业面源污染防治项目。① 规模化畜禽养殖污染控制，流域大中型畜禽养殖场实施畜禽养殖场废弃物处理利用工程，实现资源化利用须达到规定比例。② 通过实行灌排分离，将排水渠改造为生态沟渠，对农田流失的氮磷养分进行有效拦截的示范工程。③ 分散农户生活污水处理示范工程。④ 循环水池塘清洁养殖技术示范工程。

（5）生态修复工程。① 围网整治工程。② 污染较为严重地区的湿地保护与恢复工程。③ 重点区域林业生态建设。④ 水生植物控制性种养示范工程。

（6）流域水环境监管体系建设。① 水环境监测信息共享平台建设。② 流域水环境自动监测系统建设。③ 流域水污染物预警监测系统建设。④ 流域主要水污染物排污权交易平台建设。

（7）其他。省级水污染治理规划编制、流域主要水污染物排放指标有偿使用及交易试点方案制定、项目库建设、项目评审及中介机构审计费用等。

8.4.4.3 评价的类型

水污染防治项目的评价类型按评价阶段的不同分为项目实施过程评价和项目完成结果评价。项目实施过程评价是指对实施过程执行情况的绩效评价；项目完成结果评价是指项目完成后的总体绩效评价。

8.4.4.4 评价的组织

（1）项目单位自评。① 对于实施范围内的水污染防治项目，项目单位在申报年度部门预算时，必须向主管部门和财政部门报送项目可行性方案，提出项目资金的预期绩效目标，并对照项目支出绩效和预定目标实现情况进行自评。对于跨年度水污染防治项目必须在每个预算年度结束后对绩效阶段性目标完成情况和资金使用情况实施一年一评的中期评价，在项目全部完成后再对绩效总目标完成情况进行评价。② 项目单位应在预算项目全部完成后（跨年度项目在年度预算结束后）两个月内进行自评（或中期评价），自评结束后20天内将自评报告报主管部门和同级财政、监察等部门。③ 自评报告的主要内容包括基本概况、项目绩效目标、项目执行情况、自评结论、问题与建议等。项目实际绩效与预期绩效目标存在差异的，应在自评报告中做出详细说明。

（2）主管部门评价。① 主管部门应根据年度工作目标，选取一定数量的水污染防治项目进行绩效评价，同时可对项目单位的绩效自评情况进行抽评。② 主管部门应认真编制年度水污染防治项目绩效评价计划表，于每年部门预算编制时报财政部门备案，并将当年项目单位自评情况和主管部门评价情况统一汇总一并上报。③ 主管部门水污染防治项目评价报告主要内容包括基本概况、绩效情况、评价人员和评价报告等。

（3）财政部门评价。根据本地区评价工作重点和预算管理要求，会同相关主管部门，在每个预算年度选取部分具有代表性和一定影响力的重点水污染防治项目组织评价，同时可对主管部门、项目单位的绩效评价情况进行抽评。

8.4.4.5　评价的程序

（1）项目确定。按规定的程序和权限，确定某水污染防治项目是否列入当年度绩效评价计划。具体绩效评价对象由财政部门、主管部门和单位根据相关文件、绩效评价工作重点及预算管理要求确定。

（2）前期准备。

☞　建立评价工作组：评价工作组由评价组织单位的有关人员组成，具体负责整个评价工作的组织领导及协调工作，负责制定评价工作方案，组建评价组或选择评价机构，审核评价实施方案、评价报告等。

☞　制订评价工作方案：由评价工作组制订评价工作方案，主要内容包括评价立项依据、评价对象、评价目的、评价工作组组成人员、评价组组建要求或中介机构选择要求、评价时间计划等有关事项。该工作方案应经工作组组长审批签发，作为评价组织工作的依据。

☞　确定评价机构：由评价工作组根据工作方案的要求，组建评价组或选择中介机构作为具体实施评价的主体。组建评价组的，人数应在 3 人以上；选择中介机构的，应在具备参与绩效评价工作资质的中介机构中选择，并签订协议，根据水污染防治项目实际需要应要求中介机构再聘请相关的行业专家参与。

（3）评价实施。

☞　制发评价通知书：由评价组织单位制发评价通知书下达被评价单位。自评项目由自评布置单位制发通知书下达自评单位。通知书主要内容应包括：评价立项依据、评价组织形式、评价对象、评价工作组组成、评价组组成人员（或受托中介机构）、评价起止时间、指标体系（含标准）、有关要求等。

☞　现场评价：评价组或受托中介机构凭相应的评价通知书到达被评价单位开始评价工作。在评价过程中，可以采取听取汇报、查看账册、收集资料、现场勘查、座谈、回访、专家评审、社会问卷调查等形式开展工作，并通过目标比较法、成本效益法、因素分析法、历史比较法、横向比较法对有关资料进行研究分析。评价组或受托中介机构应严格对应实施方案设定的评价指标体系填写工作底稿，原则上一个明细指标应填写一张工作底稿。如果在评价过程中，实施方案确定的指标体系或标准需要调整，应上报工作组审核确认，评价组或受托中介机构不能擅自调整。

☞　评分：评分可以采取以下 3 种方式进行：① "背靠背" 评分法，即评价组全体成员就全部指标分别独立评分，然后每个指标取平均分作为该指标最终评分；采取这种评分方法的，在填制工作底稿时，只需填写指标评价情况，不能直接评分。待现场评价结束后，汇总所有指标工作底稿，由评价组全体成员依据工作底稿就所有指标分别评分。② 分工评分法，即评价组成员按照评价分工，就本人分工范围内的评价指标评分，然后由评价组组长汇总。采取这种评分方法的，可以直接在工作底稿中评分。③ 在评价组人员较多的情况下，可以采取以上①、②两种办法相结合的办法评分。以上评分办法可以根据不同项目情况选取，并在评价实施方案中予以明确。

（4）撰写和提交报告。

☞ 表式部分：评价组或受托中介机构按照不同的评价类型，必须使用财政部门规定的相应格式文本，并按规定要求签字、盖章。

☞ 文字报告：评价报告文字部分内容应主要包括：水污染防治项目概况（含立项概况和执行概况）、评价依据、绩效分析、评价结论、有关问题与建议等。

☞ 评价报告初稿完成后，评价组或受托中介机构必须提交给工作组审核。工作组对照评价工作方案和实施方案的要求进行审核，但不得对评价组施加倾向性意见。评价报告初稿经工作组审核确认后，由评价组或受托中介机构向评价组织机构正式提交评价报告，同时提交全套工作底稿复印件。

（5）评价结果反馈。由绩效评价组织单位制发绩效评价结果通知书，内容主要为告知评价结论，并附评价报告和评价整改反馈意见书。

（6）项目单位整改反馈。被评价单位接到评价结果通知书后，应根据评价报告揭示的有关问题或不足，着手整改，并在一个月内将整改反馈意见书报送绩效评价组织单位。

（7）评价质量复核。为确保评价质量，对一些影响重大，确有必要的水污染防治项目，归口业务处室和绩效评价处在收到被评价单位的整改反馈意见书后，组织力量，对绩效评价情况进行抽查、稽查、复核，并出具相关的复核报告。

（8）评价结果公开。评价结果按规定程序审批后，评价组织机构可以采用内部通报或社会宣传的形式予以公开。评价结果作为财政预算管理部门编制下一年度预算的主要依据。

（9）评价档案归档。评价组织机构应对评价文书、评价底稿、评价报告进行完整的整理归档。受托中介机构也应相应建档，并保留评价过程中的明细资料以备查。

8.4.4.6　评价结果的应用

（1）财政部门应针对绩效评价中发现的问题，及时提出改进和加强财政支出管理的措施或整改意见，并督促主管部门或单位予以落实，不断提高财政资金的使用效益。

（2）被评价部门和单位应当对绩效评价中发现的问题认真加以整改，及时调整和完善本部门、单位的管理制度，合理调整支出结构并加强财务管理，提高管理水平。

（3）财政部门应将绩效评价结果作为以后年度安排部门预算的重要依据，并逐步建立财政支出绩效激励与约束机制。对于绩效优良的水污染防治项目单位,在安排项目预算时给予优先考虑;对于无正当理由没有达到预期绩效目标的水污染防治项目单位,在安排以后年度项目预算时应从严考虑或不予安排。

(4)绩效评价中若发现违法违规行为的,应根据相关法律法规予以处理。

(5)为增强财政资金使用的透明度,财政部门应当建立绩效评价信息公开发布制度,将绩效评价结果在一定范围内公布。

(6)绩效评价结果可与考核制度挂钩,纳入目标责任制考核范围。

8.5　开展流域水污染防治投资项目绩效评估的相关政策建议

随着经济社会的快速发展和财政收支规模的不断扩大,财政支出效益成为社会关注的焦点。财政等有关管理部门要顺势而为,及时转变观念,转移工作重点,将对财政资金效益的监督作为更重要、更实质性的工作内容,从投入导向型向绩效导向型转变。开展水污染防治投资项目绩效评估相关政策研究,是约束水污染防治和水环境治理投资资金使用和提高资金配置效率的可靠保证,可将绩效评价的结果与后续年度的资金安排相结合,并逐步引入绩效预算,最终形成完善的水污染治理投融资政策体系和水环境保护长效机制。

8.5.1　建立健全事前、事中、事后评价的通盘联结机制

绩效评价是政府投资管理的基本工具,政府投资项目绩效评价本质上是一种价值判断、理念和方法。更加强调:① 评价内容的完整性和连续性。既包含对项目微观层次的技术经济评价、影响评价和社会评价等传统内容,又包含项目管理以及项目与社会、资源、环境的协调可持续发展等内容;评价覆盖项目的完整生命周期。② 评价过程的动态性和连续性。在传统评价的基础上,不仅对项目从开始到结束的全过程进行定期、不定期的跟踪监督,而且加强项目决策阶段与建设过程中的事前、事中评价及事后的总结提高。因此,完整意义上的绩效评价应该包括事前、事中、事后三部分,只有对这 3 个阶段进行通盘联结,并强化对评价结果的运用,政府投资才会大幅度减少决策失误和操作失误。

8.5.1.1　强化水污染防治投资项目预期绩效论证机制,科学安排项目立项

项目立项是政府投资的前提。为了使项目立项建立在科学的基础上,确保项目上马后能够产生较好的效果,投资部门要进一步强化项目预期绩效目标论证和申报制度,加强对项目预期绩效目标的审核,合理安排项目所需资金,提高政府投资资金安排与使用的有效性。项目申请单位应当做深入细致的可行性研究,提交详细的可行性

论证报告,这是对项目上马将要产生的绩效结果进行实事求是的科学预测必不可少的最重要的内容之一。立项审批机关在批准立项过程中,应当对申请单位的可行性报告进行严格的审查,除了要充分权衡项目实施的条件是否具备外,更重要的决策依据就是看该项目的上马能否取得较好的绩效结果,必要时应进行二次论证。财政部门在安排项目资金前,应明确项目预期绩效目标,便于绩效考核、项目跟踪问效,未设预期绩效目标的不予立项,不安排预算资金。

8.5.1.2 完善项目绩效约束机制,强化项目预算执行监控

为保证项目能够达到预期的绩效水平,在项目立项、启动资金到位、项目开工之后,中期的资金监控也是非常重要的。财政部门要结合评价结果,对被评价项目的绩效情况、完成程度和存在的问题与建议加以综合分析,完善项目支出绩效约束机制,强化评价结果在部门预算安排执行中的应用,逐步发挥绩效评价工作的应有作用。

(1)加强项目预算资金的拨付控制。由于项目本身在客观上是存在周期性的,是分阶段进行的,加之财政资金本身也是处于收与支的运动过程中的,所以项目的全部预算资金有些不是一笔拨付,特别是那些所需资金量较大的项目,资金更是需要分批、分阶段地进行拨付。在掌握资金的拨付频率、规模和速度上,项目阶段绩效评价结果起着有效的控制作用。通过对项目阶段工作进行评价,实际上可以对项目本身进行再论证。一方面,如果评价结果不理想,明显达不到项目立项之初的绩效预测,甚至出现继续该项目会造成损失的情况,检查部门要及时提出整改意见,整改期间暂停已安排资金的拨款或支付,未按要求落实整改的,要会同有关部门向同级人民政府提出暂停该项目实施的建议,由同级人民政府确定该项目是否继续实施;对于完成结果评价的项目,在安排该部门新增项目资金时,应从紧考虑,并加强项目前期论证和综合分析,以确保项目资金使用的安全有效;对属于先期预算安排过多或因工作任务变动等导致资金结余的,要予以收回。另一方面,如果在项目进行过程中实施的评价得出了较好的评价结果,财政部门要在安排该项目后续资金时给予优先保障,特别是当得到资金紧缺而影响项目的进展的评价结果时,甚至还可以通过加快资金拨付的进度,促使项目尽早地发挥效益。

(2)加强对项目中期资金的监督管理。项目中期的绩效评价结果是资金管理者加强对资金使用监督检查的重要手段,对财政资金监督检查的一个主要内容是看在项目建设过程中是否按照国家的财经纪律使用财政资金,如果在绩效评价过程中,发现违反财经纪律的,应按照国家有关规定,及时做出相关的处理。

8.5.1.3 建立项目绩效事后评审机制,综合衡量项目管理水平

政府投资项目绩效评价,以其指标体系的全面性、评价方法的科学性、评价结果

的客观公正性，成为衡量项目管理水平的重要尺度。通过建立项目绩效事后评审机制，综合衡量项目管理水平。对项目决策初期效果和项目实施后终期效果进行对比考核，对项目投资产生的财务、经济、社会和生态环境等方面效益与影响及可持续发展情况进行评价；对定性指标可通过专家评价、公众问卷、抽样调查及与其建设规模、建设内容、资金来源大致相同的类似项目相比较，以评判其效益的高低。

8.5.2　完善水污染防治资金的绩效评价方法

水污染防治项目的绩效评价在世界各国都没有公认的统一方法，在我国作为新生事物，更应以务实的态度，鼓励各部门、各地方的创新，因地制宜地采取操作性强、适用性强的方法，并在实践中不断改进完善。

8.5.2.1　寻求评价方法技术性与可操作性的平衡

不唯技术并不能否认评价方法技术性的意义。缜密的方法下往往得出的结论更客观、更科学，但是要以操作性、实用性为前提。当前，目标比较法普遍受到青睐，其最大的优势就在于简便易行，繁简由人，指标、目标的设置十分多元。而且，这一方法可以较为便捷地把公众参与、专家评价、中介结构等外部力量引入，也有利于事前、事中、事后评价标准的一致。但是，这种方法的弊端也很明显，其在定量分析方面始终没有实质性突破。因此，对于兼具技术性、操作性的绩效评价方法的探索仍然需要深入。

8.5.2.2　积极培育财政绩效评价的第三方力量

目前很多财政支出评价都十分看重第三方力量的运用，主要包括中介机构、外部专家力量、普通公众等多种层次。很多地方还专门建立了专家库制度。特别是随着社会公众对于预算公开、透明要求的日益增多，一些地方还为普通公众参与项目绩效评价提供了平台。这些外部力量对于强化绩效评价方法的独立特征十分有益。今后，应当鼓励更多部门、地方政府为第三方力量参与绩效评价创造条件、形成制度。如在评价中引入公众投票环节、建立专家库、培育有资质的社会中介组织等。

8.5.3　研究建立水污染防治投资项目绩效评价指标体系

水污染防治的投资项目，大多属于数额庞大、投资时间紧迫、涉及省市较多的项目，要保证政府的投资绩效和结果，必须建立绩效评价指标体系（具体指标体系设计见本章第 6 节），评价项目规划和立项是否科学、项目审批和建设程序是否依法合规、资金管理使用是否规范严格、工程建设是否安全合格进行事前、事中、事后全过程的跟踪评价。结合具体的政府投资项目，根据项目不同性质，对评价指标进行细化和量化，落到实处，以减少评价指标的不确定性，减少评价中的主观性。另外，要发挥项目绩效评价的作用，还需要进一步完善评价工作信息化管理、开发项目基础数据资源、建立专家库等技术支持系统。

8.5.4　建立流域水污染治理投资项目绩效评估结果应用体系

根据公共财政加强预算管理的总体要求，绩效评价的最终目的是要建立以结果为导向的投资资金监督管理使用机制，加强水污染治理投资项目绩效评价结果的应用，提高绩效评价的有效性。为此，建立水污染治理绩效评价结果的公告制度尤为必要，以提高社会公众对水污染治理的参与和监督意识，加强社会监督，对水污染治理专项资金使用和管理单位形成外部的约束和激励机制。

8.5.4.1　绩效评价应成为政府考评制度的重要内容

只有依法进行的和独立、客观、公正、科学的评价结果，才能得到充分有效的应用。绩效评价应该是高层次和具有绝对权威的，需要制度保障。应借鉴国外绩效评价的先进理念，制定颁布《政府绩效评价法》，建立以科学发展观为核心的绩效评价值体系，切实提高绩效评价的公信力和权威性。把水污染治理达标与否作为考核有关省、市政府和主要干部工作绩效考核的重要指标，对于他们的升迁可"一票否决"。

8.5.4.2　建立绩效评价信息披露制度

通过适当方式公开项目绩效评价结果，接受公众评判，强化对财政资金支出的监控，增强公共投资的公正性和透明度。绩效评价结果既作为中央对项目资金支持的重要依据，同时也作为该单位目标管理考核的重要内容，甚至可以作为干部任用的重要参考。① 建立内部共享。检查部门要将年度安排的项目支出和评价报告（项目绩效情况）实行内部共享机制，即年度安排的项目支出是确定评价项目（对象）的主要依据，而评价报告（项目绩效情况）又是安排以后年度部门预算的重要依据。② 建立通报制度。为督促各部门和项目单位如期完成绩效自评工作，对部门和项目单位绩效自评完成进度、完成质量以及组织开展等情况，可在一定范围内予以通报，促使其自觉地、保质保量地完成项目的绩效自评工作。③ 建立报告制度。检查部门要将年度评价的重点项目绩效、存在的问题等有关情况，以及绩效评价工作的开展情况向同级人民政府报告，也可向同级人大报告。④ 面向社会公开。水污染防治投资资金属于投资额大、社会关注度高、关系群众切身利益的项目，其绩效情况应通过新闻媒介等形式向社会公开，接受社会公众的监督。⑤ 加大查处案件力度。重视从群众举报、社会热议和媒体关注的问题中发现违纪违法线索，及时进行查处，对典型案例要进行曝光，充分发挥查处案件的教育警示作用，对失职渎职造成严重经济损失和恶劣影响的，严肃追究有关领导干部的责任。

8.5.5　建立健全流域水污染治理绩效监督机制

目前，我国水污染防治投资项目绩效监督管理工作及相关理论研究才刚刚起步，还存在很多不完善的地方，不仅需要做大量基础性的工作，还要不断创新体制机制。

8.5.5.1　明确水污染防治投资项目绩效监督主体及其职责分工

鉴于水污染防治投资项目绩效监督管理不仅是一项宏观综合性的工作，也是一项专业性很强的工作，涉及财政、审计、环保、发改、水利、农业、国土资源等部门。为科学、有效地评价和监督项目投资效益，要充分发挥各部门的资源优势和专业优势，建立协调机制，明确职责分工，避免重复工作。为此，建议成立一个由财政部门牵头，审计、环保、发改、水利、农业和国土资源等部门参加的水污染防治投资项目绩效监督协调小组，共同设计项目绩效监督的投入性指标、执行性指标、产出性指标、成效性指标（环境效益、经济效益、社会效益和管理效益）以及有关个性化指标和修正指标等及其标准，制定有关工作流程和制度办法。财政部门牵头负责项目绩效评价监督，组织部署相关工作，具体负责监督投入性指标和成效性指标中的管理效益评价；审计部门具体负责执行性指标；环保、水利、农业和国土资源等部门具体负责产出性指标、成效性指标中的环境效益评价和个性指标；发改部门具体负责成效性指标中的经济效益和社会效益评价以及修正指标。

8.5.5.2　科学组织实施绩效监督

（1）注意资料的收集。绩效监督工作的基础是项目资料的完善，这不仅包括项目直接效益的资料，还包括间接效益的资料；不仅包括专项投资，也包括日常经费投入情况；此外，管理机制、财务核算水平等也应列入绩效监督的范围。由于绩效监督的特殊性，应当在具体检查前要求单位先行自查、先行内控测试，相关的自查报告、测试表都将是绩效监督工作的信息、线索。

（2）注意绩效评价标准的提炼。绩效评价标准建设是一个复杂的系统工程，是制约绩效监督的瓶颈。但我们不可能为解决一个难题，坐等另一个更难问题的解决。辩证地讲，缺乏绩效标准与缺乏绩效监督其实互为因果，也能互相改进。最初开展的绩效监督工作往往因为项目在前期没有设定绩效目标而无法深入开展，这就要求监督人员不仅要完成个别项目的绩效监督工作，还要在连续性、可比性的项目中提炼出统一的绩效指标，然后应用这些指标反过来再对这类项目进行评价或排序，形成完整的绩效评价结果。

（3）注意项目可持续绩效的评述。可持续发展和综合效益的关注应贯穿于财政支出项目绩效监督的始终。具体而言，就是要全面衡量项目的绩效情况，不要局限于当年的绩效和项目的经济效益，而要以科学发展观为指导，注重节约能源、高效使用各种资源，实现全面、可持续发展的要求，从经济效益、社会效益、环境效益等多角度来监督项目的绩效情况，跨越近期与远期的判断，给项目以全面完整的评价。

（4）项目绩效监督与宏观绩效监督相结合。以项目为对象开展绩效监督工作能够清晰地反映每个项目的绩效情况，促进预算管理水平的提高和项目单位管理的改进。但是财政部门作为综合经济部门，除对微观个体进行管理外，还有责任对财政支出总体效益进行监督。另外，投资项目纷繁复杂，逐一实施绩效监督的工作量巨大，目前的监督力量还较难达到。这就要求项目绩效监督与宏观绩效监督相结合，才能取得良好的效果。

8.5.5.3 加强绩效管理人员培训

主要包括：① 培训绩效预算知识。绩效预算与绩效监督密不可分，绩效监督是为预算目标服务，从事绩效检查工作的人员必须认识到这一实质，才能正确评价和妥善处理实施监督过程中遇到的问题。② 培训绩效分析方法。开展绩效监督的方法较多，如成本—收益法、最小成本法、历史比较法等，实施人员要根据监督对象的具体情况及其所具备的条件，选择适宜的方法，完成绩效监督工作。③ 培训绩效监督报告知识，由于此项工作还在探索过程中，缺乏统一的规范，这就要求实施人员在检查前通过深入细致的研究，确定绩效监督报告中包括的内容、结构、格式等，力求完整、客观、公正地反映被查单位的绩效水平。

8.5.6 研究建立流域水污染治理绩效预算

将绩效预算的理念应用于编制水污染治理绩效预算，总体思路为：在水污染防治项目申请环节，以规范的绩效目标陈述作为分配项目资金的依据之一，确立专项的产出目标、成果目标，将专项资金预算与绩效目标相结合，制定准确的、具有可操作性的绩效预算。通过前期对预算执行目标和结果的充分论证，提高预算的准确性，同时，通过明晰权利责任，在保证目标实现的前提下赋予责任人适度的灵活性。水污染治理专项绩效评估结果应作为下一年度部门预算编制和专项资金分配的重要参考依据，为提高水污染治理专项的项目效益，提高专项资金使用的规范性、安全性和有效性提供信息支持和决策参考。

8.5.6.1 确定量化指标和定性范围，为绩效预算奠定基础

绩效预算与传统预算的不同之处在于，它关注的不是预算的执行过程，而是执行的结果，不是政府的钱够不够花，怎么花，而是政府在这些地方花了钱，老百姓最终

得到了什么？因此绩效的衡量是实行绩效预算的基础，而量化指标是绩效衡量的核心。为了建立一套合适的绩效指标，首先，要搜集各单位的有关部门的基础信息，包括工作性质、机构职能、财务收支情况，特别是要结合各单位的五年发展规划以及年度工作计划，在此基础上将年度工作计划进一步细化为年度绩效计划指标，使各单位的具体工作与政府的总体发展规划联系起来；其次，要合理选择单位经费预算与工作绩效挂钩的指标，指标的制定宜采取先易后难、逐步完善的办法，从水污染防治项目预算着手，制定出分项目的绩效指标，并与其预算相对应，对于暂时无法制定具体绩效指标的预算部分，将其与经费预算放在一起，与部门的总体绩效目标挂钩。由于各单位的工作性质、任务各不相同，因此要具体情况具体分析，并进行综合评价，寻找出一套既普遍适用又具有考核价值的指标。

8.5.6.2　正确编制部门预算，合理安排各项财政支出计划

正确编制部门经费年度预算，是预算管理的重要步骤。过去由于预算不考虑绩效，常常是哪里工作问题比较严重，就增加哪里的预算拨款。从本质上讲，这不是在鼓励成功，而是在奖励失败，在实际工作中确实是存在着诸如开垦耕地财政拨给一笔投入，退耕还林财政又拨给一笔财政支出的现象。实行绩效预算就是要克服这种效率低下的财政管理机制，将各部门的预算与其工作绩效挂起钩来，合理安排各项财政支出计划。同时，由于绩效预算实现了预算拨款与绩效挂钩，这就使那些实际上无所事事的机构和人员暴露了出来，为合理削减财政支出和机构的精简提供了依据，使得各项财政支出计划可以得到更加科学、合理的安排。

具体到水污染治理，在预算编制时，① 要根据各单位年度绩效计划指标来确定支出预算的标准和基数；② 将绩效考核指标划分为两部分，一部分能进行量化考核的与预算单位正常经费挂钩，并确定各考核项目在硬指标中所占的比例。完成任务的，全额按预算拨付经费；超额完成任务的，除全额按预算拨付经费外，还应按比例奖励单位经费；完不成任务的，同幅度扣减其经费。一部分不能进行量化考核但能定性考核的（如效能考评等）可通过激励机制，鼓励其更多地完成，即对完成任务较好的，可在单位经费预算外给予奖励。

8.5.6.3　监督预算执行，考核绩效执行情况，掌握绩效预算管理方法

对于绩效预算单位要建立经常性检查落实制度。绩效考评不仅要邀请专家进行审议，也要让民众参加评议。所有与绩效相关的水污染治理项目，一律按量化指标或定性内容予以严格的监督执行。对于定性内容在技术上要按照科学的社会调查方法进行。比如，用于民众评议的调查问卷设计要保持中性，最好请中立的舆论调查机构进行调查，减少评议过程中的误导，提高评议的准确性。通过对大量项目评价和绩效考

核结果的分析,依靠技术手段建立起项目专家评价系统,并将系统应用到今后的项目筛选和绩效考核中。通过对绩效预算管理规律性的逐步认识,掌握其操作方法,建立起一套有效的绩效考核办法。

8.5.6.4 用绩效审计推动绩效预算的实施

目前财政部门虽然还没有实行绩效预算,但不少地方的审计部门已经开始尝试绩效审计,不仅进行资金合规性审计,同时也对支出是否取得应有的效益进行审计,通过绩效审计可以看出该项支出是否达到了预期的目标以及与同类支出相比效率如何。绩效审计不仅可以为政府和人大的财政预算和决算审批提供依据,而且也为绩效预算的顺利开展奠定了基础。因此,在推动水污染治理绩效预算的实施过程中,可以让绩效审计先行一步,以绩效审计推动绩效预算的实施。

8.6 建立健全流域水污染防治投资项目绩效评价指标体系

8.6.1 流域水污染防治投资绩效评估多层次指标体系的总体框架

按照科学性、综合与系统性、可操作性、可比性等原则,建立针对不同类型水污染防治投资项目的多层次综合绩效评估指标体系,通过多级绩效评估指标分析流域水污染治理项目的投入、产出和成效,综合反映流域水污染防治投资绩效。

绩效评价指标分为共性指标和个性指标。共性指标是适用于所有项目、流域的指标,主要包括项目管理绩效指标、资金投入和使用绩效指标和产出绩效指标。涉及项目资金投入、执行及其形成的环境效益、社会效益、经济效益等方面的绩效。个性指标是针对某项投资、某个流域的特点确定的适用于不同项目、流域的指标。

8.6.1.1 共性指标

流域水污染防治投资绩效评估体系的共性指标包括 3 个一级指标,一级指标各项下设若干二级指标,二级指标中定量和定性指标相结合。根据需要,在二级指标下面设立若干三级指标和四级指标。一级指标包括:

(1)项目管理绩效指标。反映水污染防治投资项目的立项管理和完成情况。具体包括目标设定情况、项目完成程度和项目管理水平 3 个二级指标。应评价投资项目的管理效益,包括资金使用管理成效、项目进度管理成效等,具体用项目资金到位率、专项资金配套率、资金到位及时性等指标评价。还包括是否擅自调整项目批复建设内容、是否擅自调整财政补助资金使用计划、是否专款专用和存在挪用移用现象、项目计划投资完成率、项目计划任务完成率等。项目完成情况包括城市污水处理工程完工数、流域内水污染项目完成率、治污工程完工数（包括饮用水保证工程、产业结构调整、清洁生产、污水集中处理工程）等。

（2）资金投入和使用绩效指标。反映水污染防治投资项目的资金投入和使用绩效。具体包括资金落实情况、实际支出情况、财务管理情况和资产配置与使用 4 个二级指标。评价涵盖流域水污染防治投资支出项目所涉及的所有投入内容。如水污染防治规划编制经费、污染防治前期经费、研发经费、治理经费等。既包括财政资金，也包括自筹资金。

（3）产出绩效指标。反映水污染防治投资项目的产出效益情况。具体包括经济效益指标、社会效益指标、环境生态效益指标和公众满意度等二级指标。

直接经济效益体现在促进水污染物削减、提高水污染治理投入的实效、水体质量改善等多个层面。间接经济效益包括因进行污染防治投资带动相关项目发展而创造的经济效益。如通过流域水污染防治改善了农业生产条件，进而促进水产业、旅游业的迅速发展，增加农林牧副等各业的收入以及旅游等其他收入。其中，水产业产出效益是指通过流域水污染防治工程的实施，改善水域生态环境，促进水产业生产，提高水产业产出效益。可通过市场价值法计算水产业产量，乘以各种水产产品价格。旅游产出效益是指流域水污染防治投资，改善了环境条件，为人类提供了旅游休闲、文化娱乐等非实物型服务，为旅游业发展提供了基础。对旅游效益的计量可采用费用支出法。流域的旅游效益，可用旅游者去某一景点的实际总支出来表示，包括往返交通费、餐饮费、住宿费、门票费、摄影费、购买纪念品费及有关的服务支出等[①]。

社会效益是指各种直接、间接或隐藏的功能和作用，使人的各种生存因素发生变化而带来的效益。包括增加就业、提高群众生活水平、促进人体的健康状况和精神状况，改善生活环境和社会关系等一系列效益。社会效益主要表现在有效遏制水污染趋势、营造优良的水环境氛围、塑造江河湖海优美的国际或地区形象；居民身体健康产生的效益；居民环保意识的提高；环保科技水平的提高、居民水环境满意度等。其中，流域水污染防治工程能改善生态环境、使人们从视觉上和精神上享受到自然风景之美。因而，可用支付意愿累计频度中位值乘以流域人口，求出流域环境美化效益[①]。劳动就业效益包括直接和间接提供的就业机会，计算公式为：$V=RW$。其中，V 为劳动就业效益，R 为增加的就业人数，W 为该地区的平均工资。

环境效益具体表现为区域范围内污染物排放总量降低、水环境质量改善、生态环境改善和优化等。直接可量化环境绩效指标包括：污水处理设施实际处理负荷与设计能力、流域内水质改进指标（如水质综合达标率、流域水系 Ⅰ～Ⅲ 类水质断面比例、劣 Ⅴ 类水质断面比例、营养状态指数等）、河流检测断面水环境功能区达标率、工业

---

① 吴开亚，巢湖流域环境经济系统分析，中国科学技术大学出版社，2008。

废水排放量、工业废水排放达标率、工业废水集中处理率、流域内工业污染源控制、流域内城镇生活污水集中处理率、垃圾治理率、污水处理率、农村饮用水达标率、农业种植面源污染治理状况、COD 削减能力、流域 COD 入河量、氟化物含量削减率、氨氮含量削减率、悬浮物含量削减率等。

8.6.1.2　个性指标和修正指标

除上述共性指标外，还应研究针对各投资项目的个性绩效指标和修正指标。个性指标主要反映某项水污染治理专项独有的特点，反映其资金来源、使用及成效的具体特性。如针对不同湖泊设置总磷、总氮指标等。修正指标主要是根据周边环境、产业状况对环境、社会发展、长期体现的效益的影响来对评估结果做出修正。该类指标包括地区经济社会发展水平影响因素、所处行业的特殊性因素、对环境的影响因素、长期效益影响因素、突发性和不可预见性影响因素等指标。个性指标和修正指标可结合专家经验、问卷调查等方法确定。

水污染治理投资绩效评价指标体系的总体框架如图 8-2 所示。

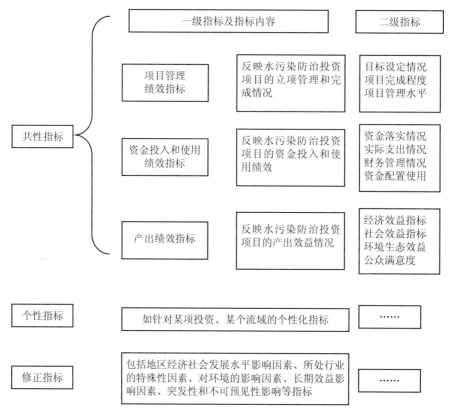

图 8-2　水污染治理投资绩效评价指标体系的总体框架

8.6.2 流域水污染防治投资绩效评价指标体系的具体设计

根据上述原则、方法设计的水污染防治投资项目绩效评价的具体指标体系如表 8-9 所示。

表 8-9 水污染防治投资项目绩效评价的具体指标体系设计

基本指标		具体指标	评价标准	指标分值	自评分	考评分
一级指标	二级指标	三级指标				
项目管理绩效指标	目标设定情况	依据的充分性	项目可行性报告编制是否组织论证。组织论证：3 分；未组织：0 分	3		
		目标的明确度	项目资金使用的预定目标是否明确。明确：2 分；其他：0 分	2		
	项目完成程度	项目计划建设内容完成率	100% 为满分，每减少 1 个百分点扣 1 分，本指标 < 80% 时，该项目不合格	10		
		完成的相符性	是否按计划时间完成建设目标。完成：5 分；未完成：0 分	5		
		项目完成质量	未完工项目：建设是否达到设计方案的技术规范要求。达到：10 分；基本达到：6 分；未达到：0 分 已完工项目：① 验收及时性：按规定时间验收：5 分；未按规定时间验收：0 分。② 验收有效性：验收合格：5 分；不合格：0 分	10		
		项目建设内容合规性	本指标不计分,如存在擅自调整项目批复内容现象的，该项目不合格	无		
	组织管理水平	管理组织和专人负责	是否设立项目管理组织并由专人负责。设立并由专人负责：4 分；其他：0 分	4		
		管理制度保障	项目管理是否建立完善的制度。建立并完善：4 分；建立但不完善：1 分；未建立：0 分	4		
		项目档案	是否建立项目档案。建立：2 分；未建立：0 分	2		
项目管理绩效指标得分				40		
资金投入和使用绩效指标	资金落实情况	财政资金到位率	资金到位：2 分；不到位：0 分	2		
		财政资金到位及时性	资金及时到位：2 分；不及时：0 分	2		
		自筹资金到位率	自筹资金到位：3 分；不到位：0 分	3		
		自筹资金到位及时性	资金到位及时：3 分；不及时：0 分	3		

基本指标		具体指标	评价标准	指标分值	自评分	考评分
一级指标	二级指标	三级指标				
资金投入和使用绩效指标	实际支出情况	资金使用率	项目资金实际总投入占总到位资金比例。95%以上：4分；85%～95%：3分；70%～85%：2分；60%～70%：1分；60%以下：0分	4		
		专项资金支出合规性	专项资金支出完全合规：4分，资金使用范围不符合规定：0分	4		
		专项资金支出相符性	与批复的计划完全相符：2分；不符：0分	2		
		专款的专用情况	本指标不计分，如存在移用挪用资金现象的，该项目不合格		无	
	财务管理状况	制度的健全性	财务管理制度健全：2分；基本健全：1分；无制度的：0分	2		
		管理的有效性	执行有效：2分；基本执行：1分；没有执行：0分	2		
		会计信息质量	财务资料真实完整：2分；真实但不完整：1分；虚假：0分	2		
			专户管理并单独核算：2分；无专户管理但进行明细核算：1分；其他情况：0分	2		
	资产配置与使用	资产管理制度健全性	资产管理制度健全：2分；基本健全：1分；无制度的：0分	2		
		资产管理制度有效性	资产管理制度有效：2分；基本有效：1分；无效的：0分	2		
		资产利用率	实际使用资产/建成资产。100%使用：5分；80%～100%使用：4分；60%～80%使用：3分；40%～60%使用：2分；40%以下：1分	5		
		项目设施的使用维护情况	项目设施维护好：3分；较好：2分；一般：1分；无维护：0分	3		
资金投入和使用绩效指标得分				40		
产出绩效指标	经济效益指标	项目实际财务内部收益率（FIRR）；项目实际税后利润；可研报告测算的财务内部收益率（FIRR）；可研报告测算的税后利润；年均收入（参考）；年均上缴各项税收（参考）	可选择财务内部收益率或税后利润作为评价依据（内部收益率是指项目在整个计算期内各年实际净现金流量的累计数值等于零时的折现率）。财务内部收益率或税后利润达到预期的80%（含）以上：5分；财务内部收益率或税后利润达到预期的50%（含）～80%：3分；财务内部收益率或税后利润达到预期的50%以下：2分；项目亏损：0分	5		

基本指标		具体指标	评价标准	指标分值	自评分	考评分
一级指标	二级指标	三级指标				
产出绩效指标	社会效益指标	扶贫效果	促进了当地贫困人口收入增加或生活质量改善：3 分； 没有促进当地贫困人口收入的增加或生活质量的改善：0 分	3		
		就业效果	增加了直接就业人数：3 分； 没有增加直接就业人数：0 分	3		
	生态环境效益指标	资源消耗降低率	建造项目前后能源消耗之差与未上项目能源消耗的比率。 指标计算结果为正数时，是资源消耗的增量指标：3 分； 指标计算结果为负数时，是资源消耗的减量指标：0 分	3		
		生态环境保护率、生态环境修复率	项目在环境方面产生了积极效果：3 分； 项目对环境方面未产生积极效果：0 分	3		
	公众满意度	对项目实施结果满意率	结果满意率=非常满意和满意人数/调查的总人数×100%。 满意度高：3 分；满意度低：0 分	3		
产出绩效指标得分				20		
综合得分				100		

8.7　辽河水污染防治投资绩效评价实施建议

在水污染防治投资绩效评价总体研究的基础上，本课题选择辽河流域开展案例研究。通过实地访谈、调研，摸清辽河流域的流域特点、水污染现状、已实施及拟议中的辽河流域水污染防治投资专项、辽河流域水污染防治等相关情况，应用提出的绩效评估对策建议和建立的绩效评估指标体系，设计辽河流域水污染防治投资绩效评估的实施方案，提出辽河流域水污染防治投资绩效评估的具体实施步骤和指标体系。

8.7.1　辽宁财政支出绩效评价的现状及问题分析

自 2004 年以来，辽宁省财政坚持以科学发展观为指导，树立财政支出绩效理念，按照"健全体系、完善方法、规范程序、稳步推进"的原则，全面启动了财政支出绩效评价工作。近年来，不断加大工作力度，创新考评方法，实现绩效评价工作新突破。到目前为止，辽宁省已初步建立起体系完整、方法科学、运行平稳、监管高效的财政支出绩效评价体系，为优化财政支出结构、规范资金分配行为、提高资金使用效益和依法理财水平奠定了基础。

8.7.1.1 财政支出绩效评价的主要做法

（1）建立绩效考评管理制度体系。自 2004 年开始，辽宁省相继出台了省级财政支出绩效评价的指导性文件，如《关于开展财政专项资金绩效评价工作的通知》（辽财统[2004]408 号）和《关于开展财政支出绩效评价工作的意见》（辽财统[2004]85 号）以及《辽宁省财政专项资金绩效评价规程（试行）》等一系列制度办法，明确了绩效评价的指导思想、评价主体和对象、评价指标体系的设计原则，以及工作流程和组织方式、评价结果的认定等相关工作。同时，围绕经济建设、教育、文化、科技、社会保障、行政管理、公检法司、农业等财政支出项目，制订了 30 多项不同项目的绩效考评工作具体实施意见，如《印发〈辽宁省省级教科文部门项目绩效考评管理试行办法〉的通知》（辽财教[2003]321 号）；《关于印发〈全省基层文化设施建设专项经费绩效评价暂行办法〉的通知》（辽财教[2004]441 号）；《关于印发〈辽宁省本级职业教育中心建设专项经费绩效评价暂行办法〉的通知》（辽财教[2004]453 号）；《关于印发〈辽宁省省本级农村中小学寄宿制学校建设专项经费绩效评价暂行办法〉的通知》（辽财教[2004]475 号）等。

（2）明确绩效评价工作的专职管理机构。2004 年，辽宁省财政厅成立了统计评价处，赋予其绩效评价职能，配备专职人员，组织相关业务管理处，开展绩效评价工作。2007 年以后，绩效评价工作由预算处牵头，相关业务室配合。预算处对每年的绩效评价工作做出详细的规划和设计，并下达通知和设计范本，指导相关部门和单位开展此项工作。同时，部分市也成立了绩效评价机构，具体组织管理绩效评价工作。

（3）全面开展绩效评价工作。自 2004 年开始，本着"先易后难、由简到繁、循序渐进"的原则，由统计评价处牵头，组织厅内专项资金管理处室先后对公安、义务教育、林业、社会保障、科技资金等 30 多个项目分别开展绩效考评工作，形成了数十份绩效考评工作报告，探索出了以财政部门为主、部门参加的绩效评价工作模式。同时，也在市县两级财政部门着力推进绩效评价工作。2007 年以后实施了多领域、大范围、方式和方法相对统一的绩效考评工作，由预算处牵头，相关处室配合，在教育、社会保障、企业技术改造、农业等多个重要领域开展了绩效评价工作。在扩大绩效评价范围的同时，集中选择了省本级财政资金规模 1 000 万元以上，社会影响面广，具有一定经济和社会效益，且已经完成或阶段性完成的教育、社保、经建、企业和农业等重大支出项目开展了绩效评价工作。

（4）委托第三方专业机构实施集中评价。在开展财政支出绩效评价工作的过程中，不断探索绩效评价的新方法、新模式。为客观、公正、科学地反映财政资金管理状况，综合考核评价财政资金管理水平，2007 年，辽宁省改变以财政部门为主的绩效评价工作模式，调整为财政部门统一组织，委托具有绩效评价资质条件、省外高水准的社会中介机构对上一年度省本级重点项目支出独立实施集中评价。绩效评价中介机构采用项目绩效考评共性指标体系和评价方法，根据各个项目涉及领域及其特点，与相关资金主管部门共同研究制定了科学的考评依据、指标、方案和方法，并由其选聘教育、社保、农业、林业、工程等项目相关领域的技术和管理专家，采用全面考评与重点考评相结合的综合考评方式，进行现场和非现场考评，形成客观、公正、科学的综合评价意见和报告。

绩效评价的具体工作程序是：① 确定项目。由厅内各业务处室筛选推荐上一年度需要实施绩效评价的重点项目。经预算处审核汇总后，报主管厅长和厅长审定确认。② 前期准备。组织实施政府采购，选取有经验、有规模的中介机构开展绩效评价工作。由财政部门和中介机构共同组织资金主管部门的负责人进行绩效评价业务培训，并根据项目特点建立评价指标体系，聘请专家具体组织实施绩效评价、撰写绩效报告等工作。③ 实施评价。中介机构组织专家按一定的项目和资金覆盖面进行现场评价。绩效评价开展后，预算处负责协调厅内相关业务处室和各市、县（市、区）财政局，厅内相关业务处室负责协调有关部门。具体绩效评价工作财政部门不过多介入，全部由中介机构独立完成。④ 出具报告。现场评价结束后，中介机构向财政厅提供评价报告。报告内容包括项目执行总体情况、得分情况、有关问题、专家意见等。⑤ 通报结果。省财政厅会同相关部门、项目执行单位召开绩效评价结果通报会，各单位提出整改意见。⑥ 指导预算。积极利用绩效评价结果指导下一年度预算编制。

8.7.1.2　取得的主要成效

2007 年以来，辽宁省共对社会保障、教育、农业、卫生、支持企业技术改造等方面共 88 个项目实施了绩效评价，涉及金额 166 亿元。每年的绩效评价结果均形成报告报省政府并通报省直相关单位，采取评价结果与安排下一年度预算挂钩的措施，进一步加强省本级财政专项资金管理。具体而言，绩效评价工作成效主要有：

（1）建立了财政支出绩效评价制度体系，为全面提高财政管理效率创造了条件。近年来，经过不断的探索和研究，辽宁省逐步建立起了以加强财政支出管理为重点，以实施预算编制、预算执行和资金使用效果全方位的考核评价为核心，以完善财政支出追踪问效制度为目标，包含财政支出项目绩效评价、单位支出绩效评价、部门支出绩效评价和财政支出综合评价 4 个层次的绩效评价体系，实现了财政预算管理以绩效成果为导向、以支出效益最大化为目标、以实现既定绩效目标为根本要求的政府理财理念和管理方式上的重大变革，进而为全面提高政府财政管理效率、资金使用效益和公共服务质量创造了良好的条件。

（2）堵塞了项目管理漏洞，切实提高了财政资金使用效益。通过绩效评价工作，及时发现了财政资金管理方面存在的诸多问题，如项目立项方面的立项手续不全、审查不严、标准过高等；又如，项目管理中执行主体不明确、项目执行与管理比较随意、执行质量较差等；再如，项目预算执行中存在项目实施进展缓慢、预算执行不符合规定、挤占或挪用专项资金以及财务管理不善等问题。财政部门针对绩效评价暴露出的问题，及时将考评结果反馈给项目主管部门和实施单位，并由省财政会同财政专项资金主管部门及项目实施单位，集中研究制定具体的整改措施和意见，从项目立项、组织实施和监督管理等方面，进一步完善了资金管理办法、程序，加强了专项资金监督管理，提升了省本级财政专项资金管理的规范性。

（3）及时掌握了重点专项资金的使用情况，为省政府决策提供了参考和依据。从近年绩效评价结果看，辽宁省大部分项目支出立项准确、管理规范，如"五点一线"产业贴息项目，企业技改专项，农业、林业等补助类项目等，这些项目立项明确、制度完备、资金拨付及时、成效显著。绩效评价结果较为客观地反映了省级专项资金的使用情况，为省政府出台财政支持政策提供了重要的依据。

（4）积极开展了省直试点部门自评和财政财力性转移支付试点地区评价，为进一步开展此项工作打下了良好基础。2010年，根据厅党组要求，辽宁省进一步扩大了绩效评价范围，将连续3年绩效评价结果较差的项目支出再评价、阜新县和昌图县省级财政财力性转移支付资金绩效评价、省畜牧局和省检察院自我评价也纳入了绩效评价的范围。随着试点部门和地区绩效评价工作的开展，辽宁省绩效评价工作得到了进一步发展，为今后大面积推广此项工作积累了经验、打下了基础。

8.7.1.3 存在的问题

辽宁省近年来在实施财政支出绩效评价工作中遇到的较突出的问题有：

（1）绩效理念尚待加强。从全省来看，各级财政部门开展绩效评价工作进展程度相差较大，省本级推进工作进展较快，各市尤其是县区绩效评价工作还处于起步阶段，普遍存在着思想认识不统一，组织机构不健全，不能主动、全面开展绩效评价工作的现象。"重分配，轻管理"、"重投入，轻产出"观念仍很普遍，绩效观念尚待加强。

（2）绩效评价规范不统一。从辽宁省已开展绩效评价的地区来看，在实施范围、评价主体、评价标准、指标体系等各个方面，缺乏统一、明确、规范、科学的政策规定和统一的评价标准。

（3）绩效评价范围有待进一步扩大。在全省绩效考评工作扎实稳步推进的同时，还普遍存在选择项目数量占项目总量相对较少、资金规模占财政资金总量偏小等问题。

（4）绩效评价思路亟待探索创新。从辽宁省已开展的财政支出工作情况看，绩效评价还仅局限于事后评价阶段，缺乏理论创新和工作探索，在事前确立绩效目标、实施绩效预算方面还有待深入探索和研究。

（5）评价结果应用不够充分。目前，很多部门还存在被动应付绩效评价的现象，评价结果的应用程度尚待提高。大部分部门开展的评价主要侧重考察单一项目执行管理的规范性，绩效评价更像是项目总结验收，难以有效促进部门整体管理水平的提升。绩效评价结果与调整和优化支出结构、合理配置资源、提高资金使用效益等目标尚未充分结合起来。

8.7.2 辽宁开展水污染防治投资绩效评价工作的必要性和紧迫性

实地调研中，我们了解到，辽宁省水污染投资绩效评价工作才刚刚起步，尚未全面开展起来。但是，无论从辽宁财政支出绩效评价的总体要求来看，还是从提高日益增加的水污染防治专项资金效率的角度来看，开展水污染防治投资绩效评价工作都具有十分重要的现实意义。

8.7.2.1 开展水污染防治投资绩效评价工作是财政支出绩效评价工作的总体要求

2004 年，辽宁省财政厅全面启动了财政支出绩效评价工作，截至目前，已初步建立起了体系较为完整的财政支出绩效评价体系。但是，在水污染防治方面，辽宁的绩效评估只是刚刚起步。2009 年，财政部下发了《关于做好"三河三湖"及松花江流域水污染治理专项资金项目绩效评价工作的通知》。辽宁财政按照上述通知要求，对 2007—2009 年"三河三湖"及松花江流域水污染治理专项资金进行了绩效评价。绩效评价的主要内容包括中央专项资金项目对辽宁水污染治理工作和实际减排效果的推动作用，绩效评价指标相对简单，仅仅停留在定性分析的层面，没有建立起行之有效的评价指标体系，未能体现出绩效评价的实质，也无法将绩效评价结果应用于之后的财政资金分配上。

水污染防治专项资金是财政资金的重要部分，开展辽河流域水污染防治专项资金，是全面推进辽宁财政支出绩效评价工作的总体要求，也是完善财政专项资金管理的重要内容。

8.7.2.2 随着辽河水污染防治投资不断增加，开展水污染防治投资绩效评价工作刻不容缓

1996 年，国务院把辽河流域列为国家重点治理的"三河三湖"之一，治理辽河进入实质性运作阶段，辽河水污染防治投资不断增加。2007—2009 年中央共补助辽宁省专项资金 17.12 亿元。2006 年，省政府批准设立辽河流域水污染防治专项资金，每年安排 1 亿元，专项支持辽宁省辽河流域内所辖市（县、区）水污染防治项目。

"十一五"以来，辽宁省辽河流域水污染防治累计筹措资金 39.91 亿元，其中中央补助 18.26 亿元，以"三河三湖"污染治理专项资金、农村环保专项资金形式下拨。省本级财政安排 5.85 亿元，市县财政安排 15.8 亿元投入辽河流域治理，资金来源主要是省级环保专项资金、排污费、污水处理费资金。"十二五"期间，国家将进一步加大环境保护力度，用于水污染防治的投资会越来越大。

尽管如此，相对于辽河水污染防治不断增长的巨大资金需求而言，目前用于辽河流域水污染防治的投资仍然十分有限。在资金总量尚显不足的情况下，资金使用效率低下问题还很普遍。

开展辽河流域水污染防治投资绩效评估，主要是：① 对辽河流域水污染防治投资资金拨付使用情况和效果进行监督，评价各级财政及主管部门是否及时将水污染防治专项资金拨付给使用单位，有无少拨、不拨或延迟拨付的现象，拨付后使用单位是否按规定用途使用资金；② 分析资金的使用效率；评价项目的环境效益、经济效益、社会效益。有利于避免辽河流域水污染防治投资低效、无效等问题的产生，提高投资资金的效益和效率。

8.7.2.3　开展辽河流域水污染防治投资绩效评价工作已有一定基础

在扎实推进财政支出绩效评价工作的同时，近年来，为保障辽河流域水污染专项资金的使用效益，辽宁省十分注重加强资金使用管理。① 加强项目管理。辽宁省制定下发了《关于加强中央财政补助辽河流域水污染防治专项资金管理有关事宜的通知》，提出项目建设必须按照基本建设程序，必须严格执行"项目法人制、招投标制、监理制、合同制"，必须严格按照基本建设财务管理有关规定进行账务核算，必须按照工程建设进度拨付资金，必须及时完成竣工决算并交付资产等要求。省财政制定了《辽宁省辽河流域水污染防治专项资金管理暂行办法》，进一步加强资金管理，提高财政专项资金使用效益。② 开展项目投资评审。辽宁省对省环保部门直接承建的 27 座县级污水处理厂项目，全部委托了具有资质的中介机构进行投资评审和竣工决算审查；对市县承建的项目，由各市财政开展投资评审和决算审查工作。③ 加强监督检查。省政府专门对新建污水处理厂建设进展情况组织了专项检查，财政厅作为成员单位，全过程参与了检查工作，并重点就资金使用管理情况开展了检查；2009 年 4 月，积极配合财政部的专项检查，对发现的问题，已按要求全部整改到位。这些管理工作为水污染防治投资绩效评价工作的开展奠定了良好的基础。

8.7.3　开展辽河水污染防治投资绩效评价的试点方案

辽河是辽宁的母亲河，是国家重点治理的河流。治理保护辽河是贯彻落实科学发展观，推进资源节约型、环境友好型社会和生态省建设的一项重要举措，对于促进辽宁经济社会的可持续发展,加快辽宁的全面振兴具有重要意义。2011 年我国已进入"第十二个五年规划"的开局之年,环境保护部牵头制定了《辽河流域水污染防治"十二五"规划编制大纲》,用以指导"十二五"时期辽河流域的水污染防治工作。鉴于辽宁省在辽河水污染防治投资绩效评价方面没有取得实质进展,建议辽宁省按照"先易后难、稳步推进"的原则,结合近几年已有的财政支出绩效评价做法,并借鉴其他地方的先进经验,采取分步实施的办法,逐步构建辽河水污染防治投资绩效评价体系。

8.7.3.1　明确辽河水污染防治绩效评价的主要内容、组织机构和具体程序

（1）绩效评价的主要内容。水污染防治投资项目很多,本着"抓住重点、先易后难、循序渐进"的原则,并按照《辽河流域水污染防治"十二五"规划编制大纲》的要求,"十二五"初期,辽河流域可先从以下几个项目进行绩效评价,包括饮用水水源地稳定达标、点源污染治理、城镇污水处理及垃圾处置、农业源污染防治与示范、环境监督管理能力建设等五大方面,全面推进辽河流域水污染防治工作。详见表 8-10。

表 8-10　辽河水污染防治投资绩效评价的主要内容

项目类别	具体内容
饮用水水源地稳定达标项目	包括辽河流域水源地污染防治及环境保护、应急备用水源地建设、跨区域联网应急供水等
点源污染治理项目	包括辽河流域化工、印染、冶金、造纸、电镀、酿造等主要污染行业开展污水深度处理及清洁生产,减少主要水污染物排放标准等项目
城镇污水处理及垃圾处置项目	包括城镇污水处理配套管网建设项目、新（扩）建乡镇污水处理项目、城镇生活污水处理设施除磷脱氮技术攻关及标准制定项目、污水处理厂除磷脱氮改造工程项目以及城镇无害化生活垃圾处理设施建设项目等
农业源污染防治与示范项目	包括规模化畜禽养殖污染控制、辽河流域大中型畜禽养殖场实施畜禽养殖场废弃物处理利用工程、对农田流失的氮磷养分进行有效拦截的示范工程、分散农户生活污水处理示范工程和循环水池塘清洁养殖技术示范工程等
环境监督管理能力建设	包括水环境监测信息共享平台建设、辽河流域水环境自动监测系统建设、辽河流域水污染物预警监测系统建设和辽河流域主要水污染物排污权交易平台建设等

（2）评价的组织机构。辽河水污染投资绩效评价的组织机构可以由三方面组成:① 项目单位;② 主管部门（主要是环境保护主管部门,包括辽宁省环保厅、水利厅、工信厅、农业厅等）;③ 辽宁省财政厅。首先,项目单位要根据申报年度部门预算时向主管部门和省财政厅报送的项目可行性方案和预期绩效目标,对照项目支出绩效和预定目标实现情况进行自评,对于跨年度水污染防治项目必须在每个预算年度结束后对绩效阶段性目标完成情况和资金使用情况实施一年一评的中期评价,在项目全部完成后再对绩效总目标完成情况进行评价。自评期限为预算项目全部完成后（跨年度项

目在预算年度结束后）的两个月内，并将自评报告于 20 天内报主管部门和省财政厅等部门。自评报告的主要内容包括基本概况、项目绩效目标、项目执行情况、自评结论、问题与建议以及情况说明等。其次，主管部门评价要根据年度工作目标，选取一定数量的水污染防治项目进行绩效评价，对项目单位的绩效自评情况进行抽评。同时，要认真编制年度水污染防治项目绩效评价计划表，于每年部门预算编制时报省财政厅备案，并将当年项目单位自评情况和主管部门评价情况统一汇总一并上报。主管部门水污染防治项目评价报告主要内容包括基本概况、绩效情况、评价人员和评价报告等。最后，辽宁省财政厅要根据辽河流域评价工作重点和预算管理要求，会同相关主管部门，在每个预算年度选取部分具有代表性和一定影响力的重点水污染防治项目组织评价，同时对主管部门、项目单位的绩效评价情况进行抽评（图 8-3）。

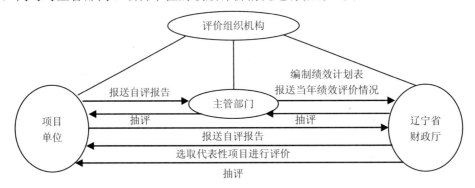

图 8-3　辽河水污染投资绩效评价组织机构

（3）评价的具体程序。

☞ 项目确定：按规定的程序和权限，确定某水污染防治项目是否列入当年度绩效评价计划。具体绩效评价对象由省财政厅、主管部门和单位根据相关文件、绩效评价工作重点及预算管理要求确定。

☞ 组建绩效评价主体：包括以下几个步骤：① 建立评价工作组，评价工作组由评价组织单位的有关人员组成，具体负责整个评价工作的组织领导及协调工作；② 制订评价工作方案，由评价工作组制订评价工作方案，主要内容包括评价立项依据、评价对象、评价目的、评价工作组组成人员、评价组组建要求或中介机构选择要求、评价时间计划等有关事项；③ 确定评价机构，由评价工作组根据工作方案的要求，组建评价组或选择中介机构作为具体实施评价的主体。组建评价组的，人数应在 3 人以上；选择中介机构的，应在具备参与绩效评价工作资质的中介机构中选择，并签订协议，根据水污染防治项目实际需要应要求中介机构再聘请相关的行业专家参与。

☞ 实施绩效评价：① 制发评价通知书，由评价组织单位制发评价通知书下达被评价单位；② 进行绩效评价。在没有建立评价指标体系之前，应采取专家组评价的办法，根据项目执行进度、资金使用管理、项目验收结果等，对项目实施情况进行定性评价，确定项目绩效情况；在建立健全评价指标体系之后，专家组或中介机构应采取综合打分的办法，按照分数多少，评定项目绩效情况。

☞ 完成绩效评价报告：评价报告内容应主要包括水污染防治项目概况（含立项概况和执行概况）、评价依据、绩效分析、评价结论、有关问题与建议以及评价打分表格等。

☞ 评价结果反馈及整改：由绩效评价组织单位将评价报告和评价整改反馈意见书发送到项目单位，项目单位要根据意见书的内容在一个月内将整改反馈意见书报送绩效评价组织单位（图 8-4）。

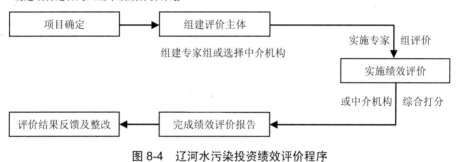

图 8-4　辽河水污染投资绩效评价程序

8.7.3.2　构建辽河水污染防治投资绩效评价指标体系

按照科学性、综合与系统性、可操作性、可比性等原则，我们将辽河水污染防治投资绩效评价指标主要包括三类：① 项目管理绩效指标；② 资金投入和使用绩效指标；③ 产出效益指标。上述三类指标下面还分为二级指标和三级指标。辽河水污染防治投资绩效指标体系既包括定性指标，也包括定量指标，定性指标情况由专家评定和意愿调查获得，定量指标情况由专业部门测算和评定。在上述三类指标体系之外，还有其他影响因素指标，主要包括具有辽河流域特色的指标和投入、产出等相对指标，旨在对前三项指标构建的绩效指标体系得分情况进行必要修正。通过构建多级绩效评估指标体系，可以全面分析流域水污染治理项目的投入、产出和成效，综合反映流域水污染防治投资绩效。具体的绩效指标体系见表 8-10。

由于表 8-10 的指标体系构建针对的是所有流域水污染防治投资项目，缺乏横向比较和区域特点。为此，需要其他影响因素指标进行必要的补充。这里，我们主要选取辽宁省经济规模和增长速度、辽河流域水污染防治资金的增长情况及其占全省一般预算支出的比重、其他辽河流域省份水污染防治投入情况、污染减排效果（与前一年相比）、辽河流域上游地区经济发展状况以及在水污染防治过程中对其他生态环境造成破坏等作为指标体系的影响因素，通过定性分析和定量赋值，对指标体系得出的绩效得分进行进一步判断、权衡和修正，得出辽河水污染防治绩效评价的最终结果。

8.7.3.3 辽河水污染防治投资绩效评价结果应用

辽河水污染投资绩效评价并不是一项单一的工作，它是为优化资金配置，提高投资效益服务的，其最终目的是建立以结果为导向的投资资金监督管理使用机制，指导辽河水污染防治专项资金分配和水污染防治实践。因此，一方面，要建立辽河水污染治理绩效评估结果的信息披露制度，增强公共投资的公正性和透明度；另一方面，要不断加强辽河水污染治理绩效评估结果的应用，构建辽河水污染治理专项资金使用的约束和激励机制。具体如下：

（1）财政部门应针对绩效评价中发现的问题，及时提出改进和加强财政支出管理的措施或整改意见，并督促主管部门或单位予以落实，不断提高财政资金的使用效益。

（2）被评价部门和单位应对绩效评价中发现的问题认真加以整改，及时调整和完善本部门、单位的管理制度，合理调整支出结构并加强财务管理，提高管理水平。

（3）财政部门应将绩效评价结果作为以后年度安排部门预算的重要依据，并逐步建立财政支出绩效激励与约束机制。建立项目绩效信息数据库，将年度安排的项目支出和评价报告内容归并存档，建立项目信息数据库，记录项目单位的绩效等级，将其作为以后年度安排专项资金的主要依据，实现绩效评价报告的滚动使用。对于绩效优良的水污染防治项目单位，在安排项目预算时应给予优先考虑；对于无正当理由没有达到预期绩效目标的水污染防治项目单位，在安排以后年度项目预算时应从严考虑或不予安排。

（4）为增强财政资金使用的透明度，财政部门应当建立绩效评价信息公开发布制度。对于未能如期完成绩效自评工作，或绩效评价结果很差的部门和项目单位，可在一定范围内予以通报。同时，严格要求项目单位按照项目绩效整改意见进行整改，并将整改情况记录归档。绩效评价结果可与考核制度挂钩，纳入目标责任制考核范围。

（5）建立报告制度。要将年度评价的重点项目绩效、存在的问题等有关情况以及绩效评估工作的开展情况，向同级人民政府或人大报告。

（6）面向社会公开。辽河水污染防治投资项目绩效情况应通过新闻媒介等形式向社会公开，接受社会公众的监督。

以上构建的是"十二五"初期辽宁省在辽河流域水污染防治投资绩效评价试点方案的基本框架。由于历史欠账的积累和工业化、城镇化的推进，"十二五"时期，辽河流域的生态系统会面临更加严峻的挑战，治理保护辽河是一项长期而艰巨的任务，要坚持保护和恢复生态优先、点源污染防治与面源污染防治并重、防治结合、综合治理的原则，统筹规划，全面、系统、科学地推进辽河流域水污染防治工作。因此，"十二五"中后期的绩效评价工作，应在前期试点的基础上，分中央和地方两个层面进行。在中央层面，为充分调动地方的积极性，建议财政部、环保部将辽河流域作为水污染防治投资绩效评价工作的试点，并在资金安排上适当倾斜，安排专项资金用于绩效评价制度的设计实施。在地方层面，辽宁省应按照《辽河流域水污染防治"十二五"规划》的要求，逐步拓宽评价范围，不断改进评价方法，完善评价组织机构和程序，合理统筹并积极协调各部门的任务分工，以实现到"十二五"末全流域景观化、生态化的总体目标。

附　录

附录1　水污染防治投资测算编制规范（建议稿）

第一章　总　则

第一条　水污染防治投资规划编制的主要目的是基于规划目标和任务，进一步明确规划投资需求及投资重点领域，建立切实可行的资金筹措渠道，保障规划目标和任务的顺利实施。

第二条　水污染防治投资规划编制坚持以下原则：

科学合理。水污染防治投资规划的编制应建立在科学合理的基础之上，包括任务量测算、削减量分配、资金构成、资金来源渠道等均需要科学、合理、可行的测算方法，保障投资规划编制的科学合理性。

突出重点。水污染防治投资规划的编制应以规划目标为核心，对应于规划措施与任务，围绕规划目标的实现，突出投资的重点领域与方向，切实保障规划目标的完成。

分清事权。水污染防治投资应明确资金的来源渠道，保障规划投资的有效落实。分清事权是明确政府与企业、社会，中央政府与地方政府水污染防治职责的基础。在事权划分的基础上，明确政府、企业等投资主体的投资需求和投资重点，同时有利于根据不同资金渠道，测算资金供给情况。

经济可行。水污染防治投资规划在编制中要遵循经济可行的原则，确保投资经济上的可承受性及可行性，强化投资规划实施的可操作性。

第三条　水污染防治投资规划编制的主要依据如下：

（1）国民经济和社会发展规划纲要。

（2）全国环境保护规划。

（3）总量控制规划。

（4）重点流域、区域环境保护规划。

（5）各省环境保护规划。

（6）其他相关专项规划。

第二章　水污染防治投资测算编制思路

第四条　在水污染防治目标确定之后，污染减排总量也随之确定。在运用数学工具初步了解投资规模的基础之上，依据规划所确定的减排任务进行投资测算。水污染防治投资规划编制主要从两个方面进行：

利用宏观预测模型，测算水污染防治投资规模。基于协整分析，构建水污染防治投资宏观测算模型，测算规划期内水污染治理投资的总规模。

测算基于污染减排目标的投资需求，明确投资重点。基于规划目标，构建目标—任务—投资三位一体的投资预测方法，从规划目标和任务出发，对污染减排的工程措施予以定量测算，明确投资的重点领域和方向。

第三章　水污染防治投资宏观预测

第五条　水污染治理投资宏观需求预测旨在匡算规划期内水污染治理投资大体规模，以便于合理筹措资金，满足规划任务需要。

第六条　水污染防治宏观投资预测采用多变量协整方法。

第七条　水污染防治投资需求影响因素包括：GDP、固定资产投资、工业增加值、财政收入。基于水污染防治投资需求影响因素分析，采用计量模型预测投资。测算方法如下：

水污染防治投资 Y_t 与投资需求影响因素 X_t 之间的关系计算公式如下：

$$Y_t = \alpha_0 + \alpha_1 X_t + \mu_t$$

式中：μ_t——随机扰动项。

当随机扰动项 μ_t 是平稳序列时，水污染防治投资 Y_t 与投资需求影响因素 X_t 之间具有协整关系，$Y_t = \alpha_0 + \alpha_1 X_t + \mu_t$ 为 Y_t 与 X_t 之间的长期均衡关系式。协整检验可采用两变量的 Engle-Granger 检验法和多变量协整关系的检验法（扩展的 EG 检验法），通过 OLS 估计并检验残差序列的平稳性。

（1）两变量的 Engle-Granger 检验。为了检验两变量 Y_t 和 X_t 是否协整，Engle 和 Granger 于 1987 年提出两步检验法，也称为 EG 检验。用 OLS 方法估计方程：$Y_t = \alpha_0 + \alpha_1 X_t + \mu t$，计算非均衡误差 $\hat{e}_t$。检验 $\hat{e}_t$ 的单整性。如果 $\hat{e}_t$ 为平稳序列，则认为变量 Y_t 和 X_t 存在协整关系。

（2）多变量协整关系的检验——扩展的 EG 检验。多变量协整关系的检验要比双变量复杂一些，主要在于协整变量间可能存在多种稳定的线性组合。

假设有 4 个一阶单整变量 Z_t、X_t、Y_t、W_t，它们有如下的长期均衡关系：

$$Z_t = \alpha_0 + \alpha_1 W_t + \alpha_2 X_t + \alpha_3 Y_t + \mu_t$$

式中：非均衡误差项 t 一定是平稳序列。

对于多变量的协整检验过程，基本与双变量情形相同。在检验是否存在稳定的线性组合时，需通过设置一个变量为被解释变量，其他变量为解释变量，进行 OLS 估计并检验残差序列是否平稳。

第四章 基于目标任务需求的污染减排投资预测

第八条 基于目标任务需求的污染减排投资预测，包括新增污染物产生量测算、污染削减存量测算、总削减量测算、污染削减量总量分配、水污染治理投资测算系数测算等。

第九条 新增污染物产生量测算

（1）生活 COD 新增产生量测算。根据《主要污染物减排统计办法》，新增生活 COD 排放量采用产污系数法计算，根据新增城镇常住人口数计算得到。计算公式如下：

$$P_{生活COD}=P_N\times e\times D\times 10^{-6}$$

式中：$P_{生活COD}$——目标年城镇生活 COD 新增量，万吨；

P_N ——目标年新增城镇常住人口，万人；

P_N=基准年城镇常住人口数×(1+城镇人口平均增长率)^n−基准年城镇常住人口数；

e ——人均 COD 产污系数，克/（人·日）；

D ——天数，日；

n ——目标年与基准年的时间差，年。

生活污染物新增量根据人口变化和排污系数预测。以污染源普查所用的 5 区 5 类城镇生活产排污系数（附表 1-1）加权平均[75 克 COD/（人·日）]计算各省城镇生活 COD 排放增量，最后得到全国的生活 COD 新增产生量。

（2）工业 COD 新增产生量测算。根据《主要污染物减排统计办法》，工业 COD 新增产生量采用产生强度法进行测算。计算公式如下：

$$P_{工业COD}=I_{基准}\times GDP（或工业增加值）$$

式中：$P_{工业COD}$ —— 新增工业 COD 产生量，万吨；

$I_{基准}$ —— 基准年 COD 产生强度，万吨/亿元；

GDP —— 目标年 GDP，或采用工业增加值，亿元；

（3）农业 COD 新增产生量测算。2007 年全国污染源普查，农业源 COD 排放量约 1 324 万吨，以畜禽养殖业为主（占 93%）。由于种植业年度变化小，故忽略不计。规划以畜禽养殖业的新增排放量代替农业 COD 新增产生量，以生猪存栏量（附表 1-2）和排污系数测算增量。根据污染源普查数据，生猪产污（COD）系数为 20.7 吨/（头·年）。

（4）总的污染物新增产生量测算。新增 COD 总产生量包括三部分：生活、工业和农业 COD 新增产生量。计算公式如下：

$$P_{COD}=P_{生活COD}+P_{工业COD}+P_{农业COD}$$

第十条　污染削减存量测算

存量削减量是指在基准年的基础上，根据规划期内所设定的污染物减排目标，得到的目标年排放量与基准年排放量之差。计算方法如下：

$$R_{存量COD}=基准年COD排放量×污染减排目标$$

第十一条　总削减量测算

在新增污染物产生量和污染削减存量确定后，两者之和即为总削减量。规划期内水污染防治总削减量应包括新增COD产生量与存量削减量两部分。计算公式如下：

$$P_{总COD}=P_{COD}+R_{存量COD}$$

式中：$P_{总COD}$ —— COD总削减量；

P_{COD} —— 新增COD产生量；

$R_{存量COD}$ —— COD存量削减量。

第十二条　污染削减量总量分配

总削减量在城市污水处理厂、工业污水处理、农业污染治理三者中的分配，考虑到其投资成本差异较大，不宜采用最小投资法，因此考虑采用按贡献率削减的分配方法，即按照基准年生活污水COD排放量、工业COD排放量和农业COD排放量三者的比例关系，确定总削减量的分配。计算公式如下：

（1）城市污水处理厂COD削减量分配。

$$R_{生活}=R_{总}×Per_{城市}$$

式中：$R_{生活}$ —— 城市污水处理厂COD削减量；

$R_{总}$ —— 2015年COD总削减量；

$Per_{城市}$ —— 基准年城市污水处理厂COD排放量占总排放量的比例。

（2）工业COD削减量分配。

$$R_{工业}=R_{总}×Per_{工业}$$

式中：$R_{工业}$ —— 工业COD削减量；

$R_{总}$ —— 2015年COD总削减量；

$Per_{工业}$ —— 基准年工业COD排放量占总排放量的比例。

（3）农业源 COD 削减量分配。

$$R_{农业}=R_{总}\times Per_{农业}$$

式中：$R_{农业}$ —— 农业 COD 削减量；

$\qquad R_{总}$ —— 2015 年 COD 总削减量；

$\qquad Per_{农业}$ —— 基准年农业 COD 排放量占总排放量的比例。

第十三条　工业水污染削减量分配

各个行业经济发展水平、水资源消耗、废水产生量等存在差异，同时污水处理的进水浓度与排放标准也不尽相同，工业水污染削减量的分配应充分考虑以下三个因素：一是各个行业的废水产生量；二是各个行业废水处理的进水浓度；三是各个行业的废水排放标准。计算公式如下：

$$R_{工业 i}=R_{工业}\times[E_{工业废水 i}\times(J_i-C_i)/\sum(E_{工业废水 j}\times(J_j-C_j))]$$

式中：$R_{工业 i}$ —— 分配至第 i 个行业的 COD 削减量；

$\qquad R_{工业}$ —— 所有行业的 COD 削减量；

$\qquad E_{工业废水 i}$ —— 第 i 个行业的基准年废水排放量；

$\qquad J_i$ —— 第 i 个行业的平均废水进水浓度；

$\qquad C_i$ —— 第 i 个行业的平均废水排放浓度（或排放标准）。

第十四条　水污染治理投资测算系数测算

（1）城市污水处理厂平均投资系数测算。根据污染源普查数据，对 1 221 家污水处理厂的投资费用函数进行模拟，计算公示如下：

$$\text{Invest} = e^{-0.305-0.317f-0.234s} \cdot (\text{WD}_{tre})^{0.881}$$

式中：Invest —— 污水处理投资费用，万元；

$\qquad f$ —— 0-1 变量，计算处理级别为 1 的污水处理厂时取 1，其他为 0；

$\qquad s$ —— 0-1 变量，计算处理级别为 2 的污水处理厂时取 1，其他为 0；

$\qquad \text{WD}_{tre}$ —— 污水处理厂的设计处理能力，吨/日。

公式中，当 f 取 1、s 取 0 时，对应污水处理厂的一级排放标准；当 f 取 0、s 取 1 时，对应污水处理厂的二级排放标准；当两者都取 0 时，对应污水处理厂的三级排放标准。在污水处理量给定的情况下，可以得出投资费用与污水处理级别的关系，从而计算出提高污水处理标准所增加的投资费用。

以目前中等规模的污水处理厂（设计处理能力 5 万吨/日）为标准，计算城镇污水处理厂不同处理级别的投资和运行系数（附表 1-3）。

（2）工业行业水污染防治平均投资系数测算。根据污染源普查数据及世界银行政策研究局 Susmita Dasgupta 等针对中国 327 家企业的研究成果，选择重点水污染行业的污水治理投资进行模拟，计算得到其单位水污染防治投资系数。计算公式如下：

$$C = \mathrm{e}^{a_0} \cdot W^{a_1} \cdot \prod_{k=1}^{n}(E_k)^{\beta_k}$$

以该式为基础，对某一种污染物的排放量进行偏导，可以得到：

$$\frac{\partial C_1}{\partial E_1} = \frac{\beta_1}{E_1} \cdot \mathrm{e}^{a_0} \cdot W^{a_1} \cdot \prod_{k=1}^{n}(E_k)^{\beta_k}$$

式中：W ——污水处理量；

E ——污染物处理效率。

（3）农业水污染治理平均投资系数测算。根据环境保护部环境规划院相关研究成果，参考全国案例数据，按照 50～1 000 头，1 000～1 万头，1 万头以上的生猪养殖所占的比重和各养殖规模的投入量加权计算，治理农业水污染所需投资为 2 000～2 500 元/吨水（仅指养殖废水处理）。

第十五条　基于目标任务需求的污染减排投资总量测算

在确定城市污水处理厂、工业污染治理、农业污染治理的 COD 削减量，并对工业 COD 削减按照上述方法进行行业分配之后，结合不同污染治理方式的投资系数，计算规划期内 COD 削减的总投资。计算公式如下：

$$I_{总} = R_{生活} \times T_{城市污水处理厂} + \sum_{i=1}^{10} R_i \times T_i + R_{农业} \times T_{农业}$$

式中：$I_{总}$ ——规划总投资；

$R_{生活}$ ——城市污水处理厂 COD 削减量；

$T_{城市污水处理厂}$ ——污水处理厂投资系数；

R_i ——第 i 个行业的 COD 削减量；

T_i ——第 i 个行业污水处理投资系数；

$R_{农业}$ ——农业 COD 削减量；

$T_{农业}$ ——农业水污染治理投资系数。

第十六条　城镇生活污水处理厂的建设需要配套管网，管网建设因地制宜，根据实际情况及具体规划布置好配套管网后，根据投资系数测算得到管网投资。公式如下：

$$I_{管网} = L_{管网} \times T_{管网}$$

式中：$I_{管网}$ ——管网总投资；

$L_{管网}$ ——管网总长度；

$T_{管网}$ ——管网投资系数，每公里约为 200 万元。

第五章　水污染防治投资渠道测算

第十七条　中央政府支持水污染防治投资的资金按照来源和管理渠道主要分两类：一是中央预算内基建投资（含国债），由国家发展和改革委员会负责，环境保护部参与其中部分资金的分配；二是中央财政环境保护水污染治理（专项）资金，由财政部负责，环境保护部参与其中部分资金的分配。地方政府的水污染治理投资资金来源主要有：一是地方政府基建投资；二是地方政府水污染治理专项资金。企业水污染治理投资的资金主要来源于银行贷款，其次来自企业自筹。利用外资的水污染治理投资的资金主要来源于外资企业直接投资和国外银行贷款。

第十八条　根据"污染者付费"原则，企业是工业污染防治的投资主体。工业水污染治理投资以企业自筹资金（含银行贷款等）为主，政府资金予以适当补助。

第六章　解释说明

第十九条　水污染防治投资规划的编制是在水污染防治规划的基础上进行的，投资的数额决定于所制定的规划目标。水污染治理投资受水污染防治规划目标的直接影响，规划目标的确定是开展水污染防治投资规划编制的基础条件。

第二十条　约束性指标作为政府对公众的承诺，是整个规划任务的核心与灵魂，是规划期内各项污染防治工作所围绕的主线，总量控制指标是开展投资规划编制的重要依据。

第二十一条　相关附表如下所示。

附表 1-1　5 区 5 类城镇生活产排污系数

单位：克 COD/（人·日）

	一类	二类	三类	四类	五类
一区	77	69	66	63	60
二区	79	73	69	64	58
三区	81	74	67	64	59
四区	82	72	65	59	53
五区	76	68	64	58	53

附表 1-2　生猪存栏量

单位：万头

年份	2000	2001	2002	2003	2004	2005	2006	2007
生猪头数	41 633	41 950	41 776	41 381	42 123	43 319	41 850	43 989

附表 1-3　城镇污水处理不同级别的投资和运行系数

单位：万/t

	一级	二级	三级
投资系数	1 482	1 610	2 034
运行系数	0.9	0.95	1.07

附录2 辽河流域水环境保护事权财权划分方案（建议稿）

流域水环境保护由于涉及范围较广，归属中央、省、市、县四级政府负责，还涉及省际投入分配等问题，因此，合理划分其事权财权，建立健全各利益相关主体在流域范围内水环境污染治理、投融资、管理监督等方面基础性、长效性的制度规范，具有十分重大的意义。辽河流域是我国七大流域之一，流域主体所在的辽宁地区属于重要的老工业基地。本方案从流域水环境保护财权事权划分的基本原则入手，按照政府与市场、中央政府与地方政府、政府相关职能部门三个维度，设计了辽河流域水环境保护事权、财权划分的具体实施方案。

辽河流域属跨省境水系，其干流由辽河水系和大辽河水系组成。其中，辽河水系由西辽河和东辽河，以及发源于吉林的招苏台河、条子河等在辽宁省境内汇合而成，在盘锦市入海；大辽河水系由发源于辽宁的浑河、太子河，在营口市汇合成大辽河入海。辽宁境内辽河流域面积 6.92 万 km^2，涉及 11 个省辖市，共计 24 个县（市）。流域总人口、地区生产总值均占辽宁全省的 60%以上。据《2011 年辽宁省环境状况公报》显示，辽河流域 26 个干流断面 COD 年均浓度为 16.1 毫克/升，呈逐年下降趋势，比 2006 年下降 62.1%。其中，Ⅰ～Ⅲ类水质占比由 53.8%上升至 65.4%，连续两年维持轻度污染。氨氮和总磷污染同比减轻，氨氮超Ⅴ类标准断面比例由 57.7%下降至 26.9%。经过多年治理，虽然辽河流域水质状况有所好转，但总体形势仍不容乐观，水环境保护任务仍然艰巨，有必要厘清相关利益主体的事权与财权，在事权界定和财权配置方面构建起水环境保护的制度基础。

一、水环境保护事权财权划分的基本原则

（一）环境效益最大化原则

水环境保护事权财权划分要以环境效益最大化为基本原则，通过优化配置环境资源，生产出最多的环境产品，使环境产品在使用中达到最大效益。这包括分散环境产品的公共性，建立明确的环境产权，防止以牺牲环境寻求局部的、短期的利益。

（二）污染者付费原则

污染者付费原则就是谁污染谁付费的原则，包括污染控制与预防措施的费用，通过排污征收的费用以及采用其他一些相应的环境经济政策所发生的费用，都应由污染

者来负担。污染者付费原则主要解决的是环境产品的负外部性、公共性和环境资源无市场性等问题。

（三）投资者受益原则

投资者受益原则是指从事水环境保护的相关主体能够取得相应的收益。这样，可以把环境问题的解决任务交由这些专门的环境保护主体来进行，使其成本和收益成正比，激励各个主体参与水环境保护。

二、辽河流域水环境保护事权财权的划分

事权可以理解为政府或组织对于某项事务的职责与权限。财权则是指政府筹集和支配收入的权力[①]。水环境保护是全社会共同的责任，需要政府、企业、社会组织等相关主体介入。同时，不同层级政府的职责不尽相同，同一层级政府内部又有多个相关职能部门对水环境保护负有责任。因此，可以分别从政府与市场、中央政府与地方政府、政府相关职能部门三个维度考察事权财权的划分。水环境保护的具体事权划分如附表 2-1 至附表 2-4 所示。

财权根据来源可分为政府承担和市场承担两部分。政府承担部分来源于纳税人上缴的税收；市场承担部分来源于企业和消费者付费。

附表 2-1　辽河流域水环境保护政府与市场之间事权划分

主体		事权内容
政府		制定法律法规、编制规划；环境保护监督管理；生态环境保护和建设；环境基础设施建设，跨地区的水污染综合治理工程；城镇生活污水处理；技术研发推广等
市场	企业	严格执行"三同时"制度；缴纳排污费；开展清洁生产，循环用水；进行水环境无害工艺、科技及设备的研究、开发与推广；生产环境达标产品等
	社会公众	缴纳排污费用、污水处理费；有偿使用或购买环境公共用品或设施服务；消费水环境达标产品；监督企业污染行为等

---

① 在分税制财政体制下，通常提到的财权是指一级政府组织收入的权力，具体形式为税收权、收费权和举债权。实际上，广义的财权应该包括收入组织权、财力支配权、监督管理权等政府收支活动的多个方面。为了更全面地反映辽河流域水环境保护的财权状况，这里以广义的财权为前提进行分析。

附表 2-2 辽河流域水环境保护中央与地方政府之间事权划分

主体		独立承担事权	混合性事权
中央政府		全国性水资源水环境保护规划； 水环境标准制定； 水环境监测执法； 跨省界、重点流域的水污染防治； 水污染防治基础性、关键性、共性技术的研发、推广和应用； 环境污染事件最后责任人； 全国性水生态功能区建设； 督导、引导中央企业淘汰严重污染水环境的生产工艺和设备； 协调国家层面的环境国际履约	水环境基础设施：中央对欠发达地区根据其财力状况环境基础设施给予一定比例的补助，地方应负责其运营、管护； 水环境监测和执法能力：中央可从水环境基本公共服务能力均等化和填平补齐的角度对某些地区的水环境监测执法能力进行支持；
流域管理机构	松辽水利委员会	流域水环境保护规划的编制和监督实施； 流域水质断面监测； 实施流域水环境评估和限批； 流域水污染防治技术综合集成与推广应用； 流域水污染纠纷的协调与处置	跨区域、流域性水环境保护和污染综合治理：中央监督，各流域省区对省内断面水质达标负责； 历史遗留水环境污染治理：根据原主体隶属关系或财税上缴关系确定责任； 水环境突发应急事件：地方负责建立应急预案，发生时启动实施，中央承担兜底责任；
	辽河保护区管理局		
省级政府	辽宁省政府	省级水环境保护规划制定及实施； 制定省域内水环境标准和污染排放标准； 省域内水环境监测、执法； 省域内流域水环境综合治理； 督导、引导省级企业淘汰严重污染水环境的生产工艺和设备，引导省级企业清洁生产、技术改造	
	吉林省政府		
	内蒙古区政府		
地市县各级政府		地方水环境保护规划制定及实施； 辖区内水环境监测、执法； 辖区内城镇生活污水处理； 辖区内农业面源污染防治； 辖区内水土保持、水土涵养； 辖区内水环境监测； 督导地方企业淘汰严重污染水环境的生产工艺和设备，引导地方企业清洁生产、技术改造	跨行政区域水源地保护、水生态功能区建设：通过生态补偿，受益地区和水源区分担，中央引导支持； 跨界水污染纠纷处理：由地方协商解决，不能协商的，由上一级政府协调

附表 2-3　辽河流域水环境保护政府相关职能部门之间事权划分

具体事权	承担者	负责部门
水环境标准制订、监测、执法	国家、省级政府制订标准；基层政府承担监测、执法任务	环保部、水利部、卫生部；辽宁、吉林、内蒙古环保厅、水利厅、卫生厅；各市县有关部门
工业水污染处理	主要由企业承担，对于部分重大和历史遗留问题中央可以采取专项资金进行补助	环保部、建设部、财政部；辽宁、吉林、内蒙古环保厅、建设厅、财政厅；各市县有关部门
城镇生活污水处理	国家、省、市、县承担污水处理厂和管网建设及部分困难地区运行维护成本；企业和消费者承担运行、维护成本	环保部、建设部；辽宁、吉林、内蒙古环保厅、建设厅；各市县有关部门
农业面源污染防治	标准、规划制订、科学研究和技术推广应由国家、省级政府承担；基层政府承担监测、执法任务	农业部、环保部、水利部；辽宁、吉林、内蒙古农委、环保厅、水利厅；各市县有关部门
水土保持和小流域治理	根据属地原则由省、市、县承担	辽宁、吉林、内蒙古农委、林业厅、国土厅、水利厅；各市县有关部门
河道清淤疏浚、景观建设	根据属地原则由省、市、县承担	辽宁、吉林、内蒙古环保厅、水利厅、建设厅；各市县有关部门
河道航运	根据属地原则由省、市、县承担	辽宁、吉林、内蒙古交通厅；各市县有关部门
水污染防治技术研发、推广	主要由国家、省级政府承担	科技部；辽宁、吉林、内蒙古科技厅；各市县有关部门
水污染突发事件应对	根据属地原则由省、市、县承担	辽宁、吉林、内蒙古环保厅、公安厅；各市县有关部门

附表 2-4　辽河流域水环境保护财权划分

财权形式		具体内容	使用方向
政府投入	收入组织权	税费惩罚和优惠	限制污染行业、鼓励环保行业发展
		政策性融资（债券、贴息、担保）	支持环境基础设施建设
	财力分配权	预算直接拨款	保障政府职能部门运行、环境基础设施建设、科学研究
		设立环保专项资金	支持基础设施建设、污染防治、损失赔偿、技术研发和推广
	监督管理权	建立财政补偿机制	建立断面水质考核制度，在上下游地区政府之间实施财政补偿
		实施财政绩效评价	监督财政资金使用绩效
市场投入		企业自有资金投入	基础设施建设、污染防治
		企业贷款、发行债券、股票	基础设施建设、污染防治
		排污费、污水处理费	污水处理设施运营

三、政府与市场之间的事权财权划分

在水环境保护领域，需要依据环境效益最大化原则，明确政府和市场的边界。政府的责任是提供公共物品，公共财政支出应增加环境保护投入比例，而水体污染防治是当前环境保护的重点领域。市场主体应该明确环境责任，按照污染者付费原则承担污染治理成本。既涉及政府又涉及市场的主要有污水处理厂建设运营和排污费体制改革两个领域。

（一）污水处理厂建设运营

污水处理厂及其管网建设，属于公共基础设施，应由政府承担。从辽宁来看，根据目前财政收入中中央政府占比较高的情况，主要应由中央政府出资，辽宁省政府提出建设规划，各市县承担建设工作。政府作为出资人，通过官员政绩考核机制和人民代表大会对建设效果进行监督考核。污水处理厂运营和维护成本，应由使用污水处理服务的企业和居民承担，合理利用 BOT、TOT 等形式的市场融资工具。中小城镇污水处理设施规模小、运营成本高，可以以小流域为单元，打捆进行市场招标，保证规模化运营，降低成本。

政府事权的重点是建立健全水资源费和污水处理费制度。一方面，各市县要建立收费渠道，保障污染治理企业的合理利润率；另一方面，对污染治理企业进行监管，需要不断完善水质水量要求，责令其向公众报告成本、水质等环境信息，使企业把成本过度转嫁给消费者的可能影响减至最小。从辽宁省内区域协调考虑，沈阳、大连可以在污水处理费中涵盖部分污水处理厂建设成本，节约建设资金，由辽宁省级财政统筹，支持财政实力较弱的阜新、朝阳等地污水处理厂建设、运营。

（二）排污收费管理和使用

辽宁省政府应对污染治理成本进行研究，参考污染治理的市场价格，进一步完善排污费标准，使排污费涵盖治理成本。研究排污费改环境税，落实收支两条线，明确排污费收入的投入方向，如企业技术改造、管网建设、突发事件应对基金等，使地方污染控制部门解除对排污费的依赖。

四、中央与地方政府之间的事权财权划分

各级政府边界划分主要包括跨行政区域环境责任和环境治理资金的出资责任。在中央与地方政府财权与事权合理划分的基础上，重点保障地方政府特别是基层政府水环境保护的财力与事权相匹配，确保地方政府拥有足够财力实施辽河流域水环境保护。

（一）明确跨行政区域环境责任，继续完善污染补偿和生态补偿机制

辽宁与吉林、内蒙古跨省域的河流断面，需要中央政府介入，确立水质断面环境标准，对上游低于标准的情况进行惩罚，用于下游污染治理；对上游高于标准的情况进行奖励，向下游征收水资源费，用于补偿上游水土保持、造林等费用。跨省断面水质应成为省级官员考核的参照。辽宁省内的流域断面，要进一步完善生态补偿机制，将《辽宁省东部重点区域生态补偿政策实施办法》扩展到辽河流域，按照流域总体环境容量，将环境目标落实到市县政府，根据水环境质量、环保基础设施建设运营情况、人口、经济情况设立惩罚和奖励措施，统一管理，用于污水处理、水土保持或者进入环境治理专项资金。

（二）水环境治理资金出资责任

考虑现有环境基础设施建设历史欠账较多、上下级财政收支不平衡、地区之间发展不平衡的状况，中央、省级财政应根据公共服务均等化原则加大对市县级财政的一般性转移支付比例，规定其中一定比例用于水环境保护，具体事项由下级政府完成，并向上级政府和公众报告；中央、省级财政继续列支环境基础设施建设、污染防治和环境突发事件应急专项资金。对于财政情况较差、无力配套进行环境基础设施投入的市县，上级财政应提高转移支付比例。

对于流域内的自然保护区，可参考《中华人民共和国水污染防治法》第七条，"国家通过财政转移支付等方式，建立健全对位于饮用水水源保护区区域和江河、湖泊、水库上游地区的水环境生态保护补偿机制"，加强对各地区的入境、出境水质监测与考核，利用水质、水量指标建立横向转移支付机制，以水资源费形式对上游进行补偿。也可探索"飞地模式"，在上游植树造林、降低工业污染的同时，在下游地区开辟工业区，分享工业发展的利益。建议中央、省级财政负责基础性较强的环境污染排放标准修订、环境监测和执法能力建设、农村测土配方施肥、农村集约化畜禽养殖污染防治以及水污染防治重大技术攻关和新技术、新工艺推广等，通过基本建设投资、国债资金、排污费专项资金、节能减排专项资金等多渠道投入。

五、政府相关职能部门之间的事权财权划分

目前，辽宁成立了辽河保护区管理局，承担原来水利厅、环保厅、国土资源厅、交通厅、农委、林业厅、海洋渔业厅等部门的辽河流域水质水量监管、污染防治和生态保护、交通设施管理、水土流失防治、湿地保护、渔业捕捞管理等相关职责，对辽宁省域内的辽河流域水环境保护进行监督管理。这一改革措施确立了辽河流域的主要管理机构，进一步明晰了有关管理部门的事权边界，对辽河流域管理十分有益。今后

对于政府部门间的权责划分，应主要考虑两个问题：

（一）流域管理机构功能集成

解决"多龙治水"的局面，将前端防治、中端控制、末端治理结合。从流域的角度统一核算水环境容量、污染量、减排量。前端农业部门统计农村面源污染，中端水利部门统计水量水质，终端环保部门监控工业污染。在省级政府层面上完善流域综合管理机构，以水污染问题和生态功能关联性为主要依据，以流域水质水量的可持续发展为目标，集合原环保、国土、水利、农业部门的审批、规划、执法权限，专职负责流域内跨市县行政区划的环境保护事务；协调跨区间的环境纠纷，对重大项目进行环境影响的评估、监督、执行。集合现有的农村环境整治、污染治理、环境基础设施建设资金，按照污染物"产生—排放—削减"的全生命周期评价，提高资金使用效率。

（二）强化流域管理机构的独立性

应从立法上授予流域管理机构权限，使流域管理机构独立于同级行政机构。从运营经费上提高流域管理机构独立性，流域管理机构的分支机构运营经费并入省级财政预算，不受地方财政限制。建立信息沟通和联合监督机制，在流域管理机构牵头下召开联席会议，向社会通报有关情况、开展技术交流、信息共享，开展联合检查。在流域管理机构中设立环境审议机构和咨询机构，成员由专家、学者、企业家、公众代表组成，对政策制定、管理决策提供科学化、民主化的咨询和建议。

附录3　水环境保护政府间转移支付制度方案指导性意见
（建议稿）

为维护国家水环境安全，促进重点流域水质改善，引导各级地方政府和社会加强水环境保护，强化重点流域和影响面广的重要水源水质安全保障，并保障水源地和流域上游地区基本公共服务保障能力，国家通过财政转移支付等方式，建立健全对位于水源保护区区域和江河、湖泊、水库上游区域的经济不发达地区的水环境生态保护补偿机制。

一、转移支付基本原则

应按照"谁保护，谁得益"、"谁改善，谁得益"、"谁贡献大，谁多得益"以及"总量控制、有奖有罚"的原则，全面实施对主要水系源头所在地区及重点流域进行生态环保财力转移支付。

（一）公平公正，公开透明。在广泛征求相关部门和地方意见的基础上，选取客观因素进行公式化分配。转移支付测算办法和分配结果公开。

（二）重点突出，分类处理。中央财政逐步加大对国家重点水功能区、重点流域（如"三河三湖"及松花江流域）的转移支付力度，并对其他重要水功能区域给予适当补助。

（三）注重激励，强化约束。建立健全水环境质量监测考核机制，根据评估结果实施适当奖惩。

二、财力转移支付对象和资金性质

水环境保护财力转移支付对象，为我国境内重点水系干流和流域面积达到一定标准以上的一级支流源头和流域面积较大的市、县（市），中央以省、自治区、直辖市为单位，省级以对市县财政体制结算单位为计算、考核和分配转移支付资金的对象。

水环境保护转移支付资金实行中央对省级政府专项转移支付，具体项目的实施管理由省级政府负责，采用因素法进行分配，不再另行组织项目申报。

生态环保财力转移支付资金，由地方政府统筹安排，重点用于地方环境保护、生态建设、污染治理、民生保障、基本公共服务等方面的支出。

三、财力转移支付分配方法

（一）指标设置

按照生态功能保护、水环境质量改善等两大类因素设置相关指标：

1. 生态功能保护类指标：森林覆盖率、省级以上生态公益林面积、大中型水库面积、湿地面积；

2. 环境质量改善类指标：主要流域水环境质量，主要监测指标（可包括 COD 指标、氨氮指标、重金属指标、微生物指标）。

（二）权重分配

1. 生态功能保护类 50%，其中：省级以上公益林面积 30%，大中型水库面积 20%；

2. 水环境质量改善类 50%，其中：主要江河流域的水环境质量 30%，主要水源地、湖泊、水库的水质 20%。

（三）考核系数和计算方法

1. 生态功能保护类

（1）生态公益林面积：根据林业部门确认的各市县考核年度省级以上公益林面积占全省面积的比例计算。

（2）大中型水库面积：根据水利部门确认的大中型水库折算面积占全国、全省面积的比例计算，但每个地区可得数额最多不超过该项分配总额的 20%。

2. 环境质量改善类

对主要流域出境水质设立警戒指标，即水环境的警戒指标为水环境功能区标准，大气环境的警戒指标为 API 值低于 100 的天数占全年天数的比例不低于 85%，质量高于警戒指标的，每提高一个级别给予一定的补助奖励，低于警戒指标的，每降低一个级别给予一定的扣补处罚。

根据环保部门监测确认的各地主要流域交界断面出境水质和水利部门确认的多年平均地表水径流量，分不同情况计算并考核。

（1）凡主要流域各交界断面出境水质全部在警戒指标以上的，给予一定金额的奖励资金补助。同时，对出境水质达到Ⅲ类水标准的设定系数为 0.6；达到Ⅱ类水标准的，系数为 0.8；达到Ⅰ类水标准的，系数为 1。有多条河流、多个交界断面的，按其对应标准的系数加权平均。补助资金按照各市、县（市）系数与其多年平均地表水径流量的乘积占全省的比例进行分配。

（2）根据各地交界断面出境水质考核年度较上年度的变化情况，实行水质提高或降低的奖罚机制，即：对Ⅳ类水、Ⅴ类水和劣Ⅴ类水分别设置系数为 0.4、0.2 和 0.1，并按上述方法分别计算出各市、县（市）考核年度和上年度的总系数并进行比较，考核年度较上年每提高 1 个百分点，给予 10 万元的奖励补助；反之，每降低 1 个百分点，则扣罚 10 万元补助，以此类推。

（四）水环境保护转移支付实行奖惩和激励约束机制

财政部门会同环境保护部门等对重点流域和水源地所属省区进行水环境监测与评估，并根据评估结果采取相应的奖惩措施。对水环境指标明显改善的地区，通过奖励性补助方式适当增加转移支付。对非因不可控因素而导致水环境恶化的地区，适当扣减转移支付。其中，水环境明显恶化的地区全额扣减转移支付，水环境质量轻微下降的地区扣减其当年的转移支付增量。

四、关于水环境转移支付资金的使用、监督和管理

各地政府对生态环保财力转移支付资金，应当分轻重缓急，统筹安排使用。各级财政部门要加强生态环保转移支付补助资金使用的监督和管理，切实提高资金使用效益。水环境保护财政转移支付要重点用于：污水、垃圾处理设施以及配套管网建设项目；工业污水深度处理设施和清洁生产项目；区域污染防治项目，主要为饮用水水源地污染防治，规模化畜禽养殖污染控制，城市水体综合治理等；规划范围内其他水污染防治项目。

国家实行水环境保护目标责任制和考核评价制度，将各地区特别是重点流域和重要饮用水水源地水环境保护目标完成情况作为对地方人民政府及其负责人考核评价的内容。

附录 4 流域水污染防治投资绩效评价操作指南（建议稿）

第一章 引 言

1.1 编制目的

《流域水污染防治投资绩效评价操作指南》（以下简称《指南》）旨在为各级政府部门和评价人员开展流域水污染防治投资绩效评价提供具体操作指导，以帮助其更好地理解、管理和实施评价活动，提高评价的规范性和质量。本《指南》有 3 个主要目的：

一是帮助各级政府部门管理人员、项目实施人员和评价人员更好地理解并掌握流域水污染防治投资绩效评价的基本概念、一般原则、方法及其他相关知识；

二是帮助各级政府部门有效地开展流域水污染防治投资绩效评价工作，并对绩效评价进行质量控制；

三是指导评价人员规范地实施流域水污染防治投资绩效评价，从而提高绩效评价的质量。

1.2 编制内容

本《指南》包括 5 章内容。第 1 章是引言，主要说明《指南》编写的目的、内容及其使用。第 2 章是流域水污染防治绩效评价的基本概念，主要介绍本《指南》涉及的定义、评价原则、评价要素、方法、标准等。第 3 章是流域水污染防治绩效评价指标体系的设置，主要阐述如何针对项目设置评价指标。第 4 章是流域水污染防治绩效评价的工作流程，介绍绩效评价工作具体实施步骤以及其中需要注意的事项。第 5 章是流域水污染防治绩效评价结果的应用，介绍如何使用评价结果。

1.3 使用范围

本《指南》适用于流域水污染防治投资资金安排的支出项目。本《指南》的使用者包括各级财政部门及其他政府部门中负责预算绩效管理的人员、参与财政支出绩效评价的评价人员、咨询专家及其他相关人员。

第二章　绩效评价的基本概念

2.1　绩效评价的定义

流域水污染防治投资绩效评价是指财政部门和预算单位根据设定的绩效目标,运用科学、合理的绩效评价指标、评价标准和评价方法,对水污染防治项目资金的经济性、效率性和效益性进行客观、公正的评价。

2.2　绩效评价的原则

2.2.1　科学性原则

流域水污染防治投资绩效评价应当严格执行规定的程序,按照科学可行的要求,采用定量与定性分析相结合的方法,从不同侧面反映水污染防治投资效益的实质,从整体上涵盖投资绩效评价内容的所有方面。

2.2.2　综合与系统性原则

流域水污染防治工程是一个系统,其投资绩效评价体系应是一个具有多属性、多层次、多变化的体系。不仅要反映流域水污染防治工程的建设运行规律,而且还要反映流域水污染防治与环境、社会、经济系统的整体协调性。绩效评价作为一个有机整体,应能反映和测度被评价系统的主要特征和状况,以正确全面地评价其绩效。必须对流域水污染防治投资项目的组织申报、筛选立项、实施管理、监督检查等全过程进行考核评价,对项目目标、计划任务的完成情况和资金的运行、专款专用等方面进行重点考核。水污染治理投资绩效评价必须综合考虑环境效益、经济效益和社会效益,进行全面的评价。

2.2.3　可操作性原则

在制定指标体系时,既要科学合理、周密确切,又要方便适用、具有可操作性。指标的数据资料应易于获取,最好能利用现有的资料;指标的计算方法应简易明了,选择的统计方法和数学分析方法既要科学,又要可行;指标的内涵应容易理解,在实践中既可用指标体系进行监控,又可用实践成果检验指标体系的适应性和可操作性。

2.2.4　公正公开原则

流域水污染防治投资绩效评价应当符合真实、客观、公正的要求,依法公开并接受监督。

2.3　绩效评价要素

主体:流域水污染防治投资绩效评价的主体是各级财政部门和各预算部门(单位)。各预算部门(包括主管部门和项目单位)是使用流域水污染防治投资资金的主体，因而也是绩效评价的主体。

客体：即对象。是流域水污染防治投资项目资金。按照预算级次，可分为本级部门预算管理的资金和上级政府对下级政府的转移支付资金。

2.4 绩效评价标准

绩效评价标准是指衡量财政支出绩效目标完成程度的尺度。评价标准是评价工作的基本准绳和标尺，能够具体将评价对象的好坏、优劣等特征通过量化的方式进行量度，是最后进行评价计分的依据。

评价标准的基本类型包括：

☞ 计划标准：是指以预先制定的目标、计划、预算、定额等数据作为评价的标准。

☞ 行业标准：是指参照国家公布的行业指标数据制定的评价标准。是以一定行业许多群体的相关指标数据为样本，运用数理统计方法计算和制定出的该行业评价标准。

☞ 历史标准：参照同类指标的历史数据制定的评价标准。是以本地区、本部门、本单位或同类部门、单位、项目的绩效评价指标的历史数据作为样本，运用一定的统计学方法计算出各类指标的平均历史水平作为评价的标准。

实际评价中具体选用哪种标准，主要根据评价的目的、对象的特点、评价的环境、信息采集、技术标准的适应范围等条件来确定。

2.5 绩效评价方法

在具体实施流域水污染防治投资资金绩效评价过程中应该采用具体工具和方法，实施评价的过程是各种方法的交叉、综合使用的过程。水污染防治投资绩效评价要从质和量两个角度说明专项资金的使用状况，相应地，在评价方法的选择上要采用定性和定量相结合的方法。主要采用成本效益分析法、比较法、因素分析法、最低成本法、公众评判法、模糊数学法等。

2.5.1 成本效益分析法

成本效益分析法又称投入产出法，是将一定时期内的支出与效益进行对比分析，以评价绩效目标实现程度。适用于成本、效益都能准确计量的项目绩效评价。该方法的实际应用需要具备两个条件：一是环境变动的正负效应具有可测性，即环境改善或恶化所带来的正负效应是可以度量的；二是诱发环境状态变化的费用也具有可测性，这些数据有的可以从相关的财务或统计报表中直接获取，有的可以通过问卷调查间接获取。

2.5.2　比较法

是通过对绩效目标与实施效果、历史与当期情况、不同流域或地区同类支出的比较，综合分析绩效目标实现程度。

历史比较法：指将相同或类似的流域水污染防治资金在不同时期的支出效果进行比较，分析判断绩效的评价方法。

横向比较法：指通过对相同或类似的流域水污染防治资金在不同地区或不同部门、单位间的支出效果进行比较，分析判断绩效的评价方法。

目标比较法：指通过对流域水污染防治资金产生的实际效果与预定目标的比较，分析完成目标或未完成目标的原因，从而评价绩效的方法。

2.5.3　因素分析法

是指通过综合分析影响绩效目标实现、实施效果的内外因素，评价绩效目标实现程度。通过列举所有影响成本与收益的因素，进行全面、综合的分析，从而得出评价结果的方法。

2.5.4　最低成本法

是指对效益确定却不易计量的多个同类对象的实施成本进行比较，评价绩效目标实现程度。

2.5.5　公众评判法

是指通过专家评估、公众问卷及抽样调查等对投资效果进行评判，评价绩效目标实现程度。适用于无法直接用指标计量其效益的项目。

2.5.6　模糊数学法

采用模糊数学建立模型，对水污染防治项目效益进行综合评价的方法，将模糊的、难以进行比较、判断的经济效益指标之间的模糊关系进行多层次综合评价计算，从而明确各项目综合经济效益的优劣。

在选定了评估所需的指标后，对各个指标进行权重测度和计量，不仅有利于平衡各个重要性不同的指标之间的差异，评价各指标的独立性和敏感性，而且可以使这些零散的指标个体组合为有机统一的系统。建议采用专家评分法（德尔菲法）和层次分析法（AHP）相结合的方法，对水污染治理专项绩效评价的各项指标进行科学的测度。向评估专家发放问卷调查表，咨询专家对各个指标的意见，并要求其给出权重值，经过多次咨询后得出各个指标的初始分值。将各个指标的初始分值进行综合以后，再利用层次分析法，合理确定水污染治理专项绩效评价各项指标的权重，科学评价项目绩效。

2.6　绩效评价的步骤

流域水污染防治绩效评价工作步骤是指财政部门或预算单位组织的绩效评价的

工作流程，一般分为准备、实施、完成三个阶段，每个步骤的详细内容和程序将在第四章进行阐述。

第三章 绩效评价指标体系的设置

按照科学性、综合与系统性、可操作性、可比性等原则，建立针对不同类型水污染防治投资项目的多层次的综合绩效评估指标体系，通过多级绩效评估指标分析流域水污染治理项目的投入、产出和成效，综合反映流域水污染防治投资绩效。

3.1 流域水污染防治投资资金绩效评价指标分类

3.1.1 共性指标

流域水污染防治投资绩效评估体系的共性指标包括 3 个一级指标，一级指标各项下设若干二级指标，二级指标为定量和定性指标相结合。根据需要，在二级子指标下面设立若干三级指标和四级指标。一级指标包括：

（1）项目管理绩效指标。反映水污染防治投资项目的立项管理和完成情况。具体包括目标设定情况、项目完成程度和项目管理水平 3 个二级指标。应评价投资项目的管理效益，包括资金使用管理成效、项目进度管理成效等，具体用项目资金到位率、专项资金配套率、资金到位及时性等指标评价。还包括是否擅自调整项目批复建设内容、是否擅自调整财政补助资金使用计划、是否专款专用和存在挪用移用现象、项目计划投资完成率、项目计划任务完成率等。项目完成情况包括城市污水处理工程完工数、流域内水污染项目完成率、治污工程完工数（包括饮用水保证工程、清洁生产、污水集中处理工程）等。

（2）资金投入和使用绩效指标。反映水污染防治投资项目的资金投入和使用绩效。具体包括资金落实情况、实际支出情况、财务管理情况和资产配置与使用 4 个二级指标。评价涵盖流域水污染防治投资支出项目所涉及的所有投入内容。如水污染防治规划编制经费、污染防治前期经费、研发经费、治理经费等。既包括财政资金，也包括自筹资金。

（3）产出绩效指标。反映水污染防治投资项目的产出效益情况。具体包括经济效益指标、社会效益指标、环境生态效益指标和公众满意度等二级指标。

流域水污染防治的经济效益包括直接经济效益和间接经济效益。直接经济效益体现在促进水污染物削减、提高水污染治理投入的实效、水体质量改善等多个层面。间接经济效益包括因进行污染防治投资带动相关项目发展而创造的经济效益。如通过流域水污染防治改善了农业生产条件，进而促进水产业、旅游业的快速发展，增加农林牧副等各业的收入以及旅游等其他收入。其中：

水产业产出效益是指通过流域水污染防治工程的实施，改善水域生态环境，促进水产业生产，提高水产业产出效益。可通过市场价值法计算水产业产量，乘以各种水产品价格。

旅游产出效益是指流域水污染防治投资，改善了环境条件，为人类提供了旅游休闲、文化娱乐等非实物型服务，为旅游业发展提供了基础。对旅游效益的计量可采用费用支出法。流域的旅游效益，可用旅游者去某一景点的实际总支出来表示，包括往返交通费、餐饮费、住宿费、门票费、摄影费、购买纪念品费及有关的服务支出等。

流域水污染防治的社会效益是指各种直接、间接或隐藏的功能和作用，使人的各种生存因素发生变化而带来的效益。包括增加就业、提高群众生活水平、促进人体的健康状况和精神状况，改善生活环境和社会关系等一系列效益。社会效益主要表现在有效遏制水污染趋势，营造优良的水环境氛围，塑造江河湖海优美的国际或地区形象；居民身体健康产生的效益；居民环保意识的提高；环保科技水平的提高、居民水环境满意度等。其中：

流域水污染防治工程能改善生态环境、使人们从视觉上和精神上享受到自然风景之美。因而，可用支付意愿累计频度中位值乘以流域人口，求出流域环境美化效益。

劳动就业效益包括直接和间接提供的就业机会，计算公式为：$V=RW$。其中，V 为劳动就业效益，R 为增加的就业人数，W 为该地区的平均工资。

环境效益具体表现为区域范围内污染物排放总量降低、水环境质量改善、生态环境改善和优化等。直接可量化环境绩效指标包括：污水处理设施实际处理负荷与设计能力、流域内水质改进指标（如水质综合达标率、流域水系Ⅰ～Ⅲ类水质断面比例、劣Ⅴ类水质断面比例、营养状态指数等）、河流检测断面水环境功能区达标率、工业废水排放量、工业废水排放达标率、工业废水集中处理率、流域内工业污染源控制、流域内城镇生活污水集中处理率、垃圾治理率、污水处理率、农村饮用水达标率、农业种植面源污染治理状况、化学需氧量（COD）削减能力、流域 COD 入河量、氟化物含量削减率、氨氮含量削减率、悬浮物含量削减率等。

3.1.2 个性指标和修正指标

除上述共性指标外，还应研究针对各投资项目的个性绩效指标和修正指标。个性指标主要反映某项水污染治理专项独有的特点，反映其资金来源、使用及成效的具体特性。如针对不同湖泊设置总磷、总氮指标等。修正指标主要是根据周边环境、产业状况对环境、社会发展、长期体现的效益的影响来对评估结果做出修正。该类指标包括地区经济社会发展水平影响因素、所处行业的特殊性因素、对环境的影响因素、长期效益影响因素、突发性和不可预见性影响因素等指标。个性指标和修正指标可结合专家经验、问卷调查等方法确定。

3.2 绩效评价的具体指标体系设计

根据上述原则、方法设计的水污染防治投资项目绩效评价的具体指标体系如附表 4-1 所示。

附表 4-1 流域水污染防治投资项目绩效评价表

基本指标		具体指标	评价标准	指标分值	自评分	考评分
一级指标	二级指标	三级指标				
项目管理绩效指标	目标设定情况	依据的充分性	项目可行性报告编制是否组织论证。组织论证：3 分；未组织：0 分	3		
		目标的明确度	项目资金使用的预定目标是否明确。明确：2 分；其他：0 分	2		
	项目完成程度	项目计划建设内容完成率	100% 为满分，每减少一个百分点扣 1 分，本指标<80% 时，该项目不合格	10		
		完成的相符性	是否按计划时间完成建设目标。完成：5 分；未完成：0 分	5		
		项目完成质量	未完工项目：建设是否达到设计方案的技术规范要求。达到：10 分，基本达到：6 分，未达到：0 分。已完工项目：① 验收及时性：按规定时间验收：5 分；未按规定时间验收：0 分。② 验收有效性：验收合格：5 分；不合格：0 分	10		
		项目建设内容合规性	本指标不计分，如存在擅自调整项目批复内容现象的，该项目不合格	无		
	组织管理水平	管理组织和专人负责	是否设立项目管理组织并由专人负责。设立并由专人负责：4 分；其他：0 分	4		
		管理制度保障	项目管理是否建立完善的制度。建立并完善：4 分；建立但不完善：1 分；未建立：0 分	4		
		项目档案	是否建立项目档案。建立：2 分；未建立：0 分	2		
项目管理绩效指标得分				40		
资金投入和使用绩效指标	资金落实情况	财政资金到位率	资金到位：2 分；不到位：0 分	2		
		财政资金到位及时性	资金及时到位：2 分；不及时：0 分	2		
		自筹资金到位率	自筹资金到位：3 分；不到位：0 分	3		
		自筹资金到位及时性	资金到位及时：3 分；不及时：0 分	3		

基本指标		具体指标	评价标准	指标分值	自评分	考评分
一级指标	二级指标	三级指标				
资金投入和使用绩效指标	实际支出情况	资金使用率	项目资金实际总投入占总到位资金比例。95%以上：4分；85%～95%：3分；70%～85%：2分；60%～70%：1分；60%以下：0分	4		
		专项资金支出合规性	专项资金支出完全合规：4分；资金使用范围不符合规定：0分	4		
		专项资金支出相符性	与批复的计划完全相符：2分；不符：0分	2		
		专款的专用情况	本指标不计分，如存在移用挪用资金现象的，该项目不合格	无		
	财务管理状况	制度的健全性	财务管理制度健全：2分；基本健全：1分；无制度的：0分	2		
		管理的有效性	执行有效：2分；基本执行：1分；没有执行：0分	2		
		会计信息质量	财务资料真实完整：2分；真实但不完整：1分；虚假：0分	2		
			专户管理并单独核算：2分；无专户管理但进行明细核算：1分；其他情况：0分	2		
	资产配置与使用	资产管理制度健全性	资产管理制度健全：2分；基本健全：1分；无制度的：0分	2		
		资产管理制度有效性	资产管理制度有效：2分；基本有效：1分；无效的：0分	2		
		资产利用率	实际使用资产/建成资产。100%使用：5分；80%～100%使用：4分；60%～80%使用：3分；40%～60%使用：2分；40%以下：1分	5		
		项目设施的使用维护情况	项目设施维护好：3分；较好：2分；一般：1分；无维护：0分	3		
资金投入和使用绩效指标得分				40		
产出绩效指标	经济效益指标	项目实际财务内部收益率（FIRR）；项目实际税后利润；可研报告测算的财务内部收益率（FIRR）；可研报告测算的税后利润；年均收入（参考）；年均上缴各项税收（参考）	可选择财务内部收益率或税后利润作为评价依据（内部收益率是指项目在整个计算期内各年实际净现金流量的累计数值等于零时的折现率）；财务内部收益率或税后利润达到预期的80%（含）以上：5分；财务内部收益率或税后利润达到预期的50%（含）～80%：3分；财务内部收益率或税后利润达到预期的50%以下：2分；项目亏损：0分	5		

基本指标		具体指标	评价标准	指标分值	自评分	考评分
一级指标	二级指标	三级指标				
产出绩效指标	社会效益指标	扶贫效果	促进了当地贫困人口收入增加或生活质量改善：3分；没有促进当地贫困人口收入的增加或生活质量的改善：0分	3		
		就业效果	增加了直接就业人数：3分；没有增加直接就业人数：0分	3		
	生态环境效益指标	资源消耗降低率	建造项目前后能源消耗之差与未上项目能源消耗的比率。指标计算结果为正数时，是资源消耗的增量指标：3分；指标计算结果为负数时，是资源消耗的减量指标：0分	3		
		生态环境保护率、生态环境修复率	项目在环境方面产生了积极效果：3分；项目对环境方面未产生积极效果：0分	3		
	公众满意度	对项目实施结果满意率	结果满意率=非常满意和满意人数/调查的总人数×100%。满意度高：3分；满意度低：0分	3		
产出绩效指标得分				20		
综合得分				100		

3.3 绩效评价结果等级分类

评价结果分为优秀、良好、合格、不合格4个评价等次，根据计算结果的分值，确定评价对象最后达到的等次。具体如附表4-2所示。

附表4-2 评价结果评级

评价等次	优秀	良好	合格	不合格
参考分值 S	$S \geq 90$	$90 > S \geq 75$	$75 > S \geq 60$	$S < 60$

第四章 绩效评价工作流程

流域水污染防治资金绩效评价工作流程是指财政部门或预算部门所组织的绩效评价工作的工作流程，一般分为准备、实施、完成三个阶段（附图4-1）。

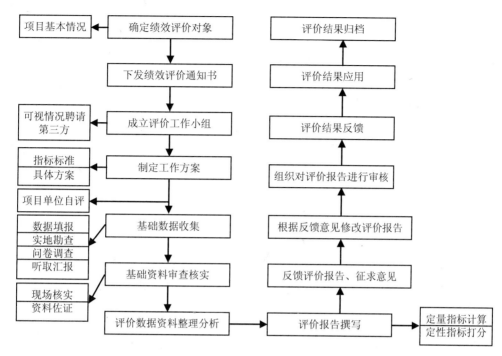

附图 4-1　项目评价流程

4.1　绩效评价工作准备阶段

流域水污染防治资金绩效评价工作准备阶段分为以下 4 个步骤：① 确定评价对象；② 下达绩效评价通知；③ 成立评价工作小组；④ 制定绩效评价工作方案。

4.1.1　确定评价对象

评价对象就是要评价的流域水污染防治项目。

4.1.2　下达绩效评价通知

下达绩效评价通知主要是通知部门（单位）绩效评价的项目和具体内容；绩效评价通知是评价组织机构（开展评价的机构）出具的行政文书，也是评价对象接受评价的依据。

4.1.3　成立评价工作小组

确定评价项目后，应成立评价小组。评价小组成员应紧紧围绕评价目标选取若干评价人员组成，负责整个评价工作的组织领导，制定评价工作方案，确定评价对象，委托中介机构、组织对评价对象开展具体评价工作。因此，评价小组成员必须具备相应的知识和专业技能，能胜任评价任务，不得与项目管理、实施、运行等有利益冲突。

评价小组有以下 4 种形式：内部评价组、评价专家组、中介机构、联合组织。

☞　内部评价组：由项目单位或主管部门内部相关专业人员组成的评价组。

☞ 评价专家组：由项目单位、主管部门或财政部门组织的专家组，专家组成员
可在绩效评价专家库中选取。

☞ 中介机构：具有相应资质的社会中介机构，中介机构应在绩效评价中介机构
库中选择，中介机构也可组织专家组开展评价。

☞ 联合组织：由内部人员、中介机构或专家中的两类或三类成员共同构成，适
合于个别大型重点项目。

4.1.4 制定绩效评价工作方案

绩效评价实施方案是评价工作小组根据评价工作规范，针对评价目标，在调研并
充分了解资金实际使用情况的基础上，拟定评价工作的具体评价方案，方案设计后，
要经评价小组讨论后，进一步修改、完善评价方案。设计评价方案一般包含以下主要
内容：评价目的、评价对象和范围、评价内容、职责分工、评价方法、评价标准、评
价指标、组织实施程序等。

（1）评价目的。实施方案的第一部分要明确评价目的。评价目的要具体写明为什
么要开展此项评价，评价结果将如何使用，以及由谁使用。

（2）评价对象和范围。具体列明需要评价的项目名称、地区、年度、资金来源、
用途等。评价对象要明确对某个预算单位或部门的某项专项资金进行评价，评价范围
确定了绩效评价的广度和深度，包括时间范围、地域范围和受益群体范围。评价范围
往往与评价目的有关。流域水污染防治资金绩效评价范围一般包括：

① 饮用水安全项目：包括水源地污染防治及环境保护、应急备用水源地建设、
跨区域联网应急供水等。

② 点源污染治理项目：支持流域化工、印染、冶金、造纸、电镀、酿造等主要
污染行业开展污水深度处理及清洁生产，提高主要水污染物排放标准。

③ 城镇污水处理及垃圾处置项目：

——城镇污水处理配套管网建设项目。

——新（扩）建乡镇污水处理项目。

——城镇生活污水处理设施除磷脱氮技术攻关及标准制定。

——污水处理厂除磷脱氮改造工程项目，包括流域现已建成投入运行和正在建设
的污水处理厂开展除磷脱氮深度处理。

——城镇无害化生活垃圾处理设施建设。

④ 农业面源污染防治项目：

——规模化畜禽养殖污染控制，流域大中型畜禽养殖场实施畜禽养殖场废弃物处
理利用工程，实现资源化利用须达到规定比例。

——通过实行灌排分离，将排水渠改造为生态沟渠，对农田流失的氮磷养分进行
有效拦截的示范工程。

——分散农户生活污水处理示范工程。

——循环水池塘清洁养殖技术示范工程。

⑤ 生态修复工程：

——围网整治工程。

——污染较为严重地区的湿地保护与恢复工程。

——重点区域林业生态建设。

——水生植物控制性种养示范工程。

⑥ 流域水环境监管体系建设：

——水环境监测信息共享平台建设。

——流域水环境自动监测系统建设。

——流域水污染物预警监测系统建设。

——流域主要水污染物排污权交易平台建设。

⑦ 其他：省级水污染治理规划编制、流域主要水污染物排放指标有偿使用及交易试点方案制定、项目库建设、项目评审及中介机构审计费用等。

（3）评价内容。评价内容是指从哪些方面来反映项目的绩效情况。

① 项目决策情况：指项目绩效目标设定是否科学、合理，是否可量化，项目决策程序是否规范。

② 项目完成情况：指通过具体活动而实现的既定目标，即项目实际完成情况与项目申报书中目标对比。

③ 项目成效情况：是指通过项目的完成而带来的短期或中期的直接效果以及由此效果积累带来的长期的影响和变化。包括项目的经济、社会和环境效益，即通过"花钱"和"干事"所体现出的各类效果、效益和效率。

④ 项目管理情况：包括项目管理办法的制定，项目申报资料程序的合法、合规性，项目目标完成情况、监督管理等。

⑤ 资金管理情况：包括资金到位情况、资金使用情况，拨付是否及时、使用是否专款专用、制度是否健全、执行是否有效等。

（4）职责分工。实施方案要写明参与绩效评价各部门在绩效评价中的责任，明确各方职责，避免分工不明导致的推诿、扯皮现象。

（5）组织实施程序。说明评价任务将要开展的活动及时间安排，尤其是要列出评价任务实施、成果提交的关键时间节点和任务负责人。

4.2 评价工作实施阶段

流域水污染防治项目绩效评价工作实施阶段分为以下 3 个步骤：① 收集绩效评价相关资料；② 审核相关资料；③ 综合分析并形成评价结论。

4.2.1 收集绩效评价相关资料

资料是用来测量评价指标、回答关键问题、支持评价结论等的数据、事实和观点。评价机构根据评价工作要求，可要求被评价对象填报数据，或采取现场勘察、问询、复核等多种方式收集基础资料，包括评价对象的基本情况、财政资金使用情况、评价指标体系需要的各项数据资料等。资料收集的关键在于要始终围绕评价指标来收集资料，以利于评价打分。

在资料收集过程中，预算部门和项目单位要对流域水污染防治绩效评价所涉及的基础资料的真实性、合法性、完整性、准确性负责。

（1）绩效评价资料的来源。

☞ 第一类：制度、政策和法规。国家相关法律、法规、规章；国家发展规划和政府相关部门行业发展规划及政策，地方政府制定的发展规划和政策。

☞ 第二类：项目文件和相关报告。主要包括立项评价报告、项目进展报告、完工报告等；有关部门的项目立项批复或财政部门资金批复文件；项目单位的项目执行文件，主要包括项目可行性研究报告、环境影响评价报告，项目执行过程中的有关财务会计资料、工作总结、监测报告、项目进度报告、项目竣工验收报告等；财政、审计部门对项目执行情况的专项检查报告、专项审计报告。

☞ 第三类：评价工作小组直接收集。相关单位人员座谈会；走访有关人员；实地调研，问卷调查；查阅财务会计资料；评价小组采用其他方法收集的数据。

（2）具体收集资料方式。

☞ 数据填报：主要是为获取针对定量指标和部分定性指标而设置的基础数据表上的数据。具体做法是发放基础数据表，要求部门（单位）或项目实施单位进行填报。

☞ 实地勘察：主要是为了解大部分定性指标的实际情况。评价机构要深入被评价单位，对评价对象的管理制度的建立和健全情况、管理责任制的建立和落实情况、资金的使用情况进行实地检查和和核实。

☞ 问卷调查：发放问卷调查是确保有关定性指标真实、准确的基础。问卷调查表的发放范围和数量由评价机构根据评价工作的实际情况确定。问卷调查需要明确：① 分值（应考虑适当的分值）；② 问题的数量（不宜过多，应具有一定的代表性）；③ 样本数量（不宜过多或过少，过多则成本太大，过少则无代表性）；④ 方式方法。

☞ 听取汇报：听取被评价单位对评价对象的目标设定及完成程度、组织管理制度建立健全及落实、资金支出情况、财务管理状况、资产配置与所有、产生的效益（包括经济效益、社会效益、生态环境效益）等情况的汇报。评价人员可对有关疑难问题作进一步明确和核实。

4.2.2　审核相关资料

收集到的数据是否准确直接关系到评价结果的正确与否，因此，有必要核实项目单位所填列的基础数据是否真实、可信。评价工作组可根据具体情况到现场勘察、询查，核实有关资料信息。

☞　现场核实：到有关单位进行现场勘察，核实有关实际情况。

☞　利用相关资料佐证。

4.2.3　综合分析并形成评价结论

此项步骤的关键是：实事求是，揭露问题、分析问题、提出建议。

第一步：评价资料分析。分析是指根据整理后的资料和一定的基准衡量指标、回答关键评价问题以及进行原因解释的过程。通过对收集的基础资料以及每位评价人员所掌握情况的相互交流和分析，使评价小组所有人员充分了解完整信息。同时要求每位评价人员掌握评价指标和评价标准，根据资料分析情况可以对有关评价标准作进一步细化，力求避免主观随意性。

第二步：评分评级。评价人员应严格按照要求进行评价，确保评价结果的独立、客观和公正。每位评价人员对评价结果都要签名，保留工作底稿，以便明确责任（采用定量指标能够有效减少打分作弊现象）。绩效评级一般采用打分法，满分 100 分。具体做法是：对照评分标准和指标分值，对每个指标进行打分，然后把所有指标的分值直接加总得到总分。再根据总分的高低，对项目进行评级分等。评级等次根据项目总得分确定为优（90～100 分，含 90 分）、良好（75～90 分，含 75 分）、合格（60～75 分，含 60 分）、不合格（60 分以下）4 个等级。

评分可以采取以下 3 种方式进行：

①“背靠背”评分法：即评价组全体成员就全部指标分别独立评分，然后每个指标取平均分作为该指标最终评分；采取这种评分方法的，在填制工作底稿时，只需填写指标评价情况，不能直接评分。待现场评价结束后，汇总所有指标工作底稿，由评价组全体成员依据工作底稿就所有指标分别评分。

②分工评分法：即评价组成员按照评价分工，就本人分工范围内的评价指标进行评分，然后由评价组组长汇总。采取这种评分方法的，可以直接在工作底稿中评分。

③在评价组人员较多的情况下，可以采取以上①、②两种办法相结合的办法评分。

以上评分办法可以根据不同项目情况选取，并在评价实施方案中予以明确。

第三步：形成评价结论。在对每位评价人员提出的问题和建议进行综合、归纳和分析的基础上，形成评价结论。评价结论包括：①指标的衡量结果，即指标是否达到；②指标达到或没有达到的原因；③如何改进。评价结论一定要有充足的证据支撑。

4.3 评价工作完成阶段

流域水污染防治绩效评价工作完成阶段分为以下 3 个步骤：① 撰写、提交评价报告；② 结果反馈；③ 归档存查。

4.3.1 撰写、提交评价报告

在撰写流域水污染防治绩效评价报告以前，评价组织机构要对评价程序、评价资料、打分环节、评价结论、问题与建议进行审查，提出可行性意见和建议。

（1）撰写绩效评价报告的要点。撰写流域水污染防治绩效评价报告要注意以下几个要点：语言要简洁，主题要明确；对评价方法的描述要足够详细，以便别人能够判断其可信度；提醒读者要审慎对待报告中的解释说明；围绕主题和关键评价问题组织报告；用证据支撑结论和建议。

流域水污染防治绩效评价报告形成初稿后，评价小组要与有关管理部门和项目单位进行沟通，听取他们的意见和建议。之后，评价小组在考虑他们的意见和建议的基础上形成评价报告终稿。

（2）绩效评价报告包含的内容。流域水污染防治绩效评价报告填列要求内容真实完整、层次分明、逻辑清楚、用词准确，一般包括以下几个部分：项目基本情况、绩效评价工作情况、综合评价情况及评价结论、主要经验做法及存在的问题和建议、绩效评价结果应用建议、其他需要说明的问题。

项目基本情况要说明项目名称、立项依据、各级财政资金投入情况、项目开工、完工时间以及项目绩效目标等内容。

绩效评价工作情况要说明绩效评价目的、绩效评价原则、评价指标体系、评价方法以及绩效评价工作过程。

综合评价情况及评价结论首先要对项目综合绩效情况进行说明，包括评分及等级，然后对相关性、效率、效果和可持续性的评价结果进行简要综述，用以支持评价结论。最后要对具体的评价内容进行分析：① 要对项目资金情况进行分析，包括资金到位情况、资金使用情况、资金管理情况等；② 要对项目实施情况进行分析，包括项目目标、决策过程、组织情况、管理情况等；③ 要对项目绩效情况进行分析，包括项目的投入、产出和效益分析等。

主要经验做法、存在问题和建议是为了给管理部门改进管理和决策提供参考依据，对于经验做法要分析原因，指出在哪些方面有参考价值，并要指出存在的问题。对于建议要具体阐明是针对谁提出的，应该在什么时候实施以及为什么提出这些建议。

绩效评价结果应用建议要对评价结果提出合理性建议，包括以后年度预算安排、评价结果公开等。

其他需说明的问题这部分主要描述评价方案之外出现的情况、项目已经或可能产生的社会、经济、环境影响以及其他影响项目绩效的重要事项。

（3）评价表及评价报告的报送。流域水污染防治评价报告撰写后，统一使用 A4 纸打印、装订，并按要求时间报送主管部门或财政部门（提交同级财政部门一式两份，同时报送电子文本，书面与电子文本的内容必须一致）。需要的材料如下：

- ☞ 报送评价材料的正式函件，并说明组织开展工作情况。
- ☞ 项目立项可行性报告、项目资金拨付批文、项目实施（资金）管理办法、绩效评价工作方案等相关材料复印件。
- ☞ 部门绩效评价表及评价报告。
- ☞ 经主管部门审核确认的项目承担单位绩效自评表和自评报告。

4.3.2　结果反馈

评价工作机构要对流域水污染防治绩效评价报告进行认真分析，将结果及时反馈有关单位。结果反馈包括两种：一是评价报告初稿反馈有关部门（单位），征求有关部门（单位）意见，即初步结果反馈，是过程反馈；二是评价报告定稿出具后，正式将报告反馈给有关部门（单位），即最终结果反馈。

4.3.3　归档存查

完成流域水污染防治绩效评价工作后，评价组织机构应按照档案管理的要求，妥善保管工作底稿和评价报告等有关资料，建立评价工作档案并归档，以备查阅。

第五章　绩效评价结果应用

绩效评价结果是在绩效评价过程中采取评分与评级相结合的形式对资金使用情况进行评价而确定的结果，是财政部门和预算部门建立完善相关管理制度，改进预算管理，编制部门预算和安排财政资金的重要依据。评价结果主要体现在评价等级和问题与建议两方面。评价等级有 4 种：优、良、合格、不合格。

5.1　评价结果的用途

（1）帮助资金分配决策。评价结果可以告诉管理者就效果而言哪些政策或计划更加成功或不太成功，哪些项目投入更有效益，从而为项目是否要扩大、重新设计或完全取消提供参考。

（2）提高资金使用单位的资金使用绩效。通过绩效评价以及评价后预算部门对结果的运用，逐步引入"奖优罚劣"机制，从而促使资金使用单位不断提高资金使用效益。

（3）帮助重新思考问题产生的原因。如果项目并没有对解决现实问题发挥显著的作用，原因可能是设计或实施存在缺陷，还可能是因为所要解决的问题已经发生了变化，出现了新的问题，评价结果可以激发对问题进行重新研究。

（4）支持优选决策。政府有可能尝试不同方法来解决问题。评价结果有助于判断哪种方法更成功，哪种方法更值得支持或减少支持。

5.2　评价结果应用应注意的事项

（1）应重点关注评价报告总结的经验以及提出的建议。评价的目的是改进预算管理、提高资金使用效益，因此，总结的经验和提出的建议对项目后续管理和实施最为有用。

（2）即使是对同一领域类似项目的评价结果进行比较也要谨慎，因为不同项目面临的环境和条件可能都不一样，这些都可能会影响到项目的实施效果。

5.3　评价结果的应用

评价结果应用是评价工作能否取得实效的保证，也是确保该项工作持续、深入开展的基本前提。结果应用有以下 3 个层面：

5.3.1　结果反馈、公开

绩效评价报告反馈对象包括被评价部门（单位）、人大、政协、政府监督机构、项目受益群体及其社会公众。通过评价结果的反馈，被评价部门可以更有针对性地改进资金管理，人大、政协、政府监督机构可以更好地发挥其监督职能，受益群体及社会公众可以对项目资金运用实施社会监督。

管理部门可以针对不同对象采取不同的反馈形式，如公开出版绩效评价报告，向人大、政协或政府监督部门书面汇报，将绩效评价报告对社会公开等方式进行反馈，从而使评价结果尽可能发挥最大的作用。

5.3.2　与预算资金管理结合

（1）改进预算。即将评价结果反馈给被评价者使之尽快改进绩效水平，并逐步根据支出绩效的优劣来调整和控制其预算资金。项目单位、主管部门应将项目评价结果作为编报年度部门预算的依据；财政部门应将项目评价结果作为核定部门预算的依据。对于绩效优良的水污染防治项目单位，在安排项目预算时给予优先考虑；对于无正当理由没有达到预期绩效目标的水污染防治项目单位，在安排以后年度项目预算时应从严考虑或不予安排。

（2）完善项目管理。根据项目评价结果进行认真分析，对于管理中存在的问题，提出改进措施，不断提高管理水平。

（3）加强资金监控。对于常年性或跨年度项目，财政部门依据项目评价结果提出后续资金安排或拨付的意见。

5.3.3 绩效问责

绩效问责是由人大、监察、财政、审计、人事等部门联合组成绩效问责小组，对所选项目通过项目自评材料审阅、财务收支审核、现场视察、单位陈述、现场答辩及综合评价等程序进行公开问责。问责内容包括流域水污染防治项目完成情况、组织管理、资金使用及项目所达到的绩效等，其中项目实施后是否有效果、是否达到原来的目标等是问责的焦点。

参考文献

[1] 资本论（第 1 卷）（第 3 卷）. 人民出版社，1975.

[2] 马克思恩格斯全集（第 5 卷）（第 15 卷）. 人民出版社，1958.

[3] 马克思恩格斯全集（第 44 卷）. 人民出版社，1982.

[4] 马克思恩格斯全集（第 25 卷）. 人民出版社，1974.

[5] 大卫·李嘉图. 李嘉图著作和通信集（第 1 卷）. 商务印书馆，1980.

[6] 威廉·F·夏普，戈登·J·亚历山大，杰弗里·V·贝利. 投资学. 中国人民大学出版社，1998.

[7] 保罗·A·萨缪尔森，威廉·D·诺德豪斯. 经济学. 高鸿业，等译. 中国发展出版社，1992.

[8] 安东尼，桑德斯. 信用风险度量. 机械工业出版社，2001.

[9] 雷蒙德·W·德斯密斯. 金融结构与金融发展. 上海人民出版社，1994.

[10] 汉姆·列维，任淮秀，等. 投资学. 北京大学出版社，1999.

[11] 威廉·鲍莫尔，华莱士·奥茨. 环境经济理论与政策设计. 经济科学出版社，2003.

[12] 王金楠. 环境税收与公共财政. 我国环境科学出版社，2006.

[13] 中华人民共和国环境保护部. 国家环境保护"十一五"规划，2007.

[14] 汪雷. 对我国财政投融资资金运用的分析. 经济问题探索，2004（10）.

[15] 郭励弘. 投融资体制改革前瞻. 中国投资，2003（7）.

[16] 郭励弘. 中国投融资体制改革的目标和框架. 经济研究参考，2004（7）.

[17] 何川. 我国投融资体制存在的问题和改革方向. 经济师，2003（4）.

[18] 林致远. 环境保护的财政对策. 当代经济研究，2003（8）.

[19] 熊志红. 开创我国环保大业必须建立有效的投融资机制. 我国环境报，2004-03-30.

[20] 韩强，曹洪军，宿洁. 我国工业领域环境保护投资效率实证研究. 经济管理，2009（5）.

[21] 刘希凤，王亚娟. 宁夏农业生态环境保护投融资的初步研究. 水土保持研究，2007（5）.

[22] 陈吉文，孙集平，等. 沈阳市水资源开发和保护的问题和建议. 环境保护与循环经济，2009（6）.

[23] 张嘉治，王雪威，等. 沈阳市地表水环境主要问题与污染控制建议. 水环境保护与循环经济，2010（3）.

[24] 曹丽娜. 对我国地方政府发行市政债券的探讨. 东北财经大学，2006.

[25] 王金南，李炯源，梁占彬. 建立市场经济下的中国环保产业投融资体系. 我国环境保护产业发展战略论坛论文集，2000.

[26] 张小永. 环保投资与效益的国际比较研究. 陕西师范大学，2009.

[27] 马骏，等. 财政风险管理：新概念与国际经验. 中国财政经济出版社，2004.

[28] 王子郁. 中美环境投资机制的比较与我国的改革之路. 安徽大学学报, 2001（6）.

[29] 全国工商联环境服务业商会. 美国水务行业投融资机制研究. 环境产业研究, 2009（11）.

[30] 全国工商联环境服务业商会. 日本环境保护投融资机制研究. 环境产业研究, 2009（10）.

[31] 全国工商联环境服务业商会. 德国环境保护投融资机制研究. 环境产业研究, 2009（12）.

[32] 肖治合. 美国市政债券及其对我国的启示. 首都师范大学学报：社会科学版, 2009（5）.

[33] 刘丽敏, 底萌妍. 我国环境保护投融资方式探析. 财政研究, 2007（9）.

[34] 郭岚. 完善我国环保投融资机制研究. 理论与改革, 2006（5）.

[35] 彭丽娟, 王世汶, 常炒. 环境产业投资基金设计. 环境保护, 2008（8）.

[36] 张海星. 地方债发行：制度配套与有效监管. 财贸经济, 2009（10）.

[37] 李建栋, 李春涛. 中国市政债券政策初探. 中国金融, 2010（8）.

[38] 张嘉治, 王雪威, 等. 沈阳市地表水环境主要问题与污染控制建议. 水环境保护与循环经济, 2010（3）.

[39] 郭敬. 美国的环境保护费用. 中国人口·资源与环境, 1999（1）.

[40] 杨占红, 罗宏, 吕连宏, 等. 城市工业 COD 总量优化分配研究. 中国人口·资源与环境, 2010（3）.

[41] 赖正华. 废水污染物排放总量控制指标的确定及控制对策. 化工环保, 1999（19）.

[42] 孟祥明, 张宏伟, 孙韬, 等. 基尼系数法在水污染物总量分配中的应用. 中国给水排水, 2008（24）.

[43] 卞亦文. 基于 DEA 的污染物排放配额分配方法研究. 运筹学学报, 2010（14）.

[44] 宋国君. 论中国污染物排放总量控制和浓度控制. 环境保护, 2000（6）.

[45] 李如忠. 区域水污染物排放总量分配方法研究. 环境工程, 2002.

[46] 王乖虎, 万继伟, 辛国兴, 等. 区域污染源排污总量分配方案初探. 环境科学与管理, 2010（35）.

[47] 丛春林, 土英. 水污染物排放总量控制编制方法研究. 环境科学与管理, 2007（32）.

[48] 李如忠, 钱家忠, 汪家权. 水污染物允许排放总量分配方法研究. 水利学报, 2003（5）.

[49] 封金利, 杨维, 施爽. 水污染物总量分配方法研究. 环境保护与循环经济, 2010（6）.

[50] 宗永臣, 张建新. 水污染物总量分配方法研究综述. 生态环境, 2008（8）.

[51] 初慧玲. 水污染物总量控制的发展及前景探讨. 生态与环境, 2009（36）.

[52] 吴业琼, 赵勇, 吴相林. 污染物排放总量分配的机制设计方法研究. 管理工程学报, 2004（18）.

[53] 王杨. 污染物排放总量控制的现状及建议. 硅谷, 2009（21）.

[54] 孔祥瑜. 污染物排放总量控制过程中存在的问题及对策. 科技情报开发与经济, 2005（15）.

[55] 国家环境保护"十二五"规划（讨论稿）.

[56] 李子奈. 计量经济学. 高等教育出版社, 2000.

[57] 向跃霖. GIM（1）灰色模型预测环保投资趋势的可行性探析. 重庆环境科学, 1996（18）.

[58] 郭志达, 张洪玉, 张国荣. 灰色预测模型 GM（1,1）在中国环保投资总额预测中的应用. 中

国管理科学，2007（15）.

[59] 王金南，等. 中国水污染防治体制与政策. 中国环境科学出版社，2003.

[60] 逯元堂，吴舜泽. 我国环境保护财税政策分析. 环境保护，2008（401）.

[61] 逯元堂，王金南. 国家"十一五"污染减排财政政策评估报告. 环境保护部环境规划院重要环境信息参考，2011，7（10）.

[62] 王勇. 美国流域水环境治理的政府间横向协调机制浅析. 公共管理，2009（3）.

[63] 中华人民共和国水利部，2008年中国水资源公报. http：//www.mwr.gov.cn.

[64] 姬鹏程，孙长学. 完善流域水污染防治体制机制的建议. 国家发展和改革委员会宏观经济研究院研究报告.

[65] 张其仔，郭朝先，孙天法. 中国工业污染防治的制度性缺陷及其纠正. 中国工业经济，2008（6）.

[66] 吴玉萍. 水环境与水资源流域综合管理体制研究. 河北法学，2007（7）.

[67] 国家环保总局，国家统计局. 中国绿色国民经济核算研究报告2004（公众版）.

[68] 安徽政协网. 减少农村面源污染的几点建议. http：//www.ahzx.gov.cn.

[69] 我国的环境保护（1996—2005）. 光明日报，2006-06-06.

[70] 环境保护部，2008年中央财政主要污染物减排专项资金项目建设方案编制大纲，2008-06.

[71] 张文理，郝仲勇. 德国的水资源保护及利用. 北京水利，2001（3）.

[72] 王浩. 中国水资源与可持续发展. 科学出版社，2007.

[73] 周生贤. 紧紧围绕主题主线新要求努力开创环保工作新局面——在2011年全国环境保护工作会议上的讲话. 2011.

[74] 张中华. 投资学. 高等教育出版社，2006.

[75] 王文军. 中国环保产业投融资机制研究. 西北农林科技大学，2007.

[76] 财政部财政科学研究所课题组. 我国水环境保护政府投资研究. 我国水污染控制战略与创新研讨会论文集，2010.

[77] 张震宇. "十一五"水污染物总量控制情况介绍. 水工业市场，2010（4）.

[78] 国家环保总局. 1997年全国环境统计年报. 我国环境科学出版社，1998.

[79] 环境保护部，2008年全国环境统计年报. 我国环境科学出版社，2009.

[80] 国家统计局，环境保护部，农业部. 第一次全国污染源普查公报. 2010（2）.

[81] 中国环境保护投融资机制研究课题组. 创新环境保护投融资机制. 中国环境科学出版社，2004.

[82] 李云生. "十二五"水环境保护基本思路. 水工业市场，2010（1）.

[83] 常杪. 我国现阶段城市污水处理领域投融资机制问题分析. 中国环保产业，2005（5）.

[84] 常杪. 社会资本参与污水处理基础设施建设的现状分析. 中国给水排水，2007（23）.

[85] 常杪. 我国城市污水处理厂BOT项目建设现状分析. 中国给水排水，2006（32）.

[86] 严晓珑. 城镇生活污水处理市场化探讨. 辽宁工程技术大学学报，2007（22）.

[87] 田欣，等. 中国污水处理基础设施建设投融资渠道及相关问题分析. 环境公共财税政策国际研

讨会会议论文集，2011.

[88] 王玲. 污水处理项目的市场融资方式. 中国给水排水，2006（22）.

[89] 韩伟. 我国污水处理产业的社会化融资模式探析. 中国给水排水，2005（21）.

[90] 杨萍. 严峻的经济形势催生 2009 年地方政府债券. 中国投资，2009（4）.

[91] 苏明，刘军民，张洁. 促进环境保护的公共财政政策研究. 财政研究，2008（7）.

[92] 预计"十二五"我国污水治理累计投入将达 1.06 万亿. 21 世纪经济报，2011-08-30.

[93] 国务院. 国务院关于印发节能减排综合性工作方案的通知. 2007，http：//www.gov.cn/jrzg/2007-06/03/content634545.htm.

[94] 李晓亮，葛察忠，高树婷，等. 揭秘排污权质押贷款. 环境经济，2009（1）.

[95] 山东统计局. 新发展新变化新突破——"十一五"时期山东经济社会发展系列分析之一. 2011-06-10.

[96] 国家统计局. 中国统计年鉴 2010. 中国统计出版社，2011.

[97] 广东将推行排污权交易，国内已有 19 省市开展试点.广州日报，2011-01-23.

[98] 马建春. 市政债券市场发展与基础设置融资体系建设.

[99] 熊志红. 开创我国环保大业必须建立有效的投融资机制. 中国环境报，2004-03-30.

[100] 中华人民共和国水利部.2008 年中国水资源公报.

[101] 李建栋，李春涛. 中国市政债券政策初探. 中国金融，2010（8）.

[102] 中国银监会主席刘明康在 2010 年 4 月 20 日银监会召开的 2010 年第二次经济金融形势分析通报会议上的讲话.

[103] 罗雯，韩立岩. 美国市政债券市场概况及其对我国的借鉴. 经济管理与研究，2002（2）.

[104] Thomson Finacial Securities Data.

[105] 陈晓红，刘彦，等. 美国债券保险的发展及对我国的启示. 中国货币市场，2009（6）.

[106] 王亚彬. 我国发行地方公债研究. 新疆财经大学，2008.

[107] 郭琳. 中国地方政府债务风险问题探索. 厦门大学，2001.

[108] 张小永. 环保投资与效益的国际比较研究. 陕西师范大学，2009.

[109] 国家环保总局环境规划院，国家信息中心.2008—2020 年中国环境经济形势分析与预测.

[110] 周鹏. 关于我国地方政府发行债券相关问题的探讨. 中央财经大学，2008.

[111] 孟宪烨. 我国发行市政债券面临的流动性与信用风险问题研究. 华东师范大学，2008.

[112] 胡清芬. 我国市政债券发行的风险问题研究. 暨南大学，2008.

[113] 李建栋，李春涛. 中国市政债券政策初探. 中国金融，2010（8）.

[114] 周平. 城市建设中的市政债券融资研究. 华东师范大学，2002.

[115] 肖治合. 美国市政债券及其对我国的启示. 首都师范大学学报：社会科学版，2009（5）.

[116] 沈阳政府门户网，2010-04-06.

[117] 辽宁省政府网.2010 年辽宁省政府工作报告. 2010-01-28.

[118] 陈吉文,孙集平,等. 沈阳市水资源开发和保护的问题和建议. 环境保护与循环经济,2009(6).

[119] 张嘉治、王雪威,等. 沈阳市地表水环境主要问题与污染控制建议. 水环境保护与循环经济,2010（3）.

[120] 华晨商报,2010-07-07,http://finance.qq.com/a/20100707/004388.htm.

[121] 地方融资平台风险防范之道. 21 世纪经济. 2010-07-31.

[122] 巴曙松. 地方债风险几许. 新财经. 2010 年 10 月.

[123] 蓝白蓝顶级环境门户. 沈阳市污水处理厂污泥处理技术. http：//www.lanbailan.com.

[124] 陈青,等. 我国城市污水设施建设资金缺口分布特征分析. 中国给水排水,2007（12）.

[125] 龚仰树. 关于我国地方债制度设计的构想. 财经研究,2001（11）.

[126] 完善流域水污染防治体系机制的几点建议. 东北亚水网,2010-01-22.

[127] 孙明远. 财政投资项目绩效评价研究. 财经研究,2009（2）.

[128] 鲍良、杨玉林. 公共投资项目绩效评价研究与发展. 资源与产业,2008（2）.

[129] 宏江. 构建我国政府投资项目绩效评价体系的几点思考. 中国行政管理,2009（5）.

[130] 李国君. 环境投资项目绩效审计评价指标体系构建研究. 黑龙江对外经贸,2009（2）.

[131] 张向阳,刘志国,赵春荣. 政府投资项目绩效评价现状分析及对策措施. 经济师,2008（9）.

[132] 马巍,李锦秀,田向荣,等. 滇池水污染治理及防治对策研究. 中国水利水电科学研究院学报,2007（1）.

[133] 罗育池,蔡俊雄. 蛮河流域水环境容量与水污染防治对策研究. 安全与环境工程,2010（2）.

[134] 赵勇. "三河三湖"水污染防治绩效评价指标体系形成. 中国审计报,2008-06-25（1）.

[135] 刘晶璐. 借鉴国外经验完善我国部门预算项目支出绩效评价机制. 管理观察,2010（3）.

[136] 王喜军,王孟钧,陈辉华. 政府投资项目决策体系及决策机制分析. 科技管理研究,2009（7）.

[137] 国家审计署. "三河三湖"水污染防治绩效审计调查结果,2009-10-28.

[138] 叶富兴. 政府环境绩效审计理论与实务研究,中国流域水污染防治政策的初步评估——以淮河流域为例（中国公共政策分析 2005 年卷）,2008-10-15.

[139] 肖红. 淮河流域水污染防治投资制度评估研究. 中国人民大学,2005.

[140] 吴开亚. 巢湖流域环境经济系统分析. 中国科学技术大学出版社,2008.

[141] 白永贞,等. 政府公共投资效益初探. 维普资讯,2007（1）.

[142] 刘长翠. 环境保护财政资金绩效评价问题研究. 财政研究,2006（7）.

[143] 潘胜强. 城市基础设施建设投融资管理及其绩效评价. 湖南师范大学出版社,2009.

[144] 浙江省财政厅. 浙江省财政支出绩效评价参考指标. 浙江省财政支出绩效评价指标库.

[145] Schucht S，EU-15 estimation environmental protection expenditure，Document ENV-EXP/WG/015/05（2003）.

[146] Environmental Protection Expenditure By Industry 2003 Survey，final report by defra，2005.

[147] Eurostat：Environmental expenditure statistics：Industry data collection handbook，2005.

后 记

本书是在国家科技重大专项"水体污染控制与治理"之"战略与政策"主题下"水环境保护投融资政策与示范研究"课题（编号：2008ZX07633-001）研究成果基础上形成的，是课题组历时四年完成的科研成果的集中反映。

本人为财政部财政科学研究所副所长（正司长级），研究员，担任该课题总负责人，课题下设8个子课题，各子课题负责人分别为：子课题一"水环境保护投融资政策框架研究"，负责人——傅志华研究员、唐在富研究员；子课题二"水环境保护投资需求预测及投资规划技术研究"，负责人——逯元堂副研究员、吴舜泽研究员；子课题三"基于水环境保护事权财权划分机制研究"，负责人——刘军民研究员；子课题四"水环境保护的政府投资政策及示范研究"，负责人——李成威研究员；子课题五"鼓励社会资金投入水环境保护的政策研究"，负责人——葛察忠研究员；子课题六"流域型水污染控制专项资金设计及示范研究"，负责人——马中教授；子课题七"水环境保护的市政公债政策及示范研究"，负责人——梁云凤研究员；子课题八"流域水污染防治投资绩效评估方法与示范研究"，负责人——石英华研究员。

参加本书写作的主要研究人员如下：第1章——苏明、傅志华、唐在富；第2章——逯元堂、朱建华、陈鹏、马欣、徐顺青、高军；第3章——刘军民、王振宇、陆成林；第4章——李成威、姜竹、连家明、陆成林；第5章——葛察忠、秦昌波、李晓亮、李婕旦、王青、杜艳春、梁宏；第6章——石磊、马中；第7章——梁云凤、李光琴；第8章——石英华、程瑜。在书稿编撰中，苏明、傅志华、石英华、刘军民、李成威、程瑜参与了各章节的统稿和审校，苏明、傅志华、石英华对书稿进行了最后审定。

在课题研究中，我们得到了国家水专项管理办公室、环保部规划财务司、环境规划院、财政部经济建设司、水利部发展研究中心、国务院发展研究中心以及辽宁省辽河办、省财政厅和环保厅等单位许多专家和领导的支持、帮助，特别是杨朝飞总工程师、赵英民司长、刘志全副司长、王明良副主任、周凤保副主任、王金南副院长、吴舜泽副院长、王毅副所长、张学文副司长、任英副司长、倪红日研究员、宋国君教授、李安定处长、王素霞博士、向弟海处长、张旺主任、燕娥处长等，给予了我们许多宝贵的指导。本课题的承担单位——财政部财政科学研究所，以及各参加单位——环保部环境规划研究院、中国人民大学环境学院、国家信息中心、北京工商大学和辽宁省财政科学研究所，对课题研究工作给予了大力支持。在此，我们一并表示最诚挚的谢意！

这里还要特别感谢我的研究团队！课题组的各位专家学者来自不同单位，但为了一个目标全力合作配合，大家尽心尽力，深入调研，不辞辛苦，精雕细琢，体现了高度敬业的责任心和一流的专业水准。我深受感动并满怀敬意和感激！

本书出版得到了中国环境出版社的宝贵支持，特别是陈金华编审等人员为本书的编辑出版做了大量细致的工作，在此深表谢意。

苏　明

2014 年 2 月 24 日

《水环境保护投融资政策与示范研究》

编写委员会成员名单

（按姓氏笔画排序）

马 欣	马 中	王 青	王 倩	王小飞	王明昊	王振宇
田 乐	石 磊	石广明	石英华	刘军民	孙亦军	孙钰如
巩秀梅	朱东海	朱建华	邢 璐	吴 健	吴舜泽	张 旺
张 颖	张冶忠	张晓丽	李 可	李 键	李光琴	李成威
李晓亮	李婕旦	杜艳春	杨 鹂	肖 鹏	苏 明	连家明
陆成林	陈 鹏	周 芳	金 坦	姜 竹	唐在富	徐顺青
秦昌波	高 军	梁 宏	梁云凤	逯元堂	阎嘉涛	黄文琦
傅志华	程 瑜	葛察忠	雷梅青			